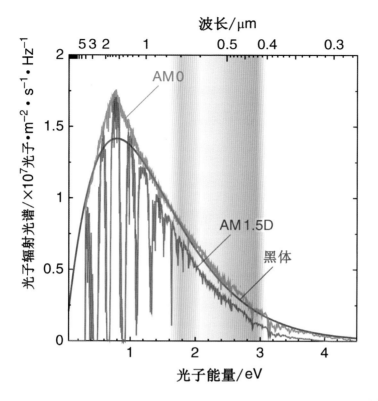

图 1.1 AM0、AM1.5D 和黑体辐射的光子辐射光谱

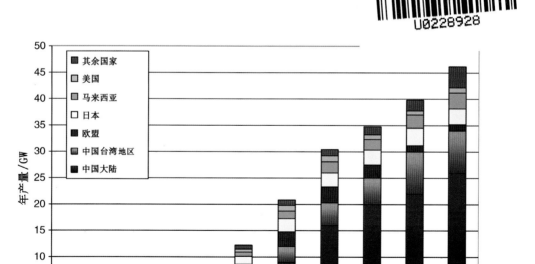

图 2.1 2005 年至 2014 年全球光伏电池/组件产量

数据来源于 Photon Magazine、PV Activities in Japan、PV News 以及个人分析

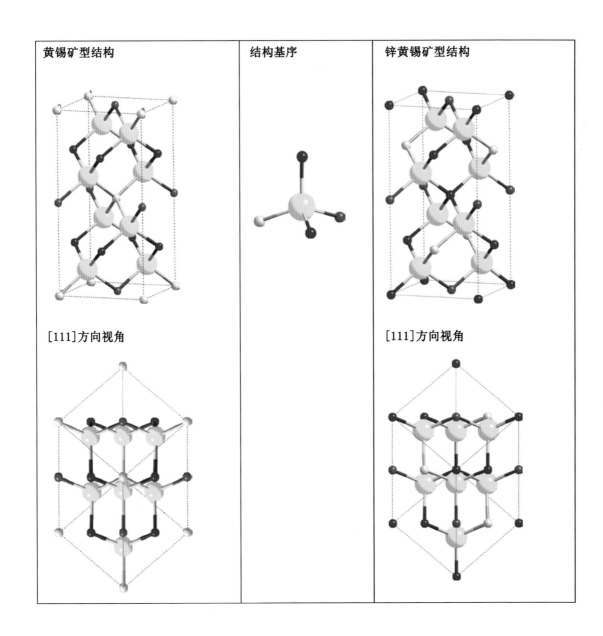

图 3.3 黄锡矿型结构和锌黄锡矿型结构示意图

蓝色小球代表铜,橙色小球代表锌,红色小球代表锡,黄色小球代表硫

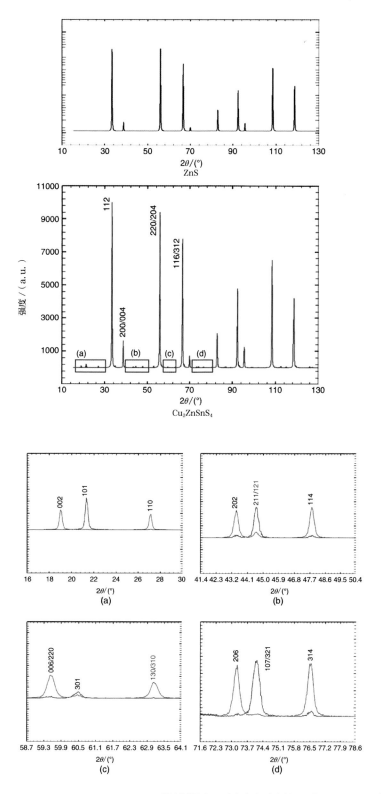

图 3.4 ZnS 和 Cu_2ZnSnS_4 的模拟中子粉末衍射谱图（λ = 1.79 Å）

蓝线代表锌黄锡矿型结构，红线代表黄锡矿型结构，（a）—（d）四个小图表示 Cu_2ZnSnS_4 中由超结构产生的轻微反射

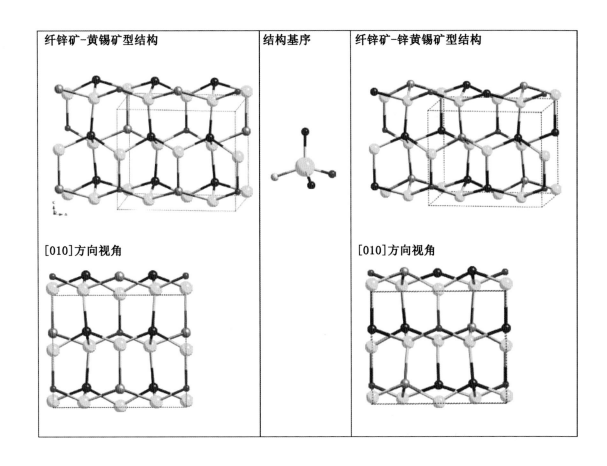

图 3.5 纤锌矿-黄锡矿型结构和纤锌矿-锌黄锡矿型结构示意图
蓝色小球代表铜，橙色小球代表锌，红色小球代表锡，黄色小球代表硫

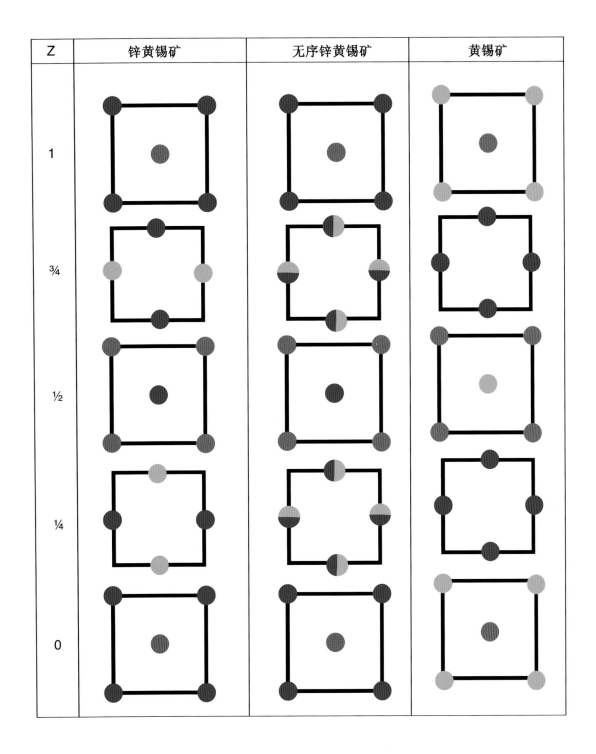

图 3.7 锌黄锡矿型、黄锡矿型和无序锌黄锡矿型结构的 a—b 平面示意图

左侧数字表示的是 a—b 平面在 c 晶轴上对应的 z 值，图中没有给出阴离子平面的情况。蓝色小球代表铜，橙色小球代表锌，红色小球代表锡

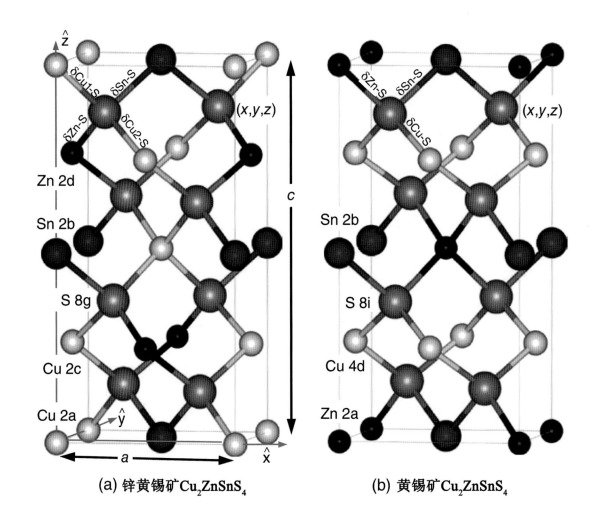

图 4.1 CZTS 的结晶学原理

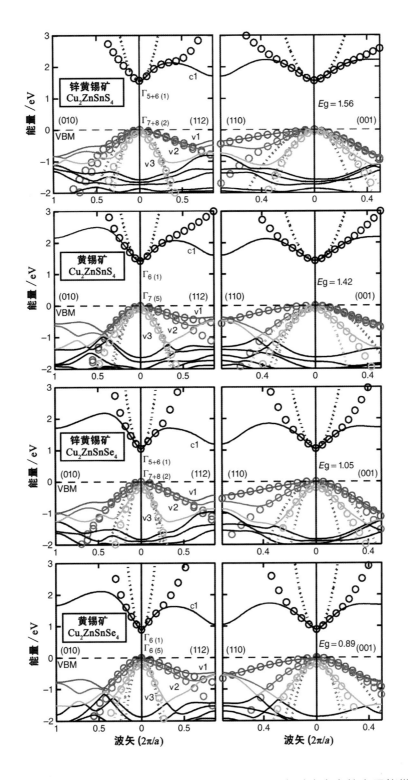

图 4.2 锌黄锡矿、黄锡矿结构 CZTS 和 CZTSe 沿四个对称方向的电子能带结构 $E_j(k)$

能量以 VBM（虚线所示）为参考。计算包含自旋－轨道相互作用，但是能带指数（j=v1、v2、v3 和 c1）仅指自旋无关的能带，其中 c1 代表最低导带，v1 代表最高价带。实线数据由 GGA/FP-LAPW 方法计算得到，圆圈表示全带参数化结果，点线代表抛物线近似的能带

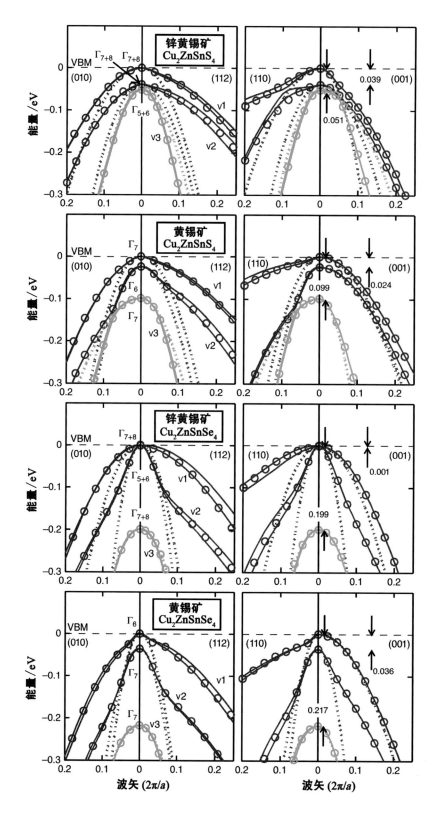

图 4.3　图 4.2 中 VBM 附近的特写图，显示了价带最上部的非抛物线特征

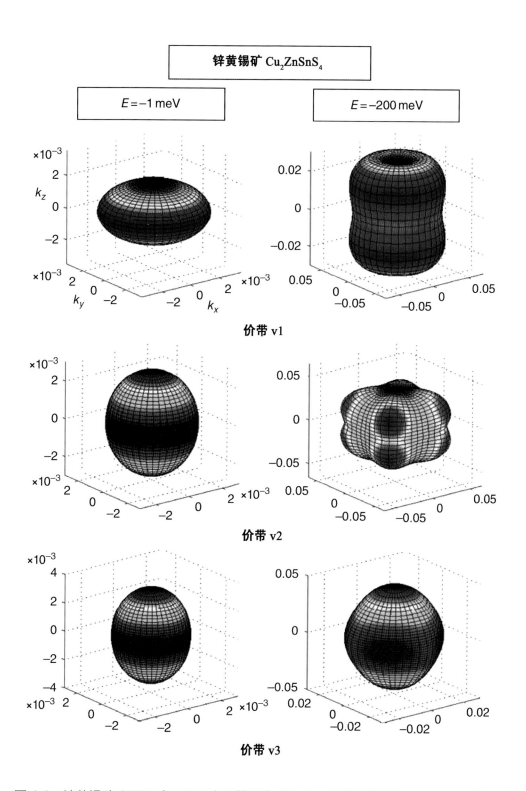

图 4.4 锌黄锡矿 CZTS 在 VBM 之下能量为 $E=-1\text{meV}$（左列）和 $E=-1\text{meV}$（右列）的等能面 $S_i(E)$

k 网格以 $2\pi/a$ 为单位，注意 k 轴的不同刻度。这个图显示了价带最上部三个能级在远离 Γ 点处的各向异性

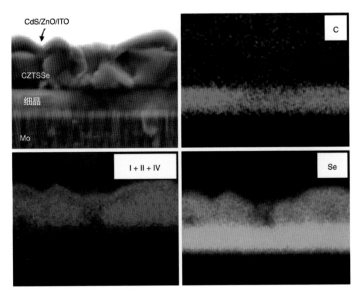

图 11.10　硒化四元纳米晶墨水器件的 SEM-EDX 断面映射图像

细晶层的成分来源于四元纳米晶薄膜的硒化，大部分由 Se 和 C 组成，并包含少量的 Cu、Zn 和 Sn 信号。因此未烧结 CZTS 纳米晶没有细晶层[23]

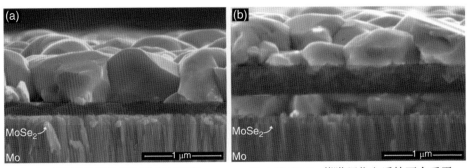

（a）典型高效器件的标准双层形貌（在硒化之前先在空气中退火）　　（b）CZTSSe 薄膜硒化之后的不合乎需要的三层形貌（硒化之前没有退火）

图 11.12　SEM 断面图像

（a）由 1.75mol/L 溶液沉积在 Mo/SLG 基底上　　（b）由配有含水乙酸铵的 0.35mol/L 溶液涂覆在 Mo/SLG 基底

图 12.8　前驱体的宏观图像

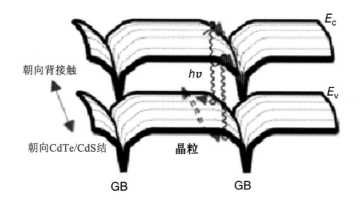

图 14.5　CdTe 晶粒在太阳电池中空间坐标分布的能带示意图

蓝色和红色圆圈分别代表空穴和电子，蓝色和红色箭头分别代表它们的运动方向。重印许可由文献 [16] 提供，© 2014 WILEY-VCH Verlag GmbH & Co. KGaA, Weinheim

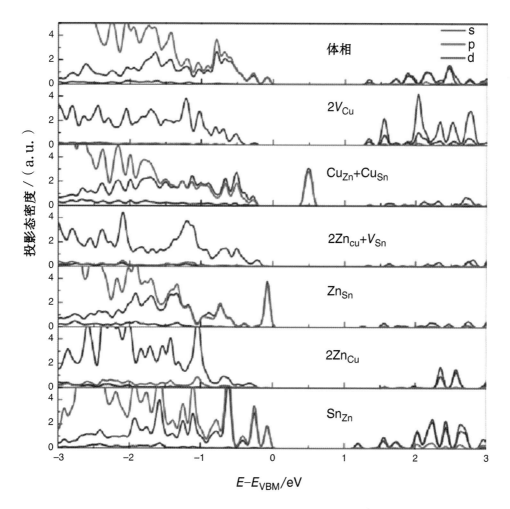

图 14.6　不同表面缺陷的分波态密度（partial density of states，PDOS）

重印许可由文献 [88] 提供，Copyright © 2013 by the American Physical Society

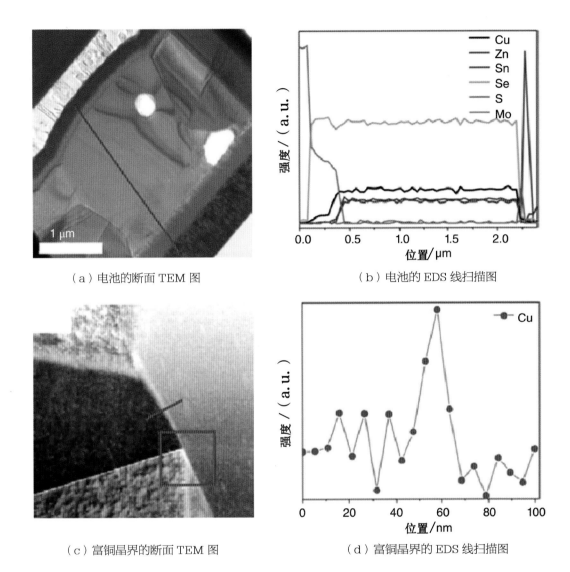

(a)电池的断面 TEM 图　　(b)电池的 EDS 线扫描图

(c)富铜晶界的断面 TEM 图　　(d)富铜晶界的 EDS 线扫描图

图 14.12　最低带隙 CZTSe 电池的断面 TEM 图像和 EDS 线扫描，以及同一电池中富铜晶界的断面 TEM 图像和 EDS 线扫描

图（a）和图（c）中所标注的线是图（b）和图（d）中 EDS 线扫描的实际路径。
重印许可由 The Royal Society of Chemistry、文献 [66] 提供

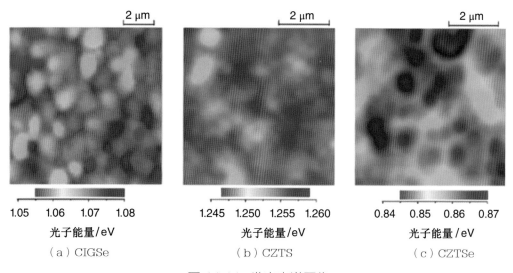

(a) CIGSe　　(b) CZTS　　(c) CZTSe

图 14.14　发光光谱图像

重印许可由文献 [95] 提供，© 2012 IEEE

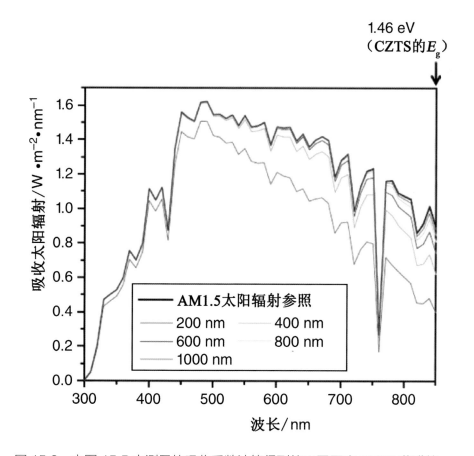

图 15.6　由图 15.5 中测量的吸收系数计算得到的不同厚度 CZTS 薄膜的太阳辐射吸收曲线

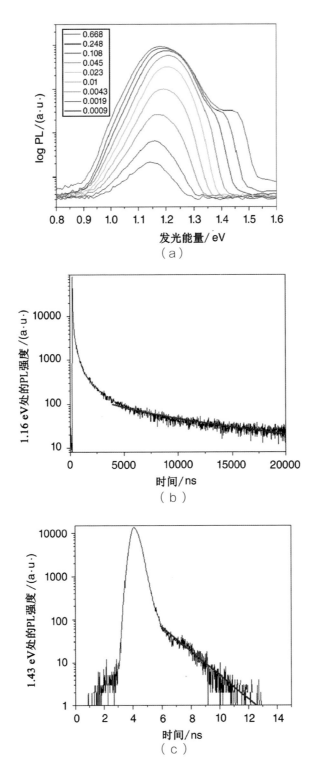

图 15.14 （a）转换效率为 8.3% 的器件中 CZTS 层的低温（4 K）强度相关的 PL 光谱，图例中的数字对应于平均强度（W·cm^{-2}）；（b）1.16 eV 和（c）1.43 eV 处的 PL 寿命
这些测试所使用的平均激光强度是 0.668 W·cm^{-2}。重印许可由文献 [53] 提供，Copyright © 2013, AIP Publishing LLC

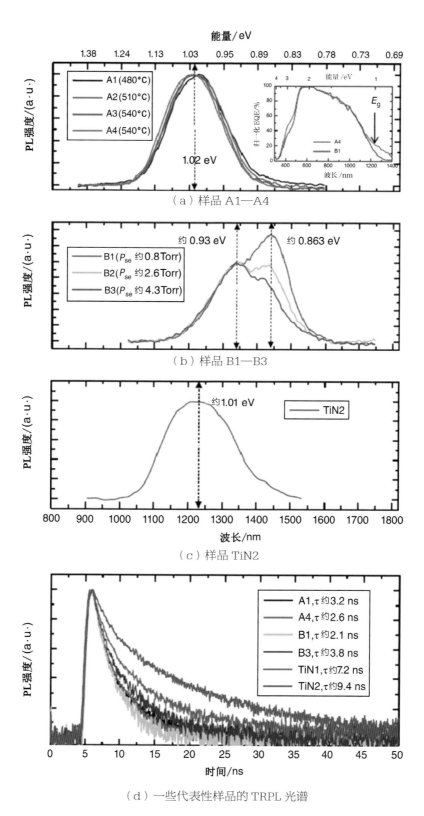

图 15.16 CZTSe 样品的室温 PL 光谱及一些代表性样品的 TRPL 光谱

重印许可由文献 [9] 提供，Copyright.2012, AIP Publishing LLC

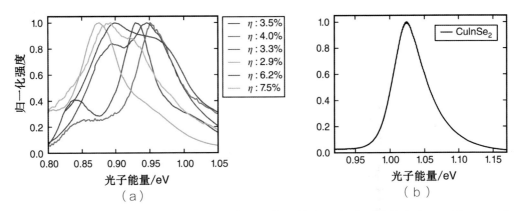

图 16.5 （a）不同 CZTSe 吸收层（最终获得的太阳电池器件效率在 2.9%—7.5% 范围内）的归一化室温光致发光谱；（b）对照图，文献 [66] 中展示的多晶 $CuInSe_2$ 吸收层（转换效率为 12.5%，开路电压为 471 mV）的典型室温光致发光谱

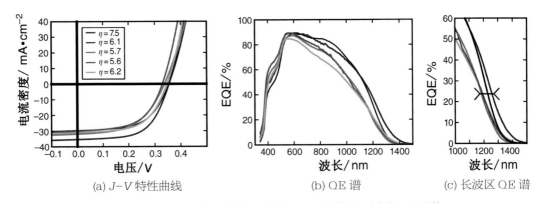

图 16.7 CZTSe 太阳电池器件的 J-V 特性和对应的 QE 谱

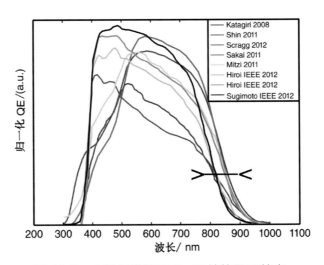

图 16.8 文献报道的无 Se 器件的量子效率

QE 数据进行了归一化处理，然后对报道的 J_{sc} 值进行缩放。低能区斜率的线性外推得到至少 60 meV 的带隙差别

铜锌锡硫基
薄膜太阳电池

Copper Zinc Tin Sulfide-Based
Thin Film Solar Cells

[日]伊藤健太郎（Kentaro Ito） 主编

赵宗彦 译

化学工业出版社
·北京·

本书首先概述了铜锌锡硫基薄膜太阳电池的发展历史和市场前景,然后详细分析了铜锌锡硫材料的结构与基本物理化学性质,并着重介绍了薄膜的制备工艺、性质和应用以及相关的理论计算结果,最后阐述了铜锌锡硫基薄膜太阳电池的器件物理特性,为铜锌锡硫基薄膜太阳电池未来的发展指明了方向。

本书可供太阳电池、半导体、新能源等领域的研发人员使用,也可供高校相关专业的老师及学生参考使用。

图书在版编目(CIP)数据

铜锌锡硫基薄膜太阳电池/[日]伊藤健太郎主编;赵宗彦译. —北京:化学工业出版社,2016.4
书名原文:Copper Zinc Tin Sulfide-Based Thin Film Solar Cells
ISBN 978-7-122-26379-7

Ⅰ.①铜… Ⅱ.①伊…②赵… Ⅲ.①薄膜太阳能电池-研究 Ⅳ.①TM914.4

中国版本图书馆 CIP 数据核字(2016)第 036887 号

Copper Zinc Tin Sulfide-Based Thin Film Solar Cells,1st edition/by Kentaro Ito
ISBN 9781118437872
Copyright © 2015 by John Wiley & Sons,Ltd. All rights reserved.
Authorized translation from the English language edition published by John Wiley & Sons,Ltd.

本书中文简体字版由 John Wiley & Sons,Ltd 授权化学工业出版社独家出版发行。未经许可,不得以任何方式复制或抄袭本书的任何部分,违者必究。

北京市版权局著作权合同登记号:01-2016-0302

责任编辑:韩霄翠 仇志刚 装帧设计:史利平
责任校对:王素芹

出版发行:化学工业出版社(北京市东城区青年湖南街 13 号 邮政编码 100011)
印　　刷:北京永鑫印刷有限责任公司
装　　订:三河市宇新装订厂

787mm×1092mm 1/16 印张 21½ 彩插 8 字数 526 千字 2016 年 5 月北京第 1 版第 1 次印刷

购书咨询:010-64518888(传真:010-64519686) 售后服务:010-64518899
网　　址:http://www.cip.com.cn
凡购买本书,如有缺损质量问题,本社销售中心负责调换。

定　价:98.00 元　　　　　　　　　　　　　　　　　　　　　　　版权所有　违者必究

参 编 人 员

Sadao Adachi, *Division of Electronics and Informatics, Gunma University, Japan*
Rakesh Agrawal, *School of Chemical Engineering, Purdue University, USA*
Mare Altosaar, *Department of Materials Science, Tallinn University of Technology, Estonia*
Dominik M. Berg, *Institute of Energy Conversion, University of Delaware, USA*
Rongzhen Chen, *Department of Materials Science and Engineering, Royal Institute of Technology, Sweden*
Bruce M. Clemens, *Department of Materials Science & Engineering, Stanford University, USA*
Phillip J. Dale, *Laboratory for Energy Materials, University of Luxembourg, Luxembourg*
Tove Ericson, *Department for Engineering Sciences, Uppsala University, Sweden*
Talia Gershon, *IBM Thomas J. Watson Research Center, USA*
Tayfun Gokmen, *IBM Thomas J. Watson Research Center, USA*
Maarja Grossberg, *Department of Materials Science, Tallinn University of Technology, Estonia*
Supratik Guha, *IBM Thomas J. Watson Research Center, USA*
Oki Gunawan, *IBM Thomas J. Watson Research Center, USA*
Charles J. Hages, *School of Chemical Engineering, Purdue University, USA*
Dan Huang, *Department of Materials Science and Engineering, Royal Institute of Technology, Sweden*
Kentaro Ito, *Department of Electrical and Electronic Engineering, Shinshu University, Japan*
Arnulf Jäger-Waldau, *European Commission, Joint Research Centre, Italy*
Justus Just, *Helmholtz Centre Berlin for Materials and Energy, Germany*
Hironori Katagiri, *Department of Electrical and Electronic Systems Engineering, Nagaoka National College of Technology, Japan*
Marit Kauk-Kuusik, *Department of Materials Science, Tallinn University of Technology, Estonia*
Jüri Krustok, *Department of Materials Science, Tallinn University of Technology, Estonia*
Tomas Kubart, *Department for Engineering Sciences, Uppsala University, Sweden*
Mukesh Kumar, *Department of Materials Science and Engineering, Royal Institute of Technology, Sweden*
Joel B. Li, *Department of Electrical Engineering, Stanford University, USA*
Dieter Meissner, *Department of Materials Science, Tallinn University of Technology, Estonia*

Enn Mellikov, *Department of Materials Science, Tallinn University of Technology, Estonia*
David B. Mitzi, *IBM Thomas J. Watson Research Center, USA*
Akira Nagaoka, *Department of Applied Physics and Electronic Engineering, University of Miyazaki, Japan*
Clas Persson, *Department of Physics, University of Oslo, Norway; Department of Materials Science and Engineering, Royal Institute of Technology, Sweden*
Charlotte Platzer-Björkman, *Department for Engineering Sciences, Uppsala University, Sweden*
Alex Redinger, *Laboratory for Photovoltaics, University of Luxembourg, Luxembourg*
Hans-Werner Schock, *Helmholtz Centre Berlin for Materials and Energy, Germany*
Susan Schorr, *Helmholtz Centre Berlin for Materials and Energy, Germany; Institute of Geological Sciences, Freie Universitaet Berlin, Germany*
Jonathan Scragg, *Department for Engineering Sciences, Uppsala University, Sweden*
Byungha Shin, *IBM Thomas J. Watson Research Center, USA; Department of Materials Science and Engineering, Korea Advanced Institute of Science and Technology, Daejeon, Republic of Korea*
Susanne Siebentritt, *Laboratory for Photovoltaics, University of Luxembourg, Luxembourg*
Kunihiko Tanaka, *Department of Electrical Engineering, Nagaoka University of Technology, Japan*
Kristi Timmo, *Department of Materials Science, Tallinn University of Technology, Estonia*
Thomas Unold, *Helmholtz Centre Berlin for Materials and Energy, Germany*
Olga Volobujeva, *Department of Materials Science, Tallinn University of Technology, Estonia*
Kenji Yoshino, *Department of Applied Physics and Electronic Engineering, University of Miyazaki, Japan*
Hanyue Zhao, *Department of Materials Science and Engineering, Royal Institute of Technology, Sweden*

译者前言

随着现代社会经济的高速发展，人们对能源和环境问题越来越关注。解决日益突出的能源短缺和环境污染问题是实现可持续发展、提高人民生活质量和保障国家安全的迫切需要。因此，可再生能源的开发和大规模应用已经提升到了国家发展战略的高度。太阳能是一种取之不尽、用之不竭的可再生能源，具有清洁、无污染、数量巨大、分布广泛等优点，其开发和利用对于缓解能源与环境问题有重要的科学意义和显著的实践效果。

要将太阳能转换为电能，需要低成本、高效率的太阳电池，这涉及整个太阳电池的器件构成。其中实现光-电转换的两个必要步骤是：吸收太阳光产生电子-空穴对和光生电子-空穴对的分离。在这两个必要步骤中，几乎所有电子-空穴对的产生和传输都与太阳电池的吸收层有关，也就是说太阳电池的吸收层材料是整个电池器件的关键部件，在很大程度上决定了太阳电池的光伏性能。以此为依据进行分类，太阳电池的吸收层材料目前已研发到了第三代。第一代以高纯单晶硅材料为代表，单晶硅太阳电池的实验室转换效率已高达 24.7%，接近其理论极限效率。虽然硅原料丰富，但高纯单晶硅的生长能耗巨大，硅片处理与 p-n 结制备需要用到危险化学品，成本高。因此，减少材料用量、降低原材料成本是第二代太阳电池吸收层材料的出发点。采用多晶硅、非晶硅、碲化镉、铜铟镓硒等薄膜作为吸收层，原材料消耗大为减少，成本较低。目前以碲化镉、铜铟镓硒为代表的薄膜太阳电池的实验室转换效率已经分别达到了 18.7% 和 20.4%，但是商用薄膜太阳电池的转换效率只有 6%—13%，低于商用单晶硅太阳电池的 18%。为了进一步提高光-电转换效率，人们研究了太阳电池的效率极限和能量损失机制，据此提出了第三代太阳电池的概念，如利用多带隙（前后叠层结构、中间能带结构等）、提高单光子效率（热载流子和冲击离子化等效应的利用）、光子能量重新分布（光谱的上、下转换等）等措施来提高转换效率。

目前产业化占主导地位的仍是单晶硅太阳电池，但由于生产单晶硅存在能耗高、污染严重等问题，使得单晶硅太阳电池的发电成本仍无法与常规电力能源相抗衡，以至于无法大规模地推广使用。第三代太阳电池虽然有望极大地提高光-电转换效率，但目前仍只是处于概念和实验室初期的研究阶段，离产业化应用还有相当长的时间。值得关注的是目前已经实现产业化并占有一定市场份额的薄膜太阳电池，在单晶硅太阳电池成本过高、国际市场硅原材料价格起伏多变的背景下，已成为国际光伏市场发展的趋势和新热点。特别是铜系薄膜太阳电池，与其它薄膜太阳电池（如 CdTe、a-Si 等）相反，铜铟镓硒 $[Cu(In,Ga)Se_2]$ 薄膜太阳电池在长期激励下仍然能稳定工作，其光电转换效率在 2013 年取得了新的突破（达到 20.4%），且稳定性和容错能力优异。虽然近年来铜铟镓硒薄膜太阳电池取得了长足的发展，并且已经开始产业化应用，但由于其组成元素中的 In、Ga 都是地壳中的稀有元素，成本昂贵。以当前的技术条件，如果 CIGS 薄膜太阳电池要达到 1—10GW 的发电量，则需要每年 300t 的 In 供应量，这势必与目前显示器相关产业形成竞争，并使 In 的价格进一步上涨，从而限制其发展。因此，寻找 In 和 Ga 的替代物是目前这一领域研究的重要方向。在众多的替代方案中，新型铜硫系材料铜锌锡硫（Cu_2ZnSnS_4）的发展尤其引人注目。Cu、Zn、Sn 和

S 在地壳中蕴含量丰富（丰度分别为 Cu，5‰；Zn，7.5‰；Sn，0.22‰；S，26‰）、廉价、无毒、环境友好，因此在原材料方面具有很大优势；并且铜锌锡硫与铜铟镓硒具有相似的晶体结构，保留了铜铟镓硒的优异性能；其禁带宽度约为 1.5eV，与半导体太阳电池所要求的最佳禁带宽度十分匹配；作为直接带隙半导体，铜锌锡硫具有较高的吸收系数。据相关理论推算其光电转换效率为 32.2%。这些优点使铜锌锡硫成为薄膜太阳电池吸收层的最理想候选材料之一。1967 年采用碘气相传输法成功地制备出铜锌锡硫单晶材料；1988 年采用电子束沉积前驱体，然后高温气相硫化的方法制备了铜锌锡硫薄膜；1997 年首次成功地组装铜锌锡硫薄膜太阳电池器件，获得 0.66% 的光电转换效率；2013 年通过非真空肼溶液旋涂-高温硫化复合工艺，获得了光电转换效率达到 12.6% 的铜锌锡硫硒（$Cu_2ZnSnS_{4-x}Se_x$）薄膜太阳电池。以铜锌锡硫为代表的四元铜硫系半导体材料虽然有着优异的性质和广阔的应用前景，但是从 1960 年左右提出以来，它作为太阳电池的相关研究发展缓慢，直到最近十年才有了突破性的进展。而 2013 年之后其发展又处于停滞状态，这与四元半导体材料生长合成和性质的复杂性使得相关研究具有较大的难度有关，同时也与人们对其微观结构及其相关的基本物理化学性质的认识仍有欠缺有一定的关系，因此为了进一步促进铜锌锡硫基薄膜太阳电池的发展，非常有必要对现有研究成果进行总结和归纳。

本书是由来自学术界和工业界从事铜锌锡硫基薄膜太阳电池方向的主要研究人员编著而成，这些作者对铜锌锡硫基薄膜太阳电池效率的发展做出了重要的贡献，并有丰富的制备各种太阳能电池的半导体薄膜的经验。他们中既有最早合成铜锌锡硫薄膜太阳电池的 Hironori Katagiri 教授（日本长冈工业高等专科学校）、有创造当前铜锌锡硫基薄膜太阳电池转换效率最高纪录的 David B. Mitzi 教授（美国 IBM 托马斯·沃森研究中心），也有对铜锌锡硫基薄膜太阳电池市场前景进行详细分析的 Arnulf Jäger-Waldau（欧洲委员会联合研究中心），而且本书主编正是首次制备铜锌锡硫薄膜的 Kentaro Ito 教授（日本信州大学）。在内容方面，本书首先概述了铜锌锡硫基薄膜太阳电池技术的历史发展背景和市场前景；然后详细分析了铜锌锡硫材料的结构与基本物理化学性质、薄膜制备工艺及其性质和应用、相关的理论计算结果；最后阐述了铜锌锡硫基薄膜太阳电池的器件物理特性，为铜锌锡硫基薄膜太阳电池未来的发展指明了方向。本书的作者阵容和内容构成都表明这是一部不可多得的重要参考文献，其出版将为铜锌锡硫基薄膜太阳电池的进一步发展提供宝贵的经验和借鉴。

译者数年前开始关注铜锌锡硫材料的研究进展，并从事了一些相关的研究工作。在工作实践中，深感一部有价值的前沿科学专著对相关课题研究的重要性。大约一年前获知 Wiley 即将出版本书以后，就一直关注着它的出版动向，拿到正式出版的版本后就立即着手翻译，希望能在第一时间与国内读者分享并促进铜锌锡硫基薄膜太阳电池和相关领域研究工作。本书的翻译出版得到了国家自然科学基金面上项目（21473082）和云南省应用基础研究计划面上项目（2015FB12）的资助，在此表示感谢。

限于译者英语和专业知识水平，在本书译文中可能会存在许多问题和不当之处，请专家和读者不吝指正。

赵宗彦
2015 年 8 月于昆明

前　言

薄膜技术的利用为太阳电池制作开启了最具成本效益的途径。第一篇关于薄膜太阳电池的研究论文可以追溯到 20 世纪 60 年代。由 II-V 族或 II-III-VI$_2$ 族化合物构成的微米级厚度的半导体薄膜通常用来作为太阳电池的光吸收层，其基底材料常选用廉价的玻璃板、金属板或塑料板。20 世纪 80 年代末，研究发现四元化合物 Cu$_2$ZnSnS$_4$ 薄膜也具有合适的能带，并表现出光伏效应。在本书中，我们将讨论从属四方晶系并具有最佳光伏带隙的多元化合物半导体：四元硫化物、四元硒化物以及它们的合金，后两者的化学分子式为 Cu$_2$ZnSnSe$_4$ 和 Cu$_2$ZnSn(S$_x$Se$_{1-x}$)$_4$。本书的目的是从器件性能和吸收层制备工艺的角度描述薄膜太阳电池的当前发展状况，我们也将描述这些化合物的物理化学性质，这些性质在决定太阳电池效率时扮演着重要的角色。

20 世纪 70 年代中期，卡内基理工学院的 A. G. Milnes 到长野访问了我们大学，并做了关于太阳电池的报告，当时他还是东京工业大学的访问学者。他强调了成本对于太阳电池生产的重要性，并且预言如果成本高于某一阈值（相当于 10 美分每瓦），那么光伏技术将毫无实际用处。在报告中他多次提出这一成本阈值。他对在单晶基底上低成本外延生长 GaAs 太阳电池非常感兴趣，该基底可以由选择性化学蚀刻方法分离外延层后重复使用多次。当时，GaAs 太阳电池的转换效率是 22%，而 CdTe 薄膜太阳电池的效率是 8%。虽然他的观点与 GaAs 太阳电池最近的发展没有直接的联系，但是其转换效率已经基本达到了理论上限，而且由于很难找到大面积的单晶材料作为基底，所以其低成本太阳电池并没有得到实际应用。经过了四十年后，考虑到电价（或者消费物价指数）的上涨，他所认为的阈值目前已上升到了 45（或者 54）美分每瓦。有趣的是，这一转换阈值在 2013 年只比 CdTe 薄膜太阳电池组件的价格低 1.5 倍（见第 2 章）。尽管具有多晶的本质特征，薄膜太阳电池的成本效益性能仍然优于单晶太阳电池。

由于直接带隙的本质特征，多元化合物半导体具有很高的光吸收系数（>10^4cm^{-1}），因此薄膜厚度只需 1μm 就能够吸收太阳光谱中近红外波长以下的所有光子，并且促使高效的光电流产生。而且这一直接带隙位于太阳电池的最佳带隙范围（1.0—1.5eV）中。根据估算，对应的太阳电池理论效率上限可达到 32%—34%。因此目前通过高品质吸收层和优化器件结构等手段提高电池性能仍然有很大的空间。由于这一化合物的所有组成元素在地壳中的含量都相当丰富，吸收层的原料成本将远低于对应的 II-VI 和 I-III-VI$_2$ 族薄膜太阳电池，后者的吸收层中包含有如 Te、In 等稀有元素。

为了简单起见，铜、锌、锡、硫、硒常常分别用 C、Z、T、S、Se 代替，同时省略下标。由这些化合物组成的光伏器件则被称为 CZTS 基薄膜太阳电池。

本书第一篇的第 1 章阐述了如何从光伏物理原理和自然资源丰富的角度出发推演得到 CZTS 基薄膜太阳电池的概念。第 2 章通过回顾薄膜太阳电池组件生产的最新进展讨论了 CZTS 基薄膜太阳电池的发展前景，其中 CdTe 组件 0.7 美元/峰瓦的价格可作为学习实例。

本书第二篇的第 1 章阐述了 CZTS 的主要结构类型是锌黄锡矿，并通过中子衍射指出了存在于化合物中的一些反位点缺陷。根据能带结构和复介电函数的理论研究，分别推算出了多元化合物相对较小的电子有效质量和较大的光吸收系数。认识到在升温过程中 CZTS 如何与挥发性的硫和硫化锡维持热平衡状态，以及应当通过特殊的分析手段确定 CZTS 中第二相的存在。通过溶液法生长得到体相 CZTS 单晶，并由霍尔测试得到了其输运特性。系统地汇编了 Cu_2-II-IV-VI$_4$ 族化合物的物理性质，这些数据能为薄膜太阳电池的设计提供有益信息。

第三篇介绍了高品质太阳电池吸收材料的各种制备工艺技术。研究发现由硫化处理前驱体得到的贫铜富锌吸收层材料是改进电池转换效率所必需的工艺步骤。首先在 H_2S 的残留蒸气压下溅射金属靶，然后在硫蒸气中退火可得到的无序 CZTS 薄膜。在描述了化合物薄膜的共蒸发技术之后，进而阐述了它们在 CZTS 基薄膜太阳电池中的应用。在基底上涂覆由 CZTS 纳米晶组成的墨水，然后在 Se 蒸气中退火可以得到 CZTSe 薄膜。通过溶胶-凝胶法制备得到氢氧化物前驱体，涂覆之后先氧化后硫化的方法也可以制备 CZTS 薄膜。由助熔剂法可以生长 CZTS 基化合物单晶粒，并能应用于单晶粒膜太阳电池。

第四篇讨论的是薄膜太阳电池的器件物理特性。根据 SKPM 和导电 AFM 的显微观测，少数载流子收集将在多元化合物的晶界处得到增强。通过共蒸发和退火工艺制备的 CZTS 基薄膜太阳电池的效率至少部分与吸收层中的缺陷密度是相关的。然后综述了薄膜太阳电池的器件特征，认为其高串联电阻的产生是由于诸如 ZnSe 之类的第二相。利用纯溶液的肼处理工艺方法，目前已经获得了转换效率为 12.6% 的 CZTSSe 薄膜太阳电池。最后讨论了能带拖尾对开路电压的可能影响。

我们感谢 Sarah Keegan 女士、Emma Strickland 女士和 Rebecca Stubbs 女士在本书编写过程中所给予的帮助。

Kentaro Ito

目 录

第一篇 导 论

1 CZTS 基薄膜太阳电池概述 ·· 3
Kentaro Ito

    1.1 引言 ·· 3
    1.2 光伏效应 ·· 4
    1.3 最佳光伏半导体的探寻 ·· 17
    1.4 结论 ·· 27
    致谢 ··· 27
    参考文献 ··· 27

2 CZTS 基薄膜太阳电池的市场挑战 ··· 33
Arnulf Jäger-Waldau

    2.1 引言 ·· 33
    2.2 化合物薄膜技术与制造 ·· 34
    2.3 CZTS 太阳电池的市场挑战 ··· 38
    2.4 结论 ·· 39
    参考文献 ··· 39

第二篇 四元硫化物半导体的物理化学性质

3 Cu_2ZnSnS_4（CZTS）的晶体学特征 ··································· 45
Susan Schorr

    3.1 引言：如何定义晶体结构？ ··· 45
    3.2 CZTS 的晶体结构 ·· 47
    3.3 CZTS 中的点缺陷以及化学计量比的作用 ······································ 56
    3.4 共生锌黄锡矿和黄锡矿的差别：仿真模拟方法 ································ 58
    3.5 结论 ·· 59
    参考文献 ··· 59

4 第一性原理模拟电子结构和光学性质 ····································· 62
Clas Persson, Rongzhen Chen, Hanyue Zhao, Mukesh Kumar, Dan Huang

    4.1 引言 ·· 62
    4.2 计算背景 ·· 64
    4.3 晶体结构 ·· 66

4.4	电子结构	68
4.5	光学性质	80
4.6	结论	83
	致谢	84
	参考文献	84

5 锌黄锡矿：平衡态和第二相识别 … 88
Dominik M. Berg，Phillip J. Dale

5.1	引言	88
5.2	锌黄锡矿的反应化学	89
5.3	物相识别	95
	致谢	104
	参考文献	104

6 CZTS 单晶生长 … 109
Akira Nagaoka，Kenji Yoshino

6.1	引言	109
6.2	生长过程	109
6.3	CZTS 单晶的性质	115
6.4	结论	118
	致谢	118
	参考文献	119

7 物理性质：实验数据汇编 … 121
Sadao Adachi

7.1	引言	121
7.2	结构性质	122
7.3	热学性质	124
7.4	力学和晶格动力学性质	127
7.5	电子能带结构	130
7.6	光学性质	136
7.7	载流子传输特性	140
	参考文献	143

第三篇　薄膜合成及其太阳电池应用

8 物理气相沉积前驱体层的硫化 … 149
Hironori Katagiri

8.1	引言	149
8.2	第一个 CZTS 薄膜太阳电池	149
8.3	ZnS 作为前驱体的 Zn 源	151
8.4	吸收层厚度的影响	151

  8.5 新的硫化系统……152
  8.6 形貌的影响……153
  8.7 带退火室的共溅射系统……154
  8.8 有效组分……154
  8.9 CZTS 化合物靶材……155
  8.10 结论……162
  参考文献……162

9 CZTS 的反应溅射……164
Charlotte Platzer-Björkman, Tove Ericson, Jonathan Scragg, Tomas Kubart

  9.1 引言……164
  9.2 反应溅射工艺……165
  9.3 溅射前驱体的特性……166
  9.4 溅射前驱体的退火……172
  9.5 器件性能……173
  9.6 结论……174
  参考文献……175

10 CZTS 薄膜的共蒸发及其太阳电池……177
Thomas Unold, Justus Just, Hans-Werner Schock

  10.1 引言……177
  10.2 基本原则……177
  10.3 工艺变量……182
  致谢……188
  参考文献……188

11 纳米晶墨水合成 CZTSSe 薄膜……191
Charles J. Hages, Rakesh Agrawal

  11.1 引言……191
  11.2 纳米晶合成……192
  11.3 纳米晶表征……199
  11.4 烧结……200
  11.5 结论……210
  参考文献……210

12 非真空工艺制备 CZTS 薄膜……217
Kunihiko Tanaka

  12.1 引言……217
  12.2 溶胶-凝胶硫化法……218
  12.3 采用溶胶-凝胶硫化法制备 CZTS 薄膜……219
  12.4 与化学成分比的关系……223

| 12.5 | 与 H_2S 浓度的关系 | 225 |
| 12.6 | 非真空工艺制备的 CZTS 太阳电池 | 227 |

参考文献 ······ 228

13 CZTS 基单晶粒的生长及其在薄膜太阳电池中的应用 ······ 230
Enn Mellikov, Mare Altosaar, Marit Kauk-Kuusik, Kristi Timmo, Dieter Meissner, Maarja Grossberg, Jüri Krustok, Olga Volobujeva

13.1	引言	230
13.2	单晶粒粉体的生长和工艺基础	231
13.3	化学蚀刻对单晶粒表面成分的影响	235
13.4	CZTS 基单晶粒的热处理	236
13.5	CZTS 基单晶粒和多晶材料的光电性质	238
13.6	结论	243

参考文献 ······ 243

第四篇 薄膜太阳电池的器件物理

14 CZTS 基薄膜太阳电池中晶界的作用 ······ 249
Joel B. Li, Bruce M. Clemens

14.1	引言	249
14.2	CIGSe 和 CdTe 太阳电池	250
14.3	CZTS 基薄膜太阳电池	253
14.4	结论	261

参考文献 ······ 261

15 共蒸发法制备 CZTS 基薄膜太阳电池 ······ 267
Byungha Shin, Talia Gershon, Supratik Guha

15.1	引言	267
15.2	CZTS 和 CZTSe 吸收层的制备	269
15.3	共蒸发 CZTS 和 CZTSe 吸收层的基本性质	269
15.4	全硫化物 CZTS 薄膜太阳电池的器件特性	277
15.5	全硒化物 CZTSe 薄膜太阳电池的器件特性	282
15.6	结论	284

参考文献 ······ 285

16 锌黄锡矿太阳电池中的损失机制 ······ 289
Alex Redinger and Susanne Siebentritt

16.1	引言	289
16.2	当前最先进的 CZTS 基薄膜太阳电池	289
16.3	主要的复合途径	291
16.4	带隙变化	296

16.5 串联电阻及其与 V_{oc} 损失的关系	299
16.6 结论	303
致谢	304
参考文献	304

17 肼处理工艺制备 CZTSSe 的器件特性 … **309**
Oki Gunawan，Tayfun Gokmen，David B. Mitzi

17.1 引言	309
17.2 器件特性	310
17.3 结论	324
致谢	325
参考文献	325

第一篇 导 论

1 CZTS 基薄膜太阳电池概述

Kentaro Ito

Department of Electrical and Electronic Engineering, Shinshu Univeristy,

1-17-4 Wakasato, Nagano 380-8553, Japan

1.1 引言

  本书将阐述由铜锌锡硫四元化合物半导体（化学分子式：Cu_2ZnSnS_4）及其相关化合物半导体作为光学吸收层的薄膜太阳电池。在本书所有章节中，我们将 Cu_2ZnSnS_4 四元化合物简写为 CZTS。CZTS 薄膜太阳电池概念的提出基于以下原则，即用作高效太阳电池的化合物半导体应当满足两个必要条件：一是直接带隙的本质属性；二是带隙宽度位于光伏电池的最佳带隙范围内。因为吸收系数的前因子足够大，因此 CZTS 薄膜只需微米级的厚度就能够充分地吸收太阳光，而且它作为吸收层对光电流没有损伤效应。如果在价带和导带之间直接跃迁产生的光子吸收和发射过程中没有任何晶格缺陷或声子等相关的中间媒介，那么薄膜中的辐射复合概率就能够超过非辐射复合概率。因此，如果在直接复合中扮演重要角色的 Shockley-Read-Hall 型复合中心被消除，同时在 CZTS 层中植入能够限制激发电子的器件结构，那么电池转换效率就有可能达到其理论极限。CZTS 半导体能够作为兆瓦（TW）级光伏能量转换的潜在候选材料：目前其元素组分的年产量足以制备 CZTS 薄膜太阳能电池，这样就能够供应与当前世界电力消耗相当的可再生能源。化合物的多样性为设计光伏器件所需的半导体材料带来了明显的优势，因为我们能够通过替换四方晶格中的阴阳离子调控其物理性质，并且能够避免使用所不希望的稀有元素或有毒元素。硫不完全替代硒（9%）就是一个典型的例子，它将合金薄膜太阳电池的转换效率超过 10%[1,2]。

  本章第 1.2 节将阐述光伏效应的物理机理，包括太阳辐射的光谱辐射能及其地球大气的影响，基于平衡细致模型得到的单结太阳电池的效率上限，光伏能量转换的最佳带隙范围，半导体薄膜的光吸收，高效薄膜太阳电池所要求的吸收层厚度的估算，半导体 p-n（正向或反向）同质和异质结对光伏效应的重要作用。在本章第 1.3 节中，我们将阐述对最佳光伏半导体（带隙在最佳范围内）的探寻。首先讨论薄膜太阳电池的发展历史，包括一些单晶半导体及其光伏应用，以及作为对比的黄铜矿型薄膜太阳电池开发。然后我们讨论了 CZTS 技术这一概念的起源。最后描述了 CZTS 吸收层和 n 型缓冲层的制备和表征，并对本章内容进行了总结。

1.2 光伏效应

1.2.1 太阳辐射

1.2.1.1 地外辐射

在太阳的核心，氢核聚变释放大量的热能。太阳被一层薄薄的、主要由氢原子组成的大气层所包围，这就是所谓的光球层。它可以吸收热，并向外太空发射电磁辐射，这一电磁辐射几乎与在高温 T_S 下、处于热平衡的黑体具有相同的光谱辐射。根据普朗克公式，黑体在单位投影面积、单位立体角、单位频率间隔的能量辐射可以由光谱辐射度 $L_\nu(T_S)$ 定义：

$$L_\nu(T_S) = \frac{2h\nu^3}{c^2} \frac{1}{\exp[h\nu/(k_B T_S)] - 1} \tag{1.1}$$

式中，ν 是辐射频率；c 是光速；h 是普朗克常数；k_B 是波尔兹曼常数。以频率 ν 进行电磁振荡的光子能量为 $h\nu$。从地球视角出发，太阳的立体角 Ω_S（球面度）由下式进行计算：

$$\Omega_S = \frac{\pi r^2}{R^2} = 6.79 \times 10^{-5} \tag{1.2}$$

式中，r 是太阳半径（即 6.96×10^5 km）；R 是地球围绕太阳公转的轨道平均半径（即 1.496×10^8 km）。

光子的光谱辐射由每赫兹、每秒钟入射到地球大气层顶部每平方米的数量 $N_\nu(T_S)$ 进行定义，因此可以表述为下式：

$$N_\nu(T_S) = \frac{\Omega_S N_\nu(T_S)}{h\nu} \tag{1.3}$$

图 1.1 中的光滑曲线是 $N_\nu(T_S)$ 相对于光子能量 $h\nu$ 的理论曲线，是将式(1.3)中的 T_S 取值为光球层的有效温度（假设为 5772K）。这一假设的准确性可以由图 1.1 进行验证：黑体在 T_S 温度下发射的电磁辐射波与地球外辐射中光子能量在 1.15—1.72eV 范围内观察到的光谱非常吻合。同时两条曲线在 3.11eV 和 0.44eV 处相交。AM1.5D 曲线是根据以 AM0 辐射作为波长的函数推算得到[3]。然而，两条曲线的峰值辐射之间存在显著的差异。

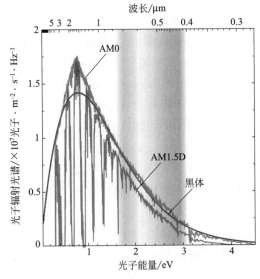

图 1.1　AM0、AM1.5D 和黑体辐射的光子辐射光谱（更多的颜色细节请参考文前的彩图部分）

垂直入射到单位面积上的电磁辐射总能量称为太阳常数 C_S，其定义如下：

$$C_S = \int_0^\infty h\nu N_\nu(T_S) d\nu = \Omega_S \int_0^\infty L_\nu(T_S) d\nu = \frac{r^2 \sigma T_S^4}{R^2} \tag{1.4}$$

式中，σ 是斯蒂芬-玻尔兹曼常数（等于 5.67×10^{-8} W·m^{-2}·K^{-4}）。根据太阳表面的有效温度 T_S（=5772K），由式(1.4)可以推算出 C_S 的理论值，这与近期 NASA 的太阳辐射与气候实验卫星测量的太阳常数 1.3608kW·m^{-2} 是非常一致的[4]。

1.2.1.2 地面辐射

图 1.2 描述了太阳辐射是如何穿过有效厚度为 d（8.4km）的大气层后到达地球表面

的。假设辐射是垂直入射到太阳电池平板上,而太阳电池平板的倾斜度可由太阳天顶角 θ 表征(这一角度是当地天顶与太阳入射光线之间的角度),光程 s 可以由 $d/\cos\theta$ 给出。它依赖于当地时间与位置。大气质量指数(index air mass,AM)正比于光程 s,定义如下:

$$\text{AM} = \frac{s}{d} \approx \frac{1}{\cos\theta} \tag{1.5}$$

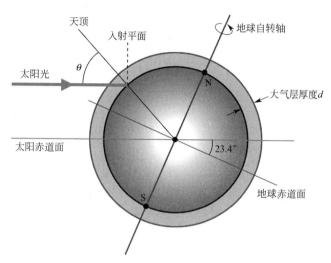

图 1.2 太阳光通过大气层的光程示意图,其定义为 $d/\cos\theta$

由于 AM 等于光程 s 归一化到大气层厚度 d,因此上述的地外辐射就可以定义为"AM0 辐射"。图 1.1 显示的正是与黑体辐射对比的 AM1.5D 和 AM0 随光子能量变化的标准参考光谱[3]。AM1.5D 是以 48.2°天顶角直接入射时的值。通过对 AM1.5D 的 $h\nu N_\nu(T_S)$ 光谱进行积分可以得到在整个光子能量范围内它的总入射能量 P_i 为 0.90kW·m^{-2},也就是说 AM0 辐射能量中约有 34% 被大气吸收或散射。

直接入射到地球表面的总能量 I_D 可以用下式进行估算:

$$I_D = 2\pi C_S R_E^2 \int_0^{\pi/2} \tau_a \sin\theta \cos\theta \, d\theta \tag{1.6}$$

式中,R_E 是地球半径(6.4×10³km);θ 是天顶角(即地面垂线与直接来自太阳光束之间的角度);τ_a 是大气的光透射系数,由下面的实验公式确定[5]:

$$\tau_a = 0.7^{\text{AM}^{0.678}} \tag{1.7}$$

根据式(1.5)—式(1.7)可以估算得到 $I_D = 0.30\pi R_E^2 C_S = 1.04 \times 10^{17}$ W。将这个数值按一年的时间进行累计,它的总量将相当于目前世界每年电力消耗(20PW·h)的 50000 倍。如果考虑到可用于安装组件的陆地的有限性、太阳电池的效率极限、气候条件以及电力的峰值需求等因素,这一数值将大幅下降 3—4 个数量级。然而,修正后的余量仍然表明,在可预见的未来光伏技术是应对化石燃料供应不足的有效手段。

式(1.7)的有效性可以用以下方法进行验证:当大气质量为 1.5 时,由式(1.7)得到的大气透射系数是 0.63,因此可以估算大气的吸收率大约为 37%,这与上述地外辐射在大气中的吸收损失大致相当。

尽管周围有大气扰动的存在,AM1.5D 辐射的光子辐射度在光子能量约 0.77eV 处呈现出峰值,这与 AM0 太阳光是一样的。图 1.1 曲线的横轴表示以电子伏特为单位的光子能量，如果乘以电子电量 q 就可以转换为以焦耳为单位。由于光子波长可以由 c/ν（参见图 1.1 中的上横轴）得到，所以光子能量对应的峰值位于波长 $1.6\mu m$ 处，这已位于近红外区。然而视网膜的光谱灵敏度与这个峰值并不匹配，它已进化到能够覆盖短波长范围，在此范围内太阳辐射很难被大气层减弱。

在图 1.1 中存在着一些被大气吸收的确定波段，比如位于 1.63eV 处的窄带是因为氧分子吸收所产生；水蒸气对应的大气光吸收主要位于 0.46—1.7eV 的低光子能量段；在水分子中，有两个化学键可表示为 H—O—H，它们的振动具有很多能被光子激发的量子态，因此它们的光吸收通常是一个宽带，并且强度与氧分子的光吸收相当。比如以 0.90eV 为中心的吸收带（标记为 Ω）被归结为与化学键的对称伸缩和弯曲相关的组合振动模式[6]。在后面的章节中我们还将参考这一实例来说明水蒸气的光吸收对太阳电池的效率有着相当大的影响。

1.2.2 单结太阳电池的转换效率上限

对于太阳电池材料来说，一个非常重要的判据是半导体带隙。在本小节中，我们将解释为什么它是直接决定太阳电池性能的固有属性，以及为何必须位于特定的能量范围。应当强调的是本书所述的 CZTS 化合物具有最佳的直接带隙值。我们所定义的理想吸收层材料具有最佳能量范围内的直接带隙，同时对载流子而言完全不存在任何类型的非辐射复合中心。从严格意义上来说，单晶硅作为吸收层材料并不是理想的选择，因为它的带隙属于间接带隙类型，尽管它具有最佳的带隙值（1.12eV），我们将在第 1.2.5 节中将其作为参照对象进行讨论。

基于处理太阳辐射和太阳电池光发射之间的热力学行为的细致平衡模型，Shockley 和 Queisser 第一次预测了单结太阳电池的效率极限（此后被称之为 SQ 极限）[7]，随后 Yablonovitch 等对这一理论进行了拓展[8]。这一理论假设只有入射光子的能量大于或稍小于带隙值 E_g 时才能够激发一个电子和一个空穴，而电子和空穴最终将通过自发发射一个光子而复合。这两组作者都作了理想化的假设：载流子的迁移率是无限大的。

在热平衡状态下，p 型半导体中存在大量的空穴，其浓度 p_0 大约等于所掺杂的受主杂质（其作用是产生 p 型导电）的密度，因此空穴浓度 p_0 可由下式计算：

$$p_0 = N_v \exp\left(-\frac{E_F - E_v}{k_B T_c}\right) \tag{1.8}$$

式中，N_v 表示价带的态密度；E_v 表示价带顶的能级；E_F 表示费米能级；T_c 表示环境温度[9]。随着受主能级密度的增加，E_F 趋向于 E_v。此外，半导体中还存在着少量的自由电子，其浓度 n_0 由下式进行计算：

$$n_0 = N_c \exp\left(-\frac{E_c - E_F}{k_B T_c}\right) \tag{1.9}$$

式中，N_c 表示导带的态密度；E_c 表示导带底的能级；E_F 表示费米能级。因为 $E_c - E_v$ 是半导体的禁带带隙 E_g，所以乘积 $p_0 n_0$ 与杂质的类型和密度无关。也就是说，$p_0 n_0$ 是半导体的一个本征属性。因此其平方根可以作为本征浓度，记为 n_i，定义如下：

$$n_i = \sqrt{n_0 p_0} = \sqrt{N_c N_v} \exp\left(-\frac{E_g}{2k_B T_c}\right) \tag{1.10}$$

当由平面 p-n 结构成的太阳电池被太阳辐射所激发时，在 p 型半导体和 n 型半导体之间就会产生开路电压 V_{oc}。开路条件对应由太阳、地球和太阳电池组成的热力学系统的稳态。

在这一状态下,熵的产率达到最小值,并在半导体 p-n 结上产生一个化学势差 qV_{oc}。在下文中,我们将引入一系列假设,包括:单位面积的平面结作为朗伯源在半球内发光,因此可以在背电极上完全反射光;太阳电池处于 298K 的热力学平衡。在此,我们对太阳辐射做如下简化处理:光子能量大于带隙($h\nu \geqslant E_g$)的辐射可以激发太阳电池进行黑体辐射,而光子能量小于带隙($h\nu < E_g$)的辐射则不能。相

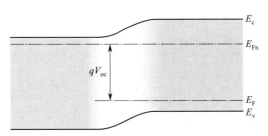

图 1.3 太阳光照射下处于开路状态的 p-n 结的能带示意图

对于费米能级 E_F,p 型半导体中电子的准费米能级 E_{Fn} 上移了 qV_{oc}(如图 1.3 所示)。只要太阳电池处于热平衡且没有被太阳照射,那么费米能级 E_F 在任何地方都是常数。然而由于太阳辐射,少数载流子浓度 n 将按下式增加:

$$n = \frac{n_i^2}{p_0}\exp\left(\frac{E_{Fn}-E_F}{k_B T_c}\right) = \frac{n_i^2}{p_0}\exp\left(\frac{qV_{oc}}{k_B T_c}\right) \tag{1.11}$$

由于是成对产生,所以光激发的多余电子浓度($n-n_0$)等于光激发的多余空穴浓度($p-p_0$),如考虑 p 型半导体太阳电池,那么在热平衡下这个量远小于多数载流子(空穴)浓度。与此相反,如式(1.11)中右边的指数因子 $\exp(qV_{oc}/k_B T_c)$ 所示,这个量($n-n_0$)超过了在热平衡下少数载流子(电子)的浓度。光激发的电子从 n 型发射源附近向半导体右侧扩散,在理想的太阳电池中,少数载流子的扩散长度是无限大的,如果 p 型吸收层的右侧面具有极低的复合速率(这可以由背面电场所产生),那么准费米能级 E_{Fn} 在整个区域中将是常数。

太阳电池发射的光子数按照与上述相同的因子而增长,并用于平衡入射光子,这就是其对辐射中的二次发射所做的贡献。因此可以得到:

$$\eta_r \int_0^{2\pi}\mathrm{d}\varphi \int_0^{\pi/2}\cos\theta\sin\theta\mathrm{d}\theta \int_{E_g/h}^{\infty}\frac{L_\nu(T_c)}{h\nu}\mathrm{d}\nu = \exp\left(\frac{qV_{oc}}{k_B T_c}\right)\int_{E_g/h}^{\infty}N_\nu(T_S)\mathrm{d}\nu \tag{1.12}$$

式中,θ 是发射光束与球面坐标系中电池的垂直方向之间的天顶角;φ 是光束的方位角;$L_\nu(T_c)$ 是电池二次发射(以温度为 T_c 进行的黑体辐射)的光谱辐射度;$N_\nu(T_S)$ 是太阳光子辐射的测量或理论光谱。二次发射的辐射复合效率 η_r 的定义如下:单位时间内的辐射(或非辐射)复合概率等于辐射(或非辐射)复合寿命 τ_r(或 τ_{nr})的倒数。由于少数载流子总的复合概率等于辐射复合概率与非辐射复合概率的和,因此可以用下式定义 η_r:

$$\eta_r \equiv \frac{1/\tau_r}{1/\tau} = \frac{1/\tau_r}{1/\tau_r + 1/\tau_{nr}} = \frac{1}{1+\tau_r/\tau_{nr}} \tag{1.13}$$

式中,τ 是总寿命;寿命 τ_r 可由 ϕ/Bp_0 给出(其中 B 是由带间复合引起的双分子复合系数,ϕ 是光子循环系数,即光子脱离光吸收层边界而不再被吸收的反概率)[10,11]。只要吸收层的二次发射光子有足够空间激发电子-空穴对,式中的因子 ϕ 就大于 1。寿命 τ_{nr} 通常由诸如杂质之类的晶体缺陷所决定。根据 Shockley-Read-Hall(SRH)简化模型,τ_{nr} 由复合中心密度 N_t 的倒数、其俘获截面 σ_n、电子热速度 v_{th} 决定[12]。当 p_0 非常大时,俄歇复合将会极其明显,因此非辐射寿命将反比于 p_0 的平方[13]。

重新整理式(1.12)可以得到:

$$V_{oc} = \frac{k_B T_c}{q} \ln\left(\frac{\eta_r J_{sc}}{J_0}\right) \tag{1.14}$$

式中，J_{sc} 是由式(1.15) 定义的短路电流密度；J_0 由式(1.16) 定义：

$$J_{sc} = q \int_{E_g/h}^{\infty} N_\nu(T_S) d\nu \tag{1.15}$$

$$J_0 = \frac{2\pi q k_B^3 T_c^3}{h^3 c^2} \sum_{m=1}^{\infty} \left[\frac{1}{m}\left(\frac{E_g}{k_B T_c}\right)^2 + \frac{2}{m^2}\left(\frac{E_g}{k_B T_c}\right) + \frac{2}{m^3}\right] \exp\left(-\frac{mE_g}{k_B T_c}\right) \tag{1.16}$$

如果考虑适合太阳电池的带隙能量 E_g 范围（大约 1eV），带隙 E_g 应当远大于热能 $k_B T_c$ (0.026eV)。式(1.16) 中的每一项都随着整数 m 而迅速减小。为了估算太阳电池的理论性能，此后我们将在上式中采用一级近似（即 $m=1$）。

如果电池在黑暗条件下保持热平衡，J_{sc} 和 V_{oc} 应当减小到零。如果使用式(1.14)，那么这种必然关系是看不出来的，因为式(1.14) 是在忽略来自太阳和地球大气平衡的二次发射光子的入射光子总数的严格守恒定律。如果考虑了这一点，V_{oc} 的严格定义如下：

$$V_{oc} = \frac{k_B T_c}{q} \ln\left(\frac{\eta_r J_{sc} + J_0}{J_0}\right) \tag{1.17}$$

开路电压随着辐射复合效率 η_r 的增大而增大。对于实际的太阳电池而言，由于载流子通过晶格缺陷所产生的非辐射复合而损失光子，这将会导致 V_{oc} 减小。同样的，在电池的背表面处也会发生光学损失，这些不利的情况会使转换效率降低。

太阳电池的填充因子（fill factor，FF）的经验定义公式如下[14]：

$$FF = \frac{qV_{oc} - k_B T_c \ln[(qV_{oc}/k_B T_c) + 0.72]}{qV_{oc} + k_B T_c} \tag{1.18}$$

如果太阳电池发生短路，其短路电流密度 J_{sc} 可以由式(1.15) 得出。由于半导体内所产生的少数载流子并不能完全被收集，所以非理想太阳电池的 J_{sc} 值小于式(1.15) 得出的值；同时因为其在到达 p-n 结界面之前较短的扩散也会导致部分损失（见第 1.2.5 节）。而太阳辐射在等入射面上的反射所引起的光学损失也会导致 J_{sc} 的降低。

太阳电池的转换效率定义为开路电压 V_{oc}、短路电流密度 J_{sc} 和填充因子 FF 的乘积除以太阳辐射入射能量 P_i，也就是：

$$\eta = \frac{V_{oc} J_{sc} FF}{P_i} \tag{1.19}$$

下面的部分将根据上式计算在各种光照条件下的电池效率。

1.2.3 太阳电池的最佳带隙

地球大气在 $h\nu$ 处的光谱吸收率 A_ν 定义为 AM1.5D 辐射度除 AM0 辐射度的自然对数。基于 Beer-Lambert 吸收定律，我们首先仔细审视由高能区域光子占主导地位的两个过程引起的吸收率：

$$A_\nu \equiv \ln\left(\frac{L_{\nu,AM0}}{L_{\nu,AM1.5D}}\right) = s(\sigma_R \rho_R + \sigma_o \rho_o) = n_L(\sigma_R \xi_R + \sigma_o \xi_o) \tag{1.20}$$

式中，ρ 是直接阻止光线到达太阳电池的气体分子的密度；σ 是分子的横截面积；下标 "R" 代表空气粒子对瑞利散射的贡献[15]，而下标 "o" 则代表吸收光子的臭氧分子。上式右边的有效路径长度 ξ 等于 $\rho d/n_L \cos\theta$（其中 n_L 对应于 Loschmidt 常数：$2.69 \times 10^{25}\,\mathrm{m}^{-3}$，即在273K、1013hPa条件下的气体分子密度），对于空气和臭氧分子，ξ的估算值分别是8.4km和3.2mm。

作吸收率对光子能量$h\nu$四次方的函数变化情况，如图1.4所示。当光子能量的范围延伸至2.5—3.8eV时，光谱吸收率随着$h\nu$四次方的增大而线性增大，说明地外辐射被大气中的粒子（其直径远小于相关光波的波长）所散射[15]。$h\nu=2.6$eV处的吸收率为0.41，由此可估算空气分子的横截面积σ_R约为1.2×10^{-30} m^2。这一数值比实验中以相同光子能量作用于氮分子所观测的数值大30%[16]。

尽管臭氧分子的有效路径ξ非常小，但是它对光子能量高于4.1eV时的吸收占主导地位。在吸收曲线上，以2.06eV为中心有一个非常小的向上提升的宽峰，这可能是瑞利散射叠加引起的，宽峰的横截面积σ_o与实验室观测到的臭氧吸收谱一致[17]。

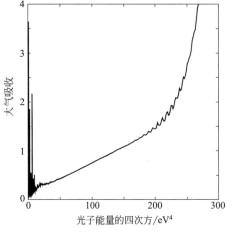

图1.4 地球大气吸收与光子能量四次方之间的关系

现在我们来讨论地球大气对效率极限的影响。图1.5显示了在$T_c=298$K时，不同辐射条件下基于细致平衡原理的太阳电池理论效率作为半导体带隙函数的曲线。假设辐射复合效率η_r等于1，也就是说电子和空穴不产生非辐射复合（即$\tau_r/\tau_{nr}=0$）。电池在AM1.5G、AM1.5D和AM0辐射下表现的最大效率分别为33.8%、33.4%和30.4%（对应的带隙$E_{g,max}$分别为1.34eV、1.14eV和1.24eV）。AM1.5G辐射包括直接辐射和漫辐射。前两条曲线所出现的双峰是由于水蒸气产生的第三光吸收带$\rho\sigma\tau$所引起。

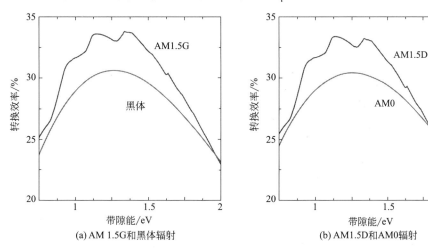

(a) AM 1.5G和黑体辐射　　(b) AM1.5D和AM0辐射

图1.5 理想太阳电池在不同辐射条件下的理论效率与带隙的关系图

图中也给出了在5772K黑体辐射照射下作为参照的电池效率曲线。对于太阳电池来说，黑体辐射几乎等同于AM0。Abrams等[18]应用不同公式对黑体辐射进行计算，得到了在$T_S=6000$K和$T_c=300$K时的两个特征值：$\eta_{max}=29.83\%$，$E_{g,max}=1.34$eV。在此之前，Shockley和Queisser[7]采用这些特征温度得到的相关特征值是$\eta_{max}=30\%$，$E_{g,max}=1.1$eV。后一个数值（1.1eV）明显小于前一组作者所计算得到的数值，对于间接带隙的单晶硅来说，这就意味着它将是最合适的太阳电池材料。如果我们以 $T_S=5772K$ 和 $T_c=298K$ 代替上述特征温度（如表 1.1 所示），将会得到如下数值：$\eta_{max}=31.03\%$，$E_{g,max}=1.304eV$。Abrams 等的计算和当前作者的计算之间的细微差异是因为所使用的近似不同。

表 1.1 在 298K 温度下，地球大气对理想太阳电池性能的影响（5772K 黑体辐射的理论计算结果作为参考）

太阳辐射	$\eta_{max}/\%$	$E_{g,max}/eV$	V_{oc}/V	FF/%	$J_{sc}/A \cdot m^{-2}$	$E_{g,n}/eV$	$E_{g,w}/eV$	$P_i/kW \cdot m^{-2}$
AM1.5G	33.8	1.34	1.08	89.0	351	1.06	1.50	1.00
AM1.5D	33.4	1.14	0.89	87.2	387	1.02	1.47	0.90
AM0	30.4	1.24	0.99	88.2	469	0.99	1.56	1.35
黑体	30.6	1.26	1.02	88.4	462	1.02	1.55	1.36

表 1.1 总结了在上述四种辐射条件下的特征参数。带隙值可能会使太阳电池的最大效率 η_{max} 超过 95%，在 AM1.5G 辐射下其大小变化范围从 1.06eV 的窄端带隙 $E_{g,n}$ 到 1.50eV 的宽端带隙 $E_{g,w}$。这对于 CZTS 及其合金半导体 $Cu_2ZnSn(S,Se)_4$（简写为 CZTSSe）是极其重要的，因为它们的带隙变化正好处于这一范围内。表中 $E_{g,max}$、$E_{g,n}$ 和 $E_{g,w}$ 的数值与 Yablonovitch 等[8]所报道的对应值相当一致。在 AM1.5D 辐射下，$E_{g,max}$ 和 $E_{g,w}$ 的数值明显小于在 AM0 辐射下所得的数值，这就说明瑞利散射会使得高能光谱中的光子数减少。而上述理论预测，当太阳辐射从 AM1.5D 切换到 AM1.5G 时，$E_{g,max}$ 值所发生的显著蓝移是由瑞利散射所单独造成的。带隙 1.56eV 仍是地外太阳电池应用的最佳带隙值，而不是地面太阳电池应用的最佳带隙值。因为在 AM1.5G 辐射下被空气所散射的部分高能光子可以入射到太阳电池上，因此带隙大于 1.1eV 的太阳电池效率总是大于在 AM1.5D 辐射下的效率。与瑞利散射一致，当带隙增大到 3.5eV 这两种情况的相对差异就变大。

当带隙值达到 4eV，由瑞利散射和臭氧分子的光学吸收，能激发产生电子-空穴对，入射到地面的光子大为减少，这导致整个光伏效应实际的能量损失。如果太阳电池是应用在地外条件下，当带隙进一步增大时，短路电流密度将极其迅速下降到零，因为在黑体辐射下短路电流密度 J_{sc} 的定义如下：

$$J_{sc}=\frac{2qk_BT_SE_g^2\Omega_S}{h^3c^2}\exp\left(-\frac{E_g}{k_BT_S}\right) \tag{1.21}$$

然而，当带隙值从 4eV 开始减小时，AM1.5D 和 AM1.5G 辐射下的效率急剧上升，并且超过 AM0 辐射下的效率，这可以由如下事实进行解释：对于前两种情形来说光子能量超过 $(h\nu-E_g)$ 所产生的能量损失小于后一种情形，而且空气和臭氧分子的存在使得高能光子对入射总能的贡献减少。由氧气分子的光学吸收和水蒸气产生的前两个吸收带对效率没有显著的影响。

当带隙值进一步减小，由于开路电压减小而使得太阳电池的效率下降。当带隙值减小到由水蒸气所产生的强吸收带后，这一趋势将被放大：随着暗电流的增加，开路电压迅速下降，而短路电流密度几乎保持常数，结果是 η 与 E_g 关系曲线上出现几个骤降点（陡点）。在 AM1.5D 和 AM1.5G 辐射下，Ω 吸收带会使效率下降 5%。直射太阳光（大多数可由 AM1.5D 辐射代表）可以由透镜或反射镜进行聚光。例如，使用 100 倍的聚光镜相当于使地球与太阳之间的距离缩短 10 倍。从式(1.2)、式(1.3) 和式(1.5) 中可以看到，立体角 Ω_S 和 J_{sc} 将增大 100 倍，从而使得 V_{oc} 和 FF 随之增大，并最终使得太阳电池效率得到增加。因此，应当尽量避免使半导体的带隙值与吸收带（如 Ω 吸收带等）重合，尤其是在为聚光太阳能系统设计多结太阳电池时。Sagol 等[19]报道如果底电池的带隙值在 0.80—0.9eV 范围内，理论效率为62%的四结太阳电池在最佳条件下的效率将被限制在59%以内。

如果半导体的带隙值等于零，并且因此半导体成为保持在 T_c 温度的近似理想黑体，根据细致平衡原则，太阳电池的开路电压将达到由下式给出的极限开路电压值：

$$V_{\text{oc,u}} = \frac{k_B T_c}{q} \ln\left[\eta_r \left(\frac{r}{R}\right)^2 \left(\frac{T_s}{T_c}\right)^3 + 1\right] \tag{1.22}$$

利用上述五个参数，可以估算出 $V_{\text{oc,u}}$ 的值大约为 3.7mV。因此此时太阳电池对测量太阳的有效温度可能有用，但是能量量子转换效率很低，极限效率只有 0.07%。

1.2.4 半导体薄膜中的光吸收

图 1.6 所示的是诸如 CZTS 之类具有直接带隙值 E_g 的半导体的能带示意图。位于价带顶的电子在其晶格动量（即波数 k 与普朗克常数 h 的乘积除以 2π）等于零时具有能量最大值。当具有光子能量为 E_g 的光束照射到 p 型半导体上时，价电子将从价带顶被激发到导带底，从而在价带中产生空穴，与此同时在导带上产生相同数量的少数载流子（电子）。因为这一直接跃迁过程遵循动量守恒定律，光吸收可以很容易进行。电子注入导带之后，它们在其短暂的寿命 τ_r 内与多数载流子（空穴）复合并发射光子。这一情形与硅之类间接带隙半导体截然不同。图 1.7 展示了硅中具有一定晶格动量（近似等于 π 除以晶格常数 a）的电子如何被激发到导带的最小值处，但是价带中的空穴晶格动量等于零。为了使间接跃迁之前和之后的动量守恒定律得到满足，第三个粒子必须参与这一过程，例如发射具有波长为 $2a$ 的光子（从属于太阳电池的光波长远大于 $2a$）。因此硅中的辐射复合寿命 τ_r 非常长。直接带隙半导体高的光吸收系数和大的双分子复合系数使薄膜太阳电池的能量转换效率很容易得到增强。

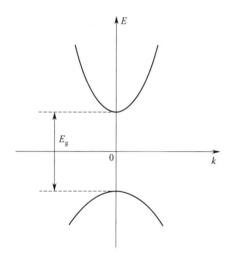

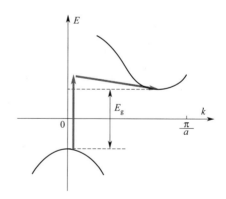

图 1.6　直接带隙半导体的 $E(k)$ 曲线　　　图 1.7　间接带隙半导体的 $E(k)$ 曲线

表 1.2 列出了两种类型的高效太阳电池在 AM1.5G、298K 条件下测量得到的光伏特征。一类是由外延剥离法（epitaxial lift-off, ELO）制备的 GaAs 薄膜组成的太阳电池[20,21]；另一类是由具有本征薄层（intrinsic thin layer, HIT）结构的异质结体相晶体硅组成的太阳电池[22-25]。括号中的数值是测量值与在上述条件下假设 $\tau_r/\tau_{nr} = 0$ 或 $\tau_{nr} = 0$ 情况下得到的理论值之间的比值。值得注意的是，前者的开路电压达到理论值的 96%，而后者达到了 85%。前者能够具有更高的实现率归因于 GaAs 的 τ_r 远短于 Si 的。这两类太阳

电池的吸收层都是被宽带隙半导体夹在中间（这一异质结构被认为可以在界面处有效降低复合速率）。两类高效太阳电池都具有相同的变化趋势：开路电压随着吸收层厚度的增加而减小，然而两类太阳电池的物理机理是完全不同的（在下面的章节中将讨论这一问题）。

表 1.2 GaAs 与 Si 太阳电池的器件特征：理论值与实验值的比较

吸收层	E_g/eV	η/%	V_{oc}/V	J_{sc}/A·m^{-2}	来源
外延生长 GaAs 薄膜	1.43(直接)	28.8(0.87)	1.122(0.961)	296.8(0.938)	Alta Devices
理论值		33.2	1.168	316.6	本书
98 μm 厚 n 型 Si 单晶	1.12(间接)	24.7(0.74)	0.750(0.854)	395(0.902)	Panasonic
理论值		33.6	0.878	437.8	本书

直接带隙半导体的吸收系数定义如下：

$$\alpha = \alpha_0 \sqrt{\frac{h\nu - E_g}{E_g}} \tag{1.23}$$

只有当光子能量大于或等于 E_g 时才能激发价带中的电子，并使吸收系数随着光子能量而增大。吸收系数 α 在 $h\nu = 2E_g$ 时等于 α_0。根据载流子复合的 Roosbroeck-Shockley 关系式[26]，α_0 正比于双分子复合系数 B。如下节所述，α_0 值越高，辐射寿命就越短，饱和暗电流密度越小，因而开路电压就越高。如果半导体是厚度为 t、背面完全反射、而前表面没有反射的薄膜，那么从前表面逃逸的光强 I 可以表示为：

$$I = I_0 \exp(-2\alpha t) \tag{1.24}$$

式中，I_0 是入射光强。例如，α_0 的值为 $5 \times 10^4 \text{ cm}^{-1}$，$h\nu$ 的值为 $1.16 E_g$，薄膜厚度为 1.7 μm，则薄膜的吸收光强可以达到 α_0 的 99.9%。这是对 CZTS 薄膜太阳电池光学吸收层厚度要求的理论粗略估算。然而，对于 Si 这类间接带隙半导体，α_0 的值很小（$1 \times 10^3 \text{ cm}^{-1}$），而且吸收系数正比于 $(h\nu - E_g)$ 的平方根，按照上述相同方法估算，单晶硅吸收层的厚度需达到 130 μm。

1.2.5 半导体 p-n 结

对于以细致平衡原理进行工作的理想太阳电池来说，单位面积上可提供给负载的电流密度 J 可表示为：

$$J = J_{sc} - J_d \left[\exp\left(\frac{qV + qR_s J}{k_B T_c}\right) - 1 \right] - \frac{V + R_s J}{R_{sh}} \tag{1.25}$$

式中，V 是负载上的电压降；R_s 是串联电阻；R_{sh} 是二极管并联电阻；而 J_d 是电池的暗电流密度，定义如下：

$$J_d = \left(1 + \frac{\tau_r}{\tau_{nr}}\right) J_0 = \left(1 + \frac{\phi}{B n_0 \tau_{nr}}\right) J_0 \tag{1.26}$$

当 R_s 为零且 R_{sh} 为无穷大时，式(1.25)与式(1.17)是一致的。因此太阳电池的等效电路可以用图 1.8 来表示。电路模型中定义 J_d 是黑暗条件下的饱和电流密度，可以在 p-n 结二极管处在负偏压（$V < 0$）而 R_{sh} 无限大时得到。当然太阳电池是在正偏压下工作，J_d 实际上代表了在大偏压下正向电流的指前因子。J_d 的值是两部分的和：其一是由细致平衡原则确定的 J_0；其二是正比于比例 τ_r/τ_{nr} 的部分。比例 τ_r/τ_{nr} 对于获得理想太阳电池是一个关键的参数，因为这个比例越小，开路电压就越高。对于理想太阳电池，由于没有间接复合，τ_r/τ_{nr} 等于零。

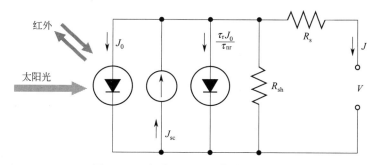

图 1.8 理想太阳电池的等效电路模型

接下来我们讨论细致平衡模型能否应用于 ELO-GaAs 薄膜或 HIT-Si 结构的太阳电池。所考虑的器件结构基于 n 型半导体（其电子密度为 n_0），假设 GaAs（或 Si）的电子密度 n_0 为 $1\times10^{23}\,\mathrm{m^{-3}}$（或 $5\times10^{22}\,\mathrm{m^{-3}}$），则可以估算出对应的固有辐射寿命 τ_r/ϕ 为 50ns（或 4.2ms），双分子复合系数 $B=2\times10^{-16}\,\mathrm{m^3\cdot s^{-1}}$（或 $4.73\times10^{-21}\,\mathrm{m^3\cdot s^{-1}}$）。利用理论暗电流密度 $J_0=5.6\times10^{-18}\,\mathrm{A\cdot m^{-2}}$（或 $6.1\times10^{-13}\,\mathrm{A\cdot m^{-2}}$）以及表 1.2 中实验观测的 GaAs（或 Si）太阳电池的 V_{oc} 和 J_{sc} 值，可以估算得到 GaAs（或 Si）太阳电池的 τ_r/τ_{nr} 比例为 4.6（或 133）。

n 型 GaAs 双异质结的 SRH 寿命为 63.5ns[11]，因为这个数值与 τ_{nr} 可比，所以光子的再生因子 ϕ 等于 5.9。如果 GaAs 太阳电池的 J-V 曲线由载流子扩散模型代替细致平衡模型来确定，假设没有表面复合，那么饱和暗电流密度定义如下[27]：

$$J_0=\frac{qDp}{L}\tanh\left(\frac{t}{L}\right)=\frac{qn_i^2}{n_0}\sqrt{\frac{D}{\tau}}\tanh\left(\frac{t}{L}\right) \tag{1.27}$$

式中，D 是由联系空穴迁移率 μ 的爱因斯坦关系式 $D=\mu k_B T_c/q$ 所决定的空穴扩散系数；τ 是总的复合寿命；L 是空穴扩散长度（等于 $D\tau$ 平方根）；t 是吸收层的厚度。如果 L 远小于 t，则由于式（1.27）中的双曲正切函数接近等于 1，从而得到 p-n 结二极管的 Shockley 方程。然而，根据上述所引用的器件参数，L 实际上大于 t，因此 J_0 的定义如下：

$$J_0=\frac{qpt}{\tau} \tag{1.28}$$

如果所有空穴聚集在 n 型吸收层一端，在其寿命期内通过邻近的 p 型发射扩散到另一端，那么暗电流等于由此产生的电子流。采用上述方法计算的 J_0 值为 $4\times10^{-16}\,\mathrm{A\cdot m^{-2}}$，比根据细致平衡模型和 $\tau_r/\tau_{nr}=0$ 所估算的理论值大两个数量级。由此，根据所计算的 J_0 值可以从理论上推算出开路电压为 1.055V。因此表 1.2 中所示的实验观测电压比理论计算电压高 0.067V。这一差异无法得到合理的解释。如果利用 Shockley 方程，得到的开路电压值更低（1.00V）。因此通过 ELO GaAs 结输运的电流是由细致平衡模型决定，而不是载流子扩散模型。辐射寿命 τ_r 正比于光子再生因子 ϕ。随着吸收层厚度增加，可以预测 ϕ 随之增加[11]，而开路电压 V_{oc} 随之减小。为了提高 V_{oc}，重要的是消除表面复合，因为在表面复合中少数载流子通过界面态复合而不释放光子。同时，也有必要降低由受限光子再生引起的光子再吸收。

另一问题应当被提及：基于细致平衡原理所估算的 Si 太阳电池大比值 τ_r/τ_{nr}（133）是否合理。与直接带隙半导体不同，Si 的吸收系数相当小，ϕ 值不可能变得明显大于 1。由实验数据和式(1.26)可以估算得到 $\tau_{nr}=32\mu s$，这是非常短的时间值，以至于与所使用 Si 晶体的 0.5—1ms 的 SRH 寿命不吻合。当用来解释 HIT 结构为什么可以提高硅太阳电池的 V_{oc} 值时，细致平衡模型并不是合适的理论。按照电池参数，空穴扩散长度（0.9mm）远大于 n 型 Si 基底的厚度（0.098mm）。因此，按照式(1.28)空穴携带暗电流从基底一侧到邻近另一侧的 p 型 a-Si:H 层，开路电压应当由下式计算：

$$V_{oc}=\frac{k_BT_c}{q}\ln\left(\frac{\tau J_{sc}}{qpt}\right)=\frac{E_g}{q}-\frac{k_BT_c}{q}\ln\left(\frac{qN_cN_vt}{J_{sc}n_0\tau}\right) \quad (1.29)$$

随着晶体吸收层的厚度 t（或寿命 τ）减小（或增大），开路电压对 k_BT_c/q（25.7mV，在 289K 条件下）按因子 2.72 进行增长，这与实验数据是大致吻合的[24,25]。由于基底厚度小于少数载流子扩散长度，因此此类太阳电池的性能可以由扩散模型得到很好的解释。

实际太阳电池的开路电压可以由下述经验式描述：

$$V_{oc}=\frac{E_a}{q}-\frac{\eta_Dk_BT_c}{q}\ln\left(\frac{J_{00}}{J_{sc}}\right) \quad (1.30)$$

根据之前的讨论，我们能够估算理想太阳电池的上述参数：活化能 $E_a=E_g$，二极管因子 $\eta_D=1$，二极管电流密度的指前因子 J_{00} 对温度的依赖性很低［见式(1.16)、式(1.27) 或式(1.29)］。E_g/q 与 V_{oc} 之间的理论差值随着 E_g 的增大而轻微增加（如下所述）。在非理想太阳电池中，依赖于异质结类型的不同，E_a 小于 E_g，而 η_D 的值根据载流子复合机制的不同位于 1—2 之间。Todorov 等[1,2]报道具有 η_D 值为 1.5 的 CZTSSe 多晶薄膜太阳电池的 E_a 值等于 1.06eV，略小于 1.13eV 的 E_g 值。关系式 $E_a\approx E_g$ 不仅对 Cu(In,Ga)(S,Se)$_2$ 多晶薄膜太阳电池是适用的[28]，对由溶液法生长的单晶 Si 太阳电池同样也是适用的[29]。

当 p-n 结空间电荷区内的载流子复合占主导地位、而且复合中心位于带隙中央时，我们有下列关系式：$E_a=E_g$，$\eta_D=2$，$J_{00}=qt_d\sqrt{N_cN_v}N_t\sigma_p\nu_{th}/2$ ［其中 t_d 是耗尽区（即空间电荷区）的宽度］[30]。实验中在黑暗条件下，由 p 型 Si$_{0.92}$Ge$_{0.88}$ 和 n 型 Si 构成的 p-n 结中观测到了这种类型的电流-电压特性[31]。其中的合金层生长在 Si-(111) 基底上，制备方法采用在含铝坩埚、并以铝作为溶剂的液相外延生长法。p-n 结的晶格失配约为 0.34%，悬挂键密度为 $5.5\times10^{12}cm^{-2}$，得到的 J_d 值是 $7\times10^{-8}A\cdot cm^{-2}$，这比 p-n 结的晶格失配为 0.01% 时得到的数值大两个数量级。二极管暗电流数值增大是因为来源于悬挂键的 SRH 复合中心密度 N_t 的增加，这是因为由合金效应引起的带隙收缩非常小（约为 0.03eV），以至于无法解释 J_d 的增大。

通常光伏器件在 p 型半导体和 n 型半导体之间都包含有由相同材料组成的冶金紧密结。任何一个被浅杂质重掺杂的半导体都有足够低（以至于可以忽略）的扩散电阻 R_s，因此其填充因子得到改善。由于诸如 CZTS、CZTSSe、CuInS$_2$（简写为 CIS）、Cu(In,Ga)Se$_2$（简写为 CIGSe）这些吸收层只能制备得到 p 型半导体，因此为了光伏应用必须利用另一具有 n 型导电、宽带隙的半导体来构建 p-n 异质结。如图 1.9(a) 所示，在交错带隙（类型Ⅱ）异质结中，由于能级跃变 ΔE_c，光激发电子获得能量。如果吸收到具有较窄的带隙 $E_g-\Delta E_c$，电子将在界面处与空穴复合。因此，当界面复合是决定异质结暗电流主导机制时，由 0K 推算的 qV_{oc} 值将从 E_g 减小到 $E_a=E_g-\Delta E_c$。这种能带结构不能有效地限制吸收层中的少数载流子，从而导致开路电压的降低。在如图 1.9(b) 所示的跨越带隙（类型Ⅰ）异质结中，在导带中存在有势垒尖峰 ΔE_c。p 型半导体吸收层中的少数载流子（电子）需要能量激发才能从吸收层输运到缓冲层或窗口层。电子可能会通过界面态与空穴复合。如果我们想要减小暗电流，增加开路电压，则需要降低界面态密度。如果有多个异质结在另一侧实现，那么 p 型宽带隙半导体导带中的势垒尖峰（相当于加速反向电子运动的电场）可以阻止受激电子在异质界面的复合。

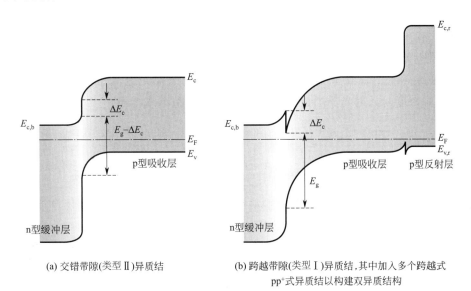

(a) 交错带隙(类型Ⅱ)异质结　　(b) 跨越带隙(类型Ⅰ)异质结,其中加入多个跨越式 pp^+ 式异质结以构建双异质结构

图 1.9　热平衡下 p-n 异质结太阳电池的能带模型

众所周知，使用双异质结可以增强发光二极管的外在效率，或减小激光二极管的阈值电流[10]。如图 1.9(b) 所示，高品质宽带隙半导体所构成的同型（pp）异质结被放置在异型（pn）异质结发射极的另一侧。少数载流子（即 p 型基质中的电子）可能会被前一异质结中的背面场所排斥，因而可以避免其界面的非辐射复合。因为基质区域被势垒和折射率低的光学介质所包围，少数载流子和光子将同时被限制在基质区域中。异质结这一有利效应被少量的薄膜太阳电池所证实[32]。这些太阳电池使用了分级双异质结构；另一方面 ELO 技术则使用了突变异质结构。最近，Kato 等[33]实现了效率为 9.2%、孔面积为 14cm² 的 CZTS 子模块。其 CZTS 薄膜是由下面章节所详细描述的两步工艺制备的。开路电压达到 0.708V；并发现位于吸收层背面的 ZnS 隔离层是有利的。尽管隔离层的特殊效应仍不明确，但可以按照背面场进行解释。

如果比例 τ_r/τ_{nr} 随着非辐射寿命 τ_{nr} 的增大而减小，那么由于吸收层中相对稀少的非辐射复合将会使开路电压得以增大。换而言之，如果图 1.8 中由支路电流源所产生的饱和暗电流密度 $(\tau_r/\tau_{nr})J_0$ 减小，则开路电压将增大。从这一角度来看，电池性能可以由以下途径得到提高：(1) 使用具有最佳带隙、高双分子复合系数（即高吸收系数）的吸收层；(2) 尽可能消除吸收层及其界面的复合中心；(3) 在不明显牺牲吸光率以保持较低光子再生因子的前提下减小吸收层的厚度；(4) 在不明显牺牲 SRH/俄歇寿命的前提下增加多数载流子浓度。值得注意的是如果使用间接带隙半导体，上述条件尤其是条件 (1) 和 (3) 无法得到满足。条件 (4) 可以通过合适的浅杂质掺杂浓度得到优化。Redinger 和 Siebentritt 发现高质量 CZTSe 吸收层的总光致发光率可以足够高（请参考本书第 16 章），他们的发现可以由上述所讨论的辐射的再发射机理进行解释，因为再发射率会随着诸如 SRH 复合中心之类的缺陷密度的降低而增大。

接下来我们考虑单色光通量为 Φ_0、光子能量为 $h\nu$ 的光入射到异质结太阳电池顶面的情况[34]。电池是由厚度分别为 t_n 和 t_p 的 n 型窗口层和 p 型吸收层，它们对应的光吸收系数分别是 α_n 和 α_p。假设 p-n 异质结界面放置在一维坐标系的 $x=0$ 处，那么在吸收层 $x>0$ 区域中的光子通量 $\Phi(x)$ 由下式得出：

$$\Phi(x)=\Phi_0 \exp(-\alpha_n t_n - \alpha_p x) \tag{1.31}$$

由于少数载流子的迁移率和扩散长度 L 在非理想太阳电池中是受到限制的，被厚吸收层中较深内部所吸收的光子不能很容易地被 p-n 结所收集。考虑到电子的产生率由 $\alpha_p \Phi(x)$ 得出，而且只有 $\exp(-x/L)$ 所决定的部分少数载流子对光电流有贡献，内量子效率 η_q（定义为光电流密度与入射光子通量 Φ_0 的比值乘以 q）由下式得出：

$$\begin{aligned}\eta_q &= \exp(-\alpha_n t_n) \int_0^{t_p} \Phi_0 \exp(-x/L) \exp(-\alpha_n t_n - \alpha_p x) dx / \Phi_0 \\ &= \frac{\alpha_p L}{\alpha_p L + 1}\left[1 - \exp\left(-\frac{\alpha_p L t_p + t_p}{L}\right)\right] \exp(-\alpha_n t_n)\end{aligned} \tag{1.32}$$

从上式可以看出，内量子效率 η_q 是扩散长度 L、吸收系数 α_p 和吸收层厚度 t_p 的增长函数。当光子能量 $h\nu$ 远大于带隙，η_q 近似等于 $\exp(-\alpha_n t_n)$。为了减少窗口层的光损失，尤其是高能区的光损失，窗口层必须尽量的薄，并且具有足够宽的带隙。另一方面，随着 $h\nu$ 减小到带隙值，内量子效率正比于 $\alpha_p L$ 并达到 0。在这种情况下，由晶格缺陷（如杂质、空位、间隙等）所引起的载流子散射将会降低内量子效率，并减小短路电流密度。这种不足可以通过提高晶体材料的品质或钝化晶格缺陷得到改善。通过测量光子能量稍大于带隙能的内量子效率，我们可以估算扩散长度，进而可以据此评估吸收层的品质。

图 1.10 描述的是太阳电池的开路电压与半导体吸收层的带隙之间的理论与实验关系。其中所看到的是本章和其它文献中所报道的高效太阳电池的开路电压值[33-38]。上部曲线是 298K、AM1.5G 辐射时且假设符合前述条件（$\tau_r/\tau_{nr}=0$）的理想太阳电池所计算的理论曲线，在最佳带隙范围（从 $E_{g,n}=1.06\text{eV}$ 到 $E_{g,w}=1.50\text{eV}$）内，随着带隙值的增大，开路电压几乎线性地从 0.823V 增加到 1.237V，而且它们的理论差 Δw 从 0.239V 稍微增加到

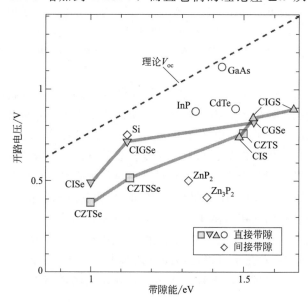

图 1.10　理想光伏电池和不同太阳电池的开路电压与带隙的关系图

0.268V。图中底端的、右侧中间的和左侧中间的曲线分别代表 CZTSSe、Cu(In,Ga)S$_2$（简写为 CIGS）、CIGSe 合金及其相关薄膜太阳电池的关系图。第一条曲线显示了贫硫合金薄膜太阳电池的开路电压随着带隙的增大趋近于与理论曲线平等增长，然而 CZTS 薄膜太阳电池的开路电压值低于这一趋势所期望的数值。Wang 等[2]得到带隙为 1.13eV 的 CZTSSe 薄膜太阳电池的开路电压值为 0.513V，比图中所示的理论值低 0.374V。与此相反，阳离子取代效应在第三条曲线中明显体现。贫镓薄膜太阳电池的理论曲线与实际曲线之间的距离在 $E_g=1.12eV$ 时达到最小。当 Ga 含量变大后，具有浅施主杂质的 CIGSe 合金很难进行 p 型掺杂[39]。这可能是差值 Δw 随着带隙的增大显著增大的一个原因[34]。另一个可能的解释是 CdS/CIGSe 异质结界面处导带的能级尖峰变得很大[40]，或者如下文所讨论的四方晶格畸变变大。图中的圆圈（或菱形框）以带隙大小升序排列代表直接带隙（或间接带隙半导体）：单晶 InP、GaAs 和 CdTe（或单晶 Si、ZnP$_2$ 和多晶 Zn$_3$P$_2$）。

在接下来的章节中，我们将讨论如何采用 CZTS 技术实现对最佳光伏吸收材料的探寻。

1.3 最佳光伏半导体的探寻

1.3.1 具有最佳带隙的单晶半导体

20 世纪 60 年代后期，我曾对应用于各类电子器件的 InP 单晶生长非常感兴趣，首先通过化学气相沉积制备外延层，然后通过温度梯度法生长体相单晶。所有非掺杂的 InP 单晶具有 n 型导电性质，我注意到由掺杂 Zn 或 Cd 的 p 型单晶组成的点接触二极管在黑暗条件比 n 型单晶表现出更好的整流特性。由于太阳电池在黑暗条件下的电流-电压曲线直接与发光曲线相关，因此在下面的章节中高效异质结太阳电池总是毫无例外地被描述为 p 型吸收层。

1.3.1.1 磷化锌

众所周知，磷化锌作为半导体化合物，具有同质多晶现象。Bhushan 和 Catalano[41]首次提出 Zn$_3$P$_2$ 有望发展为光伏材料，因为其直接带隙和矿物含量丰富的特性，并且他们以多晶 Zn$_3$P$_2$ 肖特基势垒获得了效率为 6% 的太阳电池。然而，Kimball 等[42]最近报道这一化合物的导带边 E_c 位于价带边 E_v 上方 1.38eV 处，而且电子跃迁的本质为间接跃迁特性。他们也制备了由体相 Zn$_3$P$_2$ 多晶构成的太阳电池，其表现出了 4.5% 的效率和 0.41V 的开路电压[43,44]。这些早期的报道激发了我们开始寻找新的来源丰富的光伏材料。我们首次尝试研究单斜相 ZnP$_2$ 单晶片的光伏效应[45]。它们是由置于双区硅碳棒炉中真空密封的石英管中生长的。在透明导电的 n 型 In$_2$O$_3$ 薄膜和 p 型 ZnP$_2$ 晶体之间形成了异质结，其开路电压达到 0.275V，饱和暗电流密度为 6.8×10^{-7} A·cm^{-2}。Känel 等[46]使用电解质液结方法进行改进，得到了 0.5V 的开路电压。图 1.11 给出了我们所制备的异质结的光谱响应图。在波长约 0.76μm 范围内，我们发现 E∥c（平面偏振光的电场矢量 E 平行于单斜晶体的 c 轴）具有比 $E\perp c$（平面偏振光的电场矢量 E 垂直于单斜晶体的 c 轴）较高的光响应。这与该波长区间中由允许的直接带隙所引起的较高的光吸收系数是完全吻合的，后者是最近由 Morozova 等[47]所报道的结果。然而，电子从 E_v 到 E_c 间接跃迁所要求的最低能量是 1.32eV。对于 $E\perp c$ 方向，0.83μm 处的窄峰极有可能是由直接禁带中的激子跃迁所产生。这两种磷化锌的带隙都在光伏应用所需要的最佳范围内。但是，相关电池的开路电压至今仍明显低于其带隙所期望的值（见图 1.10），这可能与其间接带隙的本质有关。另一个可能原因是它们较高的界面态密度（$>10^{13}\text{eV}^{-1}\cdot\text{cm}^{-2}$）阻碍了由表面费米能级钉扎产生的势垒的形成[48]。当 Shockley 在东京介绍其成功的单极场效应晶体管开发前史时，他问听众科研工作是否应当直达目标。他起初试图以早期场效应管取代真空管，可这一尝试是失败的，因为锗薄膜较高的表面态密度使他无法确定对应的导电机制。

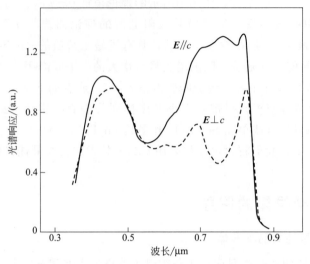

图 1.11 In_2O_3/ZnP_2 异质结太阳电池的光响应谱

1.3.1.2 磷化铟与碲化镉

我们首次研究了由 n 型 CdS 和 p 型 InP 之间的异质结构成的光伏电池[49,50]。使用纯化氢气流的气相传输法，约 $10\mu m$ 厚的外延纤锌矿相 CdS 层沉积到单晶 InP(111)A 表面。p 型单晶的生长由我们实验室开发的温度梯度法制备[51]。由于过厚的窗口层以及在异质界面处不合乎需要的固态反应，使得电池的效率被限制在 4.2%，其开路电压 V_{oc} 为 0.400V。当 CdS 沉积到(111)B 表面，V_{oc} 减小到 0.282V。后者结构被确定为具有孪晶缺陷的纤锌矿相[52]。相对于 CdS(0001)/InP(111)A 外延异质结，可能孪晶缺陷的存在使其复合中心密度 N_t 增加，从而导致 J_0 值增加，而 V_{oc} 值随之减小。我们也制备了具有 11.6% 效率的 In_2O_3/InP 异质结太阳电池[53]。使用后文所述的反应蒸发法，$0.2\mu m$ 厚的 n 型 In_2O_3 窗口层沉积到 InP(111)A 表面上。后经证实，该电池在空气中的耐热温度可达 500℃，而且当通过两步法沉积氧化物薄膜时，其转换效率可以达到 16.3%[54]：首先沉积 10nm 厚的无定形氧化铟层，然后沉积约 100nm 厚的多晶层到第一层之上，并进行 200℃ 热处理[55]。

Saito 等[56]制备了相关的高效异质结太阳电池，他们的窗口层、缓冲层、吸收层分别是原子束溅射的 150nm 厚的透明导电 ZnO 层、化学浴法沉积的约 100nm 厚的 CdS 层、p 型 InP 单晶层[受主密度为 $2.3\times10^{16}\text{cm}^{-3}$，晶面平行于 (100) 平面]。ZnO/CdS/InP 太阳电池的开路电压和填充因子分别是 0.750V 和 0.72，而且在非晶格匹配 InP 太阳电池中得到 17.4% 的最高转换效率。如果没有缓冲层，转换效率将会衰减到 10.6%，其主要原因在于短路电流密度和填充因子的减小，这可能与 InP 单晶的溅射损伤有关，另外和与之对应的由于波长减小而光谱响应减小形成的"死区"也有关。众所周知，p 型 InP 表面在高能溅射气体粒子的轰击下会转换为 n 型导电[57]。而且作为窗口材料，纤锌矿相 CdS 缓冲层已经被证实更优于闪锌矿 CdS 缓冲层（请参考第 1.3.2 小节），前者表现出的响应衰减波长位于

470nm，而后者则在 500nm。当前一种 CdS 缓冲层在 ZnO 窗口层的厚度从 45nm 增加到 240nm，二极管电容 C 逆平方对于偏压 V 的一阶导数[即 $d(C^{-2})/dV$]将增大。因此纤锌矿 CdS 层的施主密度随着厚度的增加而减小[34]。然而，闪锌矿 CdS 缓冲层的二极管电容大于纤锌矿 CdS 缓冲层的二极管电容，因而相关的一阶导数与厚度无关。Keaveney 等[58]报道了由金属有机化学气相沉积法（metal organic chemical vapor depositon，MOCVD）生长的 InP 同质 p-n 结太阳电池达到最高纪录效率为 22.0%，对应的开路电压为 0.878V。性能较差的异质结太阳电池可能是由于导带的不连续、纤锌矿 CdS 和闪锌矿 InP 之间 0.31% 的失配所导致。

Nakazawa 等[59]制备了由 n 型 In_2O_3 薄膜和 p 型 CdTe 单晶之间的异质结构成的效率为 14.4% 的太阳电池，其开路电压达到 0.892V，这是目前观测到的 CdTe 基太阳电池 V_{oc} 值最高的。约 100nm 厚的 In_2O_3 层是通过以铟在纯氧气压保持 0.1Pa 中的反应蒸发法直接沉积在晶体（111）表面的，在沉积过程中晶体被加热到 200—230℃。沉积层的电阻率为 $6\times10^{-4}\Omega\cdot cm$，光学透射率超过 80%。事实上，他们所制备的太阳电池是包埋的 p-n 同质结，原因如下：通过测量电容与电压曲线发现电池表现出线性缓变结的特征，其中受主密度梯度为 $3.3\times10^{20}cm^{-4}$。沉积区域在厚度为 $0.42\mu m$ 内的一侧的受主密度为 $6.9\times10^{15}cm^{-3}$，这与由霍尔测试得到的结果是完全一致的。太阳电池的光响应谱在波长达到 800nm 时呈现上升趋势，表明载流子寿命非常短。浅施主型杂质（如异质结界面处的铟）的扩散可以被认为是形成包埋结的可能原因。p 型光学吸收层顶表面浅施主的重掺杂被认为是改善开路电压的重要方法[34]。应当注意的是，上述高效太阳电池不需要窗口层和吸收层之间的缓冲层，这与所有常规异质结太阳电池（除了晶格匹配太阳电池之外）是相反的。这一现象可以如下事实进行解释：制备工艺中所使用反应蒸发法不会使吸收层产生任何辐射损伤，而辐射损伤在溅射方法中常常被观察到。

1.3.2 薄膜太阳电池的开发

1.3.2.1 历史

如果光伏电池工业化生产的目标是太阳电池组件的大量生产，同时原材料的消耗量最小，那么高品质半导体吸收层必须利用薄膜形式，而且同时拥有最佳的直接带隙。

第一个 CdS 太阳电池的研究是使用高温 Cu 扩散到 CdS 单晶中，因而在晶体表面形成 p 型 $Cu_{2-x}S$ 薄膜，后者被认为扮演了太阳电池中光学吸收层的角色，而其中的宽带隙 n 型 CdS 晶体则提供了分离吸收层中所产生的电子和空穴所需的势垒。基于相同结构所开发的薄膜太阳电池的效率稍低于单晶太阳电池的效率。然而，薄膜太阳电池至今由于稳定性问题仍未大规模实际应用。

1963 年，Cusano[60]报道了由 $Cu_{2-x}Te$-CdTe 异质结构成的效率为 6% 的多晶薄膜太阳电池。n 型 CdTe 薄膜由蒸气反应法沉积到 CdS：Ga，I 涂覆的玻璃基底上，而 p 型 $Cu_{2-x}Te$ 则由在温铜离子水溶液中处理薄膜而形成。1969 年，Andirovich 等[61]也报道了沉积在 SnO_2 涂覆的玻璃基底上由 n 型 CdS 和 p 型 CdTe 异质结组成的薄膜太阳电池。尽管该电池当时的效率仅为 1%，但是高转换效率的太阳电池和商用薄膜太阳电池组件都采用与之相同的器件结构。

1974 年，Wagner 等[62]研究了红外异质结光伏探测器，他们通过真空沉积法在 p 型 $CuInSe_2$ 单晶上制备了 n 型 CdS 窗口层。在随后的几年中，该课题组报道了由相同异质结构组成的效率达到12%的太阳电池,这是当时最高的转换效率[63]。1977年,Kazmerski等[64]开发了第一个由$CuInSe_2$组成的薄膜太阳电池,其转换效率为4%—5%,同时他们也报道了由CIS薄膜同质结组成的效率为3%的太阳电池[65]。

1978年,Konagai等开发了由n型(Ga,Al)As/p型GaAs异质结组成的效率为13.5%的太阳电池[66]。将30μm厚的GaAs外延薄膜沉积在(Al,Ga)As牺牲层上,而后者是生长在可重复使用的GaAs基底上。然后,前一薄膜通过选择性化学蚀刻法从后一薄膜剥离。这一方法现在被称为外延剥离法(epitaxial lift-off, ELO),并应用于高效薄膜太阳电池的制备中(如1.2.4节如讨论)[20,21]。

如表1.3所示,五种薄膜太阳电池的转换效率都达到了高于10%。所有这些太阳电池都是由具有最佳直接带隙的半导体薄膜构成,而且它们都是在过去几十年前被发明的(除了最近的一个之外),其中前三种经过广泛的研究和开发努力已经投入商业应用。最近,CZTS基薄膜太阳电池技术的进展也是引人注目,尽管事实上CZTS相关的半导体性质和光伏效应直到1988年尚未完全知晓。如本书第17章所述,IBM Thomas J. Watson研究中心的Gunawan及其合作者在过去十年内使用溶液工艺成功将CZTSSe薄膜太阳电池的效率提升至超过10%[1,2]。

表1.3 应用于薄膜太阳电池的五种吸收层所达到的最高效率

吸收层	CdTe	CIGSe	CIGS	GaAs	CZTSSe
E_g/eV	1.5	1.12	1.5	1.43	1.13
效率/%	20.4	20.3	12.9,13	28.8	12.6
实验室	First solar	ZSW	Sulfurcell, Shinshu U.	Alta Devices	IBM Watson Research Center

注:缩写CIGSe、CIGS、CZTSe分别代表$Cu(In,Ga)Se_2$、$Cu(In,Ga)S_2$或$CuInS_2/CuGaS_2$、$Cu_2ZnSn(S,Se)_4$。

1.3.2.2 CIGS薄膜太阳电池

1994年,Ogawa等[67]制备了由In_2O_3/CdS/CIS异质结组成的效率为9.7%的薄膜太阳电池。首先将堆叠的Cu/In前驱体通过真空蒸发法沉积到Mo涂覆的钠钙玻璃基底上,然后在H_2S-Ar混合气体流中以550℃进行硫化处理。我们称这种制备方法为两步法工艺,以区分于单步的共蒸发法工艺。Grindle等[68]首次研究了这一类型的太阳电池,随后Uenishi等[69]制备了ZnO/CdS/CIG薄膜太阳电池,然而当时电池的最高效率只达到3.1%。在如上所述的成功改进方法中,吸收层在KCN水溶液中进行蚀刻以去除富铜条件下形成的铜硫三元化合物杂相。CdS缓冲层在溅射了In_2O_3或ZnO窗口层之后沉积在蚀刻的薄膜之上。基于这一类工艺,一家名为Sulfurcell的衍生公司在哈恩-迈特纳研究所经过多年的孵化,于2005年向市场推出CIS薄膜太阳电池组件[70]。这是第一个由硫化物组成的可商业应用的电池组件。

1997年,Nakabayashi等[71]发现在CIS吸收层中合金化少量Ga非常有利于改进效率,可以使之超过10%。Ga层首先沉积到Mo涂覆的钠钙玻璃上,然后再在其上沉积1μm厚、Cu/In比为1.5的金属堆积层,最后将所有的前驱体进行硫化处理。当Ga层达到27nm厚时,可以得到10.5%的转换效率和0.717V的开路电压。薄膜的深度断面图显示Ga含量在薄膜与基底界面附近是最高的,可以认为有效地形成了背面场;然后在移至顶表面的过程中Ga含量逐渐减小,在顶表面处[Ga]/([Ga]+[In])的比例为2%。随着Ga层厚度的增加,该电池的短路电流密度和填充因子趋向于减小。这类电池的长波截止波长与不包含任何Ga的对应电池的近似一致,因此短路电流密度的减小并不是由于带隙的宽化所导致,而可能是由于第二相的存在所引起。使用由 Cu/In/GaS 堆叠的前驱体，Ohashi 等证实如果[Ga]/([Ga]+[In]) 的比例小于 0.2，单相 CIGS 层是可以制备的[72]。XPS 深度剖面测试表明合金层在其上表面处的[Ga]/([Ga]+[In]) 的比例接近等于零，但在移向合金层与基底界面过程中逐渐增加。1999 年，利用快速热处理工艺，这类电池的转换效率进一步被提升到 12.3%[73]。这一工艺可以有效地阻碍由富铟化合物异常析出的生长，这有可能使电池性能衰减。该电池的饱和暗电流密度等于 5.4×10^{-11} A·cm^{-2}。当硫化过程是在普通电子炉中以较低升温速率进行，那么 J_0 值将比快速热处理工艺得到的电池的对应数值高四个数量级，这一情形最终将使开路电压衰减。在一篇综述中，我们报道了 CIS 和 CIGS 薄膜太阳电池从 21 世纪开始的进展情况[74]。Hashimoto 等[75]报道 CdS/CIS 异质结的导带偏移属于第二类型的异质结，即在界面处形成 ΔE_c 的能级跃变。结合其它的文献报道，ΔE_c 值将会随着 Ga 含量的增加进一步增大[76]，可以推测 V_{oc} 值会随着 Ga 含量的增加而减小。与此相反，实验中却观察到 Ga 的加入可以使 V_{oc} 值增加，即使 Ga 的含量很小。上述合金化的有益效应似乎表明背面场使得少数载流子的非辐射寿命延长。最近 Merdes 等[38]也报道利用快速热处理工艺可以得到效率为 12.9% 的 CIS 电池，其开路电压为 0.842V，这一数值远高于我们所测得的实验数据。

Goto 等[77,78]研究了双异质结太阳电池的性能，得到 13% 的转换效率。电池的构成为：溅射 In_2O_3 窗口层，化学浴 (chemical bath deposition, CBD) 沉积 CdS 缓冲层，CIS 吸收层，$CuGaS_2$ 薄膜底层。研究发现异质结构有助于改进 CIS 薄膜太阳电池的性能。吸收层的制备条件如下：第一步通过真空蒸发法将 [Cu]/[Ga] 比为 1 厚度为 240nm 的 Ga-Cu 前驱体堆叠层沉积到 Mo 涂覆的钠钙玻璃上，然后在 Ar/H_2S 混和气体中于 530℃ 进行硫化处理，通过在 KCN 溶液中处理去除多余的铜硫物最终形成 $CuGaS_2$ 层；第二步将 [Cu]/[In] 比为 1.7 厚度为 1 μm 的 In-Cu 前驱体堆叠层沉积到上述硫化物表面。采用上述相同的制备方法，在双异质结的背面形成 pp 同型异质结。这是将异质结应用于薄膜太阳电池的一个尝试，而且发现这一结构对于改进电池在 Mo 涂覆基底上的附着是非常有帮助的[相同的情形也在 $Cu(In,Al)S_2$ 薄膜太阳电池中发现[77,78]]。

直到 1987 年，我们在探寻光伏材料的进程中（如前所述）使用含稀有金属元素（如 In、Te 等）的化合物成功地实现了高效太阳电池的制备。应当注意的是，由于这类电池的缺陷（可经济地从矿物中提取稀有金属元素）限制了其发电水平远低于全球年均电力消费的水平，因而使得寻找更丰富的替代物以取代这些稀有金属元素被提上日程。这让我想起高中时代排练过的哈姆雷特中的一句台词："赫瑞修，天地之大，比你所能梦想的大得多。"利用四元化合物半导体作为吸收层的新尝试开始了，这一化合物的制备是将 CIS 中的 In 离子的一半由 Zn 离子替换；另一半由 Sn 离子替换。

1.3.3 CZTS 薄膜太阳电池

1.3.3.1 CZTS 吸收层

CZTS 是四元化合物铜锌锡硫的缩写，这一材料近年来在光伏领域被众多研究者采用[79]。从原子排列和带隙值的角度来看，CZTS 晶体是一种黄铜矿相 (Chalcopyrite) 晶体（即铜铟二硫化物）相似材料。如果黄铜矿晶格的四方晶胞中的两个铟阳离子（其中一个位于晶胞的底面；另一个位于晶胞的侧线）被两个锡离子取代，而另外两个铟阳离子（位于晶胞的侧面）被两个锌阳离子取代（见第 3 章的详述），那么锌黄锡矿 (Kesterite) 结构

CZTS 晶体就能很容易衍生得到。另一方面，黄锡矿（Stannite）结构 CZTS 晶体也可以通过稍微复杂的过程制备：首先黄铜矿结构通过上述相同的取代方法转变为锌黄锡矿结构，然后锌黄锡矿结构中由 Cu_2ZnSnS 构成的四面体（硫阴离子位于四面体中央，被四个阳离子包围）围绕 Sn-S 键旋转 120°，这一旋转必须以顺时针或逆时针方向进行操作，以保证每一个锌阳离子都位于四方晶胞的角和中心处。在 CZTS 薄膜太阳电池原型出现之后，为了与众所周知的黄铜矿型薄膜太阳电池相区别，我们用另一名字，称之为"黄锡矿"型薄膜太阳电池，这是因为 Schäfer 和 Nitshe 在确认他们合成的四方结构 CZTS 晶体时，认为它是黄锡矿 Cu_2FeSnS_4 矿物的同构体，也是闪锌矿结构的有序类似结构[80]。

最初发现 CZTS 薄膜具有太阳电池的最佳直接带隙（1.45eV）和光吸收系数（10^4 cm^{-1}）的是信州大学（Shinshu Univeristy）的相关研究组[81]，其相关光伏参数值几乎与 CIS 的相等。我们使用原子束溅射方法制备了第一个 CZTS 薄膜，其中的加速氩离子最终被中和并轰击化合物靶。在沉积过程中，溅射室内的气压保持为 0.2Pa。溅射靶采用如下方法进行合成：将纯度为 99.999%（即"5 个 9"的纯度）元素按化学计量比混合，并在真空条件下密封在石英管中，然后以 1050℃加热两天，由此得到具有 p 型导电特性的晶体。它们依次在铝盘中挤压、研磨成细粉末，基底使用的是康宁 7059 载玻片，其温度从室温变化到 240℃；经过 2—6h 可以在上面沉积厚度为 0.3—1μm 的 CZTS 薄膜。沉积速率随着基底温度的升高而减小。与最近的发现一致，这一结果可能是由挥发性化合物或成分的再蒸发所引起的。很久以后，另一高温硫化工艺被应用于 CZTS 薄膜的制备。前驱体层与控制用量的硫粉末一起被真空密装在玻璃密封管中，硫的蒸气分压与低速溅射和两步法中的分压相当，这样就可以使挥发性成分从化合物表面的再蒸发变得困难。这一方法最初是用于开发 $CuAlS_2$ 生长[82]，后来被应用到了 CZTS 的研究中。Momose 等[83]发现当在生长 CZTS 薄膜过程中保持高于一个大气压的硫蒸气压就可以抑制锡、铜的再蒸发。由在 1.5atm（1atm＝101325Pa）硫蒸气压下经过 7 分钟 590℃硫化处理的 CZTS 薄膜组成的太阳电池具有 3.7% 的转换效率。然而，在 0.1 atm 硫蒸气压下形成的含 Sn 和 Cu 缺陷的 CZTS 薄膜的转换效率更低。

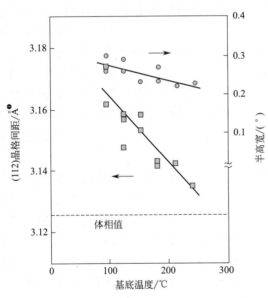

图 1.12　溅射 CZTS 薄膜的 X 射线衍射峰确定的（112）晶格间距、半高宽与基底温度的关系

图 1.12 显示的是由 X 射线衍射（X-ray diffraction，XRD）估算的溅射沉积 CZTS 薄膜（112）平面之间的晶格间距，以及（112）衍射峰的半高宽与基底温度的关系，它们都随着温度的升高而减小。晶格间距最终达到图中虚线所示的体相值，衍射峰的半高宽的变化表明在更高的温度下样品的结晶度得到增强，而且随着基底温度的升高，CZTS 薄膜的电阻率从 $4×10^3$Ω·cm 减小到 1.3Ω·cm。

---

❶　1Å＝0.1nm。

晶面定向为（112）、基底温度为120℃时溅射沉积的CZTS薄膜在$h\nu \geqslant 1.7eV$的光子能量范围内的光吸收系数如图1.13所示，可见在这种条件下制备的CZTS薄膜光吸收系数大于$3.8\times10^4 cm^{-1}$。薄膜的光吸收系数平方随着光子能量的增大而线性增大，因此可以由式(1.23)估算出薄膜的直接带隙值为1.45eV。因而，在1988年，CZTS薄膜被证实是薄膜太阳电池潜在的候选半导体，这一化合物作为吸收层材料没有任何稀有或有毒成分。

我们也首次报道了在不锈钢基底上制备的CZTS薄膜太阳电池[79,80]。在溅射过程中基底温度保持在160℃，以高透明导电氧化镉锡(CTO)[84]或In_2O_3薄膜作为窗口层。CTO窗口层的沉积方法采用上述与吸收层相同的制备技术（除了基底温度改为150℃），而In_2O_3窗口层的沉积方法则采用反应蒸发法（基底温度为200℃）。这些电池的光伏特性在AM1.5模拟太阳光照射下进行测试。尽管CTO/CZTS异质结太阳电池的短路电流密度非常小，但其开路电压V_{oc}仅为0.165V。经过在300℃氧气流中退火处理之后，其V_{oc}值可以提升到0.25V。In_2O_3/CZTS电池表现出的短路电流密度为$1mA\cdot cm^{-2}$，但其V_{oc}值低于2mV。后一种电池的光响应谱在波长为300nm处陡然上升，对应于In_2O_3薄膜的吸收边。在880nm处，它表

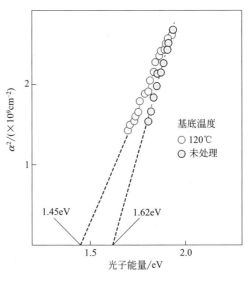

图1.13 溅射CZTS薄膜的光吸收系数平方作为光子能量函数的关系图

现出与图1.17和图1.18所示的相似的衰减趋势，对应于吸收层的直接带隙。然而，在吸收曲线上有附加的响应带尾延展到950nm的波长处，由于当时没有详细的CZTS的能带结构分析，因此没有确认这一带尾吸收的来源。理论研究表明在CZTS晶体的稳定相是锌黄锡矿结构，尽管其总能量仅比黄锡矿结构低1.3meV/原子[85]。因而可以设想在CZTS晶体两相可能会共存，而且根据生长条件的不同很容易生长具有混晶相的材料。如第四章所论述，锌黄锡矿的直接带隙理论上比黄锡矿的直接带隙宽0.14eV。因此，上述长波响应带尾可归因为锌黄锡矿基体中黄锡矿结构杂相的存在。如果吸收层是在更高的温度下制备，我们就没有观察到长波响应带尾。

1988年，我们与Nakayama尝试散喷雾热分解法制备CZTS薄膜。通过这一技术，其化学成分可以由喷雾溶液的溶质浓度进行控制[86]。由于反应进程是在常压下开展，挥发性成分从薄膜表面的再蒸发能够被抑制，并且避免了使用昂贵的真空系统。烧瓶中的溶液被压缩空气传送到玻璃喷嘴，然后在流速为$2.5\sim3.0mL\cdot min^{-1}$的气流中进行喷涂。钠钙玻璃被放置在玻璃喷嘴上方15cm处，并且被镍铬电热线加热到280—360℃。溶液通常由CuCl、$ZnCl_2$、$SnCl_4$和硫脲溶解于去离子水中配制而成，对应的浓度分别是$20mmol\cdot L^{-1}$、$10mmol\cdot L^{-1}$、$10mmol\cdot L^{-1}$和$80mmol\cdot L^{-1}$。通过在含H_2S的氩气流中进行550℃退火喷涂薄膜后就可得到完全化学计量比的CZTS薄膜。硫化过程，我们可以增加硫的含量，使其从28%—38%增加到化学计量比的50%。喷涂CZTS薄膜的晶体结构最初报道时是黄锡矿结构，但是后来Kamoun等[87]确认是锌黄锡矿结构。我们采用下面的定义式研究了化学计量比的偏差D_c，这一公式是以喷涂溶液中锌浓度作为函数变量：

$$D_c = 100 \frac{y - y_{st}}{y_{st}} (\%) \tag{1.33}$$

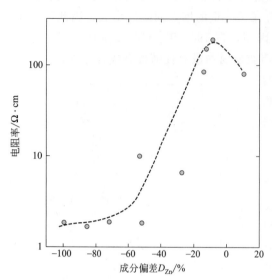

图1.14 喷涂法制备CZTS薄膜的电阻率，其中喷涂溶液中成分偏差D_{Zn}为自变量

式中，D_c可以为每一种元素进行定义；y_{st}是Cu_2ZnSnS_4中的化学计量组成；y是薄膜中测量得到的成分组成。如上所述，溶液中的锌浓度从$2mmol \cdot L^{-1}$增加到$20mmol \cdot L^{-1}$，而其它化学试剂的浓度则保持不变，所以锌的D_{Zn}值从-88%增加到$+12\%$，而锡和铜的偏差值则减小。然而，硫的成分组成近似与锌浓度无关，即$D_S \approx 0\%$。当锌浓度为$16mmol \cdot L^{-1}$时，可以得到完全化学计量比的CZTS薄膜。图1.14所示的是CZTS薄膜以D_{Zn}值作为自变量的电阻率函数曲线。单相薄膜的电阻率大于$6\Omega \cdot cm$。当薄膜的化学计量比接近1时，可以观测到最高的电阻率（$200\Omega \cdot cm$）。可是随着铜与另一种金属的比例增加，薄膜的电阻率陡然下降。当薄膜中含有Cu_2SnS_3杂相时，其表现出的电阻率非常小。CZTS薄膜也可以从水和乙醇混合溶液中制备，甚至不经过硫化过程也可以使硫成分含量（48%）接近化学计量比。薄膜的扫描电子显微镜断面测试结果表明，与没有乙醇溶剂进行喷涂得到的样品相对，加了乙醇溶剂得到的薄膜是非常平滑和致密的。根据厚度分别为$0.72\mu m$和$0.85\mu m$薄膜样品透射光谱的测试可以推算以光子能量为自变量的吸收系数谱图，从而可以估算其光学带隙为$1.46eV$，这一数值与前述的溅射沉积的四元化合物薄膜的结果完全一致。

1990年我在斯图加特大学（University of Stuttgart）作访问学者，并有机会做了关于CZTS薄膜太阳电池的学术报告。不久之后，听众中有位叫Dittrich的矿物学家拜访并与讨论了CZTS的同质多晶现象，他接触的多种矿物形式我当时都读不出发音。1998年，他与两位共同作者发表了一篇关于利用真空共蒸发法制备"锌黄锡矿"薄膜太阳电池的论文[88]。在最近的私人通信中，他对他们的薄膜样品进行了粉末X射线衍射图样的模拟，已经能够将锌黄锡矿和黄锡矿结构进行区分。1994年我受邀在新潟大学（Niigata University）举办的学术会议做了太阳电池及其薄膜材料的报告，其中就提到了CZTS材料。听众中就有Katagiri，他和他的课题组在长冈国立科技大学（Nagaoka National College of Technology）首次将两步法应用到CIS吸收层的制备。他们后来将第一步的蒸发工艺换成溅射工艺，并于2008年采用优先蚀刻处理吸收层，将CZTS薄膜太阳电池的转换效率提升至6.77%（请参考第8章或参考文献[89]）。

Momose等[90]也研究了CZTSSe薄膜太阳电池，合金层是由金属前驱体层在元素硫和元素硒蒸气中同时反应制备得到。Cu-Zn-Sn堆叠层组成的$0.65\mu m$厚的前驱体层由溅射法沉积到钠钙玻璃基底上，调控其阳离子的比例为：$[Cu]/2[Zn]=0.75$，$[Cu]/2[Sn]=0.90$，$[Zn]/[Sn]=1.2$。前驱体层、元素硫和元素硒的粉末被真空密封在玻璃管中，通过以高升温速率（310℃/min）升温至520℃的快速热处理工艺进行反应，薄膜合金中Se的成分比例可以由退火过程中玻璃管内的 Se 蒸气分压进行调控。

图 1.15 显示了（112）晶面之间的晶格间距与成分比例 [Se]/([S]+[Se]) 之间呈现的 Vegard 规律。（112）反射的峰强随着比例增大而增大，这与微观分析所发现的薄膜晶粒尺寸是硒含量的递增函数一致。图 1.16 是由扫描电子显微镜得到的 $Cu_2ZnSn(S_{0.23}Se_{0.77})_4$ 薄膜太阳电池的横截面图像，从图中可以看到晶粒的直径达到微米量级，并且其中存在少量的空洞。该电池的短路电流密度为 31.7mA/cm^2，开路电压为 300mV，转换效率达到 4.22%。电池的归一化量子效率曲线如图 1.17 所示，从中可得到吸收层的估算带隙约为 1.09eV，这一数值与 Ahn 等[91] 报道

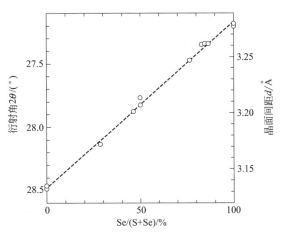

图 1.15　CZTSSe 薄膜的 X 射线衍射角 2θ、(112) 晶面间距与成分比例 Se/(S+Se) 之间的关系

的 CZTSe 薄膜的带隙值十分接近。其余的量子效率曲线表明比例 [Se]/([S]+[Se]) 为 0.50 的电池的截止光子能量为 1.36eV。

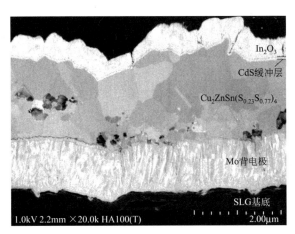

图 1.16　In_2O_3/CZTSSe 薄膜太阳电池的 SEM 断面图像

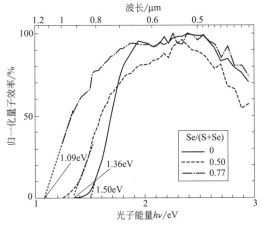

图 1.17　CZTSSe 薄膜太阳电池的归一化量子效率图谱

由上述工艺制备的性能表现最好的电池的成分比例 $x=[S]/([S]+[Se])=0.23$，而由肼基浆料工艺方法制备的性能表现最好的电池的成分比例 $x=0.09$[1,2]。Levcenco 等[92] 对四方相 CZTSSe 单晶进行了详细的研究，根据他们的研究结果，c 轴和 a 轴的晶格常数 c 和 a 之间的比例 c/a 几乎等于 2，即分别是 1.998(6) 和 1.997(5)，而对应的 x 分别是 0.125 和 0.25。这就意味着在此组成范围内四方晶格的畸变 $[2-(c/a)]$ 几乎可以忽略。Balboul 等[93] 认为通过共蒸发法调控成分比例 [Ga]/([Ga]+[In])=0.2，可以使 c/a 比值为 2，此时可以得到效率最高的 CIGSe 薄膜太阳电池。合金化的有利影响似乎表明通过消除三元和四元化合物的四方晶格畸变可以增强少数载流子的非辐射寿命。

1.3.3.2 缓冲层

CZTS 薄膜太阳电池的吸收层由 p 型多晶材料构成，因为 CZTS 很难进行浅施主杂质或缺陷掺杂，因此需要 n 型半导体与之紧密接触，并随之为电池提供电场以分离由太阳辐射激发的电子和空穴。由于置于窗口层和吸收层之间，这一薄层区域通常被称之为缓冲层。缓冲层需要具有以下必备条件：带隙足够宽，以保证太阳光能够尽量少地被缓冲层吸收损失而到达吸收层；p-n 异质结属于跨越类型，而且导带尖峰 ΔE_c 大小适当；异质结的晶格失配必须尽量小以减少悬挂键密度；缓冲层的沉积工艺不会损伤吸收层表面，因此使用溅射方法沉积缓冲层是不可取的；即使吸收层的表面相当粗糙，也应当避免窗口层和吸收层的直接接触（从这一点来看，使用真空蒸发沉积缓冲层并不合适）。

由于可以极大地满足上述必备条件，化学浴沉积的 CdS 薄膜通常被用作缓冲层。化学浴沉积方法本身就属于低温工艺方法，缓冲层在由 CdI_2、NH_4I、$SC(NH_2)_2$ 组成的 80℃ 水溶液中进行沉积[94]。得到的缓冲层薄膜具有纤锌矿结构，而且根据式（1.23）可以确定其直接带隙为 $E_g=2.62eV$。这一带隙值明显大于其对应的体相单晶的带隙值（2.53eV）。薄膜带隙的宽化与其折射率和晶格常数 a 的减小是一致的，这一变化对于光伏应用比较有利。而这些性质变化可归因于纤锌矿层的微晶本质属性。缓冲层在黑暗条件下的电阻率处于 $10^{8-10}\Omega\cdot cm$ 数量级，在照射条件下其电阻率将减小 5 个数量级。与闪锌矿 CdS 层相比，纤锌矿 CdS 层具有更低的施主密度，因而可能使其光电导明显增强，从而最终延长了载流子寿命。需要提及的是，虽然 CdS 体相材料趋向于结晶为纤锌矿结构，但化学浴法制备的 CdS 薄膜的结构依赖于制备条件。我们发现利用气相输运反应方法，可以在单晶 InP 基底上得到六方纤锌矿 CdS 单相薄膜，这与两者之间特殊的外延关系相关[52]。然而在含氯溶液中进行化学浴沉积合成的 CdS 薄膜是闪锌矿结构，这一结构具有更长的键长和更窄的带隙（2.45 eV）。在两种晶体结构中，每一个 S 阴离子都被四个最近邻的 Cd 阳离子所包围，Cd 阳离子位于四面体的顶角处，在阴阳离子之间形成带部分离子键的共价键。在六方纤锌矿结构（或立方闪锌矿结构）晶体中，阴离子被表示为大小相等的小球，并周期性排列在六方结构的密排面（或立方结构的密排面）上，而阳离子则占据每个晶格序列中另一半交替四面体的空隙。当作为光伏应用时，我们应当注意所合成薄膜形态的材料的物理性质、晶体结构是否与其对应的体相材料一致。

从环境保护的角度来看，使用 CdS 作为缓冲层材料并不理想。制备过程中使用的电子、电气设备包含有如镉之类的有毒物质，而镉是被欧盟有毒物质限制标准（EU's Restriction of Hazardous Substances，RoHS）直接限制的一种有害物质。Htay 等[95]曾考虑将 ZnO 薄膜作为缓冲层的替代材料，其制备工艺采用超声搅拌喷雾热解法（ultrasonically agitated spray pyrolysis）在 CZTS 薄膜上进行沉积，沉积温度设定为从 300℃ 变化到 400℃，ZnO 缓冲层的厚度从 60nm 变化到 200nm，对应地所制备的缓冲层的电阻率随着沉积温度的降低从 $56\Omega\cdot cm$ 变化到 $5.3\times10^4\Omega\cdot cm$。当 ZnO 缓冲层的厚度约为 60nm 时，其电阻率处在 $10^3\Omega\cdot cm$ 的量级，由此组成的薄膜太阳电池的转换效率为 4.29%。而相应的开路电压为 0.65V，短路电流密度为 $13.8mA/cm^2$。图 1.18 对比了 ZnO：Al/ZnO/CZTS 异质结构太阳电池和 In_2O_3/CdS/CZTS 异质结构太阳电池的归一化量子效率，前者在波长小于 510nm 范围内的量子效率高于后者。因为化学浴制备的 CdS 的带隙比 ZnO 的带隙（$E_g=3.37eV$）窄，因此前者在短波范围内的光吸收是不可忽略的。

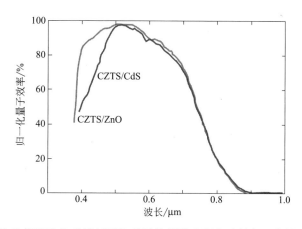

图 1.18　ZnO/CZTS 和 CdS/CZTS 异质结薄膜太阳电池的归一化量子效率谱图

1.4　结论

CZTS 基薄膜太阳电池是提供大量廉价电力的极具潜力的光伏器件。根据细致平衡原理的理论计算，由 CZTS 构成的理想太阳电池的能量转换效率可以达到 32%。CZTS 基薄膜太阳电池的下一个技术开发目标是将其转换效率达到理论极限的一半，这将足以大幅降低使系统平衡的每峰瓦电力成本。CZTS 的光吸收系数前因子达到 $10^4\,\mathrm{cm}^{-1}$ 量级，这表明其太阳电池可采用薄膜形态；同时由于使用地壳中含量丰富的元素作为太阳电池的组分，因而可以大幅降低太阳电池的材料成本。

在此，我们需要在开发 CZTS 基薄膜太阳电池组件之前指出一些技术问题。目前电池的开路电压比理想 p-n 结的对应值低很多，提高开路电压的方法是尽可能去除吸收层上由如 SRH 之类的缺陷所产生的复合中心，而在异质结界面上进行可能的浅施主掺杂改性也可能增强这种方法的效果。研究双异质结能否有效限制薄膜太阳电池吸收层中的少数载流子是十分有意思的。通过真空工艺方法生长 CZTS 薄膜需要十分昂贵的设备，而且由于成分的挥发性致使所制备的化合物常常存在成分流失的情况。从这一点来看，非真空工艺技术对制备薄膜太阳电池具有很明显的优势。未来的研究工作需要考虑如何将四元化合物中第二相的形成最小化。

CZTS 基薄膜太阳电池制备技术仍面临着巨大的挑战。人们都说本萨利姆岛（Island of Bensalem）上的居民敢于在自然条件下共同争取他们的生存目标[96]，今天全世界的人们也不应停止这样的不懈追求。

致谢

非常感谢信州大学 Y. Hashimoto 教授、欧盟委员会联合研究中心 A. Jäger-Waldau 博士、信州大学 M. T. Htay 博士的有益讨论，同时也非常感谢长冈国立科技大学 N. Momose 博士对于本文有益的讨论和协助。

参　考　文　献

[1]　Todorov, T. K., Tang, J., Bag, S., Gunawan, O., Gokmen, T., Zhu, Y. & Mitzi, D.B. (2013) Beyond

11% efficiency: Characteristics of state-of-the-art Cu$_2$ZnSn(S,Se)$_4$ solar cells. Advanced Energy Materials, 3, 34-38.

[2] Wang, W., Winkler, M. T., Gunawan, O., Gokmen, T., Todorov, T. K., Zhu, Y. & Mitzi, D. B. (2013) Device characteristics of CZTSSe thin-film solar cells with 12.6% efficiency. Advanced Energy Materials, published online November 2013, doi: 10.1002/aenm.201301465 (2013).

[3] NREL (2014) Reference Solar Spectral Irradiance: ASTM G-173. National Renewable Energy Laboratory. Available at http://rredc.nrel.gov/solar/spectra/ (accessed 10 July 2014).

[4] Kopp, G. & Lean, J. (2011) A new, lower value of total solar irradiance: Evidence and climate significance. Geophysical Research Letters, 38, L01706.

[5] Meinel, A. B. & Meinel, M. P. (1976) Applied Solar Energy: An Introduction. Addison-Wesley Publishing, New York.

[6] Jacquemoud, S. & Ustin, S. L. (2003) Application of radiative transfer models to moisture content estimation and burned land mapping. Joint European Association of Remote Sensing Laboratories (EARSeL) and GOFC/GOLD-Fire Program, 4th Workshop on Forest Fires, Ghent University.

[7] Shockley, W. & Queisser, H. J. (1961) Detailed balance limit of efficiency of p-n Junction solar cells. Journal of Applied Physics, 32, 510-519.

[8] Yablonovitch, E., Miller, O. & Kurtz, S. (2012) Strong internal and external luminescence as solar cells approach the Shockley-Queisser Limit. IEEE Journal of Photovoltaics, 2, 303-311.

[9] Smith, R. A. (1959) Semiconductors. Cambridge University Press, Cambridge.

[10] Schubert, E. F. (2003) Light-emitting Diodes. Cambridge University Press, Cambridge.

[11] Ahrenkiel, R. K. (1992) Measurement of minority-carrier life time by time-resolved photo-luminescence. Solid-State Electronics, 35, 239-250.

[12] Shockley, W. & Read, W. T. (1952) Statistics of the recombinations of holes and electrons. Physical Review, 87, 835-842.

[13] Lundstrom, M. (2000) Fundamentals of Carrier Transport, 2nd edition. Cambridge University Press, Cambridge.

[14] Green, M. A. (1981) Solar cell fill factors: general graph and empirical expressions. Solid-State Electronics, 24, 788-789.

[15] Bohren, C. F. & Huffman, D. R. (1983) Absorption and Scattering of Light by Small Particles. John Wiley & Sons, New York.

[16] Sneep, M. & Ubachs, W. (2005) Direct measurement of the Rayleigh scattering cross section in various gases, Journal of Quantitative Spectroscopy & Radiative Transfer, 92, 293-310.

[17] Orphal, J. (2003) A critical review of the absorption cross-sections of O$_3$ and NO$_2$ in the ultraviolet and visible. Journal of Photochemistry & Photobiology A: Chemistry, 157, 185-209.

[18] Abrams, Z. R., Gharghi, M., Niv, A., Gladden, C. & Zhang, X. (2012) Theoretical efficiency of 3rd generation solar cells: Comparison between carrier multiplication and down-conversion. Solar Energy Materials and Solar Cells, 99, 308-315.

[19] Sağol, B. E., Erol, B., Seidel, U., Szabó, N., Schwarzburg, K. & Hannappel, T. (2007) Basic concepts and interfacial aspects of high-efficiency III-V multijunction solar cells. CHIMIA, 61, 775-779.

[20] Kayes, B. M. (2012) Light management in single junction III-V solar cells, a plenary talk from SPIE Optics+Photonics 2012.

[21] Kayes, B. M., Hui, N., Twist, R., Spruytte, S. G., Reinhardt, F., Kizilyalli, I. C. & Higashi, G. S. (2011) Proceedings of 37th Photovoltaic Specialists Conference, IEEE, New York, pp. 4-8.

[22] Fujishima, D., Yano, A., Kinoshita, T., Taguchi, M., Maruyama, E. & Tanaka, M. (2012) An approach for the higher efficiency in the HIT cells. Panasonic Technical Journal, 57, 40-45.

[23] Taguchi, M., Yano, A., Tohoda, S., Matsuyama, K., Nishiwaki, T., Fujita, K. & Maruyama, E. (2014) 24.7% record efficiency HIT solar cell on thin silicon wafer. IEEE Journal of Photovoltaics, 4, 96-99.

[24] Mishima, T., Taguchi, M., Sakata. H. & Maruyama, E. (2011) Development status of highefficiency HIT solar cells. Solar Energy Materials & Solar Cells, 95, 18-21.

[25] Taguchi, M., Sakata, H., Yoshimine, Y., Maruyama, E., Terakawa, A. & Tanaka, M. (2005) An approach for the higher efficiency in the HIT cells. In Proceedings of the 31st IEEE Photovoltaic Specialists Conference, Orlando, FL, USA, 3-7 January, pp. 866-871.

[26] van Roosbroeck, W. & Shockley, W. (1954) Photon-radiative recombination of electrons and holes in germanium. Physical Review, 94, 1558-1560.

[27] Hovel, H. J. (1975) Solar cells. In Semiconductors and Semimetals, Vol. 11 (eds A. C. Beer & R. K. Willardson), Academic Press, New York.

[28] Rusu, M., Eisele, W., Würz, R., Ennaoui, A., Lux-Steiner, M. Ch., Niesen, T. P. & Karg, F. (2003) Current transport in ZnO/ZnS/Cu(In,Ga)(S,Se)$_2$ solar cell. Journal of Physics and Chemistry of Solids, 64, 2037-2040.

[29] Ito, K. & Kojima, K. (1980) Solution-grown silicon solar cells. Japanese Journal of Applied Physics, 19-2, 37-41.

[30] Sah, C. T., Noyce, R. N. & Shockley, W. (1957) Carrier generation and recombination in p-n junctions and p-n junction characteristics. Proceedings of the IRE, 45, 1228-1243.

[31] Ito, K. (1980) Effect of lattice misfit on p-n junction characteristics. Applied Physics Letters, 36, 577-579.

[32] Contreras, M. A., Tuttle, J., Gabor, A., Tennant, A., Ramanathan, K., Asher, S., Franz, A., Keane, J., Wang, L., Scofield, J. & Noufi, R. (1994) High efficiency Cu(In,Ga)Se$_2$-based solar cells: processing of novel absorber structures. Proceedings of the 1st World Conference on Photovoltaic Energy Conversion, IEEE, New York, pp. 68-75.

[33] Kato, T., Hiroi, H., Sakai, N., Muraoka, S. & Sugimoto, H. (2012) Characterization of front and back interfaces on Cu$_2$ZnSnS$_4$ thin-film solar cells. Proceedings of 27th European Photovoltaic Solar Energy Conference and Exhibition, Frankfurt, pp. 2236-2239.

[34] Ito, K., Matsumoto, N., Horiuchi, T., Ichino, K., Shimoyama, H., Ohashi, T., Hashimoto, Y., Hengel, I., Beier, J., Klenk, R., Jäger-Waldau, A., Lux-Steiner, M. Ch. (2000) Theoretical model and device performance of CuInS$_2$ thin film solar cell. Japanese Journal of Applied Physics, 39, 126-136.

[35] Contreras, M., Mansfield, L., Egaas, B., Li, J., Romero, M., Noufi, R., Rudiger-Voigt, E. & Mannstadt, W. (2011) Improved energy conversion efficiency in wide-bandgap Cu(In,Ga)Se$_2$ solar cells. In Proceedings of the 37th IEEE Photovoltaic Specialists Conference, Seattle, NREL/CP-5200-50669.

[36] Repins, I., Beall, C., Vora, N., DeHart, C., Kuciauskas, D., Dippo, P., To, B., Mann, J., Hsu, W. C., Goodrich, A. & Noufi, R. (2012) Co-evaporated Cu$_2$ZnSnSe$_4$ films and devices. Solar Energy Materials and Solar Cells, 101, 154-159.

[37] Repins, I. L., Li, J. V., Kanevce, A., Perkins, C. L., Steirer, K. X., Pankow, J., Teeter, G., Kuciauskas, D., Beall, C., Dehart, C., Carapella, J., Bob, B., Park, J.-S. & Wei, S.-H. (2014) Effects of deposition termination on CZTSe device characteristics. Thin Solid Films, in press.

[38] Merdes, S., Mainz, R., Klaer, J., Meeder, A., Rodriguez-Alvarez, H., Schock, H. W., Lux-Steiner, M. Ch. & Klenk, R. (2011) 12.6% efficient CdS/Cu(In,Ga)S$_2$-based solar cell with an open circuit voltage of 879 mV prepared by a rapid thermal process. Solar Energy Materials and Solar Cells, 95, 864-869.

[39] Persson, C., Zhao, Y. J., Lany, S. & Zunger, A. (2005) n-type doping of CuInSe$_2$ and CuGaSe$_2$. Physical Review B, 72, 035211.

[40] Gloeckler, M. & Sites, J. R. (2005) Efficiency limitations for wide-band-gap chalcopyrite solar cells. Thin Solid Films, 480-481, 241-245.

[41] Bhushan, M. & Catalano, A. (1981) Polycrystalline Zn$_3$P$_2$ Schottky barrier solar cells. Applied Physics Letters, 38, 39-41.

[42] Kimball, G. M., Müller, A. M., Lewis, N. S. & Atwater, H. A. (2009) Photoluminescence-based measurements of the energy gap and diffusion length of Zn$_3$P$_2$. Applied Physics Letters, 95, 112103.

[43] Kimball, G. M., Lewis, N. S. & Atwater, H. A. (2010) Mg doping and alloying in Zn_3P_2 heterojunction solar cells. In Proceedings of 35th Photovoltaic Specialists Conference, IEEE, New York, pp. 1039-1043.

[44] Bosco, J. P., Demers, S. B., Kimball, G. M., Lewis, N. S. & Atwater, H. A. (2012) Band alignment of epitaxial ZnS/Zn_3P_2 heterojunctions. Journal of Applied Physics, 112, 093703.

[45] Ito, K., Matsuura, Y., Nakazawa, T. & Takenouchi, H. (1981) Photovoltaic effect in monoclinic ZnP_2. Japanese Journal of Applied Physics, 20-2, 109-112.

[46] von Känel, H., Hauger, R. & Wachter, P. (1982) Photoelectrochemistry of monoclinic ZnP_2: A promising new solar cell material. Solid State Communications, 43, 619-621.

[47] Morozova, V., Marenkin, S., Koshelev, O. & Trukhan, V. (2006) Optical absorption in monoclinic zinc diphosphide. Inorganic Materials, 42, 221-225.

[48] Bube, R. H. (1998) Photovoltaic Materials. Imperial College Press, London.

[49] Ohsawa, T. & Ito, K. (1974) n CdS-p InP heterojunctions. Proceedings of Shin-etsu Meeting of the Institute of Electronics and Communication Engineers, Japan, Shinshu University, 7-12 October.

[50] Ito, K. & Ohsawa, T. (1975) Photovoltaic effect at n CdS-p InP heterojunctions. Japanese Journal of Applied Physics, 14, 1259-1260.

[51] Ito, K. & Ito, H. (1978) Growth of p-type InP single crystals by the temperature gradient method. Journal of Crystal Growth, 45, 248-251.

[52] Ito, K. & Ohsawa, T. (1977) Epitaxial CdS layers deposited on InP substrates. Japanese Journal of Applied Physics, 16, 11-18.

[53] Ito, K. & Nakazawa, T. (1979) n In_2O_3-p InP solar cells. Surface Science, 86, 492-497.

[54] Ito, K. & Nakazawa, T. (1985) Heat-resisting and efficient indium oxide/indium phosphide heterojunction solar cells. Journal of Applied Physics, 58, 2638-2639.

[55] Ito, K., Nakazawa, T. & Ohsaki, K. (1987) Amorphous to crystalline transition of indium oxide films deposited by reactive evaporation. Thin Solid Films, 151, 215-222.

[56] Saito, S., Hashimoto, Y. & Ito, K. (1994) Efficient ZnO/CdS/InP heterojunction solar cell. In Proceedings of 1st World Conference on Photovoltaic Energy Conversion, IEEE, New York, vol. 2, pp. 1867-1870.

[57] Bube, R. H. (1980) Heterojunctions for thin film solar cells. In Solar Material Science (ed. L. E. Murr). Academic Press, New York, pp. 585-618.

[58] Keaveney, C. J., Haven, V. E. & Vernon, S. M. (1990) Emitter structures in MOCVD InP solar cells. In Proceedings of 21st Photovoltaic Specialists Conference, IEEE, New York, vol. 1, pp. 141-144.

[59] Nakazawa, T., Takamizawa, K. & Ito, K. (1987) High efficiency indium oxide/cadmium telluride solar cells. Applied Physics Letters, 50, 279-280.

[60] Cusano, D. A. (1963) CdTe solar cells and PV heterojunctions in II-VI compounds. Solid-State Electronics, 6, 217-232.

[61] Andirovich E I, Ivl Y, Yuabov GR, Yagudaev [J]. Sov. Phys. Sem, 1969, 63: 61.

[62] Wagner, S., Shay, J. L., Migliorato, P. & Kasper, H. M. (1974) $CuInSe_2$/CdS heterojunction photovoltaic detectors. Applied Physics Letters, 25, 434-435.

[63] Shay, J. L., Wagner, S. & Kasper, H. M. (1975) Efficient $CuInSe_2$/CdS solar cells. Applied Physics Letters, 27, 89-90.

[64] Kazmerski, L. L., White, E. R., Ayyagari, M. S., Juang, Y. J. & Patterson, R. P. (1977) Growth and characterization of thin-film compound semiconductor photovoltaic heterojunctions. Journal of Vacuum Science & Technology, 14, 65-68.

[65] Kazmerski, L. L. & Sanborn, G. A. (1977) $CuInS_2$ thin-film homojunction solar cells. Journal of Applied Physics, 48, 3178-3180.

[66] Konagai, M., Sugimoto, M. & Takahashi, K. (1978) High-efficiency GaAs thin-film solar-cells by peeled film technology. Journal of Crystal Growth, 45, 277-280.

[67] Ogawa, Y., Jäger-Waldau, A., Hashimoto, Y. & Ito, K. (1994) In_2O_3/CdS/$CuInS_2$ thin film solar cell with

9.7% efficiency. Japanese Journal of Applied Physics, 33, L1775-1777.

[68] Grindle, S. P., Smith, C. W. & Mittleman, S. D. (1979) Preparation and properties of $CuInS_2$ thin films produced by exposing sputtered Cu-In films to an H_2S atmosphere. Applied Physics Letters, 35, 24-26.

[69] Uenishi, S., Tohyama, K. & Ito, K. (1994) Photovoltaic characteristics of thin film $CdS/CuInS_2$ heterojunctions. Solar Energy Materials and Solar Cells, 35, 231-237.

[70] Klenk, R. & Lux-Steiner, M. Ch. (2006) Chalcopyrite-based solar cells. In Thin Film Solar Cells: Fabrication, Characterization and Applications (eds J. Poortmans & V. Arkhipov). John Wiley & Sons, Chichester.

[71] Nakabayashi, T., Miyazawa, T., Hashimoto, Y. & Ito, K. (1997) Over 10% efficiency $CuInS_2$ solar cell. Solar Energy Materials and Solar Cells, 49, 375-381.

[72] Ohashi, T., Wakamori, M., Hashimoto, Y. & Ito, K. (1998) $Cu(In_{1-x}Ga_x)S_2$ thin films prepared by sulfurization of precursors consisting of metallic and gallium sulfide layers. Japanese Journal of Applied Physics, 37, 6530-6534.

[73] Ohashi, T., Hashimoto, Y. & Ito, K. (1999) $Cu(In_{1-x}Ga_x)S_2$ thin film solar cells with efficiency above 12%, fabricated by sulfurization. Japanese Journal of Applied Physics, 38, L748-L750.

[74] Ito, K. & Hashimoto, Y. (2001) $CuInS_2$ thin film solar cells. In Ternary and Multinary Compounds in the 21st Century (ed. T. Matsumoto). IPAP Books I, Institute of Pure and Applied Physics, Tokyo, pp. 342-347.

[75] Hashimoto, Y., Takeuchi, K. & Ito, K. (1995) Band alignment at $CdS/CuInS_2$ heterojunction. Applied Physics Letters, 67, 980-982.

[76] Johnson, B., Klaer, J., Vollmer, A., Gorgoi, M., Höpfner, B., Merdes, S. & Lauermann, I. (2012) The development of the $Cu(In,Ga)(S,Se)_2$ conduction band with changing stoichiometry: a NEXAFS study. In Proceedings of EMRS, Strasbourg.

[77] Goto, H., Hashimoto, Y. & Ito, K. (2004) Efficient thin film solar cell consisting of $TCO/CdS/CuInS_2/CuGaS_2$ structure. Thin Solid Films, 451-452, 552-555.

[78] Inazu, T., Bhandari, R. K., Kadowaki, Y., Hashimoto, Y. & Ito, K. (2005) $Cu(In,Al)S_2$ thin film solar cell. Japanese Journal of Applied Physics, 44, 1204-1207.

[79] Ito, K. & Nakazawa, T. (1989) Stannite-type photovoltaic thin films. In Proceedings of 4th Conference on Photovoltaic Science and Engineering, Sydney, pp. 341-346.

[80] Schäfer, W. & Nitsche, R. (1974) Tetrahedral quaternary chalcogenides of the type Cu_2-II-IV $S_4(Se)_4$. Materials Research Bulletin, 9, 645-654.

[81] Ito, K. & Nakazawa, T. (1988) Electrical and optical properties of stannite-type quaternary semiconductor thin films. Japanese Journal of Applied Physics, 27, 2094-2097.

[82] Bhandari, R. K., Hashimoto, Y. & Ito, K. (2004) $CuAlS_2$ thin-films prepared by sulfurization of metallic precursors and their properties. Japanese Journal of Applied Physics, 43, 6890-6893.

[83] Momose, N., Htay, M. T., Yudasaka, T., Igarashi, S., Seki, T., Iwano, S., Hashimoto, Y. & Ito, K. (2011) Cu_2ZnSnS_4 thin film solar cells utilizing sulfurization of metallic precursor prepared by simultaneous sputtering of metal targets. Japanese Journal of Applied Physics, 50, 01BG09.

[84] Nakazawa, T. & Ito, K. (1989) Atom-beam sputtering of transparent conductive oxide thin films and their applications to heterojunctions. Surface Science, 27, 753-763.

[85] Persson, C. (2010) Electronic and optical properties of Cu_2ZnSnS_4 and $Cu_2ZnSnSe_4$. Journal of Applied Physics, 107, 053710.

[86] Nakayama, N. & Ito, K. (1996) Sprayed films of stannite Cu_2ZnSnS_4. Applied Surface Science, 92, 171-175.

[87] Kamoun, N., Bouzouita, H. & Rezig, B. (2007) Fabrication and characterization of Cu_2ZnSnS_4 thin films deposited by spray pyrolysis technique. Thin Solid Films, 515, 5949-5952.

[88] Friedlmeier, T. M., Dittrich, H. & Schock, H. W. (1998) Growth and characterization of Cu_2ZnSnS_4 and $Cu_2ZnSnSe_4$ thin films for photovoltaic applications. In Institute of Physics Conference Series, vol. 152, Section B, pp. 345-348. Institute of Physics, London.

[89] Katagiri, H., Jimbo, K., Yamada, S., Kamimura, T., Maw, W. S., Fukano, T., Ito, T. & Motohiro,

T. (2008) Enhanced conversion efficiencies of Cu_2ZnSnS_4-based thin film solar cells by using preferential etching technique. Applied Physics Express, 1, 041201.

[90] Momose, N., Htay, M. T., Sakurai, K., Iwano, S., Hashimoto, Y. & Ito, K. (2012) $Cu_2ZnSn(S_xSe_{1-x})_4$ thin film solar cells utilizing simultaneous reaction of a metallic precursor with elemental sulfur and selenium vapor sources. Applied Physics Express, 5, 081201.

[91] Ahn, S., Jung, S., Gwak, J., Cho, A., Shin, K., Yoon, K., Park, D., Cheong, H. & Hyun, J. (2010) Determination of band gap energy (E_g) of $Cu_2ZnSnSe_4$ thin films: On the discrepancies of reported band gap values. Applied Physics Letters, 97, 021905.

[92] Levcenco, S., Dumcenco, D., Wang, Y. P., Huang, Y. S., Ho, C. H., Arushanov, E., Tezlevan, V. & Tiong, K. K. (2012) Influence of anionic substitution on the electrolyte electroreflectance study of band edge transition in single crystal $Cu_2ZnSn(S_xSe_{1-x})_4$ solid solutions. Optical Materials, 34, 1362-1365.

[93] Balboul, M. R., Schock, H. M., Fayak, S. A., Abdel El-Aal, A., Werner. J. H. & Ramadan, A. A. (2008) Correlation of structure parameters of absorber layer with efficiency of $Cu(In,Ga)Se_2$ solar cell. Applied Physics A, 92, 557-563.

[94] Nakanishi, T. & Ito, K. (1994) Properties of chemical bath deposited CdS thin films. Solar Energy Materials and Solar Cells, 35, 171-178.

[95] Htay, M. T., Hashimoto, Y., Momose, N., Sasaki, K., Ishiguchi, H., Igarashi, S., Sakurai, K. & Ito, K. (2011) A cadmium-free Cu_2ZnSnS_4/ZnO heterojunction solar cell prepared by practicable processes. Japanese Journal of Applied Physics, 50, 032301.

[96] Spedding, J. (1905) Preface to the New Atlantis. In The Philosophical Works of Francis Bacon (ed. Robertson, J. M.), Routledge, Oxford.

2 CZTS 基薄膜太阳电池的市场挑战

Arnulf Jäger-Waldau

European Commission, Joint Research Centre; Renewable Energy Unit,

Via Enrico Fermi 2749, 21027 Ispra, Italy

2.1 引言

2013 年全球太阳电池的产量数据(即:对于硅晶片基太阳电池而言仅指电池产品;对于薄膜太阳电池而言,则是指完全集成的组件)表明太阳电池发电量在 38—43GW 之间浮动,估计(译者注:按本书写作时的数据为基础,余同)2014 年的发电量将在 45—50GW。这些数据的不确定性主要是由竞争非常激烈的市场环境所导致,同时也是因为部分公司报道的是出货数字,而其它公司报道的却是售出或生产数字。2013 年的特征是主要光伏市场从欧洲移到了亚洲,根本原因是中国和日本需求的急增。

如图 2.1 所示,从股票市场公司的市场报告、同行发布的市场报告等收集整理的数据可以估算 2013 年全球光伏技术的总发电量为 40 GW,与 2012 年相比增长了约 15%;预计 2014 年会有相似的增幅。

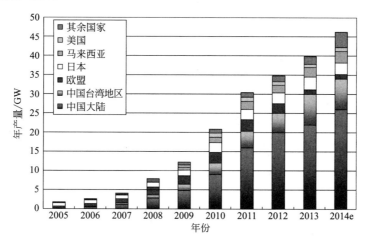

图 2.1 2005 年至 2014 年全球光伏电池/组件产量

数据来源于 Photon Magazine、PV Activities in Japan、PV News 以及个人分析,更多的颜色细节请参阅文前的彩图部分

从 2000 年开始,光伏总产量以两位数幅度增长,每年的增幅速率为 40%—90%。在过去五年中,可以发现亚洲每年的增幅是最迅猛的,其中中国大陆地区和台湾地区产量之和占

了全球产量的 75%。

光伏产业所存在的产能过剩导致整个产业链上持续的价格压力，并使得多晶硅材料、太阳能硅片和电池以及太阳能电池组件的现货市场价格下降。从 2008 年开始，光伏组件价格下跌 80%；而且单单 2012 年就下跌了 20%，直到 2013 年之前下跌才相对较缓慢[1]。价格急剧下跌使所有太阳能企业的生存压力巨大，寻求新资金成为其生存的关键。目前普遍的观点是这一现状至少将要持续到 2015 年，那时全球光伏市场应当有超过 50GW 的新装机需求。

在过去四年中，太阳电池组件市场经历了从供应受限到需求驱动，再到产能过剩的变化，这一变化导致光伏系统的价格急剧下跌超过 50%。2013 年在德国光伏市场，小于 100kWp（千瓦峰值，kilowatt peak）系统的平均价格在 1.51 欧元/Wp（相当于 1.95 美元/Wp）范围，而在年末时为 1.40 欧元/Wp（相当于 1.82 美元/Wp）[2]。2014 年 2 月，全球住宅安装系统的平均价格（包括许可和连接成本）为 1.93 美元/Wp，价格范围从德国的 US\$ 1.67/Wp（1.29 欧元/Wp）到其它地区的 2.90 美元/Wp[3]；商用光伏系统的价格则在 1.22—2.40 美元/Wp 之间[3]。根据彭博新能源财经（Bloomberg New Energy Finance）2014 年初的估算，一个非跟踪光伏系统工程总的基本建设费用（包括项目成本和许可成本）在 1.35—4.33 美元/Wp 之间[4]。因此，均化发电成本（levelized costs of electricity，LCOE）也依赖于太阳辐射、安装和维护（Operation and Maintenance，O&M）成本、股本回报预期，而这些成本在不同国家和地区是不同的。据此估算，光伏发电的总价格范围在 82—329 美元/MWh 之间[4]。

市场预测 2014 年光伏产量在 40—52GW 之间[5-9]，而共识的数值为 45GW。分析家期望 2015 年由于亚洲和南美洲新兴市场的驱动这一数值会有进一步的增长。在太阳能设备市场从 2010 年的 120 亿—130 亿美元收缩到 2013 年的 20 亿—25 亿美元之后，分析家期望 2014 年和 2015 年能有 30%—40%的增长。目前现存的光伏设备需要以更先进的产品或更高效的电池进行升级，但是甚至 GW 级的扩张计划也同时在宣布在 2013 年下半年开始进行。

这一领域众多新成员（尤其是大半导体或能源公司）的涌入过度补充了大量倒闭公司或闲置的生产线、甚至生产设施永久封存的企业。这一行业的快速变化表现在一方面融资困难，另一方面是越来越明显的并购趋势，这就意味着要对将来的发展做出合理的预测具有很大的困难。

2.2 化合物薄膜技术与制造

薄膜太阳电池组件的年产量 2005 年第一次超过了 100MW。2005 年到 2009 年之间，薄膜太阳电池组件产量的复合年增长率（compound annual growth rate，CAGR）超过了整个行业，薄膜产品的市场份额从 2005 年的 6%增长为 2007 年的 10%，再增长到 2009 年的 16%—20%。在此期间，硅的临时性短缺以及成套设备供应商的市场准入对薄膜太阳电池组件市场份额的快速增长有所贡献。但是，从此之后薄膜太阳电池的份额却逐渐下降。这是由诸多原因共同作用造成的：首先，多晶硅产能的快速增长导致硅价格的下跌；其次，2010 年大于 150%的光伏市场增长导致 2011 年设备支出达到约 140 亿美元的峰值，并且积聚了大量的产能过剩；再次，新薄膜太阳电池的生产工厂低于预期的斜坡上升，低于预期的效率提升，这都使得薄膜太阳电池的容量增长远低于硅晶片系技术的容量增长；最后一项要点是，大量初创企业无法在市场上立足，不得不退出或回到研究开发阶段。在下面章节中所列出的公司只是实例选择的一部分,而不是全部。

2.2.1 碲化镉

碲化镉（Cadmium Telluride,CdTe）有两个特征使其成为薄膜太阳电池的理想候选材料：它能通过各种沉积方式进行沉积并得到合理的品质；它的直接带隙值 $E_g=1.45eV$,正好在太阳能转换的理想范围内。

当 CdTe 在 449℃以上被沉积到衬底上时,它在这一区间内将按化学计量比凝聚成稳定相[10]。由于存在少量镉缺陷,这类薄膜通常是 p 型导电,载流子浓度 p 小于 $10^{15}cm^{-3}$。最常见的 CdTe 太阳电池的结构是由 n 型 CdS 和 p 型 CdTe 异质结构成,其中 CdS 沉积在透明导电氧化物（transparent conductive oxide,TCO）涂覆的玻璃衬底上。这类电池最重要的特征是 CdS 和 CdTe 可以采用相同的沉积工艺进行制备。CdTe 也可以通过添加汞或锰进行能带工程设计：$Cd_{1-x}Hg_xTe$ 的带隙值随着汞含量的增加而减小；而 $Cd_{1-x}Mn_xTe$ 的带隙值随着锰含量的增加而增大。基于 CdMnTe 和 CdHgTe 吸收层的两端串联太阳电池的概念由 Alvin Compaan 在 2004 年提出[11]。

制备具有结晶度好、电子迁移率高的 p 型 CdTe 的标准沉积工艺如下：升华/凝结（S）、近距离升华（CSS）（这是第一个步骤的改进）、化学喷涂（CS）、丝网印刷（SP）、化学气相沉积（CVD）、溅射和电镀（ED）。

2013 年,CdTe 系太阳电池有了重要的改进,目前 CdTe 系太阳电池的最高效率是 GE Global Research 创造的 $(19.6\pm0.4)\%$,CdTe 系太阳电池组件层次的最高效率是 First Solar 创造的 $(16.16\pm0.5)\%$[12]。

First Solar LLC 是全球少数生产 CdTe 薄膜太阳电池组件的企业之一,目前它在美国佩里斯堡和马来西亚居林拥有两个生产基地,2013 年年底总生产能力为 2.130GW。在这一年中,据估算这家公司的生产总量在 1.6—1.7GW。其电池组件的平均转换效率是 13.1%,高端产品可以达到 14%。2013 年第三季度,该公司报道的产品成本是 0.58 美元/Wp,其中不包括未充分利用成本和升级成本。

2012 年该公司为应对市场变化进行了一次重大的重组,关闭了其在德国法兰克福（奥得河）的工厂,并取消在美国亚利桑那州梅萨和越南东南工业园区的扩建计划。

通用电气全球公司（GE Global）2012 年推迟了 400MW 的工厂建设计划后,2013 年 First Solar 公司收购了其全球 CdTe 太阳电池的知识产权组合。作为回报,通用电气成为 First Solar 公司的股东,并且两家公司同意通用电气全球研究中心（GE Global Research）和 First Solar 的研发部（First Solar R&D）将在未来合作进一步推进 CdTe 太阳电池技术的发展。

Calyxo GmbH 是 Q-Cells AG 在德国萨克森-安哈尔特州沃尔芬成立的一家子公司,2011 年 2 月,Solar Fields 股份有限公司从 Q-Cells 手中接替了该公司。该公司 2008 年开始在 25MW 生产线上试点生产 CdTe 薄膜太阳电池,并计划扩建到 85MW。由于经济形势和市场发展导致其计划和技术升级的推迟。2013 年 12 月,该公司落成了新的 60MW 生产线。

Advanced Solar Power 公司 [龙焱能源科技（杭州）有限公司] 位于中国浙江省杭州市,是吴选之博士于 2008 年成立的。2007 年回到中国之前,吴选之博士在美国国家可再生能源实验室（National Renewable Energy Laboratory,NREL）工作,在 2001 年时就以 CSS 法制备 CdTe、化学浴法制备 CdS,使器件转换效率达到 $(16.5\pm0.5)\%$[13]。2011 年该公司完成了第一条25MW生产线的建设,并于2012年使组件效率达到11.4%。

2.2.2 黄铜矿

黄铜矿 Cu(In,Ga)(S,Se)$_2$ 是非常有意义的材料体系,因为它可以通过镓替换铟或硫替换硒实现带隙从 CuInSe$_2$ 的 1.01eV 到 CuGaSe$_2$ 的 1.68eV 或 CuGaS$_2$ 的 2.4eV 之间的器件带隙剪裁。这种特性不仅使黄铜矿成为单结器件非常重要的材料,而且还为采用同类材料构建叠层结构器件提供了可能性。最先开始进行在聚光应用中使用黄铜矿太阳电池的是美国国家可再生能源实验室以及其它的一些研究组(如东京工业大学)。

目前,不仅在对这些器件材料性质的基本理解方面有了长足的进展,而且这一领域中大面积单片互连组件的产生也有重大的发展。第一块 CuInSe$_2$/CdS 太阳电池是贝尔实验室在19世纪70年代实现的[14]。镓以及硫的加入产生的 CuInGa(Se,S)$_2$(CIGSS) 可以使材料的带隙宽化,并依赖于成分变化实现带隙工程[15]。在吸收层中使用 Ga 双梯度层可以同时实现高电流密度和高开路电压,从而得到 CIGS 基太阳电池目前的最大转换效率 20.8%[12,16]。商用 CuInGaSe$_2$ 组件的转换效率目前已达到 15.7%[12],而商用 CuInGa(S,Se)$_2$ 组件的转换效率目前已达到 14.6%[17]。

Solar Frontier 是昭和壳牌石油公司(Showa Shell Sekiyu KK)的一个全资子公司,昭和壳牌石油公司在1986年就开始在交通信号灯中引入少量的太阳电池组件,并开始在日本与西门子(现在是与 Solar World)合作进行组件生产。该公司开发的产品是 CIS 太阳电池,并于2006年10月完成了第一家20MW生产能力工厂的建设。2007年财政年度开始商用产品的生产。2007年8月,该公司宣布开始建设生产能力为60MW的第二家工厂,且于2009年全面运作。2008年7月,该公司宣布开办研究中心"以加强 CIS 太阳电池技术的研究,并开始与爱发科公司(Ulvac, Inc.)进行电池组件大批量生产的合作研究"。这一工程的主要目的是开启于2011年生产能力为900MW的新计划。该计算于2011年2月快速启动,并于当年年底结束,整体生产能力达到980MW。2013年12月,该公司宣布将在日本东北地区建设第四家生产能力达150MW的第四家工厂。至此,该公司2013年产量数据估计可以达到900MW的范围。

汉能太阳能集团有限公司(Hanergy Solar Group Ltd.)是汉能控股集团的一家子公司,于1994年以北京和泰和商贸发展有限公司(Beijing He Tai He Trade & Development Co. Ltd)为名成立。从那时起,该公司就开始投资装机容量超过6GW的水电项目和容量超过130MW的风电项目。2009年该公司开始涉足太阳能产业,并于2011年开办河源薄膜太阳电池组件研究开发与生产基地(Heyuan Thin Film Solar Module Research Development and Manufacture Base)。2011年5月该公司成为 Apollo Solar Energy 的主要股东,后者是非晶硅薄膜和设备制造商。据此,该公司基于非晶硅技术在2012年具备了3GW的装机容量。2013年1月,Apollo Solar Energy 改名为汉能太阳能集团有限公司。除了在中国制造非晶硅基太阳电池,汉能在2012年获得了 Solibro GmbH(德国)和 Miasolé(美国)、并在2013年获得了 Global Solar(美国)CIGS 的生产技术。2014年1月,该公司将两个 CIGS 成套供应工厂的300MW订单分别分配给基于 Solibro 和 Miasolé 的技术[18]。这些生产线可能在2014年底开始运行,并且首期 CIGS 装机容量计划达到 5.25GW[19]。

Jenn Feng Co. Ltd. 成立于1975年,该公司计划安装太阳能系统,并于2009年12月装配了其第一条 CIGS 商用产品 30 MW 的生产线。该公司提供用于建筑外墙的标准和透明的组件。目前没有该公司的产量数值。

AVANCIS GmbH & Co KG 是 Shell 公司和 Saint-Gobain 公司于 2006 年成立的合资企业，并于 2008 年开始在位于德国托尔高的新工厂（初始年装机容量为 20MW）中开始生产商用光伏产品。2009 年，Saint-Gobain 公司接管了 Shell 公司的股权，并在托尔高开建总装机容量为 100MW 的第二家 CIS 工厂。到了 2010 年 10 月，该公司宣布与韩国现代重工集团（Hyunai Heavy Industries，HHI）合资生产 CIS 太阳电池。最初设计的装机容量为 100MW，并计划于 2013 年开始动作，但是这一项目被延迟了。2013 年 4 月该公司位于德国托尔高的第一条 20MW 生产线转为研究设施，于 2013 年 9 月 1 日宣布临时停止组件生产，没有说明重启时间。

Ascent Solar Technologies Incorporated 成立于 2005 年，以连续式卷对卷工艺（roll-to-roll process）生产 CIGS 薄膜太阳电池组件。2009 年完成 30 MW 生产线的建设。2011 年 TFG Radiant Group 对该公司进行投资，而且到了 2012 年初将其股份增持一倍（达到 41%）。2014 年 1 月，该公司与中国江苏宿迁市政府签署了一项最终协议，合资建立新的制造工厂[20]。

Helio Volt 成立于 2001 年，其目的是为了开发并商业化它的注册商标为 FASST® 的生产工艺，这一工艺应用于 CIGS 薄膜光伏可以直接使之转化为传统建筑材料。该公司在美国得克萨斯州奥斯汀运营一条试产线，并于 2011 年开始生产商业产品。2011 年 9 月韩国 SK 集团对该公司进行了投资。

Solo Power 公司成立于 2006 年，是加利福尼亚一家生产 CIGS 基薄膜太阳光伏电池和组件的企业。2009 年 7 月，该公司取得 ANSI/UL 标准认证。2011 年 2 月，该公司宣布它已从美国能源部（Department of Energy，DOE）贷款项目办公室获得为 1.97 亿美元（1.52 亿欧元）贷款担保的有条件承诺。该公司计划建设新的制造工厂，在新工厂完成时薄膜组件的年装机容量大约可望达到 400 MW。

Stion 公司成立于 2006 年，总部位于美国加利福尼亚州圣何塞，是制造 CIGS 太阳电池的企业。2011 年该公司宣布将在密西西比州哈蒂斯堡开建另一家装机容量为 100 MW 的制造工厂；并将于 2011 年 12 月开始运营，2013 年 3 月出售其第一个组件产品。2011 年 12 月，该公司从 AVACO 和韩国股票基金获得重大股权投资。根据出版的报道，Stion 公司将于 2014 年在韩国大邱城西工业区开办韩国子公司和开建薄膜光伏组件工厂[21]。

台积电太阳能公司（TSMC Solar）完全从属于全球最大的半导体制造商台积电公司（Taiwan Semiconductor Manufacturing Company，TSMC），该公司于 2009 年开始经营太阳能业务。2010 年 2 月他们在台湾茂迪（一家硅制造商）投资了 20% 的股权，并于同年 6 月在美国 Stion 公司增加了 21% 的股权投资。设计装机容量为 100 MW 的 CIGS 薄膜太阳电池工厂于 2012 年第一季度在中国台湾台中全面运营，该工厂规划中的第二阶段将在 2015 年达到 1 GW 的装机容量。

2.2.3 锌黄锡矿

Cu_2ZnSnS_4（CZTS）的光伏效应于 1988 年发现[22]，同时也诞生了类似于锌黄锡矿的四元黄锡矿类半导体家族。该类太阳电池 2010 年报道的太阳能转换效率已接近 10%，随后在 2012 年已超过 11%[23,24]。

在 CIGS 生产达到数千兆瓦级以满足其发展成为太阳光伏电力成为电力供应的主要来源

时，关于铟和镓的供应和可承受价格是否能够满足需求的讨论目前仍在进行当中[25-28]。锌黄锡矿通常被视为避免上述争议元素使用的一个选择。

除了少数公司于 2010 年开始使用锌黄锡矿作为其生产工艺之外，目前还没有更多的企业这么做。这些少数公司包括 IBM、DelSolar 和 Solar Frontier，他们正合作进一步开展 CZTS 技术。2013 年 11 月，Solar Frontier 公司宣布联合 IBM 和东京应化工业株式会社（Tokyo Ohka Kogyo，TOK）研究开发了创造世界纪录的 CZTS 太阳电池，其能量转换效率达到了 12.6%[29]。

2.3　CZTS 太阳电池的市场挑战

对于每一类新太阳电池技术来说，所面临的主要挑战是已经商业化生产的技术的巨大成功和市场现状。在过去四十年中，太阳电池组件的价格下降了两个数量级以上。然而，真正的挑战出现在 2008 年年底，经过价格相对稳定的十年之后，经济状况和生产能力的增长比市场的增长更快，这种现状加速了组件的价格下跌。在过去的五年中，硅组件的平均价格每年均下降 15%—50%（如图 2.2 所示）。

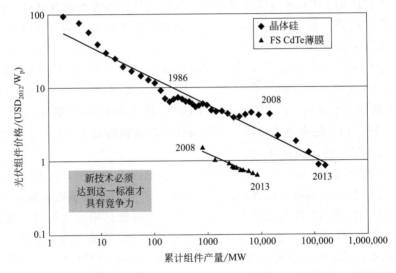

图 2.2　晶体硅和 First Solar 公司 CdTe 组件的经验曲线（图中的直线仅仅只是纯粹的指导线）

2004 年至 2009 年之间硅原料的暂时性短缺，另外涌入市场的公司提供为薄膜太阳电池提供成套生产线，这两种情况导致 2005 年至 2009 年间对薄膜太阳电池的大规模扩张投资。结果导致薄膜组件的市场在 2009 年之前持续增加，到了 2009 年几乎达到了 20%，这一增长主要是 First Solar 公司的快速扩大产能所驱动的。

从那之后，薄膜太阳电池的市场份额下降到约 10%，并且相当多的公司停止了运营；许多商业模式仅仅是基于期望从太阳电池组件的不足中获益，而且他们不能够通过创新和规模效益来实现必要的成本削减。

尽管许多公司破产，生产线闲置甚至永久停产，涌入市场的新企业数量仍然很高。产能的大规模扩张再次被期待，如果它们都能实现，那么太阳电池的全球产能在 2015 年年底将超过 80GW。根据乐观的市场增长预期（56—62GW[5,8]），规划产能的增长仍然大于市场增长，即使大量的过量产能被收缩。因此，价格压力仍将持续存在，不过没有过去几年残酷。然而，对还处在刚启动和扩张阶段（有限财政资源及资本准入受限）的公司来说，它们还得在既定的市场环境中继续进行艰难的战斗。未来，光伏行业的整合将继续鼓励更多的兼并和收购。

锌黄锡矿太阳电池仍处于早期发展阶段，太阳电池整体效率有待提高，所选工艺的可制造性是这一技术未来成功的关键。本书将讨论这一领域研究进展的现状，并描述这项技术的障碍和机遇。

如图 2.2 所示，商业化的锌黄锡矿太阳电池要进入大众市场，在具有相对较小的产能时其销售价格应低于 0.6 美元/Wp，如此才能产生足够的利润来应对与更大的公司竞争时快速增长所带来的必要的产能扩张。中国所公布的资助"骨干生产企业"2015 年至少实现 5GW 产能的行业战略增加了低成本和高效率的锌黄锡矿太阳电池的发展压力[30]。

锌黄锡矿太阳电池进入市场的两个主要途径阐述如下。

- 在现有的 CIGS 生产设备上引入锌黄锡矿太阳电池制造：如果锌黄锡矿太阳电池的制造的引入能够使生产工艺和成本不产生重大的改变，这可以加快其必要产能的增长。制造成本也可以通过持续的技术改进和产能规模的扩大得到相应的削减。如果这一途径是可行的，小批量的新产品可以进入市场，同时产品的可靠性、性能的可追溯性可以在项目监控的同时由选定客户建立。新产品也可以从已经建立的分销和营销渠道获益。
- 革命性的、极低成本的新制造工艺的范式转变和发展：这一途径可以改变太阳电池的生产方式并开辟新市场。然而，通过性能的可靠性和必要的可融资性建立新产品的信誉，要有足够的资金支持这一期间的生产运营，而且这一过程将会持续数年。

2.4 结论

常规能源价格的上涨使得人们对可再生能源的投资关注得到增加，特别是光伏能源更加显著。薄膜太阳电池仍然提供了大幅削减制造成本的可能性，然而，考虑到日益成熟的基于晶片的生产技术和观察到的经验曲线，太阳电池行业中的这一新来者已经具有相当的竞争水平。此外，随着市场的成长，薄膜制造商进入市场的入场券（即工厂规模）越来越昂贵。可是，光伏市场中的各种技术没有"胜利者"，并且其中也应当确保有各种可行的技术方案。现在只专注于任何单项技术的选择会成为未来发展的路障。没有一种单一的太阳电池技术可以满足全球需求或所有不同消费者对光伏系统的外观或性能的愿望。

锌黄锡矿薄膜太阳电池仍需要对各种问题进行大量的研究：从对基本材料性能理解的提高到先进的生产技术和可能的市场前景。

参 考 文 献

[1] Liebrich, M. (2013) Scaling up financing to expand the renewables portfolio. Presentation given by Michael Liebreich (CEO), Bloomberg New Energy Finance, at the IEA Renewable Energy Working Party, Paris, 9 April 2013. Available at http://www.iea.org/media/workshops/2013/scalingupfinancingtoexpand renewables/2BNEF_20130409ParisIEA.pdf (accessed 10 July 2014).

[2] Ziegler, M. (2014) PV Preisindex. Available at http://www.photovoltaik-guide.de/pv-preisindex (accessed 24 June 2014).

[3] PVInsights (2014) PVinsights. Available at http://pvinsights.com/Member/Login.php (accessed 10 July 2014).

[4] Bloomberg New Energy Finance (2014) H1 2014 Levelised Cost of Electricity update. Available at https://www.bnef.com (accessed 10 July 2014).

[5] European Photovoltaic Industry Association (2013) Global Market Outlook for Photovoltaics until 2017. Available at http://www.epia.org/fileadmin/user_upload/Publications/GMO_2013_-_Final_PDF.pdf (accessed 10 July 2014).

[6] HIS (2013) Solar Market Predictions for 2014. Available at http://press.ihs.com/press-release/design-supply-chain/ihs-news-flash-solar-market-predictions-2014#sthash.IsmNLP7q.dpuf (accessed 10 July 2014).

[7] Solarbuzz (2013) Strong Growth Forecast for Solar PV Industry in 2014 with Demand Reaching 49 GW. Available at http://www.solarbuzz.com/news/recent-findings/strong-growth-forecastsolar-pv-industry-2014-demand-reaching-49-gw (accessed 10 July 2014).

[8] Deutsche Bank Market Research (2014) 2014 Outlook: Let the Second Gold Rush begin. Available at https://www.deutschebank.nl/nl/docs/Solar_-_2014_Outlook_Let_the_Second_Gold_Rush_Begin.pdf (accessed 10 July 2014).

[9] Bloomberg New Energy Finance (2014) Asia-Pacific: Clean Energy Investment update. Available at https://www.bnef.com (accessed 10 July 2014).

[10] Zanio, K. (1978) Cadmium Telluride: Material Preparation, Physics, Defects and Application in Semiconductors and Semimetals, vol. 13. Academic Press, New York.

[11] Compaan, A. (2004) The status of and challenges in CdTe thin-film solar-cell technology. In Proceedings of MRS Symposium O on Amorphous and Nanocrystalline Silicon Science and Technology, Spring 2004, 808.

[12] Green, M., Emery, K., Hishikawa, Y., Warta, W. & Dunlop, E. (2014) Solar cell efficiency tables (version 43). Progress in Photovoltaics, 22, 1-9.

[13] Wu, X., Keane, J.C., Dhere, R.G., DeHart, C., Albin, D.S., Duda, A., Gessert, T.A., Asher, S., Levi, D.H. & Sheldon, P. (2001) 16.5%-efficient CdS/CdTe polycrystalline thin-film solar cell. In Proceedings of 17th European Photovoltaic Solar Energy Conference, 22-26 October 2001, Munich, Germany, pp 995-1000.

[14] Wagner, S., Shay, J.L., Migliorato, P. & Kasper, H.M. (1974) CuInSe$_2$/CdS heterojunction photovoltaic detectors. Applied Physics Letters, 25, 434.

[15] Dimmler, B. & Schock, H.W. (1996) Scaling-up of CIS technology for thin-film solar modules. Progress in Photovoltaics, 4 (6), 425-433.

[16] ZSW (2013) Press release 18/2013. Available at http://www.zsw-bw.de/uploads/media/pi18-2013-ZSW-WorldrecordCIGS.pdf (accessed 10 July 2014).

[17] Solar Frontier (2013) Press release. Available at http://www.solar-frontier.com/eng/news/2013/C020760.html (accessed 10 July 2014).

[18] Hanergy Solar (2014) Voluntary announcement. Available at http://www.hkexnews.hk/listedco/listconews/SEHK/2014/0127/LTN20140127883.pdf (accessed 10 July 2014).

[19] Hanergy Solar (2013) Announcement. Available at http://www.hkexnews.hk/listedco/listconews/SEHK/2013/1101/LTN20131101031.pdf (accessed 10 July 2014).

[20] Ascent Solar (2014) Press release. Available at http://investors.ascentsolar.com/releasedetail.cfm?ReleaseID=816600 (accessed 10 July 2014).

[21] Korea Times (2012) US solar firm to invest $320 mil. in Daegu. Available at http://www.koreatimes.co.kr/www/news/nation/2012/05/113_110429.html (accessed 10 July 2014).

[22] Ito, K. & Nakazawa, T. (1988) Electrical and optical properties of stannite-type quaternary semiconductor thin films. Japanese Journal of Applied Physics, 27, 2094.

[23] Todorov, T.K., Reuter, K.B. & Mitzi, D.B. (2010) High-efficiency solar cell with earth-abundant liquid-processed absorber. Advanced Materials, 22 (20), E156.

[24] Todorov, T.K., Tang, J., Bag, S., Gunawan, O., Gokmen, T., Zhu, Y. & Mitzi, D.B. (2012) Beyond 11% efficiency: characteristics of state-of-the-art Cu$_2$ZnSn(S, Se)$_4$ solar cells. Advanced Energy

Materials, 3 (1), 34-38.
[25] Feltrin, A. & Freundlich, A. (2008) Material considerations for terawatt level deployment of photovoltaics Renewable Energy, 33, 180-185.
[26] Green, M. A. (2009) Estimates of Te and In prices from direct mining of known ores. Progress in Photovoltaics: Research and Applications, 17, 347.
[27] Wadia, C., Alivisatos, A. P. & Kammen, D. M. (2009) Materials availability expands the opportunity for large-scale photovoltaic deployment. Environmental Science & Technology, 43 (6), 2072-2077.
[28] Candelise, C., Winskel, M. & Gross, R. (2012) Implications for CdTe and CIGS technologies production costs of indium and tellurium scarcity. Progress in Photovoltaics: Research and Applications, 20, 816-831.
[29] Wang, W., Winkler, M., Gunawan, O., Gokmen, T., Todorov, T., Zhu, y. & mitzi, d. (2013) device characteristics of CZTSSe thin-film solar cells with 12.6% efficiency. Advanced Energy Matererials, 4 (7), doi: 10.1002/aenm.201301465.
[30] Ministry of Industry and Information Technology (2012). Issuance of the solar photovoltaic industry, 'second five development plan' (in Chinese). Available at http://www.miit.gov.cn/n11293472/n11293832/n12771663/14473764.html (accessed 24 June 2014).

第二篇
四元硫化物半导体的物理化学性质

3 Cu₂ZnSnS₄（CZTS）的晶体学特征

Susan Schorr

Helmholtz Center Berlin for Materials and Energy, Department Crystallography,
Hahn-Meitner-Platz 1, D-14109 Berlin, Germany
Freie Universitaet Berlin, Institute of Geological Science, Malteserstr.
74-100, D-12249 Berlin, Germany

3.1 引言：如何定义晶体结构？

"Crystal"（晶体）这个单词来源于石英的希腊单词（krystallos），这是因为人们相信石英就是在极度寒冷条件下石化的冰。

晶体就是最简单的有序结构形式：晶体材料中原子（或离子）在三维空间中以周期性方式有序排列。周期性排列意味着一定的对称特性，如旋转对称、镜像对称、反演对称、螺旋对称、滑移镜像对称等。后两种对称分别是平移对称和旋转对称（螺旋对称）、平移对称和镜像对称（滑移镜像对称）的组合。表 3.1 概括了经典晶体结构中的对称形式，以及它们对应的对称元素和由 Hermann 和 Manuguin 定义的国际空间群符号。应当注意的是，另外还有一套本章中没有使用的由 Schoenflieβ 定义的空间群符号。表 3.2 则概括了晶体分类系统［包括：晶系、布拉维晶格（Bravais lattices）、空间群］。

表 3.1　对称性、对称元素及其符号

对称性（对称元素）	符号（Hermann-Maugin 国际符号）
旋转对称性（旋转轴）	1,2,3,4,6
反演对称性	$\bar{1}$
反演旋转对称（反演旋转轴）	$\bar{3},\bar{4},\bar{6}$
镜像对称性（镜面）	m
螺旋对称性（螺旋轴）	$2_1,3_1,3_2,4_1,4_2,4_3,6_1,6_2,6_3,6_4,6_5$
滑移对称性（滑移平面）	a,b,c,n,d

表 3.2　晶体分类系统

晶体坐标系统（晶系）	7［三斜、单斜、正交、菱方（三方）、六方、四方、立方］
布拉维晶格	14
空间群（对称群）	230

布拉维晶格作为数学模型，用于理想化描述原子（或离子）在三维空间中的周期性排列。其中，格点用于基本点阵类型的分类，如图 3.1 中的原胞、面心、体心，它们在图中分别被标记为 P、F、I，这些字母也被用于空间群符号中以标识布拉维晶格类型。

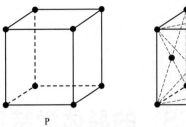 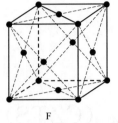 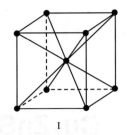

图 3.1 布拉维晶格类型

P—原胞；F—面心；I—体心，为了简单起见图中的布拉维晶格以立方晶系为例

对于代表原子或离子的小球来说，有两种密堆积阵列：立方密堆积阵列（ABCABC…的堆垛顺序）和六方密堆积阵列（ABAB…的堆垛顺序），它们也可以利用图 3.2 所示的面心立方布拉维晶格和体心六方布拉维晶格来描述。

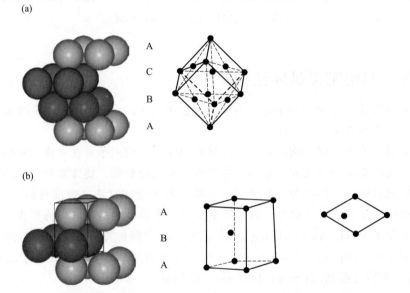

图 3.2 （a）左图：小球的立方密堆积阵列，右图：对应的面心立方布拉维晶格；（b）左图：小球的六方密堆积阵列，中图：对应的体心六方布拉维晶格，右图：体心六方布拉维晶格的俯视图

晶体结构通常定义为晶格点阵加上占据晶格点阵中一定格点位置的原子或离子（即所谓的非对称单元）。这些格点位置由原子坐标 (x,y,z) 指示，而原子坐标则是由晶体学单元晶格（原胞）定义的适当坐标系确定。原胞是晶体结构最小的构建单元，它反映了结构的对称性和化合物的化学信息。后者由 Z 值进行描述，Z 值等于每个原胞中以化学计量比为单位的化学式数量或者晶胞中分子或化合物计量式的数量。对于锌黄锡矿结构和黄锡矿结构来说，一个原胞中包含四个铜原子、两个锌原子、两个锡原子和八个硫原子，考虑到 Cu_2ZnSnS_4 化学组成的化学计量比，在 CZTS 两种结构中 $Z=2$。

晶体结构的类型由空间群定义，它反映了原子排列的对称性和一套由某类原子占据的确定位置（Wyckoff 位置）。Wyckoff 位置由一个数字和一个字母命名，其中的数字表示该位置的多重度，而字母则用于表示空间群中的位置。通常，晶体结构由矿物或化合物命名，在这种情况下其结构类型首先被确定。

事实上，这种原子或离子的完美三维周期性排列是一种理想状况。每一种自然晶体都有结构缺陷（点缺陷、位错，并且表面的存在也可以被视是一种缺陷）。这些缺陷通常以某种决定性的方式影响甚至决定材料的性质。

如果读者需要进一步阅读晶体结构的基础知识，可参考由 M. De Graef 和 M. E. McHenry 编著的教材：《Structure of Materials: An Introduction to Crystallography, Diffraction and Symmetry》（牛津大学出版社，2012）。

3.2 CZTS 的晶体结构

3.2.1 金刚烷类化合物的家族树结构

由四面体构成且每个碳原子与四个最近邻碳原子成键的碳材料有两种不同的晶体结构，一种是金刚石，可称之为金刚石类结构，它包含有两个互相贯通的面心立方布拉维晶格，从属于空间群 $Fd\bar{3}m$；另一种是六方碳，可称之为六方碳类结构，它包含有两个互相贯通的体心六方布拉维晶格，从属于空间群 $P6_3/mmc$。这两种晶体结构每一种都是对应化合物家族的结构起点，这些化合物家族均基于四面体配位，不同原子种类在两个互相贯通的晶格类型中有序排列。从金刚石类结构或六方碳类结构（或者是两者的杂化形式）衍生出的结构的结晶化学相被称之为金刚烷结构（Adamantines）[1]。

为了衍生得到表 3.3 中金刚烷类家族树的晶体结构，首先应当满足经典化学中的"八电子规则"，这样才能确保每一个原子有四个价电子。然而，一些化合物仍包含有阳离子空位，并在与之对应的阴离子格位上存在孤对电子，例如，所谓的空位化合物 $CuIn_3(S,Se)_5$ 和 $CuIn_5Se_8$（空位化合物 $CuIn_5Se_8$ 结晶为尖晶石型结构，其中铟存在于四面体中，而且配位数也是 8）。在这些空位化合物中空位的存在有助于化合物的形成[1,2]。

表 3.3 金刚烷类化合物体系

化合物类型	N=2（硫族化合物）	N=3（碳族化合物）
二元化合物	$A^{II}X^{VI}$	$A^{III}X^{V}$
三元化合物	$A^{I}B^{III}X_2^{VI}$	$A^{III}B^{IV}X_2^{V}$
四元化合物	$A_2^{I}B^{II}C^{IV}X_4^{VI}$	$A_2^{II}B^{IV}C^{V}X_4^{V}$

Pamplin[1] 为金刚烷类化合物推导出一些有效的基本经验规则。例如构建基本结构的两个相互贯通的布拉维晶格，其格点位置必须分别由阳离子和阴离子占据，因此其结构中就有了阳离子晶格和阴离子晶格。金属元素被有序地分配到阳离子晶格位置，构成包含一个或数个父结构的原胞（金刚石结构或六方碳结构），从而导致这些典型的超结构具有较低的对称性。此外，发现一些元素（如 Cu、Zn、Si、Ge、Ga、Ag、S、Se、Te）是金刚烷类化合物的构成成分。由于 sp^3 成键的趋向，这些元素倾向于形成四面体配位形式。

金刚烷类家族中二元化合物的通用分子式为 $A^N X^{8-N}$，其中 N 是元素周期表中的族数。它们按照立方晶系的闪锌矿型结构（sphalerite-type structure，有的参考文献也写为 zincblende-type structure）或者六方晶系的纤锌矿型结构（wurtzite-type structure）中 A 元素与 X 元素之间化学键的离子性进行结晶。阳离子 A 和阴离子 X 各自占据两套互相贯通的布拉维晶格中的一套。ZnS 随着温度变化的结构相变可以作为实例说明从闪锌矿型结构到纤锌矿型结构的相变机理，这种相变正是由于堆垛顺序从 ABCABC…变为 ABAB…而发生，而且这种变化可以轻易地由堆垛层错实现。

金刚烷类家族中三元化合物的布拉维晶格中的阳离子晶格位置由 A 和 B 两种不同的阳离子所占据，因此三元金刚烷类化合物的通用分子式为 $A^{N-1}B^{N+1}X^{8-N}$，其中有两个最重要的代表是：$A^{I}B^{III}X_2^{VI}$（$N=2$）化合物和 $A^{II}B^{IV}X_2^{V}$（$N=3$）化合物。根据 A—X 和 B—X 之间化学键的离子性不同，它们或者结晶为黄铜矿型结构（chalcopyrite-type structure），或者采用 β-$NaFeO_2$ 型结构[3]。黄铜矿型结构属于四方晶系，而 β-$NaFeO_2$ 型结构属于正交晶系，后者也可以视为纤锌矿型结构的超结构[3]。因此，三元化合物的对称性相对于二元化合物有所下降，这也是晶体结构树的一个普遍特征。

金刚烷类化合物中四元化合物的通用分子式为 $A_2^{N-1}B^{2N-2}C^{N+2}X_4^{8-N}$，其中最重要的是 $A_2^{I}B^{II}C^{IV}X_4^{VI}$ 化合物。它们结晶为四方晶系的锌黄锡矿型结构（kesterite-type structure）或黄锡矿型结构（stannite-type structure），同时也可以结晶为纤锌矿结构衍生的锌黄锡矿型结构（wurtz-kesterite-type structure）或黄锡矿型结构（wurtz-stannite-type structure），后两者分别从属于单斜晶系和正交晶系。

表 3.4 提供了金刚烷类化合物的通用分子式，表 3.5 则列出比较受关注的几种晶体结构的定义，根据表 3.1 可以理解各种晶体结构类型中所使用的空间群符号。不同种类的原子占据所谓的特定位置，例如（0,0,0）或（0,1/2,1/4）；或者所谓的一般位置，例如（x,x,z）或（x,y,z）。后一种情况的原子坐标依赖于化合物，也就是说，两种不同的化合物虽然结晶为相同的结构类型，但其中的原子坐标却各不相同。例如，锌黄锡矿型结构中阴离子占据的原子位置（x,y,z）在 $Cu_2ZnSnSe_4$ 中对应的是（0.7416,0.7416,0.6287），而在 $Cu_2ZnGeSe_4$ 中对应的却是（0.7538,0.75993,0.8769）（G. Gurieva, pers. comm, 2012）。表 3.6 列出了不同晶体结构的示意图。

所有晶体结构都由单晶 X 射线衍射确定，并列入国际晶体结构数据库（International Crystal Structure Database，ICSD）。这方面的知识常用于通过 X 射线粉末衍射法确定体相或多晶薄膜样品中所出现的金刚烷相（对于薄膜样品一般采用掠入入射方法）。粉末衍射的 Rietveld 精修法[4]（Rietveld refinement method）非常适合用于确定结晶相的结构参数。

表 3.4 金刚烷类化合物家族的晶体结构类型

化合物类型	金刚石型结构	六方碳型结构
二元化合物	闪锌矿型结构（立方晶系），ZnS	纤锌矿型结构（六方晶系），ZnS
三元化合物	黄铜矿型结构（四方晶系），$CuFeS_2$	β-$NaFeO_2$ 型结构（正交晶系）
四元化合物	黄锡矿型结构（四方晶系），Cu_2FeSnS_4 锌黄锡矿型结构（四方晶系），Cu_2ZnSnS_4	纤锌矿-黄锡矿型结构（正交晶系） 纤锌矿-锌黄锡矿型结构（单斜晶系）

注：括号中所表示的是晶系，其后为矿物的化学分子式。

表 3.5 一些比较受关注的基于金刚石型结构和六方碳型结构的晶体结构类型的定义

（被原子占据的位置仅提供了硫族化合物的）

结构类型		空间群	Wyckoff 位置及其占位
金刚石型	闪锌矿	$F\bar{4}3d$	4a:(0,0,0)，由 A^{II} 占据 4b:(1/4,1/4,1/4)，由 X^{VI} 占据
	黄铜矿	$I\bar{4}2d$	4a:(0,0,0)，由 A^{I} 占据 4b:(0,0,1/2)，由 B^{III} 占据 8d:(x,1/4,1/8)，由 X^{VI} 占据
	黄锡矿[4]	$I\bar{4}2m$	2a:(0,0,0)，由 B^{II} 占据 4d:(0,1/2,1/4)，由 A^{I} 占据 2b:(1/2,1/2,0)，由 C^{IV} 占据 8g:(x,x,z)，由 X^{VI} 占据

续表

结构类型		空间群	Wyckoff 位置及其占位
金刚石型	锌黄锡矿[5]	$I\bar{4}$	2a:(0,0,0),由 A^I 占据 2c:(0,1/2,1/4),由 A^I 占据 2d:(0,1/2,3/4),由 B^{II} 占据 2b:(1/2,1/2,0),由 C^{IV} 占据 8i:(x,y,z),由 X^{VI} 占据
六方碳结构	纤锌矿	$P6_3mc$	2b:(1/3,2/3,z),由 A^{II} 占据 2b:(1/3,2/3,z),由 X^{VI} 占据
	β-NaFeO$_2$[3]	$Pna2_1$	4a:(x,y,z),由 A^I 占据 4a:(x,y,z),由 B^{III} 占据 4a:(x,y,z),由 X^{VI} 占据
	纤锌矿-黄锡矿[5]	$Pmn2_1$	2a:(0,y,z),由 B^{II} 占据 4b:(x,y,z),由 A^I 占据 2a:(0,y,z),由 C^{IV} 占据 2a:(0,y,z),由 X^{VI} 占据(有两个不同的位置) 4b:(x,y,z),由 X^{VI} 占据
	纤锌矿-锌黄锡矿[12]	Pc	2a:(x,y,z),由 A^I 占据(有四个不同的位置) 2a:(x,y,z),由 B^{II} 占据(有两个不同的位置) 2a:(x,y,z),由 C^{IV} 占据(有两个不同的位置) 2a:(x,y,z),由 X^{VI} 占据(有八个不同的位置)

表 3.6 金刚烷类化合物的晶体结构示意图（四元化合物的相关内容参见图 3.3 和第 3.2.3 节）

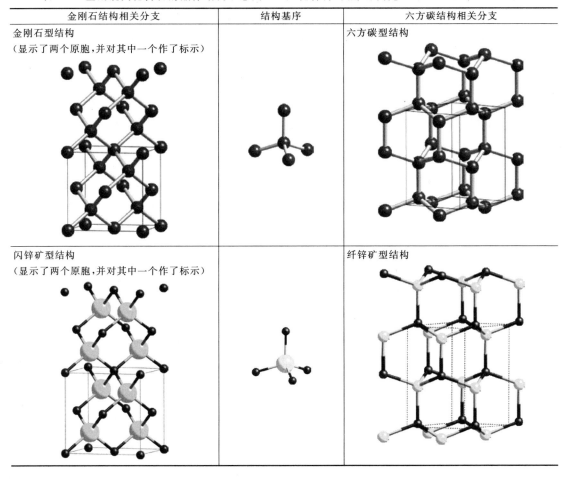

金刚石结构相关分支	结构基序	六方碳结构相关分支
金刚石型结构 （显示了两个原胞，并对其中一个作了标示）		六方碳型结构
闪锌矿型结构 （显示了两个原胞，并对其中一个作了标示）		纤锌矿型结构

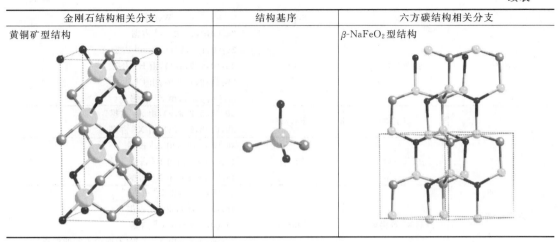

金刚石结构相关分支	结构基序	六方碳结构相关分支
黄铜矿型结构		β-$NaFeO_2$型结构

3.2.2 锌黄锡矿型或黄锡矿型及其它晶体结构

$A_2^{I} B^{II} C^{IV} X_4^{VI}$化合物的不同晶体结构类型在文献中都有详细的讨论,包括锌黄锡矿型结构和黄锡矿型结构,这两种结构可以看成是闪锌矿型结构的四方超结构;纤锌矿结构衍生的黄锡矿型结构可以看成是纤锌矿型结构的正交超结构,而纤锌矿结构衍生的锌黄锡矿型结构则可以看成是纤锌矿型结构的单斜超结构。本节将讨论前两种结构。

四元化合物Cu_2ZnSnS_4的已知天然矿物是锌黄锡矿,因此这一类型的结构被命名为锌黄锡矿型结构。黄锡矿型结构则是以黄锡矿(Cu_2FeSnS_4)命名的。这两种结构关系非常紧密,只是因为阳离子分布不同,从而导致了空间群不同(见表3.5)。如图3.3所示,锌黄锡矿型结构的特征是阳离子层CuSn、CuZn、CuSn和CuZn交替排列在$z=0$、1/4、1/2和3/4处;而在黄锡矿型结构中阳离子层ZnSn和Cu_2则沿c轴交替相间排列。在两种结构中,Sn都占据了相同的晶格位置[5]。黄锡矿型结构中阳离子层的堆垛顺序类似于$CuInS_2$结构中Ⅰ型CuAu阳离子排序,其中Cu_2层和In_2层交替相间排列。

上述两种结构的另一个不同之处在于阴离子位置。在黄锡矿型结构中,阴离子以(110)为对称镜面位于(x,x,z)晶格位置;而在锌黄锡矿型结构中,阴离子位于(x,y,z)晶格位置,镜像对称因此而消除。对于Cu_2ZnSnS_4,单晶XRD确定的阴离子位置是(0.7560,0.7566,0.8722)[5],可以看到x坐标与y坐标之间的差异是非常小的,以至于几乎不可能通过粉末衍射数据准确地进行确定。

然而,应当记住的是在空间群$I\bar{4}$和$I\bar{4}2m$中相同的四面体金属配位(每一个S原子周围有两个Cu原子、一个Zn原子和一个Sn原子)是有可能的。只有对这类化合物进行详细的结构分析才能得出清楚的判断[6]。图3.4显示的是Cu_2ZnSnS_4和ZnS的模拟中子粉末衍射谱图。可以发现,两种化合物的布拉格峰的主峰是相同的,由于两者的晶体结构存在结构-超结构的关系,所以这样的结果并不为奇。衍射谱图的差异由Cu_2ZnSnS_4的超结构附加反射所导致。这些布拉格峰由有序分布的阳离子所产生,但是它们的峰强非常弱(参见表3.7)。因此,具有很好的统计意义的测量对结构精修非常必要。另外,多晶Cu_2ZnSnS_4薄膜的掠入射XRD谱图显示其具有闪锌矿型结构,这也不足为奇,因为超结构对应的峰很难检测到。最强的超结构峰是101布拉格峰;因此建议XRD测试的2θ起始衍射角选取在能探测到这个峰的适当范围。粉末衍射谱图的另一个特征是由四方对称引起的所谓四方峰分

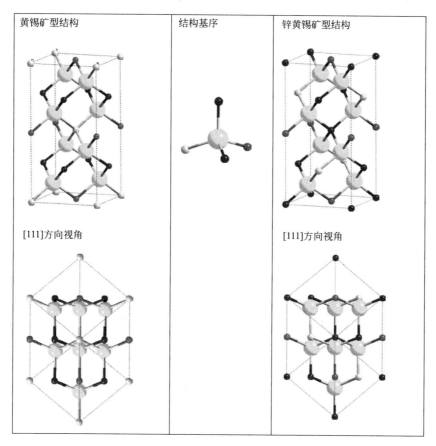

图 3.3 黄锡矿型结构和锌黄锡矿型结构示意图
蓝色小球代表铜,橙色小球代表锌,红色小球代表锡,黄色小球代表硫,
颜色细节请参考文前的彩图部分

裂。父结构的布拉格峰(在这一实例中是立方闪锌矿型结构)在四方晶系 CZTS 化合物中分裂成为两个峰,这是因为 CZTS 的对称性较低和四方原胞的 $c \neq 2a$(此处的 a、c 是晶格常数)。但是对于 CZTS 而言,$c/2a$ 的值非常接近 1;因此四方峰分裂非常小,而且在分辨率较低的测试中,就如同在对应的 2θ 位置仅仅只有一个布拉格峰。此外,还需要注意的是由四方峰分裂引起的两个布拉格峰的次序,其变化依赖于 $c/2a$ 是大于 1 还是小于 1。在表 3.7 的计算实例中,如果比例 $c/2a>1$,那么布拉格峰的次序是 004/200、204/220、116/312;如果比例 $c/2a<1$,那么布拉格峰的次序将是相反的。这一情形在黄铜矿型结构的 $Cu(In,Ga)Se_2$ 中也同样出现,$CuInSe_2$ 的 $c/2a>1$,而 $CuGaSe_2$ 的 $c/2a<1$,具有特定 Ga 含量的 $Cu(In,Ga)Se_2$ 可以使 $c/2a=1$[6,7]。这种伪立方比例在 CZTS 中也可以实现,例如通过 CZTS 与 $CuInS_2$ 的合金化。研究发现铟含量大约为 10% 时,锌黄锡矿型结构 CZTS 的晶格常数 $c/2a$ 大约为 1[8]。

由于 Cu^+ 和 Zn^{2+} 的原子结构因子非常相似(铜元素和锌元素在周期表中是相邻元素),因而在常规的 XRD 衍射实验数据分析中很难区分它们。但是它们的中子散射长度不同,所以中子衍射可用于解决上述 Cu_2ZnSnS_4 中阳离子分布的问题[8,9]。图 3.4 分别给出了锌黄锡矿型结构和黄锡矿型结构 CZTS 的模拟中子衍射谱图,从中可以看到两者的主要差别在于

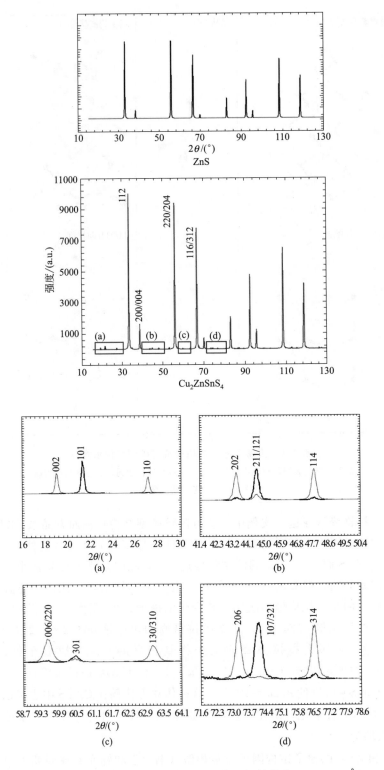

图 3.4 ZnS 和 Cu_2ZnSnS_4 的模拟中子粉末衍射谱图 ($\lambda = 1.79$Å)

蓝线代表锌黄锡矿型结构，红线代表黄锡矿型结构，(a)—(d) 四个小图表示 Cu_2ZnSnS_4 中由超结构产生的轻微反射。更多的颜色细节请参见文前的彩图

由超结构产生的轻微反射。

表 3.7 ZnS 和 CZTS 的布拉格峰：超结构和四方峰分裂

ZnS(闪锌矿型)			CZTS(锌黄锡矿型)			
hkl	d /Å	I_{rel}	hkl	d /Å	I_{rel}	备注
			002	5.435	1.24	超结构峰
			101	4.855	4.33	超结构峰
			110	3.837	1.47	超结构峰
111	3.121	100.00	112	3.15	100.00	最强布拉格峰
			103	3.014	2.09	超结构峰
200	2.703	11.88	004	2.718	5.05	四方峰分裂
			200	2.713	10.07	
			202	2.428	1.10	超结构峰
			121	2.369	1.15	超结构峰
			211	2.369	1.15	超结构峰
			114	2.218	<1	超结构峰
			105	2.018	<1	超结构峰
			123	2.016	<1	超结构峰
			213	2.016	<1	超结构峰
220	1.911	60.80	204	1.920	36.73	四方峰分裂
			220	1.919	18.31	
			006	1.811	<1	超结构峰
			222	1.809	<1	超结构峰
			301	1.784	<1	超结构峰
			130	1.716	<1	超结构峰
			310	1.716	<1	超结构峰
311	1.630	40.83	116	1.638		四方峰分裂
			312	1.636		

注：计算 d 值时采用的晶格常数分别是，ZnS，$a=5.406$Å；CZTS，$a=5.427$Å，$c=10.871$ Å。相对衍射强度的数值取的是有效 X 射线强度（Cu Kα 辐射）

中子粉末衍射已经证实 CZTS 和 CZTSe 粉末的晶体结构为锌黄锡矿型[9-11]，然而这种方法不能应用于薄膜样品，因为中子衍射实验需要样品的体积足够大（大约 1cm^3）。对于体积较小的 CZTS 样品，采用同步辐射并选择合适的 X 射线波长（以使铜原子的原子结构因子产生反常色散效应）是有可能确定其晶体结构的[12]。

表 3.8 列出了由不同方法制备的 CZTS 样品的晶格常数及其与理论计算值的对比。其中的情形与黄铜矿相似：化学成分的变化［也有可能是阳离子无序（缺陷）］导致晶格常数的变化非常大。

表 3.9 给出了由密度泛函理论计算的不同晶体结构 Cu$_2$ZnSnS$_4$ 的总能量（meV/原子）[13]。根据基于第一性原理计算的理论研究，锌黄锡矿型结构是 Cu$_2$ZnSnS$_4$ 的基态结构，但是锌黄锡矿型结构和黄锡矿型结构之间的能量差非常小。

类似于锌黄锡矿型结构和黄锡矿型结构，文献［21,22］描述了基于四方晶胞的不同晶型的情况。然而，它们的总能量总是大于形成锌黄锡矿型结构所需的能量。

表 3.8 不同 CZTS 样品（粉末和薄膜）的晶格常数

序号	样品类型	文献	a/Å	c/Å	$c/(2a)$
1	单晶,单晶 XRD	[13]	5.434(1)	10.856(1)	0.9989(2)
2	粉末样品,固相反应法生长,750℃淬火,完全化学计量比成分,中子衍射	[8]	5.428(2)	10.864(2)	1.0008(5)
3	粉末样品(同 2 号样品),以降温速率 1K/h 至室温,完全化学计量比成分,中子衍射	作者完成的工作	5.419(2)	10.854(2)	1.0015(4)
4	由 Bridgman 法制备的粉末样品[Cu/(Zn+Sn)=1.03;Zn/Sn=1.07],含有 ZnS 第二相,中子衍射	作者完成的工作	5.434(2)	10.827(2)	0.9962(4)
5	共蒸发法制备的薄膜样品[14][Cu/(Zn+Sn)=0.9;Zn/Sn=1.0],掠入射 XRD	作者完成的工作[14]	5.431(2)	10.840(2)	0.9979(4)
6	喷雾热分解法制备的薄膜样品[15]： Cu/(Zn+Sn)=1.03;Zn/Sn=0.97 Cu/(Zn+Sn)=0.89;Zn/Sn=0.81 Cu/(Zn+Sn)=0.92;Zn/Sn=0.72 掠入射 XRD	作者完成的工作[15]	5.423(2) 5.428(2) 5.428(2)	10.860(2) 10.829(2) 10.823(2)	1.0013(4) 0.9975(4) 0.9970(4)
7	单晶样品： Cu/(Zn+Sn)=0.99;Zn/Sn=0.90 Cu/(Zn+Sn)=0.89;Zn/Sn=1.10 Cu/(Zn+Sn)=0.79;Zn/Sn=1.19 Cu/(Zn+Sn)=0.96;Zn/Sn=1.08 Cu/(Zn+Sn)=1.17;Zn/Sn=0.75 共振 X 射线散射	[16]	5.4344(2) 5.4334(1) 5.4301(1) 5.4279(1) 5.4294(1)	10.8382(6) 10.8311(2) 10.8222(2) 10.8289(3) 10.8391(2)	0.9972(3) 0.9969(3) 0.9965(3) 0.9975(3) 0.9982(3)
	理论值(参见文献[20])	[17—20]	5.465 5.739	10.944 11.389	1.000 0.9923

注："样品类型"指的是制备样品以及确定晶格常数的方法。

表 3.9 不同结构的 CZTS 晶体总能量（meV/原子），以锌黄锡矿型结构的总能量为参照值[12]

四元化合物	锌黄锡矿	黄锡矿	纤锌矿-锌黄锡矿	纤锌矿-黄锡矿
Cu_2ZnSnS_4	0.0	2.8	6.0	7.2

3.2.3 纤锌矿-锌黄锡矿型和纤锌矿-黄锡矿型结构

据文献报道，含四价阳离子 Si 的 $A_2^I B^{II} C^{IV} X_4^{VI}$ 化合物 [如 $Cu_2ZnSiS_4(Se_4)$] 结晶为纤锌矿-黄锡矿结构[6]，这种类型的晶体结构在 CZTSe 纳米晶中也曾被报道发现[23]。也有文献报道了 CZTS 纤锌矿的衍生结构，并对其相关能量进行了计算（见表 3.9）。

纤锌矿-黄锡矿结构和纤锌矿-锌黄锡矿结构（对应的结构示意如图 3.5 所示）能够从纤锌矿结构演化得到，其演化方式与从闪锌矿结构到锌黄锡矿结构和黄锡矿结构的方式相同，也就是将纤锌矿结构的两个晶胞沿 c 轴方向堆垛，并以有序方式引入上述三种不同的阳离子（A^I、B^{II} 和 C^{IV}）。大多数报道的纤锌矿-黄锡矿型结构可以被预测为纤锌矿型的正交超结构，在三个晶轴方向的对应关系为：$a_{or} \sim 2a_w, b_{or} \sim \sqrt{3} a_w, c_{or} \sim c_w$（此处下标"or"和"w"分别代表正交结构和纤锌矿结构）。晶体结构的详细情况可以参见表 3.5。值得注意的是相同的四面体金属配位情况（每一个 S 原子由 2 个 Cu 原子、1 个 Zn 原子和 1 个 Sn 原子包围）在空间群 $Pmn2_1$ 和 Pc 是可能出现的。明确的判断只有在对化合物进行详细的结构分析后才能得出。

由于这两种结构都与纤锌矿结构相关，它们的衍射峰也表现出相似的特征。图 3.6 描述了纤锌矿型结构 ZnS 和纤锌矿-黄锡矿型结构 CZTS 的模拟 X 射线衍射谱图。同闪锌矿型结

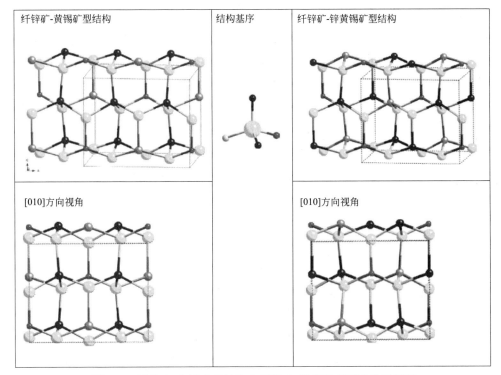

图 3.5 纤锌矿-黄锡矿型结构和纤锌矿-锌黄锡矿型结构示意图

蓝色小球代表铜,橙色小球代表锌,红色小球代表锡,黄色小球代表硫,更多的颜色细节请参阅文前的彩图部分

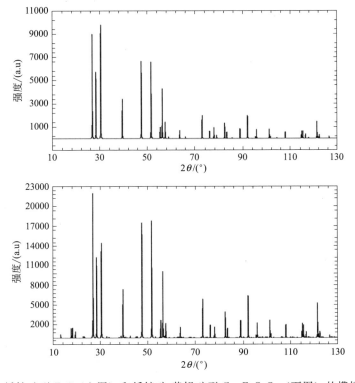

图 3.6 纤锌矿型 ZnS(上图)和纤锌矿-黄锡矿型 Cu_2ZnSnS_4(下图)的模拟 X 射线衍射谱图,模拟在 Cu Kα 辐射的假设条件下进行

构和锌黄锡矿/黄锡矿型结构的情形一样，两种化合物的主布拉格峰相同，这是因为两种晶体结构都是结构-超结构；两者之间的差异由纤锌矿-黄锡矿型 Cu_2ZnSnS_4 中产生的附加超结构反射引起。这些布拉格峰由于阳离子的有序分布而产生，但对应的衍射强度都非常小。

这些纤锌矿衍生结构的明显特征是在低 2θ 区域有一组三个布拉格峰。在纤锌矿型化合物中这一组峰是三个各自独立的反射，而在纤锌矿-黄锡矿型化合物中，这一组峰中的第一个和第三个布拉格峰产生峰分裂（见表3.10）。然而，这种分裂峰非常微弱，且依赖于正交晶格常数的比例关系。

表 3.10 低 2θ 区域中 ZnS 和 CZTS 的布拉格峰：正交峰分裂

ZnS(纤锌矿型)			CZTS(纤锌矿-黄锡矿型)			备注
hkl	$d/Å$	I_{rel}	hkl	$d/Å$	I_{rel}	
100	3.306	92.37	210	3.3064	100	正交峰分裂
			020	3.3060	48.01	
002	3.130	59.47	002	3.130	85.00	
101	2.924	100.00	211	2.9236	67.25	正交峰分裂
			021	2.9234	32.25	

注：计算 d 值时采用的晶格常数分别是，ZnS，$a=3.318Å$，$c=6.260Å$；CZTS，$a=2a_w$，$b=\sqrt{3}b_w$，$c=c_w$。纤锌矿-黄锡矿型 CZTS 相的超结构反射的低强度峰没有给出，相对衍射强度的数值仅对 X 射线（Cu $K\alpha$ 辐射）有效。

3.3 CZTS 中的点缺陷以及化学计量比的作用

据文献报道，转换效率高于8%的 CZTS 基薄膜太阳电池中薄膜的组成为 Cu/(Zn+Sn) 约为 0.8，Zn/Sn 约为 1.2[24-29]。这一结果说明贫铜富锌的生长条件能够获得较高的器件性能。此组成严重偏离完全化学计量比，而且其中可能有第二相（例如 ZnS）的存在或本征缺陷的较高分布。然而，两种可能性都将对太阳电池性能有不利的影响，因此 CZTS 中本征点缺陷的作用是相当复杂的。尽管有这些问题的存在，仍有希望提高 CZTS 基薄膜太阳电池的转换效率。

基于第一性原理的理论计算，不少作者报道了 CZTS 中缺陷和缺陷簇的形成能的计算[19,30-33]。结果表明，铜空位（V_{Cu}）和一些缺陷对 [如（$V_{Cu}+Zn_{Cu}$）、（$Cu_{Zn}+Zn_{Cu}$）] 很容易在贫铜富锌条件下形成[31]。反位缺陷 Zn_{Cu} 的形成能甚至是负的[33]。人们一直认为 V_{Cu} 和 Zn_{Cu} 是 CZTS 中主要的受主缺陷[32,34]，即使这一化合物具有 p 型导电性质。间隙缺陷的形成能大于 1eV[33]。所有施主缺陷都具有较高的形成能。不同生长条件下 CZTS 中的缺陷形成能概况如表 3.11 所示。

表 3.11 不同生长条件下 CZTS 中本征点缺陷形成能的计算 单位：eV

缺陷	文献[32]	贫铜条件(文献[30])	缺陷	文献[32]	贫铜条件(文献[30])
V_{Cu}	0.590	0.21—0.67	V_{Zn}	0.631—0.885	0.39—1.02
Zn_{Cu}	−0.064 至 −0.318	2.43—2.60	Sn_{Zn}	0.158—0.599	4.11—4.44
Cu_{Zn}	0.378—0.632	−0.16 至 0.01	Sn_{Cu}	0.170—0.732	6.54—7.05

利用完全化学计量比的体相样品的中子粉末衍射实验可以证明反位缺陷 Cu_{Zn} 和 Zn_{Cu} 的存在[9,10]。近期有报道说明核磁共振谱技术（NMR spectroscopy）也有足够的灵敏度对 Cu/Zn 无序进行探测[35]。然而，这种反位缺陷仅限于 $z=1/4$ 和 3/4 平面上的 2c 和 2d 两个

Wyckoff 位置。其余 Cu 位（Wyckoff 位置为 2a）不受影响（如图 3.7 所示）。如果阴离子位置的微小差异可以忽略，那么锌黄锡矿中的无序可以归因于空间群 I$\bar{4}$2m 中 Wyckoff 位置 4d 上铜和锌的统计分布。然而在这种情形下，铜仍将占据 2a 位置。因此，将这种阳离子分布归因于黄锡矿型结构是不正确的，因为这样将与其结构定义矛盾。

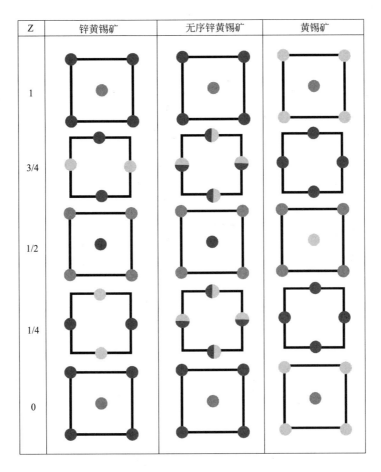

图 3.7 锌黄锡矿型、黄锡矿型和无序锌黄锡矿型结构的 a—b 平面示意图

左侧数字表示的是 a—b 平面在 c 晶轴上对应的 z 值，图中没有给出阴离子平面的情况。
蓝色小球代表铜，橙色小球代表锌，红色小球代表锡，更多的颜色细节请参见文前的彩图部分

Choubrac 等[17]和 Lafond 等[18]认为阳离子取代的点缺陷与 CZTS 中的非化学计量比有关。考虑四种不同类型的取代，可产生如下几种点缺陷：贫铜富锌 CZTS 中形成 A 类缺陷 V_{Cu} 和 Zn_{Cu}，B 类缺陷 Zn_{Cu} 和 Zn_{Sn}；富铜贫锌 CZTS 中形成 C 类缺陷 Cu_{Zn} 和 Sn_{Zn}，D 类缺陷 Cu_{Zn} 和 Cu_i。图 3.8 中的这些阳离子取代类型与 Cu_2S-SnS_2-ZnS 三元相图、阳离子比例 Cu/(Zn+Sn) 和 Zn/Sn 有关。后者分为如下四个象限：贫铜富锌、富铜富锌、贫铜贫锌、富铜贫锌。A 类和 B 类 CZTS 缺陷的化学计量比偏离线位于贫铜富锌象限，C 类和 D 类 CZTS 缺陷的化学计量比偏离线位于富铜贫锌象限。高效 CZTS 基薄膜太阳电池的经验条件（贫铜富锌）对应 A 类或 B 类取代机理。然而，由固相反应法制备的 CZTS 粉末样品也在贫铜贫锌象限中显示偏离化学计量比成分。因此引入了与 V_{Cu} 和 Sn_{Zn} 点缺陷相关的 E 类 CZTS。

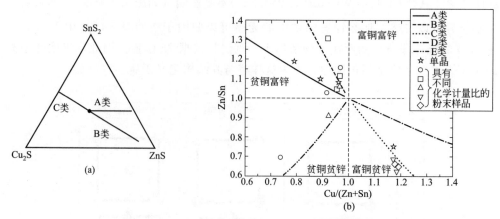

图 3.8 (a) Choubrac 等[17]提议的 Cu_2S-SnS_2-ZnS 相图中 CZTS 取代类型的一般表示，其中的圆点代表完全化学计量比 CZTS；(b) 阳离子取代类型与成分比例 Cu/(/Zn+Sn)、Zn/Sn 的关系，图中的符号表示成分偏离单晶 CZTS 化学计量比的程度[17,18]，粉末样品由固相反应法制备

3.4 共生锌黄锡矿和黄锡矿的差别：仿真模拟方法

如果有可能识别共生锌黄锡矿型结构和黄锡矿型结构，那么问题随之而来。为了阐释这个问题，利用仿真模拟方法得到虚构的两个晶相比例为 50∶50 的 CZTS 样品中子粉末衍射谱图，随后用 Rietveld 方法进行分析。在精修过程中应用了不同的模型：(i) 锌黄锡矿型结

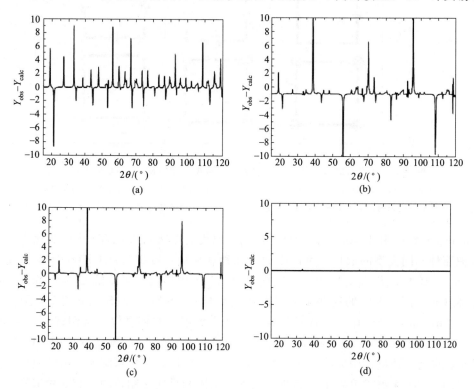

图 3.9 对虚构 CZTS 样品（锌黄锡矿型和黄锡矿型相比例为 50∶50）模拟中子粉末衍射（$\lambda=0.179$nm）结果 Rietveld 精修的偏差线 $Y_{obs}-Y_{calc}$。(a)—(d) 分别代表模型 (i)—(iv)

构的单相样品；(ii) 无序锌黄锡矿型结构的单相样品；(iii) 锌黄锡矿型结构的单相样品，其中阳离子占据弛豫位置（即阳离子占据位置在拟合过程中具有自由参量）；(iv) 两相样品，其中一相是锌黄锡矿，另一相是黄锡矿。在图 3.9 中也给出了精修过程中的偏差线 $Y_{obs} - Y_{calc}$，从图中可以看到只有模型 (iv) 的结果与精修模拟数据完全吻合。因此可以得出这样的结论：CZTS 的无序锌黄锡矿型结构可以与锌黄锡矿型结构和黄锡矿型结构共生相进行区分。

3.5 结论

本章讨论了 CZTS 晶体结构的相关问题，目前普遍认可的观点是 CZTS 和 CZTSe（单晶，粉末，薄膜）结晶形成锌黄锡矿结构，但是伴随有在 $z = 0.25$ 和 $z = 0.75$ 平面上的 Cu/Zn 无序（称之为"无序锌黄锡矿"）。这种无序产生了高浓度的 Cu_{Zn} 和 Zn_{Cu} 反位缺陷（涉及到 2c 和 2d 晶格位置），甚至在完全化学计量比的化合物中也如此。关于 Cu/Zn 无序及其定量化的第一个实验证据由中子粉末衍射得出[9,10]，随后这一效应也由反常 X 射线散射（共振 X 射线散射）[17,18]、拉曼光谱[36]、核磁共振光谱[34]所证实，应用这些光谱技术可以定量地确定 Cu/Zn 无序。最近利用拉曼光谱发现了在低温下有序-无序转变的现象[37]。CZTS 的这一转变温度被确定为 $T_c = (260 \pm 10)$℃；在低于此温度下进行退火能够减少 Cu/Zn 无序。

本章中阐述 CZTS 晶体学特征的另一目的在于提醒读者结构分析的重要性。无论如何都需要记住，在空间群 $I\bar{4}$ 和 $I\bar{4}2m$ 中，具有相同的四面体金属配位（每一个 S 原子周围有两个 Cu 原子、一个 II 族原子和一个 IV 族原子）是有可能的。只有对每一种化合物进行详细的结构分析才能得出准确的判断[6]。

参 考 文 献

[1] Pamplin, B. (1981) The Adamantine family of compounds. Progress in Crystal Growth and Characterization of Materials, 3, 179-192.

[2] Stephan, C., Schorr, S., Tovar, M. & Schock, H.-W. (2011) Comprehensive insights into point defect and cluster formation in $CuInSe_2$. Appled Physics Letters, 98, 091906.

[3] Kühn, G. & Neumann, H. (1987) $A^I B^{III} C_2^{VI}$-Halbleiter mit Chalkopyritstruktur. Zeitschrift für Chemie, 27, 197-206.

[4] Rietveld, H. M. (1969) A profile refinement method for magnetic and nuclear structures. Journal of Applied Crystallography, 2, 65-71.

[5] Hall, S. R., Szymanski, J. T. & Stewart, J. M. (1978) Kesterite, $Cu_2(Zn, Fe)SnS_4$, and stannite, $Cu_2(Fe,Zn)SnS_4$, structurally similar but distinct minerals. Canadian Mineralogist, 16, 131-137.

[6] Schaefer, W. & Nitzsche, R. (1974) Tetrahedral quaternary chalcogenides of the type Cu_2-II-IV-S_4 (Se_4). Materials Research Bulletin, 9, 645-654.

[7] Abou-Ras, D., Caballero, R., Kaufmann, C. A., Nichterwitz, M., Sakurai, K., Schorr, S., Unold, T. & Schock, H. W. (2008) Impact of the Ga concentration in $CuIn_{1-x}Ga_xSe_2$ solar absorbers on their microstructures. Physica Status Solidi (RRL), 3, 135-137.

[8] Schorr, S., Tovar, M., Hoebler, H.-J. & Schock, H.-W. (2009) Structure and phase relations in the 2 $(CuInS_2)$-Cu_2ZnSnS_4 solid solution system. Thin Solid Films, 517, 2508-2510.

[9] Schorr, S., Höbler, H.-J. & Tovar, M. (2007) A neutron diffraction study of the stannite-kesterite solid solution series. European Journal of Mineralogy, 19, 65-73.

[10] Schorr, S. (2011) The crystal structure of kesterite type compounds: a neutron and X-ray diffraction study. Solar Energy Materials and Solar Cells, 95, 1482-1488.

[11] Maeda, T., Nakamura, S., Kou, H., Wada, T., Inoue, K. & Yamaguchi, Y. (2009) Technical Digest. Proceedings of European Photovoltaic Solar Energy Conference, PVSEC-19, CIG-O-44.

[12] Washio, T., Nozaki, H., Fukano, T., Motohiro, T., Jimbo, K. & Katagiri, H. (2011) Analysis of lattice site occupancy in kesterite structure of Cu_2ZnSnS_4 films using synchrotron X-ray diffraction. Journal of Applied Physics, 110, 074511.

[13] Chen, S., Walsh, A., Luo, Y., Yang, J.-H., Gong, X. G. & Wei, S. H. (2010) Wurtzite-derived polytypes of kesterite and stannite quaternary chalcogenide semiconductors. Physical Review B, 82, 195203.

[14] Bonazzi, P., Bindi, L., Bernardini, G. P. & Menchetti, S. (2003) A model for the mechanism of incorporation of Cu, Fe and Zn in the stannite-kesterite series, Cu_2FeSnS_4-Cu_2ZnSnS_4. Canadian Mineralogist, 41, 639-647.

[15] Schubert, B.-A., Marsen, B., Cinque, S., Unold, Th., Klenk, R., Schorr, S. & Schock, H.-W. (2011) Cu_2ZnSnS_4 thin film solar cells by fast co-evaporation. Progress in Photovoltaics: Research and Applications, 19, 93-96.

[16] Bruc, L. I., Guc, M., Rusu, M., Sherban, D. A., Simashkevich, A. V., Schorr, S., Izquierdo-Roca, V., Perez-Rodriguez, A. & Arushanov, E. K. (2012) Kesterite thin films obtained by spray pyrolysis. In Proceedings of 27th EUPVSEC, 24-28 September 2012, Frankfurt.

[17] Choubrac, L., Lafond, A., Guillot-Deudon, C., Moelo, Y. & Jobic, S. (2011) Structure flexibility of the Cu_2ZnSnS_4 absorber in low-cost photovoltaic cells: from the stoichiometric to the copperpoor compounds. Inorganic Chemistry, 51, 3343-3922.

[18] Lafond, A., Choubrac, L., Guillot-Deudon, C., Deniard, P. & Jobic, S. (2012) Crystal structures of photovoltaic chalcogenides, an intricate puzzle to solve: the cases of CIGSe and CZTS materials. Zeitschrift für Anorganische and Allgemeine Chemie, 638, 2571-2577.

[19] Maeda, T., Nakamura, S. & Wada, T. (2011) First principles calculations of defect formation in In-free photovoltaic semiconductors Cu_2ZnSnS_4 and $Cu_2ZnSnSe_4$. Japanese Journal of Applied Physics, 50, 04DP07.

[20] Zhang, Y., Sun, X., Zhang, P., Yuan, X., Huang, F. & Zhang, W. (2012) Structural properties and quasiparticle band structures of Cu-based quaternary semiconductors for photovoltaic applications. Journal of Applied Physics, 111, 063709.

[21] Paier, J., Asahi, R., Nagoya, A. & Kresse, G. (2009) Cu_2ZnSnS_4 as a potential photovoltaic material: Hartree-Fock density functional theory study. Physical Review B, 79, 115126.

[22] Ichimura, M. & Nakashima, Y. (2009) Analysis of atomic and electronic structures of Cu_2ZnSnS_4 based on first-principles calculation. Japanese Journal of Applied Physics, 48, 090202.

[23] Lin, X., Kavalakkatt, J., Kornhuber, K., Abou-Ras, D., Schorr, S., Lux-Steiner, M.-C. & Ennaoui, A. (2012) Synthesis of $Cu_2Zn_xSn_ySe_{1+x+2y}$ nanocrystals with wurtzite-derived structure. RSC Advances, 2, 9894-9898.

[24] Todorov, T. K., Reuter, K. B. & Mitzi, D. B. (2010) High-efficiency solar cell with earth-abundant liquid-processed absorber. Advanced Materials, 22, E156.

[25] Barkhouse, D., Gunawan, O., Gokmen, T., Todorov, T. & Mitzi, D. (2012) Device characteristics of a 10.1% hydrazine-processed $Cu_2ZnSn(Se,S)_4$ solar cell. Progress in Photovoltaics, 20, 6.

[26] Repins, I., Beall, C., Vora, N., DeHart, C., Kuciauskas, D., Dippo, P., To, B., Mann, J., Hsu, W.-C. & Goodrich A. (2012) Co-evaporated $Cu_2ZnSnSe_4$ solar cells and devices, Solar Energy Materials and Solar Cells, 101, 154.

[27] Shin, B., Gunawan, O., Zhu, Y., Bojarczuk, N. A., Chey, S. J. & Guha, S. (2013) Thin film solar cell with 8.4% power conversion efficiency using an earth-abundant Cu_2ZnSnS_4 absorber. Progress in Photovoltaics: Research and Applications, 21, 72-76.

[28] Todorov, T., Gunawan, O., Chey, S. J., de Monsabert, T. G., Prabhakar, A. & Mitzi, D. B. (2011) Progress towards marketable Earth-abundant chalcogenide solar cells. Thin Solid Films 519, 7378.

[29] Ericson, T., Scragg, J., Kubart, T., Törndahl, T. & Platzer-Björkman, C. (2013) Annealin behaviour of reactively sputtered precursor films for Cu_2ZnSnS_4 solar cells. Thin Solid Films, 535, 22-26.

[30] Chen, S., Gong, X. G., Walsh, A. & Wei, S. H. (2010) Defect physics of the kesterite thin-film solar cell absorber Cu_2ZnSnS_4. Applied Physics Letters, 96, 021902.

[31] Chen, S., Yang, J. H., Gong, X. G., Walsh, A. & Wei, S. H. (2010) Intrinsic point defects and complexes in the quaternary kesterite semiconductor Cu_2ZnSnS_4. Physical Review B, 81, 245204.

[32] Chen, S., Wang, L. W., Walsh, A., Gong, X. G. & Wei, S. H. (2012) Abundance of $Cu_{Zn}+Sn_{Zn}$ and $2Cu_{Zn}+Sn_{Zn}$ defect clusters in kesterite. Applied Physics Letters, 101, 223901.

[33] Nagoya, A., Asahi, R., Wahl, R. & Kresse, G. (2010) Defect formation and phase stability of Cu_2ZnSnS_4 photovoltaic material. Physical Review B, 81, 113202.

[34] Raulot, J. M., Domain, C. & Guillemoles, J. F. (2005) Ab initio investigation of potential indium and gallium free chalcopyrite compounds for photovoltaic application. Journal of Physics and Chemistry of Solids, 66, 2019.

[35] Choubrac, L., Paris, M., Lafond, A., Guillot-Deudon, C., Roquefelte, X. & Jobic, S. (2013) Multinuclear (^{67}Zn, ^{119}Sn and ^{65}Cu) NMR spectroscopy - an ideal technique to probe the cation ordering in Cu_2ZnSnS_4 photovolatic materials. Physical Chemistry, Chemical Physics, 15, 10722-10725.

[36] Valakh, M. Y., Kolomys, O. F., Ponomaryov, S. S., Yukhymchuk, V. O., Babichuk, I. S., Izquierdo-Roca, V., Saucedo, E., Perez-Rodriguez, A., Morante, J. R., Schorr, S. & Bodnar, I. V. (2013) Raman scattering and disorder effect in Cu_2ZnSnS_4. Physica Status Solidi RRL, 7, 258-261.

[37] Scragg, J., Choubrac, L., Lafond, A., Ericson, T. & Platzer-Björkman, C. (2014) A low temperature order-disorder transition in Cu_2ZnSnS_4 thin films. Applied Physics Letters, 104, 041911.

4 第一性原理模拟电子结构和光学性质

Clas Persson,[1,2] Rongzhen Chen,[2] Hanyue Zhao,[2] Mukesh Kumar,[2] Dan Huang[2]

[1] Department of Physics, University of Oslo, P. O. Box 1048 Blindern, NO-0316 Oslo, Norway

[2] Department of Materials Science and Engineering, Royal Institute of Technology, SE=100 44 Stockholm, Sweden

4.1 引言

Cu_2ZnSnS_4(CZTS) 和 $Cu_2ZnSnSe_4$(CZTSe) 是非常有意义的材料。如图4.1所示，CZTS的初基晶胞包含4个Cu原子、2个Zn原子、2个Sn原子和8个S原子。在S_4^2锌黄锡矿结构中，晶体结构完全由阴离子的Wyckoff位置$8g(x,y,z)$确定，而在D_{2d}^{11}黄锡矿结构中，晶体结构由阴离子的Wyckoff位置$8i(x,y=x,z)$确定。同传统的Ⅳ族、Ⅲ-Ⅴ族、Ⅱ-Ⅵ族半导体一样，这两种 I_2-Ⅱ-Ⅳ-$Ⅵ_4$族化合物具有相似的四面体成键的几何构型。这类化合物遵循Lewis的八电子规则（octet rule，有的参考书也称之为八偶体规则、八偶规则、八偶定则），即每个阴离子原子（S或Se）周围都有八个电子；因此每个阴离子的四个键一起形成闭合的价电子壳层。CZT(S,Se)可以从二元Zn(S,Se)构建得到，即将四个Zn原子中的两个由Cu原子取代，一个Zn原子由Sn原子取代，因此价电子数目在此过程中维持不变。然而，ZnS由立方或六方晶体对称下降到四方体心对称，分别为锌黄锡矿结晶相的S_4^2和黄锡矿结晶相的D_{2d}^{11}［文献曾模拟过CZTS的第三种结晶相：原胞混合类CuAu相（primitive-mixed CuAu-like phase），但在本章中不进行讨论］。由于CZT(S,Se)具有与常规半导体材料（如Ge、GaAs、ZnS）相似的成键几何构型，那么可以预期它也具有与这些半导体相似的材料性质。这在一定程度上是对的，然而铜基四元半导体与Ⅳ族元素半导体、Ⅲ-Ⅴ族和Ⅱ-Ⅵ族半导体在材料性质上有着根本的区别。首先，常规半导体拥有纯sp^3杂化键，而CZT(S,Se)中的化学键还涉及Cu-d电子态与阴离子-p电子态的杂化反键态，这种情形弱化了CZT(S,Se)中的化学键。其次，Ⅲ-Ⅴ族（或Ⅱ-Ⅵ族）半导体中的阳离子有三个（或两个）类s态价电子，而在CZTS和CZTSe中Cu仅有一个类s态价电子。这两个性质表明与常规半导体中的阳离子空位相比，CZTS中铜空位V_{Cu}的形成能相对较小。因此，CZTS很容易生长为含Cu相关本征缺陷的高偏离化学计量比材料。

早在半世纪之前，Goodman[1]以及其后的Pamplin[2]就已经讨论过形成具有类金刚石结构共价键的类四元CZT(S,Se)型化合物的可能性。但是，CZT(S,Se)的理论研究却开展的很晚，直到2005年Raulot等[3]才模拟了具有Cu-(S,Se)成键的半导体晶体结构，并

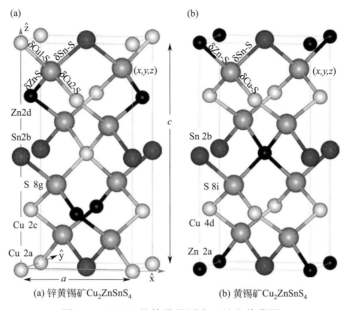

(a) 锌黄锡矿 Cu_2ZnSnS_4
(b) 黄锡矿 Cu_2ZnSnS_4

图 4.1 CZTS 的结晶学原胞（见文前彩图）

计算了相应的电子结构。当时这一研究采用了密度泛函理论（density functional theory，DFT）中的局域密度近似（local density approximation，LDA）方法。众所周知 LDA 方法将会严重低估半导体材料的基本带隙 E_g，因此这些作者估算的 CZTS 和 CZTSe 的带隙能分别是 $E_g \approx$ 1.2 和 $E_g \approx 0.9 eV$。同时他们也预测，对于 CZTS 和 CZTSe 来说，锌黄锡矿相是相对于黄锡矿相更稳定的结晶相。这些研究成果在一定程度上鼓励了之后开展的有关 CZT(S,Se) 的 DFT 理论计算。

从 2009 年开始，出现了不少基于 DFT 理论的 CZT(S,Se) 研究，这些研究分析了其材料性质，如晶体特征、电子结构、缺陷性质和晶格动力学等[4-21]。在我们的研究工作中，我们利用第一性原理模拟探索了 CZTS 和 CZTSe 的电子结构和光学性质[9,13,19,20]。半导体的很多基本性质都是由禁带附近的能带结构决定的，因此我们更加关注价带（valence band，VB）和导带（conduction band，CB）带边的细节，并且详细描述位于价带顶（valence band maximum，VBM）和导带底（conduction band minimum，CBM）处的能态。同时也将计算载流子的有效质量，并且考虑自旋-轨道耦合效应（spin-orbit coupling effect），这对于空穴有效质量有很强的影响。为了在更大的能量范围内准确描述能量色散关系，我们对带边进行了参数化。当考虑与自由载流子相关的材料性质时，这种参数化是非常重要的，例如电子迁移率、散射的影响，以及涉及强激发条件下的测量等。我们也分析了 CZT(S,Se) 的光学性质，主要是根据介电函数和光吸收系数进行讨论。CZT(S,Se) 晶体结构的各向异性通过这些材料各向异性的电子结构和光学性质得到反映。为了描述这一特性，如图 4.1 所示，定义沿晶向 [001] 方向的 c 轴为纵向（∥），而横向（⊥）则是垂直于纵向的平面方向。此外，本章中所有的能量都以 VBM 为参考值。

在这些研究中，我们采用基于 Kohn-Sham（KS）方程的 DFT 方法，并利用广义梯度近似（generalized gradient approximation，GGA）[22-24]、屏蔽杂化泛函（screened hybrid functional）[25]和单电子激发 GW 方法[26]等进行研究，上述计算方法分别内嵌在 Wien2k[27] 和 VASP[28] 软件包中。另外需要提醒的是，还有很多 LDA、GGA 和杂化泛函，以及各种 GW 方法，所有这些方法都能得到差别很小的计算结果。在关于 CZT（S，Se）的理论研究中，各种方法和内嵌软件包都可以使用，而且使用相似的计算方法却得到有差异的计算结果不足为奇，因此我们首先简略地讨论这些相关的计算方法。

4.2 计算背景

在 DFT 理论中，材料的基态总能量可以由电子密度 $n(\mathbf{r})$ 唯一地准确确定，因此体系总能 $E_t[n]$ 是电子密度 n 的函数。然而，迄今为止还没有关于这一函数关系的详细表达式，因此不得不通过互补途径来解决多电子体系的计算难题。

利用辅助 KS 轨道（即归一化的 Hartree 函数），结合 KS 方程的 DFT 方法可以确定多电子体系的状态。从 1980 年开始，KS 方程在描述多原子材料体系方面非常成功，例如固体、纳米结构、大分子。利用 DFT 方法，理论研究者不仅可以支持实验研究分析多电子体系的内在物理机制，还能够探索新型晶体结构和复杂分子体系。

在 KS 方程中，电子-电子相互作用的复杂部分由交换-关联势（exchange-correlation potential）$V_{xc}(\mathbf{r})$ 进行处理。如果交换-关联势能够得到精确描述，那么表明原则上这一方程是精确的第一性原理模拟（即没有外加参数）。单电子 KS 方程如下：

$$\left\{\frac{-\hbar^2 \nabla^2}{2m}+V_{ext}(\mathbf{r})+V_H(\mathbf{r})+V_{xc}(\mathbf{r})\right\}\psi_{n\mathbf{k}}^{KS}(\mathbf{r})=E_{n\mathbf{k}}^{KS}\psi_{n\mathbf{k}}^{KS}(\mathbf{r}) \tag{4.1}$$

并且：
$$n(\mathbf{r})=\sum_{n\mathbf{k}}^{occ}|\psi_{n\mathbf{k}}^{KS}(\mathbf{r})|^2$$

由上述 DFT 方程计算的基态总能 E_t 如下：

$$E_t[n]=\sum_{n\mathbf{k}}E_{n\mathbf{k}}-\frac{1}{2}\int V_H(\mathbf{r})n(\mathbf{r})d\mathbf{r}+E_{nc}[n]-\int V_{xc}(\mathbf{r})n(\mathbf{r})d\mathbf{r} \tag{4.2}$$

式中，$V_{ext}(\mathbf{r})$ 是包括原子核库仑势的外场势；$V_H(\mathbf{r})$ 是标准 Hartree 势；$\psi_{n\mathbf{k}}^{KS}(\mathbf{r})$ 是辅助 KS 的 Hartree 类轨道；$E_{n\mathbf{k}}^{KS}$ 是对应的单电子 KS 能。式(4.1)中的交换-关联势由 $V_{xc}(\mathbf{r})=\delta E_{xc}[n]/\delta n(\mathbf{r})$ 确定的交换-关联能 $E_{xc}[n]$ 得到。交换-关联势通常分为交换势 $V_x(\mathbf{r})$ 和关联势 $V_c(\mathbf{r})$ 两部分：$V_{xc}(\mathbf{r})=V_x(\mathbf{r})+V_c(\mathbf{r})$。

如果能准确产生唯一的交换-关联能函数 $E_{xc}[n]$，那就总能 E_t 就是准确的。但是迄今为止，明确的 $E_{xc}[n]$ 表达式仍是未知的，因而需要合适的近似方法进行处理。LDA 是第一个对于交换-关联能的粗略近似处理，其中的交换-关联能 $E_{xc}^{LDA}[n]$ 由均匀电子气对应的能量局域地描述。尽管它的处理和形式非常简单，但是令人惊奇的是，LDA 能得到准确的总能和单电子能量。第二种近似体系是广义梯度近似 $E_{xc}^{GGA}[n]$，其中在产生交换-关联作用时，考虑了电子密度的梯度变化。LDA 方法和 GGA 方法都能相当准确地描述固体的总能量。例如 LDA 方法通常过紧（即通常对晶格常数有约 1%—3%减小），GGA 方法通常过松（即通常对晶格常数有约 1%—3%增大）。

可是当描述电子结构的细节时，LDA 方法和 GGA 方法作为近似方法有不可避免的缺陷，例如，众所周知两种方法对带隙值通常低估约 50%。原则上，带隙能可以根据 N 电子体系的总能量 E_t 计算得到：$E_g=E_t(N+1)+E_t(N-1)-2E_t(N)$。但是，通常带隙由 CBM 和 VBM 处的 KS 能量本值 $E_{n\mathbf{k}}^{KS}$ 确定。因为 $E_{n\mathbf{k}}^{KS}$ 是由辅助 KS 轨道得到的，因而很难直接从这些 KS 能量本征值直接确定带隙值；如何从精确的 $E_{xc}[n]$ 得到准确的带隙能仍需进一步讨论。由此可以看出，带隙能包含两个不确定因素：交换-关联能的近似和 KS 能量本征值。此外，实验测得的带隙能通常由光学激发，并在室温下测量得到，而 DFT 方法（常常）是零度时的基态计算。LDA 方法和 GGA 方法的另一个问题是通常不能准确地描述局域化的 d-和 f-类电子态；有时这一问题可以通过与局域原子位置及其角动量相关的库仑校正方法得到改进。

另一种估算交换能 $E_{xc}[n]$ 的近似方法是 Hartree-Fock 近似，然后在此基础上可进一步为关联能构造近似方法。这种估算交换能的方法通常得到过大的带隙能，所以结合 LDA 方法或 GGA 方法的交换能方法或许更有效，这也就是所谓的杂化泛函方法。为了经验地得到更好的总能量和带隙能，其交换能具有混合形式，而且有多种途径进行混合。在由 Heyd、Scuseria 和 Ernzerhof 定义的 HSE06 方法中，混合形式如下：

$$E_{xc}^{HSE} = \alpha E_x^{SR}(\mu) + (1-\alpha)E_x^{PBE,SR}(\mu) + E_x^{PBE,LR}(\mu) + E_c^{PBE} \quad (4.3)$$

式中，精确交换能 E_x^{SR} 的短程部分（short-range part，SR）混合了由 Perdew、Burke 和 Ernzerhof（PBE）确定的 GGA 交换能的短程部分 $E_x^{PBE,SR}$，在标准混合中形式中，Hartee-Fock 能占 25%，即式(4.3) 中的 $\alpha=0.25$。此外，交换能中的衰减长程部分（long-ranged part，LR）由相应的 PBE 对应部分 $E_x^{PBE,LR}$ 代替。这由区域分离参数（range-separation parameter）μ 进行描述，其推荐值通常为 0.2。电子-电子相互作用的关联能部分仍由 PBE 近似得到，即 E_c^{PBE}。

设计 HSE06 之类的杂化泛函是为了得到更可靠的总能量（例如晶格常数的误差常常小于 1%—2%）和更合理的带隙能（典型误差范围在约 10% 数量级）。如前面段落所讨论的，不应当期望杂化泛函能总能够非常准确地预测带隙能。轨道基杂化泛函方法的问题是对计算资源的要求，另外它对计算参数［如布里渊区（Brillouin zone，BZ）**k** 点网格基组］的设置也更敏感。在实践中，收敛参数的设置通常取最低水平，但这有可能影响电子结构细节的准确性。

为了能够包括激发态，研究开始考虑后 DFT 方法（beyond-DFT approach）。GW 近似方法包括单电子激发，而且这一方法能通过内禀能量 Σ_{nk} 更好地描述单电子能量；单粒子能量由准粒子能量描述。在 GW 方法中，KS 方程扩展为：

$$\left\{\frac{-\hbar^2 \nabla^2}{2m} + V_{ext}(\mathbf{r}) + V_H(\mathbf{r})\right\}\psi_{n\mathbf{k}}^{GW}(\mathbf{r}) + \int \Sigma(\mathbf{r},\mathbf{r}',E_{n\mathbf{k}}^{GW})\psi_{n\mathbf{k}}^{GW}(\mathbf{r}')d\mathbf{r}' = E_{n\mathbf{k}}^{GW}\psi_{n\mathbf{k}}^{GW}(\mathbf{r}) \quad (4.4)$$

式中所包含的内禀算符 $\Sigma(\mathbf{r},\mathbf{r}',E_{n\mathbf{k}}^{GW})$ 依赖于格林函数 $G(\mathbf{r},\mathbf{r}',E_{n\mathbf{k}}^{GW}+E)$ 和屏蔽库仑势 $W(\mathbf{r},\mathbf{r}',E)$。由于 GW 方法模拟了单电子激发态，因而能够更好地模拟实验确定的单电子能量。同样地，因为 GW 方法也是基于轨道基组，因此和 Hartree-Fock 基杂化泛函方法一样对计算资源的要求相当高。事实上，有多种方法可以处理 GW 近似，而且不同方法产生的带隙能常常有稍许的偏差，因而目前发表的不同 GW 方法计算不能得到完全一致的结果，这也就不足为奇了。

在本章的研究工作中，我们给出了由 GGA 方法、杂化泛函方法和 GW 方法计算的结果。总的来说，这些方法得到了相似的电子结构和态密度（density-of-states，DOS）。为了分析电子结构的细节，我们采用了 Wien2k 程序包中的全电子和全势线性缀加平面波（full-potential linearizd augmented plane wave，FP-LAPW）方法[27]，并选取 Engel 和 Vosko 的 GGA 势来分析 CZTS 和 CZTSe 的电子结构。这种 GGA 方法采用优化的交换-关联势 V_{xc} 代替对应的交换-关联能 E_{xc}，这表明它可以更好地计算 KS 单电子能量，但却牺牲了总能量的计算精度。GGA 方法结合由 Bechstedt 和 Del Sole 提出的准粒子（quasi-particle，QP）近似方法可以对带隙能进行校正[30]。其校正方法基于 LDA 方法和 GW 近似对内禀能的差异而引入。在 QP 模型中，带隙能被校正为：

$$\Delta_{\mathrm{g}} = \frac{e^2 q_{\mathrm{TF}}}{2\pi\varepsilon_0} \int_0^\infty \frac{\mathrm{d}t}{1+t^2} \left[(1-\alpha_{\mathrm{p}})f(q_{\mathrm{TF}}r_{\mathrm{A}}t) + (1+\alpha_{\mathrm{p}})f(q_{\mathrm{TF}}r_{\mathrm{B}}t)\right]^2 \qquad (4.5)$$

其中：

$$f(x) = \frac{3-10x^2+3x^4}{3(1+x^2)^6}; \quad r_{\mathrm{A}} = \frac{a}{4\pi \times 1.6}; \quad r_{\mathrm{B}} = \frac{a}{4\pi \times 1.8}$$

式中，e 是基本电荷；q_{TF} 是 Thomas-Fermi 波数；ε_0 是静介电常数；α_{p} 是原子间相互作用的极性[30,31]。这一方法已被证明能够相当准确地预测带隙能[32,33]，并且采用这一 GGA 方法，我们可以较高的数值精度分析能量和能量本征值的对称性。能量本征值对称性的标记（即不可约表示）按照 Koster 等[34]的定义。

同时，我们也给出了由 VASP 软件包中的 HSE06 方法和 GW 方法计算得到的带隙能、态密度和光响应函数，这两种方法都是基于投影缀加波（projected augmented wave，PAW）方法[28,29]。对于屏蔽 HSE06 泛函方法，我们使用的标准混合交换参数 $\alpha = 0.25$，推荐的区域分离参数 $\mu = 0.2$。对于部分自洽的 GW 计算，格林函数 $G(\mathbf{r},\mathbf{r}',E_{nk}^{\mathrm{GW}}+E)$ 采用更新之后的形式，而屏蔽库仑势 $W(\mathbf{r},\mathbf{r}',E)$ 则保持固定，所以这方法记为 GW_0。

需要提醒读者注意的是，上述 KS 方程描述的是非相对论薛定谔类方程（non-relativistic Schrödinger-like equation），然而在实践中，芯电子根据相对论狄拉克方程（relativistic Dirac equation）计算。半芯电子和价电子由包含质量-速度修正和 Darwin 相互作用的标量相对论方程（scalar-relativistic equation）计算。旋-轨相互作用（spin-orbit interaction）$-i\hbar^2\boldsymbol{\sigma}[\nabla V(\mathbf{r},t)\times\nabla]/4m^2c^2$ 包括二阶微扰。

4.3 晶体结构

（本节内容的重印许可由文献 [9] 提供，Copyright 2010，American Institute of Physics）

图 4.1 中展示了 CZTS 的锌黄锡矿和黄锡矿晶体结构。锌黄锡矿相的空间群是 S_4^2（$I\bar{4}$，82 号空间群），在其结晶学原胞中四个铜原子占据 Wyckoff 位置 2a 和 2c，两个锌原子占据 Wyckoff 位置 2d，两个锡原子占据 Wyckoff 位置 2b（所有四个阳离子位置都具有 S_4 点群对称性），八个硫原子占据 Wyckoff 位置 8g（C_1 点群对称性）。阴离子 8g 位置完全由位置坐标 (x,y,z) 确定，因此每个硫原子与阳离子 $X = \mathrm{Cu}(1)$、$\mathrm{Cu}(2)$、Zn、Sn 有四个不全同键 $\delta_{\mathrm{X\text{-}S}}$。所有阳离子具有 S_4 点群对称性，而阴离子位置则具有 C_1 点群对称性。黄锡矿相的空间群是 D_{2d}^{11}（$I\bar{4}2m$，121 号空间群），四个铜原子占据全同的 Wyckoff 位置 4d（具有 S_4 点群对称性），两个锌原子占据 Wyckoff 位置 2a，两个锡原子占据 Wyckoff 位置 2b（Zn 和 Sn 位置具有 D_{2d} 点群对称性），八个硫原子占据 Wyckoff 位置 8i（C_s 点群对称性）。在这一结构中，阴离子 8g 位置完全由位置坐标 $(x,y=x,z)$ 确定，因此每个硫原子与阳离子 $X = \mathrm{Cu}$、Zn、Sn 有三个不全同键 $\delta_{\mathrm{X\text{-}S}}$。锌黄锡矿相和黄锡矿相的区别仅仅是 Zn 原子位置和一半的铜原子位置不同，但是两者的成键特性是相同的：每一个硫原子被两个铜原子、一个锌原子和一个锡原子包围。理想的锌黄锡矿和黄锡矿结构（即所有键长都与对应的二元化合物中的键长相等）的晶格常数比例如下：$c/a = 2$，而且阴离子原子定位于 $(x,y,z) = (3/4, 3/4, 7/8)$ 处。上述讨论同样适用于 CZTSe 的晶体结构。

将总能量最小化之后可得到相对于原胞基矢的晶格常数，而将原子间相互作用力最小化可得到离子位置。由屏蔽杂化泛函 HSE06 弛豫之后的是相对实验数据稍微增大的晶胞（如表 4.1 所示）。另一方面，由于 LDA 方法容易高估原子间相互作用，从而在弛豫晶胞时，时常得到小于实验测量值的晶胞体积[35-39]。但是，HSE06 方法和 LDA 方法所得到的四种化合物的比值 c/a 都非常接近 2。总的来说，理论计算的晶体参数与可用的实验数据一致[35-39]。CZTS（CZTSe）的晶格常数稍大于对应的二元化合物 ZnS（ZnSe）的晶格常数，所测得的 CZTS（CZTSe）晶格常数是 $a=0.541$nm（$a=0.567$nm）。从所计算的总能量差值 $\Delta E_t = E_t$(黄锡矿)$-E_t$(锌黄锡矿) 可以发现，不论是硫基化物还是硒基化物最稳定的晶相都是锌黄锡矿结构。这一结果与最近的实验数据一致[36,38,40,41]，但是黄锡矿相在实验中也是可以生长的[37,39,42-44]。然而，锌黄锡矿 CZTS 的总能量仅仅只比对应的黄锡矿结构小约 50meV/晶胞（即约 3meV/原子）。类似地，锌黄锡矿 CZTSe 的总能量也仅仅只比对应的黄锡矿结构小约 64meV/晶胞（即约 4meV/原子）。这就说明在平衡生长条件下将形成锌黄锡矿相；但由于总能量、晶格常数、化学键等在两种结构中非常相似（见表 4.1），两种晶相有可能共存；依赖于生长方法和生长条件，很容易生长出具有混合晶相的材料。这也可以部分地解释实验中的发现，即在阳离子位置上 Cu 和 Zn 随机分布的无序结构的存在[45]。而且，总能量 E_t 随着比值 c/a 的增大缓慢增加，并且这一比值 c/a 在不同样品中略有不同。但是，即使比值 c/a 适度地改变，也可以发现锌黄锡矿结构是总能量最低的结构。

表 4.1 锌黄锡矿相和黄锡矿相 CZTS 和 CZTSe 的晶体结构参数

晶体结构参数		Cu_2ZnSnS_4		$Cu_2ZnSnSe_4$	
		锌黄锡矿	黄锡矿	锌黄锡矿	黄锡矿
空间群		S_4^2	D_{2d}^{11}	S_4^2	D_{2d}^{11}
$a/\text{Å}$		5.440(5.326) 5.467①, 5.448② 5.321③ 5.427④, 5.428⑤	5.450(5.325) 5.458①, 5.438② 5.318③, 5.436⑥	5.732(5.605) 5.763①, 5.604③ 5.68⑦	5.738(5.604) 5.762①, 5.603③ 5.681⑥, 5.688⑧
c/a		2.002(2.002) 1.998①, 1.999② 2.001③ 2.003④, 2.002⑤	1.996(1.996) 2.008①, 2.012② 2.004①, 1.996⑥	1.992(1.998) 1.996①, 1.999③ 2.000⑦	1.996(2.000) 2.000①, 2.000③ 1.996⑥, 1.993⑧
阴离子位置	x	0.758(0.760) 0.755③, 0.756④	0.755(0.760) 0.755③	0.761(0.761) 0.757③	0.755(0.761) 0.757③, 0.759⑧
	y	0.745(0.769) 0.746③, 0.757④	x	0.745(0.771) 0.767③	x
	z	0.877(0.780) 0.872③, 0.872④	0.869(0.865) 0.867③	0.878(0.869) 0.871③	0.868(0.864) 0.865③, 0.871⑦
$\delta_{Cu(1)-阴离子}/\text{Å}$		2.325(2.295)	2.325(2.292)	2.428(2.395)	2.439(2.390)
$\delta_{Cu(2)-阴离子}/\text{Å}$		2.330(2.294)	2.325(2.292)	2.448(2.392)	2.438(2.390)
$\delta_{Zn-阴离子}/\text{Å}$		2.349(2.349)	2.365(2.357)	2.473(2.458)	2.494(2.466)
$\delta_{Sn-阴离子}/\text{Å}$		2.416(2.473)	2.422(2.475)	2.559(2.606)	2.565(2.607)
$\Delta E_t/(\text{meV}/晶胞)$		0(0)	50(11)	0(0)	64(27)

① Chen 等[4]，GGA 势；② Paier 等[5]，HSE06 势；③ Gürel 等[14]，LDA 势；④ Hall 等[35]；⑤ Schorr 等[36]；⑥ Hahn 等[37]；⑦ Babu 等[38]；⑧ Olekseyuk 等[39]。

注：1. 括号中列出的为 LDA 方法计算的结果。
2. 阴离子位置 (x,y,z) 基于基矢的分数坐标。
3. $\delta_{X\text{-anion}}$ 代表阳离子 X 与阴离子之间的键长。

因为 c/a 比值大约为 2，阴离子位置近似定位于理想位置：$(x,y,z)=(3/4,3/4,7/8)$，这与 Hall 等[35]所做的结构表征吻合。键长变化趋势明显：阴—阳离子键长在锌黄锡矿相和黄锡矿相之间的差别很小，最多只有 0.02Å；Cu(1)—阴离子键长和 Cu(2)—阴离子键长非常相似。CZTS 中的键长比 CZTSe 中的键长大约短 0.10—0.15Å，毫无疑问，这是由于其晶格常数约小 0.3Å 引起的。然而，引起晶胞体积变小和键长变短的主要原因是 S 的共价半径与 Se 的共价半径相比约小了 0.15Å。CZTS 中的所有阴—阳离子键因此比 CZTSe 中的对应键长约短 0.15Å。

4.4 电子结构

本节中 CZTS 和 CZTSe 锌黄锡矿相和黄锡矿相的电子能带结构由全电子 FP-LAPW 方法、GGA 结合描述 Cu-d 电子态的晶格库仑相互作用的 U_d 方法计算得到。d 类电子态的修正对主要的电子结构有适度影响，但是它使 Cu-d 电子态局域化，并使 VBM 下降约 0.1eV[33,46]。在计算中考虑了自旋-轨道相互作用，由 GGA 计算结合 QP 方法进行带隙能的估算。我们同时也给出了由 HSE06 方法和 GW_0 方法计算的带隙能。这三种方法给出了大致相同的数值，由此我们估算的锌黄锡矿 CZTS 带隙能为 $E_g \approx 1.5eV$，锌黄锡矿 CZTSe 的带隙能为 $E_g \approx 1.0eV$。我们也发现锌黄锡矿相 $Cu_2ZnSn(S_{1-x}Se_x)_4$ 合金的带隙能几乎线性地随着成分变化[20]。

4.4.1 能带结构

图 4.2 中实线所示的是计算得到的锌黄锡矿和黄锡矿 CZT(S,Se) 沿四个主要对称方向的能带结构。总的来看，它们的电子结构与Ⅳ族、Ⅲ-Ⅴ族和Ⅱ-Ⅵ族常规半导体的电子结构相似[47]，而且它们的电子结构与 $Cu(In,Ga)(S,Se)_2$ 的电子结构也具有一定的可比性[48]。通过 GGA+QP 方法计算得到，位于 Γ 点的锌黄锡矿 CZTS、黄锡矿 CZTS、锌黄锡矿 CZTSe 和黄锡矿 CZTSe 的带隙能 E_g 分别是：1.56eV、1.42eV、1.05eV 和 0.89eV。对应地，由 HSE06 方法计算得到的带隙能 E_g 分别是：1.47eV、1.27eV、0.90eV 和 0.70eV；由 GW_0 方法计算得到的带隙能 E_g 分别是：1.57eV、1.40eV、0.72eV 和 0.85eV。我们预测 HSE06 方法得到的带隙能值可能稍低，但是最终我们的计算结果与其它计算数据和可供参考的实验结果（如表 4.2 所示）是一致的。这就说明锌黄锡矿 CZTS 带隙能为 $E_g \approx 1.5eV$，锌黄锡矿 CZTSe 的带隙能为 $E_g \approx 1.0eV$，因此硫基化合物的带隙能比对应的硒基化合物的带隙能约大 0.5eV，这一趋势与在 $Cu(In,Ga)(S,Se)_2$ 和 $Zn(S,Se)$ 体系所发现的现象相同。而且计算结果与由各种测试技术确定的带隙能一致[49-60]。除此之外，我们发现锌黄锡矿 $Cu_2ZnSn(S_{1-x}Se_x)_4$ 合金的带隙能作为 Se 含量 x 的函数几乎线性地变化[20]：x 为 0、1/4、1/2、3/4 和 1 时对应的带隙能 E_g 分别是 1.47eV、1.30eV、1.17eV、1.01eV 和 0.90eV（应用 HSE06 势计算）。这一线性关系与 Gao 等[52]进行的漫反射和透射测试、Haight 等[56]进行的光致发光测试和 He 等[57]进行的光吸收分析得到的结果是一致的。

在锌黄锡矿结构中，Γ 点具有 S_4 点群对称性；而在黄锡矿结构中，Γ 点具有 D_{2d} 点群对称性。所有四种化合物的 CBM 在单群不可约表示中都有 Γ_1 对称性（没有考虑自旋-轨道耦合效应）。CBM 对应的双群表示（考虑自旋-轨道耦合效应）在锌黄锡矿相的对称性是 Γ_{5+6}，

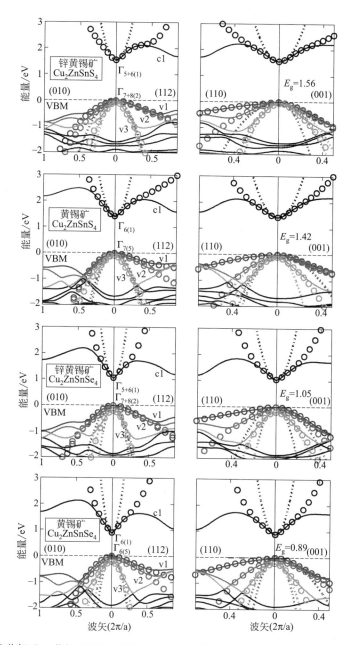

图 4.2 锌黄锡矿、黄锡矿结构 CZTS 和 CZTSe 沿四个对称方向的电子能带结构 $E_j(\mathbf{k})$
能量以 VBM（虚线所示）为参考。计算包含自旋-轨道相互作用，但是能带指数（j=v1、v2、v3 和 c1）仅指自旋无关的能带，其中 c1 代表最低导带，v1 代表最高价带。实线数据由 GGA/FP-LAPW 方法计算得到，圆圈表示全带参数化结果，点线代表抛物线近似的能带。更多的颜色细节请参阅文前的彩图部分

表 4.2 由 GGA+QP、HSE06 和后 DFT GW 方法计算得到的 CZT(S,Se) 的晶体场分裂能 Δ_{cf}、自旋-轨道分裂能为 Δ_{so} 和带隙能 E_g，标准 HSE06 方法（α=0.25，μ=0.2）可能稍微低估这些化合物的带隙能

计算方法	Cu_2ZnSnS_4		$Cu_2ZnSnSe_4$	
	锌黄锡矿	黄锡矿	锌黄锡矿	黄锡矿
Δ_{cf} GGA+QP/meV	−36	84	−7	68
Δ_{so} GGA+QP/meV	−27	24	198	220

续表

计算方法	Cu$_2$ZnSnS$_4$		Cu$_2$ZnSnSe$_4$	
	锌黄锡矿	黄锡矿	锌黄锡矿	黄锡矿
Γ点处的 E_g/eV				
GGA+QP	1.56	1.42	1.05	0.89
HSE06	1.47	1.27	0.90	0.70
GW$_0$	1.57	1.40	0.72	0.85
其它 HSE06 方法	1.50①,1.487②,1.52③	1.38①,1.295②,1.27③	0.96①,0.94③	0.82①,0.75③
其它 GW 方法	1.64③,1.65④	1.33③,1.40④	1.02③,1.08④	0.87③
实验值	1.45⑤,1.5⑥,1.51⑦, 1.5⑧,1.45⑨		1.05⑦,1.0⑩,0.95⑪, 0.96⑫,0.96⑬	

① Chen 等[4]；② Paier 等[5]；③ Botti 等[15]；④ Zhang 等[16]；⑤ Ito 等[49,50]；⑥ Kamoun 等[51]；⑦ Gao 等[52]；⑧ Tanaka 等[44]；⑨ Patel 等[54]；⑩ Ahn 等[55]；⑪ Haight 等[56]；⑫ He 等[57]；⑬ Repins 等[58]。

而在黄锡矿相的对称性则是 $Γ_6$。锌黄锡矿 CZST 和 CZTSe 的 VBM 在单群中的对称性都是 $Γ_6$，在对应的双群中则是 $Γ_{7+8}$；黄锡矿 CZST 和 CZTSe 的 VBM 在单群中的对称性都是 $Γ_5$，考虑旋-轨相互作用，黄锡矿 CZTS 的 VBM 的对称性是 $Γ_7$，而黄锡矿 CZTSe 的 VBM 的对称性则是 $Γ_7$。在图 4.2 中，我们同时给出了单群表示（括号中的数字）和双群表示。

CZT(S,Se) 与常规半导体相比，一个明显的差异是 CZT(S,Se) 的最低导带没有在布里渊区边界发生简并，其原因在于 CZT(S,Se) 的晶体对称性较低。由于最低导带没有与第二导带发生简并，最低导带表现出相对平直的能带色散，因而其间接带隙较小。锌黄锡矿 CZTS、黄锡矿 CZTS、锌黄锡矿 CZTSe 和黄锡矿 CZTSe 的 CBM 在布里渊区边界 (0,1,0)=(0,0,1) 处时，对应的间接带隙能分别是 2.2eV、2.2eV、1.7eV 和 1.7eV；CBM 在布里渊区边界 (1,1,2)=(1,1,0) 处时，对应的间接带隙能分别是 1.7eV、1.6eV、1.2eV 和 1.1eV。由此可见，这些带隙能仅比基本带隙能 E_g 大约 0.2eV。

此外，这些化合物的价带顶也相对平直。与上述相对平直的导带相结合，直接带隙值在 $\mathbf{k}$-点（波矢位置）离开 Γ 点后变化相对很小。在锌黄锡矿 CZTS、黄锡矿 CZTS、锌黄锡矿 CZTSe 和黄锡矿 CZTSe 中，布里渊区边界 (0,1,0) 处的直接带隙能分别是 3.0eV、2.2eV、2.7eV 和 2.4eV；而在布里渊区边界 (1,1,2) 处的直接带隙能分别是 2.1eV、2.0eV、1.6eV 和 1.5eV。与黄铜矿 Cu(In,Ga)(S,Se)$_4$ 化合物中的对应能带相比，CZT(S,Se) 化合物中的导带和价带的平直色散特点更加突出[48]。导带和价带平直的能量色散关系意味着在能带边缘附近的 DOS 峰更大，以及由此产生的光吸收可能更强；然而，平直的能量色散关系也有不利之处，即如果整个能带都是平直的，那么对应的有效质量常常将更大，这将会影响电子的输运性质。

在接近 Γ 点的 CBM 和 VBM 处，CZT(S,Se) 的能带可以用抛物线（即椭圆形）能量色散形式进行描述：

$$E_j^{\mathrm{pb}}(\mathbf{k}) = E_j(\mathbf{0}) \pm \left[\frac{\tilde{k}_x^2 + \tilde{k}_y^2}{m_j^\perp} + \frac{\tilde{k}_z^2}{m_j^\parallel} \right] \tag{4.6}$$

其中：

$$\tilde{k}_\alpha^2 = \frac{\hbar^2 k_\alpha^2}{2e}, \quad \alpha = x, y, z$$

式中，e 是由基本电荷产生的数值，以 eV 为单位；正号和负号分别代表导带和价带；$m_j^\perp$ 和 $m_j^\parallel$ 是 Γ 点附近的有效质量（有效质量的计算由下面章节给出）。椭圆形的能带仅仅适用于 CBM 和 VBM 附近的区域，这一点在图 4.2 中很明显，其中的点线代表抛物线近似的能带色散关系。

如图 4.2 所示，计算结果表明 CZTS 和 CZTSe 的价带在能量从 0 到 −1eV 范围内都具有各向异性的能量色散。价带顶在 VBM 处具有弥散的能带，而在离开 Γ 点时能带变得相当平直。对比价带顶两个不同方向的能带色散，可以看到在布里渊区边界（1/2,1/2,1）和（1/2,1/2,0）处能量分布在 −0.5eV 附近；而在（0,1/2,0）和（0,0,1/2）处能量分布在 −1eV 附近。此外，在能量低于 −1eV 的范围，CZT(S,Se) 与常规半导体有一个明显的不同[47]：类似于 Cu(In,Ga)(S,Se)$_4$，CZT(S,Se) 有一些相当局域化的与 Cu-d 电子态有关的能带。

如图 4.3 所示，VBM 附近电子结构的特写图表明，价带最上面的三个能带在极其靠近 Γ 点处也呈现出非抛物线的色散关系，而且能量已经位于 −0.01eV。产生这一非抛物性的

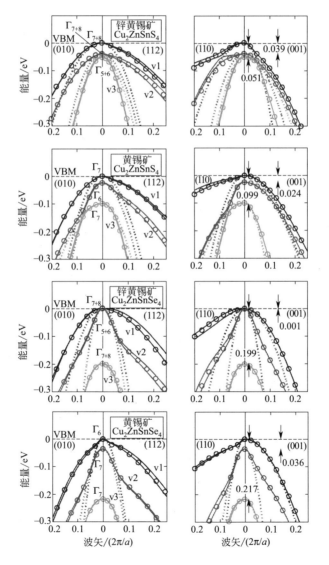

图 4.3　图 4.2 中 VBM 附近的特写图

显示了价带最上部的非抛物线特征，更多的颜色细节请参阅文前的彩图部分

主要原因是，这三个能带在晶体场中的耦合在 Γ 点产生分裂简并的自旋-轨道耦合之间的结合。当自旋-轨道耦合可忽略时，晶体场分裂 Δ_{cf} 的符号由价带态确定，而且负的 Δ_{cf} 表示二重简并态之上的单重态。因此锌黄锡矿相具有负的晶体场，而黄锡矿相则具有正的晶体场。锌黄锡矿 CZTS、黄锡矿 CZTS、锌黄锡矿 CZTSe 和黄锡矿 CZTSe 的晶体场分裂能 Δ_{cf} 约分别为：$-0.04\mathrm{eV}$、$0.08\mathrm{eV}$、$-0.01\mathrm{eV}$ 和 $0.07\mathrm{eV}$，所以黄锡矿相的晶体场分裂比锌黄锡矿相的晶体场分裂大（$\Delta_{cf}\approx 70\mathrm{meV}$），说明在黄锡矿相结构中离子性表现出更强的各向异性。自旋-轨道相互作用使价带电子态在 Γ 点其它二重简并的简并度进一步下降。在锌黄锡矿相中，自旋-轨道相互作用产生的分裂是 $\Gamma_{3+4}\otimes D_{1/2}\Rightarrow\Gamma_{5+6}\oplus\Gamma_{7+8}$，对称性的变化是 $\Gamma_2\otimes D_{1/2}\Rightarrow\Gamma_{7+8}$；在黄锡矿相中，自旋-轨道相互作用产生的分裂是 $\Gamma_5\otimes D_{1/2}\Rightarrow\Gamma_6\oplus\Gamma_7$，而且对称性的变化是：$\Gamma_4\otimes D_{1/2}\Rightarrow\Gamma_7$。根据 Cu(In,Ga)(S,Se)$_4$ 中的对应结果[48]，CZTS 的自旋-轨道分裂能为 $\Delta_{so}\approx 0.02\mathrm{meV}$，CZTSe 的自旋-轨道分裂能为 $\Delta_{so}\approx 0.20\mathrm{meV}$。因此与硒原子相比，更轻的硫原子表现出大约小 10 倍的自旋-轨道分裂能 Δ_{so}。

从价带电子态的能量很难确切地确定自旋-轨道耦合值，因为最上部的三个能带之间还有另外一个附加的耦合作用。也就是说，由于群理论上的对称性，在离开 Γ 点处价带是不允许相交的；因此能带的排序受到约束，而且自旋-轨道相互作用也不允许任意分裂能带。此外，从 HSE06 势的测试计算来看，得到的自旋-轨道分裂能比由 GGA+QP 方法计算得到的数值约大 10%—20%。

如图 4.2 和图 4.3 所示，Γ 点处价带最上部三个能级的不可约表示显示出四种化合物存在一些差异。对锌黄锡矿相而言，CZTS 和 CZTSe 的价带顶都具有 Γ_{7+8} 的对称性；CZTS 的第二价带能级仍具有 Γ_{7+8} 的对称性，而第三价带能级具有 Γ_{5+6} 的对称性，CZTSe 的这两个能级的对称性顺序正好与 CZTS 相反。然而，这一情形对黄锡矿相而言却有不同的差异。黄锡矿 CZTS 和 CZTSe 的价带第三能级具有 Γ_7 的对称性。黄锡矿 CZTS 的价带顶能级具有 Γ_7 的对称性，价带第二能级具有 Γ_6 的对称性，黄锡矿 CZTSe 的这两个能级的对称性顺序正好与 CZTS 相反。综上所述，四种化合物的价带最上三个能级具有的对称特征相差很大。然而，这些差异不会对整个电子结构有较大的影响（如图 4.2 所示）。这四种化合物都具有非常显著的各向异性价带色散特征。同时，也可以清楚地看到价带第二能级是如何在 VBM 之下 0.1—0.2eV 的能量范围内耦合到价带第三能级。

由于价带顶三个能级之间的耦合，能量色散具有非常明显的非抛物线特征。因此式(4.6)所示的抛物线仅近似适用于 Γ 点。为了更好地描述带边的能量状态，有必要对这一近似方法进行拓展，这样才能分析远离 Γ 点的能量色散关系。常规半导体具有二重简并的 sp^3 型 VBM，所以能量色散可以由标准 $\mathbf{k}\cdot\mathbf{p}$ 近似方法相当准确地进行模拟[61-63]。可是 CZTS 和 CZTSe 的 VBM 能带涉及到 Cu-d-Se-p 反键型电子态，而且晶体场和自旋-轨道耦合产生了相当复杂的能量色散关系（各向异性和非抛物线性），所以标准 $\mathbf{k}\cdot\mathbf{p}$ 近似方法不足以对其进行模拟。作为替代方法，我们以高次项和较低能带对称性对 $\mathbf{k}\cdot\mathbf{p}$ 表达式进行扩展，采用如下形式：

$$E_j(\mathbf{k}) = E_j^{pb}(\mathbf{k}) + E_j^0 + \Delta_{j,1}\left[\delta_{j,1}^2\left(\frac{\tilde{k}_x^4 + \tilde{k}_y^4}{m_0^2}\right) + \delta_{j,2}^2\left(\frac{\tilde{k}_x^2 \tilde{k}_y^2}{m_0^2}\right) + 1\right]^{1/2}$$

$$+ \Delta_{j,2}\left[\delta_{j,3}^3\left(\frac{\tilde{k}_x^6 + \tilde{k}_y^6}{m_0^3}\right) + \delta_{j,4}^3\left(\frac{\tilde{k}_x^2 \tilde{k}_y^4 + \tilde{k}_x^4 \tilde{k}_y^2}{m_0^3}\right) + 1\right]^{1/3}$$

$$+ \Delta_{j,3}\left[\delta_{j,5}^3\left(\frac{\tilde{k}_z^4}{m_0^2}\right) + 1\right]^{1/2} + \Delta_{j,4}\left[\delta_{j,6}^3\left(\frac{\tilde{k}_z^6}{m_0^3}\right) + 1\right]^{1/3} + \Delta_{j,5}\left[\delta_{j,7}^2\left(\frac{\tilde{k}_x^2 \tilde{k}_z^2 + \tilde{k}_y^2 \tilde{k}_z^2}{m_0^2}\right) + 1\right]^{1/2}$$

$$+\Delta_{j,6}\left[\delta_{j,8}^3\left(\frac{\tilde{k}_x^4 \tilde{k}_z^2+\tilde{k}_y^4 \tilde{k}_z^2}{m_0^3}\right)+\delta_{j,9}^3\left(\frac{\tilde{k}_x^2 \tilde{k}_z^4+\tilde{k}_y^2 \tilde{k}_z^4}{m_0^3}\right)+\delta_{j,10}^3\left(\frac{\tilde{k}_x^2 \tilde{k}_y^2 \tilde{k}_z^2}{m_0^3}\right)+1\right]^{1/3}$$

(4.7)

其中，参数化能带 $E_j(\boldsymbol{k})$ 代表两个自旋态 $\psi_j^\sigma(\boldsymbol{k})$（$\sigma=\downarrow$ 和 $\uparrow$）的平均值。这是一种合理的方法，其原因是：由于时间反演对称，每一个自旋向上的电子态都存在一个自旋向下的电子态与之对应［即 $E_j^\downarrow(-\boldsymbol{k})=E_j^\uparrow(\boldsymbol{k})$］，这使得整个材料与自旋无关。式(4.7)中每一个与 $\boldsymbol{k}$ 相关的项都描述了一个抛物线性的色散关系，但是高次项影响的是远离 Γ 点的长波矢量的色散关系。因此，这些项结合在一起描述了 Γ 点的局域效用，如晶体场和自旋-轨道耦合，远离 Γ 点能带的各向异性。与价带的色散关系不一样，CZTS 和 CZTSe 的导带都具有相当明显的各向同性和抛物线性。价带复杂的色散关系需要很多参数进行拟合，这些拟合参数列于表 4.3 中。

我们证实了参数化的能量色散（图 4.2 和图 4.3 中的圆圈所代表的数据）适于描述以下能带：VBM 以下 0.5eV 范围内价带顶的三条能级以及 CBM 以上约 0.5eV 范围内的最低导带。尽管事实上价带具有复杂的特征，但参数化能够相当准确地在这些能量区域内跟随能级的曲率。所以参数化能带结构相当显著地改进了抛物线近似，而后者仅在 VBM 之下约 0.01eV 的范围内适用。

为了进一步论证能带色散的非抛物线性的本质，我们利用参数化能带绘制了锌黄锡矿 CZTS 价带顶三条能级的等能面（如图 4.4 所示）。在这些图中，左边一列代表的是 $E=-1\text{meV}$ 的等能面，也就是说 Γ 点的邻近区域（即 VBM 之下 1meV），而右边一列代表的是远离 Γ 点，$E=-200\text{meV}$ 的等能面。接近于 VBM 的 Γ 点的能带具有很明显的椭球形外表，而且这一区域中有效质量张量可以准确地描述能量色散关系。对于 VB 最顶端能级，可以发现横向有效质量（$m_{\text{v1}}^\perp=0.71m_0$）比纵向有效质量（$m_{\text{v1}}^\parallel=0.22m_0$）更重，这就意味着它对应的等能面将变成平直的椭球面，而价带第二能级的横向有效质量（$m_{\text{v2}}^\perp=0.35m_0$）比纵向有效质量（$m_{\text{v2}}^\parallel=0.52m_0$）更轻，从而产生了更长的椭球外形等能面。

4.4.2 有效质量

电子有效质量是半导体的一个基本参量，用于实验的数值分析和理论模拟。导带中电子和价带中空穴的运动以有效质量进行表示。电子的质量是由电子能带结构定义的，并且可以通过与电子运动过程中其它参数的关系进行实验测定。

电子质量描述的是电子在所施加的电场中的传导响应。电子有效质量通过张量 $1/m(\boldsymbol{k})$ 进行定义：

$$\frac{1}{m(\boldsymbol{k})_{\alpha\beta}}=\pm\frac{\partial^2 E_j(\boldsymbol{k})/\partial k_\alpha \partial k_\beta}{\hbar^2}$$

(4.8)

其中正/负号分别与电子和空穴相关。当确定有效质量时，最关键的是要有相当高准确度的能带能量。空穴有效质量的确定尤其如此，因为晶体场和自旋-轨道的相互作用分裂了 VBM 附近的能带，并由此使能带的弯曲产生非常明显的非抛物线性。因此我们是根据 FP-LAPW 方法计算的 Γ 点附近的电子能量来确定有效质量的，采用的方法是 Engel 和 Vosko 定义的 GGA 势，并考虑了自旋-轨道耦合。在此前的研究工作中，我们论证了运用这种势函数能够准确地得到常规半导体材料的有效质量[32,64]。

表 4.3 描述最低导带和三个最高价带能级色散关系 $E_j(k)$ 的参数，见式(4.7)

参数	Cu$_2$ZnSnS$_4$								Cu$_2$ZnSnSe$_4$							
	锌黄锡矿				黄锡矿				锌黄锡矿				黄锡矿			
$j=$	c1	v1	v2	v3	c1	v1	v2	v3	c1	v1	v2	v3	c1	v1	v2	v3
$E_j(0)/\text{eV}$	1.56	0	0.039	0.051	1.42	0	0.0204	0.099	1.05	0	0.001	0.199	0.89	0	0.036	0.217
$m_j^\perp/(m_0)$	0.18	0.71	0.35	0.26	0.17	0.33	0.27	0.73	0.08	0.33	0.09	0.24	0.06	0.09	0.15	0.29
$m_j^\parallel/(m_0)$	0.20	0.22	0.52	0.76	0.18	0.84	0.88	0.17	0.08	0.09	0.50	0.28	0.06	0.66	0.09	0.15
E_j^0/eV	−0.9015	−0.2833	−1.448	−0.4022	0.6792	−0.3973	−0.7537	−0.5605	0.2528	−0.5595	0.3250	−0.6676	0.4321	−0.7027	−0.2290	0.1446
$\Delta_{j,1}/(\times10^{-3}\text{eV})$	−389.7	162.7	1.720	−0.3360	−270.0	11.24	−37.89	399.8	−51.27	3.680	124.1	293.3	−49.88	26.71	160.7	275.4
$\Delta_{j,2}/(\times10^{-3}\text{eV})$	−3.912	−81.48	136.3	129.6	−2.867	19.46	125.8	−156.5	−135.4	116.7	180.7	−27.47	−151.8	68.18	−9.518	−40.49
$\Delta_{j,3}/(\times10^{-3}\text{eV})$	−527.1	42.24	1424	280.4	−383.7	6.247	738.3	298.4	−250.5	478.2	159.3	379.7	−286.5	591.4	73.52	253.7
$\Delta_{j,4}/(\times10^{-3}\text{eV})$	−5.705	197.3	16.46	−84.79	−4.120	241.6	−62.41	3.112	−3.678	1.165	−0.7860	−27.84	−8.921	−0.6350	89.71	−12.34
$\Delta_{j,5}/(\times10^{-3}\text{eV})$	−27.10	4.543	−131.8	−10.10	−40.01	199.8	220.4	−261.7	−11.82	−40.33	−159.7	−49.96	−2.023	101.7	25.25	−979.9
$\Delta_{j,6}/(\times10^{-3}\text{eV})$	1855	−41.97	1.649	87.38	21.45	−91.07	−230.5	277.4	199.9	0.04600	21.42	99.89	67.05	−84.63	−110.7	359.0
$\Delta_{j,1}/\text{eV}^{-1}$	8.726	20.25	982.2	1042	11.90	165.5	47.88	12.46	108.6	421.2	78.35	12.33	184.1	360.5	55.49	12.85
$\Delta_{j,2}/\text{eV}^{-1}$	14.98	19.47	1842	7323	21.10	425.8	174.4	22.00	168.5	1205	116.0	18.48	272.2	615.2	94.42	16.97
$\Delta_{j,3}/\text{eV}^{-1}$	250.2	30.15	3.482	16.41	357.3	7.959	35.85	30.97	25.61	4.888	3.723	70.45	27.63	4.670	375.3	54.24
$\Delta_{j,4}/\text{eV}^{-1}$	377.1	0.06851	0.03354	27.52	491.7	0.05103	75.25	59.31	40.83	2.730	1.953	147.5	44.43	0.01546	712.0	107.2
$\Delta_{j,5}/\text{eV}^{-1}$	6.689	83.57	0.823	16.50	9.353	43.65	1.731	11.37	28.65	2.061	48.57	9.112	30.80	1.971	130.4	19.49
$\Delta_{j,6}/\text{eV}^{-1}$	190.3	2.281	45.86	56.80	242.9	2.329	4.273	280.8	854.3	8158	8819	62.65	625.7	90.27	7.479	99.96
$\Delta_{j,7}/\text{eV}^{-1}$	74.04	579.4	2.242	303.4	210.2	7.918	65.68	55.84	328.8	5.376	31.80	94.75	2146	615.2	94.42	16.97
$\Delta_{j,8}/\text{eV}^{-1}$	1.196	57.34	71.72	0.6072	172.7	14.15	45.22	31.00	4.735	7563	64.18	50.65	20.06	98.14	285.2	24.56
$\Delta_{j,9}/\text{eV}^{-1}$	0.9985	0.3192	634.3	39.68	277.6	1.501	54.42	47.76	0.03787	8099	298.8	25.97	15.03	100.4	48.08	51.62
$\Delta_{j,10}/\text{eV}^{-1}$	0.000	47.82	797.6	60.01	294.5	2.682	26.80	59.56	13.05	7243	280.1	55.61	18.10	99.30	26.09	44.42

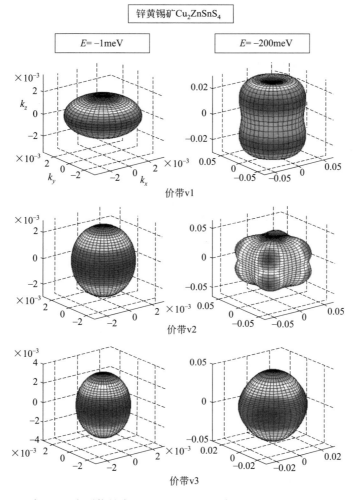

图 4.4 锌黄锡矿 CZTS 在 VBM 之下能量为 $E=-1\text{meV}$（左列）和 $E=-1\text{meV}$（右列）的等能面 $S_j(E)$。k 网格以 $2\pi/a$ 为单位，注意 k 轴的不同刻度。这个图显示了价带最上部三个能级在远离 Γ 点处的各向异性。更多的颜色细节请参阅文前的彩图部分

对于 CZT(S,Se) 而言，对角化的质量张量具有横向和纵向的矩阵元。而且，虽然 CZT(S, Se) 主要是共价半导体，但它也有一定的离子特性。当阳离子和阴离子振动时，纵光学波（longitudinal optical，LO）声子将会沿振动方向产生电场。带电荷的电子和空穴与此电场相互作用，这种相互作用就是所谓的极化效应。这种相互作用使材料中电子和空穴的运动略微变慢，因此可以认为极化效应是有效质量的一种改变。这种有效极化子质量 m^p 包括电子-声子相互作用，并且对应的质量由 LO 声子能量 $\hbar\omega_{\text{LO}}$ 以及表征材料离子性的介电常数 ε_0 和 ε_∞ 进行估算：

$$m^p \approx \frac{m}{1-\alpha/6} \quad (4.9)$$

其中 α 是 Fröhlich 常数，定义如下：

$$\alpha = \frac{e^2\sqrt{2m\omega_{\text{LO}}/\hbar}}{8\pi\varepsilon_0\ \hbar\omega_{\text{LO}}}\left(\frac{1}{\varepsilon_0}-\frac{1}{\varepsilon_\infty}\right)$$

在这一模型中离子的谐振,只与具有恒定频率 ω_{LO} 的长波声子相互作用,非简并能带和有效质量近似[65,66],这些都是假设的。在我们关于极化子质量的计算中,采用的 CZTS 的恒定频率为 $\omega_{LO}=330\mathrm{cm}^{-1}$,CZTSe 的恒定频率为 $\omega_{LO}=200\mathrm{cm}^{-1}$。这些频率是由玻恩有效电荷计算的平均值,并且这些数值与近期的晶格动力学模拟一致[12,14,21]。此外,研究发现锌黄锡矿相和黄锡矿相有相似的频率。CZTS 和 CZTSe 的声子能量 $\hbar\omega_{LO}$ 分别为大约 41meV 和 25meV,这是相对较低的光学波声子能量。介电常数的值将在 4.5.1 小节中给出。

表 4.4 列出了计算得到的 CZT(S,Se) 的极化子质量 m^p,对应的净质量(bare mass)在括号中给出,CZTS 和 CZTSe 的电子有效质量都表现出非常明显的各向异性,而且数值都相对较小,m_{cl} 分别为约 $0.20m_0$ 和 $0.07m_0$。锌黄锡矿相电子的有效质量略大于对应的黄锡矿相的电子有效质量,但两者的绝对差值小于 $0.02m_0$。

表 4.4 电子的有效极化子质量(m_{cl})和空穴的有效极化子质量(m_{v1},m_{v2},m_{v3})

有效极化子质量	Cu_2ZnSnS_4		$Cu_2ZnSnSe_4$	
	锌黄锡矿	黄锡矿	锌黄锡矿	黄锡矿
$m_{cl}^{\perp}(m_0)$	0.19(0.18)	0.18(0.17)	0.08(0.08)	0.06(0.06)
$m_{cl}^{\parallel}(m_0)$	0.21(0.20)	0.19(0.18)	0.08(0.08)	0.06(0.06)
$m_{v1}^{\perp}(m_0)$	0.76(0.71)	0.37(0.33)	0.34(0.33)	0.10(0.09)
$m_{v1}^{\parallel}(m_0)$	0.24(0.22)	0.88(0.84)	0.09(0.09)	0.68(0.66)
$m_{v2}^{\perp}(m_0)$	0.37(0.35)	0.30(0.27)	0.09(0.09)	0.16(0.15)
$m_{v2}^{\parallel}(m_0)$	0.57(0.52)	0.92(0.88)	0.52(0.50)	0.09(0.09)
$m_{v3}^{\perp}(m_0)$	0.28(0.26)	0.81(0.73)	0.25(0.24)	0.31(0.29)
$m_{v3}^{\parallel}(m_0)$	0.83(0.76)	0.18(0.17)	0.29(0.28)	0.16(0.15)

注:括号中的数值是对应的净质量,计算中包括了自旋-轨道的相互作用,这些数值描述了极其接近 Γ 点附近的能带的抛物线色散关系。

由于导带电子的有效基础质量低于 $0.20m_0$,而且 Fröhlick 常数依赖于 m 的平方根,因此对导带电子的极化耦合校正是很小的(仅为约 $0.01m_0$)。需要注意的两个不同点是 CZTS 的电子有效质量比对应的 CZTSe 的电子有效质量大约 2.5 倍。当然,差异的绝对值在约 $0.1m_0$ 数量级,但是这一差异有可能通过实验检测到。硫基化合物有效质量更大的主要原因在于其最低导带更平直,并且在 Γ 点的能量色散更弱。这一效应与 CZTS 相对于 CZTSe 具有更宽的带隙有关。CZTS 化合物的电子有效净质量约为 $0.19m_0$,而 CZTSe 化合物的电子有净质量约为 $0.07m_0$。因此,CZTS 具有与 $CuInS_2$($m_{cl}\approx0.17m_0$)和 ZnSe($m_{cl}\approx0.14m_0$)相似的电子净质量,而 CZTSe 具有与如 $CuInSe_2$($m_{cl}\approx0.08m_0$)和 GaAs($m_{cl}\approx0.07m_0$)相似的电子质量。

四种化合物的空穴质量数值更加分散,其主要原因是四种化合物中晶体场分裂和自旋-轨道相互作用的差别(参见图 4.3)。必须指出的是由于所有的价带电子态在 Γ 点处分裂,价带不能描述为重空穴、较空穴、自旋-轨道分裂能带。取而代之的是,我们采用符号 m_{v1}、m_{v2} 和 m_{v3} 来表示价带上部三个最高能级的质量。除了黄锡矿 CZTSe 中的 m_{v3} 之外,其余四种化合物中的空穴有效质量都表现出很强的各向异性。对于 CZTS 和 CZTSe 化合物,锌黄锡矿相的 $\Delta_{cf}<0$,其价带最顶能级具有较大的横向空穴有效质量(即 $m_{v1}^{\perp}/m_{v1}^{\parallel}\approx3>1$),而在 $\Delta_{cf}>0$ 的黄锡矿相中则有着相反的关系(即 $m_{v1}^{\perp}/m_{v1}^{\parallel}\approx1/3<1$)。然而,四种化合物价带最上部三个能级的质量数值都小于 $1.0m_0$,而且 CZT(S,Se) 的价带的能量色散都因此相当宽,已经扩展到 VBM 之下约 0.5eV 处,在这些能量区域内 Cu-d 电子态特征对能带的色散

相具有强烈的影响（参见图 4.2）。

总的来看，我们发现与对应的硒基化合物相比，硫基化合物具有更大的有效质量。因此可以预测的是 CZTS 中的载流子在所施加的电场中的响应比 CZTSe 中的更弱，至少在适中的施加电场中是如此的。而且，表 4.4 中的空穴有效质量仅仅只适用于 Γ 点附近的区域。因此为了分析这些材料中的电子输运特性，必须考虑这些能量色散的非抛物线性 [参见式（4.7）]。同时，考虑单晶类材料的各向异性也是很重要的。

区分所谓的态密度质量和电子质量是很重要的。电子质量描述的是电子对施加电场的响应，而态密度质量是描述态密度、能带填充（band filling）和准费米能级（quasi-Fermi level）的一个参数。在极其接近 Γ 点处，导带和价带的态密度质量分别遵循如下的椭球表达式：$m_c^{DOS}=(m_{c1}^{\perp} m_{c1}^{\perp} m_{c1}^{\parallel})^{1/3}$ 和 $m_v^{DOS}=(m_{v1}^{\perp} m_{v1}^{\perp} m_{v1}^{\parallel})^{1/3}$。因此，这些表达式适用于导带和价带中浓度非常低的自由载流子；当自由电子浓度为 n，空穴浓度为 p 时，对应的准费米能分别是：$E_{F,c}^{*}=\hbar^2(3\pi n^{2/3}/2m_c^{DOS})$，$E_{F,v}^{*}=\hbar^2(3\pi p^{2/3}/2m_v^{DOS})$。然而，对于填充在有效质量适中的能带到有效质量较重的能带中的载流子而言，椭球表达式是不适用的，必须考虑全面的能带色散关系。这就说明不能利用 Γ 点的有效质量值来描述能带填充和准费米能。不过，为了能够利用标准表达式描述能带填充，我们定义了依赖于能量的态密度质量 $m_{v/c}^{DOS}(E)$：

$$g_{v/c}(E)=\sum_j g_j(E)=\frac{1}{2\pi^2}\left[\frac{2m_{v/c}^{DOS}(E)}{\hbar^2}\right]^{3/2}\sqrt{|E-E_{v1/c1}(\mathbf{0})|} \quad (4.10)$$

式中，导带和价带总态密度 $g_{v/c}(E)$ 由式（4.7）中的参数化能带结构决定。采用参数化能带来描述态密度时，依赖于能量的态密度质量 $m_{v/c}^{DOS}(E)$ 包括了 CBM 之上 0.5eV 和 VBM 之下 0.5eV 以内能带的非抛物线性和各向异性。需要注意的是，总态密度 $g_v(E)$ 通过对价带最上部三个能级求和得到，因此 $g_v(E)$ 是价带的总态密度，$m_v^{DOS}(E)$ 则描述了自由空穴如何填充这三个能级。在非平衡态中，价带中空穴的准费米能 $E_{F,v}^{*}=E$ [当 $E<E_{v1}(\mathbf{0})=0$ 时]，而导带中电子的准费米能 $E_{F,c}^{*}=E$ [当 $E>E_{v1}(\mathbf{0})=E_g$ 时]。因此，我们定义，当 $E>E_g$ 时，$|\Delta E|=E_{F,c}^{*}-E_{c1}(\mathbf{0})$，当 $E<0$ 时，$|\Delta E|=E_{v1}(\mathbf{0})-E_{F,v}^{*}$。因此，$|\Delta E|$ 描述了准费米能上的能带填充效应。

在图 4.5 中，我们给出了作为能量 $|\Delta E|$ 函数的导带和价带的态密度质量。当 $|\Delta E|$ 非常小时，态密度质量等于椭球表达式 $(m_{c1}^{\perp} m_{c1}^{\perp} m_{c1}^{\parallel})^{1/3}$ 和 $(m_{v1}^{\perp} m_{v1}^{\perp} m_{v1}^{\parallel})^{1/3}$。在这一区域中，CZTS 和 CZTSe 的导带态密度质量分别是 $m_c^{DOS}(E)\approx 0.2m_0$ 和 $m_c^{DOS}(E)\approx 0.1m_0$。同时也可以发现黄锡矿 CZTSe 的价带态密度质量很小：$m_v^{DOS}(E)\approx 0.2m_0$。这是因为黄锡矿 CZTSe 的空穴有效质量的横向矩阵元非常小：$m_{v1}^{\perp}=0.09m_0$。随着能量 $|\Delta E|$ 的增加，作为 $|\Delta E|$ 的函数态密度质量也增加。这表明远离 Γ 点后能带变得更加平直。作为 $|\Delta E|$ 函数的导带态密度质量仅仅只有微小的增加，这是因为导带在 $|\Delta E|=0-0.2\text{eV}$（即从 E_g 到 $E_g+0.2\text{eV}$）的范围内具有相当明显的抛物线特征。然而，当能量是 $E_g+0.2\text{eV}$ 时，导带态密度质量的增加因子约为 2。例如，锌黄锡矿 CZTS 在 CBM 附近（即 $|\Delta E|=0$）的导带态密度质量约为 $0.19m_0$，而在 CBM 之上 0.2eV 处（即 $|\Delta E|=0.2\text{eV}$）导带态密度质量增加到约 $0.36m_0$。

但是对于价带来说，当 $|\Delta E|$ 增加时，价带态密度质量变化显著。主要原因是晶体场和自旋-轨道耦合在 Γ 点分裂了能带，并且产生了非抛物线性的能带色散。例如，锌黄锡矿 CZTS 在 VBM 附近（即 $|\Delta E|\approx 0$）的价带态密度质量约为 $0.48m_0$，而在 VBM 之下仅

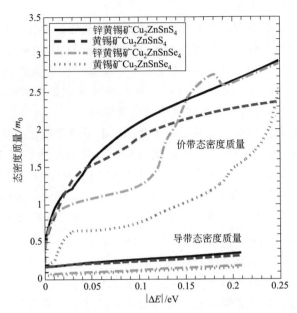

图 4.5　CZTS 和 CZTSe 中价带和导带的态密度质量 $m_{v/c}^{DOS}(E)$

这一与能量相关的质量产生相当准确的作为载流子浓度函数的准费米能 $E_{F,v}^*$ 和 $E_{F,c}^*$。对于导带来说 $|\Delta E|$ 是 $E_{F,c}^* - E_{c1}(\mathbf{0})$ 的能量差，对价带来说 $|\Delta E|$ 是 $E_{v1}(\mathbf{0}) - E_{F,v}^*$ 的能量差

50meV 处（即 $|\Delta E| \approx 50\text{meV}$）导带态密度质量达到约 $1.0m_0$，在 VBM 之下 0.1eV 处则达到约 $2.0m_0$。

价带态密度质量与图 4.3 中的能带结构直接相关。由于 Δ_{cf} 和 Δ_{so} 都很小，锌黄锡矿和黄锡矿 CZTS 的最上部三条能级在 0 到 −0.15eV 的能量范围内耦合在一起。这样就产生了相当复杂的能带色散关系，从而导致 CZTS 的价带态密度质量具有很强烈的变化。在 $|\Delta E| = 0.01 - 0.10\text{eV}$ 的能量范围内，锌黄锡矿和黄锡矿 CZTSe 的价带态密度质量比 CZTS 的更加稳定。这一现象可以以第二和第三价带的分裂进行解释：在 −0.01—−0.15eV 的能量范围内，第二和第三价带的能带色散关系具有相当明显的抛物线特征，因而产生相当稳定的价带态密度质量。此外，当 $|\Delta E| > 0.15\text{eV}$ 时，锌黄锡矿和黄锡矿 CZTS 具有比 CZTSe 更加稳定的价带态密度质量，因为 CZTS 在这一能量范围内的能量低于晶体场分裂能和自旋-轨道分裂能，而且价带在 0.15eV 之下表现出相对较强的抛物线特征。

4.4.3　态密度

如图 4.6 所示，采用部分自洽和频率相关的 GW_0 方法计算得到了 CZTS 和 CZTSe 的原子分辨态密度。锌黄锡矿相和黄锡矿相具有相似的四面体成键几何构型：每一个阴离子原子被两个铜原子、一个锌原子和一个锡原子包围，因此黄锡矿相的态密度与锌黄锡矿相的态密度极其相似[9]，所以在图 4.6 中没有给出黄锡矿相的态密度。此外，从图中可以看到，虽然由于较大的带隙，CZTS 的价带态密度在能量上比 CZTSe 的价带态密度高约 0.5eV，但是 CZTS 和 CZTSe 具有相似的态密度。即总的来看，四种化合物具有非常相似的态密度。

CZT(S,Se) 和Ⅳ族、Ⅲ-Ⅴ族、Ⅱ-Ⅵ族常规半导体的明显差异是 Cu-d 类电子态对 CZT(S,Se) 价带态密度的贡献。正常情况下，阳离子 d 类电子态不会影响半导体性质，因为在Ⅳ族材料（如 Ge、Sn）中阳离子 d 类电子态位于 VMB 之下约 25eV，而在Ⅲ-Ⅴ族材料

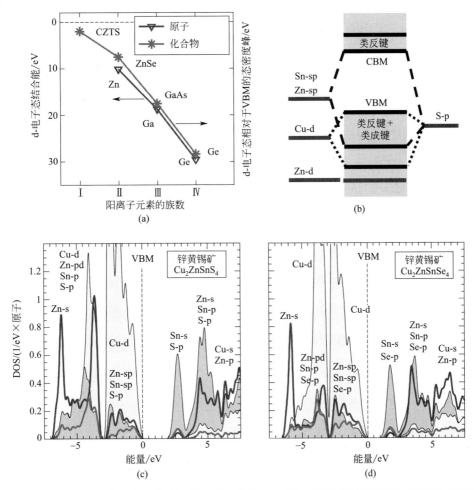

图 4.6 （a）在单原子和化合物中阳离子 d 类电子态的能级；（b）CZTS 带边示意图；锌黄锡矿 CZTS（c）和 CZTSe（d）的原子和角动量分辨态密度；对应的黄锡矿相态密度与此非常类似[9]

态密度分布由 70meV 洛伦兹宽化处理给出，重印许可由文献 [9] 提供，Copyright 2010，American Institute of Physics

（如 GaAs、InN）中阳离子 d 类电子态位于 VMB 之下约 18eV。对于 II-VI 族半导体（如 ZnSe、ZnO），阳离子 d 类电子态通过与阴离子 p 类电子态杂化可影响到 VBM 之下 6—8eV 内的态密度[67]。对于具有浅 Cu 能态的 CZT(S,Se) 而言，Cu-$3d^{10}$ 类电子态将与阴离子 p 类电子态在价带很宽的能量范围内进行杂化，从而影响 VBM 附近的态密度。因此，全占据的 $3d^{10}$ 类电子态将决定 CZT(S,Se) 的价带态密度。

图 4.6 也标注了角动量相关的电子态对态密度的贡献。与图 4.2 中电子结构的能量色散对比可以更好地理解态密度特征。图 4.2 中能量局域在价带和 -1eV 处的平直能带与 Cu-d 类电子态有关。这些电子态产生较强的 Cu-d 类价带态密度，这有利于较高的光学活性。价带上端的态密度也包含 Zn-p 和 Sn-sp 与阴离子 p 类成键的电子态。

导带中能量较低区域（位于约 2—3eV）的态密度主要包含 Sn-s 类电子态和阴离子 p 类电子态；在较高能量区域（4—6eV）态密度也涉及到 Zn-s、Sn-p 与阴离子 p 的反键电子态；在更高的能量区域（6—8eV）Cu-s 类和 Zn-p 类电子态则成为重要因素。较强的 Sn-s 态密度对 CZT(S,Se) 化合物导带低能区（即位于 2—3eV）的态密度是非常重要的。从图 4.2

中可以发现,这一态密度峰来源于分布在 CBM 之上 1.5eV 处很窄能量区域局域化的最低导带。这一突出的 Sn-s 态密度特征不同于黄铜矿 $Cu(In,Ga)(S,Se)_2$。黄铜矿具有更高的晶体对称性,因而最低导带与布里渊区边界的更高导带简并,从而反过来产生更宽的导带态密度特征。然而,在 CZT(S,Se) 中,最低带与较高能带是分离的,因而在能量上更加局域化。由于 CZT(S,Se) 中这一局域化的导带,因此预期 Sn-s-阴离子-p 态密度峰的能量位置可以通过 Sn 位与其它Ⅳ族元素(例如:Ge)的合金化在能量上进行改变,从而由阳离子合金化对带隙能进行剪裁,以优化材料的光学效率。

4.5 光学性质

使用前面章节所讨论的 GW_0 方法进行计算,然后按照复介电函数 $\varepsilon(\omega)=\varepsilon_1(\omega)+i\varepsilon_2(\omega)$ 和吸收系数 $\alpha(\omega)$ 对计算的结果进行光学性质分析。作为补充,HSE06 方法计算的介电常数也在下面讨论中给出。

4.5.1 介电函数

介电函数描述的是当电荷密度变化时材料的响应。介电函数也是描述材料中杂质、缺陷附近的电荷屏蔽以及晶体中其它结构微扰的一个重要性质。介电函数的虚部通过长波极限($\lambda_q=2\pi/\boldsymbol{q}\rightarrow\infty$)下的线性响应计算得到[68]:

$$\varepsilon_2^{\alpha\beta}(\omega)=\lim_{q\to 0}\frac{4\pi^2 e^2}{\Omega q^2}\sum_{c,v,\mathbf{k}}2w_{\mathbf{k}}\delta[E_c(\mathbf{k})-E_v(\mathbf{k})-\hbar\omega]\times\langle u_c(\mathbf{k}+e_\alpha\mathbf{q})|u_v(\mathbf{k})\rangle$$

(4.11)

介电函数的实部可以通过 Kramers-Kronig 变换关系得到:

$$\varepsilon_1^{\alpha\beta}=1+\frac{2}{\pi}P\int_0^\infty\frac{\omega'\varepsilon_2^{\alpha\beta}(\omega')}{\omega'^2-\omega^2+i\eta}d\omega'$$

(4.12)

式中,$u_j(\mathbf{k})$ 是波函数的晶格周期部分;Ω 是初基晶胞的体积;w_k 是 $\mathbf{k}$ 点的权重;e_α 是笛卡尔坐标系中的晶格基矢;P 是主值,而 η 是无穷小的数。在实验上,高频介电常数 ε_∞ 通常由带隙中央区域决定,也就是说 $\varepsilon_\infty\approx\varepsilon_1(0\ll\hbar\omega\ll E_g)$。在我们的理论模拟中,我们通过排除电子-光学声子耦合的 $\varepsilon_1(\hbar\omega=0)$,并由 $\varepsilon_1(\hbar\omega=E_g/2)$ 进行补充,从而确定介电函数中的 ε_∞ 数值。静介电常数 ε_0 由玻恩有效电荷(同时考虑离子贡献)计算得到。

介电响应函数与联合态密度[即式(4.11)的狄拉克 δ 函数]直接相关,并且电子能带结构是分析极化响应的主要内在性质。而且因为四种化合物具有类似的态密度,因此可以预测它们的介电响应谱也是相类似的。图 4.7 绘制的是介电函数的实部 $\varepsilon_1(\omega)$ 和虚部 $\varepsilon_2(\omega)$,定性地分析,四种化合物的谱图是相类似的。同时它们的介电函数与 $Cu(In,Ga)(S,Se)_2$ 的介电函数也类似[13]。

计算得到的介电常数列于表 4.5 中。静介电常数和高频介电常数的差值 $\varepsilon_0-\varepsilon_\infty\approx 12-9=3$,这表明离子性适中。锌黄锡矿 CZTS、黄锡矿 CZTS、锌黄锡矿 CZTSe 和黄锡矿 CZTSe 的平均静介电常数分别是:$\varepsilon_0=(2\varepsilon_0^\perp+\varepsilon_0^\parallel)/3=11.6$、11.5、13.2 和 12.1;对应的平均高频介电常数在 $\hbar\omega=0$ 时分别是:$\varepsilon_\infty=(2\varepsilon_\infty^\perp+\varepsilon_\infty^\parallel)/3=8.0$、7.9、10.3 和 8.7,而在 $\hbar\omega=E_g/2$ 时则分别是 8.2、8.2、10.5 和 9.0。因此带隙中间的数值比零频率处的数值大

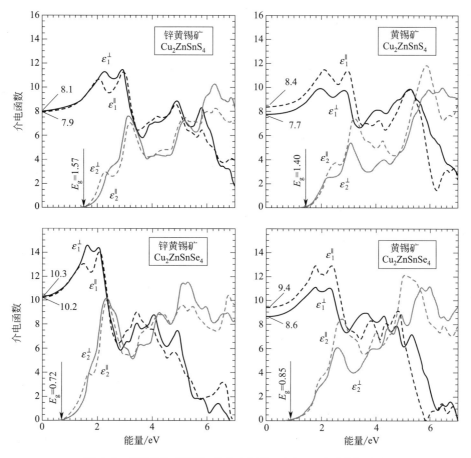

图 4.7　CZTS 和 CZTSe 的介电函数 $\varepsilon(\omega)=\varepsilon_1(\omega)+i\varepsilon_2(\omega)$

介电响应分为横向（⊥；实线）和纵向（∥；虚线）两部分

约 0.2—0.3。此外，由 HSE06 方法计算得到的结果（表中括号中的值）在数值上小于对应的由 GW_0 方法计算的结果。

表 4.5　由 GW_0 方法计算得到的横向和纵向介电函数的静介电常数 ε_0 和高频介电常数 ε_∞

介电常数	Cu_2ZnSnS_4		$Cu_2ZnSnSe_4$	
	锌黄锡矿	黄锡矿	锌黄锡矿	黄锡矿
$\varepsilon_0^\perp$	11.2(9.4)	12.2(10.7)	13.1(10.3)	12.4(11.5)
$\varepsilon_0^\parallel$	12.5(10.9)	10.2(8.4)	13.4(11.0)	11.5(10.3)
$\varepsilon_\infty^\perp$	8.1(6.3)	7.7(6.2)	10.3(7.4)	8.6(7.7)
$\varepsilon_\infty^\parallel$	7.9(6.3)	8.4(6.6)	10.2(7.7)	9.4(8.2)

注：括号中的数值对应的是由 HSe06 方法计算得到的结果。静介电常数通过 PBE 势中的玻恩有效电荷贡献确定。

应当注意的是，对于 CZTS 或 CZTSe 而言，锌黄锡矿相和黄锡矿相的介电常数是类似的。硫基化合物的介电常数稍小于硒基化合物的介电常数，这与两者之间的带隙和介电响应的对应关系一致：较大的带隙能意味着较小的介电常数。然而，CZTS 的介电常数和 CZTSe 的介电常数之间的差异相对较小。同时可以看到四种化合物都有一个明显的 $\varepsilon_2(\omega)$ 峰：CZTS 的峰位于约 3.0eV 处，CZTSe 的峰位于约 2.5eV 处。CZTS 和 CZTSe 的这两个峰之间的能量差值为 0.5eV，正好等于两者带隙能之间的差值，因此这两个峰都出现在 CZTS 和

CZTSe 的 E_g 之上约 1.5eV 处。这个峰与在布里渊区边界 (0,1,0)=(0,0,1) 态密度中的 Sn 导带相关（参见图 4.6）。所以 Choi 等认为 CZTSe 的这个峰是从 Cu-3d 电子态到 Sn-5s 电子态的跃迁[69]。

尽管四种化合物有着相似的介电光谱，但它们的实部和虚部的各向异性都存在比较明显的差异。在带隙能 $\hbar\omega \approx E_g$ 处，与锌黄锡矿相比，两个黄锡矿相表现出更强的各向异性 $\varepsilon_2^\perp(\omega) > \varepsilon_2^\parallel(\omega)$，而且在锌黄锡矿中 $\varepsilon_2^\perp(\omega) < \varepsilon_2^\parallel(\omega)$。这是黄锡矿中更强的正晶体场的结果。然而在 $\hbar\omega = E_g$ 到 $E_g+1\text{eV}$ 的能量区间内，两种晶体结构都表现出与上述现象相反的各向异性：在黄锡矿相中 $\varepsilon_2^\perp(\omega) < \varepsilon_2^\parallel(\omega)$、而在锌黄锡矿相中 $\varepsilon_2^\perp(\omega) > \varepsilon_2^\parallel(\omega)$。这种各向异性同样在介电函数的实部中得到了反映。黄锡矿相的高频介电常数具有更强的各向异性：$\varepsilon_\infty^\perp < \varepsilon_\infty^\parallel$，两者的差值约为 0.7，对于单晶类薄膜，也许可以在实验中检测到这一属性。因此我们认为极化相关的光学表征所确定的晶体场分裂能 Δ_{cf} 可以作为 CZTS 和 CZTSe 薄膜晶体结构分析的补充支持。

4.5.2 吸收系数

光吸收系数可以通过关系式 $\varepsilon_1^{\alpha\beta}(\omega)^2 + \varepsilon_2^{\alpha\beta}(\omega)^2 = [\varepsilon_1^{\alpha\beta}(\omega) + \alpha_1^{\alpha\beta}(\omega)^2 c^2/2\omega^2]^2$ 直接由复介电函数确定，其中 c 是光速。图 4.8 给出了平均吸收系数 $\alpha(\omega) = [2\alpha^\perp(\omega) + \alpha^\parallel(\omega)]/3$。其中图（a）中的光吸收根据介电函数导出（参见图 4.7），并对所呈现的谱图进行了 0.1eV 的洛伦兹宽化处理。1.0eV 和 1.5eV 处的点线表示带隙能，而 2.50eV 和 3.25eV 处的点线则代表导带区域内的小带隙［参见图 4.6(c) 和图 4.6(d)］。由于光吸收与介电响应函数相关，所以 $\varepsilon_2(\omega)$ 的特征也反映在 $\alpha(\omega)$ 中。例如，CZTS 位于约 3.0eV 处的 $\varepsilon_2(\omega)$ 峰和 CZTSe 位于约 2.5eV 处的 $\varepsilon_2(\omega)$ 峰也可以在 $\alpha(\omega)$ 中发现，它们分别对应于导带中 Sn-5s 电子态位于约 3.25eV 和约 2.50eV 处的态密度峰，这些能量值在图由竖直点线标出。总的来看，考虑到 CZTS 的带隙能比 CZTSe 的带隙能大约 0.5eV，四种化合物的吸收光谱相似。高能光子的吸收系数相对较大（即在 $\hbar\omega > E_g + 1\text{eV}$ 时大于 10^5 cm^{-1}）。

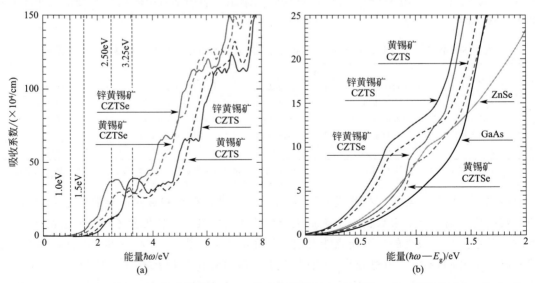

图 4.8 (a) CZTS 和 CZTSe 的吸收系数 $\alpha(\omega)$ 作为光子能量 $\hbar\omega$ 的函数；(b) CZT(S,Se)、GaAs 和 ZnSe 的 $\alpha(\omega)$ 特写图，为了比较具有不同带隙材料的光吸收性质，能量刻度平移了 E_g

图中清楚的吸收开始于带隙能为约 1.5eV（CZTS）和约 1.0eV 处，因此其中没有对称禁戒跃迁定则（symmetry-forbidden transition rule），后者抑制了通过带边的激发。取而代之的是，在吸收起始处附近的吸收相对较强。这可以清楚地从图 4.8(b) 中看到，其中我们给出了能量刻度由 $\hbar\omega - E_g$ 进行平移的 $\alpha(\omega)$。根据这一能量刻度，可以更好地比较具有不同带隙能材料的光效率。在 $\hbar\omega - E_g = 0$ 到 1.5eV 的能量区间内，CZTS 的光吸收比 CZTSe 的光吸收更强。这与 CZTS 的更平直的导带、更大的导带质量是一致的（参见图 4.3 和表 4.4）。在 $\hbar\omega - E_g = 0$ 到 0.8eV 的能量区间内，CZTS 的吸收系数大约是其它材料吸收系数的两倍。锌黄锡矿相的吸收系数比黄锡矿相的吸收系数稍大，部分原因是锌黄锡矿相中的导带和价带态密度质量较大。在图 4.8(b) 中，我们也比较了 CZT(S,Se) 和两种常规半导体（即 GaAs，$m_{c1} \approx 0.07 m_0$；ZnSe，$m_{c1} \approx 0.2 m_0$）的光效率。可以发现这些半导体在低能区域（$\hbar\omega - E_g$ 约为 0—0.8eV）具有与 CZTSe 类似的光吸收，而与 CZTS 相比它们的吸收更低。总的来看，CZTS 的吸收系数大约是 GaAs 和 ZnSe 吸收系数的两倍。

4.6 结论

综上所述，四种 CZT(S,Se) 化合物的电子结构、态密度和光响应函数总的来说非常类似。然而，在能带结构带边的细节方面仍有着明确的差异。尤其是价带的能带结构的非抛物线性和各向异性是很明显的。因此，为了分析与自由载流子深度相关的性质，我们论证了准确描述这些带边是极其重要的，如电子输运的研究和涉及到强激发条件下的测量。

四种化合物的价带顶部具有不同的能级分裂，并且这一效应将导致各向异性和光响应函数特征。在高品质薄膜中，有可能通过实验检测到锌黄锡矿结构和黄锡矿结构的介电函数之间的差异，而且这可以补充 CZT(S,Se) 晶体结构的分析。

CZT(S,Se) 与具有相似的四面体成键对称性的常规二元半导体比较，电子结构有一定的类似性，但是阳离子的能态有较大差异。CZT(S,Se) 中的浅能态 Cu-d 类价带电子态形成强的价带态密度，从而在可见光区具有较高的光效率：在 $\hbar\omega > E_g + 1$eV 时，$\alpha(\omega) > 10^5$ cm^{-1}。在低能区域，CZTS 的光吸收大约是 GaAs 和 ZnSe 光吸收的两倍。

CZT(S,Se) 与黄铜矿 Cu(In,Ga)(S,Se)$_2$ 比较，两者都具有强的 Cu-d 类价带电子态相关的态密度，因此它们的电子结构和光学吸收图谱非常相似。锌黄锡矿 CZTS 在低能（接近带隙能）区域具有更高的吸收系数，部分原因是它具有更大的电子有效质量。CZT(S,Se) 相对 Cu(In,Ga)(S,Se)$_2$ 的最大优势当然是材料成分中不包含铟。然而，考虑到二者的带隙能相等，与 CZT(S,Se) 相比，CuIn$_{1-x}$Ga$_x$Se$_2$ 合金具有更小的电子有效质量。材料的电子有效质量小将有利于 p 型材料中少数载流子（即电子）的电子输运高效进行。此外，CZT(S,Se) 和黄铜矿 Cu(In,Ga)(S,Se)$_2$ 具有类似的低铜空位（V$_{Cu}$）形成能[20]。这在材料的生长中是一个优势，但是对于 p-n 结器件附近电子的输运及其通过可能是一个障碍。目前已经知道通过 [Cu]/[In,Ga] 比例的较大范围变化，在 Cu(In,Ga)(S,Se)$_2$ 材料中很容易生成 2V$_{Cu}$+In$_{Cu}$ 集合体。CZT(S,Se) 中与这种三原子集合体类似的是两原子集合体 V$_{Cu}$+Zn$_{Cu}$。Chen 等计算了 V$_{Cu}$+Zn$_{Cu}$ 和 Cu$_{Zn}$+Zn$_{Cu}$ 缺陷的形成能，发现它们的形成能是非常小的[10]；因此这类缺陷对 CZT(S,Se) 的重要性就如同 2V$_{Cu}$+In$_{Cu}$ 对 Cu(In,Ga)(S,Se)$_2$ 的重要意义。Huang 等[19] 论证了在贫铜的 CZT(S,Se) 中存在更大的缺陷团簇，而这反过来稳定了带隙能。此外，由于 CZT(S,Se) 包含有三种类型的阳离子原子，它们有不同数目的价电子，所以在 CZT(S,Se) 中有各种不同的浅、深本征缺陷。

虽然如此，不含铟的 CZT(S,Se) 化合物拥有足够小的电子有效质量和足够高的光效率。通过阴离子的合金化，$Cu_2ZnSn(S_{1-x}Se_x)_4$ 的带隙几乎能够线性地从约 1.5eV（$x=0$ 时）变化到约 1.0eV（$x=1$ 时），这可以用于剪裁和优化材料的光学性质。通过阳离子的合金化，改变导带最低的 Sn-s 类带边也可以作为优化材料的另一可行途径。

致谢

本章工作得到瑞典能源署（Swedish Energy Agency，STEM）、瑞典研究理事会（Swedish Research Council，VR）、中国国家留学基金管理委员会（China Scholarship Council，CSC）、瑞典学院（Swedish Institute，SI）和印度-欧盟伊拉斯谟 ECW 奖学金计划（Erasmus Mundus ECW Scholarship Program India4EU）的资助。特别感谢瑞典皇家理工学院国际关系办公室的 Yingfang He、Alphonsa Lourdudoss 和 Danielle Edvardsson。我们对 NSC 和 HPC2N 中心通过 SNIC/SNAC 和 Matter 网络提供的高性能计算资源使用许可表示感谢。

参 考 文 献

[1] Goodman, C. H. L. (1958) The prediction of semiconducting properties in inorganic compounds. Journal of Physics and Chemistry of Solids, 6, 305-314.

[2] Pamplin, B. R. (1964) A systematic method of deriving new semiconducting compounds by structural analogy. Journal of Physics and Chemistry of Solids, 25, 675-684.

[3] Raulot, J. M., Domain, C. & Guillemoles, J. F. (2005) Ab initio investigation of potential indium and gallium free chalcopyrite compounds for photovoltaic application. Journal of Physics and Chemistry of Solids, 66, 2019-2023.

[4] Chen, S., Gong, X. G., Walsh, A. & Wei, S. H. (2009) Crystal and electronic band structure of Cu_2ZnSnX_4 (X=S and Se) photovoltaic absorbers: First-principles insights. Applied Physics Letters, 94, 041903-1-3.

[5] Paier, J., Asahi, R., Nagoya, A. & Kresse, G. (2009) Cu_2ZnSnS_4 as a potential photovoltaic material: A hybrid Hartree-Fock density functional theory study. Physical Review B, 79, 115126-1-8.

[6] Chen, S., Gong, X. G., Walsh, A. & Wei, S. H. (2009) Electronic structure and stability of quaternary chalcogenide semiconductors derived from cation cross-substitution of II-VI and I-III-VI2 compounds. Physical Review B, 79, 165211-1-10.

[7] Ichimura, M. & Nakashima, Y. (2009) Analysis of atomic and electronic structures of Cu_2ZnSnS_4 based on first-principle calculation. Japanese Journal of Applied Physics, 48, 090202-1-3.

[8] Nakamura, S., Maeda, T. & Wada, T. (2009) Electronic structure of stannite-type $Cu_2ZnSnSe_4$ by first-principles calculations. Physica Status Solidi C, 6, 1261-1265.

[9] Persson, C. (2010) Electronic and optical properties of Cu2ZnSnS4 and $Cu_2ZnSnSe_4$. Journal of Applied Physics, 107, 053710-1-8.

[10] Chen, S., Yang, J. H., Gong, X. G., Walsh, A. & Wei, S. H. (2010) Intrinsic point defects and complexes in the quaternary kesterite semiconductor Cu_2ZnSnS_4. Physical Review B, 81, 245204-1-10.

[11] Nagoya, A., Asahi, R., Wahl, R. & Kresse, G. (2010) Defect formation and phase stability of Cu_2ZnSnS_4 photovoltaic material. Physical Review B, 81, 113202-1-4.

[12] Amiri, N. B. M. & Postnikov, A. (2010) Electronic structure and lattice dynamics in kesteritetype $Cu_2ZnSnSe_4$ from first-principles calculations. Physical Review B, 82, 205204-1-8.

[13] Zhao, H. & Persson, C. (2011) Optical properties of Cu(In, Ga)Se_2 and $Cu_2ZnSn(S, Se)_4$, Thin Solid

Films, 519, 7508-7512.

[14] Gürel, T., Semik, C. & Çağin, T. (2011) Characterization of vibrational and mechanical properties of quaternary compounds Cu_2ZnSnS_4 and $Cu_2ZnSnSe_4$ in kesterite and stannite structures. Physical Review B, 84, 205201-1-7.

[15] Botti, S., Kammerlander, D. & Marques, M. A. L. (2011) Band structures of Cu_2ZnSnS_4 and $Cu_2ZnSnSe_4$ from many-body methods. Applied Physics Letters, 98, 241915-1-3.

[16] Zhang, Y., Yuan, X., Sun, X., Shih, B. C., Zhang, P. & Zhang, W. (2011) Comparative study of structural and electronic properties of Cu-based multinary semiconductors. Physical Review B, 84, 075127-1-9.

[17] Maeda, T., Nakamura, S. & Wada, T. (2011) First-principles calculations of vacancy formation in In-free photovoltaic semiconductor Cu2ZnSnSe4. Thin Solid Films, 519, 7513-7516.

[18] He, X. & Shen, H. (2011) First-principles study of elastic and thermo-physical properties of kesterite-type Cu_2ZnSnS_4. Physica B, 406, 4604-4607.

[19] Huang, D. & Persson, C. (2013) Band gap change induced by defect complexes in Cu_2ZnSnS_4. Thin Solid Films, 535, 265-269.

[20] Kumar, M., Zhao, H. & Persson, C. (2013) Cation vacancies in the alloys compounds of $Cu_2ZnSn(S_{1-x}Se_x)_4$ and $CuIn(S_{1-x}Se_x)_2$. Thin Solid Films, 535, 318-321.

[21] Khare, A., Himmetoglu, B., Johnson, M., Norris, D. J., Cococcioni, M. & Aydil, E. S. (2012) Calculation of the lattice dynamics and Raman spectra of copper zinc tin chalcogenides and comparison to experiments. Journal of Applied Physics, 111, 083707-1-9.

[22] Perdew, J. P., Burke, K. & Ernzerhof, M. (1996) Generalized gradient approximation made simple. Physical Review Letters, 77, 3865-3868

[23] Perdew, J. P., Chevary, J. A., Vosko, S. H., Jackson, K. A., Pederson, M. R., Singh, D. J. & Fiolhais, C. (1992) Atoms, molecules, solids, and surfaces: Applications of the generalized gradient approximation for exchange and correlation Physical Review B, 46, 6671-6687.

[24] Engel, E. & Vosko, S. H. (1993) Exact exchange-only potentials and the virial relation as microscopic criteria for generalized gradient approximations. Physical Review B, 47, 13164-13174.

[25] Heyd, J., Scuseria, G. E. & Ernzerhof, M. (2003) Hybrid functionals based on a screened Coulomb potential. Journal of Chemical Physics, 118, 8207-8215.

[26] Shishkin, M. & Kresse, G. (2006) Implementation and performance of frequency-dependent GW method within PAW framework. Physical Review B, 74, 035101-1-13.

[27] Blaha, P., Schwarz, K., Madsen, G. K. H., Kvasnicka, D. & Luitz, J. (2001) Wien2k, An augmented plane wave+local orbitals program for calculating crystal properties, ISBN 3-9501031-1-2.

[28] Kresse, G. & Furthmüller, J. (1996) Efficient iterative schemes for ab initio total-energy calculations using a plane-wave basis set. Physical Review B, 54, 11169-11186

[29] Kresse, G. & Joubert, D. (1999) From ultrasoft pseudopotentials to the projector augmentedwave method. Physical Review B, 59, 1758-1775.

[30] Bechstedt, F. & Del Sole, R. (1998) Analytical treatment of band-gap underestimates in the local-density approximation. Physical Review B, 38, 7710-7716.

[31] Harrison, W. A. (1980) Electronic Structure and the Properties of Solids. Freeman, San Francisco.

[32] Persson, C., Ferreira da Silva, A., Ahuja, R. & Johansson, B. (2001) Effective electronic masses in wurtzite and zinc-blende GaN and AlN. Journal of Crystal Growth, 231, 397-406.

[33] Persson, C., Platzer-Björkman, C., Malmström, J., Törndahl, T. & Edoff, M. (2006) Strong valence-band offset bowing of $ZnO_{1-x}S_x$ enhances p-type nitrogen doping of ZnO-like alloys. Physical Review Letters, 97, 146403-1-4.

[34] Koster, G. F., Dimmock, J. O., Wheeler, R. G. & Statz, H. (1963) Properties of the Thirty-Two Point Groups. MIT Press, Cambridge MA.

[35] Hall, S. R., Szymanski, J. T. & Stewart, J. M. (1978) Kesterite, $Cu_2(Zn, Fe)SnS_4$, and stannite, $Cu_2(Fe, Zn)SnS_4$, structurally similar but distinct minerals. Canadian Mineralogist, 16, 131-137.

[36] Schorr, S., Hoebler, H. -J. & Tovar, M. (2007) A neutron diffraction study of the stannite-kesterite solid solution series. European Journal of Mineralogy, 19, 65-73.

[37] Hahn, H. & Schulze, H. (1965) Quaternary germanium and tin chalcogenides. Naturwissenschaften, 52, 426.

[38] Babu, G. S., Kumar, Y. B. K., Bhaskar, P. U. & Raja, V. S. (2008) Effect of post-deposition annealing on the growth of $Cu_2ZnSnSe_4$ thin films for a solar cell absorber layer. Semiconductor Science and Technology, 23, 085023-1-12.

[39] Olekseyuk, I. D., Gulay, L. D., Dydchak, I. V., Piskach, L. V., Parasyuk, O. V. & Marchuk, O. V. (2002) Single crystal preparation and crystal structure of the Cu_2Zn/Cd, $Hg/SnSe_4$ compounds. Journal of Alloys and Compounds, 340, 141-145.

[40] Katagiri, H., Saitoh, K., Washio, T., Shinohara, H., Kurumadani, T. & Miyajima, S. (2001) Development of thin film solar cell based on Cu_2ZnSnS_4 thin films. Solar Energy Materials and Solar Cells, 65, 141-148.

[41] Seol, J. -S., Lee, S. -Y., Lee, J. -C., Nam, H. -D. & Kim, K. -H. (2003) Electrical and optical properties of Cu_2ZnSnS_4 thin films prepared by rf magnetron sputtering process. Solar Energy Materials and Solar Cells, 75, 155-162.

[42] Nitsche, R., Sargent, D. F. & Wild, P. (1967) Crystal growth of quaternary 122464 chalcogenides by iodine vapor transport. Journal of Crystal Growth, 1, 52-53.

[43] Matsushita, H., Maeda, T., Katsui, A. & Takizawa, T. (2000) Thermal analysis and synthesis from the melts of Cu-based quaternary compounds Cu-Ⅲ-Ⅳ-Ⅵ$_4$ and Cu_2-Ⅱ-Ⅳ-Ⅵ$_4$ (Ⅱ=Zn, Cd; Ⅲ=Ga, In; Ⅳ=Ge, Sn; Ⅵ=Se). Journal of Crystal Growth, 208, 416-422.

[44] Tanaka, T., Nagatomo, T., Kawasaki, D., Nishio, M., Guo, Q., Wakahara, A., Yoshida, A. & Ogawa, H. (2005) Preparation of Cu_2ZnSnS_4 thin films by hybrid sputtering. Journal of Physics and Chemistry of Solids, 66, 1978-1981.

[45] Schorr, S. (2007) Structural aspects of adamantine like multinary chalcogenides. Thin Solid Films, 515, 5985-5991.

[46] Persson, C. & Zunger, A. (2005) A compositionally-induced valence-band offset at the grain boundary of polycrystalline chalcopyrites creates a hole barrier. Applied Physics Letters, 87, 211904-1-3.

[47] Madelung, O. (ed) (1996) Semiconductor: Basic Data, 2nd Edition, Springer, Berlin.

[48] Persson, C. (2008) Anisotropic hole-mass tensor of $CuIn_{1-x}Ga_x(Se, S)_2$: presence of free carriers narrows the energy gap. Applied Physics Letters, 93, 072106-1-3.

[49] Ito, K. & Nakazawa, T. (1988) Electrical and optical properties of stannite-type quaternary semiconductor thin films. Japanese Journal of Applied Physics, 27, 2094-2097.

[50] Nakayama, N. & Ito, K. (1996) Sprayed films of stannite Cu_2ZnSnS_4. Applied Surface Science, 92, 171-175.

[51] Kamoun, N., Bouzouita, H. & Rezig, B. (2007) Fabrication and characterization of Cu_2ZnSnS_4 thin films deposited by spray pyrolysis technique. Thin Solid Films, 515, 5949-5952.

[52] Gao, F., Yamazoe, S., Maeda, T., Nakanishi, K. & Wada, T. (2012) Structural and optical properties of In-free $Cu_2ZnSn(S, Se)_4$ solar cell materials. Japanese Journal of Applied Physics, 51, 10NC29-1-5.

[53] Tanaka, K., Fukui, Y., Moritake, N. & Uchiki, H. (2011) Chemical composition dependence of morphological and optical properties of Cu_2ZnSnS_4 thin films deposited by sol-gel sulfurization and Cu_2ZnSnS_4 thin film solar cell efficiency. Solar Energy Materials and Solar Cells, 95, 838-842.

[54] Patel, M., Mukhopadhyay, I. & Ray, A. (2012) Structural, optical and electrical properties of spray-deposited CZTS thin films under a non-equilibrium growth condition. Journal of Physics D: Applied Physics, 45, 445103-1-10.

[55] Ahn, S., Jung, S. H., Gwak, J. Y., Cho, A., Shin, K., Yoon, K., Park, D. Y., Cheong, H. & Yun, J. H. (2010) Determination of band gap energy (E_g) of $Cu_2ZnSnSe_4$ thin films: On the discrepancies of reported band gap values. Applied Physics Letters, 97, 021905-1-3.

[56] Haight, R., Barkhouse, A., Gunawan, O., Shin, B., Copel, M., Hopstaken, M. & Mitzi, D. B. (2011) Band alignment at the $Cu_2ZnSn(S_xSe_{1-x})_4/CdS$ interface. Applied Physics Letters, 98, 253502-1-3.

[57] He, J., Sun, L., Chen, S., Chen, Y., Yang, P. & Chu, J. (2012) Composition dependence of structure and optical properties of $Cu_2ZnSn(S, Se)_4$ solid solutions: An experimental study. Journal of Alloys and Compounds,

511, 129-132.

[58] Repins, I., Beall, C., Vora, N., DeHart, C., Kuciauskas, D., Dippo, P., To, B., Mann, J., Hsu, W. C., Goodrich, A. & Noufi, R. (2012) Co-evaporated $Cu_2ZnSnSe_4$ films and devices. Solar Energy Materials and Solar Cells, 101, 154-159.

[59] Jimbo, K., Kimura, R., Kamimura, T., Yamada, S., Maw, W. S., Araki, H., Oishi, K. & Katagiri, H. (2007) Cu_2ZnSnS_4-type thin film solar cells using abundant materials. Thin Solid Films, 515, 5997-5999.

[60] Ennaoui, A., Lux-Steiner, M., Weber, A., Abou-Ras, D., Kötschau, I., Schock, H.-W., Schurr, R., Hölzing, A., Jost, S., Hock, R., Voβ, T., Schulze, J. & Kirbs, A. (2009) Cu_2ZnSnS_4 thin film solar cells from electroplated precursors: Novel low-cost perspective. Thin Solid Films, 517, 2511-2514.

[61] Luttinger, J. M. & Kohn, W. (1955) Motion of electrons and holes in perturbed periodic fields. Physical Review, 97, 869-883

[62] Dresselhaus, G., Kip, A. F. & Kittel, C. (1955) Cyclotron resonance of electrons and holes in silicon and germanium crystals. Physical Review, 98, 368-384 (1955).

[63] Kane, E. O. (1956) Energy band structure in p-type germanium and silicon. Journal of Physics and Chemistry of Solids, 1, 82-99.

[64] Persson, C. & Mirbt, S. (2006) Improved electronic structure and optical properties of sp-hybridized semiconductors using LDA+U. Brazilian Journal of Physics, 36, 447-450.

[65] Devreese, J. T. (ed.) (1972) Polarons in Ionic Crystals and Polar Semiconductors. North-Holland, Amsterdam.

[66] Persson, C., Lindefelt, U. & Sernelius, B. E. (1999) Doping-induced effects on the band structure in n-type 3C, 2H, 4H, 6HSiC, and Si. Physical Review B, 60, 16479-16493.

[67] Persson, C., Dong, C. L., Vayssieres, L., Augustsson, A., Schmitt, T., Mattesini, M., Ahuja, R., Nordgren, J., Chang, C. L., Ferreira da Silva, A. & Guo, J.-H. (2006) X-ray absorption and emission spectroscopy of ZnO nanoparticles and highly oriented ZnO microrod arrays. Microelectronics Journal, 37, 686-689.

[68] Gajdoš, M., Hummer, K. Kresse, G., Furthmüller, J. & Bechstedt, F. (2006) Linear optical properties in the PAW methodology. Physical Review B, 73, 045112-1-9.

[69] Choi, S. G., Zhao, H. Y., Persson, C., Perkins, C. L., Donohue, A. L., To, B., Norman, A. G., Li, J. & Repins, I. L. (2012) Dielectric function spectra and critical-point energies of $Cu_2ZnSnSe_4$ from 0.5 to 9.0eV. Journal of Applied Physics, 111, 033506-1-6.

5 锌黄锡矿：平衡态和第二相识别

Dominik M. Berg[1], Phillip J. Dale[2]

[1] Institute of Energy Conversion, University of Delaware, 451 Wyoming Rd, Newark, DE, 19716, USA

[2] Laboratory for Energy Materials, Université du Luxembourg, 41, rue du Brill, L-4422, Belvaux, Luxembourg

5.1 引言

高效 CZTSe 基多晶薄膜光伏器件要求吸收层为单相锌黄锡矿结构。诸如 Cu_2SnSe_3 之类的第二相会降低电池的开路电压[1]，而 ZnSn 之类的第二相则会降低电池的光电流[2,3]。因而生长无有害第二相的锌黄锡矿材料是目前面临的一个挑战。第二相之所以成为问题有以下两个方面的原因：(1) 单相 CZTSSe 半导体的生长比较困难；(2) 使用常规实验设备确定晶相的纯度同样也比较困难。这两个重要的问题将在下面的章节中进行探讨。

由于在典型合成条件下化合物的热稳定性相对较低[4]，并且在相图中单相区间相对较窄[5]，所以单相的锌黄锡矿材料很难获得。理解锌黄锡矿的合成和热稳定性的关键在于化学平衡控制、工艺的稳态条件和传质机理。一旦理解了化学反应的平衡理论，那么锌黄锡矿热稳定性所遇到的问题将迎刃而解。在第 5.2 节中，详细阐述了锌黄锡矿在退火过程中的平衡行为，并验证了其隐藏的化学原理。本章首先概述化学平衡，然后解释合成纯相半导体的重要性，最后阐述了简单合成锌黄锡矿的新工艺路线。

一旦合成具有近似预期化学成分的薄膜之后，接下来的步骤就是确定其成分和晶相。锌黄锡矿的单相区间相对较窄意味着在合成样品中极有可能出现第二相[5]。CZTSSe 由三种金属元素和两种硫族元素组成，因此潜在的第二相数目是很大的。更加复杂的是多种成分相（包括 CZTSSe 本身）有各种不同的晶相。在第 5.3 节中，第二相识别的讨论根据实验常用设备和其它一些基于同步辐射的方法展开。为了说明第二相识别的困难程度，一个定量化的案例研究常常被提及：利用 X 射线衍射和单波长拉曼散射从 Cu_2ZnSnS_4 相中区分 ZnS 和 Cu_2SnS_3。从中可以看到使用标准实验工具来区分微量的第二相是极其困难的。接着我们将讨论目前识别第二相的最好实践案例。最终，我们提供和比较了文献中可供利用的、通过湿化学蚀刻去除第二相的方法汇总。

我们使用灵活的合成方法——电沉积和退火（electrodeposition and annealing, EDA）研究 CZTSSe 平衡反应中两个看似不同的区间和第二相的检测。在本章中，我们将着重讨论锌黄锡矿的硫化物体系，它的研究思路同样适用于硒化物体系和两种硫族元素的混合体系。

重要的是，此处的发现并不仅限于 EDA 方法，它同样适用于不依赖制备路线的其他材料性质，因此与锌黄锡矿合成领域的所有研究都是相关的。

5.2 锌黄锡矿的反应化学

本节利用化学平衡理论验证锌黄锡矿形成和分解反应的化学原理。首先概述固-气平衡反应，然后给出锌黄锡矿反应平衡的证据，并讨论与相关的 $Cu(In,Ga)Se_2$ 半导体比较，锌黄锡矿的热稳定性相对更低的原因。最终根据锌黄锡矿相生成最大化的合成策略来讨论锌黄锡矿的平衡理论。

5.2.1 化学平衡

典型的半导体薄膜吸收层是在升温条件下制备的，如 500—600℃。升温合成的目的是为以下步骤提供足够的能量：固态化学反应、晶粒生长、晶界缺陷的去除以及将挥发性物质从气相渗入到固相中。根据经验，对 CZTSSe 和 $Cu(In,Ga)Se_2$ 来说，如果想制备得到高品质薄膜（所谓的高品质是指整体的化学均质性，横向的均匀性以及致密的晶粒堆集），那么在任何高温处理步骤中，挥发性硫族元素都应在气相中供应。为了明显说明如果不在气相中提供硫族元素（本例中是硒）会有不利影响，甚至对看似"稳定"的诸如 $Cu(In,Ga)Se_2$ 之类的半导体，我们引入了如下实验：将共蒸发 $Cu(In,Ga)Se_2$ 吸收层（能组装成具有 17% 转换效率的器件）在真空中、550℃高温下后退火 8h；吸收层退火之前和之后的显微图像如图 5.1 所示。

(a) 退火之前

(b) 退火之后

图 5.1　共蒸发 $Cu(In,Ga)Se_2$ 的扫描电子显微图像（在真空中，550℃高温条件下后退火 8h）
重印许可由文献 [6] 提供，Copyright © 2012, John Wiley and Sons Ltd

显微图像表明在退火之后晶粒之间出现了更多的空隙，并发展成为锯齿状晶界。分析两种薄膜的成分可以发现真空退火后的薄膜中硒含量比退火前减少了 8%。为了解释这一发现，并建立理解 CZTSSe 相成分相对热稳定性的基础，我们考虑了固-气平衡热力学。关于化学的更多理解，读者可以参考文献中的有关工作[7,8]。

为了提供一个反应情形的具体实例，我们考虑二元金属硫族化合物薄膜（如 ZnS），该薄膜位于惰性基底的顶部，然后置于均匀加热、包含固定分压（P_{S_2}）的硫退火室中（硫和硒一样，具有许多同素异型体的聚合物，而且在气相中依赖于温度和压强它们之间有相当复杂的成分关系。这里我们只考虑 S_2 这一硫的存在形式，这在低气压和高温条件下是一个合理的假设）。如图 5.2 所示，理想的退火室是完全密封的，除了用于气体交换的启闭阀门。

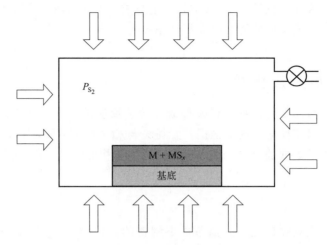

图5.2 理想退火装置

由密封室组成,除了阀门之外不会有化学物质从中逸出或进入。在密封室中,由金属和金属硫化物构成的薄膜放置在惰性基底上,图中的箭头表示密封室四围的均匀加热场,P_{S_2}表示硫的特定分压

金属硫化物(MS)由硫蒸气(S_2)与金属薄膜(M)反应形成:

$$2M(s) + S_2(g) \rightleftharpoons 2MS(s) \tag{5.1}$$

事实上,并不能保证金属将完全转换为金属硫化物,而且反应程度(反应进程中将反应物转化为生成物的进行程度)主要依赖于反应起始的金属物质、温度和退火室中硫蒸气的分压。而且反应也是可逆的,即一些反应生成物(甚至全部反应生成物)根据退火室中条件可以分解为反应物。这一反应可以向前或向后进行,从而是可逆的,也就是所谓的平衡反应。在反应方程式中平衡是由双向箭头表示的。当反应完成,生成物和反应物的浓度对时间而言是常数,它们的比例被定义为平衡常数K。因此在平衡状态下,一些金属或金属硫族化合物常常在同一薄膜上共存,同时在一定蒸气压的硫族元素气氛中存在。每种物相的相对数量依赖于平衡常数的大小。平衡仅在没有化学物加入或去除的情况下达到;对于一个真实的平衡,反应进程必须在密封的且远离所有外界影响的条件下进行。如果反应倾向于生成物的形成,那么$K>1$;而如果反应倾向于反应物一侧,那么$K<1$。对于已知化学物,平衡常数K的大小可以由如下关系式进行计算:

$$K = \exp(-\Delta G_R/RT) \tag{5.2}$$

式中,ΔG_R是反应中生成物和反应物之间的吉布斯自由能差值;T是温度;R是摩尔气体常数。对于一个特定的反应,ΔG_R反映了这个反应进行的难易程度:如果ΔG_R是负值,那么部分化学能将转化为可用的自由能;如果ΔG_R是正值,那么该反应需要额外的能量进行驱动。吉布斯自由能本身是由一个焓项和一个熵项组成的。如果化学键的数目保持常数不变,那么焓项主要地反映了生成物和反应物之间键强的差别,而熵项反映的是原子能够排列到它们各自晶体结构中不同方式的数目。

再次考虑金属-硫体系的反应,为了获得金属硫族化合物(即$K>1$),反应的ΔG_R必须是负值。如果ΔG_R比较大而且是负值,同时T较小,那么平衡将强烈地位于生成物一侧。在这种情况下,薄膜上剩余金属的量将很低,而金属硫族化合物的量将很高。同样的,在ΔG_R比较大而且是负值的情况下,将反应驱向生成物一侧所要求的硫蒸气压也将较低。一

般来说，当温度升高时，ΔG_R的值趋向于变得更正，从而使K值下降。所以加热反应体系平衡将移向左侧（即反应物一侧）。还有一种情况也会扰动反应体系，例如，通过退火装置阀门加入额外的硫气体（参见图5.2）。额外硫族元素的加入将立即改变生成物和反应物的比例。反应体系将试图恢复K的热力学数值。在这种情况下，额外气体的加入将与部分残留金属反应，从而降低金属和气体浓度。这是勒夏特列原理（Le Chatelie's principle，平衡移动原理）的一个例子[8]。相反地，如果我们短时间打开阀门，一些硫气体将逸出，降低退火室中的硫蒸气分压。为了补偿硫气体的逸出，部分金属硫化物将分解形成金属和单质硫，以维持平衡位置。

回到图5.1所描述的真空条件下$Cu(In,Ga)Se_2$高温处理的例子，这一情形相当于打开左边的阀门，特意排空所有的硫族气体。硒蒸气持续被真空泵抽出，并且为了维持硒的平衡蒸气压金属硫族化合物气体［此处为多元金属硫族化合物$Cu(In,Ga)Se_2$］持续释放硒。这就可以解释为什么热处理后的样品与初始材料相比会损失8%的硒。因此这个实验显示了如果反应平衡被扰动，那么即使$Cu(In,Ga)Se_2$也可以被分解。接下来就会引出普遍的问题：在某种平衡气相中合成固态化合物时，这种效应在一定退火条件下的影响程度如何？这就是所谓的稳定性问题。

"稳定"是一个相对的词，它表示化合物在所使用的实验条件下存在，而不发生分解。如果实验条件改变了，例如温度升高，化合物有可能变成"不稳定"或者分解。正如前文所述，材料的稳定性依赖于平衡常数K，而后者又依赖于ΔG_R和温度。如果ΔG_R是一个很大的负值，那么退火室中仅需要较低的硫族元素气体分压以维持K值，因而在有硫族元素从退火室中被抽出的情况下没有更多的金属硫族化合物需要分解来释放硫族元素。与在较高温度及较低硫族元素分压条件下具有较小ΔG_R值的二元硫族化合物相比，具有较大负值ΔG_R的二元硫族化合物将更明显地呈现出不分解的趋势。所以避免金属硫族化合物分解的实用方案是在退火过程中提供额外的挥发性物质。

到目前为止，上述讨论都是以二元化合物为中心，但是锌黄锡矿是多元化合物。如果多元化合物ABS_2能在一定条件下存在，它必须比形成它的单独两相更加稳定，例如A_2S和B_2S_3。换而言之，从两个二元化合物到三元化合物的反应自由能是负值。这一更低自由能的影响是：在升温退火时，三元化合物需要比对应二元物质更低的硫族元素分压来中止它的分解。在接下来的讨论将会看到，如果在多元化合物的分解过程中加入挥发相，这种情形将变得更加复杂。

在上述讨论中，我们已经看到固-气反应本质上是一个平衡过程；为了使生成物的产量最大或者阻止生成物分解，必须将反应物气体的分压维持在较高的水平。在固定温度下，与结构中气体物质的逸失有关的材料稳定性，依赖于平衡反应向生成物一侧进行的程度。换而言之，材料的稳定性依赖于反应的吉布斯自由能。最后，多元化合物相对于其反应组分的二元化合物应当更加稳定。在下面的章节中我们将按照此处所讨论的理论为基础探索锌黄锡矿体系的相对稳定性。

5.2.2 锌黄锡矿化学平衡的证据

本小节将提供锌黄锡矿生成反应中化学平衡的一些证据，并证实锌黄锡矿不是处于一种而是两种气相物质的平衡中。早期关于CZTS前驱体层退火的实验工作指出，退火薄膜所含的锡比前驱体少[9]。Weber等[4]发现Cu_2SnS_3薄膜和SnS_2薄膜在热退火步骤之后也出现锡损失现象,它们将所有例子中的锡损失归结为挥发性 SnS 的损失。与此同时,在实验中我们发现在有硫参与的情况下,加热富锌的铜合金样品(没有刻意引入任何锡),将得到带有少量锌黄锡矿相的 ZnS 主相。由于锌黄锡矿只能在有锡存在的条件下才能形成,所以挥发性物质(即 SnS)必然是因为之前在 CZTS 层退火时残留在退火室中的。基于这一实验事实,可以提议如下的平衡反应[10]:

$$Cu_2S(s) + ZnS(s) + SnS(g) + \frac{1}{2}S_2(g) \rightleftharpoons CZTS(s) \qquad (5.3)$$

为了证明上述假设,我们先制备了包含反应方程式左边所有固相反应物的薄膜(步骤Ⅰ),然后在封闭环境中提供过量的气相反应物(步骤Ⅱ)以推动反应进行,并使反应按照勒夏特列原理尽可能地向右进行。在确认当前薄膜中只包含反应式右边的生成物之后,通过提供反应条件,使反应返回到左边的初始反应物,这样就证实了反应的可逆性(步骤Ⅲ)。实验证据由如下表征方法获得:线扫描能量色散 X 射线谱(energy-dispersive X-ray spectroscopy,EDX)、扫描电子显微图(scanning electron micrographs,SEM)、X 射线衍射数据(参见图 5.3)。上述工艺中所有的加热步骤都是加热到 550℃。

将 Cu/Zn 叠层以 2∶1 的摩尔比通过电沉积方法沉积到钼基底上,然后在含硫气氛中退火形成包含 $Cu_{2-x}S$ 和 ZnS 混合物的薄膜,其证据如图 5.3(a) X 射线衍射图中的图案Ⅰ所示。图 5.3(c) 和 (d) 中的 EDX 线扫描显示 Cu 和 Zn 的信号不相关,也就是说铜和锌没有按预期形成化合物。这一阶段制备了反应方程式左边的前两个组分。然后将 $Cu_{2-x}S$-ZnS 混合物样品放置在几乎完全密封的含有硫和 SnS 气体的环境中退火,以推动反应式(5.3) 向

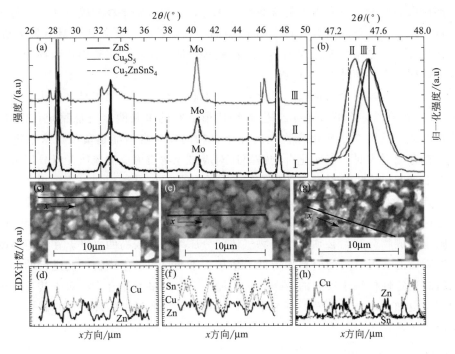

图 5.3 锌黄锡矿平衡的三个步骤的实验数据:步骤Ⅰ,由 $Cu_{2-x}S$ 和 ZnS 组成的前驱体;步骤Ⅱ,前驱体退火后由 Cu_2ZnSnS_4 组成的薄膜;步骤Ⅲ,真空退火后极度损失锡的 Cu_2ZnSnS_4。(a) 步骤Ⅰ—Ⅲ中薄膜的 X 射线衍射图;(b) 2θ 为 47°—48°之间的衍射特写图;(c)、(e)、(g) 步骤Ⅰ—Ⅲ的 SEM 图像;(d)、(f)、(h) 阶段Ⅰ—Ⅲ的 EDX 线扫描

右进行。所得样品的 X 射线衍射图［参见图 5.3(a) 中的图案Ⅱ］中只出现了唯一的锌黄锡矿反射，表明锌黄锡矿已经形成，而且其中没有出现 $Cu_{2-x}S$ 的反射。此外，对 47°—48°之间的衍射图做更仔细的检测［见图 5.3(b)］，发现衍射峰从立方相 ZnS 位置移动到了锌黄锡矿的位置。图 5.3（e）和（f）的 EDX 线扫描结果显示 CZTS 中所有金属原子都彼此相关，说明其中没有分离相出现。因此，上述结果表明 CZTS 已经获得，而且在所用表征技术（参见第 5.3 节关于第二相的识别）的检测限以内已经达到反应方程式(5.3)的右侧。为了证明反应是可逆的，将锌黄锡矿样品放置在缺少气相的真空中加热 6h，如图 5.3(a)、(b)、(g) 和 (h) 中的衍射图和化学线扫描所示，结果表明薄膜已经返回到 $Cu_{2-x}S$ 和 ZnS，而且锡已经完全损失。

上述实验显示，在典型的薄膜退火条件下，通过控制两种气相的分压可以使 CZTS 反应从方程的左边进行到右边。在同样严格的退火条件下（真空中，550℃），$Cu(In,Ga)Se_2$ 损失了 8%的硒，而 CZTS 则损失了全部的锡，并分解为 $Cu_{2-x}S$ 和 ZnS。这一实验表明，在相同退火条件下，与 $Cu(In,Ga)Se_2$ 相比，CZTS 的稳定性相对更低。

综上所述，在锌黄锡矿的热处理过程中控制硫族物质和锡硫族化合物分压的重要性已经得到了阐述。为了使锌黄锡矿生成物的产量最大，并且避免锡损失以及由此形成的第二相，应当提供过量的锡硫族化合物和硫族物质。锌黄锡矿的稳定性较低的内在原因将在接下来的小节中进行讨论。

5.2.3 锌黄锡矿的平衡态

上一小节的讨论表明当气相 S、SnS 与固相 $Cu_{2-x}S$、ZnS 共存时可以形成 CZTS。但是，在缺少气相 S 和 SnS 的条件下，CZTS 将分解形成 $Cu_{2-x}S$ 和 ZnS。这就表明 CZTS 事实上是处于两种气相物质的平衡之中。接下来将进一步探讨锌黄锡矿平衡态的细节，这有助于理解为什么会涉及两种气相物质。下述讨论基于 Scragg 等[11]所做的动力学研究，以及 Scragg 和 Dale 等[6]所做的热力学分析。

事实上，化学平衡态是原子和分子尺度的动态平衡；换而言之，在平衡态下，生成反应和分解反应仍在进行，而且它们是以相同速率进行，因此没有反应物或生成物的净浓度变化。锌黄锡矿的平衡反应［反应方程式(5.3)］可以分解为两步反应，第一步：

$$Cu_2S(s)+ZnS(s)+SnS(s)+\frac{1}{2}S_2(g) \rightleftharpoons CZTS(s) \qquad (5.4)$$

第二步：

$$SnS(s) \rightleftharpoons SnS(g) \qquad (5.5)$$

由于动态平衡下总有少量的 CZTS 形成和分解，也就意味着总有少量由平衡常数 K 决定的二元硫化物和单质硫存在。正如上一小节所讨论的，单质硫在典型的退火温度下是一种挥发性气体，所以必须在反应过程提供过量的硫以保证反应向生成物一侧进行。在此温度下，铜和锌的硫化物不是挥发性物质，而硫化亚锡则是挥发性物质[12]。由于化学平衡，在任何情况下总是存在少量的硫化亚锡，并且少量的硫化亚锡总有机会挥发。正因如此，反应气氛中应当有硫化亚锡，以饱和上述挥发过程；而且也说明了为什么在缺少硫化亚锡的情况下锌黄锡矿的分解是不可逆的。Scragg 等[11]详细分析了锌黄锡矿的平衡反应，结果表明硫和硫化亚锡在反应中都是必需的，而且事实上为了避免 CZTS 分解反应，生成物硫和硫化亚锡存在临界浓度。

上述分析随之产生一个问题：为什么硫化亚锡［Sn（Ⅱ）S］总出现在反应物一侧，何时它将会是硫化锡［Sn（Ⅳ）S₂］？这个问题如同为何CZTS的生成物一侧，锡的氧化态是+4价[13]；而在生成物一侧，锡的氧化态是+2价。为了回答这个问题我们必须审视金属物质还原（得到电子）的难易程度。考虑在完整的CZTS晶格中，一些硫无论因何种原因被移除，这些硫在晶格中的氧化态是（—Ⅱ），但是当其被移除到气相后，其氧化态是（0）。因此每一个硫原子从晶格位置上被移除后都将留下两个电子。随着更多的硫空位产生，晶格将变为阴离子缺失。当这一过程超过稳定的成分配比时，即阴离子缺陷超过了稳定的空位阈值，CZTS将分解为其它更稳定的化合物。基于质量平衡条件，这些更稳定的化合物必须包含与分解之前CZTS晶格中相同数量的金属阳离子和硫阴离子。CZTS中，金属的氧化态有Cu（Ⅰ）、Zn（Ⅱ）和Sn（Ⅳ）[13]。当形成分解化合物时，这些金属为了保持上述氧化态，它们必须结合数量相当的氧化态为（—Ⅱ）的硫，即Cu₂S、ZnS和SnS₂。可是必须考虑质量平衡，所以必须计算减少的硫原子数目，也必须考虑由于硫蒸发所留下的多余电子。更有可能的是，一个或多个金属原子必须改变其氧化态以平衡剩余的阴离子数目，就如同反应方程式（5.6）所示：

$$SnS_2(s) \rightleftharpoons SnS(g) + \frac{1}{2}S_2(g) \qquad (5.6)$$

应当注意是的这一反应方程式是经过简化之后的。Sn（Ⅳ）实际上经过了Sn（Ⅱ）这一中间反应[12]。氧化态变低就表示只需要较少的硫便能与金属形成化合物。对于问题中的金属，锡比铜或锌在能量上更容易降低其氧化态。因此，当硫从CZTS晶格上损失之后，CZTS结构将分解为Cu₂（Ⅰ）S、Zn（Ⅱ）S和Sn（Ⅱ）S。在Sn（Ⅱ）S中每一个金属原子仅需要一个硫原子，而当锡的氧化态是+4时每一个金属原子需要两个硫原子。如果在退火气氛中SnS的分压不足，那么SnS将通过反应方程式（5.5）逸失。有意思的是，理论计算研究显示在相同的退火条件下，从能量角度分析，在CZTS中生成硫族空位比Cu（In，Ga）Se₂更容易[14-17]。这些计算结果与观察到的CZTS热稳定性更低的化学机理解释是一致的[6]。

综上所述，由于S和SnS两种物质都有相对挥发度的存在，所以CZTS仅在气相S和SnS具有足够分压的条件下才能够形成，仅有其中一种物质存在时不足以使CZTS稳定。这些结论对锌黄锡矿硒化物体系同样适用。

5.2.4 锌黄锡矿平衡态的影响

在升温条件下，体相CZTS与分解中的表面处于平衡态，并且表面分解伴随着有两相（也就是单质硫和硫化亚锡）的存在，该两相处于它们各自的固-气平衡态，如上节所述。由于这两种物质在升温条件下的挥发性，在设备使用和实验过程中必须十分谨慎，以避免它们的大量逸失。

为了使合成的薄膜中CZTS含量最大，只需按照勒夏特列平衡移动原理[8]，使高温退火过程中锡和硫的逸失最小化或完全阻止。这就说明在气相中必须提供过量的硫和硫化亚锡，以使反应保持在生成物一侧。下面将列举一些制备CZTS(e)薄膜的例子，这些薄膜均按上述原理成功制备得到，并且已应用到了运行的光伏器件中。

合成方法可大致分为：（1）平衡条件，也就是反应在有充足的硫和硫化亚锡分压的密封室中进行；（2）非平衡条件，也就是说配有如冷壁或真空泵之类为挥发性物质所准备的汇集器。

(1) 在密封石英管中很容易获得平衡条件。文献［18］提供了这方面的一个实例，其中将金属前驱体与元素硫一起进行退火。在退火过程中，硫与金属前驱体反应形成金属二元硫化物，然后形成锌黄锡矿。SnS 从薄膜中逸出，直到气氛中的 SnS 分压达到饱和。薄膜中损失的 SnS 量与石英管的体积成简单的正比关系。也就是说由于石英管的体积有限，那么由 SnS 逸失到气氛中所导致的薄膜中锡的减少是非常少的，可以忽略。

(2) 从严重程度来说，非平衡条件可以从漏气的石墨箱环境到带冷壁的真空室环境。为了避免锡的持续逸失，可以采用以下两种方法，甚至它们的组合。第一种方法①基于热力学理论，而第二种方法②基于动力学理论。

① 热力学方法就是简单地供应或补充挥发性物种。如前所述，Scragg 等[10] 的研究表明 S 和 SnS 都是必需的，而且对于生成物来说它们的浓度是关键因素。文献中关于热力学方法的实例包括在漏气的石墨箱中增加硫和硫化亚锡，这样可以得到转换效率 5.4% 的器件，而在缺少硫化亚锡的情况下制备的器件转换效率是 0%。与共蒸发方法比较，CZTSe 需要的 Se 气流是 Cu(In,Ga)Se$_2$ 的很多倍，对于过量锡的需求也是如此[19]。在薄膜的体相[20] 或表面[21] 也可以过量供应额外的 SnS(e)。

② SnS 和 S 的逸失可以通过受限扩散步骤在动力学方面进行限制，如在高压惰性气体环境下退火[4,22]。高压环境可以减缓挥发性物质的运动，这样就可以降低逸失速率，并增加薄膜上挥发性物质的分压。另一动力学方法在文献中没有提及，即在短时间内退火，并对表面产生的第二相进行蚀刻，这将是第 5.3 节讨论的主题。

最后，由于仅存在两种挥发性物质，可以考虑一种简单、低成本的方法来形成 CZTS 半导体，这已经在 5.2.2 小节中提到过，也就是可以用 Cu-Zn 简单合金在单质硫和硫化亚锡气氛中退火形成 CZTS。在我们实验室中，已经用这种方法获得了初步的器件，其能量转换效率为 2%[22]。

最后一个关于锌黄锡矿热力学热稳定性的影响是其与金属背接触（通常情况下是钼）可能的反应。理论计算研究预测 Cu$_2$ZnSnS$_4$ 与 Mo 反应将形成 MoS$_2$，因此锌黄锡矿必然分解成其形成组分[6]。这一反应的实验证据可由细致显微研究发现[23,24]。为了避免或限制电池背面这一不利的反应，需要找寻新的和更加稳定的背接触材料或技术。

5.2.5 小结

Cu$_2$ZnSnS$_4$ 与比它更小的二元化合物组分处于平衡态。与 Cu(In,Ga)Se$_2$ 相比，Cu$_2$ZnSnS$_4$ 的热稳定性较低，这是由于它处于两种而不是一种挥发性物质（即单质硫和硫化亚锡）的平衡态中。所以为了生成最大量的 CZTS，我们建议在任何热处理过程，都应有充足的单质硫和硫化亚锡分压。

5.3 物相识别

5.3.1 第二相识别的动机

本节的主旨是讨论第二相的检测和识别问题，以及如何去除不需要的物相。关于平衡态在 Cu$_2$ZnSn(S/Se)$_4$（CZTSSe）合成过程中的重要性已经在前面讨论过了，特别是对于单相 CZTSSe 的形成，为了保持生成反应的平衡位置处在 Cu$_2$ZnSn(S/Se)$_4$ 一侧，必须满足一定的热/动力学条件，例如温度和挥发性物质（S/Se$_2$ 和 SnS/Se）的分压。在图 5.4 中，CZTS

体系的伪二元相图（基于Olekseyuk等[5]的结果）表明，CZTS的单相区间相对较小[对应的成分最大偏移量（原子分数）为 (1—2)%[25]]，并且在典型的退火条件下（500—550℃），产生各种可能第二相的成分区间也很小。由于Cu-Zn-Sn-S/Se体系中这一单相区间很窄，因此第二相的形成既可能来源于处在单相区间之外的非初始最佳成分，也可能因为具有最佳初始组分的薄膜，在形成过程中的非平衡条件而分解（如前面第5.2节的讨论）。因此，单相区间很窄就意味着阳离子空位容限很小。这种情形与$CuInSe_2$是相反的，后者允许铜空位含量的范围从完整化学计量比到8%[26]。因为Cu-Zn-Sn-S/Se体系的多元成分以及多重金属氧化态的可能性，所以形成大量第二相（二元相和三元相）是有可能的。Cu-Zn-Sn-S/Se体系中最常见的第二相列于表5.1。

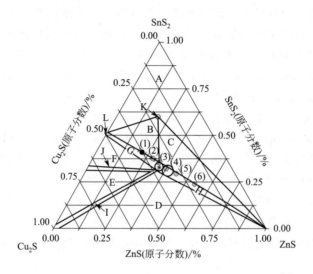

图5.4 400℃时Cu-Zn-Sn-S/Se体系的伪三元相图[5]

*—$Cu_2ZnSnS_4(\alpha)$；A—$\beta+SnS_2+Cu_2SnS_3+ZnS$；B—$\alpha+Cu_2SnS_3+\beta$；C—$\alpha+ZnS+\beta$；D—$\alpha+Cu_2S+ZnS$；E—$\alpha+Cu_4SnS_4+Cu_2S$；F—$\alpha+Cu_4SnS_4+Cu_2SnS_3$；G—$\alpha+Cu_2SnS_3$；H—$\alpha+ZnS$；I—$\alpha+Cu_2S$；J—$\alpha+Cu_4SnS_4$；K—$Cu_2ZnSnS_8$ (β)；L—Cu_2SnS_3。

大圆圈表示高效太阳电池的最优组成[Zn/Sn=1.2，Cu/(Zn+Sn)=0.9]的位置[41]。点(1)—(6)表示的是第二相定量分析中感兴趣的成分位置。重印于文献[5]和[41]，由Elsevier许可

表 5.1 Cu-Zn-Sn-S/Se体系中最常见的第二相

化合物	带隙/eV	文献	化合物	带隙/eV	文献
Cu_2ZnSnS_4	1.5	[25]	$Cu_2ZnSnSe_4$	1	[25]
Cu_2SnS_3	0.9	[27]	Cu_2SnSe_3	0.8	[28]
ZnS	3.7	[29]	ZnSe	2.7	[29]
SnS_2	约2.5	[30]	$SnSe_2$	1.0—1.6	[31]
SnS	1.0(间接),1.3(直接)	[32,33]	SnSe	1.3	[34]
Cu_2S	1.2	[35]	Cu_2Se	1.2	[36]

根据在薄膜中的位置和光-电性质，通常认为第二相对太阳电池器件性能是不利的[37]。例如位于背接触层的宽带隙第二相可能引入高的串联电阻，位于p-n结的宽带隙第二相将成为电荷载流子的障碍，而位于p-n结的窄带隙材料通常会降低开路电压[37]。

非常有意思的是，比较目前所发表文献[38-40]中性能最好的太阳电池的成分可以发现：吸收层的组成都是典型的富锌比例，因而根据其在相图中的位置（假设相图对薄膜合成是有

效的），可以认为 ZnS/Se 可能作为第二相在其中出现（参见图 5.4 中的大圆圈）；但是它的存在至今还未被讨论过。这说明即使对于迄今为止最好的器件，第二相仍然是存在的，而且致使器件潜在的最佳性能仍未达到。因此为了增强器件性能，检测和识别薄膜中第二相的存在与位置是非常重要的。识别这些物相之后，才能够更换合成工艺以避免第二相，或者使之更容易去除。接下来将以我们自己关于 CZTS 的实验数据作为实例，并尽可能参考文献中关于 CZTSe 的数据。

5.3.2 第二相识别

常规的实验表征技术，如 X 射线衍射、拉曼光谱以及室温荧光光谱能够直接识别第二相。电子型或波长色散型 X 射线光谱结合扫描电子显微术或透射电子显微术、二次离子质谱、俄歇电子能谱、X 射线光电子能谱或者原子探针断层摄影术（atom probe tomography，APT）能够提供侧向和深度分辨的化学信息，从而间接地推测第二相的存在，而且其中还可以观测到化学分离。如果 X 射线同步加速器（这不是常规实验技术）可利用，那么 X 射线吸收光谱（X-ray absorption spectroscopy，XAS）对第二相的识别和定量化是非常有用的[42,43]。本节将以 Cu-Zn-Sn-S 体系作为实例讨论上述所有实验表征技术在第二相检测方面的优点和不足。由于第二相可以位于薄膜的前侧、后侧和体相材料内部[22,24,44]，本节也讨论了不同技术在它们的深度信息表征方面的应用。

5.3.2.1 X 射线衍射（XRD）

X 射线衍射通过测量 X 射线入射到样品后与角度相关的衍射图谱给出整个薄膜厚度范围所出现的物相的晶体结构和晶格常数等信息。如果需要的话，通过改变 X 射线的入射角度可以在一定程度上改变信息的深度。在基本层面上，因为衍射图谱是晶格几何构型、尺寸和物相中原子散射截面的卷积，所以纯相 XRD 图谱能够用作这一物相独特的"指纹"。图 5.5(a) 中是 Cu_2ZnSnS_4 和 Cu-Zn-Sn-S 体系中最有可能的第二相的"指纹"文献值。从这些数据可以看到 SnS、SnS_2 和 $Cu_{2-x}S$ 全都可以很容易地从 CZTS 中辨别出来，因为它们的衍射峰或指纹在角度位置上有着明显区别。在文献中，关于这一点已经就 $Cu_{2-x}S$[45-50]、

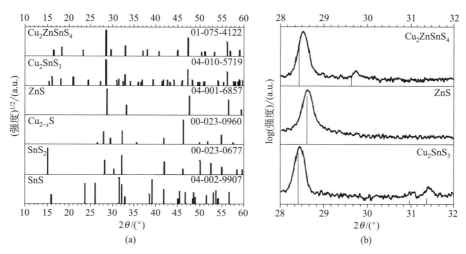

图 5.5 (a) ICDD 数据库（图中标出了 PDF 卡号）中最常见第二相的 XRD 反射位置；(b) 有限实验 XRD 图谱，仅显示接近 Cu_2ZnSnS_4 的 (112) 峰、ZnS 的 (111) 峰、单斜 Cu_2SnS_3 的 (131) 峰附近的 2θ 范围。图中的竖直线指示的是 ICDD 数据库中反应峰的理论位置

SnS[51]和 SnS$_2$[51,52]进行了讨论。对于将 ZnS 和 Cu$_2$SnS$_3$ 从 CZTS 中识别和区分出来的问题，报道普遍认为这是很"困难"的，甚至"不可能"将 ZnS 和 Cu$_2$SnS$_3$ 从 CZTS 中区分出来，因为它们的晶体结构、晶格常数以至于 XRD 指纹都极为相似[34,45,53-56]。

在 Berg 的博士论文工作中[22]，通过形成两个具有沿 Cu$_2$SnS$_3$ 之间、通过沿锡线的从 Cu$_2$ZnSnS$_4$ 到 ZnS 梯度物相的样品（参见图 5.4），对这一论点进行了定量研究。在他的研究中，将 Cu 和 Zn 用电沉积方法沉积到两个 Mo 涂覆的基底上，然后将两个样品在有 SnS 和元素 S 存在的气氛中退火，这样在贫锌样品中最有可能形成的是 Cu$_2$SnS$_3$ 与 CZTS，而在富锌样品中形成的是 ZnS 与 CZTS。随后采用掠入射 XRD 和能量色散 X 射线谱方法研究了两个样品中六个点的结构和成分。将得到的六个点的组成与相图 5.4 [见点（1）—（6）] 相结合，可以计算得到理论相组成。表 5.2 显示了由测量得到的这六个点的成分比例计算的预期相成分情况。

表 5.2　由 Rietveld 精修分析得到图 5.4 中六个兴趣点的第二相出现的定量结果

梯度样品的位置	(1)	(2)	(3)	(4)	(5)	(6)
第二相	Cu$_2$SnS$_3$	Cu$_2$SnS$_3$	Cu$_2$SnS$_3$	ZnS	ZnS	ZnS
测量的 Zn/Sn 值	0.5	0.7	0.85	1.05	1.35	2.15
测量的 Cu/Sn 值	1.75	1.75	1.8	1.8	1.8	1.75
期望的成分比例	(50±7)%	(28±2)%	(15±2)%	(7±10)%	(27±9)%	(53±2)%
精修得到的成分比例	5%	0%	0%	0%	18%	34%

注：期望结果基于 EDX 分析的化学成分比例值。

接下来的目标是尝试从得到的 XRD 图谱中区分 CZTS 和第二相的相对含量。可能的基本分析包括测量 Cu$_2$SnS$_3$ 和 Cu$_2$ZnSnS$_4$ 特征峰的相对大小 [参见图 5.5(b)]，或者分析峰位的变化或 28.5°附近主峰的半高宽（full width at half maximum，FWHM）。但是，这些方法都没有足够的分辨能力将 ZnS 或 Cu$_2$SnS$_3$ 从 Cu$_2$ZnSnS$_4$ 中识别出来，因为在 Cu$_2$SnS$_3$ 相含量小于 50%时，其特征峰是不可分辨的，而半高宽即使在 ZnS 或 Cu$_2$SnS$_3$ 的比例高达 50%时也没有显著的增强。因而需要采用 Rietveld 精修方法，这种方法考虑了总的衍射图信息，包括相对峰高和峰形。根据晶格常数、峰形、温度因子等因素以及有无第二相的出现，每一个 XRD 图谱都经过多次精修。因此这就假设薄膜不是由分层结构组成，而是紧密混合在一起。获得的最佳精修数值（基于最小化的拟合优度参数 R_{Bragg}）列于表 5.2 中。根据这些数据，可以推断 X 射线衍射结合精修分析不能从 Cu$_2$ZnSnS$_4$ 中区分比例小于 10%的 ZnS 和比例小于 30%的 Cu$_2$SnS$_3$。因此，定量化的研究证明了文献中所预测的事实，即对于从 Cu$_2$ZnSnS$_4$ 中区分小剂量的第二相来说 XRD 并不是合适的工具[22]。但是，对于通过检测 28.5°附近 CZTS 特征峰来判定 CZTS 的存在 [参见图 5.5(b)]，X 射线衍射仍是有用的工具。

对于锌黄锡矿的硒化物，最近 Vora 等[57]发表了他们关于非纯相 CZTSe 样品中第二相识别的结果。相对于 CZTS，他们的结果表明采用 XRD 技术无法从 CZTSe 中区分 ZnSe 或 Cu$_2$SnSe$_3$。但是，对于识别 Cu$_{2-x}$Se 和 Sn-Se 相，XRD 被证明仍是有用的表征方法。

5.3.2.2　拉曼光谱

拉曼光谱是一种无损检测技术，通过检测样品近表面弹性散射光频移来收集晶格声子行为。由于不同的晶相具有不同的振动行为，所以不同晶相的拉曼移动测量大多是独特的，能够视为该晶相的指纹。这就为检测样品中的不同晶相提供了可能。

拉曼光谱是一种光学测试技术，样品的相互作用范围依赖于激发波长、样品的带隙和光吸收系数。用于分析样品的典型激发波长位于可见光区（488nm、532/514nm 和 633nm[53]）。由于 CZTS 在这一波长范围内具有很高的光吸收系数，所以拉曼测试的深度信息处于 100nm 或更小的数量级上（各自激发波长对应的准确信息深度可以用 Beer-Lambert 定律进行计算，并且假设入射和出射光的强度按 1/e 下降）。因此，拉曼光谱是一种表面敏感技术。此外，还需要牢记的是光子入射到带隙能比其能量小或者大的半导体上的拉曼激发效率是不同的。当光子能量低于半导体的带隙能时（低于共振的情形），拉曼效率较低；而光子能量大于半导体的带隙能时（高于共振的情形），拉曼效率较高。

文献[53]认为单波长（典型的是绿光激发，如 514.5nm 和 532nm）拉曼光谱能够将 Cu_2SnS_3 和 ZnS 从 CZTS 中区分出来，因为它们的拉曼指纹差异很大（如表 5.3 所示）。可是，同时也有文献仅仅因为绿光激发的拉曼光谱（除了 XRD 研究之外）中没有发现任何第二相的信号[49,52,62-64]，就将非化学计量比的样品称为"单物相"或"无第二相"。在 Berg 的博士论文工作中[22]，进行了定量研究，以观察单波长拉曼光谱是否足够将小剂量 ZnS 或 Cu_2SnS_3 从 Cu_2ZnSnS_4 中识别出来。为此，人为设置两个具有物相梯度的样品，对其上六个点（见图 5.4）的绿光激发单波长拉曼光谱进行研究，得到的拉曼谱如图 5.6(a) 和（b) 所示。对 330cm^{-1} 附近的振动模式半高宽的变化 [如图 5.6(d)] 和 290cm^{-1} 附近的振动模式峰位移动 [如图 5.6(c)] 进行分析。通过定量比较六个光谱可以看到，它们的一般振动行为与预期的 CZTS 非常类似，而且没有显著的变化，即使是在 Cu_2SnS_3 和 ZnS 含量在 50% 以上的位置（1）和（6）。这已经说明在 CZTS 中识别第二相是相当困难的。经过峰拟合分析之后，进一步分析了峰位和半高宽的变化，可以看到从位置（1）到位置（3）峰位和半高

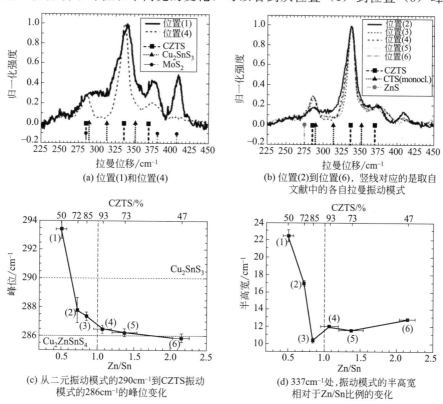

图 5.6 为了使峰形变化可视化，对拉曼谱进行了归一化处理

宽的变化是相当显著的。同时，在位置（4）到位置（6）之间没有观察到明显的变化。假设所有物相都均匀地分布在薄膜中，那么就可以推断出以下结论：如果 Cu_2SnS_3 的含量小于 30%，那么单波长（532nm 和 514nm）拉曼光谱技术就不能在 CZTS 中识别出 Cu_2SnS_3；同样 ZnS 也是不可辨别的。

表 5.3　文献中报道的 Cu_2ZnSnS_4、Cu_2SnS_3 和 ZnS 相的主要拉曼振动模式

物　相	拉曼振动模式/cm^{-1}	文献
Cu_2ZnSnS_4	66，83，97，143，166，252，272，**287，337**，347，353	[59]
单斜相 Cu_2SnS_3	290，**352**	[60]
四方相 Cu_2SnS_3	297，**337**，352	[53]
立方相 Cu_2SnS_3 *	267，**303**，356	[53]*
ZnS	219，275，**351**	[61]

注：表中标 * 的参考文献需要谨慎解释，因为按照文献 [58] 立方相 Cu_2SnS_3 是高温相，而文献 [53] 中的样品是在低温下制备的。

在上述分析中，关于 Cu_2SnS_3 和 ZnS 均匀地分布在整个薄膜中的假设通常是不成立的。在 Cu_2SnS_3 过量的情况下，以相同方式制备的样品的化学深度剖面显示接近表面的顶层缺乏锌，也就是说铜和锡是过量的。这样就可以假设 Cu_2SnS_3 是在表面出现的，从而强化了下述推论，即 Cu_2SnS_3 很难由绿光激发拉曼光谱从 CZTS 中辨别出来。在 ZnS 过量的情况下，文献[44]报道它同时出现在吸收层的前、后界面上。为了证明就绿光激发拉曼光谱而言 ZnS 在 CZTS 中是不可分辨的，制备和表征了由 90% ZnS 和 10% CZTS 组成的样品。薄膜的 XRD 图谱清楚显示了 ZnS 的出现 [图 5.7(c)]，而绿光激发拉曼光谱则只是显示有 10% 锌黄锡矿相的出现 [图 5.7(a)]。

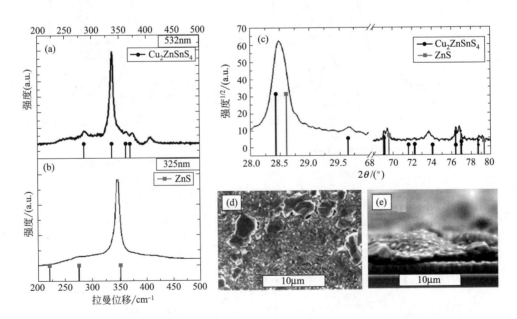

图 5.7　富锌样品的拉曼光谱，激发波长为 (a) 532nm，(b) 325nm。* 代表 MoS_2 的贡献；(c) 富锌样品的 XRD 图谱；(d) 富锌样品的 SEM 顶视图像；(e) 富锌样品的横断面图像，其中左侧和右侧两个较大的颗粒与 CZTS 有关，而中间较小的颗粒与 ZnS 相有关

上述结果说明，锌黄锡矿硫化物体系中第二相的识别远比当前文献中所做的假设更加困难，因而所导致的问题是，关于第二相的 XRD 和拉曼光谱的已发表数据，需要在何种程度上进行重新解释。对于锌黄锡矿硒化物体系，最近证明拉曼光谱对定量化识别 CZTSe 中 ZnSe 的存在是非常有用的[55,57]。

为了解决 CZTS 中 ZnS 难以识别的问题，Fontané 等[44]建议使用多波长拉曼光谱技术。他们的工作展示了 ZnS-共振紫外激发可以使在 ZnS-CZTS 混合样品中检测 ZnS 相成为可能。这一方法的思想是，为了增强拉曼效率，对每一个预期的第二相分别地使用共振-拉曼激发。例如，图 5.7(b) 显示的是对包含 90%ZnS 相的富锌样品进行紫外光激发的拉曼测量。这一结果清楚地说明了 ZnS 相的存在，而且提供了它出现在薄膜表面的证据，这是因为紫外激发拉曼光谱比绿光激发拉曼光谱对表面更加敏感。由于拉曼光谱对表面的高敏感性，为了获得第二相的深度分辨位置信息，Fontané 等[44]也建议采用多波长拉曼光谱技术和溅射技术的结合（AES、SIMS、或 XPS 结合拉曼）。

总之，拉曼光谱是能够识别第二相的有力工具，但是仅在多波长激发测量时能够实现。而且，拉曼光谱与深度剖面技术结合有可能获得第二相的深度分布信息。然而，对单波长拉曼光谱测量结果的解释需要谨慎进行。

5.3.2.3　室温荧光光谱（Room-temperature Photoluminescence，RT-PL）

荧光光谱是一种相当快速的无损检测技术，可以检测半导体材料中电子跃迁产生的光致发光现象。由于不同半导体物相具有不同的带隙能和缺陷态，因此具有不同的电子跃迁，所以产生于一定物相的光致发光现象具有相当独特的性质，并且可以视为是该特定物相的指纹。因此测量材料的发光谱可以检测薄膜中的不同物相。

这里列举一个 RT-PL 的实例：利用绿光激发来检测 $Cu_2ZnSnSe_4$ 薄膜中的 ZnSe[65]。在 Djemour 等的工作中，他们测量了 ZnSe 含量（摩尔分数）非常高（64%）的样品的 RT-PL 图谱，并结合拉曼光谱测试（使用了 457.9nm 和 514.5nm 两种激发波长，而且测试的样品区域相当一致）结果进行分析。如同拉曼光谱图所确定的 ZnSe 富集区与贫乏区在空间上的关系一样，RT-PL 结果表明在 1.20—1.32eV 区间有一个宽峰，作者认为它与来自 ZnSe 的缺陷发光峰有关。因此可以推论 RT-PL 图（RT-PL mapping）有助于从 $Cu_2ZnSnSe_4$ 薄膜中检测 ZnSe。

5.3.2.4　间接分析技术

具有深度分辨的化学成分分析相关技术可以间接提供第二相存在的可能性，也可以用于直接区分第二相。例如常规使用的有如下一些技术：二次离子质谱（secondary ion mass spectrometry，SIMS）[1,55,66]、X 射线光电子能谱（X-ray photoemission spectroscopy，XPS)[51]、能量/波长色散 X 射线谱（energy or wavelength-dispersive X-ray spectroscopy，EDX/WDX）结合扫描电子显微术（scanning electron microscopy，SEM)[47,57]或透射电子显微术（transmission electron microscopy，TEM)[67]、俄歇电子谱（Auger electron specgtroscopy，AES)[22,44]深度剖面技术。最近，原子探针摄影（APT）技术也被证明是识别第二相的有用工具。

Vora 等[57]证明将扫描电子显微术设置为低能 2keV 时能够增强富锌亮点的对比度，而富锌亮点可以表明 ZnSe 相的存在。断面成像模式常用于识别 ZnSe 相的深度位置。为了证明 SEM 图中的亮点与 ZnSe 有关，常将获得的 SEM 图像与诸如 EDX 之类的成分研究相结合。类似地，Wätjen 等[67]曾采用 TEM 和 EDX 相结合的方法检测 Cu_2ZnSnS_4/Mo 界面附近（薄片样品由聚集离子束制备）的 Zn-S、Cu-S 和 Sn-S 相。从暗点到亮点的 EDX 线扫描有助于表明 ZnSe 相的存在。Redinger 等[10]证明了 EDX 图谱是识别不同物相区域的一个有用工具。SEM 顶视图像被 EDX 图谱覆盖，并且对其中每一种金属元素定义不同颜色进行区分，这样就可以观测到物相分离。例如 Redinger 等[10]的工作中就将 ZnS 定义为绿色，Cu_2SnS_3 定义为紫色，Cu_2ZnSnS_4 定义为白色。这一方法的优点在于它几乎可以在所有 SEM/EDX 机器上执行。此外，它在顶视图像中给出了第二相存在的侧向分辨标示，还能够在断面模式中给出深度分辨的第二相信息。这一方法的不足之处在于它要求第二相要有最小的体积和清晰的相分离。

作为有损检测技术，原子探针断层摄影术是一种可以提供具有空间和化学分辨的三维原子成像的显微技术。在此技术中，应用电脉冲成功地从样品中蒸发了原子层，并随后采用时间飞行质谱进行检测。采用计算机方法对样品的三维原子分辨图像进行重建。结果证明这一技术能成功地检测到 Cu_2ZnSnS_4 薄膜中富含 ZnSe 的微畴[68]。这一技术的优势是原子级的分辨率，但其缺陷是样品准备时间较长，且样品体积很小。后一点是很重要的，因为这就表示目标样品的选择必须要仔细。

作为深度剖面技术的实例，图 5.8(a) 展示的是由共蒸发和退火生长的 CZTS 层的 AES 浓度剖面图谱[44]。从中可以看到在薄膜的大部分深度上，样品由 CZTS 层组成，而在 CZTS 和 Mo 之间的背界面处，S 元素信号急剧增强而 Cu、Zn、Sn 三种元素的信号下降，由此可推断，此处存在第二相 MoS_2。

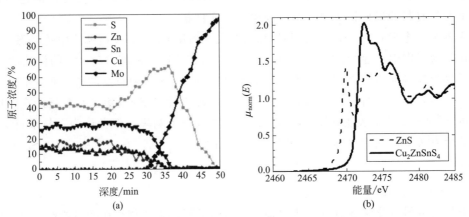

图 5.8 (a) 利用俄歇电子谱深度剖面识别第二相，重印许可由文献 [44] 提供，Copyright 2011，AIP Publishing LLC；(b) CZTS 和 ZnS 位于硫 K 边处归一化的 XANES 谱 [$\mu_{norm}(E)$]，重印许可由文献 [42] 提供，Copyright 2011，AIP Publishing LLC

结合典型的成分数据（如深度剖面）提供了间接识别第二相的可能。因而建议使用一种以上的技术对样品进行分析。然而仍存在的不足是很难将第二相的含量进行定量化，尤其是当这些第二相隐藏于薄膜的体相中时。

5.3.2.5 同步加速分析技术

作为能量可调的高强度 X 射线源，同步辐射开辟了分析技术的广阔领域，能比常规实验方法更有效地分析样品中的第二相。其中的一项技术是 X 射线吸收谱（XAS）。当 X 射线轰击样品时，入射 X 射线的电场与样品中原子束缚的电子相互作用，入射辐射将被吸收、透射或散射。把光子能量调节到能够将原子核电子激发的范围，就能获得有关电子在原子中的结合能信息，从而得到原子本身所具有的局域化学环境信息。典型的 XAS 谱有三个能量区间：X 射线吸收近边结构（X-ray absorption near-edge structure，XANES）、近边 X 射线吸收精细结构（near-edge X-ray absorption fine structure，NEXAFS）和扩展 X 射线吸收精细结构（extended X-ray absorption find structure，EXAFS）。对于在 Cu-Zn-Sn-S 体系中定量识别第二相，XANES 被证明是一种很有用的工具[42,43]。在 XANES 中，每个第二相与锌黄锡矿之间的区别是初始吸收边。由于 CZTS 的吸收边不同于第二相的吸收边[如图 5.8(b) 中的 ZnS 所示]，这样就可以通过对吸收边（按照混合样品的组成进行测量得到，例如 ZnS 和 CZTS）的去卷积确定 CZTS 的混合样品中第二相的含量（如 ZnS）[42]。Just 等[42] 阐明了 CZTS 样品中 ZnS 的定量化，并且利用 XANES 研究预测了从 CZTS 中识别 ZnS 的可能下限可达体积比 3%。

这项技术的优势是能够清楚地识别小剂量的第二相，其不足之处在于它是一项相当耗时的分析技术，而且不能提供第二相在薄膜中的位置。

5.3.3 第二相的去除

第二相可能出现在薄膜的背面、体相中或者是表面上。去除和最小化背面和体相中的第二相需要改进合成方法，但是表面上的第二相可以通过湿化学蚀刻法去除。

在 Cu(In,Ga)Se$_2$ 的研究中，氰化钾（KCN）蚀刻对去除不需要的 Cu$_x$Se$_y$ 相是很有用的[69]。在锌黄锡矿的研究领域中，这一方法也被不同的文献所证实[1,45,50,70]。在最近的开发研究中，Fairbrother 等[70] 和 Mousel 等[1] 都独立地展示了对 ZnS 或 ZnSe 相而言，HCl 是合适的选择性蚀刻剂。而且除了 ZnS 或 ZnSe 相之外，研究者也认为 HCl 能够缓慢地蚀刻 SnS[70]。Mousel 等的研究同时也显示了蚀刻剂 Br$_2$-MeOH 适合去除 Cu$_2$SnSe$_3$[1,71]。在 López-Marino 等最近的研究中，尝试用各种蚀刻剂去除 ZnSe[72]；H$_2$SO$_4$ 中的 KMnO$_4$ 被选择为是去除 ZnSe 的最有效方法。

蚀刻工艺的优势是可以在形成反应已经完成之后选择性地去除第二相。但是需要注意的是，仅仅只有那些能够到达表面的第二相才能够被去除。背界面和体相中的材料很难去除。因而只有改变形成过程，如单相材料的生长，才有可能去除其中的第二相。

表 5.4 列举了从文献中摘取的关于 ZnS 或 ZnSe、Cu$_x$Se$_y$ 和 Cu$_2$SnSe$_3$ 的蚀刻条件。

表 5.4 摘自文献的第二相蚀刻条件

化合物	蚀刻剂	条件	文献
Cu$_2$SnSe$_3$	Br$_2$-MeOH	1min, 0.02mol/L Br$_2$-MeOH	[1]
ZnS/Se	HCl	5min, 75℃, 10%（体积分数）HCl	[70]
		1 min, 37%（质量分数）HCl	[1]
	KMnO$_4$	3min, 0.01mol/L+1mol/L H$_2$SO$_4$	[72]
Cu$_x$(S/Se)$_y$	KCN	30s, 5%（质量分数）KCN	[1]

5.3.4 总结

本节阐述了第二相的识别，并说明了将其从 CZTSSe 中区分出来是相当困难的。虽然 XRD 是从 CZTSSe 中识别和区分 Sn-S/Se 和 Cu-S/Se 相的有用工具，但是从 CZTSSe 中识别和区分 ZnS/Se 和 Cu$_2$Sn(S/Se)$_3$ 一般都是间接的。在锌黄锡矿硫化物中，XRD 不能用于 CZTS 中 ZnS 含量小于 10% 的情况，而 Cu$_2$SnS$_3$ 的识别则更加困难。只有通过掠入射模式的 XRD 测试，并与不同入射角度的结果进行比较，才能得出第二相在薄膜中深度位置的微弱迹象。

利用绿光激发的单波长拉曼光谱，不能从 CZTS 中区分含量低于 30% 的 Cu_2SnS_3，而 ZnS 则是完全不可识别的。结合 XRD 结果可以说明很难从 CZTS 中识别 Cu_2SnS_3。然而，多波长共振拉曼光谱则证明是从 Cu_2ZnSnS_4 中识别 ZnS 的有用工具。在锌黄锡矿硒化物体系中，定量化地证明单波长拉曼光谱可以从 $Cu_2ZnSnSe_4$ 中区分出 ZnSe。然而由于拉曼光谱是表面敏感的测试技术，所以结合深度剖面技术是特别有重要的，它可以估计第二相的深度位置。

迄今为止，最有希望识别小剂量第二相的工具是 XANES，可是它的不足之处在于不能分析高通量的样品，而且分析非常耗时，且需要同步加速器。

在缺少同步加速器的情况下，获得第二相存在迹象的最好方法是结合不同方面（成分组成、形貌、结构以及其它技术，尤其是深度剖面技术，因为第二相可以分布在薄膜材料的前表面、背表面和体相中）的表征测试结果。利用低能设置的 SEM 图像或薄切片样品的 TEM，并结合仔细的 EDX 研究，这对于第二相识别是极其有用的。

使用原子探针断层摄影技术检测第二相微畴是非常有希望的，然而它目前还是有所限制。除了要求样品的体积较小以及因此获得仅为局域信息外，这项技术样品的准备也相当繁琐，而且其分析也相当耗时。此外，这项技术还没有得到广泛的应用。

总的来说，文献中报道的第二相研究大多数集中在纯锌黄锡矿硫化物。锌黄锡矿硒化物的 XRD 数据定量地显示了 ZnSe 和 Cu_2SnSe_3 具有类似的情形。四元化合物的晶格空间与二元和三元的类似，但是硒化物中单波长拉曼光谱的有效性具有一定的差别，这是由于其带隙能更小，由此导致 ZnSe 的拉曼效率更高。目前还未开展定量化的研究。本节也讨论了通过蚀刻剂选择性去除不需要的第二相。KCN 蚀刻可以去除 Cu-S/Se 相，HCl 可以选择性地去除 ZnS/Se 和 SnS 相，Br_2-MeOH 蚀刻可以有效去除 Cu_2SnSe_3 相，而 H_2SO_4 中的 $KMnO_4$ 可以蚀刻 ZnSe。由于蚀刻剂通常只能去除表面上的第二相，从第二相最小化的观点来说，最好尽可能选择单相生长工艺。为此，精确控制 CZTSSe 形成反应的平衡条件是非常重要的。

致谢

本节作者非常感谢以下人员的技术支持和富有成效的讨论：Yasuhiro Aida、Johannes Fischer、Alex Redinger、Thomas Schuler、Susanne Siebentritt 和 Maxime Thevenin。同时感谢 Douglas Bishop、Diego Colombara、Brian McCandless、Thomas Mangan 和 Jonathan Scragg 对书稿的校对。感谢 Fonds National de la Recherche du Luxembourg（ATTRACT Fellowship Grant 07/06）的资助。

参 考 文 献

[1] Mousel, M., Redinger, A., Djemour, R., Arasimowicz, M., Valle, N., Dale, P. & Siebentritt, S. (2013) HCl and Br_2-MeOH etching of $Cu_2ZnSnSe_4$ polycrystalline absorbers. Thin Solid Films, 535, 83-87.

[2] Wätjen, J. T., Engman, J., Edoff, M. & Platzer-Björkman, C. (2012) Direct evidence of current blocking by ZnSe in $Cu_2ZnSnSe_4$ solar cells. Applied Physics Letters, 100 (17), 3.

[3] Colombara, D., Robert, E. V. C., Crossay, A., Taylor, A., Guennou, M., Arasimowicz, M., Malaquias, J. C.

B., Djemour, R. & Dale, P. J. (2014) Quantification of surface ZnSe in $Cu_2ZnSnSe_4$-based solar cells by analysis of the spectral response. Solar Energy Materials and Solar Cells, 123, 220-227.

[4] Weber, A., Mainz, R. & Schock, H. W. (2010) On the Sn loss from thin films of the material system Cu-Zn-Sn-S in high vacuum. Journal of Applied Physics, 107 (1), 013516.

[5] Olekseyuk, I. D., Dudchak, I. V. & Piskach, L. V. (2004) Phase equilibria in the Cu_2S-ZnS-SnS_2 system. Journal of Alloys and Compounds, 368 (1-2), 135-143.

[6] Scragg, J. J., Dale, P. J., Colombara, D. & Peter, L. M. (2012) Thermodynamic Aspects of the Synthesis of Thin-Film Materials for Solar Cells. ChemPhysChem, 13 (12), 3035-3046.

[7] Price, G. (1998) Thermodynamics of Chemical Processes. Oxford University Press, Oxford.

[8] Atkins, P. (1994) Physical Chemistry, 5th Edition. Oxford University Press, Oxford.

[9] Weber, A., Krauth, H., Perlt, S., Schubert, B., Kotschau, I., Schorr, S. & Schock, H. W. (2009) Multistage evaporation of Cu_2ZnSnS_4 thin films. Thin Solid Films, 517 (7), 2524-2526.

[10] Redinger, A., Berg, D. M., Dale, P. J. & Siebentritt, S. (2011) The consequences of kesterite equilibria for efficient solar cells. Journal of American Chemical Society, 133 (10), 3320-3323.

[11] Scragg, J. J., Ericson, T., Kubart, T., Edoff, M. & Platzer-Björkman, C. (2011) Chemical insights into the instability of Cu_2ZnSnS_4 films during annealing. Chemistry of Materials, 23 (20), 4625-4633.

[12] Piacente, V., Foglia, S. & Scardala, P. (1991) Sublimation study of the tin sulfides SnS_2, Sn_2S_3 and SnS. Journal of Alloys and Compounds, 177 (1), 17-30.

[13] Di Benedetto, F., Bernardini, G. P., Borrini, D., Lottermoser, W., Tippelt, G. & Amthauer, G. (2005) Fe-57- and Sn-119-Mössbauer study on stannite (Cu_2FeSnS_4)-kesterite (Cu_2ZnSnS_4) solid solution. Physics and Chemistry of Minerals, 31 (10), 683-690.

[14] Chen, S. Y., Yang, J. H., Gong, X. G., Walsh, A. & Wei, S. H. (2010) Intrinsic point defects and complexes in the quaternary kesterite semiconductor Cu_2ZnSnS_4. Physical Review B, 81 (24), 10.

[15] Maeda, T., Nakamura, S. & Wada, T. (2011) First-principles calculations of vacancy formation in In-free photovoltaic semiconductor $Cu_2ZnSnSe_4$. Thin Solid Films, 519 (21), 7513-7516.

[16] Oikkonen, L. E., Ganchenkova, M. G., Seitsonen, A. P. & Nieminen, R. M. (2011) Vacancies in $CuInSe_2$: new insights from hybrid-functional calculations. Journal of Physics: Condensed Matter, 23 (42), 013516.

[17] Guillemoles, J. F. (2000) Stability of Cu (In, Ga) Se_2 solar cells: a thermodynamic approach. Thin Solid Films, 361, 338-345.

[18] Ahmed, S., Reuter, K. B., Gunawan, O., Guo, L., Romankiw, L. T. & Deligianni, H. (2011) A high efficiency electrodeposited Cu_2ZnSnS_4 solar cell. Advanced Energy Materials, 2 (2), 253-259.

[19] Repins, I., Beall, C., Vora, N., DeHart, C., Kuciauskas, D., Dippo, P., To, B., Mann, J., Hsu, W. C., Goodrich, A. & Noufi, R. (2012) Co-evaporated $Cu_2ZnSnSe_4$ films and devices. Solar Energy Materials and Solar Cells, 101, 154-159.

[20] Guo, Q., Ford, G. M., Yang, W. C., Walker, B. C., Stach, E. A., Hillhouse, H. W. & Agrawal, R. (2010) Fabrication of 7.2% efficient CZTSSe solar cells using CZTS nanocrystals. Journal of American Chemical Society, 132 (49), 17384-17386.

[21] Redinger, A., Mousel, M., Djemour, R., Gutay, L., Valle, N. & Siebentritt, S. (2014) $Cu_2ZnSnSe_4$ thin film solar cells produced via co-evaporation and annealing including a $SnSe_2$ capping layer. Progress in Photovoltaics, 22 (1), 51-57.

[22] Berg, D. M. (2012) Kesterite equilibrium reaction and the discrimination of secondary phases from Cu_2ZnSnS_4. PhD thesis, University of Luxembourg, Belval.

[23] Scragg, J. J., Kubart, T., Wätjen, J. T., Ericson, T., Linnarsson, M. K. & Platzer-Björkman, C. (2013) Effects of back contact instability on Cu_2ZnSnS_4 devices and processes. Chemistry of Materials, 25 (15), 3162-3171.

[24] Scragg, J. J., Wätjen, J. T., Edoff, M., Ericson, T., Kubart, T. & Platzer-Björkman, C. (2012) A detrimental reaction at the molybdenum back contact in $Cu_2ZnSn (S, Se)_4$ thin-film solar cells. Journal of American Chemical Society, 134 (47), 19330-19333.

[25] Siebentritt, S. & Schorr, S. (2012) Kesterites: a challenging material for solar cells. Progress in Photovoltaics, 20 (5), 512-519.

[26] Stanbery, B. J. (2002) Copper indium selenides and related materials for photovoltaic devices. Critical Reviews in Solid State and Materials Science, 27 (2), 73-117.

[27] Berg, D. M., Djemour, R., Gutay, L., Zoppi, G., Siebentritt, S. & Dale, P. J. (2012) Thin film solar cells based on the ternary compound Cu_2SnS_3. Thin Solid Films, 520 (19), 6291-6294.

[28] Marcano, G., Rincon, C., de Chalbaud, L. M., Bracho, D. B. & Perez, G. S. (2001) Crystal growth and structure, electrical, and optical characterization of the semiconductor Cu_2SnSe_3. Journal of Applied Physics, 90 (4), 1847-1853.

[29] Yu, P. Y. & Cardonna, M. (2003) Fundamentals of Semiconductors. Springer, Berlin, Heidelberg, New York.

[30] Lin, Y. T., Shi, J. B., Chen, Y. C., Chen, C. J. & Wu, P. F. (2009) Synthesis and Characterization of Tin Disulfide (SnS_2) Nanowires. Nanoscale Research Letters, 4 (7), 694-698.

[31] Sava, F., Lorinczi, A., Popescu, M., Socol, G., Axente, E., Mihailescu, I. N. & Nistor, M. (2006) Amorphous SnSe (2) films. Journal of Optoelectronics and Advanced Materials, 8 (4), 1367-1371.

[32] Vidal, J., Lany, S., d'Avezac, M., Zunger, A., Zakutayev, A., Francis, J. & Tate, J. (2012) Bandstructure, optical properties, and defect physics of the photovoltaic semiconductor SnS. Applied Physics Letters, 100 (3), 032104.

[33] Sinsermsuksakul, P., Heo, J., Noh, W., Hock, A. S. & Gordon, R. G. (2011) Atomic layer deposition of tin monosulfide thin films. Advanced Energy Materials, 1 (6), 1116-1125.

[34] Franzman, M. A., Schlenker, C. W., Thompson, M. E. & Brutchey, R. L. (2010) Solution-phase synthesis of SnSe nanocrystals for use in solar cells. Journal of American Chemical Society, 132 (12), 4060.

[35] Liu, G. M., Schulmeyer, T., Brotz, J., Klein, A. & Jaegermann, W. (2003) Interface properties and band alignment of Cu_2S/CdS thin film solar cells. Thin Solid Films, 431, 477-482.

[36] Kashida, S., Shimosaka, W., Mori, M. & Yoshimura, D. (2003) Valence band photoemission study of the copper chalcogenide compounds, Cu_2S, Cu_2Se and Cu_2Te. Journal of Physics and Chemistry of Solids, 64 (12), 2357-2363.

[37] Siebentritt, S. (2013) Why are kesterite solar cells not 20% efficient? Thin Solid Films, 535, 1-4.

[38] Barkhouse, D. A. R., Gunawan, O., Gokmen, T., Todorov, T. K. & Mitzi, D. B. (2011) Device characteristics of a 10.1% hydrazine-processed $Cu_2ZnSn(Se,S)_4$ solar cell. Progress in Photovoltaics, 20 (1), 6-11.

[39] Todorov, T. K., Tang, J., Bag, S., Gunawan, O., Gokmen, T., Zhu, Y. & Mitzi, D. B. (2012) Beyond 11% efficiency: characteristics of state-of-the-art $Cu_2ZnSn(S,Se)_4$ solar cells. Advanced Energy Materials, 3, 34-38.

[40] Wang, W., Winkler, M. T., Gunawan, O., Gokmen, T., Todorov, T. K., Zhu, Y. & Mitzi, D. B. (2013) Device characteristics of CZTSSe thin-film solar cells with 12.6% efficiency. Advanced Energy Materials, 4, 1301465.

[41] Katagiri, H., Jimbo, K., Maw, W. S., Oishi, K., Yamazaki, M., Araki, H. & Takeuchi, A. (2009) Development of CZTS-based thin film solar cells. Thin Solid Films, 517 (7), 2455-2460.

[42] Just, J., Luzenkirchen-Hecht, D., Frahm, R., Schorr, S. & Unold, T. (2011) Determination of secondary phases in kesterite Cu_2ZnSnS_4 thin films by x-ray absorption near edge structure analysis. Applied Physics Letters, 99 (26), 3.

[43] Bär, M., Schubert, B. A., Marsen, B., Wilks, R. G., Blum, M., Krause, S., Pookpanratana, S., Zhang, Y., Unold, T., Yang, W., Weinhardt, L., Heske, C. & Schock, H. W. (2012) Cu_2ZnSnS_4 thin-film solar cell absorbers illuminated by soft x-rays. Journal of Materials Research, 27 (8), 1097-1104.

[44] Fontané, X., Calvo-Barrio, L., Izquierdo-Roca, V., Saucedo, E., Perez-Rodriguez, A., Morante, J. R., Berg, D. M., Dale, P. J. & Siebentritt, S. (2011) In-depth resolved Raman scattering analysis for the identification of secondary phases: Characterization of Cu_2ZnSnS_4 layers for solar cell applications. Applied Physics Letters, 98 (18), 3.

[45] Schubert, B. A., Marsen, B., Cinque, S., Unold, T., Klenk, R., Schorr, S. & Schock, H. W. (2011) Cu_2Zn-

[46] Liu, F. Y., Zhang, K., Lai, Y. Q., Li, J., Zhang, Z. A. & Liu, Y. X. (2010) Growth and characterization of Cu_2ZnSnS_4 thin films by DC reactive magnetron sputtering for photovoltaic applications. Electrochemical and Solid-State Letters, 13 (11), H379-H381.

[47] Salome, P. M. P., Malaquias, J., Fernandes, P. A., Ferreira, M. S., Leitao, J. P., da Cunha, A. F., Gonzalez, J. C., Matinaga, F. N., Ribeiro, G. M. & Viana, E. R. (2011) The influence of hydrogen in the incorporation of Zn during the growth of Cu_2ZnSnS_4 thin films. Solar Energy Materials and Solar Cells, 95 (12), 3482-3489.

[48] Yoo, H. & Kim, J. (2010) Growth of Cu_2ZnSnS_4 thin films using sulfurization of stacked metallic films. Thin Solid Films, 518 (22), 6567-6572.

[49] Yoo, H., Kim, J. H. & Zhang, L. X. (2012) Sulfurization temperature effects on the growth of Cu_2ZnSnS_4 thin film. Current Applied Physics, 12 (4), 1052-1057.

[50] Fernandes, P. A., Salome, P. M. P. & da Cunha, A. F. (2009) Precursors' order effect on the properties of sulfurized Cu_2ZnSnS_4 thin films. Semiconductor Science and Technology, 24 (10), 7.

[51] Platzer-Björkman, C., Scragg, J., Flammersberger, H., Kubart, T. & Edoff, M. (2012) Influence of precursor sulfur content on film formation and compositional changes in Cu_2ZnSnS_4 films and solar cells. Solar Energy Materials and Solar Cells, 98, 110-117.

[52] Shin, S. W., Pawar, S. M., Park, C. Y., Yun, J. H., Moon, J. H., Kim, J. H. & Lee, J. Y. (2011) Studies on Cu_2ZnSnS_4 (CZTS) absorber layer using different stacking orders in precursor thin films. Solar Energy Materials and Solar Cells, 95 (12), 3202-3206.

[53] Fernandes, P. A., Salome, P. M. P. & da Cunha, A. F. (2011) Study of polycrystalline Cu_2ZnSnS_4 films by Raman scattering. Journal of Alloys and Compounds, 509 (28), 7600-7606.

[54] Mitzi, D. B., Gunawan, O., Todorov, T. K., Wang, K. & Guha, S. (2011) The path towards a high-performance solution-processed kesterite solar cell. Solar Energy Materials and Solar Cells, 95 (6), 1421-1436.

[55] Redinger, A., Hones, K., Fontane, X., Izquierdo-Roca, V., Saucedo, E., Valle, N., Perez-Rodriguez, A. & Siebentritt, S. (2011) Detection of a ZnSe secondary phase in coevaporated $Cu_2ZnSnSe_4$ thin films. Applied Physics Letters, 98 (10), 3.

[56] Salome, P. M. P., Fernandes, P. A. & da Cunha, A. F. (2009) Morphological and structural characterization of $Cu_2ZnSnSe_4$ thin films grown by selenization of elemental precursor layers. Thin Solid Films, 517 (7), 2531-2534.

[57] Vora, N., Blackburn, J., Repins, I., Beall, C., To, B., Pankow, J., Teeter, G., Young, M. & Noufi, R. (2012) Phase identification and control of thin films deposited by co-evaporation of elemental Cu, Zn, Sn, and Se. Journal of Vacuum Science and Technology A, 30 (5), 051201.

[58] Moh, G. H. (1975) Tin-containing mineral systems Chemie der Erde, 34 (1), 1-61.

[59] Dimitrievska, M., Fairbrother, A., Fontané, X., Jawhari, T., Izquierdo-Roca, V., Saucedo, E. & Pérez-Rodríguez, A. (2014) Multiwavelength excitation Raman scattering study of polycrystalline kesterite Cu_2ZnSnS_4 thin films. Applied Physics Letters, 104 (2), 021901.

[60] Berg, D. M., Djemour, R., Gutay, L., Siebentritt, S., Dale, P. J. & Fontané, X., Izquierdo-Roca, V. & Perez-Rodriguez, A. (2012) Raman analysis of monoclinic Cu_2SnS_3 thin films. Applied Physics Letters, 100 (19), 192103.

[61] Brafman, O. & Mitra, S. (1968) Raman effect in wurtzite- and zinc-blende-type ZnS single crystals. Physical Review B, 171 (3), 931.

[62] Fella, C. M., Uhl, A. R., Romanyuk, Y. E. & Tiwari, A. N. (2012) $Cu_2ZnSnSe_4$ absorbers processed from solution deposited metal salt precursors under different selenization conditions. Physica Status Solidi A: Applications and Materials, 209 (6), 1043-1048.

[63] Ilari, G. M., Fella, C. M., Ziegler, C., Uhl, A. R., Romanyuk, Y. E. & Tiwari, A. N. (2012) $Cu_2ZnSnSe_4$ solar cell absorbers spin-coated from amine-containing ether solutions. Solar Energy Materials and Solar Cells, 104, 125-130.

[64] Yoo, H. & Kim, J. (2010) Comparative study of Cu_2ZnSnS_4 film growth. Solar Energy Materials and Solar Cells,

95 (1), 239-244.

[65] Djemour, R., Mousel, M., Redinger, A., Gutay, L., Crossay, A., Colombara, D., Dale, P. J. & Siebentritt, S. (2013) Detecting ZnSe secondary phase in $Cu_2ZnSnSe_4$ by room temperature photoluminescence. Applied Physics Letters, 102 (22), 222108.

[66] Redinger, A., Berg, D. M., Dale, P. J., Djemour, R., Gûtay, L., Eisenbarth, T., Valle, N. & Siebentritt, S. (2011) Route toward high-efficiency single-phase $Cu_2ZnSn(S, Se)_4$ thin-film solar cells: Model experiments and literature review. IEEE Journal of Photovoltaics, 1 (2), 200-206.

[67] Wätjen, J. T., Scragg, J. J., Ericson, T., Edoff, M. & Platzer-Björkman, C. Secondary compound formation revealed by transmission electron microscopy at the Cu_2ZnSnS_4/Mo interface. Thin Solid Films, 535, 31-34.

[68] Schwarz, T., Cojocaru-Miredin, O., Choi, P., Mousel, M., Redinger, A., Siebentritt, S. & Raabe, D. (2013) Atom probestudy of $Cu_2ZnSnSe_4$ thin-films prepared by co-evaporation and postdeposition annealing. Applied Physics Letters, 102 (4), 042101.

[69] Hashimoto, Y., Kohara, N., Negami, T., Nishitani, M. & Wada, T. (1996) Surface characterization of chemically treated $Cu(In, Ga)Se_2$ thin films. Japanese Journal of Applied Physics Part 1, 35 (9A), 4760-4764.

[70] Fairbrother, A., Garcia-Hemme, E., Izquierdo-Roca, V., Fontané, X., Pulgarin-Agudelo, F. A., Vigil-Galan, O., Perez-Rodriguez, A. & Saucedo, E. (2012) Development of a selective chemical etch to improve the conversion efficiency of Zn-rich Cu_2ZnSnS_4 solar cells. Journal of American Chemical Society, 134 (19), 8018-8021.

[71] Timmo, K., Altosaar, M., Raudoja, J., Grossberg, M., Danilson, M., Volobujeva, O. & Mellikov, E. (2010) In Chemical Etching of $Cu_2ZnSn(S, Se)_4$ Monograin Powder, Conference Record of the IEEE Photovoltaic Specialists Conference, Honolulu, HI, Honolulu, pp 1982-1985.

[72] López-Marino, S., Sánchez, Y., Placidi, M., Fairbrother, A., Espindola-Rodríguez, M., Fontané, X., Izquierdo-Roca, V., López-García, J., Calvo-Barrio, L., Pérez-Rodríguez, A. & Saucedo, E. (2013) ZnSe etching of Zn-rich $Cu_2ZnSnSe_4$: An oxidation route for improved solar-cell efficiency. Chemistry: A European Journal, 19 (44), 14814-14822.

6 CZTS 单晶生长

Akira Nagaoka, Kenji Yoshino
Department of Applied Physics and Electronic Engineering, University of
Miyazaki, 1-1 Gakuenkibandai-nishi, 889-2192 Miyazaki, Japan

6.1 引言

当前,绝大多数太阳电池都是基于单晶硅进行生产制造的,紧随其后的是半导体薄膜(参见第 2 章)。$Cu(In,Ga)Se_2$ (CIGS) 薄膜太阳电池表现出比常规化合物半导体太阳电池更好的光伏性能,它的转换效率目前已经高达 20.8%[1]。但是,其中的铟和镓两种成分在地壳中的含量是有限的,而且目前全球 ITO (indium-tin oxide) 触摸器产业对铟的需求量正逐年上升。因此,寻找 CIGS 中铟和镓的替代材料就成为非常重要的议题。Cu_2ZnSnS_4 (CZTS) 多晶薄膜被认为是取代 $Cu(In,Ga)Se_2$ (CIGS) 光吸收层的候选材料。CZTS 的光吸收系数超过 $10^4 cm^{-1}$,而且它的直接光学带隙能为 1.4—1.5eV,这些优点使得它适合应用于薄膜太阳电池器件[2-5]。CZTS 太阳电池器件的转换效率目前为 8.4%[6]。这一效率值已经被与其相关的含硒化合物 $Cu_2ZnSn(S,Se)_4$ (CZTSSe) 薄膜太阳电池超越(转换效率目前已经达到 12.6%)[7]。

改进 CZTS 太阳电池的光伏性能需要更好地理解材料本身的基本性质以及影响太阳电池特性的物理参数。关于光学性质[5]、能带结构[8,9]以及四元化合物半导体的本征点缺陷[8,10]等方面的物理认识,众多的第一性原理计算文献已经报道过。然而另一方面,只有少量的文献从实验方面报道了 CZTS 多晶薄膜的光电性质和生长特征的测试[11-15]。可是为了获得更准确和可靠的关于 CZTS 性质的知识,非常有必要对 CZTS 体相单晶进行研究。迄今为止,涉及 CZTS 体相单晶的研究工作相当少,这是因为生长诸如 CZTS 和 CIGS 之类的大多数多元化合物是十分困难的,它们的生长需要在冷却过程通过固态相变完成。因此通常的熔体生长理论不再适合 CZTS 体相单晶生长。此外,由碘传输法生长 CZTS 单晶需要的周期非常长,而且生长的单晶体很小,外形不规则。所以在本章中我们集中讨论单晶的熔液生长理论,其中涉及的温度可能低于熔点温度。我们将从实验角度详细描述 CZTS 体相单晶的熔液生长过程以及它对应的基本物理性质。

6.2 生长过程

为了制备体相单晶,相图方面的知识是必不可少的。三元黄铜矿 I-III-VI$_2$ 化合物的相

图通常按 I_2VI-III_2VI_3 伪二元体系进行研究[16]。黄铜矿 Cu-III-VI_2 化合物（如 $CuInSe_2$，$CuGaSe_2$）的生长机理表明，它在熔融到冷却过程中经历了固态相变或者包晶反应。对于 Cu_2Se-In_2Se_3 伪二元体系，$CuInSe_2$ 晶体以闪锌矿结构通过固态相变进行生长。对于 Cu_2Se-Ga_2Se_3 伪二元体系，在化学计量比 $CuGaSe_2$ 熔点之下的 1030℃存在包晶点[17]。而黄铜矿 Ag-III-VI_2 化合物（如 $AgGaSe_2$，$AgGaS_2$）晶体则是由它们的化学计量比金属熔体直接冷却进行生长，由于不一致熔融，所获得晶体成分偏离化学计量比[18,19]。

当前涉及到四元 CZTS 化合物相图的文献很少。Olekseyuk 等报道了 Cu_2S-ZnS-SnS_2 伪三元体系。由 Cu_2SnS_3-ZnS 伪二元体系解释 CZTS 晶体的生成机理的文献更少[20]。四元化合物 CZTS 通过在 1253K（980℃）温度下进行包晶反应（固相 ZnS＋液相——→CZTS 相）生长；ZnS 在包晶点的比例是 12.5%（摩尔分数）。图 6.1 描述了 CZTS 在包晶点的包晶生长过程。随着高温熔体逐步冷却，固相 ZnS 结晶形成。进一步冷却，固相 ZnS 与周围的液相反应，并形成 CZTS 相。

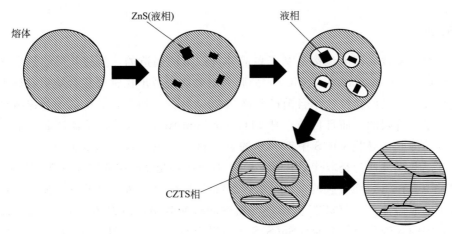

图 6.1 CZTS 在包晶点的包晶生长过程

6.2.1 助熔剂法

单晶生长通常分为三种方法：液相法、固相法和气相法。固相法和气相法不适合大块单晶的生长。此外，液相法可以分为熔融法生长和熔液法生长。如 6.2 节开头所提到的，熔融法并不适合 CZTS 单晶生长。因此我们选择了助熔剂法，这是熔液法生长中的一种方法。助熔剂法的优势在于可以在熔点之下进行单晶生长。而另一方面，它的劣势则在于熔剂的选择和生长过程中第二相的存在。

熔剂的选择是非常重要的，因为它是晶体生长的决定性因素。熔剂所需要的性质包括：①熔质的熔解度高；②熔点低；③黏性低；④蒸发量低；⑤仅目标产物结晶；⑥即使所包含的杂质进入晶体也没有活性；⑦低毒；⑧安全。

考虑到上述所有需求的性质，就可选择到最合适的熔剂；其中要求①—⑥特别重要。从全球环境保护的观点来看，要求⑦和⑧也应当考虑进去。

6.2.2 移动加热器法

移动加热器法（traveling heater method，THM）是将区熔生长应用到熔液生长中的一种晶体生长技术，它在生长大块单晶尤其是成分均一的合金单晶时，是相当有用的。图 6.2

是体相单晶生长的示意图。图 6.2(a) 描述的是生长高纯晶体的区熔法。多晶原料（A）在区域 A_L 中熔融，该区域的温度高于熔点。生长的单晶（A'）位于熔融区的底部。图 6.2(b) 是块状晶体生长的示意图，即熔液生长法之一的 Bridgman 熔液生长法。将多晶原料（A）和熔剂（B）放入石英管中，然后加热石英管，多晶原料在熔剂中完全熔解并形成熔液 $(A+B)_L$；将熔液 $(A+B)_L$ 移动到低温区之后就生长为单晶（A'），此时熔液处于过饱和状态。单晶生长温度低于多晶原料（A）的熔点。然而，由于熔液中多晶原料（A）的熔解度在生长过程中逐渐减小，所以单晶（A'）的生长温度和成分在生长过程中也是变化的。图 6.2(c) 描述了 THM 方法，其中图 6.2(a) 区熔法中的熔体（A_L）由熔质（A）和熔剂（B）组成的熔液 $(A+B)_L$ 取代。随着最高温度设定在熔液 $(A+B)_L$ 的熔点之上，部分多晶原料（A）在该区域熔解。当填充有熔质（A）和熔剂（B）的石英管下移到梯度温区时，单晶（A'）开始从熔液 $(A+B)_L$ 中生长，而且随着单晶（A'）的生长，更多的多晶原料（A）在上部区域中熔解。因此在 THM 生长过程中单晶浓度和液体温度保持为常数。

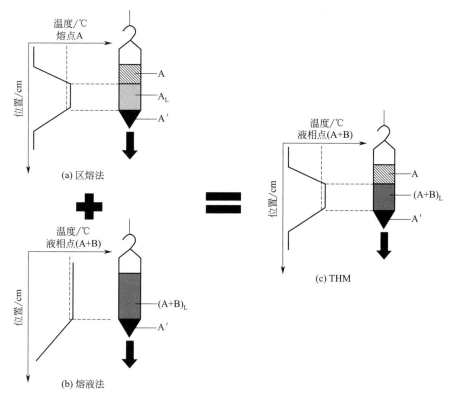

图 6.2 块状单晶的生长示意图

A—多晶原料；A_L—液相 A'；B—熔剂；$(A+B)_L$—液相 (A+B)；A'—生长单晶

THM 生长法的优势包括以下几个方面。

（1）与熔融法相比，生长温度低，晶体通过熔体冷却的固态相变进行生长。

（2）与同样低于熔点生长单晶的气相传输法相比，生长速率快。

（3）由于在生长过程中熔液区的浓度和温度保持常数不变，因此可以生长出成分均匀的块状单晶。

THM 生长技术曾被应用于黄铜矿 I-III-VI$_2$ 化合物单晶的生长[21-29]。表 6.1 提供了黄铜矿 Cu-Ⅲ-Ⅵ$_2$化合物熔液生长的条件列表。

表 6.1　黄铜矿 Cu-Ⅲ-Ⅵ$_2$化合物熔液生长条件列表

多晶原料	熔剂	生长机理	熔点 /℃	文献
CuInSe$_2$	In	相变	986	[21]
	CuSe			[22]
CuInS$_2$	In	相变	1050	[23]
CuGaSe$_2$	Cu$_2$Se（区熔）	包晶反应	1090	[24]
	In			[25]
CuGaS$_2$	In	异成分熔融	1250	[26]
	CuI			[27]
	Sn			[28]
	Pb			[28]
AgGaS$_2$	PbCl$_2$	直接	1040	[29]

6.2.2.1　制备

铟（In）在黄铜矿 Cu-Ⅲ-Ⅵ$_2$化合物的熔液法生长中通常用作熔剂，这是因为它既是成分元素，同时熔点低，可熔性高。但是，在液态 CuGaS$_2$-In 和 CuInS$_2$-In 伪二元体系中观察到了混熔隙的存在[30,31]。因此，为了生长高品质的块状单晶，研究最佳的熔剂和 CZTS-熔剂伪二元体系是非常重要的。

由于锡（Sn）既是成分元素，同时具有熔点低、可熔性高的特点，我们选择它作为 CZTS 单晶生长的熔剂，接下来我们将阐述 CZTS-Sn 伪二元体系，尤其是液态中混熔隙存在的区间。

由熔融法进行生长得到多晶 CZTS 熔质。按照 CZTS 化学计量比计算铜、锌、锡、硫的量，然后将其填充至石墨涂覆的石英管中，铜、锡、硫的纯度为 5N（99.999%），锌的纯度为 6N（99.9999%）。将填充原料的石英管抽真空至 10^{-6} Torr（1Torr=133.322Pa）之后密封，然后将石英管放入垂直熔炉，以 100—200℃·h^{-1} 的加热速率加热到 1100℃，并在此温度下保持 24h。然后将石英管在空气中进行冷却。将多晶 CZTS 熔质和 Sn 熔剂放置在石英管中，设定的比例 X（摩尔分数）由下式进行计算，其变化范围在 10% 到 90% 之间：

$$X(\text{mol}\%) = \frac{\text{CZTS(mol)}}{\text{CZTS(mol)} + \text{Sn(mol)}} \times 100 \tag{6.1}$$

将石英管抽真空至 10^{-6} Torr 之后进行密封，为了反应的完全性和均匀性，将密封好的石英管在垂直熔炉中以 200℃·h^{-1} 速率加热至 1100℃，并保持此温度 24h。随后，将石英管从垂直熔炉中取出并放入水中淬火。淬火之后，将石英管放置在透明炉中，并以 10℃ 为步长缓慢加热和冷却，每一温度保持 5h，在此循环过程中可以目测炉中的熔液变化。温度的准确度是 ±10℃。为了检测沿着熔液线两种液相的存在，将上述制备的 CZTS-Sn 熔液在垂直熔炉中以 200℃·h^{-1} 的速率加热至确定的液相温度。在该温度下保持 24h 之后，将石英管从垂直熔炉中取出并放入水中淬火。在合成的铸锭上切一断面，据此可以直观地检测晶相。晶相及其成分由粉末 X 射线衍射确定。

CZTS-Sn 伪二元体系的相图如图 6.3 所示[32]。在饱和 Sn 熔液中存在一个混熔隙。在水中淬火合成的铸锭的断面如图 6.4 所示[33]。

在 X 低于 60% 的 Sn 熔液中存在一个混熔隙。在 $X<30\%$ 时，CZTS 的饱和 Sn 熔液将分离为 CZTS 相和两个液相。在图 6.4(a) 中可以观察到两个清晰的分离液相。而 $30\%<X<60\%$ 的 Sn 熔液也将分离为两相，如图 6.4(b) 所示，一个是 CZTS 相；另一个是

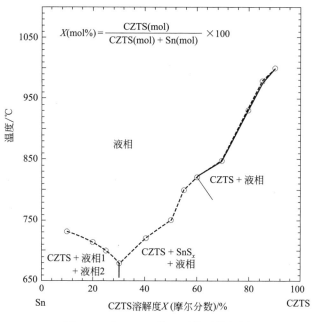

图 6.3 CZTS-Sn 伪二元体系的相图

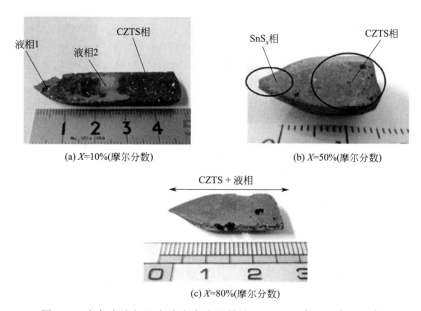

图 6.4 由各自液相温度淬火合成的铸锭（$X=10\%$，50%，80%）

SnS_x 相。

从图 6.4(c) 中可以看到 $X>60\%$ 的 Sn 熔液中的单相（CZTS 相＋液相）。图 6.5 是 $X=50\%$ 和 $X=80\%$ 时熔液的 XRD 图谱[32]。$X=80\%$ 时，熔液的 XRD 图谱在单相区域由 CZTS 化合物和 Sn 熔剂的衍射峰组成；但是，$X=50\%$ 时，熔液的 XRD 图谱在两相区域包括了 SnS_x 化合物的峰。由 $X<60\%$ 的 Sn 熔液生长得到的晶体总是多晶，这是因为 Sn 和 SnS_x 的密度高于 CZTS 的密度（$4.404 \text{g} \cdot \text{cm}^{-3}$，此数值是由 CZTS 单晶确定的）。它们在石英管底部趋向于固化，并且妨碍单晶生长。为了从 Sn 熔液中获得包含化学计量比 CZTS

熔质的单晶,生长温度和熔液浓度应当分别保持在820—980℃和$X>60\%$的范围(即图6.3中的双线区域)。

6.2.2.2 THM生长

图6.6描述的是THM炉,它是一种具有三个螺管型加热器的垂直熔炉[34]。预热器可以保持石英管上部的温度低于区域加热器数十摄氏度,以阻止诸如硫或硫化锡之类的气相物质沉积到石英管的内壁。使用直径10mm的石墨涂覆的石英管来进行晶体生长。石墨涂覆的作用是阻止石英管上的污染物,并防止生长的单晶黏附到在石英管上。将10—15g多晶铸锭作为原料,Sn作为区熔剂加放到石英管中。在气压抽取到10^{-6} Torr之后,密封石英管,并随后放入THM炉中。区域加热器的最高温度设定为可以使Sn熔液成为单相液体的温度,并且生长点处温度梯度大约为每厘米几十度。通过放低石英管,晶体通常以每天4—5mm的速度进行生长。

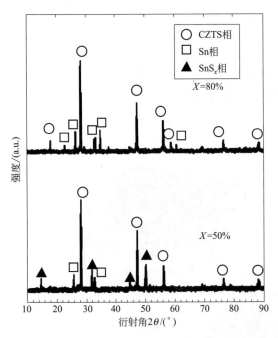 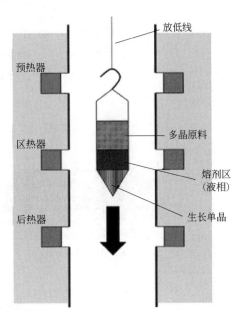

图6.5 X为50%和80%时熔液的粉末XRD图谱　　图6.6 THM炉的示意图

 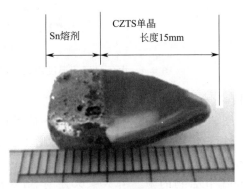

(a) CZTS单晶铸锭　　(b) CZTS单晶断面

图6.7 CZTS单晶铸锭及其断面照片

CZTS 单晶的最优生长条件是使用 70%（摩尔分数）的熔液，并保持生长温度为 900℃。基于图 6.3 中显示的数据，这一温度设置比液相线温度高 50℃。图 6.7 是 CZTS 单晶铸锭［图(a)］以及另一铸锭的断面图［图(b)］。其中看不到晶界的存在，获得的单晶直径为 10mm，长度为 25mm；其尾部是残留的 Sn 熔剂区域。

6.3 CZTS 单晶的性质

6.3.1 结构性质

采用粉末 XRD 和拉曼光谱对 CZTS 单晶结构进行验证。图 6.8 显示的是 CZTS 单晶的粉末 XRD 图谱[32]。由 CZTS 的衍射峰完全对应 ZnS 的衍射峰，所以基于 XRD 测试很难识别出 CZTS 单相。因此我们采用拉曼光谱测试来检测 CZTS 单相。所有 XRD 衍射峰，即位于 $2\theta = 28.53°$ 处的 (112) 峰、位于 $2\theta = 47.33°$ 处的 (220) 峰和位于 $2\theta = 56.18°$ 处的 (212) 峰，对应于国际衍射数据中心（International Centre for Diffraction Data, ICDD）中的 #00-026-0575 数据。a 轴和 c 轴的晶格常数可以从高角 XRD 数据计算得到，即 (204) 峰和 (312) 峰。a 轴的晶格常数是 5.455Å，c 轴的晶格常数是 10.880Å，两者都与实验报道的晶格常数（$a=5.455$Å，$c=10.850$）有很好的对应关系[20]。图 6.9 提供了 CZTS 单晶的拉曼光谱，在 287cm^{-1} 和 338cm^{-1} 处观察到了拉曼峰[35]，这与文献中报道的 CZTS 数据[32]非常吻合。在 CZTS 单晶拉曼谱图的 371cm^{-1} 处观测到一个明显的峰，它与 CZTS 多晶薄膜在 368cm^{-1} 处的峰极其匹配[32]。338cm^{-1} 处的最强峰源自于 A_1 对称性，并与 CZTS 中 S 原子的振动有关[36]。其中没有观察到 ZnS 的相关峰（位于 218cm^{-1}，295cm^{-1}，386cm^{-1}，422cm^{-1} 和 448cm^{-1}）[37]。此外，也没有观察到其它可能的第二相，如硫化铜化合物和硫化锡化合物[14]。因此根据 XRD 和拉曼测试，可以推断已经获得了 CZTS 单晶。

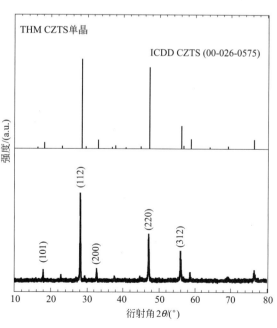

图 6.8 CZTS 单晶的粉末 XRD 图谱

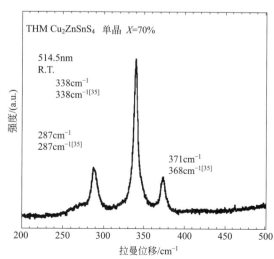

图 6.9 CZTS 单晶的拉曼光谱

6.3.2 成分特性

采用电子探针微量分析（electron probe microanalysis，EPMA）对 CZTS 单晶沿生长方向的成分进行了估算。从单晶生长的尖端部分开始以 5nm 间隔切得 CZTS 单晶晶片，单晶生长的末端区域除外。精度为 1‰ 的 EPMA 估算的沿生长方向单晶成分如图 6.10 所示。可以清楚地看到沿生长方向成分是均匀的，而且具有 CZTS 的化学计量比。研究发现 CZTS 单晶的组成稍微偏离化学计量比，具有贫铜、富锌、贫锡和富硫的特征。表 6.2 列出了 CZTS 单晶的详细成分，可以发现组成分别处于 $0.96 < Cu/(Zn+Sn) < 0.99$ 和 $1.05 < Zn/Sn < 1.14$ 的范围中。根据第一性原理计算，Maeda 等[38]报道锌黄锡矿 CZTS 中，在贫铜、富锌、富硫条件下很容易形成铜空位。而且还发现，铜占据锌晶格位置的反位缺陷（Cu_{Zn}）和铜空位（V_{Cu}）是 CZTS 中占主导地位的本征点缺陷[8,10]。Cu_{Zn} 本征点缺陷具有最低的形成能，并形成具有 0.12eV 活化能的受主能级，而 V_{Cu} 本征点缺陷则形成具有 0.02eV 活化能的施主能级。在此成分范围内，即贫铜、富锌、富硫区域，可得到高效的 CZTS 薄膜太阳电池[39]。因此可以假设与 Cu_{Zn} 和 V_{Cu} 相关的主要点缺陷导致了四元晶体的 p 型导电性。

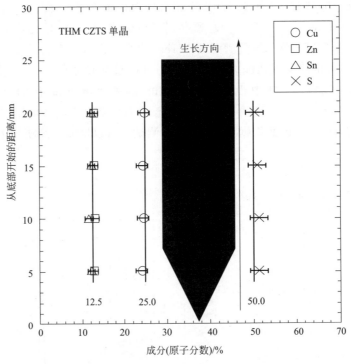

图 6.10 由 EPMA 估算的沿生长方向的 CZTS 单晶成分

表 6.2 CZTS 单晶的详细成分比例（原子分数）

离顶部的距离/mm	Cu/%	Zn/%	Sn/%	S/%	Cu/(Zn+Sn)	Zn/Sn
5	23.94	12.87	12.05	51.2	0.96	1.07
10	24.21	13	11.46	51.4	0.99	1.14
15	24.11	12.99	12.12	50.81	0.96	1.07
20	24.7	12.85	12.22	50.32	0.99	1.05

6.3.3 电子性质

关于单晶的电子性质，我们测量了霍尔效应的温度特性。霍尔效应测试在0.54T范德堡（Van der Pauw）结构磁场中进行，测试的温度范围是20—300K。采用EPMA对CZTS块状单晶的成分进行了分析，结果发现在贫铜富锌区域内可以得到高效的CZTS太阳电池。样品的尺寸是5mm×5mm×0.5mm，由粒径为0.01μm Al_2O_3 粉末进行机械抛光。采用共蒸发法将直径为1mm、厚度为200nm的并联Au接触沉积到CZTS块状单晶的每一个角上。

基于300K霍尔效应测量估算的载流子浓度、空穴迁移率和单晶的电阻率列于表6.2中。空穴载流子浓度p等于10^{16}—$10^{17} cm^{-3}$，空穴迁移率μ_h为15—35$cm^2 \cdot V^{-1} \cdot s^{-1}$，电阻率$\rho$约为$10^2 \Omega$。这些数据表明极有可能获得了高品质CZTS单晶，因为其空穴迁移率与p型$CuInSe_2$单晶相当[40]。

霍尔效应的温度相关性测试是为更详细地研究CZTS单晶的电子性质。轻微贫铜富锌的CZTS单晶的导电率σ的温度相关性如图6.11所示。CZTS的导电率定义如下[41]：

$$\sigma(T) = \sigma_H \exp\left[-\left(\frac{T_0}{T}\right)^{1/4}\right] + \sigma_B \exp\left(-\frac{E_A}{k_B T}\right) \tag{6.2}$$

式中，σ_H和σ_B是指前因子常数；k_B是波耳兹曼常数；T_0是莫特特征温度；E_A是与热导过程有关的活化能。拟合的参数列于表6.3中，式(6.2)中的第一项描述的是三维莫特变程跳跃（Mott variable range hopping, M-VRH）；第二项可能源于最近邻间跳跃或掺杂物的冻结能带载流子。

表6.3 拟合获得的CZTS单晶与温度相关的导电率参数

M-VRH（缺陷传输）			带间传输	
σ_H	$T_0/(\times 10^4 K)$	W/meV	σ_B	E_A/meV
0.03	5.08	40.9	0.32	135.3

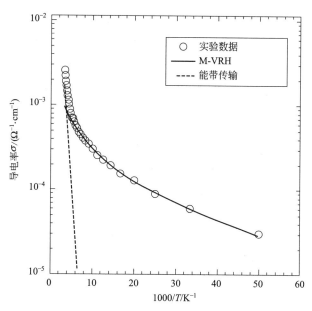

图6.11 贫铜富锌样品（[Cu]/([Zn]+[Sn])=0.90，[Zn]/[Sn]=1.41）的导电率与温度的关系

在温度低于初始温度$T_M = 100K$时，M-VRH占主导地位，这是因为所有样品都清楚

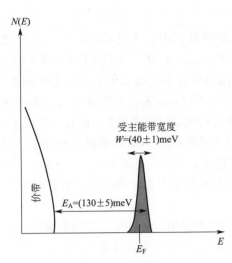

图 6.12 态密度与受主能带的能量对比，其中 E_F 是费米能级

表明 σ 的对数值 $\lg\sigma$ 与 $T^{-1/4}$ 呈线性关系。当 $T_M >$ 100K 时，典型的热激活行为占主导地位，这是因为拟合数据与阿累尼乌斯曲线图非常一致。先前的理论研究认为浅受主类本征缺陷的缺少预示着冻结带空穴可能从价带跃迁到本征受主能级。阿累尼乌斯分析表明所有样品的正常热活化能是 $E_A=(130\pm5)$ meV。实验上获得的热活化能 E_A 与理论计算的从价带最大值到其上方 Cu_{Zn} 点缺陷的跃迁能 120meV 一致[10]。受主能带的宽度参数 W 定义如下[42]：

$$W = k_B(T_M^3 T_0)^{1/4} \qquad (6.3)$$

由此可确定，在 $T=100K$ 时受主能带的宽度 W 为 $W=(40\pm1)$meV。根据上述给出的 CZTS 导电参数，作出样品受主能带的图像，如图 6.12 所示[43]。受主能带的中心能级位于价带最大值上方 132meV 处，其对应的能带宽度是 40meV。

6.4 结论

我们介绍了 CZTS 化合物的块状单晶生长。THM 技术能够避免包晶反应和固态相变，而这两种反应在化学计量比熔体生长过程经常遇到的。为了研究使用 Sn 熔剂的 CZTS 单晶生长 THM 技术，首先确定了 CZTS-Sn 伪二元体系相图。其中在液相中存在混熔间隙。CZTS 熔质浓度（摩尔分数）低于约 30% 时，其饱和熔液将分离为两相（CZTS 相和 Sn 相）。熔质浓度（摩尔分数）在 30% 和 60% 之间时，CZTS 相和 SnS_x 相共存。在 CZTS-Sn 体系中，温度处于（或大于）820℃时，与液相平衡的固相是单晶 CZTS 化合物。采用 THM 生长技术，以熔质浓度 $X=70$mol% 的 Sn 熔液（液体温度为 850℃）在 900℃下生长得到了 CZTS 单晶，其中 Sn 熔液由 CZTS 单相饱和。晶体的粉末 XRD 图谱与 ICDD 数据一致，在拉曼光谱和 XRD 图谱中没有观察到第二相。结果显示通过 THM 技术能够获得高品质的单相 CZTS 单晶。CZTS 单晶的成分是均匀的，并且 CZTS 的化学计量比具有轻微的贫铜、富锌、富硫特征。因此可以假设其中占主导地位的点缺陷与 V_{Cu} 和 Cu_{Zn} 有关，从而导致了 CZTS 晶体 p 型导电特征。在 CZTS-Sn 伪二元体系相图的基础上，我们确定了适合 CZTS 单晶的 THM 生长条件：Sn 熔液的浓度为 $X=70\%$，生长温度为 900℃。通过缺陷态和能带传输的两种跃迁可以平行进行，其中 M-VRH 主导了低温跃迁过程，而从受主态到价带的热活化则主导了高温下的跃迁过程。受主能带的中心位于价带最大值上方 132meV 处，其带宽是 40meV。

致谢

本章作者感谢三重大学 Hideto Miyake 教授和东京工业大学 Homoyasu Taniyama 教授与 Hiroki Taniguchi 博士的有益讨论。第一作者得到 JSPS 年轻科学家研究奖学金资助。

参 考 文 献

[1] Jackson, P., Hariskos, D., Wuerz, R., Wischmann, W., & Powalla, M., (2014) Compositional investigation of potassium doped Cu (In, Ga) Se_2 solar cells with efficiencies up to 20.8%. Physica Status Solidi RRL, 8, 219-222.

[2] Ito, K. & Nakazawa, T. (1988) Electrical and optical properties of stannite-type quaternary semiconductor thin films. Japanese Journal of Applied Physics, 27, 2094-2097.

[3] Katagiri, H., Ishigaki, N., Ishida, T. & Saito, K. (2001) Characterization of Cu_2ZnSnS_4 thin films prepared by vapor phase sulfurization. Japanese Journal of Applied Physics, 40, 500-504.

[4] Katagiri, H., Saitoh, K., Washio, T., Shinohara, H., Kurumadani, T. & Miyazima, S. (2001) Development of thin film solar cell based on Cu_2ZnSnS_4 thin films. Solar Energy Materials and Solar Cells, 65, 141-148.

[5] Persson, C. (2010) Electronic and optical properties of Cu_2ZnSnS_4 and $Cu_2ZnSnSe_4$. Journal of Applied Physics, 107, 053710-8.

[6] Shin, B., Gunawan, O., Zhu, Y., Bojarczuk, N. A., Chey, S. J. & Guha, S. (2013) Thin film solar cell with 8.4% power conversion efficiency using an earth-abundant Cu_2ZnSnS_4 absorber. Progress in Photovoltaics: Research and Applications, 21, 72-76.

[7] Wang, W., Winkler, M. T., Gunawan, O., Gokmen, T., Todorov, T. K., Zhu, Y. & Mitzi, D. B. (2014) Device characteristics of CZTSSe thin-film solar cells with 12.6% efficiency. Advanced Energy Materials, 4, 1301465 1-5.

[8] Nagoya, A., Asahi, R., Wahl, R. & Kresse, G. (2010) Defect formation and phase stability of Cu_2ZnSnS_4 photovoltaic material. Physical Review B, 81, 113202 1-4.

[9] Chen, S., Walsh, A., Luo, Y., Yang, J. H., Gong, X. G. & Wei, S. H. (2010) Wurtzite-derived polytypes of kesterite and stannite quaternary chalcogenide semiconductors. Physical Review B, 82, 195203 1-8.

[10] Chen, S., Yang, J. H., Gong, X. G., Walsh, A. & Wei, S. H. (2010) Intrinsic point defects and complexes in the quaternary kesterite semiconductor Cu_2ZnSnS_4. Physical Review B, 81, 245204 1-10.

[11] Tanaka, K., Moritake, N. & Uchiki, H. (2007) Preparation of Cu_2ZnSnS_4 thin films by sulfurizing sol-gel deposited precursors. Solar Energy Materials and Solar Cells, 91, 1199-1201.

[12] Miyamoto, Y., Tanaka, K., Oonuki, M., Moritake, N. & Uchiki, H. (2008) Optical properties of Cu_2ZnSnS_4 thin films prepared by sol-gel and sulfurization method. Japanese Journal of Applied Physics, 47, 596-597.

[13] Altosaar, M., Raudoja, J., Timmo, K., Danilson, M., Grossberg, M., Krustok, J. & Mellikov, E. (2008) $Cu_2Zn_{1-x}Cd_xSn(Se_{1-y}S_y)_4$ solid solutions as absorber materials for solar cells. Physica Status Solidi, 205, 167-170.

[14] Fernandes, P. A., Salomé, P. M. P. & Gunha, A. F. (2009) Growth and Raman scattering characterization of Cu_2ZnSnS_4 thin films. Thin Solid Films, 517, 2519-2523.

[15] Leitão, J. P., Santos, N. M., Fernandes, P. A., Salomé, P. M. P., da Cunha, A. F., González, J. C., Ribeiro, G. M. & Matinaga, F. M. (2011) Photoluminescence and electrical study of fluctuating potentials in Cu2ZnSnS4-based thin films. Physical Review B, 84, 024120-8.

[16] Rogacheva, E. I. (1996) Phase relations in chalcopyrite materials. Crystal Research and Technology, 31, S 1-10.

[17] Mikkelsen, J. C. (1981) Ternary phase relations of the chalcopyrite compound $CuGaSe_2$. Journal of Electronic Materials, 10, 541-558.

[18] Brandt, G. & Krämer, V. (1976) Phase investigations in the silver-gallium-sulphur system. Materials Research Bulletin, 11, 1381-1388.

[19] Mikkelsen Jr., J. C. (1977) $Ag_2Se-Ga_2Se_3$ pseudobinary phase diagram. Materials Research Bulletin, 12, 497-502.

[20] Olekseyuk, I. D., Dudchak, I. V. & Piskach, L. V. (2004) Phase equilibria in the $Cu_2S-ZnS-SnS_2$ system. Journal of Alloys and Compounds, 368, 135-143.

[21] Baldus, A. & Benz, K. W. (1993) Melt and metallic solution crystal growth of $CuInSe_2$. Journal of Crystal Growth, 130, 37-44.

[22] Miyake, H., Ohtake, H. & Sugiyama, K. (1995) Solution growth of $CuInSe_2$ from CuSe solutions. Journal of

[23] Hsu, H. J., Yang, M. H., Tang, R. S., Hsu, T. M. & Hwang, H. L. (1984) A novel method to grow large CuInS$_2$ single crystals. Journal of Crystal Growth, 70, 427-432.

[24] Mandel, L., Tomlinson, R. D. & Hampshire, M. J. (1976) The fabrication and doping of single crystals of CuGaSe$_2$. Journal of Crystal Growth, 36, 152-156.

[25] Sugiyama, K., Kato, H. & Miyake, H. (1989) Growth of CuGaSe$_2$ single crystals by the traveling heater method. Journal of Crystal Growth, 98, 610-616.

[26] Miyake, H. & Sugiyama, K. (1990) Growth of CuGaS$_2$ single crystals by traveling heater method. Japanese Journal of Applied Physics, 29, L1859-L1861.

[27] Miyake, H., Hata, M. & Sugiyama, K. (1994) Solution growth of CuGaS$_2$ and CuGaSe$_2$ using CuI solvent. Journal of Crystal Growth, 130, 383-388.

[28] Höbler, H. J., Kühn, G. & Tempel, A. (1981) Crystallization of CuGaS$_2$ from Pb and Sn solutions. Journal of Crystal Growth, 53, 451-457.

[29] Post, E. & Krämer, V. (1993) Crystal growth of AgGaS$_2$ by the Bridgman-Stockbarger and travelling heater methods. Journal of Crystal Growth, 129, 485-490.

[30] Miyake, H., Hayashi, T. & Sugiyama, K. (1993) Preparation of CuGa$_x$In$_{1-x}$S$_2$ alloys from In solutions. Journal of Crystal Growth, 134, 174-180.

[31] Fearheiley, M. L., Dietz, N., Birkholz, M. & Höpfner, C. (1991) Phase relations in the system In-CuInS$_2$. Journal of Electronic Materials, 20, 175-177.

[32] Nagaoka, A., Yoshino, K., Taniguchi, H., Taniyama, T. & Miyake, H. (2012) Preparation of Cu$_2$ZnSnS$_4$ single crystals from Sn solutions. Journal of Crystal Growth, 341, 38-41.

[33] Nagaoka, A., Yoshino, K., Taniguchi, H., Taniyama, T., Kakimoto, K. & Miyake, H. (2013) Growth and characterization of Cu$_2$ZnSnS$_4$ single crystals. Physica Status Solidi (A), 210, 1328-1331.

[34] Nagaoka, A., Yoshino, K., Taniguchi, H., Taniyama, T. & Miyake, H. (2011) Growth of Cu$_2$ZnSnS$_4$ single crystals by traveling heater method. Japanese Journal of Applied Physics, 50, 128001-1-2.

Gao, F., Wu, X. L., Zhong, W., Li, S. H. & Chu, P. K. (2009) Raman scattering study of zinc blende and wurtzite ZnS. Journal of Applied Physics, 106, 123505-5.

[35] Wang, K., Gunawan, O., Todorov, T., Shin, B., Chey, S. J., Bojarczuk, N. A., Mtzi, D. & Guha, S. (2010) Thermally evaporated Cu$_2$ZnSnS$_4$ solar cells. Applied Physics Letters, 97, 14308-1-3.

[36] Himmrich, M. & Haeuseler, H. (1991) Far infrared studies on stannite and wurtzstannite type compounds. Spectrochemica Acta, 47A, 933-942.

[37] Cheng, Y. C., Jin, C. Q., Gao, F., Wu, X. L., Zhong, W., Li, S. H., & Chu, P. K. (2009) Raman scattering study of zinc blende and wurtzite Zns. Journal of Applied Physics, 2009, 106, 123505-5.

[38] Maeda, T., Nakamura, S. & Wada, T. (2011) First principles calculations of defect formation in In-free photovoltaic semiconductors Cu$_2$ZnSnS$_4$ and Cu$_2$ZnSnSe$_4$. Japanese Journal of Applied Physics, 50, 04DP07-6.

[39] Katagiri, H., Jimbo, K., Tahara, M., Araki, H. & Oishi, K. (2009) The influence of the composition ratio on CZTS-based thin film solar cells. Materials Research Society Symposium Proceedings, 1165, 1165-M04-01.

[40] Irie, T., Endo, S. & Kimura, S. (1979) Electrical properties of p- and n-type CuInSe$_2$ single crystals. Japanese Journal of Applied Physics, 18, 1303-1310.

[41] Mott, N. F. & Davis, E. A. (1971) Electronic Processes in Non-crystalline Materials. Clarendon, Oxford.

[42] Shklovskii, B. I. & Efros, A. L. (1984) Electronic Properties of Doped Semiconductors. Springer, Berlin.

[43] Nagaoka, A., Miyake, H., Taniyama, T., Kakimoto, K. & Yoshino, K. (2013) Correlation between intrinsic defects and electrical properties in the high-quality Cu$_2$ZnSnS$_4$ single crystal. Applied Physics Letters, 103, 112107 1-4.

7 物理性质：实验数据汇编

Sadao Adachi

Division of Electronics and Informatics, Faculty of Science and Technology,
Gunma University, Kiryu-shi, Gunma 376-8515, Japan

7.1 引言

Cu_2-Ⅱ-Ⅳ-Ⅵ$_4$四元半导体多年来广受研究者重视，因为它们以天然矿物出现，并且具有作为各类太阳能转换器件（例如太阳电池[1]和光催化制氢器件[2]）的合适带隙能。半导体晶格常数方面的知识对于生长高品质异质外延层来说是非常重要的。假如少数载流子的扩散长度超过典型的吸收深度，p-n结或肖特基势垒结就能够以高收集效率产生高效太阳能转换，其中表面复合是其主导损失机制[3]。如果接近于前表面的吸收层中的损失更大，那么用更宽带隙的材料取代发射层则比较有优势。引入高界面质量的窗口层材料，用以反射少数载流子，使其远离表面，这样可以减少表面复合。

熔点是最重要的热物理参数之一。热导率对于各种热电器件（如塞贝克和珀耳贴器件）的设计和分析是非常必要的。拉曼散射技术是检测 Cu_2-Ⅱ-Ⅳ-Ⅵ$_4$半导体中一些寄生相的常用方法。这些寄生相如 Cu_2S 和 Cu_2Se 很难通过X射线衍射方法检测到。这些寄生相有时就包含在 Cu_2ZnSnS_4（CZTS）[4]和 $Cu_2ZnSnSe_4$（CZTSe）[5]中。因此需要用拉曼散射信息对 Cu_2-Ⅱ-Ⅳ-Ⅵ$_4$半导体的成分进行分析。

半导体的光响应性质与其电子能带结构之间具有很大的关系。探测半导体的最低直接或间接带隙能的最直接（也可能是最简单）的方法是测量它们的光吸收谱。为此，许多光吸收测量被应用于 Cu_2-Ⅱ-Ⅳ-Ⅵ$_4$半导体。由于载流子扩散长度很短，所以太阳电池材料需要很强的光吸收层。椭圆偏振光谱测试（spectroscopic ellipsometry，SE）是研究固体光学常数的优异技术。这一技术最近被应用于宽光谱范围的一些 Cu_2-Ⅱ-Ⅳ-Ⅵ$_4$半导体的光学性质研究。

在扩散长度极短的情况下，利用扩展内建电场辅助收集载流子是非常有必要的。这可能就是选择 p-i-n 或金属-绝缘体-半导体（metal-insulator-semiconductor，MIS）结构的 Cu_2-Ⅱ-Ⅳ-Ⅵ$_4$太阳电池中的情形。研究已经证明，在这一阶段，高电阻率的 Cu_2-Ⅱ-Ⅳ-Ⅵ$_4$层（10^2—10^4 Ω·cm）提供了良好的转换效率。

本章介绍了 Cu_2-Ⅱ-Ⅳ-Ⅵ$_4$半导体的一系列材料和半导体性质，它们被分为六部分：①结构性质；②热学性质；③力学和晶格振动性质；④电子能带结构；⑤光学性质；⑥载流子输运性质。对于本章中给出的几乎每一个参数，不同来源的数据有时有着不同的数值。因

7.2 结构性质

7.2.1 晶体结构

图 7.1 总结了易于生长或能够正常生长的 Cu_2-Ⅱ-Ⅳ-Ⅵ$_4$ 半导体的晶体对称分类情况。它们结晶为四方相的黄锡矿结构或锌黄锡矿结构,或者正交相的纤锌矿-黄锡矿结构。黄锡矿结构和锌黄锡矿结构密切相关,但由于 Cu 离子和 Ⅱ 族离子的分布不同使得它们从属于不同的空间群:$\overline{I}42m$(黄锡矿结构)和 $\overline{I}4$(锌黄锡矿结构)。每一个 Ⅵ 族阴离子被两个 Cu 离子、一个 Ⅱ 族离子和一个 Ⅳ 族离子包围,而每一个阳离子则与 Ⅵ 离子形成四面体配位结构。

黄锡矿结构和锌黄锡矿结构是具有 $c \sim 2a$(伪立方)的体心四方结构。这两种结构很难相互区分,因为这两种结构的 XRD 图谱仅在高阶峰的分裂上有轻微不同,例如由四面体畸变 ($c/2a$) 稍微不同引起的 (220)/(204) 和 (116)/(312)[10]。

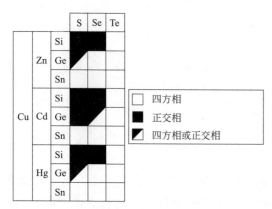

图 7.1 易于生长或能够正常生长的 Cu_2-Ⅱ-Ⅳ-Ⅵ$_4$ 半导体的晶体结构总结

正交相纤锌矿-黄锡矿结构的原胞是纤锌矿原胞的超晶胞,从属于空间群 $Pmn2_1$。与黄锡矿结构和锌黄锡矿结构一样,纤锌矿-黄锡矿结构中每一个 Ⅵ 族阴离子被两个 Cu 离子、一个 Ⅱ 族离子和一个 Ⅳ 族离子包围,而每一个阳离子则与 Ⅵ 族离子形成四面体配位结构。

7.2.2 晶格常数和晶体密度

四方对称晶格由两个长度参量确定:a 和 c;而六方对称晶格则是由三个长度参量来确定:a、b 和 c。在表 7.1 中,我们列出了 300K 时一些 Cu_2-Ⅱ-Ⅳ-Ⅵ$_4$ 半导体的晶体结构、晶格常数和 X 射线测定的晶体密度,这些数值都是实验数据。

表 7.1 300K 时一些 Cu_2-Ⅱ-Ⅳ-Ⅵ$_4$ 半导体的晶体结构、晶格常数和 X 射线测定的晶体密度

Cu_2-Ⅱ-Ⅳ-Ⅵ$_4$ 半导体	晶体结构	晶格常数/nm			密度/g·cm^{-3}
		a	b	c	
Cu_2ZnSiS_4	o	0.7436	0.6398	0.6137	3.968
$Cu_2ZnSiSe_4$	o	0.7833	0.6726	0.6450	5.242
$Cu_2ZnSiTe_4$	t(s)	0.5972		1.1797	5.770
Cu_2ZnGeS_4	t(s)	0.5342		1.0513	4.354
	o	0.7507	0.6473	0.6186	4.346
$Cu_2ZnGeSe_4$	t(s)	0.561		1.1047	5.549
$Cu_2ZnGeTe_4$	t(s)	0.5977		1.1883	6.067
CZTS	t(k)	0.543		1.0845	4.564
CZTSe	t(s)	0.5688		1.1341	5.675
$Cu_2ZnSnTe_4$	t(s)	0.6088		1.2180	6.044

续表

材料	晶体结构	晶格常数/nm			密度/g·cm^{-3}
		a	b	c	
Cu$_2$CdSiS$_4$	o	0.7606	0.6488	0.6256	4.258
Cu$_2$CdSiSe$_4$	o	0.786	0.6708	0.6458	5.691
Cu$_2$CdSiTe$_4$	t(s)	0.611		1.1811	5.860
Cu$_2$CdGeS$_4$	o	0.7704	0.6555	0.6303	4.595
Cu$_2$CdGeSe$_4$	t(s)	0.5749		1.1056	5.707
	o	0.8082	0.688	0.6596	5.686
Cu$_2$CdGeTe$_4$	t(s)	0.6121		1.1913	6.120
Cu$_2$CdSnS$_4$	t(s)	0.5587		1.0833	4.778
Cu$_2$CdSnSe$_4$	t(s)	0.5831		1.1394	5.778
Cu$_2$CdSnTe$_4$	t(s)	0.6198		1.2256	6.127
Cu$_2$HgSiS$_4$	o	0.7661	0.6501	0.6186	5.218
Cu$_2$HgSiSe$_4$	o	0.7968	0.6818	0.6571	6.248
Cu$_2$HgSiTe$_4$	t(s)	0.6092		1.1831	6.551
Cu$_2$HgGeS$_4$	t(s)	0.5487		1.0543	5.530
	o	0.7683	0.6544	0.6318	5.526
Cu$_2$HgGeSe$_4$	t(s)	0.5745		1.1093	6.496
Cu$_2$HgGeTe$_4$	t(s)	0.6114		1.1928	6.783
Cu$_2$HgSnS$_4$	t(s)	0.5576		1.0871	5.646
Cu$_2$HgSnSe$_4$	t(s)	0.5827		1.1415	6.531
Cu$_2$HgSnTe$_4$	t(s)	0.6191		1.2263	6.760

注：o—正交相（Pmn2$_1$）；t(s)—四方相（黄锡矿，I$\bar{4}$2m）；t(k)—四方相（锌黄锡矿，$\bar{I}4$）

通常，CZTS 和 CZTSe 分别结晶为锌黄锡矿结构和黄锡矿结构。但是，不少作者报道 CZTSe 能够结晶为锌黄锡矿结构[11,12]。从表 7.1 中可以看到，Cu$_2$ZnGeS$_4$、Cu$_2$CdGeSe$_4$ 和 Cu$_2$HgGeS$_4$ 可以结晶为四方结构和六方结构。研究发现它们在低温时结晶为黄锡矿结构，而在高温时结晶为纤锌矿-黄锡矿结构[13-15]。Cu$_2$CdGeSe$_4$ 从低温型变体（黄锡矿结构）到高温型变体（纤锌矿-黄锡矿结构）的结构相变发生在 605℃[16]。类似地，CZTS 的四方锌黄锡矿结构→立方闪锌矿结构相变发生在 875℃[17]。

图 7.2 绘制的是 Cu$_2$-Ⅱ-Ⅳ-Ⅵ$_4$ 半导体基元晶胞体积 V_c 相对分子量（M）的变化关系。此处，四方相结构和六方相结构基元晶胞体积的定义式分别为 $V_c=a^2c$ 和 $V_c=abc$。从图

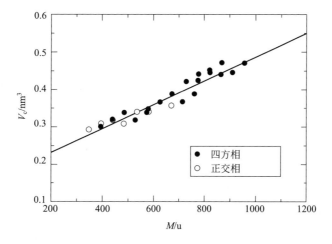

图 7.2　Cu$_2$-Ⅱ-Ⅳ-Ⅵ$_4$ 半导体有效基元晶胞体积 V_c 相对分子量（M）的变化关系
图中的实线代表式(7.1)的计算结果

7.2 的数据中，我们可以得到如下关系式：
$$V_c = 3.19 \times 10^{-4} M + 0.168 \tag{7.1}$$

式中，M 的单位是原子质量单位 $u(1u \approx 1.66 \times 10^{-27} kg)$；$V_c$ 的单位是 nm^3。我们知道合金半导体的晶格常数遵循 Vegard 规则。图 7.3 绘制的是结晶为黄锡矿结构的 $Cu_2ZnGe(S_xSe_{1-x})_4$ 合金的晶格常数 a 和 c 相对成分比例 x 的变化数据。图 7.4 与图 7.3 类似，只是绘制的是结晶为纤锌矿-黄锡矿结构的合金的数据。上述实验数据由 Doverspike 等[13]完成。这些数据表明在不考虑晶体结构的情形下，Vegard 规则是估算 $Cu_2ZnGe(S_xSe_{1-x})_4$ 合金晶格常数的一种很好的近似方法。在 $Cu_2ZnSn(S_xSe_{1-x})_4$ 合金和 $Cu_2CdGe(S_xSe_{1-x})_4$ 合金中也可以观测到相同的结果[18,19]。

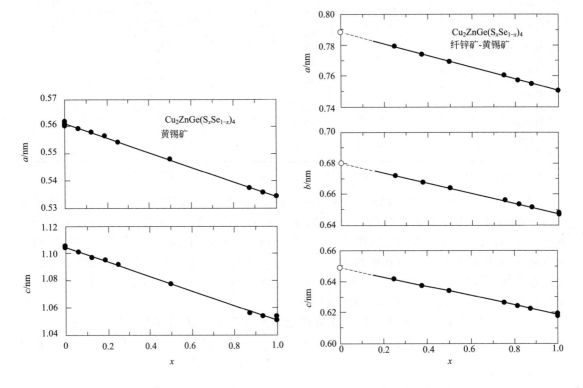

图 7.3　结晶为黄锡矿结构的 $Cu_2ZnGe(S_xSe_{1-x})_4$ 合金的晶格常数 a 和 c 相对成分比例 x 的变化关系
实验数据由 Doverspike 等[13]完成

图 7.4　结晶为纤锌矿-黄锡矿结构的 $Cu_2ZnGe(S_xSe_{1-x})_4$ 合金的晶格常数 a、b 和 c 相对成分比例 x 的变化关系
实验数据由 Doverspike 等[13]完成

7.3　热学性质

7.3.1　熔点

我们在表 7.2 中列出了在常压下一些 Cu_2-Ⅱ-Ⅳ-Ⅵ$_4$ 半导体的熔点 T_m。这些实验数据是从不同的渠道收集整理的。在表 7.2 中，Cu_2ZnSiS_4 的熔点最高，T_m 值为 1396K，这比 Si 的熔点（1687K）低很多，但是稍高于 CdTe 的熔点（1365K）[20]。图 7.5 也绘制了这些半导体熔点 T_m 相对分子量 M 的变化关系，其中实线代表的是根据下式进行最小二乘法拟合得到的数据：

$$T_m = 1752 - 1.065M \tag{7.2}$$

式中，T_m 的单位是 K。从图中观察到较高的熔点对应的原子质量较低，也就是说黄铜矿 Cu_2-Ⅱ-Ⅳ-Ⅵ$_4$ 体系中的原子间键长更短（见图 7.2）。

表 7.2　一些 Cu_2-Ⅱ-Ⅳ-Ⅵ$_4$ 半导体的熔点和在 300K 热导率 κ

材　料	熔点/K	κ/W·m^{-1}·K^{-1}	材　料	熔点/K	κ/W·m^{-1}·K^{-1}
Cu_2ZnSiS_4	1396		$Cu_2CdGeTe_4$	805	
$Cu_2ZnSiSe_4$	1246		Cu_2CdSnS_4	1190	
$Cu_2ZnSiTe_4$	973		$Cu_2CdSnSe_4$	1054	2.79[23]
Cu_2ZnGeS_4	1376		$Cu_2CdSnTe_4$	743	
$Cu_2ZnGeSe_4$	1163	3.21[25]	Cu_2HgSiS_4	1132	
$Cu_2ZnGeTe_4$	823		$Cu_2HgSiSe_4$	1086	
CZTS	1259	4.72[22]	$Cu_2HgSiTe_4$	898	
CZTSe	1074	4.26[22]	Cu_2HgGeS_4	1195	
Cu_2CdSiS_4	1289		$Cu_2HgGeSe_4$	1032	
$Cu_2CdSiSe_4$	1194		$Cu_2HgGeTe_4$	805	
$Cu_2CdSiTe_4$	923		Cu_2HgSnS_4	1118	
Cu_2CdGeS_4	1288		$Cu_2HgSnSe_4$	983	
$Cu_2CdGeSe_4$	1107		$Cu_2HgSnTe_4$	743	

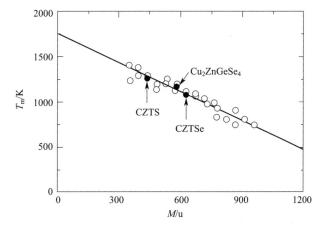

图 7.5　Cu_2-Ⅱ-Ⅳ-Ⅵ$_4$ 半导体的熔点相对原子量 M 的变化关系

实线代表由式(7.2)计算的结果

7.3.2　热导率

热导率 κ 或者热阻 W（$W=\kappa^{-1}$）来自于声子之间的相互作用和晶体缺陷引起的声子散射（晶格热导率），同时也来自于声子与电子的相互作用（电子热导率）。在半导体合金中，还必须考虑一个额外的贡献，即成分原子在子晶格格点上的随机分布。在金属和掺杂半导体中，电子热导率 κ_e 和电导率 σ 可以通过 Wiedemann-Frantz-Lorenz 法则（$\kappa_e=L\sigma T$）产生联系，其中 L 和 T 分别是洛仑兹比和晶格温度。

Cu_2-Ⅱ-Ⅳ-Ⅵ$_4$ 半导体的热导率在理论上[21]和实验上[22-28]都曾研究过。表 7.2 列出了 300K 条件下确定的一些 Cu_2-Ⅱ-Ⅳ-Ⅵ$_4$ 半导体的热导率 κ 的实验数值[22,23,25]。图 7.6 也绘制了这些半导体和Ⅳ族、Ⅲ-Ⅴ族以及Ⅱ-Ⅵ族半导体的热导率 κ 相对于晶体密度 g 的变化数据[20]。其中的实线是由下式进行最小二乘法拟合的结果：

$$\kappa = 2.45 \times 10^4 g^{-4.3} \tag{7.3}$$

式中，g 的单位是 $g \cdot cm^{-3}$；κ 的单位是 $W \cdot m^{-1} \cdot K^{-1}$。可以预测 Cu_2-Ⅱ-Ⅳ-Ⅵ$_4$ 半导体由于结晶品质较差，因而 κ 值较小。

在图 7.7 中我们展示了由 Liu 等[23]和 Fan 等[24]测量的 $Cu_2CdSnSe_4$ 的 κ 值作为温度 T 的函数关系。在大多数半导体中，κ 值作为温度 T 的函数关系可以由下式描述[20]：

$$\kappa(T) = AT^n \tag{7.4}$$

图 7.7 中的细实线显示的是使用式（7.4）进行最小二乘法拟合的结果。CZTS 的实验数据[22]也由式（7.4）进行了分析，并在图 7.7 中以粗实线进行显示。表 7.3 汇总了一些 Cu_2-Ⅱ-Ⅳ-Ⅵ$_4$ 半导体的拟合参数 A 和 n 的数值。

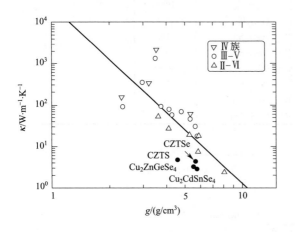

图 7.6　Cu_2-Ⅱ-Ⅳ-Ⅵ$_4$ 半导体和Ⅳ族、Ⅲ-Ⅴ族以及Ⅱ-Ⅵ族半导体的热导率 κ 相对于晶体密度 g 的变化数据
其中的实线是式（7.3）的计算结果

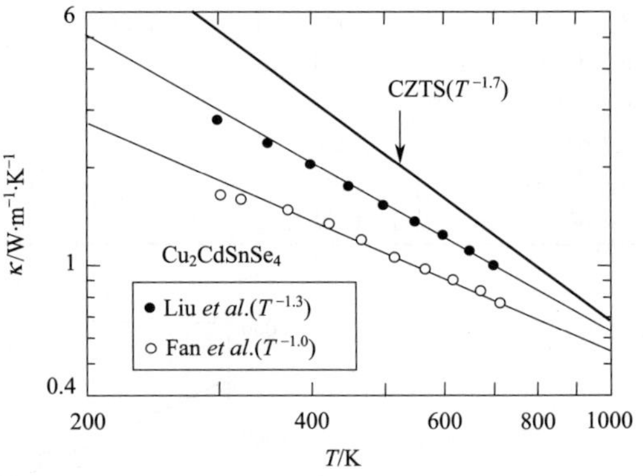

图 7.7　由 Liu 等[23]和 Fan 等[24]测量的 $Cu_2CdSnSe_4$ 的热导率 κ 值作为温度 T 的函数关系
其中细实线代表的是式（7.4）的计算结果，由式（7.4）拟合的 CZTS[22]的结果在图中以粗实线表示

表 7.3　一些 Cu_2-Ⅱ-Ⅳ-Ⅵ$_4$ 半导体的热导率 κ 值作为温度 T 的函数经验关系［式（7.4）］，其中 κ 的单位是 $W \cdot m^{-1} \cdot K^{-1}$

材　料	A	n	T/K
CZTS[22]	85000	-1.7	300—700
CZTSe[22]	740	-0.9	300—700
$Cu_2CdSnSe_4$[23]	5000	-1.3	300—700
$Cu_2CdSnSe_4$[24]	550	-1.0	300—700

注：

图 7.8 展示了由 Yang 等[26]测量的 CZTS 的热导率 κ 随温度 T 的变化关系。其中实线显示的是由式（7.4）（$A = 5200$，$n = -1.3$，κ 的单位是 $W \cdot m^{-1} \cdot K^{-1}$）计算的结果。硫族化合物 CZTS 的电导率 σ 随着温度 T 的变化也在图 7.8 中进行了绘制，其对应的关系可表示为：$\sigma(T) = 2.3 \times 10^{-8} T^{3.2}$，$S \cdot m^{-1}$。Wiedemann-Frantz-Lorenz 法则给出的表达式是 $\kappa_e(T)/\sigma(T) = LT$；但是由图 7.8 得到的结果是 $\kappa_e(T)/\sigma(T) = 2.3 \times 10^{-11} T^{-4.5}$。因此可以认为 CZTS 的热导率可由晶格热导进行表征，也就是说它是由晶体缺陷与声子相互作用引起的声子散射（即声子-声子散射）决定的，而不是由声子-电子散射决定的。

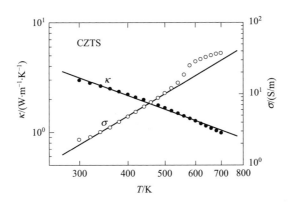

图 7.8 由 Yang 等[26]测量的 CZTS 的热导率 κ 和电导率 σ 依赖于温度 T 的变化关系

实线代表的是由关系式 $\kappa(T)=5.2\times10^3 T^{-1.3}$，$W\cdot m^{-1}\cdot K^{-1}$ 和 $\sigma(T)=2.3\times10^{-8}T^{3.2}$，$S\cdot m^{-1}$ 计算的结果

7.4 力学和晶格动力学性质

7.4.1 显微硬度

据我们所知，目前还没有关于 Cu_2-II-IV-VI$_4$ 半导体弹性性质实验数据的报道。但是我们能够找到这些硫族化合物半导体的显微硬度的实验数据。一直以来，显微硬度测试是用来表征固体力学行为的简单方法。表 7.4 列出了 Cu_2-II-IV-VI$_4$ 半导体的显微硬度 H 数据[29-34]。

表 7.4 300K 条件下一些 Cu_2-II-IV-VI$_4$ 半导体的显微硬度 H

材料	晶体结构	显微硬度 H/GPa	文献	材料	晶体结构	显微硬度 H/GPa	文献
Cu_2ZnSiS_4	w-s	3.4	[30]	Cu_2CdSnS_4	s	2.2	[34]
$Cu_2ZnSiSe_4$	w-s	2.8	[30]	$Cu_2CdSnSe_4$	s	1.5	[32]
Cu_2ZnGeS_4	w-s	3.4	[30]		s	1.7	[34]
Cu_2CdSiS_4	w-s	2.5	[30]	$Cu_2CdSnTe_4$	m	2.1	[34]
$Cu_2CdGeSe_4$	s	2.32	[29]	$Cu_2HgGeSe_4$	s	1.5	[31]
	s	1.9	[32]	$Cu_2HgSnSe_4$	s	1.4	[31]
$Cu_2CdGeTe_4$	s	2.6	[33]				

注：w-s，纤锌矿-黄锡矿结构；s，黄锡矿结构；m，单斜结构。

图 7.9 描述的是一些 Cu_2-II-IV-VI$_4$ 半导体的显微硬度 H（单位是 GPa）随着基元晶胞体积倒数（V_c^{-1}，单位是 nm^{-3}，V_c 数值可参见图 7.2）变化的数据。文献 [20] 的结果表明 IV 族、III-V 族和 II-VI 族半导体的显微硬度 H 与 V_c^{-1} 表现出线性关系。图中的实线是由下面的关系式进行最小二乘法拟合后的结果：

$$H = 1.4 V_c^{-1} - 1.6 \tag{7.5}$$

H 与 V_c^{-1} 之间的线性关系可以根据图 7.9 进一步理解。

7.4.2 长波声子频率

由于 Cu_2-II-IV-VI$_4$ 半导体是多元成分，因此其中有可能共存着微量的第二相少数几种非极性键。例如，我们可以预测 CZTSe 中的第二相包括 Cu_3SnSe_4、Cu_2SnSe_3、Cu_2Se、CuSe、ZnSe、$SnSe_2$、SnSe 和元素 Se 等。这使得利用 XRD 来识别物相变得非常困难。为了更准确地识别 Cu_2-II-IV-VI$_4$ 半导体中的第二相，研究者进行了广泛的拉曼散射研究。

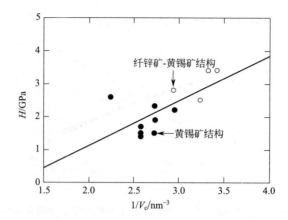

图 7.9 Cu$_2$-Ⅱ-Ⅳ-Ⅵ$_4$ 半导体的显微硬度 H 对应于基元晶胞体积倒数（V_c^{-1}）的变化关系

其中黄锡矿结构和纤锌矿-黄锡矿结构数据分别由实心圆和空心圆表示，实线表示由式(7.5)计算的结果

图 7.10(a) 和图 7.10(b) 分别显示了 CZTSe 沿基本对称方向的声子色散谱和对应的态密度曲线。这些曲线由 Khare 等[35]开展的密度泛函理论计算得到。Altosaar 等[36]在 300K 下测量的拉曼谱图也展示了在图 7.10(c) 中。

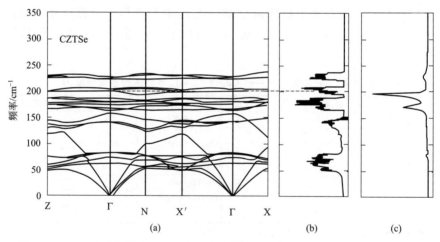

图 7.10 (a) 声子色散谱；(b) 声子态密度曲线；(c) CZTSe 的室温拉曼谱图

图 (a) 和图 (b) 的重印许可由文献 [35] 提供，Copyright 2012, AIP Publishing LLC.,

图 (c) 重印许可由文献 [36] 提供，Copyright © 2008, John Wiley and Sons Ltd.

当一个振动模式的 $\nabla_q \nu(q) \to 0$（临界点，其中的 ν 和 q 分别代表声子频率和波数）时，理论声子态密度将增长，而且当某一振动模式的 q 到达布里渊区边界时这种情形将占主导地位。在初基晶胞中，如果有 N 种不同类型的原子、不同的质量或空间序，那么结果就会有 $3N$ 个振动模式。其中三个分支，即声学支，将分散在布里渊区中心 Γ 点。黄锡矿类型结构（其 $N=6$）在布里渊区中心的群论分析结果的光学模式表示为：

$$\Gamma = 2A_1 + A_2 + 2B_1 + 4B_2 + 6E \tag{7.6}$$

在这些振动模式中，14A_1、B_1、B_2 和 E 模式是拉曼活性的，而 10B_2 和 E 模式是红外活性的。

CZTSe 的 A_1 振动模式源自于被晶格中其余原子包围的 Se(Ⅵ) 原子的振动，而且通常认为这一振动模式为黄锡矿结构材料的拉曼谱图中占主导地位的振动峰。类似地,拉曼活性 A(A_1) 振动模式则被认为是锌黄锡矿结构和纤锌矿-黄锡矿结构材料的拉曼谱图中占主导地位的振动峰。在 CZTSe 中,A_1 模式振动峰大约在 195 cm^{-1} 处观测到[参见图 7.10(c)]。

表 7.5 总结了一些四方相 Cu_2-Ⅱ-Ⅳ-S_4 半导体和 Cu_2-Ⅱ-Ⅳ-Se_4 半导体在 300K 时从拉曼图谱上观测到的光学声子频率[24,37]。由于已经有很多关于 CZTS 和 CZTSe 的拉曼数据,因此表 7.5 中列出的这些半导体的相关数值都是实验数据的平均值。表 7.6 也总结了纤锌矿-黄锡矿结构 Cu_2ZnSiS_4 和 $Cu_2ZnSiSe_4$ 半导体在 300 K 时观测到的拉曼频率,同时也列出了它们对应的对称性归属。这些实验数据摘取自 Levcenco 等[38]的工作。这些化合物最强的拉曼峰(A_1)分别在 391 cm^{-1}(Cu_2ZnSiS_4)和 222 cm^{-1}($Cu_2ZnSiSe_4$)处观测到。

表 7.5 一些四方相 Cu_2-Ⅱ-Ⅳ-S_4 半导体和 Cu_2-Ⅱ-Ⅳ-Se_4 半导体在 300 K 时的拉曼频率

锌黄锡矿	频率/cm^{-1}		
	A	A	B/E
CZTS^a	287	338	369
黄锡矿	A_1	A_1	B_2
Cu_2CdSnS_4[37]	279	329	358
Cu_2HgSnS_4[37]	283	318	
CZTSe^a	172	195	232
$Cu_2CdSnSe_4$[24]	170	191	231

注:^{a} 表示平均值或推荐值。

表 7.6 正交相 Cu_2ZnSiS_4 和 $Cu_2ZnSiSe_4$ 在 300K 时拉曼谱图中观测到的光学声子频率[38]

Cu_2ZnSiS_4	$Cu_2ZnSiSe_4$	对称性归属
178		A_1 或 B_1 或 B_2
213		A_1 或 B_1 或 B_2
239		A_1 或 B_1 或 B_2
278		A_2
289		A_1
333	167	A_1
340	178	A_1
391	222	A_1
	384	A_2
498	404	B_1 或 B_2
540	442	B_1 或 B_2

图 7.11 显示了一些 Cu_2-Ⅱ-Ⅳ-$Ⅵ_4$ 半导体的主拉曼峰的频率作为原子量倒数 $1/M$ 函数的变化曲线,其中的拉曼数据取自表 7.5 和表 7.6。显而易见,图 7.11 中 A 振动模式和 A_1 振动模式的频率可以分类为两组:Cu_2-Ⅱ-Ⅳ-S_4 和 Cu_2-Ⅱ-Ⅳ-Se_4。如前所述,A 振动模式和 A_1 振动模式的频率主要取决于 Cu_2-Ⅱ-Ⅳ-$Ⅵ_4$ 晶格中被其余原子(Cu、Ⅱ 和 Ⅳ)包围的阴离子振动,从这点很容易理解上述分类。更确切地说,A 振动模式和 A_1 振动模式的频率可以由下式给出[18]:

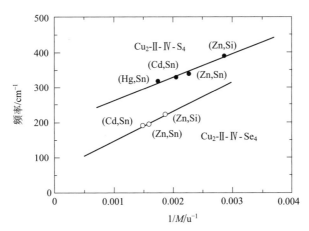

图 7.11 Cu_2-Ⅱ-Ⅳ-$Ⅵ_4$ 半导体的主拉曼峰的频率作为原子量倒数 $1/M$ 函数的变化关系
硫基化合物和硒基化合物的数据分别由实心圆和空心圆表示

$$\nu = \sqrt{\frac{2\alpha_{Cu-VI} + \alpha_{Zn-VI} + \alpha_{Sn-VI}}{M_{VI}}} \quad (7.7)$$

式中，α_{X-VI}（X=Cu、Ⅱ或Ⅳ）是与最近邻（X—Ⅵ）相互作用的键伸缩力常数；M_{VI}是阴离子（Ⅵ）的原子量。式(7.7)指出化合物的M_{VI}越小，那么对应的ν值越高。S和Se的原子量分别是32.066和78.96。

$Cu_2ZnSn(S_xSe_{1-x})_4$的A振动模式和A_1振动模式的频率作为成分比例x的函数变化如图7.12所示。这些实验数据摘自He等[18]和Grossberg等[39]的报道。研究者提出了一些模型用于解释固溶体中的多模行为，在这些模型中，修正的随机元素等位移（modified random-element-isodisplacement，MREI）模型是最成功的[40]。在MREI模型中，如果AB_xC_{1-x}合金具有如下关系式：

$$M_B < \mu_{AC} \quad (7.8)$$

那么它将呈现双模行为。其中，$\mu_{AC}^{-1} = M_A^{-1} + M_C^{-1}$是材料AC的约化质量。而单模行为的关系则与之相反。换而言之，对于合金所呈现的双模行为，取代元素的质量必须小于形成化合物的另外两个元素的约化质量。给定质量的终端成分，MREI模型能够预测合金是呈现单模行为或者双模行为，以及光学声子频率与成分比例x的关系。

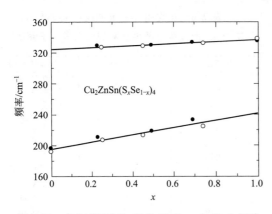

图7.12 在300K下$Cu_2ZnSn(S_xSe_{1-x})_4$的A振动模式和A_1振动模式的频率相对于成分比例x的函数变化 实验数据摘自He等[18]（实心圆）和Grossberg等[39]（空心圆）的报道，实线代表式(7.9)的计算结果

图7.12中，$Cu_2ZnSn(S_xSe_{1-x})_4$合金呈现出清楚的双模行为。假定$A=Cu_2ZnSn$（$M_A = 2M_{Cu} + M_{Zn} + M_{Sn}$），我们可以认为$Cu_2ZnSn(S_xSe_{1-x})_4$是由$AB_xC_{1-x}$（其中$B=S_4$，$C=Se_4$）构成的伪二元合金。式(7.8)中的质量临界点指出合金将呈现双模行为，这与图7.12中观测到的结果一致。图7.12中的实线表示的是由下面关系进行最小二乘法拟合得到的结果：

$$\nu = 324.5 + 12.1x \quad (7.9a)$$

$$\nu = 194.9 + 46.8x \quad (7.9b)$$

上述两式分别描述CZTS和CZTSe的振动模式，其中ν的单位是cm^{-1}。

7.5 电子能带结构

7.5.1 电子能带示意图

在图7.13中，我们展示了四方相Cu_2-Ⅱ-Ⅳ-VI_4半导体在$k=0$（Γ）处的导带和价带结构，同时也给出了具有$\Delta_{so} = \Delta_{cr} = 0 eV$ 和 $\Delta_{cr} = 0 eV$（$\Delta_{so} \neq 0 eV$）（其中Δ_{so}和Δ_{cr}分别表示自旋-轨道分裂和晶体场分裂的参数）闪锌矿半导体的导带和价带结构。图7.13(a)和图7.13(b)分别对应黄锡矿结构半导体和锌黄锡矿结构半导体的导带和价带结构。自旋-轨道相互作用使Γ_{15}三重态分裂为二重态（Γ_8）和单重态（Γ_7）。图7.13(a)中[或图7.13(b)中]

的 Γ_6（或 $\Gamma_5+\Gamma_6$）导带主要表现为 s 类波函数特征。黄锡矿（或锌黄锡矿）晶格中的自旋-轨道和晶体场微扰的综合效应使得 p 类 Γ_8 和 Γ_7 导带分裂为 $\Gamma_6(A)$［或 $\Gamma_5+\Gamma_6(A)$］、$\Gamma_7(B)$［或 $\Gamma_7+\Gamma_8(B)$］和 $\Gamma_7(C)$［或 $\Gamma_7+\Gamma_8(C)$］态，而每个能带的波函数都可以写成 p_x、p_y、p_z 和自旋函数的线性组合。在图 7.13 中，价带和导带之间对应的偶极子跃迁以竖直箭头表示。

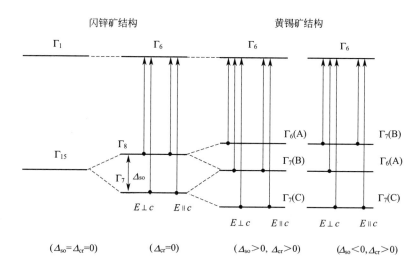

(a) 黄锡矿结构 Cu_2-Ⅱ-Ⅳ-Ⅵ$_4$ 半导体和闪锌矿半导体

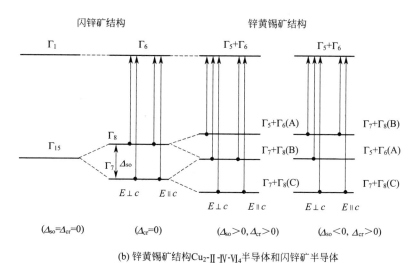

(b) 锌黄锡矿结构 Cu_2-Ⅱ-Ⅳ-Ⅵ$_4$ 半导体和闪锌矿半导体

图 7.13 黄锡矿结构和锌黄锡矿结构 Cu_2-Ⅱ-Ⅳ-Ⅵ$_4$ 半导体和闪锌矿半导体在 $k=0(\Gamma)$ 处的导带和价带结构
偶极子跃迁选择定则以竖直箭头表示

图 7.14 展示了纤锌矿-黄锡矿 Cu_2-Ⅱ-Ⅳ-Ⅵ$_4$ 半导体在 $k=0(\Gamma)$ 处的导带和价带结构，同时也给出了闪锌矿和纤锌矿半导体的导带和价带结构。需要注意的是图 7.14(c) 中的能带结构是纤锌矿晶格在 $\Delta_{so} \to 0\mathrm{eV}$ 情形下的临界能带示意图。这些半导体对应的偶极子跃迁在图 7.14［(b)—(d)］中以竖直箭头表示。

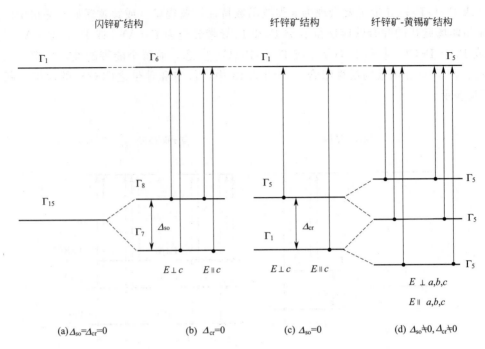

图 7.14 纤锌矿-黄锡矿 Cu_2-Ⅱ-Ⅳ-Ⅵ$_4$ 半导体以及闪锌矿和纤锌矿半导体在 $k=0(\Gamma)$ 处的导带和价带结构

(c) 图中纤锌矿示意图是在 $\Delta_{so} \to 0eV$ ($\Delta_{cr} \neq 0eV$) 下的临界情形,偶极子跃迁以竖直箭头表示

7.5.2 带隙能:室温值

根据图 7.13 和图 7.14 可以证明所有 Cu_2-Ⅱ-Ⅳ-Ⅵ$_4$ 半导体都是光学各向异性的。可是除了 Cu_2ZnSiS_4、$Cu_2ZnSiSe_4$ 和 Cu_2ZnGeS_4 之外[41-45],目前还没有详细的实验来使用偏振光确认这些各向异性半导体的能带间隙能。在表 7.7 中我们总结了室温 300K 条件下一些 Cu_2-Ⅱ-Ⅳ-Ⅵ$_4$ 半导体的最小间接带隙能和最小直接带隙能(E_g)[6,30-32,42,44,46-48]。一些作者也报道了"黄锡矿"CZTS 的 E_g 数值[49,50],在表 7.7 中也列出了它们的平均值。

表 7.7 室温 300K 条件下一些 Cu_2-Ⅱ-Ⅳ-Ⅵ$_4$ 半导体的最小间接(ID)和最小直接(D)能带间隙能

材料	晶体结构	E_g/eV	ID 或 D	材料	晶体结构	E_g/eV	ID 或 D
Cu_2ZnSiS_4	w-s	2.97[42]	ID	CZTSe	s	1.11*	D
		3.32[42]	D		k	1.05[48]	D
$Cu_2ZnSiSe_4$	w-s	2.20[30]	ID	Cu_2CdSiS_4	w-s	2.45[30]	ID
		2.348[44]	D	Cu_2CdGeS_4	w-s	2.00*	
$Cu_2ZnSiTe_4$	s	1.47[47]	D	$Cu_2CdGeSe_4$	s	1.29[32]	ID
Cu_2ZnGeS_4	s	2.25[6]	D		w-s	1.20[46]	D
	w-s	2.02*	ID	Cu_2CdSnS_4	s	1.24*	D
$Cu_2ZnGeSe_4$		1.57*	D	$Cu_2CdSnSe_4$	s	0.94*	D
CZTS	k	1.49*	D	$Cu_2HgGeSe_4$	s	0.16[31]	D
	s	1.50*	D	$Cu_2HgSnSe_4$	s	0.17[31]	D

注:*平均值或推荐值;w-s,纤锌矿-黄锡矿结构;s,黄锡矿结构;k,锌黄锡矿结构。

Levcenco 等[41,44]采用偏振调制光谱(polarization-dependent modulation spectroscopy)研究了正交相 Cu_2ZnSiS_4 单晶的带边激子跃迁。对他们的数据进行分析,我们能够获得图

7.14(c) 中 Cu_2ZnSiS_4 的能带示意图（其中 Δ_{so} 约为 0meV，Δ_{cr} 约为 90meV）。Levcenco 等[44]也采用极化电解质电反射谱（polarization-dependent electrolyte electroreflectance）研究了正交相 $Cu_2ZnSiSe_4$ 单晶。Cu_2ZnSiS_4 的晶格常数如下：$a=0.7833nm$，$b=0.6726nm$，$c=0.6450nm$（参见表 7.1）。假设 $b \approx c$，那么这一化合物可视为四方相材料且在 a 方向上具有光学各向异性轴。这使得采用准立方模型分析这一材料的能带结构成为可能[51]。如图 7.15 所示，Levcenco 等[44]报道的价带分裂能分别是 $\Delta E_{BA}=58meV$ 和 $\Delta E_{CA}=199meV$。这些能量分裂产生的自旋-轨道和晶体场参数分别是 $\Delta_{so}=108meV$ 和 $\Delta_{cr}=207meV$。最后，由准立方模型可以得到如下光学跃迁强度比例[51]：

$$P_{0A\perp}^2 : P_{0B\perp}^2 : P_{0C\perp}^2 : P_{0A\parallel}^2 : P_{0B\parallel}^2 : P_{0C\parallel}^2 = 1.00 : 0.93 : 0.07 : 0.00 : 0.14 : 1.86 \tag{7.10}$$

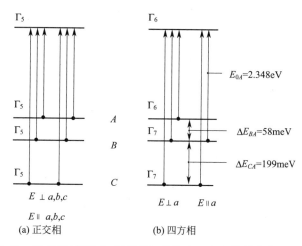

图 7.15 正交相（纤锌矿-黄锡矿）结构和四方相结构的能带示意图

在（b）图中基轴沿同一方向，其中的能量值对应于 Levcenco 等[44]报道的关于 $Cu_2ZnSiSe_4$ 的能量值。偶极子跃迁选择定则在图中以竖直箭头表示

由上面的等式可预测，对于 $E \parallel a$ 极化方向 $Cu_2ZnSiSe_4$ 中 A-价带和导带之间没有光学跃迁发生（如图 7.15 所示）。那么，对于 $E \perp a$ 极化方向而言，最小带隙能应当小于 $E \parallel a$ 极化方向的最小带隙能。

图 7.16 绘制的是在 300K 下 Cu_2-Ⅱ-Ⅳ-Ⅵ$_4$ 半导体的 E_g 值相对于分子量 M 的变化关系。图中也绘制了Ⅳ族、Ⅲ-Ⅴ族和Ⅱ-Ⅵ族半导体的 E_g 值相对于它们的 4 倍分子量 M 的变化关系[20]。这是因为这些四方相半导体每个分子中的价电子数都是 8（八电子规则），而 Cu_2-Ⅱ-Ⅳ-Ⅵ$_4$ 半导体每个分子中的价电子数是 32（$=1\times2+2+4+6\times4$）。图 7.16 中实线表示的是由下面关系式进行最小二乘法拟合的结果：

$$E_g = \frac{1.15 \times 10^3}{M} - 0.14 \tag{7.11}$$

式中，M 的单位是 u；E_g 的单位是 eV。

7.5.3 带隙能：随温度的变化

不少作者报道了 Cu_2-Ⅱ-Ⅳ-Ⅵ$_4$ 半导体的最小间接和直接带隙能随温度的变化关系[41,43,45,52]。图 7.17(a) 给出了 Cu_2ZnSiS_4 的最小直接带隙能沿 $E \perp c$ 和 $E \parallel c$ 两个方向上

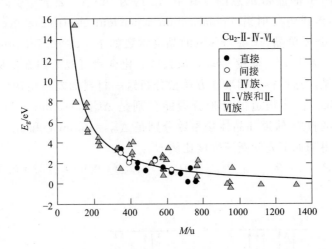

图 7.16　Cu_2-Ⅱ-Ⅳ-Ⅵ$_4$ 半导体的 E_g 值相对于分子量 M 的变化关系

实线表示由式(7.11)进行最小二乘法拟合的结果

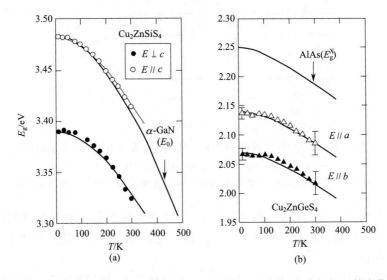

图 7.17　(a) Cu_2ZnSiS_4 的直接带隙能在 $E \perp c$ 和 $E // c$ 两个方向上随温度 T 的变化关系[41]；

(b) 纤锌矿-黄锡矿结构 Cu_2ZnGeS_4 的间接带隙能随温度 T 的变化关系[45]

图 (a) 中测试方向分别沿 (210) 基面的法线方向和片晶平行于 c 轴

的长边方向。图中实线显示的是式(7.12)的计算结果 (参见表 7.8)

随温度 T 的变化关系。实验数据利用压电反射光谱 (piezoreflectance spectroscopy) 在 $T=$ 10—300K 之间测量获得，测试方向分别沿 (210) 基面的法线方向和片晶平行于 c 轴的长边方向[41]。图中的实线是 Varshni 方程计算的结果[20]：

$$E_g(T) = E_g(0) - \frac{\alpha T^2}{T+\beta} \tag{7.12}$$

拟合确定的 $E_g(0)$、α 和 β 值列于表 7.8 中。在图中也绘制了 α-GaN 的最小带隙能 $E_0(T)$，其由式(7.12)拟合的结果是：$E_g(0)=3.484eV$，$\alpha=1.28\times 10^{-3}eV \cdot K^{-1}$，$\beta=1190K$[20]。

表 7.8　一些 Cu_2-Ⅱ-Ⅳ-Ⅵ$_4$ 半导体的最小间接（ID）和直接（D）带隙能变化的经验公式 ［式(7.12)］

材料	$E_g(0)$	$\alpha/(\times 10.4\,eV\cdot K^{-1})$	β/K	备　　注	文　献
Cu_2ZnSiS_4	2.99	4	350	ID, $E\perp c$	[43]
	3.1	4	290	ID, $E/\!/c$	[43]
	3.39	5	380	D, $E\perp c$	[41]
	3.482	5	350	D, $E/\!/c$	[41]
$Cu_2ZnSiSe_4$ *	2.15	5	270	ID, $E\perp c$	[43]
	2.2	4	260	ID, $E/\!/c$	[43]
Cu_2ZnGeS_4	2.07	4	350	ID, $E/\!/a$	[45]
	2.14	4	330	ID, $E/\!/b$	[45]
CZTS	1.64	10	340	D	[52]

注：* 测试方向分别沿（210）基面的法线方向和片晶平行于 c 轴的长边方向。

图 7.17(b) 显示的是纤锌矿-黄锡矿结构 Cu_2ZnGeS_4 的最小间接带隙能随温度 T 变化的数据，以及由式(7.12)计算的结果（参见表 7.8）。实验数据是在 $T=10—300K$ 范围内采用偏振光吸收测试获得的[45]。图 7.17(b) 也以粗实线形式给出了由式(7.12)计算 AlAs 的最小间接带隙能 $E_g^X(T)$ 随温度的变化关系，计算参数如下：$E_g^X(0)=2.25eV$；$\alpha=3.6\times 10^{-4}eV\cdot K^{-1}$，$\beta=204K$[20]。从图 7.17 中可以发现 Varshni 表达式(7.12)不仅能够成功地解释Ⅲ-Ⅴ族半导体的带隙能随温度的变化关系，对 Cu_2-Ⅱ-Ⅳ-Ⅵ$_4$ 半导体同样适用。

7.5.4　化学成分的影响

在 300K 条件下 CZTS 和 CZTSe 的最小直接带隙能 E_g 随着原子比 Cu/(Zn+Sn) 的变化关系分别如图 7.18(a) 和图 7.18(b) 所示。实验数据由不同来源收集整理而得。图 7.18(a) 和图 7.18(b) 中的实线对应的 E_g 值分别为 $E_g\approx 1.5eV$ 和 $E_g\approx 1.0eV$。在图 7.18(a) 中，随着 Cu/(Zn+Sn) 的比例增大，CZTS 的带隙能 E_g 表现出轻微增大的趋势（如图中虚线所示）。图 7.18(b) 中也绘制了相同的图，但是带隙能 E_g 和 Cu/(Zn+Sn) 数值之间没有表现出清晰的变化关系。图 7.18(b) 中的数据可以分为两类不同的带隙能 E_g：约 1.0eV（实线）和约 1.5eV（虚线）。需要注意的是表 7.7 中引用的 CZTSe 数据 $E_g=1.11eV$ 是不同文献报道的平均值；然而这些文献大多数没有给出测试样品的化学成分或化学计量比的相关信息。众所周知，Se 基硫族化合物的带隙能普遍小于 S 基硫族化合物的带隙能（比如，ZnSe 和 ZnS 的 E_g 数值分别是 2.721eV 和 3.726eV[20]）。因此，CZTSe 的带隙能应当是 $E_g\approx 1.0eV$，而不是 $E_g\approx 1.5eV$。

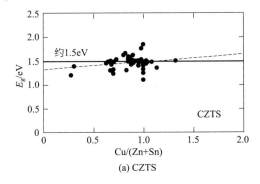
(a) CZTS

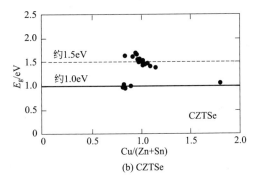
(b) CZTSe

图 7.18　300K 条件下观测到的 CZTS 和 CZTSe 的直接带隙能 E_g 随着原子比 Cu/(Zn+Sn) 的变化
实验数据由不同来源收集整理而得

7.5.5 合金半导体

不同作者研究了 $Cu_2ZnSn(S_xSe_{1-x})_4$ 合金的最小直接带隙能随着成分的变化关系[18,53]。在图 7.19 中我们给出了 He 等[18] 报道的结果。实验数据通过在 300K 条件下对 $x=0$、0.13、0.19、0.69 和 1.0 的样品进行光吸收测试得到。AB_xC_{1-x} 形式合金的带隙能随着成分变化一般写成如下关系式：

$$E_g(x) = xE_g(AB) + (1-x)E_g(AC) + x(1-x)c \tag{7.13}$$

式中，c 是弯曲参数。He 等确定的式（7.13）中的参数如下：$E_g(CZTS) = 1.5eV$，$E_g(CZTSe) = 0.96eV$，$c = 0.08eV$（向上弯曲）。由 Levcenco 等[53] 获得的实验数据也显示出随着 x 变化的二次方关系：$E_g(CZTS) = 1.46eV$，$E_g(CZTSe) = 0.94eV$，$c = -0.19eV$（向下弯曲）。理论上，Chen 等[54] 根据第一性原理计算预测 c 为 $-0.07eV$ 或 $-0.10eV$。

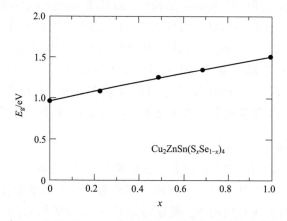

图 7.19 $Cu_2ZnSn(S_xSe_{1-x})_4$ 合金的最小直接带隙能随成分的变化关系
实验数据是由 He 等[18] 在 300K 条件下测量得到，实线表示式（7.13）计算的结果

7.6 光学性质

7.6.1 折射率

光吸收测试通常用来确定 Cu_2-Ⅱ-Ⅳ-Ⅵ$_4$ 半导体的基本吸收带边。因为复介电函数（$\varepsilon^* = \varepsilon_1 + i\varepsilon_2$）或复折射率（$n^* = n + ik$）的实部和虚部不能独立地进行测量，所以确定上述基本吸收带边上的光学常数变得越来越困难。关于上述基本吸收带边上的光学常数的大多数数据都是由宽光谱范围的垂直入射反射率测量，然后通过 Kramers-Kronig 关系式计算相移推演得到的。当前，椭圆偏振光谱测试（spectroscopic ellipsometry，SE）是获得固体基本光学光谱的优异技术。

据我们所知，目前还没有开展过关于 Cu_2-Ⅱ-Ⅳ-Ⅵ$_4$ 半导体的垂直入射反射率测量工作。但是已经有了一些关于 Cu_2ZnGeS_4[6]、CZTS[7] 和 CZTSe[8] 的 SE 测量工作。利用一阶 Sellmeier 方程对 $n(E)$ 的 SE 数据进行外推，可以得到[20] 半导体透明区域的折射率 $n(E)$：

$$n(\lambda)^2 = \varepsilon_1(\lambda) = A + \frac{B\lambda^2}{\lambda^2 - C^2} \tag{7.14}$$

使用式（7.14），我们可以确定如下 Sellmeier 参数，Cu_2ZnGeS_4：$A = 2.30$，$B = 4.00$，

$C^2=0.125\mu m^2$；CZTS：$A=3.10$，$B=3.85$，$C^2=0.220\mu m^2$；CZTSe：$A=6.80$，$B=2.30$，$C^2=0.660\mu m^2$。当 $\lambda \to \infty$ 时，电子跃迁对介电常数的贡献达到极值 ε_∞，即高频介电常数。在式(7.14)中，将 ε_∞ 设置为 $\varepsilon_\infty=A+B$ 可以得到 ε_∞ 数值：Cu_2ZnGeS_4，6.30；CZTS，6.95；CZTSe，9.10。

表 7.9 和表 7.10 分别提供了室温下 CZTS[7] 和 CZTSe[8] 的 SE 测量数据 $\varepsilon^*=\varepsilon_1+i\varepsilon_2$，$n^*=n+ik$，$\alpha$（吸收系数）和 R（垂直入射反射率），以及 Sellmeier 关系式中的折射率 n 值（范围分别是：CZTS，$E=0.2—0.6eV$；CZTSe，$E=0.2—0.4eV$）。已经证明的是[6]，通过带间跃迁的简化模型能够成功地解释这些光谱数据[20]。

表 7.9　300K 条件下 CZTS 的光学常数

E/eV	ε_1	ε_2	n	k	α/cm^{-1}	R
0.2	6.972		2.64			0.203
0.3	7		2.646			0.204
0.4	7.04		2.653			0.205
0.5	7.093		2.663			0.206
0.6	7.159		2.676			0.208
0.7	7.234		2.69			0.21
0.8	7.256		2.694			0.21
0.9	7.321		2.706			0.212
1	7.473		2.734			0.216
1.1	7.698	0.019	2.775	0.003	3.84×10^2	0.221
1.2	7.939	0.18	2.818	0.032	3.88×10^3	0.227
1.3	8.112	0.451	2.849	0.079	1.04×10^4	0.231
1.4	8.179	0.786	2.863	0.137	1.95×10^4	0.234
1.5	8.129	1.093	2.858	0.191	2.91×10^4	0.234
1.6	8.02	1.31	2.841	0.231	3.74×10^4	0.233
1.7	7.905	1.433	2.823	0.254	4.38×10^4	0.231
1.8	7.843	1.53	2.814	0.272	4.96×10^4	0.23
1.9	7.811	1.644	2.81	0.293	5.63×10^4	0.23
2	7.811	1.761	2.812	0.313	6.35×10^4	0.231
2.1	7.824	1.895	2.817	0.336	7.16×10^4	0.233
2.2	7.838	2.068	2.824	0.366	8.17×10^4	0.234
2.3	7.816	2.263	2.824	0.401	9.34×10^4	0.236
2.4	7.773	2.489	2.823	0.441	1.07×10^5	0.237
2.5	7.708	2.731	2.818	0.485	1.23×10^5	0.239
2.6	7.607	2.929	2.807	0.522	1.38×10^5	0.24
2.7	7.476	3.086	2.79	0.553	1.51×10^5	0.239
2.8	7.338	3.191	2.769	0.576	1.64×10^5	0.238
2.9	7.204	3.243	2.748	0.59	1.73×10^5	0.236
3	7.089	3.251	2.728	0.596	1.81×10^5	0.234
3.1	7.019	3.227	2.715	0.594	1.87×10^5	0.233
3.2	6.998	3.203	2.711	0.591	1.92×10^5	0.232
3.3	7	3.175	2.71	0.586	1.96×10^5	0.232
3.4	7.048	3.175	2.718	0.584	2.01×10^5	0.232
3.5	7.13	3.228	2.735	0.59	2.09×10^5	0.235
3.6	7.253	3.309	2.759	0.6	2.19×10^5	0.238
3.7	7.408	3.455	2.791	0.619	2.32×10^5	0.243
3.8	7.54	3.712	2.823	0.657	2.53×10^5	0.25
3.9	7.615	4.059	2.85	0.712	2.82×10^5	0.256
4	7.599	4.46	2.865	0.779	3.16×10^5	0.263

续表

E/eV	ε_1	ε_2	n	k	α/cm^{-1}	R
4.1	7.504	4.868	2.868	0.849	3.53×10^5	0.268
4.2	7.343	5.233	2.86	0.915	3.90×10^5	0.273
4.3	7.128	5.527	2.841	0.973	4.24×10^5	0.276
4.4	6.881	5.79	2.817	1.028	4.58×10^5	0.279
4.5	6.597	6.061	2.789	1.087	4.96×10^5	0.282
4.6	6.276	6.325	2.756	1.148	5.35×10^5	0.285
4.7	5.965	6.531	2.721	1.2	5.72×10^5	0.288
4.8	5.647	6.702	2.684	1.248	6.08×10^5	0.29
4.9	5.326	6.832	2.645	1.292	6.42×10^5	0.292
5	4.974	6.919	2.598	1.332	6.75×10^5	0.294
5.1	4.599	6.988	2.546	1.372	7.10×10^5	0.296
5.2	4.238	7.043	2.496	1.411	7.44×10^5	0.298
5.3	3.906	7.067	2.448	1.444	7.76×10^5	0.299
5.4	3.578	7.041	2.395	1.47	8.05×10^5	0.3
5.5	3.26	6.963	2.34	1.488	8.30×10^5	0.3
5.6	2.972	6.84	2.284	1.498	8.50×10^5	0.299
5.7	2.726	6.665	2.228	1.496	8.64×10^5	0.296
5.8	2.514	6.494	2.177	1.492	8.77×10^5	0.293
5.9	2.341	6.336	2.133	1.486	8.89×10^5	0.29
6	2.211	6.24	2.101	1.485	9.03×10^5	0.289
6.1	2.052	6.179	2.069	1.493	9.23×10^5	0.289
6.2	1.813	6.104	2.022	1.509	9.49×10^5	0.291
6.3	1.537	6.01	1.967	1.527	9.76×10^5	0.293
6.4	1.272	5.907	1.912	1.544	1.00×10^6	0.296

表 7.10　300K 条件下 CZTSe 的光学常数

E/eV	ε_1	ε_2	n	k	α/cm^{-1}	R
0.2	9.14		3.023			0.253
0.3	9.193		3.032			0.254
0.4	9.27		3.045			0.256
0.5	9.372		3.061			0.258
0.6	9.404		3.067			0.258
0.7	9.537		3.088			0.261
0.8	9.838	0.08	3.137	0.013	1.03×10^3	0.267
0.9	10.37	0.29	3.221	0.045	4.11×10^3	0.277
1	10.77	0.848	3.284	0.129	1.31×10^4	0.285
1.1	10.61	1.449	3.264	0.222	2.47×10^4	0.284
1.2	10.42	1.524	3.237	0.235	2.86×10^4	0.281
1.3	10.57	1.691	3.261	0.259	3.42×10^4	0.284
1.4	10.51	2.115	3.258	0.325	4.61×10^4	0.285
1.5	10.38	2.218	3.241	0.342	5.20×10^4	0.284
1.6	10.51	2.301	3.26	0.353	5.72×10^4	0.286
1.7	10.64	2.69	3.287	0.409	7.05×10^4	0.291
1.8	10.67	3.062	3.299	0.464	8.47×10^4	0.294
1.9	10.76	3.408	3.321	0.513	9.89×10^4	0.298
2	10.78	3.963	3.336	0.594	1.20×10^5	0.303
2.1	10.61	4.617	3.33	0.693	1.48×10^5	0.307
2.2	10.22	5.149	3.29	0.782	1.75×10^5	0.308
2.3	9.569	5.567	3.212	0.866	2.02×10^5	0.305
2.4	8.936	5.782	3.129	0.924	2.25×10^5	0.301

续表

E/eV	ε_1	ε_2	n	k	α/cm^{-1}	R
2.5	8.37	5.75	3.043	0.945	2.39×10^5	0.294
2.6	7.796	5.433	2.941	0.924	2.43×10^5	0.282
2.7	7.426	4.955	2.859	0.866	2.37×10^5	0.269
2.8	7.397	4.566	2.836	0.805	2.29×10^5	0.262
2.9	7.556	4.313	2.851	0.756	2.22×10^5	0.26
3	7.751	4.119	2.875	0.716	2.18×10^5	0.259
3.1	8.036	4.015	2.917	0.688	2.16×10^5	0.262
3.2	8.285	4.007	2.957	0.677	2.20×10^5	0.266
3.3	8.604	4.139	3.013	0.687	2.30×10^5	0.273
3.4	9.038	4.383	3.089	0.709	2.45×10^5	0.283
3.5	9.34	4.855	3.152	0.77	2.73×10^5	0.293
3.6	9.445	5.565	3.194	0.871	3.18×10^5	0.304
3.7	9.283	6.164	3.196	0.964	3.62×10^5	0.31
3.8	9.062	6.622	3.185	1.04	4.01×10^5	0.315
3.9	8.785	7.08	3.168	1.118	4.42×10^5	0.319
4	8.486	7.405	3.142	1.178	4.78×10^5	0.322
4.1	8.256	7.623	3.122	1.221	5.07×10^5	0.324
4.2	7.93	7.882	3.091	1.275	5.43×10^5	0.327
4.3	7.663	8.184	3.072	1.332	5.81×10^5	0.331
4.4	7.51	8.545	3.073	1.39	6.20×10^5	0.336
4.5	7.234	8.942	3.061	1.461	6.66×10^5	0.343
4.6	6.835	9.343	3.034	1.54	7.18×10^5	0.349
4.7	6.226	9.626	2.974	1.618	7.71×10^5	0.354
4.8	5.624	9.78	2.907	1.682	8.19×10^5	0.357
4.9	5.009	9.85	2.834	1.738	8.63×10^5	0.36
5	4.359	9.84	2.75	1.789	9.07×10^5	0.363
5.1	3.787	9.713	2.666	1.822	9.42×10^5	0.364
5.2	3.177	9.457	2.564	1.844	9.72×10^5	0.363
5.3	2.602	9.139	2.46	1.857	9.98×10^5	0.362
5.4	2.351	8.785	2.392	1.836	$1.01\text{E}+06$	0.357
5.5	2.188	8.383	2.329	1.8	$1.00\text{E}+06$	0.349
5.6	2.131	7.998	2.281	1.753	9.95×10^5	0.341
5.7	2.231	7.731	2.267	1.705	9.85×10^5	0.332
5.8	2.277	7.645	2.264	1.688	9.93×10^5	0.329
5.9	2.403	7.73	2.291	1.687	1.01×10^6	0.33
6	2.387	7.85	2.301	1.706	1.04×10^6	0.333
6.1	2.147	7.957	2.279	1.746	1.08×10^6	0.339
6.2	1.918	8.068	2.259	1.785	1.12×10^6	0.346
6.3	1.699	8.148	2.239	1.82	1.16×10^6	0.351
6.4	1.479	8.169	2.211	1.847	1.20×10^6	0.355
6.5	1.21	8.11	2.169	1.869	1.23×10^6	0.359
6.6	0.866	8.084	2.121	1.906	1.28×10^6	0.366
6.7	0.585	8.059	2.082	1.936	1.32×10^6	0.371
6.8	0.379	8.074	2.057	1.963	1.35×10^6	0.377
6.9	0.087	8.053	2.018	1.996	1.40×10^6	0.383
7	-0.345	7.932	1.949	2.035	1.44×10^6	0.393
7.1	-0.751	7.739	1.874	2.065	1.49×10^6	0.401
7.2	-1.015	7.513	1.812	2.073	1.51×10^6	0.406
7.3	-1.344	7.222	1.732	2.084	1.54×10^6	0.413
7.4	-1.667	6.846	1.64	2.087	1.57×10^6	0.421

续表

E/eV	ε_1	ε_2	n	k	α/cm^{-1}	R
7.5	-1.767	6.517	1.579	2.064	1.57×10^6	0.421
7.6	-1.945	6.174	1.505	2.052	1.58×10^6	0.426
7.7	-2.035	5.823	1.438	2.025	1.58×10^6	0.427
7.8	-2.054	5.516	1.384	1.993	1.58×10^6	0.427
7.9	-2.083	5.211	1.328	1.961	1.57×10^6	0.427
8	-2.071	4.953	1.284	1.929	1.56×10^6	0.425
8.1	-2.011	4.736	1.252	1.892	1.55×10^6	0.421
8.2	-1.958	4.471	1.209	1.849	1.54×10^6	0.417
8.3	-1.937	4.244	1.168	1.817	1.53×10^6	0.416
8.4	-1.866	4.122	1.153	1.788	1.52×10^6	0.411
8.5	-1.836	4.03	1.139	1.77	1.53×10^6	0.409
8.6	-1.819	3.884	1.111	1.748	1.52×10^6	0.408
8.7	-1.820	3.748	1.083	1.73	1.53×10^6	0.409
8.8	-1.770	3.63	1.065	1.704	1.52×10^6	0.406
8.9	-1.741	3.527	1.047	1.684	1.52×10^6	0.404
9	-1.774	3.486	1.034	1.686	1.54×10^6	0.407

7.6.2 光吸收系数

图 7.20 展示了 Cu_2ZnGeS_4、CZTS 和 CZTSe 的光吸收谱 $\alpha(E)$，以及与晶体硅（c-Si）、非晶硅（a-Si）和 CdTe 等众所周知的重要光伏材料光吸收谱的对比情况。Cu_2ZnGeS_4、CZTS 和 CZTSe 的 $\alpha(E)$ 数据由 SE 测量数据获得[6-8]（参见表 7.9 和表 7.10）。c-Si、a-Si 和 CdTe 的相关数据摘自 Adachi 的工作[55]。在 $E>3eV$ 区域，c-Si 和 CdTe 出现一些尖峰，这是由于其带间的临界点结构而产生的[20]。

对光伏材料而言，吸收长度是一个非常重要的参量，它的定义是吸收系数 α 的倒数，即 α^{-1}。在可见光波长范围，图 7.20 中大多数半导体的吸收长度小于 $1\mu m$。这就意味着实际上仅需要数微米层

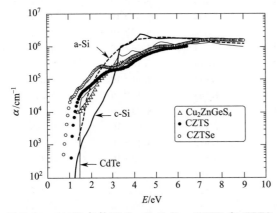

图 7.20　300K 条件下 Cu_2ZnGeS_4、CZTS 和 CZTSe 的光吸收谱 $\alpha(E)$，以及与晶体硅（c-Si）、非晶硅（a-Si）和 CdTe 光吸收谱的对比情况
Cu_2ZnGeS_4、CZTS 和 CZTSe 的 $\alpha(E)$ 数据由 SE 测量数据获得[6-8]（参见表 7.9 和表 7.10）；c-Si、a-Si 和 CdTe 的 $\alpha(E)$ 数据摘自 Adachi 的工作[55]

的材料就能够吸收所有太阳光。只有间接带隙半导体 c-Si 的吸收长度是数十微米，所以为了很好的光吸收，其对应的薄膜厚度需要数十或数百微米。

7.7　载流子传输特性

7.7.1　电导率

表 7.11 总结了文献报道的各种 Cu_2-Ⅱ-Ⅳ-Ⅵ$_4$ 半导体的电子特性。从表中数据可以知道所有这些半导体显示的都是 p 型导电特性。它们的电阻率变化幅度很大，从绝缘性（Cu_2ZnSiS_4）到高导电性（$1\times10^{-3}\ \Omega\cdot cm$，CZTSe）。

表 7.11　一些 Cu_2-Ⅱ-Ⅳ-Ⅵ$_4$ 半导体的导电类型、载流子迁移率和电阻率

材　　料	导电类型	迁移率/$cm^2 \cdot V^{-1} \cdot s^{-1}$	电阻率/$\Omega \cdot cm$
Cu_2ZnSiS_4			绝缘
$Cu_2ZnSiSe_4$			$2 \times 10^3 - 3 \times 10^4$
Cu_2ZnGeS_4	p		$1 - 1.6 \times 10^4$(w-s)
$Cu_2ZnGeSe_4$	p	2—3	$2 \times 10^{-3} - 0.9$
CZTS	p	0.1—35	$3.4 \times 10^{-3} - 600$
CZTSe	p	1.6—39.7	$1 \times 10^{-3} - 9.1$
Cu_2CdSiS_4			48
Cu_2CdGeS_4	p	10—15	$40 - 2.5 \times 10^3$
$Cu_2CdGeSe_4$	p	1—117	0.5—0.9(s)
	p		0.1(w-s)
Cu_2CdSnS_4	p		0.5
$Cu_2CdSnSe_4$	p	5—32	0.02—0.1
$Cu_2HgGeSe_4$	p	13	0.3
$Cu_2HgSnSe_4$	p	333	0.02

注：w-s—纤锌矿-黄锡矿结构；s—黄锡矿结构

图 7.21 显示的是 CZTS 的电阻率 ρ 与原子比 Cu/(Zn+Sn) 之间的变化关系。实验数据从不同的文献报道中收集整理。很不幸，我们发现对于 CZTS 来说，其电阻率 ρ 与原子比 Cu/(Zn+Sn) 之间没有明确的对应关系。然而，不少作者得到的结果指出，对于一些 Cu_2-Ⅱ-Ⅳ-Ⅵ$_4$ 半导体（$Cu_{2+x}Zn_{1-x}GeSe_4$[25]，CZTS[56,57]，CZTSe[5]）来说，其电阻率 ρ 随着原子比 Cu/(Ⅱ+Ⅳ) 的增大而减小。图 7.22 所示的 $Cu_{2+x}Cd_{1-x}SnSe_4$ 就是一个明显的例子[23]。我们已知在 Cu_2-Ⅱ-Ⅳ-Ⅵ$_4$ 化合物中，相对于其他因素，Cu 含量是决定薄膜电阻率的关键因素。Cu_2Se 是一个 p 型半金属材料。Tanaka 等[5]报道在他们所沉积的 CZTSe 薄膜中，由于有 Cu_2Se 相的存在，薄膜的 Cu/(Zn+Sn) 比例越高，那么对应的空穴浓度 p 越高，而电阻率 ρ 则越低。这一想法得到如下事实的支持：仅在低电阻率的 CZTSe 样品才能观察到 Cu_2Se 的拉曼峰（约 $260 cm^{-1}$ 处）。有意思的是，CZTS 的 Cu/(Zn+Sn) 比例小于 1.0，Zn/Sn 比例大于 1.0 时，将导致更高的光伏效率[9]。在将来的研究中，确定非化学计量比是否是获得高效 CZTS 器件的必要因素将是一个非常有意思的重要课题。

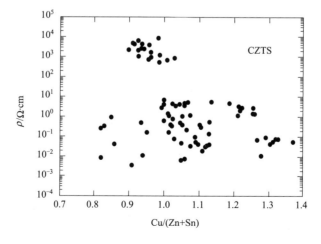

图 7.21　在 300K 条件下 CZTS 的电阻率 ρ 与原子比 Cu/(Zn+Sn) 之间的变化关系
实验数据从不同的文献报道中收集整理

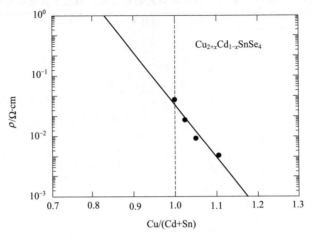

图 7.22 在 300K 条件下 $Cu_{2+x}Cd_{1-x}SnSe_4$ 电阻率 ρ 与原子比 $Cu/(Zn+Sn)$ 之间的变化关系

实验数据摘自 Liu 等[23] 的文献报道

图 7.23 显示的是 $Cu_2ZnGeSe_4$[25] [图(a)] 和 CZTS[22,58] [图(b)] 的电阻率 ρ 与温度 T 的变化关系。在 $T<50K$ 条件下观察到的 CZTS 的低温电导是由跳跃机制所导致的[58]，而 $Cu_2ZnGeSe_4$ 的电导和 CZTS 在 $T>300K$ 条件下的电导则是由热激发空穴传输所导致的，对应的活化能 $E_a \approx 0.12—0.3 eV$。

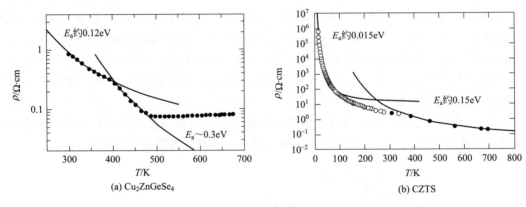

图 7.23 $Cu_2ZnGeSe_4$[25] 和 CZTS[22,58] 的电阻率 ρ 与温度 T 的变化关系

其中的实线代表 Arrhenius 拟合的结果

7.7.2 空穴迁移率

低场空穴霍尔迁移率 μ 作为自由空穴浓度 p 的函数可以由下面的经验公式表示[20]：

$$\mu(p) = \mu_{min} + \frac{\mu_{max} - \mu_{min}}{1+(p/p_{ref})^\alpha} \tag{7.15}$$

其中，所有的拟合参数都是非负的。此处，p_{ref} 是一个拟合参数，其目的是为了突出在此浓度条件下的空穴-空穴散射机制。这一方程预示着在空穴浓度 p 非常低的情况下，μ 将达到其最大值 μ_{max}。

文献报道的 CZTS 的最高空穴值 μ 是 $35 cm^2 V^{-1} \cdot s^{-1}$ [$p \approx (10^{16}—10^{17}) cm^{-3}$][59]。图 7.24 显示的是在 300K 条件下 CZTS 的空穴霍尔迁移率 μ 与空穴浓度 p 之间的变化关系。

实验数据从不同的文献报道中收集整理得到。图中实线显示的是利用式(7.15)计算的结果,计算中使用的参数:$\mu_{max}=45\ cm^2V^{-1}\cdot s^{-1}$,$\mu_{min}=5\ cm^2V^{-1}\cdot s^{-1}$,$p_{ref}=3\times10^{18}\ cm^{-3}$,$\alpha=0.7$。我们也得到了式(7.15)中 CZTSe 的最佳拟合参数:$\mu_{max}=55\ cm^2V^{-1}\cdot s^{-1}$,$\mu_{min}=8\ cm^2V^{-1}\cdot s^{-1}$,$p_{ref}=2\times10^{18}\ cm^{-3}$,$\alpha=1.4$。在 300K 条件下,文献报道的 CZTSe 的最高 μ 值是约 $40\ cm^2V^{-1}\cdot s^{-1}$,对应的空穴浓度 $p\approx2\times10^{17}\ cm^{-3}$[60]。

参 考 文 献

[1] Ito, K. & Nakazawa, T. (1988) Electrical and optical properties of stannite-type quaternary semiconductor thin films. Japanese Journal of Applied Physics, 27, 2094-2097.

[2] Tsuji, I., Shimodaira, Y., Kato, H., Kobayashi, H. & Kudo, A. (2010) Novel stannite-type complex sulfide photocatalysts A_2^I-Zn-A^{IV}-S_4 (A^I = Cu and Ag; A^{IV} = Sn and Ge) for hydrogen evolution under visible-light irradiation. Chemistry of Materials, 22, 1402-1409.

[3] Nelson, J. (2003) The Physics of Solar Cells. Imperial College Press, London.

[4] Fernandes, P. A., Salomé, P. M. P. & da Cunha, A. F. (2010) Cu_xSnS_{x+1} ($x=2, 3$) thin films grown by sulfurization of metallic precursors deposited by dc magnetron sputtering. Physica Status Solidi C, 7, 901-904.

[5] Tanaka, T., Sueishi, T., Saito, K., Guo, Q., Nishio, M., Yu, K. M. & Walukiewicz, W. (2012) Existence and removal of Cu_2Se second phase in coevaporated $Cu_2ZnSnSe_4$ thin films. Journal of Applied Physics, 111, 053522-1-4.

[6] León, M., Levcenko, S., Serna, R., Gurieva, G., Nateprov, A., Merino, J. M., Friedrich, E. J., Fillat, U., Schorr, S. & Arushanov, E. (2010) Optical constants of Cu_2ZnGeS_4 bulk crystals. Journal of Applied Physics, 108, 093502-1-5.

[7] Li, J., Du, H., Yarbrough, Y., Norman, A., Jones, K., Teeter, G., Terry, Jr., F. L. & Levi, D. (2012) Spectral optical properties of Cu_2ZnSnS_4 thin film between 0.73 and 6.5 eV. Optics Express, 20, A327-A332.

[8] Choi, S. G., Zhao, H. Y., Persson, C., Perkins, C. L., Donohue, A. L., To, B., Norman, A. G., Li, J. & Repins, I. L. (2012) Dielectric function spectra and critical-point energies of $Cu_2ZnSnSe_4$ from 0.5 to 9.0 eV. Journal of Applied Physics, 111, 033506-1-6.

[9] Tanaka, K., Oonuki, M., Moritake, N. & Uchiki, H. (2009) Cu_2ZnSnS_4 thin film solar cells prepared by non-vacuum processing. Solar Energy Materials and Solar Cells, 93, 583-587.

[10] Guo, Q., Hillhouse, H. W. & Agrawal, R. (2009) Synthesis of Cu_2ZnSnS_4 nanocrystal ink and its use for solar cells. Journal of the American Chemical Society, 131, 11672-11673.

[11] Babu, G. S., Kumar, Y. B. K., Bhaskar, P. U. & Raja, V. S. (2008) Effect of post-deposition annealing on the growth of $Cu_2ZnSnSe_4$ thin films for a solar cell absorber layer. Semiconductor Science and Technology, 23, 085023-1-12.

[12] Gao, F., Yamazoe, S., Maeda, T. & Wada, T. (2012) Structural study of Cu-deficient $Cu_{2(1-x)}ZnSnSe_4$ solar cell materials by X-ray diffraction and X-ray absorption fine structure. Japanese Journal of Applied Physics, 51, 10NC28-1-4.

[13] Doverspike, K., Dwight, K. & Wold, A. (1990) Preparation and characterization of $Cu_2ZnGeS_{4-y}Se_y$. Chemistry of Materials, 2, 194-197.

[14] Gulay, L. D., Romanyuk, Y. E. & Parasyuk, O. V. (2002) Crystal structures of low- and high-temperature modifications of $Cu_2CdGeSe_4$. Journal of Alloys and Compounds, 347, 193-197.

[15] Parasyuk, O. V., Gulay, L. D., Romanyuk, Y. E. & Olekseyuk, I. D. (2002) Phase diagram of the quasi-binary Cu_2GeS_3-HgS system and crystal structure of the LT-modification of the Cu_2HgGeS_4 compound. Journal of Alloys and Compounds, 334, 143-146.

[16] Quintero, E., Tovar, R., Quintero, M., Delgado, G. E., Morocoima, M., Caldera, D., Ruiz, J., Mora, A. E., Briceño, M. & Fernandez, J. L. (2007) Lattice parameter values and phase transitions for the $Cu_2Cd_{1-z}Mn_zGeSe_4$ and $Cu_2Cd_{1-z}Fe_zGeSe_4$ alloys. Journal of Alloys and Compounds, 432, 142-148.

[17] Schorr, S. & Gonzalez-Aviles, G. (2009) In-situ investigation of the structural phase transition in kesterite. Physica Status Solidi A, 206, 1054-1058.

[18] He, J., Sun, L., Chen, S., Chen, Y., Yang, P. & Chu, J. (2012) Composition dependence of structure and optical properties of $Cu_2ZnSn(S, Se)_4$ solid solutions: An experimental study. Journal of Alloys and Compounds, 511, 129-132.

[19] Marushko, L. P., Piskach, L. V., Parasyuk, O. V., Olekseyuk, I. D., Volkov, S. V. & Pekhnyo, V. I. (2009) The reciprocal system $Cu_2GeS_3+3CdSe \Leftrightarrow Cu_2GeSe_3+3CdS$. Journal of Alloys and Compounds, 473, 94-99.

[20] Adachi, S. (2005) Properties of Group-IV, III-V and II-VI Semiconductors. John Wiley & Sons Ltd, Chichester.

[21] Gürel, T., Sevik, C. & Çağin, T. (2011) Characterization of vibrational and mechanical properties of quaternary compounds Cu_2ZnSnS_4 and $Cu_2ZnSnSe_4$ in kesterite and stannite structures. Physical Review B, 84, 205201-1-7.

[22] Liu, M. L., Huang, F. Q., Chen, L. D. & Chen, I. W. (2009) A wide-band-gap p-type thermoelectric material based on quaternary chalcogenides of Cu_2ZnSnQ_4 (Q=S, Se). Applied Physics Letters, 94, 202103-1-3.

[23] Liu, M. L., Chen, I. W., Huang, F. Q. & Chen, L. D. (2009) Improved thermoelectric properties of Cu-doped quaternary chalcogenides of $Cu_2CdSnSe_4$. Advanced Materials, 21, 3808-3812.

[24] Fan, F. J., Yu, B., Wang, Y. X., Zhu, Y. L., Liu, X. J., Yu, S. H. & Ren, Z. (2011) Colloidal synthesis of $Cu_2CdSnSe_4$ nanocrystals and hot-pressing to enhance the thermoelectric figure-ofmerit. Journal of the American Chemical Society, 133, 15910-15913.

[25] Zeier, W. G., LaLonde, A., Gibbs, Z. M., Heinrich, C. P., Panthöfer, M., Snyder, G. J. & Tremel, W. (2012) Influence of a nano phase segregation on the thermoelectric properties of the p-type doped stannite compound $Cu_{2+x}Zn_{1-x}GeSe_4$. Journal of the American Chemical Society, 134, 7147-7154.

[26] Yang, H., Jauregui, L. A., Zhang, G., Chen, Y. P. & Wu, Y. (2012) Nontoxic and abundant copper zinc tin sulfide nanocrystals for potential high-temperature thermoelectric energy harvesting. Nano Letters, 12, 540-545.

[27] Ibáñez, M., Zamani, R., LaLonde, A., Cadavid, D., Li, W., Shavel, A., Arbiol, J., Morante, J. R., Gorsse, S., Snyder, G. J. & Cabot, A. (2012) $Cu_2ZnGeSe_4$ nanocrystals: Synthesis and thermoelectric properties. Journal of the American Chemical Society, 134, 4060-4063.

[28] Ibáñez, M., Cadavid, D., Zamani, R., Carcía-Castelló, N., Izquierdo-Roca, V., Li, W., Fairbrother, A., Prades, J. D., Shavel, A., Arbiol, J., Pérez-Rodríguez, A., Morante, J. R. & Cabot, A. (2012) Composition control and thermoelectric properites of quaternary chalcogenide nanocrystals: The case of stannite $Cu_2CdSnSe_4$. Chemistry of Materials, 24, 562-570.

[29] Zhukov, E. G., Mkrtchyan, S. A., Dovletov, K., Melikdzhanyan, A. G., Kalinnikov, V. T. & Ashirov, A. (1984) The Cu_2GeSe_3-CdSe system. Russian Journal of Inorganic Chemistry, 29, 1087-1088.

[30] Yao, G.-G., Shen, H.-S., Honig, E. D., Kershaw, R., Dwight, K. & Wold, A. (1987) Preparation and characterization of the quaternary chalcogenides $Cu_2B(II)C(IV)X_4$ [B(II)=Zn, Cd; C(IV)=Si, Ge; X=S, Se]. Solid State Ionics, 24, 249-252.

[31] Mkrtchyan, S. A., Dovletov, K., Zhukov, É. G., Melikdzhanyan, A. G. & Nuryev, S. (1988) Electrophysical properties of $Cu_2A^{II}B^{IV}Se_4$. Inorganic Materials, 24, 932-934.

[32] Konstantinova, N. N., Medvedkin, G. A., Polyshina, I. K., Rud', Y. V., Smirnova, A. D., Sokolova, V. I. & Tairov, M. A. (1989) Optical and electric properties of $Cu_2CdSnSe_4$ and $Cu_2CdGeSe_4$. Inorganic Materials, 25, 1223-1226.

[33] Olekseyuk, I. D., Piskach, L. V. & Sysa, L. V. (1996) The Cu_2GeTe_3-CdTe system and the structure of the compound $Cu_2CdGeTe_4$. Russian Journal of Inorganic Chemistry, 41, 1356-1358.

[34] Olekseyuk, I. D. & Piskach, L. V. (1997) Phase equilibria in the Cu_2SnX_3-CdX (X=S, Se, Te) systems. Russian Journal of Inorganic Chemistry, 42, 274-276.

[35] Khare, A., Himmetoglu, B., Cococcioni, M. & Aydil, E. S. (2012) First principles calculation of the electronic properties and lattice dynamics of $Cu_2ZnSn(S_{1-x}Se_x)_4$. Journal of Applied Physics, 111, 123704-1-8.

[36] Altosaar, M., Raudoja, J., Timmo, K., Danilson, M., Grossberg, M., Krustok, J. & Mellikov, E. (2008) $Cu_2Zn_{1-y}Cd_xSn(S_{1-y}Se_y)_4$ solid solutions as absorber materials for solar cells. Physica Status Solidi A, 205,

167-170.

[37] Himmrich, M. & Haeuseler, H. (1991) Far infrared studies on stannite and wurtzstannite type compounds. Spectrochimica Acta A, 47, 933-942.

[38] Levcenco, S., Dumcenco, D. O., Wang, Y. P., Wu, J. D., Huang, Y. S., Arushanov, E., Tezlevan, V. & Tiong, K. K. (2012) Photoluminescence and Raman scattering characterization of Cu_2ZnSiQ_4 (Q=S, Se) single crystals. Optical Materials, 34, 1072-1076.

[39] Grossberg, M., Krustok, J., Raudoja, J., Timmo, K., Altosaar, M. & Raadik, T. (2011) Photoluminescence and Raman study of $Cu_2ZnSn(Se_xS_{1-x})_4$ monograins for photovoltaic applications. Thin Solid Films, 519, 7403-7406.

[40] Adachi, S. (2009) Properties of Semiconductor Alloys: Group-IV, III-V and II-VI Semiconductors. John Wiley & Sons Ltd, Chichester.

[41] Levcenco, S., Dumcenco, D., Huang, Y. S., Arushanov, E., Tezlevan, V., Tiong, K. K. & Du, C. H. (2010) Temperature-dependent study of the band-edge excitonic transitions of Cu_2ZnSiS_4 single crystals by polarization-dependent piezoreflectance. Journal of Alloys and Compounds, 506, 46-50.

[42] Levcenco, S., Dumcenco, D., Huang, Y. S., Arushanov, E., Tezlevan, V., Tiong, K. K. & Du, C. H. (2010) Near band edge anisotropic optical transitions in wide band gap semiconductor Cu_2ZnSiS_4. Journal of Applied Physics, 108, 073508-1-5.

[43] Levcenco, S., Dumcenco, D., Huang, Y. S., Arushanov, E., Tezlevan, V., Tiong, K. K. & Du, C. H. (2011) Absorption-edge anisotropy of Cu_2ZnSiQ_4 (Q=S, Se) quaternary compound semiconductors, Journal of Alloys and Compounds, 509, 4924-4928.

[44] Levcenco, S., Dumcenco, D., Huang, Y. S., Arushanov, E., Tezlevan, V., Tiong, K. K. & Du, C. H. (2011) Polarization-dependent electrolyte electroreflectance study of Cu_2ZnSiS_4 and $Cu_2ZnSiSe_4$ single crystals. Journal of Alloys and Compounds, 509, 7105-7108.

[45] Levcenco, S., Dumcenco, D., Huang, Y. S., Tiong, K. K. & Du, C. H. (2011) Anisotropy of the spectroscopy properties of the wurtzite-stannite Cu_2ZnGeS_4 single crystals. Optical Materials, 34, 183-188.

[46] Matsushita, H., Maeda, T., Katsui, A. & Takizawa, T. (2000) Thermal analysis and synthesis from the melts of Cu-based quaternary compounds Cu-II-IV-VI$_4$ and Cu_2-II-IV-VI$_4$ (II=Zn, Cd; III=Ga, In; IV=Ge, Sn; VI=Se). Journal of Crystal Growth, 208, 416-422.

[47] Matsushita, H., Ichikawa, T. & Katsui, A. (2005) Structural, thermodynamical and optical properties of Cu_2-II-IV-VI$_4$ quaternary compounds. Journal of Material Science, 40, 2003-2005.

[48] Salomé, P. M. P., Fernandes, P. A., da Cunha, A. F., Leitão, J. P., Malaquias, J., Weber, A., González, J. C. & da Silva, M. I. N. (2010) Growth pressure dependence of $Cu_2ZnSnSe_4$ properties. Solar Energy Materials and Solar Cells, 94, 2176-2180.

[49] Zhang, J., Shao, L., Fu, Y. and Xie, E. (2006) Cu_2ZnSnS_4 thin films prepared by sulfurization of ion beam sputtered precursor and their electrical and optical properties. Rare Metals, 25, Special Issue, 315-319.

[50] Zhou, Z., Wang, Y., Xu, D. & Zhang, Y. (2010) Fabrication of Cu_2ZnSnS_4 screen printed layers for solar cells. Solar Energy Materials and Solar Cells, 94, 2042-2045.

[51] Kawashima, T., Adachi, S., Miyake, H. & Sugiyama, K. (1998) Optical constants of $CuGaSe_2$ and $CuInSe_2$. Journal of Applied Physics, 84, 5202-5209.

[52] Sarswat, P. K. & Free, M. L. (2012) A study of energy band gap versus temperature for Cu_2ZnSnS_4 thin films. Physica B, 407, 108-111.

[53] Levcenco, S., Dumcenco, D., Wang, Y. P., Huang, Y. S., Ho, C. H., Arushanov, E., Tezlevan, V. & Tiong, K. K. (2012) Influence of anionic substitution on the electrolyte electroreflectance study of band edge transitions in single crystal $Cu_2ZnSn(S_xSe_{1-x})_4$ solid solutions. Optical Materials, 34, 1362-1365.

[54] Chen, S., Walsh, A., Yang, J.-H., Gong, X. G., Sun, L., Yang, P.-X., Chu, J.-H. & Wei, S.-H. (2011) Compositional dependence of structural and electronic properties of $Cu_2ZnSn(S, Se)_4$ alloys for thin film solar cells. Physical Review B, 83, 125201-1-5.

[55] Adachi, S. (1999) Optical Constants of Crystalline and Amorphous Semiconductors: Numerical Data and Graphical Information. Kluwer Academic Press, Boston.

[56] Nakayama, N. & Ito, K. (1996) Sprayed films of stannite Cu_2ZnSnS_4. Applied Surface Science, 92, 171-175.

[57] Katagiri, H., Ishigaki, N., Ishida, T. & Saito, K. (2001) Characterization of Cu_2ZnSnS_4 thin films prepared by vapor phase sulfurization. Japanese Journal of Applied Physics, 40, 500-504.

[58] Leitão, J. P., Santos, N. M., Fernandes, P. A., Salomé, P. M. P., da Cunha, A. F., González, J. C., Ribeiro, G. M. & Matinaga, F. M. (2011) Photoluminescence and electrical study of fluctuating potentials in Cu_2ZnSnS_4-basd thin films. Physical Review B, 84, 024120-1-8.

[59] Nagaoka, A., Yoshino, K., Taniguchi, H., Taniyama, T. & Miyake, H. (2012) Preparation of Cu_2ZnSnS_4 single crystals from Sn solutions. Journal of Crystal Growth, 341, 38-41.

[60] Wibowo, R. A., Lee, E. S., Munir, B. & Kim, K. H. (2007) Pulsed laser deposition of quaternary $Cu_2ZnSnSe_4$ thin films. Physica Status Solidi A, 204, 3373-3379.

第三篇
薄膜合成及其太阳电池应用

8 物理气相沉积前驱体层的硫化

Hironori Katagiri

Nagaoka National College of Technology, 888 Nishikatakai, Nagaoka, 940-8532 Japan

8.1 引言

对于利用 CZTS 作为吸收层的薄膜太阳电池,开发 CZTS 薄膜的制备工艺是非常必要的。很多文献已经报道了 CZTS 薄膜的制备方法。在物理气相沉积领域中,相关的制备方法包括前驱体硫化[1,2]、共蒸发然后退火[3]、单步共蒸发[4-6]、脉冲激光沉积[7,8]以及其它相关的制备方法。每一种方法都有各自独特的优势。考虑到太阳电池工业对大尺寸器件的需求,物理气相沉积前驱体层,然后进行硫化处理的两步工艺将具有巨大的优势。这一工艺由前驱体制备和硫化两个阶段组成。1996 年,我们通过电子束蒸发(electron beam evaporation,EBE)然后硫化技术在钠钙玻璃(soda-lime glass,SLG)基底上成功地制备了 CZTS 薄膜,这是第一次以 SLG/Mo/CZTS/CdS/AZO 为器件结构构建的 CZTS 薄膜太阳电池,实验结果如下:开路电压为 400mV,转换效率为 0.66%[9]。为了提高转换效率,自此以后开展了很多相关的实验研究。到 20 世纪 90 年代末期,研究工作主要集中于化学计量比 CZTS 薄膜的性质表征。以我们当前的观点来看,这可以认为是这一时期转换效率受限的原因之一。事实上,我们在 2003 年之后开展的研究工作表明为了获得较高的转换效率,偏离化学计量比的 CZTS(即贫铜富锌)比完全化学计量比的 CZTS 更有优势。为了更详细地确认这一有效成分范围的存在,我们实验室利用共溅射系统进行了系统分析。在本章中,我们将讨论物理气相沉积前驱体层的硫化工艺。

8.2 第一个 CZTS 薄膜太阳电池

表 8.1 总结了我们实验室 1995—2008 年间 CZTS 薄膜的制备工艺及其光伏特性[9-15]。工艺 1 通过硫化电子束蒸发的前驱体层制备得到 CZTS 薄膜。这些前驱体由 SLG/(Mo)/Zn/Sn/Cu 器材结构组成,而且对应的堆叠顺序在这一工艺中是固定的。每一个堆叠前驱体层的厚度是:Zn 层 160nm,Sn 层 230nm,Cu 层 180nm。基底温度在第一阶段前驱体沉积过程中保持 150℃,然后将堆叠前驱体在 N_2+H_2S 气氛中加热处理之后得到 CZTS。在这一工艺中,H_2S 的浓度在反应气体中保持 5%(体积分数),热处理的最高温度限制在 500℃(这是因为在实验中所使用的管式炉是由高耐火玻璃 Pyrex 构成)。基底温度从室温开始以 20℃·min^{-1} 的速度升高到 300℃,然后以 10℃·min^{-1} 或 2℃·min^{-1} 的速度升高到 500℃,在最高温度的

表 8.1 1995—2008 年我们实验室所使用的制备工艺和所获得的光伏性能

制备工艺及光伏性能		工艺 1	工艺 2	工艺 3	工艺 4	工艺 5.1	工艺 5.2	工艺 6
前驱体制备	方法	电子束蒸发	电子束蒸发	电子束蒸发	电子束蒸发	电子束蒸发	电子束蒸发	共溅射
	前驱体	Zn/Sn/Cu	ZnS/Sn/Cu	ZnS/Sn(SnS$_2$)/Cu	ZnS/Sn/Cu	ZnS/Cu/Sn	5×(ZnS/SnS$_2$/Cu)	Cu+ZnS+SnS
	基底温度/℃	150	150	200→400	150	150	200→400	非加热
硫化工艺	硫化系统	高前火玻璃管	石英管	石英管	不锈钢腔室	不锈钢腔室	不锈钢腔室	不锈钢腔室
		热壁型	热壁型	热壁型	冷壁型	冷壁型	冷壁型	冷壁型
		电阻丝加热器	电阻丝加热器	电阻丝加热器	灯加热器	灯加热器	灯加热器	SiC 加热器
	气氛	H$_2$S(5%)①	H$_2$S(5%)①	H$_2$S(5%)①	H$_2$S(5%)①	H$_2$S(5%)①	H$_2$S(5%)①	H$_2$S(20%)①
		N$_2$ 平衡	N$_2$ 平衡	N$_2$ 平衡	N$_2$ 平衡	N$_2$ 平衡	N$_2$ 平衡	N$_2$ 平衡
	T_{sub}/时间	500℃/1,3h	530℃/1+6h	550℃/1,3h	550℃/3h	520℃/3h	540℃/1h	580℃/3h
	变温速率	20℃·min^{-1} (到 300℃)	10℃·min^{-1} (到 200℃)	10℃·min^{-1} (到 200℃)	10℃·min^{-1} (到 200℃)	5℃·min^{-1} (到 520℃)	10℃·min^{-1} (到 540℃)	5℃·min^{-1} (到 580℃)
		10, 2℃·min^{-1} (到 500℃)	2℃·min^{-1} (到 530℃)	2℃·min^{-1} (到 550℃)	2℃·min^{-1} (到 550℃)			
		2℃·min^{-1} (到 300℃)	2℃·min^{-1} (到 300℃)	2℃·min^{-1} (到 300℃)	2℃·min^{-1} (到 300℃)	自然冷却	自然冷却	
电池制备	缓冲层	CBD-CdS	CBD-CdS	CBD-CdS	CBD-CdS	CBD-CdS	CBD-CdS	CBD-CdS
	Cd 源	CdSO$_4$	CdSO$_4$	CdSO$_4$	CdSO$_4$, CdI$_2$	CdI$_2$	CdI$_2$	CdI$_2$
	窗口层	AZO (Al$_2$O$_3$:1%②)	AZO (Al$_2$O$_3$:1%②)	AZO (Al$_2$O$_3$:2%②)	AZO (Al$_2$O$_3$:2%②)	AZO (Al$_2$O$_3$:2%②)	AZO (Al$_2$O$_3$:2%②)	AZO (Al$_2$O$_3$:2%②)
成分比例	方法	EPMA	EPMA	EPMA	EPMA	EDS	EDS	ICP
	Cu/(Zn+Sn)	0.96	0.99	0.936	0.96	0.85	0.73	0.87
	Zn/Sn	0.916	1.01	1.02	1.08	1.03	1.7	1.15
光伏特性	V_{oc}/mV	400	372	522	530, 659, 582	629	644	662
	J_{sc}/mA·cm^{-2}	6	8.36	14.1	14.8, 10.3, 15.5	12.5	9.23	15.7
	填充因子	0.277	0.347	0.355	0.46, 0.63, 0.60	0.58	0.66	0.55
	面积/cm^2	0.187	0.105	0.128	0.16, 0.11, 0.11	0.113	0.113	0.155
	效率/%	0.66	1.08	2.62	3.46, 4.25, 5.45	4.53	3.93	5.74
亮点		第一个 CZTS 太阳电池	ZnS 作为前驱体的 Zn 源	吸收层厚度的影响	新的硫化系统	形貌的影响	多周期前驱体	6.77%去离子水浸泡
文献		[9]	[10]	[11]	[12]	[13]	[13]	[14, 15]

① 体积分数。
② 质量分数。

保温时间是1h或3h。热处理之后，以2℃·min^{-1}的速率降低到300℃，随后随炉自然冷却到室温。

根据CZTS吸收层的XRD测试结果，我们确认了如下事实：当保温时间延长，变温速率降低时，由第二相引起的衍射峰强度将减弱。在相同条件下测试薄膜样品的光学性质，可以发现在基本吸收边附近（1.5eV），吸收系数与光子能量曲线的斜率变得非常陡峭。这一结果说明长时间的硫化处理有利于改善CZTS薄膜的结晶性。由EPMA确定薄膜成分，CZTS薄膜的组成呈现出XRD和光学测试所预期的特征：Cu/(Zn+Sn)=0.960，Zn/Sn=0.916，S/金属=1.03。在组成的中最后一个表达式中"金属"是指总的原子成分（Cu+Zn+Sn）。对于完全化学计量比薄膜，所有这些比例都将成为1。在工艺1中，我们可以发现增加保温时间后，Zn/Sn比下降，而Cu/(Zn+Sn)比则上升，这就意味着在长时间硫化过程中挥发性Zn再次被蒸发。

为了制作CZTS电池器件，在CZTS层之上沉积20nm厚的CdS缓冲层。这一过程通过60℃条件下的化学浴沉积工艺完成，其水浴液由Cd硫酸盐、硫脲、氨水和去离子水组成。然后通过射频磁控溅射沉积技术，使用AZO[ZnO+Al$_2$O$_3$:1%（质量分数）]靶材制备Al掺杂ZnO窗口层。报道的第一个CZTS太阳电池的性能测试实验结果如下：开路电压V_{oc}为400mV、短路电流密度J_{sc}为6.0mA·cm^{-2}、填充因子FF为0.277、转换效率为0.66%（这是第一次报道的CZTS基薄膜太阳电池的转换效率）。

8.3 ZnS作为前驱体的Zn源

工艺1显示出的一个严重问题是，CZTS薄膜不能很强地吸附在基底上。因此在工艺2中提出了三个改进吸附的方法，并且分别对他们进行检验。第一个改进方法是引入改性前驱体，前驱体层的构成为：SLG/(Mo)/ZnS/Sn/Cu。前驱体中的第一层（Zn层）由ZnS层取代。利用ZnS作为Zn源，尝试在硫化过程中控制前驱体的体积膨胀。第二个改进方法是将硫化温度从500℃升高到530℃。因为我们相信升高温度能够改善薄膜品质，所以为了提高硫化温度，将高耐火玻璃管替换为石英管。最后，在反应气体中1h的硫化处理完成之后，将在N$_2$气氛围中的退火周期延长到6h。

通过SEM观察，可以确认工艺2得到的样品的晶粒尺寸比工艺1得到的样品大，而且在CZTS薄膜与基底之间没有孔隙或空洞。由俄歇电子谱估算的深度剖面显示CZTS薄膜具有均匀的成分分布[10]。由EPMA估算的成分比例是：Cu/(Zn+Sn)=0.990，Zn/Sn=1.01，S/金属=1.07。我们得到的相应光伏特性是：V_{oc}=372mV，J_{sc}=8.36mA·cm^{-2}，FF=0.347，转换效率为1.08%。以我们现在的观点来看，V_{oc}很低的原因在于成分比例设置仍然为完全化学计量比。

8.4 吸收层厚度的影响

工艺2引入了7h恒温530℃的热处理，并考虑了如深度剖面所示的均匀性。然而，这种长时间热处理过程并不是廉价薄膜太阳电池制备工艺所希望的。在工艺3中，硫化条件被固定为550℃、1h热处理，同时我们还研究了薄膜厚度对光伏特性的影响。前驱体的结构由如下叠层构成：SLG/Mo/ZnS/Sn/Cu。每一层ZnS、Sn和Cu的厚度比例分别被调控为

1.00、0.636和0.409。三种类型的前驱体制备的总厚度是300nm、450nm和600nm。这些前驱体经过硫化处理之后，获得的CZTS薄膜厚度分别是950nm、1340nm和1630nm。

图8.1给出了这些实验中的J-V特征对比。光伏特性（包括转换效率、填充因子FF和短路电流密度J_{sc}）随着吸收层厚度的增加而明显减小。我们认为这是由于在上述条件下当厚度增加时硫化不充分所导致的。考虑到前驱体的堆叠顺序：SLG/Mo/ZnS/Sn/Cu，厚吸收层必将形成低电阻的富铜表面层，并在与Mo的背接触附近形成高电阻的富锌层。因此，当硫化不充分时，较厚的吸收层在薄膜厚度方向上就有着较高的串联电阻。对于CZTS电池制备，550℃、1h的硫化条件是不充分的，因为我们期望CZTS薄膜吸收层的厚度超过1500nm。

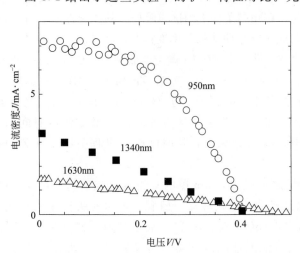

图8.1 使用各种吸收层厚度观测到的J-V特性对比

从这一点来看，我们研究的目的是增强吸附和抑制硫化阶段的体积膨胀。因此，前驱体中的S浓度是非常重要的因素。为了获得高品质、均匀的CZTS薄膜，较慢的升温速率和较长保温时间是必需的。所以为了制备太阳电池，我们利用SnS_2作为前驱体中的Sn源。此外，基底温度在ZnS和SnS_2蒸发阶段设定为200℃低温；然后在Cu蒸发阶段升至400℃。为了增强前驱体中元素的互扩散，在Cu沉积之后，前驱体在相同的真空室内400℃温度下保温1h。硫化条件设置为550℃、3h，升温速率和冷却速率分别列于表8.1中。最后，窗口层的溅射靶材料改为AZO[$ZnO+Al_2O_3:2\%$（质量分数）]。上述实验中太阳电池的最终性能测试结果为：$V_{oc}=522mV$，$J_{sc}=14.1mA\cdot cm^{-2}$，$FF=0.355$，转换效率为$2.62\%$[11]。

8.5 新的硫化系统

在我们的前期研究中，硫化系统是由管式炉和旋转泵搭建而成的。但因为这一系统不可能抽取得到高真空，残留的活化气体可能会降低CZTS薄膜的品质。在工艺4中，我们搭建了新的硫化系统：不锈钢腔室和涡轮分子泵（turbo molecular pump，TMP），它们的引入是为了尽可能消除残留气体的影响。这就是所谓的冷壁炉，而且系统配置了灯加热器来升高基底温度。

使用电子束蒸发系统，在基底温度为150℃条件下制备了堆叠前驱体：SLG/Mo/ZnS/Sn/Cu。ZnS层、Sn层和Cu层的厚度分别是330nm、150nm和90nm。为了获得CZTS薄膜，将这些前驱体在新的硫化系统进行硫化处理。在此系统中，不锈钢腔室能够在前驱体硫化处理之前达到10^{-4}Pa量级的高真空度。在工艺3中，我们已经确认了对于厚度超过1000nm的CZTS薄膜1h、550℃的硫化条件是不充分的。在工艺4中，我们将硫化条件设置为3h、550℃。根据SEM观察的结果，硫化后CZTS薄膜的厚度为大约1400nm，而且根据EPMA表征可以发现其成分比例分别为：$Cu/(Zn+Sn)=0.96$，$Zn/Sn=1.08$，S/金属＝0.92。

在我们的前期研究中填充因子始终低于0.4，因此最高的转换效率也仍然保持在很低的2.62%。为了进一步改进转换效率，必须提高填充因子。为了在CdS缓冲层和CZTS薄膜之间形成更好的p-n结，我们研究了诸如溶解在CBD溶液中的Cd源之类的化学物质的影响。使用上述CZTS吸收层我们制备了三种类型的太阳电池。图8.2显示了工艺4获得的太阳电池的J-V特性对比。我们制作的电池A和电池B，对应的CdS缓冲层分别使用$CdSO_4$和CdI_2作为Cd源。制得的电池A的光伏特性为：$V_{oc}=530mV$，$J_{sc}=14.8mA\cdot cm^{-2}$，$FF=0.46$，转换效率为3.46%。另一方面，使用$CdI_2$作为Cd源制作得到的电池B的光伏特性为：$V_{oc}=659mV$，$J_{sc}=10.3mA\cdot cm^{-2}$，$FF=0.63$，转换效率

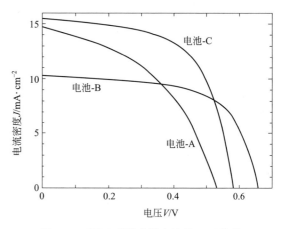

图8.2 CZTS薄膜太阳电池的J-V特性
太阳电池由工艺4中的新硫化系统进行制作

为4.25%。电池B的开路电压和填充因子得到了显著改善，但是短路电流密度却是相对衰减的。此外，为了研究前驱体中存在的钠离子效应（这一效应在CIGS中是很常见的），电池C使用$SLG/SiO_2/Mo/Na_2S$作为基底，CdI_2作为CBD溶液中的Cd源。结果是短路电流密度得到了极大的改善，因此转换效率得到提高。所达到的相应光伏特性为：$V_{oc}=582mV$，$J_{sc}=15.5mA\cdot cm^{-2}$，$FF=0.60$，转换效率为5.45%[12]。从$J$-$V$特性估算这三种电池的并联电阻，可以确认的是：由$CdSO_4$制作的电池A表现出的光伏性能最差。这就意味着CBD溶液中Cd源不同，对应的CdS缓冲层的品质也是不同的。可是因为这一缓冲层只有数十纳米的厚度，我们还不能精确地评估它的性质。而且，由于实验的可重复性较差，还不能明确钠离子对转换效率影响的原因。

8.6 形貌的影响

由于很难制备得到平整的Sn表面，所以从SEM观测中可以发现由常规SLG/Mo/ZnS/Sn/Cu叠层前驱体制备的CZTS薄膜有着许多孔隙和空洞。事实上，在平整基底上蒸发Sn倾向于形成半球形薄膜。为了改善CZTS薄膜的形貌，工艺5.1将堆叠顺序改为SLG/Mo/ZnS/Cu/Sn。Sn层作为最后沉积层，而不是像之前那样作为中间层进行沉积。通过这一试验，我们根据SEM测试结果能够发现CZTS吸收层的形貌得到了极大的改善。最终获得的光伏特性如下：开路电压$V_{oc}=629mV$，短路电流密度$J_{sc}=12.5mA\cdot cm^{-2}$，填充因子$FF=0.58$，转换效率为4.53%。在没有添加Na离子的情况下，这一结果代表了当时最好的数据。

为了改善CZTS前驱体的形貌并增强其中的元素互扩散，工艺5.2检测了多层类型的前驱体。其中每一层都是由$ZnS/SnS_2/Cu$组成。在SLG/Mo基底上制备了5层这样的前驱体，并且在蒸发完成之后立即在同一腔室中以400℃退火1h。随后，这一前驱体经过硫化处理形成CZTS吸收层。通过EDS分析得到CZTS吸收层的成分比例为：$Cu/(Zn+Sn)=0.73$，$Zn/Sn=1.7$，$S/$金属$=1.1$。图8.3展示的是SLG/Mo/CZTS的断面SEM图像。从图

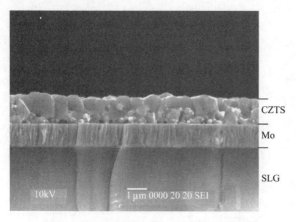

图 8.3　SLG/Mo/CZTS 的 SEM 断面图像
其中 CZTS 薄膜是由多层前驱体制备得到的

中可以确认的是,薄膜的晶粒尺寸与其厚度一样大,而且表面非常光滑。使用多层前驱体工艺得到的电池的光伏特性如下:开路电压 $V_{oc}=644\text{mV}$,短路电流密度 $J_{sc}=9.32\text{mA}\cdot\text{cm}^{-2}$,填充因子 FF=0.66,转换效率为 3.93%。如上所述,这一 CZTS 吸收层具有非常明显的"贫铜富锌"特性。但是相对于其它电池,它们的光伏特性并没有衰减[13]。因此,可以明确的是增强前驱体中的元素互扩散和改善薄膜的形貌对于实现太阳电池的高转换效率是极其重要的。

8.7　带退火室的共溅射系统

共溅射是增强前驱体中元素互扩散最有用的方法之一。在工艺 6 中,混合前驱体是由带退火室的共溅射系统制备的。在这种系统中,三个直径为 10.6mm 的阴极位于每一个射频源处,设置为三相共溅射。靶材分别选用 Cu 靶、ZnS 靶和 SnS 靶。前驱体在溅射室和退火室之间往返传送,传送过程并没有暴露在空气中,这对于保持前驱体表面的清洁是十分重要的。

当溅射室的真空度达到 10^{-4}Pa 时,这一工艺流程就正式启动。前驱体制备的参数设置如下:氩气流速率为 50mL/min(标准状况),氩气压为 0.5Pa,基底转速为 20r/min,预溅射时间为 3min(在此过程中基底不加热);典型的靶功率分别为:Cu 靶 89—95W,ZnS 靶 160W,SnS 靶 100W。制备的前驱体能够自动传送到退火室,且室中的真空再次抽至 10^{-4}Pa 左右。反应气体 N_2+H_2S [20%(体积分数)] 在关闭主阀门之后通入退火室内。退火温度从室温开始以 $5\text{℃}\cdot\text{min}^{-1}$ 的速率升至 580℃,随后保温 3h。然后以相同的速率降温至 200℃,随后自然冷却。上述硫化条件是根据预先的实验结果来确定的。我们使用 SEM 观测薄膜的形貌,并使用引导耦合等离子体原子发射光谱法(inductively coupled plasma atomic emission spectroscopy,ICP-AES)测定成分。

在工艺 6 中,由不同的 Cu 靶射频功率制备得到的所有电池都表现出超过 4% 的转换效率。射频功率为 89W 时,得到的光伏特性如下:开路电压 $V_{oc}=662\text{mV}$,短路电流密度 $J_{sc}=15.7\text{mA}\cdot\text{cm}^{-2}$,填充因子 FF=0.55,转换效率为 5.74%[14]。成分比例为:Cu/(Zn+Sn)=0.87,Zn/Sn=1.15,S/金属=1.18,即我们得到的仍然是贫铜和富锌的成分比例。此外,EPMA 测试结果表明在去离子水(de-ionized water,DIW)中浸泡具有优先的蚀刻效应,它能够选择性地去除 CZTS 层中的金属氧化物颗粒。通过在 DIW 中浸泡,可以达到 6.77% 的转换效率[15]。

8.8　有效组分

在表征一个新材料时,研究者自然而然地想要合成完全化学计量比的单晶体。虽然我们在生长单晶方面并不擅长,在研究初期,我们也曾试图合成完全化学计量比的 CZTS 薄膜。所有这些努力都是为了尽可能合成没有任何缺陷的高品质 CZTS 薄膜。我们使用接近完全化学计量比的 CZTS 薄膜作为吸收层制作了相应的太阳电池。现在我们认为当时的太阳电池转换效率低的原因就在于我们把注意力完全集中在完全化学计量比上。工艺 4 (参见表 8.1)之后的研究工作在实验上证明了为了提高转换效率,偏离化学计量比(即"贫铜富锌"成分的 CZTS)更优于完全化学计量比。

此处将讨论实现高转换效率需要什么样的成分。使用带退火室的共溅射系统,我们以具有宽成分比范围[Cu/(Zn+Sn):0.75—1.25,Zn/Sn:0.80—1.35]的 CZTS 吸收层制作了太阳电池[16]。结果证明高效电池仅能在成分图中相对窄小的区域内获得,也就是只能在贫铜和富锌成分条件下获得。虽然在此实验中我们以 Sn 代替之前的 SnS,但是制作工艺与工艺 6 非常相似。事实上,之前的实验存在一个问题:SnS 溅射速率的稳定性。同时为了减少所引起的相应损伤,H_2S 的浓度(体积分数)从 20% 稀释到 5%。在这个实验中,使用 XRF 技术确定薄膜的化学成分。因为 XRF 是一种无损检测方法,而太阳电池是由 CZTS 吸收层制作的,其成分比例可以预先由 XRF 确定。换而言之,这一方法可以检测到硫化之后薄膜的成分偏移。图 8.4 显示了 CZTS 薄膜太阳电池的转换效率作为成分比例的函数分布情况。此图代表了 CZTS 吸收层硫化之后的成分比例。从中可以发现如果要实现获得高转换效率太阳电池的目标,那么每一种成分比例都应当限定在很窄小的区域内。这一区域可以定量化为:Cu/(Zn+Sn) = 0.76—0.90,Zn/Sn = 1.1—1.3,Cu/Sn = 1.8—2.0,而且这一成分区域可以称为有效成分区域。

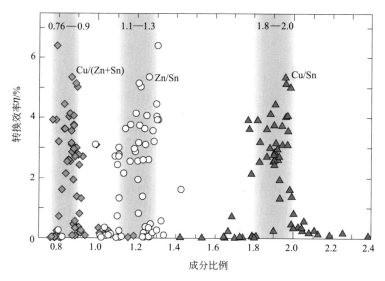

图 8.4 CZTS 薄膜太阳电池的转换效率作为成分比例函数的变化情况

8.9 CZTS 化合物靶材

如果能够使用 CZTS 化合物靶材,那么吸收层就有可能通过简单的单源溅射技术制备。考虑到将来光伏技术的推广,这一简单的制备方法具有巨大的优势。首先,可以使用配置 76.2mm 直径 CZTS 化合物靶材的射频磁控溅射系统对接近化学计量比的靶材进行检验。溅射条件设置如下:靶材与基底之间的距离为 70mm,使用的射频功率为 40W,基底转速为

30r/min。由于是硫化物靶材，不能使用更高的射频功率。溅射在相对较低的功率 40W 下运行 105min。SEM 观测结果显示刚溅射好的薄膜的厚度为 1020nm。图 8.5 展示了刚溅射好薄膜的 SEM 图像：其表面相当平整，而且形成柱状形貌。使用 Cu Kα 辐射源的 XRD 表征，可以确定薄膜样品的晶体结构。图 8.6 展示了刚溅射好薄膜的 XRD 谱图，从这一谱图上，可以确认具有（112）取向的多晶薄膜已经成功地由接近化学计量比的化合物靶材制备得到。使用这一溅射薄膜作为吸收层，构建、制作电池。可是，在此实验中最终根本没有观察到光伏效应。

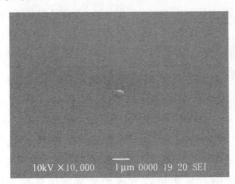

图 8.5　溅射薄膜的 SEM 图像

这一溅射工艺使用的是 CZTS 化合物靶材

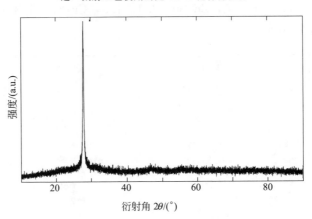

图 8.6　溅射薄膜的 XRD 谱图

为了改善薄膜的性质，分别在纯 N_2 和 N_2+H_2S（5%体积）气氛中进行了 3h 500℃ 的热处理。在升温和降温阶段，电炉温度以 5℃·min^{-1} 的恒定速率变化。在下文中，使用 "N_2-退火" 表示在纯 N_2 气氛中进行的热处理，用 "硫化" 表示在 N_2+H_2S（5%体积）气氛中进行的热处理。N_2-退火薄膜和硫化薄膜分别命名为 CZTS004 和 CZTS005。图 8.7 展示了两种热处理后薄膜的成分比例变化。尽管靶材是接近化学计量比的，但是在图中被指示为前驱体的溅射薄膜具有富锌的成分。一般来说，这一成分会因为化合物靶材密度和溅射条件的改变而改变。图 8.7 中 CZTS005 点的位置相对移动表示经过硫化之后成分比例向贫锌区域有了微小的移动。但是，从 CZTS004 点的数据来看 N_2-退火会使 Zn/Sn 比大幅减小，其变化幅度达到 18%。同时，我们还可以确认其 S/金属比也减小了。因此可以认为 N_2-退火能够促进 Sn 相关硫化物的升华。

图 8.8 显示的是 CZTS 薄膜光学性质的对比情况。从图中可以看到，经过两种方式退火

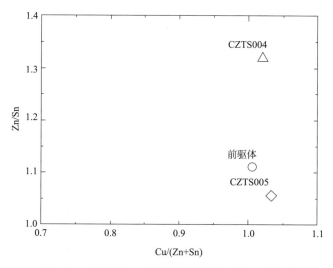

图 8.7 经过两种方式退火后薄膜的成分比例变化

之后带隙能都增大了。我们能够看到带隙能从前驱体的约 1.2eV 增大到两种热处理之后的 1.5eV。在此图中，热处理之后获得样品的两条吸收曲线几乎是完全重叠的。此外，曲线的梯度在热处理之后变得更加陡峭。在许多 CZTS 薄膜的研究中，1.5eV 附近的光学带隙能经常被引用。如前所述，在图 8.6 所示的 XRD 谱图中可观察到由接近化学计量比靶材制得薄膜的（112）尖峰。起初我们认为通过这一简单的溅射工艺成功制得了具有高品质的多晶薄膜。但是，考虑到这些光学性质的变化，溅射薄膜的品质应当没有达到吸收层的要求。

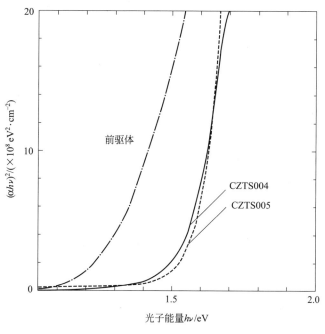

图 8.8 CZTS 薄膜的光学性质

图 8.9 显示了 N_2-退火薄膜和硫化薄膜的 SEM 图像对比。左图中，N_2-退火的 CZTS004 薄膜的表面拥有很大的突起；而在右图中，硫化的 CZTS005 薄膜则拥有相对平坦

的表面。SEM 图像中的这一区别非常值得关注。N_2-退火薄膜有巨大的突起。如果单源溅射、然后 N_2-退火可以得到形貌很好的高品质 CZTS 吸收层，那么这对于节约光伏工业的生产成本将是十分重要的。为了研究温度对薄膜形貌的影响，我们改变了退火温度。实验结果表明高温下形成的突起比 460℃形成的突起更高。考虑到薄膜与 Mo 背接触的弱黏合，我们并没有使用包含有这些突起的薄膜来进行电池结构的制作。另一方面，在 440℃温度下 N_2-退火薄膜具有很平坦的表面，且与背接触有很强的黏合。我们试着用这一薄膜作为吸收层制作了太阳电池。但是实验结果却发现完全观测不到转换效率，这可能是因为这一薄膜具有轻微的富铜特性。

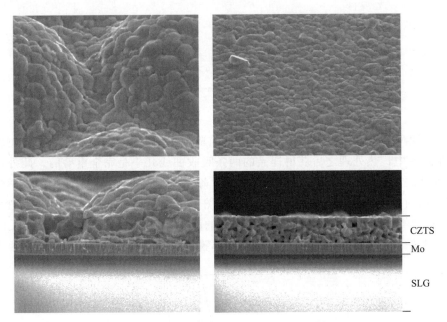

图 8.9　N_2-退火薄膜和硫化薄膜的 SEM 图像对比

为了获得光伏效率，制备的吸收层必须处于有效成分区域内。因此我们选择使用两个 CZTS 化合物靶材的共溅射系统来控制薄膜的成分比例。其中一个靶材是接近化学计量比的，而另一个靶材具有"贫铜富锌"的成分比例。两个 CZTS 化合物靶材共溅射制备得到 CZTS 薄膜，然后 N_2-退火。我们制备了四个接近有效成分比例的样品。图 8.10 描述了通过 N_2-退火的成分比例变化情况。因为在图中发现只有 Zn/Sn 比例的轻微增大，可以认为这是由 Sn 或 SnS_x 在 N_2-退火过程中的蒸发引起的；然而这些成分比例的平均变化仅仅只有 4%。另一方面图 8.7 中的对应成分比例变化达到 18%。从这些结果可以发现，Sn 或 SnS_x 的蒸发同时依赖于溅射薄膜的成分和退火气氛。使用这些通过 N_2-退火、具有接近有效成分比例的 CZTS 薄膜作为吸收层，我们制作了相应的太阳电池。然而，所有这些电池都表现出极低的转换效率（小于 0.5%），这是由于在制备过程中一直保持 460℃的低温。低温可以抑制在 N_2-退火过程中表面突起的形成，所以我们不能将温度升高到超过 460℃。

共溅射薄膜的硫化处理可以在高温下进行。利用两个 CZTS 化合物靶材的共溅射系统，我们制备了具有活化成分比例的前驱体。这些前驱体在 H_2S 气氛中进行热处理。在本实验中，热处理温度的变化是从 350℃到 500℃。如图 8.11 所示，所有样品（包括溅射薄膜）都有着几乎一样的成分比例。

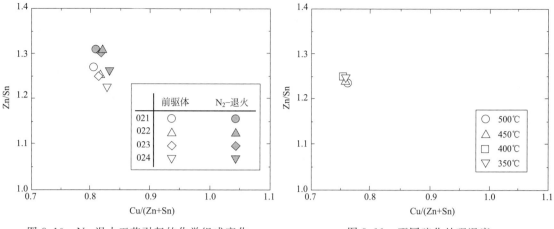

图 8.10 N₂-退火工艺引起的化学组成变化

图 8.11 不同硫化处理温度下 CZTS 薄膜的化学组成

图 8.12 是在 H_2S 气氛中硫化处理的 CZTS 薄膜的 SEM 断面图像对比。尽管已经达到 500℃的高温，但是在样品表面并没有观察到突起的出现。从这些图像中可以看到，随着温度的升高，晶粒尺寸随之增大。可以观察到沿侧向的晶粒生长，尤其是在表面区域。以这些 CZTS 薄膜作为吸收层制作了太阳电池。图 8.13 给出了这些电池的 J-V 特性对比情况。所有的光伏特性（开路电压 V_{oc}、短路电流密度 J_{sc}、填充因子 FF 和转换效率）都随着硫化处理温度的升高而增大。我们获得的最好光伏特性参数值如下：开路电压 $V_{oc}=657\text{mV}$，短路电流密度 $J_{sc}=14.5\text{mA}\cdot\text{cm}^{-2}$，填充因子 FF$=0.549$，转换效率为 5.24%。随着温度的升高，这些电池的串联电阻从 $32.8\Omega\cdot\text{cm}^2$ 急剧减小到 $8.07\Omega\cdot\text{cm}^2$。

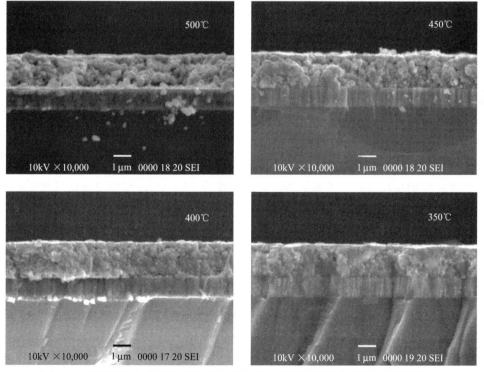

图 8.12 以不同硫化处理温度得到的 SLG/Mo/CZTS 叠层的 SEM 断面图像对比

使用相同的硫化条件，即 500℃ 的硫化处理温度和 3h 的保温时间，我们精密地检验了成分比例对光伏特性的影响。图 8.14 给出了开路电压 V_{oc} 与这一系列实验所达到的 Cu/(Zn+Sn) 比例的变化关系。尽管成分比例只有很小的偏移（从 0.79 到 0.84），但是可以看到开路电压 V_{oc} 从 660mV 变化到了 580mV。除了在前驱体制备阶段的射频功率外，每一系列中的样品都以相同的分批工艺条件制备得到。实验结果说明光伏特性（尤其是开路电压 V_{oc}）受 Cu/(Zn+Sn) 比例变化的影响很大。

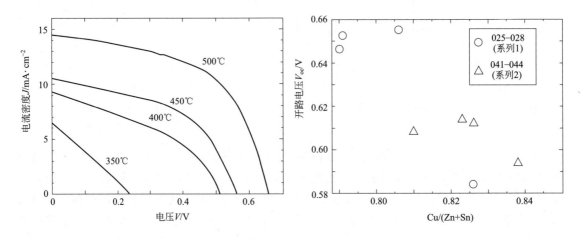

图 8.13　CZTS 薄膜太阳电池的 J-V 特性对比
其中硫化处理温度作为调整参数

图 8.14　开路电压 V_{oc} 与 Cu/(Zn+Sn) 比例的变化关系

一般来说，溅射薄膜相对于化合物靶材的成分偏离依赖于溅射条件（包括靶材密度）。因为 CZTS 薄膜的有效成分需要在硫化处理之后才能确定，所以必须控制靶材的成分比例。考虑到上述结果，我们制备了能够提供有效成分的新的 CZTS 化合物靶材。在此基础上，我们以简单的单靶溅射，然后进行硫化处理制备了 CZTS 吸收层。

利用射频磁控溅射系统制备单侧沉积的 CZTS 前驱体。射频功率设置为 120W，CZTS 化合物靶材的直径为 76.2mm，靶材与基底之间的距离是 100mm，它们之间中心的偏移距离设置为 65mm。在这个实验中，基底以 6r/min 的速度旋转。溅射 1h 后得到厚度为 600nm 的前驱体层。随后这一前驱体层在 N_2+H_2S（5% 体积）气氛中以 520℃ 硫化处理 1h。图 8.15 展示了 CZTS 薄膜 SEM 图像的对比情况，其中左图展示的是溅射薄膜，而右图展示的是对应的硫化薄膜。从断面图像中可以发现溅射薄膜具有所谓的柱状结构，而硫化薄膜则由与薄膜厚度一样的晶粒组成。考虑到 Mo 层的厚度为 1000nm，我们发现硫化使 CZTS 层的厚度从 600nm 增加到 700nm。硫化 CZTS 薄膜的表面形貌似乎由于晶粒生长变得粗糙。XRF 测试结果显示硫化 CZTS 薄膜具有有效成分比例，即：Cu/(Zn+Sn)=0.79，Zn/Sn=1.27，S/金属=1.17。在使用 CBD 法沉积 CdS 缓冲层阶段，设定浸渍时间为关键参数。图 8.16 和图 8.17 分别显示了实验中 J-V 特性和外量子效率（external quantum efficiency，EQE）随着浸渍时间不同的变化情况。从图 8.17 可以发现，在波长小于 500nm 的范围内 EQE 随着浸渍时间的减少而增大。这是因为 CdS 缓冲层的厚度依赖于浸渍时间，所以通过减少 CdS 的光吸收可使 EQE 得到改善。这种改善同样会影响到短路电流密度 J_{sc}（如图 8.16 所示），即随着浸渍时间的减小，J_{sc} 的数值有所增大。另一方面，开路电压 V_{oc} 对 CdS 缓冲层厚度的依赖关系并不是很明确。最薄的样品（浸渍时间为 10min）表现出的开路电压

V_{oc} 是 650mV，而其它样品则表现出几乎相同的开路电压 V_{oc}（680mV）。这些样品中转换效率最高的是缓冲层浸渍 15min 的样品，其光伏特性如下：开路电压 V_{oc}=683mV，短路电流密度 J_{sc}=15.4mA·cm^{-2}，填充因子 FF=0.590，转换效率为 6.23%。

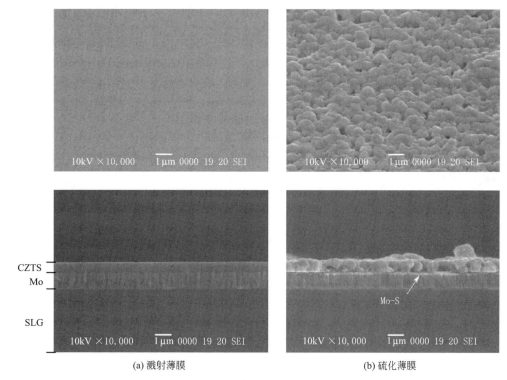

(a) 溅射薄膜　　　　　　　　　(b) 硫化薄膜

图 8.15　CZTS 薄膜的 SEM 图像对比

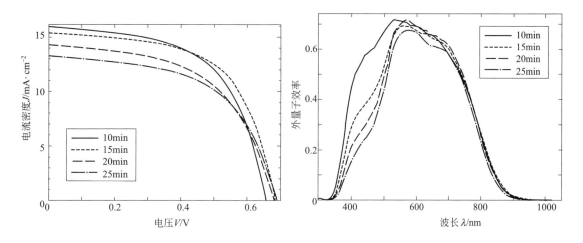

图 8.16　CZTS 薄膜太阳电池的 J-V 特性对比
设定 CBD 工艺中的浸渍时间为关键参数

图 8.17　CZTS 薄膜太阳电池的 EQE 谱图
这些电池与图 8.16 中描述的电池是相同的

为了提高这些电池的串联电阻，我们将注意力集中在 V_{oc} 值附近。实验中，我们在 25mm×25mm 基底上制作了约 20 个面积为 4mm×4mm 电池。在对所有电池的 J-V 特性进行测试之后，选择三个在同一基底上转换效率最高的电池。这三个电池中每一个样品的平均串联电阻分别是：浸渍时间为 10min 的样品是 6.36Ω·cm^2，浸渍时间为 15min 的样品是

$7.35\Omega \cdot cm^2$,浸渍时间为 20min 的样品是 $10.5\Omega \cdot cm^2$,浸渍时间为 25min 的样品是 $9.49\Omega \cdot cm^2$。在这个实验中,除了如上所示的 CBD 浸渍时间变化之外,所有工艺都在同一批次进行。事实上,串联电阻随着浸渍时间的增大而增大,然后趋于饱和。此外,如图 8.17 所示,当浸渍时间更长时,在短波区域范围内 EQE 随之变得更小。我们认为这进一步证明了随着浸渍时间的延长存在一个 CdS 的最佳厚度。

8.10 结论

在本章中,阐述了物理气相沉积前驱体层的硫化处理工艺。首先由连续电子束蒸发制备前驱体层;然后引入了共溅射方法;最终则是由简单的单靶溅射进行制备。无论是哪种方法,制作过程都属于包含硫化处理的两步工艺类型。我们相信这种两步工艺能够很容易应用到大规模生产中。

表 8.1 提供了我们早期研究的结果。随后在不同的研究阶段,我们通过多种方式改进了制作工艺和测试方法,由此也产生了一些不一致的结果,特别是表 8.1 中开路电压 V_{oc} 与成分比例之间的关系很难理解。但是,现在我们已经认识到为了实现高转换效率电池,"贫铜富锌"的成分比例比完全化学计量比的 CZTS 更具有优势。如图 8.14 所示,在 Cu/(Zn+Sn) 为 0.81 附近,V_{oc} 的值随着 Cu/(Zn+Sn) 比值的减小而增大,从 610mV 变化到 655mV。然而考虑到 CZTS 约 1.5eV 的带隙能,这些 V_{oc} 值是不够的。V_{oc} 值的亏损可能是由吸收层和缓冲层之间的界面复合引起的。为了研究开发新型缓冲层以取代 CBD-CdS 缓冲层并得到精确的器件特性和提高转换效率,必须构建具有高重复性的 CZTS 吸收层制备工艺。

参 考 文 献

[1] Marchionna, S., Garattini, P., Le Donne, A., Acciarri, M., Tombolato S. & Binetti, S. (2013) Cu_2ZnSnS_4 solar cells grown by sulphurisation of sputtered metal precursors. Thin Solid Films,542,114-118.

[2] Dhakal, T. P., Peng, C-Y., Tobias, R. R., Dasharathy, R. & Westgate, C. R. (2014) Characterization of a CZTS thin film solar cell grown by sputtering method. Solar Energy,100,23-30.

[3] Shin, B., Gunawan, O., Zhu, Y., Bojarczuk, N. A., Chey, S. J. & Guha, S. (2011) Thin film solar cell with 8.4% power conversion efficiency using an earth-abundant Cu_2ZnSnS_4 absorber. Progress in Photovoltaics: Research and Applications, doi: 10.1002/pip.1174.

[4] Repins, I., Beall, C., Vora, N., DeHart, C., Kuciauskas, D., Dippo, P., To, B., Mann, J., Hsu, W.-C., Goodrich, A. & Noufi, R. (2012) Co-evaporated $Cu_2ZnSnSe_4$ films and devices. Solar Energy Materials and Solar Cells,101,154-159.

[5] Jung, S., Gwak, J., Yun, J. H., Ahn, S., Nam, D., Cheong, H., Ahn, S., Cho, A., Shin, K. & Yoon, K. (2013) Cu_2ZnSnS_4 thin film solar cells based on a single-step co-evaporation process. Thin Solid Films,535,52-56.

[6] Tampo, H., Makita, K., Komaki, H., Yamada, A., Furue, S., Ishizuka, S., Shibata, H., Matsubara, K. & Niki, S. (2014) Composition control of $Cu_2ZnSnSe_4$-based solar cells grown by coevaporation. Thin Solid Films,551,27-31.

[7] Moholkar, A. V., Shinde, S. S., Babar, A. R., Sim, K.-U., Kwon, Y.-B., Rajpure, K. Y., Patil, P. S., Bhosale, C. H. & Kim, J. H. (2011) Development of CZTS thin films solar cells by pulsed laser deposition: Influence of pulse repetition rate. Solar Energy,85,1354-1363.

[8] Surgina, G. D., Zenkevich, A. V., Sipaylo, I. P., Nevolin, V. N., Drube, W., Tetelin, P. E. & Minnekaev, M. N. (2013) Reactive pulsed laser deposition of Cu_2ZnSnS_4 thin films in H_2S. Thin Solid Films,535,44-47.

[9] Katagiri, H., Sasaguchi, N., Hando, S., Hoshino, S., Ohashi, J. & Yokota, T. (1997) Preparation and evaluation of Cu_2ZnSnS_4 thin films by sulfurization of E-B evaporated precursors. Solar Energy Materials and Solar Cells, 49, 407-414.

[10] Katagiri, H., Ishigaki, N., Ishida, T. & Saitoh, K. (2011) Characterization of Cu_2ZnSnS_4 thin films prepared by vapor phase sulfurization. Japanese Journal of Applied Physics, 40 (1), 500-504.

[11] Katagiri, H., Saitoh, K., Washio, T., Shinohara, H., Kurumadani, T. & Miyajima, S. (2001) Development of thin film solar cell based on Cu_2ZnSnS_4 thin films. Solar Energy Materials and Solar Cells, 65, 141-148.

[12] Katagiri, H., Jimbo, K., Moriya, K. & Tsuchida, K. (2003) Solar cell without environmental pollution by using CZTS thin film. In Proceedings of WCPEC-3, 2874-2879, Osaka.

[13] Katagiri, H. (2005) Cu_2ZnSnS_4 thin film solar cells. Thin Solid Films, 480-481, 426-432.

[14] Jimbo, K., Kimura, R., Kamimura, T., Yamada, S., Maw, W. S., Araki, H., Oishi, K. & Katagiri, H. (2007) Cu_2ZnSnS_4-type thin film solar cells using abundant materials. Thin Solid Films, 515, 5997-5999.

[15] Katagiri, H., Jimbo, K., Yamada, S., Kamimura, T., Maw, W. S., Fukano, T., Ito, T. & Motohiro, T. (2008) Enhanced conversion efficiencies of Cu_2ZnSnS_4-based thin film solar cells by using preferential etching technique. Applied Physics Express, 1, 041201.

[16] Katagiri, H., Jimbo, K., Tahara, M., Araki, H. & Oishi, K. (2009) The influence of the composition ratio on CZTS-based thin film solar cells. Materials Research Society Symposium Proceedings, 1165, M04-01.

9 CZTS 的反应溅射

Charlotte Platzer-Björkman，Tove Ericson，Jonathan Scragg，Tomas Kubart
Ångström Solar Centre，Solid State Electronics，Department for Engineering Sciences，
Uppsala University，SE-751 21 Uppsala，Sweden

9.1 引言

  本章将阐述 Cu_2ZnSnS_4（CZTS）薄膜的反应溅射法，这种工艺可以直接成膜，也可以是包括溅射前驱体薄膜和退火的两步工艺。我们首先介绍反应溅射工艺，以及与 CZTS 在 H_2S 中沉积相关的一些特殊问题。然后我们将描述随着溅射参数的变化溅射薄膜的性质变化。由于 CZTS 在真空高温下的稳定性相对较差，因此通常将溅射薄膜在高压下退火以形成器件质量级的薄膜。退火工艺及其对器件性能的影响也将在本章中进行阐述。CZTS 反应溅射的相关研究是最近才刚开展的，其中有很多方向仍在研究当中，所以本章也总结了当前研究的一些基本知识。

  反应溅射方法是指在常规溅射方法的等离子体中加入反应气体。通常使用金属靶材，常见的一个实例是将金属靶材在氮气或氧气等离子中沉积形成氮化物或氧化物。这一工艺与使用化合物靶材的常规溅射工艺相比，其优势在于沉积速率更高，而且可以简单地通过改变反应气体的流量来改变成分比例。此外，金属靶材的制作成本更低廉，而且力学性能更好。在一些情形下，采用化合物溅射很难达到完全化学计量比的成分比例，虽然通过增加反应气体则能够补偿溅射过程中的成分损失。

  一般来说，溅射是一种广泛应用于工业生产中的行之有效的工艺，而且应用于大规模、大面积的光伏生产是非常可行的。在 CZTS 中应用反应溅射方法的原因除了高沉积速率和可扩展性之外，最主要的还在于可以使得足够多的氧族元素进入薄膜。出于研究需要，此工艺也可以在调控成分方面提供优异的灵活性。本章中所描述的大部分研究实例关注的都是使用 H_2S 溅射形成硫化物。而且相应的工艺同样适用于使用 H_2Se 溅射形成硒化物。需要注意的是 H_2S 和 H_2Se 的毒性是需要慎重考虑的安全问题，但这不会成为工业生产推广的障碍。

  目前，CZTS 的反应溅射仅在 Liu 等[1]、Chawla 和 Clemens[2] 以及 Ericson 等[3,4] 的文献中研究过。文献 [2] 的研究内容包括在 H_2S/Ar 比例为 14%：86% 的条件下，金属成分的变化和基底温度的变化（从 100℃ 变化到 530℃）。在他们的研究工作中，报道的晶粒尺寸随着基底温度的升高而增大，但是样品形貌并没有受成分变化的很强的影响。文献 [1] 在 100% H_2S 气氛中，基底温度为 500℃ 的条件下，报道了具有致密结构的 CZTS 薄膜，而且表现出强烈的取向性。Ericson 等报道了 H_2S/Ar 比例的变化、基底温度从室温变化到

300℃[3]，以及在100%H_2S气氛中金属成分比例的变化情况[5]。反应溅射前驱体的退火工艺在文献［4］中进行了阐述，而更多的细节则在文献［6］中进行了描述。

在本章中，我们将区分单步工艺和两步工艺之间的差别，包括各自的不足和优势。单步工艺法的优势在于：将锌黄锡矿CZTS薄膜沉积在温度升高的基底上，这是一个简单的沉积过程，而且只需使用一个沉积腔室。此外，可以避免在后处理的退火工序中发生扩散和反应。但是，单步工艺法制备CZTS的不足在于：很难避免成分分解和高温真空环境中锡和硫的选择性逸损。虽然可以在沉积过程中对这些元素使用足够高的沉积速率，但是在冷却阶段却仍然有大幅逸失的可能性（即当溅射流关闭之后逸失速率将增加）。除此之外，在溅射过程中电负性较强的元素将会形成负离子（例如硫）。因为它们的能量高达上百电子伏特，这有可能会对沉积薄膜产生不利的影响。迄今为止，还没有文献报道能够成功使用单步反应溅射工艺得到高效CZTS薄膜太阳电池。在本章的器件部分，我们将给出可供使用的单步工艺结果；不过在本章的其他章节中，我们将集中讨论两步工艺，因为这方面的大部分工作已经获得可喜的结果。

在两步工艺法中，第一阶段的前驱体薄膜可以在任意温度下进行沉积；第二阶段的退火工序在升温条件和硫（有时是硫化锡）气氛中进行。这两个步骤的详细情况在本章中都有说明。因为退火是在第二阶段进行，所以对前驱体薄膜的品质要求就可以相对宽松，虽然有时需要针对前驱体的特定性质对退火条件进行调整。到目前为止，还没有证据表明在前驱体薄膜中CZTS结晶为锌黄锡矿相比无序结构更有优势。在本章中，我们将描述后一种方法，并展示了无序的反应溅射前驱体薄膜的快速再结晶。

9.2 反应溅射工艺

根据溅射靶材状态的不同，在反应磁控溅射工艺中有两种不同的操作模式[7]。开始时的操作是在纯氩气氛中进行，靶材表面是金属性的。随着反应气体流量的增加，靶材表面开始形成化合物；当表面完全被这一化合物层覆盖时，靶材就开始进入化合物模式。根据材料体系、溅射产生的金属和化合物之间的不同以及溅射系统的装置，这两种模式之间的转换可以是突变的，也可以是渐变的。在突变转换中，滞后效应是常见的现象。表面成分的变化会导致一个显著的效应，即离子诱导的二次电子产生，而这又是决定放电电压的主要因素。因此放电电压能够作为测量靶材表面态的一种手段[8]。在靶材表面形成化合物的同时，常常伴随着溅射产率（即沉积速率）的变化，所以这也可以作为衡量模式转换的标志。为了表征溅射工艺，通常使用的是过程曲线，即将沉积速率或放电电压表示为反应气体流量的函数形式。

在流量变化的$Ar:H_2S$等离子气体中溅射Zn和CuSn的过程曲线如图9.1所示。采用的溅射系统是配置双磁控管和正面加热器的Von Ardenne CS600系统，其中基底的朝向都是45°，距离为160mm。靶材的直径为102mm，厚度为6mm。由于磁控管数目的限制，我们使用的是CuSn合金靶材［Cu，67%（原子分数）；Sn，33%（原子分数）；Cu和Sn纯度99.99%］和Zn靶材（纯度99.994%—99.995%）。脉冲直流的频率为20kHz，它由两个配置了Advanced Energy Sparc-le 20脉冲单元的Huttinger PFG 300直流电源供应装置提供。两个靶材都在恒定功率模式下运行：CuSn靶为600W，Zn靶为330W。系统中的基准气压低于10^{-4}Pa，H_2S纯度为99.5%，使用的氩气流量在0—20sccm（standard cubic centimeters per minute，标准立方厘米/分钟）之间，提供的总恒定流量为20sccm，总恒定气压为0.67Pa。

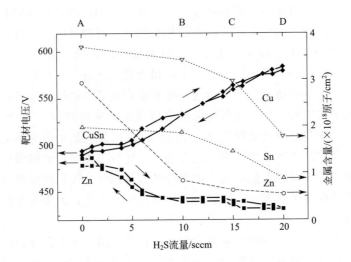

图 9.1　Zn 靶和 CuSn 靶反应溅射的过程曲线（左轴），
以及由 XRF 测定的 A—D 样品的金属含量（右轴）

数据从文献［3］中摘录，并得到 Elsevier 的重印许可

H_2S 气体的流量从 0sccm 增加到 5sccm 并没有显著影响 CuSn 靶材的放电电压。但是 Zn 靶材的放电电压急剧下降，这说明它首先被硫化，即所提供的 H_2S 大部分被它所消耗。这一现象与 ZnS 具有比 Cu-S 化合物和 Sn-S 化合物更负的形成自由能是一致的。突变转换模式表明的是高反应活性以及溅射产生的 Zn 和 ZnS 之间的巨大差异。放电电压下降说明产生的 ZnS 二次电子增加，这与先前文献报道的现象完全一致[9]。增加 H_2S 气体的流量也能导致 CuSn 靶材上化合物的形成。这种从金属到化合物转变的模式更多的是以渐变方式进行，而且放电电压也是从 H_2S 气体流量为 5sccm 时的 500V 连续升高到 H_2S 气体流量终点为 20sccm 时的 580V。这一现象与先前文献报道的纯 Cu 在 H_2S 气体中的反应溅射时放电电压升高是一致的[10]。上述结论也可以从图 9.1 中看到，其中的溅射工艺没有表现出任何滞后现象。

在上述的溅射工艺中，可以观察到工序的平衡时间较长。对于薄膜成分和沉积速率而言，大约需要 5 小时的溅射时间才能得到稳定的工艺。类似的行为在早前 Thornton 等[11]进行 Cu_2S 反应溅射的文献报道中也出现过：在恒定的 H_2S 气体流量中，一直到溅射 30min 之后才能得到最终稳定的放电电压。EDS 分析发现在 CuSn 靶材表面存在极低浓度的锡，因此平衡时间较长可以归因于靶材表面形成的极厚的硫化物层。虽然众所周知典型的离子溅射范围只有几个纳米，但 EDS 分析却发现硫化物层的厚度超过了 $1\mu m$。因此可以预测靶材中发生了显著的扩散。这一效应可以由较长的响应时间和薄膜成分的变化进行解释。平衡时间对稳定运行是非常重要的，并且与合适的沉积工序相关。

9.3　溅射前驱体的特性

反应溅射提供了调节薄膜特性的可能性。在接下来的章节中，我们将讨论包括以下方面的内容：温度变化、H_2S/Ar 比例以及气压和金属成分变化。低应力和高密度是薄膜的优良性质，这就意味着应当使用稍微较高的沉积温度。本文没有提及的另一个参数是薄膜生长中附加的离子轰击，它通常在其它溅射沉积过程中使用。这可能在将来进一步调节前驱体特性中会用到。

9.3.1 作为 H_2S/Ar 比例函数的薄膜性质

改变工艺中的 H_2S 流量，就可以获得硫含量变化的薄膜。如图 9.1 所示，按照表 9.1 中四种不同 H_2S/Ar 比例沉积得到样品，正如所预期的，样品成分从金属逐渐转变为化合物模式。其它的工艺参数保持如下恒量：CuSn 靶的功率为 600W，Zn 靶的功率为 330W，溅射时间 800s，溅射过程中的气压为 0.67Pa。Zn 比例的迅速降低使得 ZnS 的溅射产率比较低；而 CuSn 比例降低的相当慢，这与在放电电压测试中观察到的金属到化合物转换模式一致。由于转换模式的不同，沉积样品中的 Zn 含量是变化的，这可以在表 9.1 中看到。纯金属性样品 A 具有很明显的富锌特征，这是因为源自于金属性 Zn 的沉积速率相当高。当加入 H_2S 气体后，Zn 比例迅速下降，从而导致样品 B 和 C 表现出贫锌特性。在 H_2S 气体流量最高的样品 D 中，CuSn 比例减小到足够低，从而使得 Zn 含量相对较高。薄膜中的硫含量随着 H_2S 气体流量的增加明显呈线性升高，根据 EDS 测试，在 20sccm 纯 H_2S 气体流量中溅射的薄膜具有接近于化学计量比的硫含量：51%（原子分数）。

表 9.1 图 9.1 中所列样品的制备工艺参数、成分比例和厚度

样品	H_2S流量/sccm	Ar 流量/sccm	Cu/Sn	Zn/(Cu+Sn)	S/金属	厚度/nm
A	0	20	1.9	0.49	0.03	960
B	10	10	1.86	0.16	0.44	1050
C	15	5	2.04	0.14	0.73	1170
D	20	0	1.99	0.21	1.03	830

注：数据从文献 [3] 中摘录，并得到 Elsevier 的重印许可。

图 9.2 展示的是表 9.1 中所列样品的掠入射 X 射线衍射谱图（grazing incidence X-ray diffraction，GIXRD）。在没有 H_2S 气体的环境中溅射的样品 A 表现出单质元素 Sn[12] 和化合物 Cu_5Zn_8[13] 的反射。对比文献 [14] 中的相图（显示的温度范围是 180—250℃），可以预期在这一成分比例下可能会发现 Sn、CuZn 和 Cu_6Sn_5。但是，相图中预测的 Sn 和 Cu_5Zn_8 所处区域相当近，考虑到溅射中非平衡条件的存在，这个结果并非不合理。同时文献 [14] 也说明了形成 CuZn 化合物而不是三种金属之间其它组合的原因是：Zn 的反应活性高，且 Cu 易于扩散。对于在 H_2S 含量为 50% 的气体环境制备的样品 B，溅射薄膜大部分呈现的是无定形结构，只有在 28.6°和 42.5°附近有两个非常宽的衍射峰。第一个峰与闪锌矿相 ZnS 的最强衍射峰匹配[15]，第二个峰与若干 CuSn 相的最强衍射峰匹配，例如 $Cu_{40}Sn_{11}$[16]。这也与过程曲线的结果一致（参见图 9.1），在这一个点上，Zn 靶应当被硫化，而 CuSn 靶处于金属和化合物之间的转换模式。两个在更高 H_2S 气体流量条件下溅射的样品都呈现出闪锌矿结构的反射。通常将这些衍射峰指认为 CZTS[17]、Cu_2SnS_3（CTS）[18-20] 以及具有很小偏移的闪锌矿 ZnS。在弱反射峰中没有观察到任何关于 CZTS 和 CTS 的特征峰。我们把这些弱峰标记为"Σ"，这是依据 Weber 等[21]引入的标记符号。Σ峰在完全硫化的样品中的衍射更强，在这一衍射图中也发现主峰下面有一个不能识别的肩峰。所有样品中都能够看到来自于背接触 Mo 的两个强反射峰[22]。

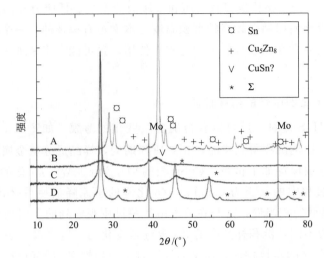

图 9.2　表 9.1 中所列样品的掠入射 X 射线衍射谱图
数据从文献 [3] 中摘录,并得到 Elsevier 的重印许可

从拉曼散射数据来看,金属性样品 A 和低硫薄膜 B 中没有清晰的峰出现。而对于样品 C 和 D,则可以分别在 $336cm^{-1}$ 和 $332cm^{-1}$ 处看到清晰的宽峰出现。

对样品 D 的拉曼谱进行 Lorentzian 曲线峰拟合,可以在 $200cm^{-1}$ 和 $500cm^{-1}$ 之间得到四个一致的拉曼峰。对于更弱的谱线,由此产生峰的位置分别位于 $266cm^{-1}$、$290cm^{-1}$ 和 $354cm^{-1}$。根据 Himmrich 和 Haeuseler 的研究结果[23],CZTS 的拉曼散射应当表现出三个峰,分别位于 $285cm^{-1}$、$336cm^{-1}$ 和 $362cm^{-1}$,其中中间的拉曼峰强度最大。这些峰位置与三个拟合的拉曼频率非常接近,而且具有相似的强度分布。文献 [23] 报道了若干红外振动峰,其中位于 $255cm^{-1}$ 处的峰与我们拟合的位于 $256cm^{-1}$ 处的峰一致。因此,对样品来说 CZTS 是合理的匹配。但是,如文献 [24] 中所描述的,其它一些化合物(如 ZnS、Cu_2SnS_3 和 Cu_3SnS_4)在同一范围内有着相似的强度,因此不能将其排除。

通过 SEM 图像可以确认 XRD 测试得到的物相的结晶信息。样品 B 大部分都是无定形结构,而样品 A、C 和 D 则有一定的结晶性。但是样品 C 和 D 具有清晰的柱状结构,而样品 A 则表现出更多的无序性。这可能是因为与 CZTS、ZnS 和 CTS 结构的相似性比较,Sn 和 Cu_5Sn_8 化合物的结构差异比较大,也可能是因为与硫化物相比,Sn 和 Cu_5Sn_8 的熔点更低。

9.3.2　作为气压函数的薄膜性质

我们在 Von Ardenne CS600 系统中研究了两种不同气压(0.67Pa 和 1.33Pa)和三种不同 H_2S/Ar 比例的影响[3]。其余工艺参数保持为如下恒量:CuSn 靶的功率为 600W,Zn 靶的功率为 330W,溅射时间 800s。总的气体流量为 30sccm。

一般来说,两种不同气压下得到的薄膜性质非常相似。可以看到唯一的区别是在 10sccm 的 H_2S 和 20sccm 的 Ar 气氛中,于 1.33Pa 压力条件下生长的薄膜,其 XRD 谱图显示在 28.6°和 42.5°处有两个非常宽的衍射峰。当降低工艺气压到 0.67Pa 时,XRD 谱图在 36.3°处出现一个附加衍射峰。这个衍射峰与单质元素 Zn 的密堆积平面匹配[25],这表明这一设置可能无法提供足够的硫分压与基质中的 Zn 完全反应。两个宽衍射峰与闪锌矿 ZnS[15] 和若干 CuSn 相[16](如 $Cu_{40}Sn_{11}$)的最强衍射峰匹配。这与该体系的过程曲线相符:在这个点上 Zn 靶应当完全硫化,而 CuSn 靶仍处于金属和化合物之间的转换模式。这也与

10sccm 的 H_2S 和 10sccm 的 Ar 气氛中，0.67Pa 压力条件下生长的薄膜的 XRD 谱图非常相似，这可能是因为这些工艺条件中的 H_2S 分压基本相似。

9.3.3 作为温度和成分比例函数的薄膜性质

由于沉积过程中的基底温度能够增加表面活性原子的迁移率，可以预期，它将会影响薄膜的形貌和应力[26,27]。在这一系列实验中所使用的 CuSn 靶的成分比例为 Cu，65%（原子分数）；Sn，35%（原子分数）。除了基底温度外其余工艺参数都保持恒量。基底温度从室温变化到约 300℃，它会影响到其他一些参数。成分比例变化包括 Cu/Sn 比、Zn 含量和硫含量。对比金属的原始 XRF 信号，样品之间的差异主要是因为随着基底温度的升高 Zn 和 Sn 的含量减小。这可能与 Zn 和 SnS 的高蒸气压有关。高温下硫含量低也可以归因于 S_2 的高蒸气压。这与相似工艺的 CIS 中观察到的现象一致：在较高的基底温度下，需要更高的 H_2S 气体流量以达到薄膜中相同的硫含量[28]。由于成分比例不同也会影响其它一些薄膜性质，因此我们溅射了成分比例保持为恒量的另一系列薄膜：选择三种成分比例，并且不同的 CuSn 合金靶（Cu，62.5%；Sn，37.5% 和 Cu，65%，Sn，35%，组成皆为原子分数）保持三个恒定的基底温度，同时改变磁控管的功率，由此得到如表 9.2 所示的 9 个样品。但是硫的损失没有得到补偿，从而导致高温样品中的硫含量更低。

表 9.2 前驱体和对应退火薄膜的性质

样品	前驱体					退火		
	S/金属	厚度/nm	计算密度/g·cm^{-2}	平均应力/MPa	XRD 谱图中(111)/(112)的 2θ/(°)	厚度/nm	计算密度/g·cm^{-2}	退火/蚀刻表现
A1	1.15	2080	3.82	-143	28.306	1990	3.89	破裂/剥落
A2	1.03	2020	3.99	-4	28.319	1940	4.04	破裂/OK
A3	1.05	1890	3.95	-18	28.313	1880	3.97	破裂/OK
B1	1.03	1950	4.08	-183	28.294	1900	4.19	OK/OK
B2	0.97	2040	4.1	-75	28.342	2040	4.19	OK/OK
B3	0.96	2020	4.16	-43	28.356	2080	N/A	OK/OK
C1	0.99	1970	3.98	-161	28.298	1920	4.22	OK/OK
C2	1	1860	4.06	-120	28.323	1850	4.2	OK/OK
C3	0.94	2080	3.54	34	28.412	2020	3.64	多孔/部分剥落

注：1. Cu/Sn 比在样品 A1—C1 中为 1.69—1.85、在样品 A2—C2 中为 1.95—1.99、在样品 A3—C3 中为 2.04—2.16。

2. 退火之后 XRD 谱图中 (112) 峰的 2θ 数值普遍低于 28.5°，接近 CZTS 粉末的参考数值（28.4502°）[29]。

如果密度保持不变，那么随着温度减小，沉积速率降低，自然生成较薄的薄膜，这也是所观察到的结果。但是，根据从 XRF 测得的金属面密度、EDS 测得的硫含量和薄膜厚度，计算得到薄膜的密度，如表 9.2 所示。从中可以看到密度的减小不能仅归因于薄膜中的原子数更少，高温薄膜同样也是致密的。一般来说，相对于 CZTS 的计算值（4.58g·cm^{-3}[30]），前驱体的密度较低，如果考虑到这些薄膜是在如此低的温度下溅射得到，这一结果就不足为奇了[27]。

图 9.3 展示的是在室温和最高温度下沉积得到的前驱体的 SEM 图像。这些薄膜的结构可以与早前关于溅射的一般结构区域模型（structure zone model，SZM）的真空沉积涂覆研究结果相比较[26]。这一模型将薄膜结构和工艺参数联系在一起，特别是基底温度 T 和涂覆材料（此处是 CZTS）的熔点 T_m。在 SZM 中可以区分为三个主要区域：T/T_m 比值较小的

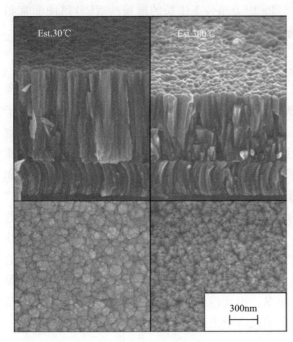

图 9.3 室温和 300℃溅射的前驱体的 SEM 图像
数据从文献 [3] 中摘录,并得到 Elsevier 的重印许可

区域 1,其中薄膜由圆形结晶表面组成;T/T_m 比值适中的区域 2,呈现出圆柱形晶粒的结晶琢面;T/T_m 比值较高的区域 3,具有大的晶粒和平坦的晶粒顶面。对于图 9.3 中的 CZTS 前驱体薄膜,低温沉积呈现出区域 1 的特征:圆柱形结构和圆形表面。高温沉积则出现了接近于区域 2 的形貌特征:结晶琢面,薄膜中有一定角度的晶界。如果计算这些沉积过程的 T/T_m 近似值,结果与 SZM 的预测完全一致。

薄玻璃基底的应力测试结果表明,除了具有不同形貌的 C3 样品之外,所有样品都表现出压应力。对于工艺参数恒定的系列样品,可能存在一个趋势:高温沉积得到的应力值相对较低。这也存在于铜含量最高的样品中。对于成分比例恒定的系列样品,较高的铜含量与较低的应力之间存在一定的相关性,但是与温度之间没有确定的变化趋势。对于成分比例恒定的系列样品中,应力变化的进一步解释可能是富铜样品是由不同溅射靶材制备得到的,且沉积速率较高,从理论上来说压应力应当是增加的[27],这与此处所看到的现象相反。此外,直接比较不同靶材沉积的薄膜应力水平并非易事,因为随着粒子轨迹的演化,能量物质的角向分布有所改变,从而使得生长条件不同。

利用 XRD 对具有较高应力和较弱取向的样品进行残余应力测试,结果与对应的曲率测试相吻合。但是,将此方法应用于具有更多纹理的样品时,很明显地表明了 XRD 测试的不确定性。

应力数值的不同也可以归因于 XRD 图谱中 $\theta-2\theta$ 的峰位移动,尽管其它因素(如成分比例、晶相混合)对此可能也有影响。当 Mo 背接触的衍射峰能明确指认时,这些样品所有可见的 Σ 峰都轻微地向更低角度方向移动。它们的位移值相对于 ZnS 或 CZTS(对应峰位分别是 28.531°和 28.4502°[15,29])大约是 0.1°—0.3°。综合两个系列样品的结构,我们可以得到结论:至少有一些峰位移是由 Cu/Sn 比例引起;化学计量比 Cu/Sn 最高的样品的衍射峰最接近粉末参考样品的衍射峰。但是表现出明显的峰位移动较小的 C3 样品是唯一记录有正应力值的样品。

另外,$\theta-2\theta$ XRD 图谱呈现了所有沉积样品的 Σ 峰和正好处于 28°主峰之下无法识别的肩峰。在不同系列的样品中,这些衍射峰的强度是变化的。随着沉积温度的升高,主峰的强度增强,而位于 33°、47°和 56°的衍射峰的强度却是减弱的。位于 28°的衍射峰对应闪锌矿 ZnS 的(111)晶面和锌黄锡矿结构的(112)晶面。位于 59°的衍射峰与 Mo 具有相同取向 [(222)/(224)],二者的衍射峰是重叠的,但是 59°处的衍射峰强度随着温度的升高而增强。Mo 位于 74°处的衍射峰没有与其它物质的衍射峰重叠,对应的 Mo 信号强度随着温度变化相当稳定。这就说明 59°处衍射峰的增强来自于 Σ 峰的信号,而且薄膜沿(111)或

(112) 的取向性随着温度的升高更加明显。这种密堆积晶面平行于基底的纹理在溅射薄膜中很常见[26]。(200) 极图的记录也证实了薄膜具有 (111)/(112) 择优取向，而且在密堆积晶面内没有取向性。

9.3.4 前驱体薄膜的无序晶相

中等温度的反应溅射可以认为是非平衡沉积过程。这是因为溅射原子或离子的动能和对应的温度远大于薄膜生长的温度。这种情况的结果通常是沉积得到不同于基态结构的各种晶体结构。相关的例子是在低于 420℃ 时反应溅射制备的 $CuInS_2$ 中发现了非平衡 Cu-Au 类阳离子有序化[31]。因此，完全硫化的 CZTS 溅射前驱体薄膜在温度约为 300℃ 时结晶，但是却不具备所预期的锌黄锡矿结构。相反，结合 X 射线衍射和拉曼分析，我们认为溅射前驱体的晶体结构与文献报道的 CZTS 高温立方结构相类似，而后者通常在 866℃ 以上出现[32]。在立方结构中，阴离子子晶格与其在 ZnS 和其它 CZTS 中一样仍保持了面心立方排列，但是阳离子却选择随机统计地（而不是系统地）排布在可供利用的四面体晶格位置上[6]。这种广泛的阳离子无序化导致了立方对称性，所显示的 X 射线衍射图谱与 ZnS 类似，但没有所预期的基态锌黄锡矿 CZTS 结构的四方相的衍射峰 [如图 9.4(a) 所示]。同时，溅射薄膜的拉曼谱（同时记录了表面模式和断面模式）揭示了与锌黄锡矿相似的频谱形态，但是其中的拉曼峰普遍宽化，并且有微小的位移 [如图 9.4(b) 所示]。使用紫外激发波长的光谱排除了大量 ZnS 存在的可能，这就意味着对立方 XRD 谱图的最好解释是所提出的 CZTS 相中广泛存在的阳离子无序分布。

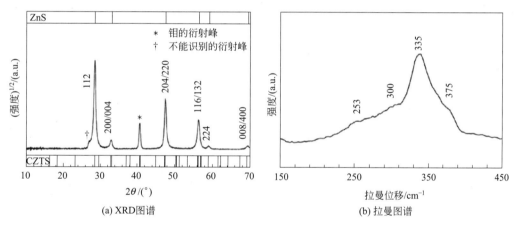

图 9.4 在 300℃ 下沉积的 CZTS 前驱体的 XRD 图谱和拉曼图谱

XRD 衍射峰源自于 X 射线与晶体结构中的长程有序相互作用，而拉曼位移则主要是由振动原子的最近邻相互作用决定的[33]。在拉曼图谱中，阳离子无序化的最主要影响是峰形的宽化，而峰位则没有明显受到影响。以锌黄锡矿拉曼图谱中位于 $338cm^{-1}$ 处的 A1 峰为例可以理解上述结果。A1 峰被认为是硫原子的呼吸振动模式[23]，其位置由硫原子最邻近原子间的相互作用决定。在锌黄锡矿结构中，每一个硫原子的最邻近原子分别是两个铜原子、一个锌原子和一个锡原子。在溅射前驱体的无序模型中，阳离子随机分布在四面体晶格位置上。但是从平均效果来看，这种分布仍然保留了相同的最近邻结合。如图 9.4(b) 所示，在前驱体拉曼图谱中发现 A1 峰位于 331—$335cm^{-1}$ 处，而真正锌黄锡矿相的 A1 峰位于 $338cm^{-1}$ 处 [如图 9.5(b) 所示]。事实上出现在 $331cm^{-1}$ 处的拉曼峰已经因此归因于 CZTS

样品中的 Cu-Zn 无序分布[34]。

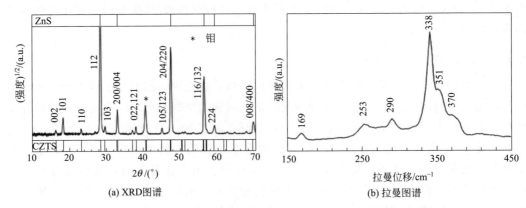

(a) XRD图谱　　　　　　　　　　(b) 拉曼图谱

图 9.5　图 9.4 中的前驱体薄膜退火之后的 XRD 图谱和拉曼图谱

与上述在基底温度为 300℃时溅射的薄膜相反，初步的实验表明锌黄锡矿相能够在较高的溅射温度（在我们的实验中是 475℃）条件下获得。得到锌黄锡矿相所需的准确转变温度，以及在更大的基底温度范围对应的薄膜性质仍有待进一步研究。

9.4　溅射前驱体的退火

9.4.1　退火工艺

反应溅射工艺所获得的薄膜具有预期的金属含量和硫含量，以及优异的均匀性。但是在低温沉积的情形中，薄膜结构是无序的，且晶粒尺寸非常小。退火的目的就是在保持成分均匀性的同时促进再结晶，以形成锌黄锡矿结构，并且伴随晶粒长大和晶格缺陷的湮灭，最终获得能够应用于太阳电池吸收层的薄膜。

我们实验室应用的退火装置由改进的管式炉组成，其基准气压约为 10^{-4} mbar（1bar＝10^5Pa），能够在大气压下工作。该装置可以提供静态或者流动的氩气气氛。样品放置在封闭的石墨容器内，石墨容器安装在炉子内的基底座上。可以通过传递杆将衬底架在炉内的加温区和冷却区之间传递，这样加热速率和冷却速率可以达到 $5℃ \cdot s^{-1}$。

即使非常短（数分钟的数量级）的退火处理都足以使反应溅射薄膜前驱体从第 9.3.4 节和图 9.4 所描述的无序态转变为锌黄锡矿结构。这一转变过程伴随着 XRD 图谱中锌黄锡矿衍射图样的出现［如图 9.5(a) 所示］、体相拉曼峰的窄化［如图 9.5(b) 所示］以及晶粒的快速长大[6]。我们将这些改变与阳离子子晶格从完全无序态到有序态的再排布联系在一起。从能量角度来看，按照定义，反应溅射得到的无序前驱体结构比基态锌黄锡矿结构具有更高的能量。退火工艺提供的热能有利于样品快速弛豫到平衡结构。晶粒尺寸的快速增长一部分可能是由这一转变过程所释放的势能所驱动。

9.4.2　防止退火过程中 CZTS 相的分解

关于 CZTS 退火过程应该考虑的问题，文献中已经进行了广泛的讨论，在本章中我们仅仅提供一个简短的综述。Sn 处于＋Ⅳ氧化态时（在 CZTS 中的价态）稳定性比较低，其直接后果是导致在 CZTS 退火过程中发生两个不利反应，而这在 Cu(In,Ga)Se$_2$ 合成过程中不会发生。两个反应都涉及 Sn—S 键中 S 原子的分离，从而引起 CZTS 相分解为二元化合物

Cu_2S、ZnS 和 SnS，其中 Sn 被还原到＋Ⅱ氧化态、以补偿 S 的损失[35]。第一个反应发生在 CZTS 表面，在典型的退火温度下，由硫的极高蒸气压驱动导致先是 S，然后是 SnS 的挥发[21]。第二个反应发生在 Mo 背接触层处，当有热能提供时，形成的 MoS_2 足以使 S 原子从 CZTS 相或 SnS_2 第二相中分离出去，从而使 CZTS 分解为二元化合物。

值得注意的是，相同的考虑同样适用于硒化物 CZTSe。上述两个硫损失反应可以在退火过程中通过供应高 S 气压抵消，起到了抑制表面分解和背接触反应的作用（前者的抵消效果比后者更加成功[36]）。如果退火体积很大，将需要 SnS 蒸气进一步阻止表面分解[37]。在高温下，需要的 S 和 SnS 气压也将进一步增加[38]。上述相关考虑对于所有的 CZTS 沉积和退火工艺都是适用的，我们的实验也不例外。虽然反应溅射的前驱体中已经包含化学计量比的 S 含量，但是上述两个 S 损失反应要求我们在退火过程中提供过量的 S。这只需要在石墨样品容器中增加元素 S 颗粒就可以简单完成。

在接下来的章节中，我们将讨论退火过程中没有添加 S 对器件性能的影响。

9.5 器件性能

表 9.3 所列的是由反应溅射薄膜制备的可用器件的测试结果，包括未经退火和经过退火处理的不同薄膜。两个一步合成的器件的转换效率都较低：0.3％和 1.3％，其他器件参数也都相对较低。虽然没有提供后一个电池的详细沉积参数，但是已知前一个的薄膜沉积温度约为 300℃。如 9.3.4 小节所述，这一温度太低，以至于无法形成锌黄锡矿结构。甚至对在高温下溅射的器件，一步法工艺也很难实现高转换效率，因为 CZTS 在真空条件下的稳定性很差。

表 9.3　一步和两步工艺制作的器件性能参数

样品	V_{oc}/mV	J_{sc}/mA·cm^{-2}	FF/％	转换效率/％	文献
1. 前驱体（基底温度 300℃）	183	6.22	27.9	0.31	[6]
2. 退火（3min，550℃）	513	14.6	60.8	4.6	[6]
3. 退火（石墨盒中添加硫）	667	19.6	60	7.9	[41]
4. 一步反应溅射	343	9.52	41.3	1.3	[2]
5. 在 H_2S 溅射和退火	428	12.4	63.5	3.4	[4]
6. 文献报道的最优 CZTS 器件	708	21.6	60	9.2	[39]

注：6 号器件中的 V_{oc} 是每一个子组件电池的对应数值。2 号样品在没有添加 S 的气氛中退火，同时以玻璃覆盖于薄膜表面以使得由于分解导致的 S 损失最小。3 号样品是在添加硫的石墨盒中于 560—570℃条件下退火 10min 得到。

采用退火处理的前驱体制作的三个器件，其相关性能在表 9.3 中列出。早期的结果（表 9.3 中的 2 号和 5 号器件）表现出中等的转换效率，而我们优化退火工艺后得到的 3 号器件则实现了 7.9％的转换效率。所有这些样品都是纯硫化物，并且性能与 Kato 等[39]报道的最好的无硒 CZTS 器件相当。在报道中子模块的电流密度更高，这可以部分归因于使用了抗反射涂层。Kato 等[39]也讨论了背界面处 ZnS 层的出现依赖于金属层的堆叠顺序和退火工艺。如果器件中没有背界面处的 ZnS 层，或者 ZnS 层分离到前表面，那么会使转换效率下降，这主要是因为电流密度的显著降低。ZnS 位于前界面处会降低转换效率的原因是绝缘性的 ZnS 阻止了光电流，与 CZTSe 中 ZnSe 的效应类似[40]。但 ZnS 位于背界面处时，其促进作用的内在原因目前还不清楚。

在 9.4.1 小节中，我们阐述了在退火过程中补充 S 的必要性。在图 9.6 和表 9.4 中，我们强调了同一前驱体在退火过程中添加和不添加 S 对 CZTS 太阳电池性能的影响。在两种情形中，样品都是在 560—570℃下，静态氩气氛围（350mbar）中进行退火。在添加 S 的情形中，样品放置在封闭的石墨容器盒内；而在不添加 S 的情形中，样品放置在热清洗的石墨容器盒内，样品表面直接用玻璃进行覆盖。采用这种构型，在无硫氛围中退火不会使 CZTS 的上表面发生严重的分解。无硫氛围退火的不利影响比较清楚：短路电流密度 J_{sc} 的大幅下降和更倾斜的光谱响应曲线。将 Mo 和 CZTS 之间具有 TiN 势垒层的标准钼背接触样品进行比较，Scragg 等[41]将这一行为与无硫氛围中退火时 Mo/CZTS 接触界面处的不利分解反应联系在了一起。然而到目前为止，对于这类器件行为还缺乏详细的理解和认识。

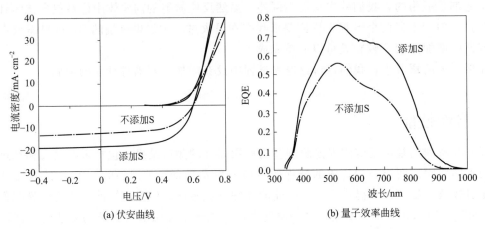

(a) 伏安曲线　　　　　　　　　　(b) 量子效率曲线

图 9.6　由同一 CZTS 层制作的器件的伏安和量子效率曲线
说明了退火过程中不添加过量 S 的危害性

表 9.4　图 9.6 中所示器件的性能参数列表

退火条件	转换效率/%	V_{oc}/mV	J_{sc}/mA·cm^{-2}	FF/%
不添加 S	3.75	601	10.5	59.5
添加 S	6.47	594	17.3	62.9

Ericson 等[5]比较了成分比例变化以及溅射过程中的基底温度（从室温升高到 300℃）对反应溅射薄膜的退火行为和器件性能的影响。退火在没有额外 S 供应的静态氩气氛围（350mbar）中进行，退火温度为 560℃，时间为 3min。室温下沉积的薄膜在退火之后出现开裂，而且在 CBD 工艺中表现出很差的附着性，因此不适用于器件生产。基底温度较高时，没有发现器件性能与溅射参数之间的关联性。

9.6　结论

我们展示了如何使用反应溅射法完全硫化前驱体薄膜，并通过快速退火得到器件质量级的 CZTS。使用反应溅射工艺能够调整前驱体的特性，但是至今还没有关于一步反应溅射法实现高转换效率的报道。当在基底温度较低的情况下进行溅射时，得到的是无序的非平衡相，而在基底温度更高时能够获得锌黄锡矿相。由于 CZTS 在高温真空中不稳定，因此需要在真空高气压下进行后退火处理。一步法工艺需要快速冷却或采取其它措施以防止表面分解。

参 考 文 献

[1] Liu, F., Li, Y., Zhang, K., Wang, B., Yan, C., Lai, Y., Zhang, Z., Li, J. & Liu, Y. (2010) In situ growth of Cu_2ZnSnS_4 thin films by reactive magnetron co-sputtering. Solar Energy Materials and Solar Cells, 94, 2431-2434.

[2] Chawla, V. & Clemens, B. (2010) Inexpensive, abundant, non-toxic thin films for solar cell applications grown by reactive sputtering. In Proceedings of 35th IEEE PV Specialists Conference. Honolulu, US.

[3] Ericson, T., Kubart, T., Scragg, J. & Platzer-Björkman, C. (2012) Reactive sputtering of precursors for Cu_2ZnSnS_4 thin film solar cells. Thin Solid Films, 520, 7093-7099.

[4] Li, J., Chawla, V. & Clemens, B. (2012) Investigating the role of grain boundaries in CZTS and CZTSSe thin film solar cells with scanning probe microscopy. Advanced Materials, 24 (6), 720.

[5] Ericson, T., Scragg, J. J., Kubart, T., Törndahl, T. & Platzer-Björkman, C. (2013) Annealingbehavior of reactively sputtered precursor films for Cu_2ZnSnS_4 solar cells. Thin Solid Films, 535, 22-26.

[6] Scragg, J., Ericson, T., Fontané, X., Izquierdo-Roca, V., Perez Rodriguez, A., Kubart, T., Edoff, M. & Platzer-Björkman, C. (2014) Rapid annealing of reactively sputtered precursors for Cu_2ZnSnS_4 solar cells. Progress in Photovoltaics: Research and Applications, 22 (1), 10-17.

[7] Berg, S. & Nyberg, T. (2005) Fundamental understanding and modeling of reactive sputtering processes. Thin Solid Films, 476 (2), 215-230.

[8] Depla, D., Heirwegh, S., Mahieu, S., Haemers, J. & De Gryse, R. (2007) Understanding the discharge voltage behavior during reactive sputtering of oxides. Journal of Applied Physics, 101 (1) 013301.

[9] Ashraf, M., Ullah, S., Hussain, S., Dogar, A. H. & Qayyum, A. (2011) Ion-induced secondary electron emission from ZnS thin films deposited by closed-spaced sublimation. Applied Surface Science, 258 (1), 176-181.

[10] Seeger, S., Harbauer, K. & Ellmer, K. (2009) Ion-energy distributions at a substrate in reactive magnetron sputtering discharges in Ar/H_2S from copper, indium, and tungsten targets. Journal of Applied Physics, 105 (5), 053305.

[11] Thornton, J. A., Cornog, D. G., Hall, R. B. & Dinetta, L. C. (1982) Apparatus surface conditioning effects in copper sulfide reactive sputtering for photovoltaic applications. Journal of Vacuum Science and Technology, 20 (3), 296-299.

[12] Swanson, H. E. & Tatge, E. (1953) JCPDS 00-004-0673 Sn. National Bureau of Standanrds, US, 539 (1), 24.

[13] Brandon, J. K., Brizard, R. Y., Chieh, P. C., Mcmillan, R. K. & Pearson, W. B. (1974) New refinements of gamma-brass type structures Cu_5Zn_8, Cu_5Cd_8 and Fe_3Zn_{10}. Acta Crystallographica Section B: Structural Science, B30 (Jun15) 1412-1417.

[14] Chou, C. Y. & Chen, S. W. (2006) Phase equilibria of the Sn-Zn-Cu ternary system. Acta Materialia, 54 (9), 2393-2400.

[15] Jumpertz, E. A. (1955) Über die Elektronendichteverteilung in der Zinkblende. Zeitschrift für Elektrochemie, 59 (5), 419-425.

[16] Booth, M. H., Brandon, J. K., Brizard, R. Y., Chieh, C. & Pearson, W. B. (1977) Gamma-brasses with F cells. Acta Crystallographica Section B: Structural Science, 33 (Jan15), 30-36.

[17] Schäfer, W. N. (1974) Tetrahedral quaternary chalcogenides of the type Cu_2-Ⅱ-Ⅳ-S_4 (Se_4). Materials Research Bulletin, 9, 645-654.

[18] Palatnik, L. S., Komnik, I. F., Belova, E. K. & Koshkin, V. M. (1961) A certain group of ternary semiconducting compounds. Doklady Akademii Nauk Sssr, 137 (1), 68.

[19] Chen, X. A., Wada, H., Sato, A. & Mieno, M. (1998) Synthesis, electrical conductivity, and crystal structure of $Cu_4Sn_7S_{16}$ and structure refinement of Cu_2SnS_3. Journal of Solid State Chemistry, 139 (1), 144-151.

[20] Onoda, M., Chen, X. A., Sato, A. & Wada, H. (2000) Crystal structure and twinning of monoclinic Cu_2SnS_3. Materials Research Bulletin, 35 (9), 1563-1570.

[21] Weber, A., Mainz, R. & Schock, H. W. (2010) On the Sn loss from thin films of the material system Cu-Zn-Sn-S

in high vacuum. Journal of Applied Physics, 107 (1), 013516.

[22] Swanson, H. E. & Tatge, E. (1953) JPCDS 00-042-1120 Mo. National Bureau Standards, US, 539 (1) 20.

[23] Himmrich, M. & Haeuseler, H. (1991) Far infrared studies on stannite and wurtzstannite type compounds. Spectrochimica Acta, Part A, 47, 933-942.

[24] Fontané, X., Calvo-Barrio, L., Izquierdo-Roca, V., Saucedo, E., Perez-Rodriguez, A., Morante, J. R., Berg, D. M., Dale, P. J. & Siebentritt, S. (2011) In-depth resolved Raman scattering analysis for the identification of secondary phases: Characterization of Cu_2ZnSnS_4 layers for solar cell applications. Applied Physics Letters, 98 (18), 181905.

[25] Swanson, H. E. & Tatge, E. (1953) JCPDS 04-0831 Zn. National Bureau of Standards, US, 539 (I), 16.

[26] Thornton, J. A. (1974) Influence of apparatus geometry and deposition conditions on structure and topography of thick sputtered coatings. Journal of Vacuum Science and Technology, 11 (4), 666-670.

[27] Thornton, J. A. & Hoffman, D. W. (1989) Stress-related effects in thin-films. Thin Solid Films, 171 (1), 5-31.

[28] He, Y. B., Kramer, T., Polity, A., Hardt, M. & Meyer, B. K. (2003) Influence of the preparation conditions on the properties of $CuInS_2$ films deposited by one-stage RF reactive sputtering. Thin Solid Films, 431, 126-130.

[29] Schorr, S., Hoebler, H. J. & Tovar, M. (2007) A neutron diffraction study of the stannite-kesterite solid solution series. European Journal of Mineralogy, 19 (1), 65-73.

[30] Siebentritt, S. & Schorr, S. (2012) Kesterites: a challenging material for solar cells. Progress in Photovoltaics: Research and Applications, 20 (5), 512-519.

[31] Unold, T., Sieber, I. & Ellmer, K. (2006) Efficient $CuInS_2$ solar cells by reactive magnetron sputtering. Applied Physics Letters, 88 (21), doi: 10.1063/1.2205756.

[32] Schorr, S. & Gonzalez-Aviles, G. In-situ investigation of the structural phase transition in kesterite. Physica Status Solidi (A), 206, 1054.

[33] Gouadec, G. & Colomban, P. (2007) Raman spectroscopy of nanomaterials: How spectra relate to disorder, particle size and mechanical properties. Progress in Crystal Growth and Characterization of Materials, 53 (1), 1-56.

[34] Fontané, X., Izquierdo-Roca, V., Saucedo, E., Schorr, S., Yukhymchuk, V. O., Valakh, M. Y., Pérez-Rodríguez, A. & Morante, J. R. (2012) Vibrational properties of stannite and kesterite type compounds: Raman scattering analysis of $Cu_2(Fe, Zn)SnS_4$. Journal of Alloys and Compounds, 539 (0), 190-194.

[35] Scragg, J. J., Dale, P. J., Colombara, D. & Peter, L. M. (2012) Thermodynamic aspects of the synthesis of thin-film materials for solar cells. ChemPhysChem, 13 (12), 3035-3046.

[36] Scragg, J. J., Wätjen, J. T., Edoff, M., Ericson, T., Kubart, T. & Platzer-Björkman, C. (2012) A detrimental reaction at the molybdenum back contact in $Cu_2ZnSn(S, Se)_4$ thin-film solar cells. Journal of American Chemical Society, 134 (47), 19330-19333.

[37] Redinger, A., Berg, D., Dale, P. J. & Siebentritt, S. (2011) The consequences of kesterite equilibria for efficient solar cells. Journal of American Chemical Society, 133 (10), 3320-3323.

[38] Scragg, J., Ericson, T., Kubart, T., Edoff, M. & Platzer-Björkman, C. (2011) Chemical insights into the instability of Cu_2ZnSnS_4 films during annealing. Chemistry of Materials, 23 (20), 4625.

[39] Kato, T., Hiro, H., Sakai, N., Muraoka, S. & Sugimoto, H. (2012) Characterization of front and back interfaces on Cu_2ZnSnS_4 thin-film solar cells. In Proceedings of 27th European Photovoltaic Solar Energy Conference, Frankfurt.

[40] Wätjen, J. T., Engman, J., Edoff, M. & Platzer-Björkman, C. (2012) Direct evidence of current blocking by ZnSe in $Cu_2ZnSnSe_4$ solar cells. Applied Physics Letters, 100 (17), 173510.

[41] Scragg, J., Kubart, T., Wätjen, J. T., Ericson, T., Linnarsson, M. & Platzer-Björkman, C. (2013) Effects of back contact instability on Cu_2ZnSnS_4 devices and processes. Chemistry of Materials, 25, 3162-3171.

10 CZTS薄膜的共蒸发及其太阳电池

Thomas Unold, Justus Just, Hans-Werner Schock

Helmholtz Centre Berlin for Materials and Energy, Dept. Complex Compound Semiconductors for PV, Hahn-Meitner Platz 1, 14109 Berlin Germany

10.1 引言

物理气相沉积是一种行之有效的沉积多晶化合物半导体材料的方法。对黄铜矿吸收层薄膜来说，这一方法能够制备出迄今为止电子性质最好的薄膜，从而使相关的薄膜太阳电池的转换效率超过20%[1]。原则上，共蒸发方法可以通过元素流量、基底温度和原材料纯度等对薄膜制备进行很好的控制。虽然在高温和超高真空（ultra-high vacuum，UHV）条件下（如分子束外延），使用极低的生长速率、晶格匹配的基底材料可以实现外延层生长，但是光伏应用中使用的多晶吸收层通常是使用玻璃基底在高真空条件下生长的，且生长速率比较高（约100nm·min^{-1}），在基底温度也比较适中（350—600℃）。

10.2 基本原则

蒸发沉积包括三个工艺步骤：源材料的蒸发；原子或分子到基底的传输；蒸发原子或分子在基底上的凝聚。蒸发工艺通常在真空当中进行，以使蒸发系统中残留气体的影响最小，并且使蒸发元素有足够长的平均自由程。原子或分子的平均自由程可以近似表示为[2]：

$$\lambda = \frac{k_B T}{\sqrt{2} P \pi d^2} \tag{10.1}$$

式中，k_B是波尔兹曼常数；T是温度；d是气相粒子的直径；P是气压。原子直径为0.3nm，温度为300K的平均自由程结果如图10.1所示，其中气压的变化范围从大气条件到UHV。平均自由程λ和典型工艺装置的长度尺寸L的比例定义为克努森数（Knudsen number，$K_n = \lambda/L$），这一参数决定了在分子流（$K_n > 1$）或黏性流（$K_n < 0.01$）状况下蒸发是否发生。典型的多晶薄膜的蒸发工艺是在分子流状况下进行的，也就是说平均自由程大于10cm，对应的气压小于10^{-3}hPa。但是，在源材料的高蒸气压中（如在太阳电池的制作中需要高能量的沉积速率），平均自由程能够达到厘米量级范围，这将导致在气相中发生显著的反应。这些反应生成的中间物也会影响蒸发工艺生长薄膜的特性。

源材料的蒸发速率与其平衡蒸气压直接相关，它依赖于温度T和潜热ΔH_L，并可以由Clausius-Clapeyron方程描述：

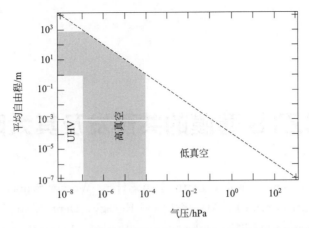

图 10.1　蒸发相物种的平均自由程作为总气压的函数变化情况

$$\ln(P) = -\frac{\Delta H_L}{R}\frac{1}{T} + C \tag{10.2}$$

式中，R 是气体常数；C 是元素特定常数[2]。因为潜热依赖于温度，式(10.2) 仅仅在有限的温度范围内严格有效。CZTSSe 涉及的不同元素和化合物的蒸气压作为温度的函数变化情况如图 10.2 所示。

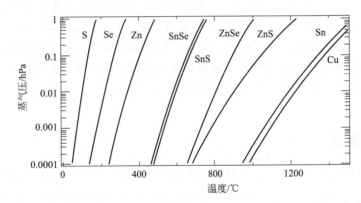

图 10.2　共蒸发 CZTSSe 所涉及的元素和二元化合物的平衡蒸气压[3-8]

甚至在相对较低的温度下，硫、硒和锌的蒸气压都是相当高的（>10hPa），硫的蒸气压超过硒的蒸气压大约四个数量级。同时也可以看到 SnS 和 SnSe 的蒸气压在温度为 500℃ 附近时相对较高（$P_{eq} \approx 10^{-3}$ hPa），这就说明 SnS 和 SnSe 从基底上的再蒸发对在真空条件下沉积锌黄锡矿是一个严重的问题。

如下所述，为了使蒸发速率足够高，源材料必须有足够高的温度，从而为预期的蒸发速率提供所需的蒸气压。另一方面，基底温度必须足够低以阻止沉积材料的再蒸发和分解。

在热蒸发系统中通常使用不同类型的源。其根本区别在于是直接加热源，还是间接加热源。直接加热源如电阻加热由 Mo、Ta 或 W 制作的金属蒸发舟组成，而间接加热源由四周加热的坩埚构成。相应地，对于直接加热源，源材料的蒸发直接在金属蒸发皿的表面进行，而间接加热源的源材料蒸发，则因坩埚设计在空间上受到更多的限制。

蒸发工艺的基本原则是通过升高源材料的温度直接在其表面产生足够高的蒸气压。利用气体动力学理论，在开放表面上，与蒸气压 $P_{eq}(T)$ 相关的蒸气流 ϕ_e [单位：原子/(s·cm²)]

可以通过 Hertz-Knudsen 方程进行计算[2]：

$$\phi_e = \gamma_e \alpha_e \frac{P_{eq}(T) - P_0}{\sqrt{MT}}$$

$$\gamma_e = \sqrt{\frac{N_A}{2\pi k_B}} \approx 2.6 \times 10^{22} \frac{\sqrt{g \cdot K \cdot mol^{-1}}}{hPa \cdot s \cdot cm^2} \tag{10.3}$$

式中，M 是摩尔质量（单位是 g/mol）；P_0 是蒸发物的背景分压（单位是 hPa）；T 是源材料的温度；N_A 是阿伏伽德罗常数。蒸发系统 α_e 的范围在 0 和 1 之间，并依赖于蒸发物的表面能和表面几何构型。质量蒸发速率 Γ_e（单位是 $g \cdot cm^{-2} \cdot s^{-1}$）可以由各个原子或分子的原子流量相乘获得，即：

$$\Gamma_e = \frac{\alpha_e \gamma_e}{N_A} \sqrt{\frac{M}{T}} [P_{eq}(T) - P_0] \tag{10.4}$$

当 $\alpha_e = 1$，$P_0 = 0$，$P_{eq} = 10^{-2}$ hPa（如铜在 $T = 1220$℃）时，发现多种元素的质量蒸发速率为 $10^{-4} g \cdot cm^{-2} \cdot s^{-1}$。

开放表面的蒸发（例如蒸发舟），由于热质量较低，因而具有低成本和快速变化的可能。其劣势是由于开放设计和蒸发物理数量少，导致其稳定性较低，因此很难保持恒定的蒸发速率。

在克努森室（Knudsen cells）或喷发室（effusion cells）中，蒸发是通过装载源材料坩埚的开孔发生的［如图 10.3(b)］。此处坩埚被加热丝间接加热，而其开孔作为蒸发表面[9]。蒸发室能够产生均匀的恒定的温度，从而能够很好地定义源材料的平衡蒸气压。在克努森室中，坩埚的平衡蒸气压应当保持足够低的数值，以使蒸发物质的平均自由程远大于开孔尺寸，并且通过开孔的分子束发射不会显著影响内部气压，从而使得这种类型的蒸发的蒸发系数 α 等于 1。克努森室的坩埚开孔喷发剖面遵循如下的余弦分布，类似于几何光学中的朗伯辐射体（Lambertian radiator）。设角度为 θ，到源的距离为 r，源面积为 A_e，则每单位基底面积上的质量沉积率 dA_S 可由下式给出：

$$\frac{d\Gamma_S}{dA_S} = \int_{A_e} \frac{1}{\pi r^2} \cos^2(\theta) \Gamma_{evap} dA_e \tag{10.5}$$

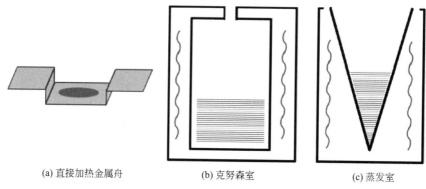

(a) 直接加热金属舟　　(b) 克努森室　　(c) 蒸发室

图 10.3　共蒸发使用的蒸发源

其中采用余弦平方是因为假设基底平行于蒸发室的表面（如图 10.4 所示）。对于如上所估算的基底-源距离为 $r = 20$ cm，质量蒸发率为 $\Gamma_e = 10^{-4} g \cdot cm^{-2} \cdot s^{-1}$ 时，质量沉积率为 $\Gamma_S \approx 10^{-4} g \cdot cm^{-2} \cdot s^{-1}$，这与铜的沉积率（大约为 100 nm $\cdot$ min^{-1}）基本吻合。

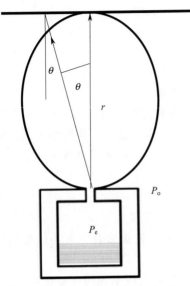

图10.4 克努森室的蒸发分布

如果要求更高的沉积率和更简易的处理,那就可以使用蒸发室。它的设计与克努森室相似,只是由更大的开孔(更大的源面积 A_e)构成,因此减少了机械复杂性,且更容易填充[如图10.3(c)所示]。如同分子束外延一样,它可以应用多种源,包括低温、高温蒸发。因为大孔设计,空间分布不再是真正的余弦形式。准确的分布外形依赖于源的几何形状,并且能够经验地近似为 $\cos^n(\theta)$ 分布,其中 n 是一个整数(典型值为2—6)。对于较大的 n 值,蒸发流是高度定向的,这通常发生在深且窄的坩埚中[10]。值得注意的是蒸发工艺中粒子能量与源中蒸发物的热能相关,如假设源的温度为1000℃,那么对应的能量约为0.2eV。

与一些Ⅱ-Ⅵ族化合物相反,锌黄锡矿化合物不能一致性地蒸发,也就是说蒸气的成分比例不同于源材料的成分比例,这使得组成成分各自蒸发和从根本上精确控制成为可能。可以通过纯金属加上硫或硒,或者使用二元化合物(如 ZnS 或 ZnSe)进行蒸发实现各自单独蒸发。因为硫和硒的蒸气压较高,对这些元素选择封闭(克努森类型)蒸发源比较合适。ZnS 和 ZnSe 的升华使其很难在开放坩埚蒸发源中实现恒定的蒸发率。这一问题可使用封闭蒸发源或者高温稳定材料(如石英玻璃)制作的隔板进行解决。对于大型的沉积系统,线性源的内联排列显示出很好的结果,例如生产 $Cu(In,Ga)Se_2$ 组件。

图10.5描述的是实验室典型的物理气相沉积(physical vapor deposition,PVD)生长室。生长室由冷却罩包裹以改进背景气压,并带走源和基底加热器的辐射热。位于底部的蒸发源朝向基底,并且包含遮挡快门,用以控制单个源气流的快速开启和关闭。基底安装在带有辐射加热的机械手上。

在实验室系统中,旋转基底通常用于保证在大面积沉积时的成分均匀性。但是固定的非旋转基底也具有相应的优势,可以在单次生长循环中有目的地形成侧向成分梯度,它甚至可以用于组合方法中。系统中必须装配合适的泵浦系统,包括在硫族元素、其它蒸发物质和灰尘冷凝状况下泵浦的保护装置。为了达到上述目的,涡轮分子泵装一般都配了冷阱。源上方的遮挡快门用于控制生长过程中源或者蒸气流的中断。

精确控制蒸发流量对控制薄膜生长的厚度和成分是至关重要的。可以通过以下不同方法实现这一目的:最突出的技术是石英晶体监视(quartz crystal monitor,

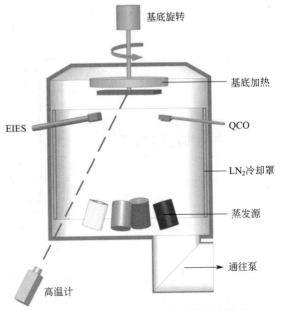

图10.5 典型的半导体薄膜共蒸发生长室

QCM)、原子吸收光谱（atomic absorption spectroscopy，AAS）和电子轰击发射光谱（electron impact emission spectroscopy，EIES）。石英晶体监视是监视蒸气流量和薄膜厚度的标准工具，它通过测量由蒸发源元素流涂覆的晶体振荡器的去谐共振频率实现监视。通过QCMs技术，能够非常准确地测量单元素源的流量；如果基底温度和QCM没有强烈地彼此偏离，则能够确定基底上的沉积速率。但是对于所有速率的完全控制，则需要为每一个源配置晶体监视器，并且晶体振荡器必须在相当短的时间间隔内得到更新。

代替源流量监视的方法是利用AAS或者EIES。在AAS中由中空阴极灯提供的特定原子发射线源元素（例如Cu或Zn）透射过源的蒸发圆锥，这样通过蒸气的透射光就可以被监测到。在EIES中，蒸发圆锥中的原子被从位于蒸发腔室中的阴极所发射的加速电子激发。激发原子或分子表现出元素特有的发射线或发射带，从而用于检测或校正源流量。EIES比AAS更具优势之处在于不需要特定元素光源，而且原则上蒸气中所有元素能够同时表征。

CZTS生长中包含元素的典型EIES谱如图10.6所示。在图10.6(a)中显示了EIES所记录的Cu蒸发过程。图中，位于325nm的主发射是一个很强的双发射峰。在图10.6(b)中，仅有ZnS蒸发源在运行，从中可以观察到Zn的特征发射线，其中最强的发射线位于213nm处。位于390nm处的发射线对应腔室中残余气体中的氮气。图10.6(c)显示的是锡蒸发过程所记录的EIES谱，从中可以观察到大量的发射线。为了避免与其它元素的原子发射相互重叠，对于CZTS共蒸发中的该元素，282nm带通滤波器能够给出最好的结果。

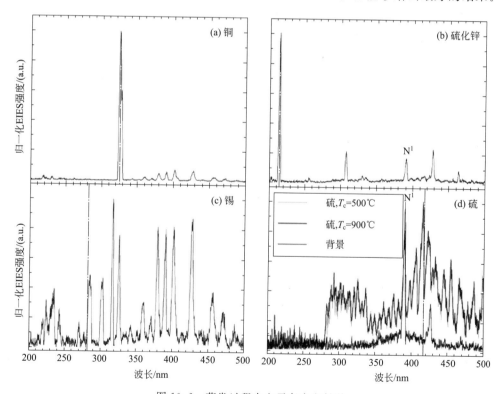

图10.6　蒸发过程中电子轰击发射谱

硫的发射如图10.6(d)所示，其中可以观察到一个相当宽的发射带，它从280nm延伸到500nm，这可以归因于硫分子发射。有意思的是当硫源裂解炉管的加热温度从标准的500℃升高到900℃时，此发射峰的外形并没有发生变化。对比CZTS共蒸发中不同元素的谱图，可以明确：如果采用的带通滤波器合适，那么四种元素完全可以由单个 EIES 装置监视。

10.3 工艺变量

10.3.1 单步工艺

最简单的共蒸发工艺设想包含不同源元素同时蒸发、且基底保持高温的装置。这样的单步共蒸发工艺也曾用于 $Cu(In,Ga)Se_2$，虽然多步共蒸发工艺能够生产转换效率更高的黄铜矿太阳电池[11,12]。文献中有很多关于单步共蒸发工艺沉积 CZTS 的报道，但是其中只有是少量关于由该工艺制作的太阳电池的电子特性的[13-18]。

在分子束外延（molecular beam expitaxy，MBE）系统中，Redinger 和 Siebentritt 利用铜、锡、锌、硒的喷发室研究了 CZTSe 的单步共蒸发工艺[19]。在沉积过程中，金属沉积速率保持在 $1—2\text{Å}\cdot s^{-1}$，而硒的蒸气分压在 6×10^{-7} hPa 和 5×10^{-6} hPa 之间变动。他们发现当基底温度高于 350℃时锡不能充分地进入生长的薄膜中，而当基底温度高于 430℃时锌将脱附。所以他们得到结论认为 CZTSe 的单步共蒸发工艺只能在基底温度低于 380℃、硒的蒸气分压在 5×10^{-6} hPa 的条件下才能进行。同时他们也发现，由于在生长开始阶段锡的有限加入，导致了薄膜背面 ZnSe 第二相的存在。

如果提高工艺中的沉积速率，那么 Redinger 和 Siebentritt 所遇到的一些生长条件问题（如硫族元素蒸气分压低、沉积速率低等）可以得到解决。接下来描述的是由 Schubert 等[18] 开展的 Cu_2ZnSnS_4

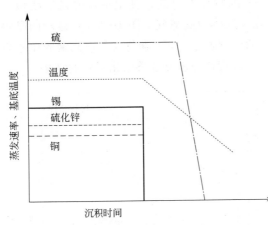

图 10.7 单步共蒸发工艺的速率和温度变化曲线

（CZTS）的单步共蒸发工艺。在他们的工艺中，CZTS 在包含 Cu、Sn 和 ZnS 的蒸发室（硫是从带阀门的裂解源进行蒸发）中沉积得到。温度变化曲线和源蒸发速率曲线如图 10.7 所示。硫的蒸气分压在整个沉积过程中保持在 $(2—3)\times10^{-5}$ hPa。基底升温到标称温度 550℃，并在生长过程中保持这一温度。使用的生长速率大于 $60\text{nm}\cdot\min^{-1}$ 以保证基底温度升高时锡的逸失最小。在生长过程完成之后，关闭金属源的调整快门，并在继续蒸发硫的条件下冷却基底。当冷却到 200℃时关闭硫源，通过辐射继续冷却基底到室温。图 10.8 所示的是采用上述工艺制备得到两种不同成分的吸收层的 SEM 图像。

通过不同的源流量比例生长得到完全贫铜[[Cu]/([Zn]+[Sn])≈0.92]和完全富铜[[Cu]/([Zn]+[Sn])≈1.16]的吸收层。可以看到与贫铜生长条件相比，富铜条件下生长的晶粒尺寸明显增大。这是共蒸发黄铜矿薄膜中观察到的普遍结果[20]，而且在 $Cu_2ZnSnSe_4$ 的共蒸发过程也观察到类似的现象[21]。

正如之前曾在铜基黄铜矿体系中所发现的一样，生长过程中铜过量会导致 Cu-S 第二相的析出，而这些相关的第二相可以在生长之后由稀释的 KCN 蚀刻去除[22]。图 10.9 展示的是具有富铜成分比例的共蒸发 Cu_2ZnSnS_4 吸收层在 KCN 蚀刻之前和之后的 XRD 衍射图。

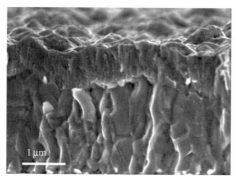 

(a) [Cu]/([Zn]+[Sn])≈0.92　　　　　(b) [Cu]/([Zn]+[Sn])≈1.16

图10.8　由单步共蒸发制备的具有不同成分比例吸收层的CZTS太阳电池

除了预期的锌黄锡矿反射之外，在KCN蚀刻之前也能观察到CuS衍射信号，而这些CuS衍射信号在KCN蚀刻工艺之后就消失了。KCN蚀刻之后的EDX测试结果显示[Cu]/([Zn]+[Sn])约等于1，说明去除Cu-S第二相后得到了[Cu]/([Zn]+[Sn])为完全化学计量比的薄膜。

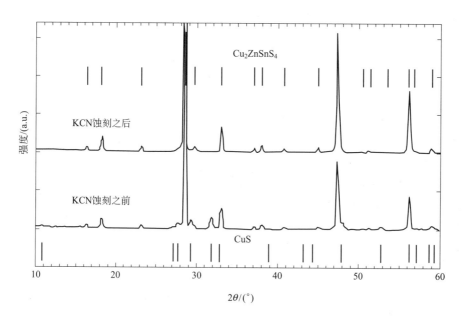

图10.9　富铜条件生长的Cu_2ZnSnS_4吸收层在KCN蚀刻之前和之后的XRD衍射图

此图的重印得到文献[18]的许可，Copyright © 2011，John Wiley and Sons Ltd

由上述CZTS吸收层制作太阳电池的工艺如下：采用化学浴方法沉积50nm厚的CdS缓冲层，然后由磁控溅射沉积包含本征ZnO层和铝掺杂ZnO层的窗口层。

虽然富铜生长条件可能得到有利于锌黄锡矿薄膜太阳电池的大晶粒，但是结果发现与黄铜矿型太阳电池类似，CZTS基太阳电池的最高转换效率是由贫铜生长条件获得的，而不是富铜生长条件。图10.10给出的是包含不同成分比例的共蒸发CZTS太阳电池吸收层的三元相图。值得注意的是这些成分比例是由XRF测量确定的积分比例，并没有考虑深度方向的不均匀性或第二相的存在。

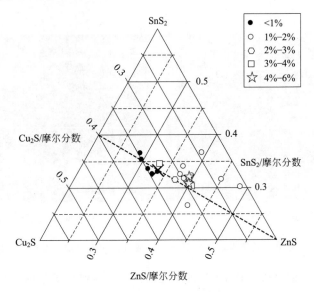

图 10.10 三元相图显示的不同共蒸发 CZTS 太阳电池的效率与成分比例的关系
相图中央的叉号是完全化学计量比的成分比例点

从图 10.10 中可以看到具有最佳转换效率的是稍微贫铜[[Cu]/([Zn]+[Sn])≈0.9]和富锌([Zn]/[Sn]≈1.1)的样品,这与其他许多研究组观察到的结果一样[23]。

图 10.11(a) 是室温黑暗和照明条件下,应用了 MgF_2 抗反射涂层,转换效率为 5% 的 CZTS 太阳电池的 JV-测试结果。可以看到照明条件下的 J-V 曲线表现出强烈的偏置电流集取特征,说明其扩散长度极短。这与图 10.11(b) 所示的同一样品的 EQE 测试结果一致。波长大于 500nm 的 EQE 衰减可以由扩散长度相对较短(小于 200nm)进行解释,而波长小于 500nm 的衰减则是因为 CdS 缓冲层和 ZnO 窗口层的寄生吸收引起的。黑暗条件下 J-V 曲线的二极管拟合得到的串联电阻为 $3\Omega \cdot cm^2$,并联分流电阻为 $1.7k\Omega \cdot cm^2$。其它课题组都曾观察到锌黄锡矿型太阳电池的串联电阻相对较高,这种特性部分导致此类电池的填充因子相对较低[24]。黑暗条件下 J-V 曲线拟合得到的二极管因子接近于 2,暗饱和电流密度为 $1.5 \times 10^{-4} mA \cdot cm^{-2}$,说明在空间电荷区或异质界面处有较强的复合。根据 EQE 测试,无论是通过分析表达式的拟合或者 700nm 与 1000nm 之间的误差拐点,都可以确定带隙值为 $E_g=1.51eV$。与黄铜矿太阳电池中所观察到的典型开路电压亏损值 0.5V 相比[25],该太

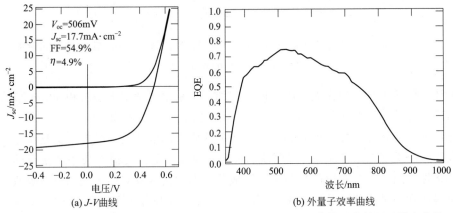

图 10.11 黑暗和照明条件下共蒸发 CZTS 太阳电池的 J-V 曲线及其外量子效率曲线

阳电池观察到的开路电压亏损 $(E_g/q)-V_{oc}\approx 1V$ 是相当大的。同时,由于体相和界面处的高复合率,该太阳电池输送的电流值仅为 1.5eV 带隙处（28.5mA·cm^{-2}）的 60%。

关于高串联电阻和低短路电流的另一个解释是吸收层中第二相的存在。虽然诸如 ZnS 和 Cu_2SnS_3 之类的第二相在 XRD 测试中没有检测到,但是由于它们具有与锌黄锡矿相相似的晶格常数,所在不能排除它们的存在。另一方面,Just 等[26]利用 X 射线吸收光谱研究了共蒸发 CZTS 中第二相的存在。他们的实验分别分析了 ZnS、CuS、CZTS 和 Cu_2SnS_3 在硫的 K 边处的 X 射线吸收近边结构（X-ray absorption near edge structure,XANES）。这样就可以通过线性组合分析绝对地确定在共蒸发 CZTS 吸收层中 ZnS 的体积含量。在所有研究的样品中发现 ZnS 的浓度（体积分数）达到了 20%。而且发现对于所研究样品,[Zn]/[Sn]比例和 ZnS 含量之间存在着普遍的相关性。

吸收层断面的 EDX 映射测量结果也显示 Zn 含量高的区域,特别是接近背接触处,可以归结为 ZnS 第二相的析出。这可以从图 10.12 中的典型共蒸发太阳电池的元素深度剖面图得到反映。从图 10.12 中可以看到 Zn 含量在背接触处显著地增加,而 Cu 和 Sn 的含量则相应地降低。元素剖面梯度变化非常宽且接近于异质界面,这是由吸收层厚度的不均匀性引起的一个平均效应。如 Scragg 等[27]所阐述,元素线剖面指出 ZnS 的存在接近于背接触,其部分原因可能是 MoS_2 反应导致 CZTS 在钼背接触处分解为第二相。

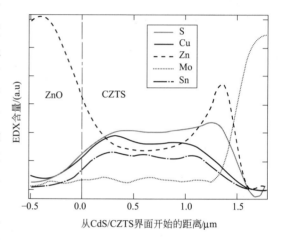

图 10.12 EDX 映射分析得到的共蒸发 CZTS 太阳电池的元素剖面
使用的 EDX 测量加速电压为 7kV

最后,由 XANES 分析确定的 ZnS 第二相含量与相应太阳电池电学参量之间的相关性清楚表明,该物相的存在会对太阳电池性能产生不利影响,因此在 CZTS 太阳电池中应当尽量使 ZnS 的含量最小[26]。

亥姆霍兹柏林中心（Helmholtz Znntrum Berlin,HZB）对在其中心生长的大部分共蒸发 CZTS 太阳电池,在生长之后都进行了 KCN 处理,无论吸收层的生长是不是有意在富铜或贫铜条件下进行,结果发现这一处理工艺可以普遍提高太阳电池的性能。其效应可以部分地由吸收层表面 KCN 蚀刻之前和之后的 X 射线/紫外光电子能谱（X-ray/ultraviolet photoemission spectroscopy,XPS/UPS）研究进行解释,其结果表明 KCN 处理之后表面带隙显著宽化[28]。

Bär 等采用光电子能谱分析和逆光电子能谱（inverse photoemission spectroscopy,IPES）分析对共蒸发 CZTS 吸收层和化学浴沉积 CdS 之间的能带对准进行了研究,结果表明两者是突变异质结能带偏移类型。这对于界面复合是有利的,并且与我们所发现的带隙较大的硫基材料对应的开路电压比较低的结果一致[29]。

如果只是通过单步共蒸发工艺,而不在高压硫气氛中进行额外退火处理,迄今为止还不可能生长出太阳电池转换效率接近 10%的硫基 CZTS 吸收层材料。我们认为这种限制是因为硫和硫化锡的高蒸气压导致在高真空的蒸发过程锡显著逸失[30,31]。如果采用多步工艺或者包含高硫分压的退火步骤,硫基锌黄锡矿的共蒸发也许会更加成功[32]。

10.3.2 多步工艺

由可变的沉积速率和基底温度组成的多步共蒸发工艺具有比单步共蒸发工艺更大的优势。单步共蒸发工艺中所有组成元素同时凝聚在生长薄膜上。而在多步共蒸发工艺中,不同的蒸发顺序允许薄膜的成分梯度变化,或者影响生长过程中的材料物相演化,这可以用于带隙或缺陷工程。通过端点检测,或者在薄膜生长过程中区别成分比例的特定点检测,多步蒸发工艺也可以允许应用过程控制,例如当完全化学计量比达到时。这可以通过监视基底温度或加热器功率、反射法或激光散射来实现[33]。使用后一技术的事实根据是薄膜形貌在多步工艺生长的一些特殊点会发生变化,例如当一个第二相在表面分离时[34]。

上述多步共蒸发工艺优势已在 CZTS 中进行了广泛的探索。可以在 CZTS 多步工艺中预想不同的层顺序。因为 Cu_2SnS_3、ZnS 和 CZTS 的晶格都是闪锌矿基结构[35],且具有相似的晶格常数,可以预期局部规整化生长发生的蒸发顺序是先为 ZnS、然后为 Cu_2SnS_3,或者先为 Cu_2SnS_3、然后为 ZnS。

关于共蒸发 SnS/CuS/ZnS 多层堆叠的相互扩散和锌黄锡矿形成,Weber 等[36]开展了退火研究,他们的研究采用原位 X 射线衍射和荧光能量色散监视了成分和物相形成。从他们的研究中可以得到结论:虽然锌黄锡矿的形成被不同阳离子之间的互扩散所限制,但是锌黄锡矿 CZTS 可以由二元物相叠层在 500℃ 温度处理数分钟形成[36]。

10.3.2.1 Cu_2SnS_3 在 ZnS 上的生长

Weber 等[37,38]探索了 CZTS 多步共蒸发生长工艺:先使用 ZnS 前驱体,接着在更高温度下生长 Cu_2SnS_3(CTS)。ZnS 在共蒸发系统中采用正常基底温度(50℃)沉积在 Mo 涂覆的钠钙玻璃基底上。在 ZnS 薄膜沉积之后,当 Cu、Sn 和 S 被共蒸发到 ZnS 前驱体层之上时,基底被加热至 380℃。为了抵消 Sn 的弱吸附和 Sn 从薄膜再蒸发,在蒸发率中使用了较高的 Sn/Cu 比例。在完成确定的沉积时间之后,对基底进行冷却,如图 10.13 所示。

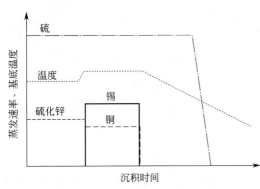

图 10.13 ZnS/Cu-Sn-S 的两步共蒸发工艺的蒸发速率和基底温度变化曲线

图 10.14 所示的是 CTS 沉积在 ZnS 前驱体上的 SEM 断面图像,对应的时间周期分别是 2.5min、5.5min 和 20.5min。由于 ZnS 的 SEM 图像表现出与 CZTS 明显相反的特征,可以认为 2.5min 沉积的图像主要是由 ZnS 构成,5.5min 沉积的图像中 ZnS 层有一半转化为 CZTS,而 20min 沉积的图像所有 ZnS 前驱体层都转化为 CZTS。CZTS 的形成可以由 XRD 表征得到确认,其中 20min 沉积的样品可以检测到典型的锌黄锡矿衍射图谱。极图纹理测试结果表明 ZnS 前驱体和 CZTS 层的顶部都显示出 <111> 纤维织构。在 CZTS 层中还检测到附加的 <100> 织构。结合高分辨透射电子显微镜(high-resolution transmission electron microscopy,HRTEM)观察到的 ZnS 和 CZTS 之间晶格取向不连续的现象,表明这一类型工艺顺序的生长机理并不是普遍的局部规整化生长机理。

虽然两步工艺能够得到晶粒相对较大的锌黄锡矿吸收层,但是对应的太阳电池器件的转换效率并没有超过 1.1%,这主要是被非常小的短路电流密度(6mA·cm^{-2})所限制[37]。

  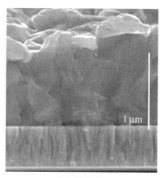

(a) 2.5min　　　　　　　(b) 5.5min　　　　　　　(c) 20.5min

图 10.14　基底温度为 380℃、Cu-Sn-S 通过两步蒸发工艺沉积在 ZnS 前驱体层之上的 SEM 断面图像[39]

这就表明这些器件受到了第二相的严重影响，这些第二相分别来自 ZnS 前驱体所残留的第二相和在第二阶段中所沉积产生的第二相。

10.3.2.2　NREL 关于 CZTSe 的两步工艺

在黄铜矿薄膜太阳电池的开发中，引入两步共蒸发工艺[包括富铜阶段和随后的贫铜阶段（后来被称为"波音工艺"）]，最终可得到 9.4％的转换效率，它是公认的薄膜太阳电池的重要步骤[40]。正如所观察到的那样，黄铜矿薄膜在富铜生长条件下能够获得相当大的晶粒，这一工艺可以生长大晶粒，并且在之后保持贫铜成分比直到工艺结束，研究发现这对获得优良的器件性能是非常必要的。

由于已经观察到相似的边界条件可以应用于锌黄锡矿太阳电池，Repins 等[41]在共蒸发生长 $Cu_2ZnSnSe_4$ 中采用了波音工艺。与此相反，Redinger 等展示了将更高硫分压（达到 10^{-4}hPa）、更高生长速率（达到 $60nm·min^{-1}$）的 MBE 生长工艺应用于这些研究当中。

以钼涂覆的钠钙玻璃作为基底、将 NaF 前驱体层沉积在钼之上用以增加吸收到生长过程中 Na 的供应量。Cu、Sn、Zn 和 Se 使用分离的开放舟蒸发源，各自的蒸发速率使用第 10.2 节所描述的 EIES 进行控制。值得注意的是这类装置允许沉积速率的快速变化，这在大喷射室中不容易实现。

工艺中所采用的蒸发曲线如图 10.15 所示。在第一个阶段中为了大晶粒的生长，对 Cu、Zn、Sn 和 Se 进行蒸发，并得到具有稍微富铜成分的薄膜。在第二阶段中铜源被完全关闭，而锡的蒸发率保持恒量，锌的蒸发率降低。基底温度在第一阶段 Cu-Se 相出现时发现明显长高、而在第二阶段则被消耗，因此可以指示材料成为完全计量比的时间。正如作者所建议的那样：基底温度显著升高可以用作终点检测[41]，这一点也是被许多课题组在黄铜矿的共蒸发中所利用的。在 NREL 工艺中为了避免锡的逸失（通常

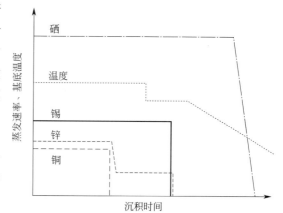

图 10.15　富铜/贫铜两步法共蒸发 CZTSe 的蒸发速率和基底温度曲线

发生在高温条件下），基底温度设定在500℃之下。当达到预期的铜缺陷，冷却样品至约450℃，并继续蒸发Sn和Zn，为了尽量去除锡缺陷继续保持这一温度。进一步的冷却需要在保持有限的Se、Sn和Zn蒸发率下进行，这是为了补偿Se和Sn的可能逸失，并没有进一步沉积材料。当温度达到300℃时，关闭硒蒸气流，而基底则冷却至室温[41]。

根据XRF测试，由上述工艺获得的吸收层典型的成分比例为：$[Cu]/([Zn]+[Sn])=0.86$，$[Zn]/[Sn]=1.15$。按标准器件构型：$Mo/CZTSe/CdS/ZnO/MgF_2$，使用这些共蒸发吸收层制作的最好小面积器件获得的转换效率是9.15%，相应的开路电压为$V_{oc}=0.377V$，短路电流密度为$J_{sc}=37.4mA\cdot cm^{-2}$，填充因子为FF=64.9%。进一步分析$IV$特性可以得到：二极管参数为$A=1.8$，低串联电阻为$R_s=0.2\Omega\cdot cm^2$。有意思的是，这些器件当中没有观察到交叉和明显的偏置电流集取。对应的事实是这些器件的串联电阻都非常低，说明此类共蒸发工艺获得的背接触更加理想，相对于由大部分基于退火和硒化前驱体层的两步工艺所获得的背接触。假设带隙值为1eV，那么有超过80%的总电流被集取，而开路电压值仅达到理论可达值的一半。由时间分辨的光致发光测试得到该材料的少数载流子寿命约为2ns[41]，与高品质黄铜矿材料所观察到的250ns寿命的数量级相比[42]，这一数值是非常小的。这与开路电压值较低是一致的，同时也说明了少数载流子复合仍是这一材料面临的主要问题。

NREL课题组也研究了$Cu_2ZnSnSe_4$共蒸发的富锌生长路线[43]。在此工艺中，第一阶段Cu、Sn和Zn在基底温度为500℃、锌极其过量的条件下进行沉积。在第二阶段中仅有铜和锡进行蒸发、并转化为贫铜成分的薄膜[$[Cu]/([Zn]+[Sn])=0.85$，$[Zn]/[Sn]=1.25$]。使用基于第一阶段富锌条件（取代了上述第一阶段的富铜条件）的此类沉积工艺也能获得大晶粒的生长。这一生长路线获得的器件较换效率接近于在富铜生长得到的器件，即两种生长路线所获得的转换效率均约为9.1%。作者对这一现象的解释是生长开始阶段Cu_xSe_y物相的存在，不论生长条件是富铜或者富锌，因为在他们的实验中所使用的平均生长速率为$10Å\cdot s^{-1}$，硒分压较高（达到$10^{-4}hPa$），从而使$SnSe_x$的挥发性较高。

致谢

作者非常感谢EU FP-7 KESTCELLS项目（Nr. 316488）的资金支持，也感谢也来自于亥姆霍兹联合会基金（HNSEI项目）的支持

参 考 文 献

[1] Jackson, P., Hariskos, D., Lotter, E., Paetel, S., Wuerz, R., Menner, R., Wischmann, W. & Powalla, M. (2011) New world record efficiency for Cu (In, Ga) Se_2 thin-film solar cells beyond 20%. Progress in Photovoltaics: Research and Applications, 19, 894-897.

[2] Ohring, M. (2002) Material Science of Thin Films. Academic Press.

[3] Klimova, A. M., Ananichev, V. A., Arif, M. & Blinov, L. N. (2005) Investigation of the saturated vapor pressure of zinc, selenium, and zinc selenide. Glass Physics and Chemistry, 31, 760.

[4] Tukhlibaev O. & Alimov, U. Zh. (2000) Laser photoinonization spectroscopy of the zinc atom and the study of zinc sulfide evaporation. Optics and Spectroscopy, 88, 506-509.

[5] Piacente, V., Foglia, S. & Scardala, P. (1991) Sublimation Study of SnS_2, Sn_2S_3, SnS. Journal of Alloys and

Compounds, 177, 17-30.

[6] Peng, D.-Y. & Zhao, J. (2001) Representation of the vapour pressure of sulfur. Journal of Chemical Thermodynamics, 33, 1121-1131.

[7] Hirayama, C., Ichikawa, Y. & DeRoo, A. M. (1963) Vapor pressures of tin selenide and tin Â. telluride. Journal of Physical Chemistry, 67, 1039-1042.

[8] Geiger, F., Busse, C. A. & Loehrke, R. I. (1987) The vapor pressure of indium, silver, gallium, copper, tin, and gold between 0.1 and 3.0 bar. International Journal of Thermophysics, 8, 425-436.

[9] Knudsen, M. (1909) Die Gesetze der Molekularströmung und der inneren Reibungsströmung der Gase durch Röhren. Annalen der Physik, 333, 75-130; see also Die Molekularströmung der Gase durch Öffnungen und die Effusion. Annalen der Physik, 333, 999-1016.

[10] Pulker, H. K. (1984) Coatings on Glass. Elsevier, Amsterdam.

[11] Shafarman, W. & Zhu, J. (2000) Effect of substrate temperature and deposition profile on evaporated Cu(InGa)Se$_2$ films and devices. Thin Solid Films, 361-362, 473-477.

[12] Hanna, G., Jasenek, A., Rau, U. and Schock, H. W. (2001) Influence of the Ga-content on the bulk defect densities of Cu(In, Ga)Se$_2$. Thin Solid Films, 71-73, 387.

[13] Friedlmeier, T. M., Wieser, N., Walter, T., Dittrich, H. & Schock, H. W. (1997) Heterojunctions based on Cu$_2$ZnSnS$_4$ and Cu$_2$ZnSnSe$_4$ thin films. Proceedings of the 14th European Photovoltaic Specialists Conference, Barcelona, 1242-1245.

[14] Tanaka, T., Nakamura, N., Asahi, T., Tsumori, T., Agui, A., Mizumaki, M. and Osaka, T. (2006) Fabrication of Cu$_2$ZnSnS$_4$ thin films by co-evaporation. Physica Status Solidi (C), 3, 2844-2847.

[15] Park, D., Nam, D., Jung, S., An, S., Gwak, J., Yoon, K., Yun, J. H. & Cheong, H. (2011) Optical characterization of CZTSe grown by thermal coevaporation. Thin Solid Films, 519, 7386-7389.

[16] Oishi, K., Saito, G., Ebina, K., Nagahashi, M., Jimbo, K., Maw, W. S., Katagiri, H., Yamzaki, M., Araki, H. & Takeuchi, A. (2008) Growth of CZTS thin films on Si(100) substrates by multisource evaporation. Thin Solid Films, 517, 1449-1452.

[17] Redinger, A., Berg, D. M., Dale, P. J., Djemour, R., Gutay, L., Eisenbarth, T., Valle, N. and Siebentritt, S. (2011) Route toward high-efficiency single-phase CZTSSe thin film solar cells: model experiments and literature review. IEEE Journal of Photovoltaics, 1, 200.

[18] Schubert, B. A., Marsen, B., Cinque, S., Unold, T., Klenk, R., Schorr, S. & Schock, H. W. (2011) CZTS thin film solar cells by fast coevaporation. Progress in Photovoltaics: Research and Applications, 19, 93.

[19] Redinger, A. & Siebentritt, S. (2010) Coevaporation of Cu$_2$ZnSnSe$_4$ thin films. Applied Physics Letters, 97, 092111.

[20] Caballero, R., Kaufmann, C. A., Efimova, V., Rissom, T., Hoffmann, V. & Schock, H. W. (2013) Investigation of Cu(In, Ga)Se$_2$ thin-film formation during the multi-stage co-evaporation process. Progress in Photovoltaics: Research & Application, 21, 30-46.

[21] Repins, I., Vora, N., Beall, C., Wei, S.-H., Yan, Y., Romero, M., Teeter, G., Du, H., To, B., Young, M. & Noufi, R. (2011) Kesterites and chalcopyrites: a comparison of close cousins. Materials Research Society Symposium Proceedings, 1324, doi: 10.1557/opl.2011.844.

[22] Scheer, R. & Lewerenz, H. J. (1994) Photoemission study of evaporated CuInS$_2$ thin film. Journal of Vacuum Science and Technology, A12, 56.

[23] Katagiri, H., Jimbo, K., Tahara, M., Araki, H. & Oishi, K. (2009) The influence of the composition ratio on CZTS-based thin film solar cells. Materials Research Society Symposium Proceedings, 1165, doi: 10.1557/PROC-1165-M04-01.

[24] Wang, K., Gunawan, O., Todorov, T., Shin, B., Chey, S. J., Bojarczuk, N. A., Mitzi, D. & Guha, S. (2010) Thermally evaporated Cu$_2$ZnSnS$_4$ solar cells. Applied Physics Letters, 97, 143508.

[25] Unold, T. & Schock, H. W. (2011) Nonconventional (non-silicon-based) photovoltaic materials. Annual Review of Material Science, 41, 297-321.

[26] Just, J., Lützenkirchen-Hecht, D., Frahm, R., Schorr, S. & Unold, T. (2011) Determination of secondary phases in kesterite Cu_2ZnSnS_4 thin films by x-ray absorption near edge structure analysis. Applied Physics Letters, 99, 262105.

[27] Scragg, J. J., Wätjen, J. T., Edoff, M., Ericson, T., Kubart, T. & Platzer-Björkman, C. (2012) A detrimental reaction at the molybdenum back contact in $Cu_2ZnSn(S, Se)_4$ thin-film solar cells. Journal of American Chemical Society, 134 (47), 19330-19333.

[28] Bär, M., Schubert, B. A., Marsen, B., Krause, S., Pookpanratana, S., Unold, T., Weinhardt, L., Heske, C. & Schock, H. W. (2011) Impact of KCN etching on the chemical and electronic surface structure of Cu_2ZnSnS_4 thin-film solar cell absorbers. Applied Physics Letters, 99, 152111.

[29] Bär, M., Schubert, B. A., Marsen, B., Wilks, R. G., Pookpanratana, S., Blum, M., Krause, S., Unold, T., Yang, W., Weinhardt, L., Heske, C. & Schock, H.-W. (2011) Cliff-like conduction band offset and KCN-induced recombination barrier enhancement at the CdS/Cu_2ZnSnS_4 thinfilm solar cell heterojunction. Applied Physics Letters, 99, 222105.

[30] Scragg, J. J., Ericson, T., Kubart, T., Edoff, M. & Platzer-Björkmann, C. (2011) Chemical insights into the instability of Cu_2ZnSnS_4 films during annealing. Chemistry of Materials, 23, 4625-4633.

[31] Weber, A., Mainz, R. & Schock, H. W. (2010) On the Sn loss from thin films of the material system Cu-Zn-Sn-S in high vacuum. Journal of Applied Physics, 107, 013516.

[32] Wang, K., Gunawan, O., Todorov, T., Shin, B., Chey, S. J., Bojarczuk, N. A., Mitzi, D. & Guha, S. (2010) Thermally evaporated Cu_2ZnSnS_4 solar cells. Applied Physics Letters, 97, 143508.

[33] Sakurai, K., Hunger, R., Scheer, R., Kaufmann, C. A., Yamada, A., Baba, T., Kimura, Y., Matsubara, K., Fons, P., Nakanishi, H. & Niki, S. (2004) In situ diagnostic methods for thinfilm fabrication: utilization of heat radiation and light scattering. Progress in Photovoltaics: Research and Applications, 12, 219-234.

[34] Scheer R., Neisser, A., Sakurai, K., Fons, P. & Niki, S. (2003) $CuIn_{1-x}Ga_xSe_2$ growth studies by in situ spectroscopic light scattering. Applied Physics Letters, 82, 2091.

[35] Hergert, F. & Hock, R. (2007) Predicted formation reactions for the solid-state syntheses of the semiconductor materials Cu_2SnX_3 and Cu_2ZnSnX_4 (X = S, Se) starting from binary chalcogenides. Thin Solid Films, 515, 5953-5956.

[36] Weber, A., Mainz, R., Unold, T., Schorr, S. & Schock H. W. (2009) In-situ XRD on formation reactions of Cu_2ZnSnS_4 thin films. Physica Status Solidi (C), 6, 1245-1248.

[37] Weber, A., Krauth, H., Perlt, S., Schubert, B., Kötschau, I., Schorr, S. & Schock, H. W. (2009) Multi-stage evaporation of Cu_2ZnSnS_4 thin films. Thin Solid Films, 517, 2524-2526.

[38] Weber, A., Schmidt, S., Abou-Ras, D., Schubert-Bischoff, P., Denks, I., Mainz, R. & Schock, H. W. (2009) Texture inheritance in thin-film growth of Cu_2ZnSnS_4. Applied Physics Letters, 95, 041904.

[39] A. Weber (2009) Wachstum von Dünnschichten des Materialsystems Cu-Zn-Sn-S. PhD thesis, University of Erlangen.

[40] Mickelsen, R. A. & Chen, W. S. (1981) Development of a 9.4% efficient thin-film $CuInSe_2/CdS$ solar cell. Proceedings of the 15th IEEE Photovoltaic Specialists Conference, New York, 800-804.

[41] Repins, I., Beall, C., Vora, N., DeHart, C., Kuciauskas, D., Dippo, P., To, B., Mann, J., Hsu, W. C., Goodrich, A. & Noufi, R. (2012) Co-evaporated $Cu_2ZnSnSe_4$ films and devices. Solar Energy Materials and Solar Cells, 101, 154-159.

[42] Metzger, W. K., Repins, I. L. & Contreras, M. A. (2008) Long lifetimes in high-efficiency Cu(In, Ga)Se_2 solar cells. Applied Physics Letters, 93, 022110.

[43] Hsu, W.-C., Repins, I., Beall, C., DeHart, C., To, B., Yang, W., Yang, Y. & Noufi, R. (2014) Growth mechanisms of coevaporated kesterite: a comparison of Cu-rich and Zn-rich composition paths. Progress in Photovoltaics: Research and Applications, 22, 35-43.

11 纳米晶墨水合成 CZTSSe 薄膜

Charles J. Hages, Rakesh Agrawal

Purdue University, School of Chemical Engineering, Forney Hall of Chemical Engineering, 480 Stadium Mall Dr., West Lafayette, IN 47907-2100, USA

11.1 引言

溶液工艺制备 $Cu_2ZnSn(S_xSe_{1-x})_4$（CZTSSe）太阳电池的研究进展表明，对于廉价、高产量制造由地壳含量丰富元素构成的高效太阳电池来说，这一可拓展的技术具有很大的发展潜力。事实上，溶液工艺技术已经展示了迄今为止此材料体系的最高能量转换效率（power-conversion efficiencies，PCE），其记录的效率达到了 12.6%，而真空工艺达到的效率为 9.7%[1,2]。这些溶液法制备太阳电池的好处可以在以下多个潜在方面得以体现：能耗相对较低、非真空工艺制备 CZTSSe 吸收层薄膜、通过卷对卷（roll-to-roll）制造方法实现低成本高产量沉积吸收层。此外，高温工艺过程中面临的吸收层薄膜稳定性和元素挥发性的挑战，也使得溶液法在 CZTSSe 制备工艺中特别地引人关注。

研究证明，制备 CZTSSe 太阳电池的溶液工艺可以使用多种技术路线实现，包括：喷雾热解[3-5]、溶胶-凝胶硫化[6,7]、电沉积[8-10]、可溶性分子/金属盐前驱体[11,12]、水合肼浆料涂覆[13,14]以及基于纳米晶墨水的方法[15-21]；本章主要讨论的是其中基于纳米晶墨水涂覆薄膜制备太阳电池的方法。到目前为止，在所有非水合肼溶液方法中，制作 CZTSSe 太阳电池最成功的案例是硒化纳米晶墨水转化的薄膜，对于 CZTSSe 基太阳电池，当前最新的进展已达到了总面积能量转换效率大于 9%（有效面积的转换效率大于 9.8%）[22,23]。

如图 11.1 所示，纳米晶墨水方法开始于合成 Cu_2ZnSnS_4（CZTS）纳米晶和可印刷的纳米晶墨水配方。然后将这些墨水沉积到所期望的基底上形成纳米晶薄膜，接着在硒蒸气中高温反应烧结形成致密的 CZTSSe 吸收层薄膜。与其它溶液法相比，这一技术引人关注的优势在于能够通过相对无毒的化学方法制备得到吸收层薄膜，且吸收层薄膜具有纳米尺度上的均匀性以及成分的可控性。

硒化纳米晶墨水 CZTS 薄膜的最初动机来自于硒化 $Cu(In_yGa_{1-y})S_2$（CIGS）纳米晶制作并得到 $Cu(In_yGa_{1-y})(S_xSe_{1-x})_2$（CIGSSe）薄膜太阳电池的成功案例[24,25]。随着初期的成功和前景，应用纳米晶墨水和硒化方法获得 CZTSSe 材料体系，以及四元材料结构本质所导致一些独特挑战引起了人们的关注。这一技术进展的最关键的挑战包括在与第二相形成的竞争中理解并控制 CZTSSe 形成的稳定性（在纳米晶和烧结薄膜中都是如此），以及理解并控制纳米晶到烧结薄膜转变过程中成分和结构的均一性。尽管有这些挑战，但由于对这一

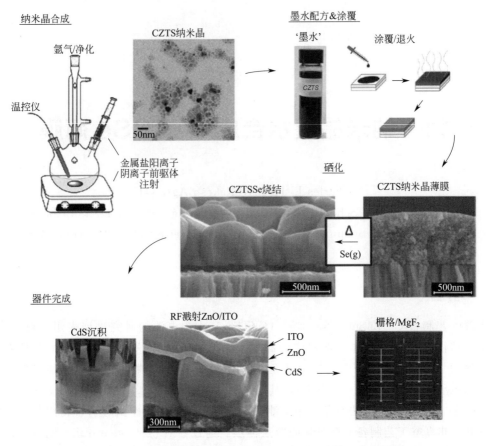

图 11.1 纳米晶墨水方法制备 CZTSSe 太阳电池的工艺流程图

纳米晶合成和墨水形成;纳米晶薄膜涂覆和退火;纳米晶硒化形成致密吸收层;
CdS/ZnO/ITO/栅格/MgF$_2$ 沉积。ITO/ZnO/CdS 层进行了数字化增强确认。
TEM 图像得到文献 [22] 的重印许可,Copyright © 2014,John Wiley and Sons Ltd

材料体系及其光电特性进行了持续的研究,目前在控制锌黄锡矿 CZTSSe 吸收层薄膜的品质方面仍取得了显著的进展。

本章集中讨论当前 CZTS 纳米晶合成以及相应的硒化纳米晶薄膜制作 CZTSSe 太阳电池的进展和挑战。第一节将根据 CZTS 生长相关的应用和挑战,概述溶液法纳米晶合成技术。然后针对 CZTS 纳米晶的表征技术进行简要的阐述。最后综述硒化工艺,并分析目前发现的影响烧结薄膜形成关键因素。

11.2 纳米晶合成

2009 年,三个独立的研究组分别首次完成了 CZTS 纳米晶的合成[15,19,20]。这些工作根据先前无机纳米晶的胶体合成展开,例如 Cd(S,Se,Te)、Pb(S,Se)、In(P,As)、Ga(P,As)、GaInP$_2$、Zn(S,Se)、MgS、Cu$_2$S 和 Cu(In,Ga)(S,Se)$_2$[24,26-37]。从此,在 CZTSSe 研究领域无数次地采用这些行之有效并广泛应用的胶体合成技术,同时在量子点太阳电池和更多的常规薄膜太阳电池的研究中也应用了这些纳米晶技术。虽然由 CZTS 纳米晶制作 CZTSSe 薄膜太阳电池需要通过诸如硒化之类的技术对纳米晶薄膜进行烧结,但同时也发现溶液法制备

CZTSSe吸收层薄膜可以通过硒化其它纳米晶体系（如二元/三元纳米晶前驱体）得到[18]。此外，通过其它技术，例如纳米晶-分子金属硫族化合物薄膜（nanocrystal-molecular metal chalcogenide，NC-MCC）退火[38]、水合肼混合分子前驱体-纳米晶薄膜退火[13]，硫族化合物纳米晶也能够用于制作CZTSSe吸收层薄膜。CZTS纳米晶以及衍生出该四元体系的二元和三元纳米晶的应用，强调了理解硫族化合物纳米晶合成技术的重要性。

胶体纳米晶合成技术广泛多样，包括水相和非水相共沉淀工艺、水热/溶剂热工艺、溶胶-凝胶工艺和微胶/束胶模板定向生长工艺[39-41]。然而，其中合成CZTS太阳电池的最成功的技术路线是使用非水相共沉淀法合成纳米晶。这一合成技术基于合成二元纳米晶的热注入合成方法，利用表面活性剂在热有机溶剂中控制胶体纳米晶生长[39,42]。这一领域的研究工作依据$CuInS_2$（CIS）和CIGS纳米晶的成功合成实践而开展，其中纳米晶合成反应的相似度非常高[24,37]。

热注入合成技术的开发起源于La Mer和Dinegar的研究工作，他们通过单分散纳米晶合成生长展示了离散成核的重要性[43]。这一技术是由Bawendi等和Alivisatos等开创的，前者合成了单分散的Cd(S, Se, Te)纳米晶，后者则合成了单分散的CdSe和InAs纳米晶[30,31,44]。对于四元CZTS的合成，最初证明这一技术有三个合成变量[15,19,20]，其中包括下述章节所描述的前驱体注入工序的变化、反应温度和溶剂的选择。

11.2.1 锌黄锡矿/黄锡矿CZTS纳米晶

如Guo等[15]所描述，合成CZTS纳米晶的典型反应体系最初是由阴离子/阳离子前驱体和有机表面活性剂/溶剂组成。在此合成方法中，油胺（oleylamine，OLA）具有表面活性剂和溶剂的双重功能，而有机金属前驱体盐（如乙酰丙酮盐）供应所需的Cu、Zn和Sn阳离子。通常，首先将按比例称量的阳离子前驱体在OLA中预热到预期的反应温度225℃。然后将溶解的硫阴离子前驱体注入烧瓶内的OLA中，OLA中包含加热的溶剂和阳离子前驱体，反应开始进行。一旦注入前驱体，阴离子和阳离子前驱体在过饱和溶液中反应形成单体，晶粒成核就立刻发生。在成核阶段之后继续维持反应温度225℃，以保证后续生长步骤的进行，使溶液中产生的单体合并到成核的纳米晶上。在预期的生长发生（0.5h）之后，反应开始降温冷却，将OLA覆盖的纳米晶在溶剂/抗溶剂溶液（例如乙烷/异丙醇）中进行清洗，并去除没有反应的前驱体和过量的有机溶剂。将反应得到的纳米晶清洗后分散在所需溶剂中，然后进行涂覆形成纳米晶墨水。上述技术可应用于晶体成分比例范围较宽的化学计量比CZTS的合成，通过调控初始阳离子前驱体的比例来实现纳米晶的成分控制，并通过EDX进行验证。

如图11.2(a)所示，上述反应步骤生成的CZTS纳米晶粒径在15—25nm范围内。在图11.2(b)的高分辨透射电子显微镜观测显示晶粒的晶面间距对应于闪锌矿型衍生的CZTS锌黄锡矿/黄锡矿结构的{112}和{220}晶面。此外，如图11.2(c)所示，紫外-可见吸收显示CZTS纳米晶的估算带隙约为1.5eV，这与文献报道的该材料体系的带隙值非常一致[45]。图11.3(a)是合成的锌黄锡矿/黄锡矿CZTS纳米晶的典型XRD图谱以及模拟的四方相（$I\bar{4}$）CZTS（JCPDF #26-575）的XRD图谱。除了可识别的CZTS四方相衍射峰之外，{112}反射峰左侧的肩峰被认为是由于Cu/Sn混合引起的堆垛层错的存在所导致[22]。图11.3(b)是合成CZTS纳米晶的典型拉曼光谱，图中位于$338cm^{-1}$处的主峰与CZTS主要A/A1模式对应[46]。虽然这些表征技术支持并证明了CZTS纳米晶的形成，但是使用TEM、

XRD 和拉曼光谱确认 CZTS 纳米粒子的最终结构和晶相纯度仍然面临着挑战（见第 11.3 节）。

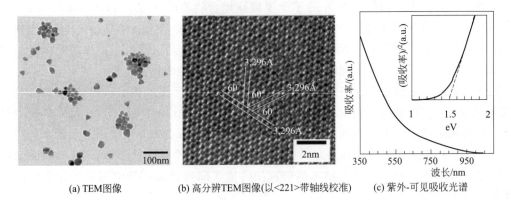

(a) TEM 图像　　(b) 高分辨 TEM 图像(以<221>带轴线校准)　　(c) 紫外-可见吸收光谱

图 11.2　合成的 CZTS 纳米晶的 TEM 图像、高分辨 TEM 图像
（以<221>带轴线校准）和紫外-可见吸收光谱

图（a）和图（c）得到文献 [15] 的重印许可，Copyright © 2009，American Chemical Society

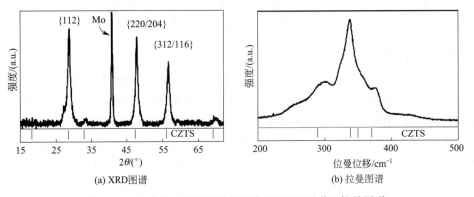

(a) XRD 图谱　　(b) 拉曼图谱

图 11.3　合成的 CZTS 纳米晶的典型 XRD 图谱和拉曼图谱

　　Riha 等[20]展示了合成 CZTS 纳米晶的相似工艺。他们的不同之处在于首先将阳离子前驱体在 125—150℃ 条件下溶解到 OLA 中。类似的，元素硫也分别溶解在 OLA 中。与 Guo 等的工艺不同，他们的合成工艺是同时将阴离子前驱体和阳离子前驱体注入三辛基氧化膦（trioctylphosphine oxide，TOPO）的热溶液（300℃）中。这一注入工艺的变化是清除了阳离子前驱体在 OLA 中的预热过程，在反应之前就达到反应温度；在注入 300℃ 的 TOPO 中之前，保持阳离子前驱体的温度低于 150℃。这一步骤可使还原性金属纳米粒子的生成（通常发生在 OLA 溶液温度高于 160℃ 时）最小化，尤其是对于 Cu 而言[47]。另外，TOPO 是作为额外的有机表面活性剂引入的。TEM 分析证明，通过分馏，此合成工艺被证明能够获得分散性相当好的 CZTS 纳米晶，其平均粒径为 12.8nm±1.8nm。当没有所需要的 TOPO 时，这种阴离子和阳离子前驱体共注入的工艺可以类似地由预热 OLA 代替进行，而不再需要加入 TOPO[22]。

　　CZTS 纳米晶合成工艺的第三种演变是由 Steinhagen 等[19]报道的采用高温阻止沉淀法取代热注入法。在这种方法中，最初在室温 OLA 溶液中的阳离子前驱体由元素硫提供所带的电荷。与先前描述的合成机理相反，将阳离子和阴离子前驱体一起在 OLA 溶液中加热到反应温度（280℃）。在此工艺中，前驱体不是通过热注入法加入；反应烧瓶保持 280℃ 1h 后冷却到室温。分馏处理后，由 TEM 分析确认纳米晶的平均粒径为 10.6nm±2.9nm。

在上述CZTS纳米晶合成的初期工作报道之后，随后这些工艺技术被应用于合成$Cu_2ZnSnSe_4$（CZTSe）纳米晶以及带隙可调的CZTSSe纳米晶（通过硫族阴离子制备的变化和溶剂/表面活性剂的选择）。表11.1提供了所选择的锌黄锡矿/黄锡矿CZTS、CZTSe、CZTGSe和CZTSSe纳米晶合成反应方案的对比情况。

表11.1 CZTS、CZTSe、CZTGeS和CZTSSe纳米晶合成的反应条件对比

纳米晶	阳离子前驱体	阴离子前驱体	溶剂/表面活性剂	注入/反应温度/℃	注入工艺	文献
CZTS	(Cu,Zn,Sn)acac	S	OLA	225	硫-OLA注入阳离子-OLA中	[15]
CZTS	Cu(Ⅱ)acac,乙酸锌,乙酸锡(Ⅳ)	S	OLA,TOPO	300	硫-OLA和阳离子-OLA注入TOPO中	[20]
CZTS	Cu(Ⅱ)acac,乙酸锌,二水二氯化锡(Ⅱ)	S	OLA	280	—	[19]
CZTSe	$CuCl,ZnCl_2,SnCl_4$	TOPSe	OLA,TOPO,HDA,十八烯	295	TOPSe注入阳离子-HDA-十八烯中	[48]
CZTSSe	Cu(Ⅱ)acac,乙酸锌,乙酸锡(Ⅳ)	S,Se	OLA,TOPO	325/285	S/Se-OLA-$NaBH_4$和阳离子-OLA注入TOPO中	[49]
CZTSSe	(Cu,Zn,Sn)硬脂酸	硫脲,Se	OLA	270	阳离子-OLA注入硫脲/Se	[50]
CZTS	$Cu(dedc)_2,Zn(dedc)_2,Sn(dedc)_2$	—	OLA,十八烯,油酸	150—175	OLA中加入阳离子- into cation-十八烯-油酸	[51]
CZTGeS	(Cu,Zn,Sn)acac,$GeCl_4/GeI_4$	S	OLA	225	硫-OLA注入阳离子-OLA中	[23,52]

注：acac=乙酰丙酮；TOPSe=三辛基硒；HDA=十六烷基胺；dedc=二乙基二硫代氨基甲酸。

11.2.2 纤锌矿型CZTS纳米晶

最近，文献报道证明了在CZTSSe太阳电池中也可以应用亚稳态纤锌矿型衍生的CZTS纳米晶合成[53-55]。相对于闪锌矿衍生的锌黄锡矿/黄锡矿结构，纤锌矿衍生的锌黄锡矿/黄锡矿结构是高能相，它是通过将闪锌矿型结构的ABCABC堆积方式改变为纤锌矿型结构的ABABAB堆积方式而形成的[56]。为了合成纤锌矿型CZTS，需要改变有机溶剂来为亚稳态纳米晶的生长提供必要的动力学控制；这一点已经由使用硫醇（dodecanethiol，DDT）和十六烷（hexadecanethiol，HDT）作为有机溶剂/阴离子前驱体的相关实验得到了证明[53-55]。类似地，纤锌矿型CZTSe和CZTSSe纳米晶能够通过加入二苯硒作为硒源合成得到[57]。通过改变反应中的有机溶剂和阴离子源，能够改变反应过程中稳定中间相的形成，从而促进亚稳态的形成[55]，对于$CuInSe_2$（CISe）纳米晶的结构控制也有类似的报道[58]。

11.2.3 二元/三元纳米晶

二元和三元金属硫族化合物纳米晶的合成也是CZTSSe太阳电池吸收层薄膜研究领域非常有意义的课题之一，比如纳米晶-分子金属硫族化合物（nanocrystal-molecular metal chalcogenide，NC-MCC）薄膜以及退火水合肼基混合分子前驱体-纳米晶薄膜中的应用[13]。此外，研究已经证明，在烧结形成CZTSSe吸收层薄膜的工艺中，直接硒化二元/三元金属硫族化合物纳米晶是成功的案例[18]。

Cu_xS、Cu_2SnS_3、ZnS和SnS_x等二元和三元纳米晶的合成与先前描述的CZTS纳米晶的合成工艺类似[27]。因为许多二元/三元晶相通常都是四元纳米晶生长过程中的中间相，所

以许多与四元纳米晶合成有关的相稳定和相纯度问题都能够在二元/三元纳米晶合成的基础上得到部分解决。除此之外,当需要在发生二元、三元和四元合成反应的多重竞争过程中控制四元纳米晶的晶相纯度和生长时,理解二元和三元纳米晶的合成反应动力学就成为非常重要的任务。

11.2.4　$Cu_2Zn(Sn_yGe_{1-y})S_4$（CZTGeS）

在带隙可调的太阳电池研究中,作为地球资源丰富的 CZTSSe 薄膜太阳电池的替代物,Ge 基合金 $Cu_2Zn(Sn_yGe_{1-y})S_4$（CZTGeS）材料体系表现出极大的潜力[17,23,52,59]。类似于高效 CIGSSe 太阳电池中的 In/Ga 替换,CZTGeS 中的 Ge/Sn 替换也能够得到带隙可调的吸收层薄膜,而不需要控制阴离子[S]/[Se]的比例;对这一无硫 $Cu_2Zn(Sn_yGe_{1-y})Se_4$（CZTGeSe）材料体系,其理论带隙的变化范围为 1.0—1.5eV,这与 CZTSSe 中通过[S]/[Se]比例控制可供利用的带隙范围是相似的[23,60]。这一领域的研究进展表明,改善 Ge 基合金 CZTGeS 太阳电池的性能与改善 CZTSSe 太阳电池性能的方法是完全相似的,即可以通过增强器件的电子性质实现,最近的报道的 CZTGeS 太阳电池获得的总面积的能量转换效率达到了 9.4%[23]。

Ford 等采用纳米晶墨水基方法硒化 CZTGeS 纳米晶薄膜首次完成了 CZTGeSSe 太阳电池的制作[52]。CZTGeS 纳米晶的合成与 Guo 等所描述的,以 GeI_4 或 $GeCl_4$ 作为 Ge 前驱体制备 CZTS 纳米晶的工艺相似;通过纳米晶反应中的前驱体 Ge 和 Sn 的相对比例对所制备的纳米晶样品中的[Ge]/([Ge]+[Sn])比例进行控制。如图 11.4(a)所示,除了 EDX、XRD 能够表征 Ge 进入了 CZTGeS 晶格之外,衍射峰的移动也可视为随着 Ge 进入晶格、晶格常数减小所导致,这也是相关的证据之一[52]。另外,如图 11.4(b)所示,吸收边随着纳米晶中 Ge 含量的增加而移动,这也说明 CZTGeS 的带隙随着纳米晶中 Ge 含量的增加而增加[52]。

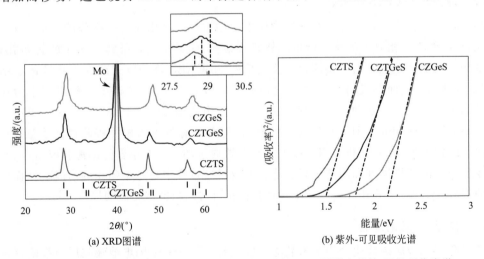

图 11.4　合成的不同 Ge 含量的 CZTGeS 纳米晶的 XRD 图谱和紫外-可见吸收光谱
对于 CZTGeS 曲线,[Ge]/([Ge]+[Sn])比例为 0.50[52],重印许可
由文献[52]提供,Copyright © 2011, American Chemical Society

11.2.5　反应条件的选择

选择适宜的反应条件对于 CZTS 纳米晶的生长是至关重要的,这是因为它们影响和决定了样品的相纯度、缺陷形成和生长晶体的均匀性。更进一步来说,这是由于它们能够影响制

备的 CZTSSe 吸收层薄膜的材料性质及其电子性质，从而使得制备工艺面临特殊的挑战，所以控制这些因素是非常重要的。但是从另一方面来看，虽然众多的工艺都涉及反应条件的选择，并应用于控制纳米晶的均匀合成，但是当纳米晶薄膜在随后的工艺环节中暴露于硒化环境中进行退火处理时，这一问题的必要性就变得不再那么重要。一般来说，在纳米晶合成过程发生的均质性和均匀变化问题都可以在随后的硒化工艺中得到解决，因为在这一工艺环节中生长晶体内部发生了原子的扩散和重排。事实上，与单分散（均一的尺寸/外形/成分比例）纳米晶相比，合成纳米晶的颗粒尺寸或成分的非均质性可预期通过烧结工艺得到改善[61,62]。尽管如此，对合成反应条件效应的理解和选择仍然能够对合成纳米晶的良好烧结性进行控制。

CZTS 中颗粒生长的准确机理目前尚未完全知晓，类似于目前普遍认可的 CIS 纳米晶是通过二元相形成[58,63,64]，CZTS 纳米晶也有可能通过诸如 CuS、Cu_2S、SnS、SnS_2、ZnS 和 Cu_2SnS_3 之类的二元和三元单体中间相的反应而形成。由于这些第二相具有不同的成核阈值和反应速率，因此存在成核与反应竞争，这使得四元纳米晶的合成工艺比这一领域中最初开展的二元纳米晶工作在本质上具有更大的挑战性。因此，通过合成过程中温度、溶剂/表面活性剂和前驱体的选择来控制纳米晶的生长速率能够应用于调控最终生成的纳米晶的选择性和尺寸分布。

11.2.5.1 溶剂

在上述热注入合成反应中控制晶体生长的最重要参数之一是反应中溶剂/表面活性剂的选择。这是因为受控生长随着表面活性剂分子在纳米晶表面的结合/分离而依赖于纳米晶的动态溶剂化[30,39]。尽管时间反应长，这种动态溶剂化仍允许在纳米尺度上进行缓慢生长，而纳米晶表面对于生长而言仅仅瞬时可供利用。通过降低反应温度可以减小生长速率，这时表面活性剂离开纳米晶表面的可能性变小，或者等同于在更低温度下通过使用黏附性更弱的表面活性剂可以实现动态溶剂化[39]。此外，表面活性剂分子充当封端配体，可以为颗粒凝聚/絮凝提供足够的空间位阻[30,42]。

11.2.5.2 温度

除了表面活性剂的选择，通过反应温度的控制也能够调控合成过程中晶体的生长速率。Cu、Zn、Sn 和 S 反应产物中形成各种稳定相的热力学竞争使得反应温度成为重要参数之一，它能够使 CZTS 的形成能最小化（相对于其它稳定第二相）。然而，这一参数也可以影响到晶体生长中的结晶紊乱以及反应中的生长机理。

通常，相对较高的反应温度是上述纳米晶反应所必需的，因为高温能够在晶体生长过程中产生退火和原子重排[39]。在升温过程中，晶体生长过程中原子迁移率的增加能够使晶体的缺陷和晶格无序最少。这对于 CZTS 合成是尤其重要的，因为能够使各种二元和三元单体一起参与形成有序的 CZTS 晶体结构。纤锌矿型 CZTS 纳米晶的合成证实了这一效应：在反应温度下，晶体生长过程中的重排/退火导致最初在 CZTS 晶体表面分离的 Cu_xS 异质相融入到晶体中[55]，这与 CIS 纳米晶合成的报道结果类似[63,64]。

此外，增加晶体生长速率是合成相对单分散的纳米晶所期望的。通常升高反应温度将导致晶体的生长速率增加[65]。许多二元纳米晶体合成机制的重点是合成具有单分散粒度分布的颗粒，而对于合成四元 CZTS 来说，由于颗粒间成分的不均匀性，单分散纳米晶的生长则是非常关键的，但这不是二元纳米晶生长所关注的。研究发现导致 CZTS 粒径分布较大的生长条件同样能够导致不同颗粒尺寸之间的颗粒成分的变化[61,66]。如果发生这种情况，因为不同的粒径级别之间的成分变化，所以实现单分散纳米晶的后验（a posteriori）传统方法不再有效[30,42]，如"尺寸选择性沉淀"。此外，研究发现这些粒径和成分之间的不均匀性会直接影响纳米晶薄膜的烧结机制[61]。而CZTS纳米晶薄膜在温度接近500℃的硒化过程中，阳离子的扩散趋向于改变初始的阳离子浓度变动，这可能是由于纳米晶薄膜中颗粒间成分差异所引起，由于纳米尺度上的同质性需求（从而为烧结薄膜提供准确的、一致的以及最终可预期结果），于是就有了合成单分散和均一的纳米晶的期望。此外，合成相对均一的纳米晶能够控制纳米晶薄膜预烧结阶段的不均匀性，这对于硒化过程中的烧结机制是有益的。

一般情况下，在纳米粒子的合成过程中，由于不均匀成核和较低的晶体生长速率的存在，将出现一定的粒径分布[39,44]。为了在合成过程中获得较窄的粒径分布，从而减小颗粒之间成分的不均匀性，Peng等[44]认为应当将生长机制的研究调整到"聚焦"粒径分布。这种情况一般可以利用增加晶体的生长速率来实现，通过控制反应温度[30]和单体浓度[44]合成单分散二元纳米晶的实验证实了这一观点。在合成CZTS纳米晶时，通过升高反应温度以及改变单体成核步骤，如所预期的，获得了较窄的粒径分布，并且生成了成分更加均匀的化学计量比可控的纳米晶[22]。

虽然热退火可以增加颗粒内部的均匀性，有利的晶体生长速率可以增加颗粒之间的均匀性，从这个角度考虑，升高反应温度对纳米晶的生长是有益的。但是由于热稳定性的因素存在，相对于其它二元/三元材料体系，升高反应温度对于四元纳米晶的合成也造成了独特的挑战。在平衡生长条件下，能量上有利于球形纳米晶的形成[39]，这时形成各种稳定第二相的热力学竞争可导致随后反应过程中的相纯度问题。为了控制这种情况，应当调控反应条件使CZTS的形成能相对于其余稳定第二相最小。事实上，相对于其余稳定二元/三元相（即CuS、Cu_2S、SnS、SnS_2、ZnS、Cu_2SnS_3）[67]，CZTS具有相对有利的形成焓。根据自由能反应式：$\Delta G = \Delta H - T\Delta S$[68]，在温度大于0K的条件下确定CZTS相对形成能时，形成焓变得尤为重要。因此，如果不能通过前驱体和溶剂的选择维持反应的有利条件，那么在高温下得到预期的均匀晶粒生长并合成纯相CZTS将会变得更加困难。

就CZTS体系的相纯度和均匀性来说，通过溶剂和温度的选择可以得到适宜的生长速率。这一点对于形貌可控的纳米结构的合成更加重要，例如CZTS和CZTSe纳米棒和纳米线的合成[69,70]。这些表面能高度各向异性的颗粒能够在较高的晶体生长速率条件下进行生长，而其生长机制从热力学控制转变为动力学控制[29,39]。换而言之，也可以开发利用诸如"取向附着"或选择性附着的生长机制，这类似于依赖于表面性质的晶体生长[39,71]。根据这些效应，纳米晶生长必须选择合适的温度和表面活性剂，以实现粒径、形貌和选择性之间的预期平衡。

11.2.5.3 相对前驱体浓度

除了与温度相关的CZTS稳定性的热力学考虑之外，改变阳离子的化学势也可以改变CZTS生长的热力学稳定性。但是，当晶体生长条件与为了得到预期的材料电学性能所必需的化学计量比（例如在高效CZTSSe器件中广泛采用的贫铜/富锌条件）发生冲突时就出现了问题[1,13,16,23,72]。Chen等[67]开展的第一性原理研究预测了CZTS的稳定生长区域在富铜条件下得到增强；类似地，实验工作也显示在富铜条件下CZTS薄膜的晶界生长得到增强[73-76]，同样在富铜CZTS纳米晶合成中也发现这一现象。因此，在相对不稳定的贫铜/富锌生长条件下合成CZTS纳米晶将会更容易出现成分不均匀的问题。

由于这些问题的存在，可以预期相纯度和成分均匀性的问题在纯相均匀四元材料的合成中将是继续存在的挑战之一。但是，对于纳米晶的形貌和成分来说，最重要的问题是在硒化纳米晶薄膜过程中能够进行烧结和大晶粒生长，最终形成太阳电池所需的具有最优光电性质的吸收层薄膜。

11.3 纳米晶表征

合适的表征技术对于确定合成纳米晶的结构、相纯度、均匀性和光电性质是至关重要的。然而，这些晶体的纳米尺度为其表征带来了相当大的困难和挑战，因此在进行结构、光学或成分测试时，有必要采用组合表征方法以保证测试结果的准确性。在本小节中我们简要阐述各种表征技术以及与纳米晶表征相关的问题。

XRD 是确定合成的纳米晶晶体结构的常用工具。这一表征技术虽然非常有用，但是这些晶体的纳米尺度所独有的区域尺寸给 XRD 技术带来了一定的困难。这些较小的区域尺寸导致 CZTS 纳米晶的 XRD 图谱中衍射峰的宽化。同时，较小的区域尺寸使得 XRD 技术对原子堆积（如锌黄锡矿和黄锡矿）和阳离子取代所引起的细微衍射峰位移的辨别变得更加困难[22]。除此之外，对于 XRD 表征来说，识别附加在 CZTS 上的第二相（即四方相杂质，如 Cu_2SnS_3 和 ZnS）的存在也是挑战之一，因为这些材料与 CZTS 有着几乎完全相同的衍射峰位（Cu_2SnS_3，JCPDS♯33-0501；ZnS，JCPDS♯65-5476）。这一问题由于材料的纳米尺度所引起的衍射峰宽化而变得更加难解。另一方面，XRD 衍射信号是由样品的结晶度加权得到的，当合成的纳米晶的粒径分布不均匀时，XRD 的表征结果也会出现问题，例如在数量上占明显多数的小颗粒（<3nm）由于尺寸小，从而对 XRD 衍射信号的贡献相当小。这些问题使得在相纯度研究中单独使用 XRD 技术无法得到足够准确的结果。

在纳米晶的结构识别中，也可利用拉曼光谱技术。这一方法的优势在于不需要样品具有长程有序性，所以在 XRD 中无法识别的小尺寸和无定形纳米粒子能够通过拉曼光谱进行辨别。此外，拉曼散射对晶格短程的敏感性使其能够分辨晶格中可能存在的缺陷[77,78]。而且，与 CZTS 相似的四方相杂质的结构识别在拉曼光谱表征中变得比较容易进行，因为 CZTS、Cu_2SnS_3 和 ZnS 之间的拉曼位移峰位是可以区分的[79]。但是，纳米尺度晶体的声子限域效应会使得拉曼信号产生峰宽化和峰位移动[77]，从而导致与上述 XRD 识别相纯度方面类似的问题。此外，第二相吸收性质的不同使得拉曼光谱在做定量分析时也面临着困难[80]。在进行拉曼测量时应当认真考虑所使用的激光能量，因为对于 ZnS 之类的杂质，如果不使用共振拉曼光谱很难进行识别[77,81]。最后，因为纳米晶在整个测试过程有可能被激发加热而引起信号畸变，样品的局域退火/烧结也有可能引起结构的破坏，所以在测量拉曼信号时应当对激光强度进行仔细的监控。总而言之，对于 CZTS 纳米晶来说，XRD 技术和拉曼光谱技术是直接且非常有用的无损表征技术。纳米晶更详细的结构分析也可以通过以下表征技术实现：扩展 X 射线吸收精细结构（extended X-ray absorption fine structure，EXAFS）、X 射线吸收近边结构（X-ray absorption near edge structure，XANES）和小角 X 射线散射（small-angle X-ray scattering，SAXS）[42,80]。

除此之外，如图 11.2(a) 和图 11.2(b) 所示，纳米晶的结构表征也可以使用高分辨/透射电子显微镜（high-resolution/transmission electron microscopy，TEM/HRTEM）进行探索。TEM/HRTEM 除了提供晶粒尺寸和形貌信息之外，也可以确定纳米晶的晶格间距和衍射面。但是需要注意的是，晶体中缺陷所产生的敏感性会引起电子衍射信号。除了结构分析之外，TEM 还能进行 X 射线能量色散谱（energy-dispersive X-ray spectroscopy，STEM-EDX）和电子能量损失谱（electron energy loss spectroscopy，EELS）表征，用于测量颗粒的成分和成分均匀性[54,66,82]。可是由于这些测试技术所涉及的时间问题，它们只能对样品中数量很少的粒子进行表征分析。此外，信号重叠（EELS 中的 Cu 和 Zn）以及使用高能电子束（STEM-EDX）带来的损伤也是这一表征技术所面临的挑战。

与 TEM 只能分析小尺寸样品相反，SEM-EDX 能够用于样品中大量纳米晶的体相成分表征分析。但是，采用这一技术定量计算成分时必须相当仔细，而且应当选取合适的样品进行校准测量。对体相成分的进一步的验证或校准可以与原子吸收光谱[73]、电感耦合等离子质谱法（inductively coupled plasma mass spectroscopy，ICP-MS）[83]、X 射线荧光光谱（X-ray fluorescence，XRF）[74,80]等表征技术联合使用。除此之外，通过热处理分析样品的相纯度可以使用差热分析（differential thermal analysis，DTA）、示差扫描热量计（differential scanning calorimeter，DSC）以及热重分析（thermogravimetric analysis，TGA）进行[20]。

如图 11.2(c) 所示，纳米晶的光学表征通常使用紫外-可见光谱（ultraviolet-visible spectroscopy，UV-vis）进行。这一表征技术能够估算合成纳米晶的带隙值，然而值得注意的一个重要方面是，由于在一定尺寸之下纳米晶将会发生量子限域效应，所以会引起吸收边的移动[51]。当这些具有量子限域效应的小尺寸颗粒出现在给定粒径分布的样品中时，通常很难观察到清楚的吸收边，这样就很难采用这一技术对样品的光学带隙进行测量。然而由于这些效应的存在，根据所观察到的吸收边是否清晰，UV-vis 能够作为一种测量样品单分散性的相对方法[30]。

最后，纳米晶的表面化学分析可以采用诸如 X 射线光电子能谱、核磁共振谱、傅里叶转换红外光谱等表征技术进行[31,51]。这些表征技术都是非常有用的分析工具，可以用于分析纳米晶表面成键的几何构型、纳米晶的氧化作用、纳米晶的表面成分，识别纳米晶表面的封端配体。纳米晶薄膜在硒化之后，由于最终薄膜中的有机材料可能会损害器件性能，所以识别表面配体是一个非常重要的表征内容。对纳米晶薄膜中存在的表面配体进行剪裁，以实现优化烧结是 CZTS 研究中的一个活跃领域[38]。

11.4 烧结

虽然半导体纳米晶的制备工艺简易、可扩展，且能耗相对较低，但是从历年的研究来看，直接将纳米材料应用于光伏系统获得的器件性能却较差。尽管量子限域效应的存在使得光学性质可调[84,85]，并且消除了进一步的热吸收过程[86]，但是典型的纳米晶太阳电池载流子输运较差，内部损失显著。在很大程度上，这些损失源于与纳米结晶体系相关的大量界面（这些界面与电荷载流子的表面捕获直接相关），以及纳米晶表面的有机配体所产生的电绝缘性[26,86-88]。虽然独特的器件架构开创了制作纳米晶胶体量子点 PbS/TiO_2 太阳电池的先河，并获得了约 5% 的转换效率[89]，但是迄今为止硫族化合纳米晶光伏吸收层薄膜表现出的最高转换效率是 CIS 纳米晶太阳电池的 4.0%[90]，而 CZTS 纳米晶太阳电池的转换效率则不足 1%[19]。

无机纳米晶吸收层薄膜对电学性质的不良影响可以通过高温条件（350—600℃）下的退火工艺得到显著减小[21,26,37]。事实上，类似于共蒸发技术制备的吸收层薄膜，对纳米晶前驱体采用特殊的退火工艺也能形成致密的微米尺寸的大晶粒吸收层薄膜[16,22,24]。由于高品质的大晶粒吸收层薄膜是高效薄膜太阳电池的常见形态特征，因此制备得到这样的薄膜也是纳米晶前驱体制作太阳电池的关键步骤[16,72]。与此同时，载流子的运输、缺陷的形成以及其它重要的电学性质都是吸收层薄膜烧结的直接结果，因此理解和控制烧结工艺对器件制作至关重要。

纳米晶薄膜的烧结工艺能够提供优于其它方法的优势。除了高产量、低能耗、可扩展的涂层技术用于预烧结纳米晶薄膜的形成，使用成分变化的纳米晶墨水也可以用于纳米尺度控制成分梯度薄膜的形成。即薄膜可以通过涂覆并烧结具有预期成分梯度的纳米晶而形成[91]。然而，为了开发并利用这些特性，有必要详细地了解烧结/晶界的生长机制以及烧结过程中薄膜内的元素扩散。

为了全面开发利用纳米晶前驱体的优势，必须选择合适的烧结技术来发挥前驱体材料的性质。由纳米晶前驱体制备太阳电池的最成功路线是"反应"烧结法，它是通过选择退火气氛和前驱体特性来增强薄膜烧结的。反应烧结技术能够允许进行有利于薄膜致密化的机理设计，同时避免工艺过程中的相分离和元素逸失[62]。除此之外，相对于其它烧结技术，反应烧结能够进行相对低温的处理，这对于规模成本、基底选择以及元素逸失的减小都是有好处的。低温烧结机理可以进一步适用于纳米晶薄膜，因为在熔点温度烧结时这些材料独特的纳米尺度效应将显著地减弱[62,85,92]。

特别值得注意的是，对于由纳米晶薄膜制备器件级品质吸收层薄膜，作为硒化工艺的反应烧结技术是一种成功方法[24,62,91,93]。这种技术在退火工艺过程中利用硒蒸气压驱动形成大晶粒硫族化合物吸收层薄膜。该技术最初由 Guo 等[24]提出。凭借这项技术，他们通过硫化物纳米晶的硒化成功制备了高品质的 CIGSSe、CZTSSe 和 CZTGeSSe 吸收层薄膜[16,17,22,23,25]。

11.4.1 硒化工艺

为了实现成功烧结，必须在前驱体原料和最终烧结薄膜之间建立能量上的有利驱动力。在早期工作中，通过硒化 Cu 和 In 金属堆垛层并烧结获得 CISe 的方法比较成功，因为在 300—750℃的活性硒蒸气中，Cu 和 In 具有良好的反应活性：$Cu+In+2H_2Se \rightleftharpoons CuInSe_2$[94]。除此之外，薄膜的致密化通过前驱体转化为 CISe 过程中的体积膨胀驱动完成[62,95]。但是，由纳米晶烧结形成大晶粒吸收层薄膜存在一个特殊的挑战：如果在硒化之前这些材料已经具有了最终的材料形式，那么它们就失去了致密化的驱动力[62,93]。正因为这个原因，在 450—550℃硒蒸气中，硒化 CISe 纳米晶薄膜成为烧结 CISe 吸收层薄膜的初期工作并不是很成功：使用硒化物纳米晶前驱体只能实现最小的致密化和晶粒生长[37,93]。

当采用硫化物纳米晶前驱体来取代硒化物纳米晶前驱体时，硒化纳米晶工艺取得了关键的进展[24]。这种取代能够将硒化物前驱体烧结过程中丢失的驱动力建立起来，也就是硫化物向硒化物转变的驱动力 $Cu(In_yGa_{1-y})S_2(s)+Se_x(g) \rightleftharpoons Cu(In_yGa_{1-y})Se_2(s)+S_x(g)$[24]，从而促进晶粒的生长，并最终增强器件性能。

遵循 CIS 纳米晶薄膜硒化的成功案例，在由 CZTS 纳米晶墨水制作 CZTSSe 太阳电池中研究者也采用了这种硒化工艺[16]，相关的研究基于以下反应：$CuZnSnS_4(s)+Se_x(g) \rightleftharpoons CuZnSnSe_4(s)+S_x(g)$。从 CIGS 到 CZTS 的硒化方法拓展相当简单直接，但是研究发现 CZTS 在形成高品质吸收层时，由于四元体系的稳定性而面临其自身特殊的挑战。虽然硒化工艺因为其相对低温（约500℃）的烧结机制以及有助于晶体稳定性的反应烧结特性而具有相当的优势，但是识别并减缓硒化步骤之后薄膜中元素的逸失和第二相的出现仍是目前相关研究领域的热点。

尽管硒化四元CZTS或CZTGeS纳米晶迄今已展示出基于这一材料体系的纳米墨水薄膜太阳电池的最高器件性能，硒化二元和三元硫化物的混合物也能够得到合适的反应烧结驱动力。Cao等[18]证实该技术能够获得显著的器件性能（能量转换效率为8.5%），他们的实验遵循以下反应：$Cu_2SnS_3(s) + ZnS(s) + SnS_x(s) + Se_x(g) \Longleftrightarrow CuZnSnSe_4(s) + S_x(g)$。二元和三元纳米晶硒化之后得到的薄膜成分相当均匀，这一实例成功说明在硒化过程中阳离子具有较高的迁移率。此外，该方法的成功也说明了在非均匀前驱体材料形成吸收层薄膜中硒化技术的稳健性。事实上，最近CZTS纳米晶硒化过程中的原位EDXRD研究提出，由各种二元和三元相转化得到的CZTS优于烧结形成的CZTSSe[96]。但是与二元和三元硫化物纳米晶混合物相比，如果忽略四元化合物分解为二元和三元相，那么使用CZTS纳米晶有望提高元素在纳米尺度上的均匀分布，这要优于前者的直接烧结。

尽管二元/三元硫化物纳米晶硒化的极端实例已经证明了通过硒化工艺形成吸收层的成功性，人们在四元CZTS纳米晶制备CZTSSe薄膜中也探索使用了非均匀前驱体材料。事实上，根据器件性能可以发现当使用具有尺寸和成分变化的纳米晶混合物时，由CZTS纳米晶进行烧结能够使其性能得到增强[61]。非均匀前驱体的使用对烧结的益处表现在以下方面，包括：有助于具有理想尺寸/成分特性的纳米晶（即富铜相[61,97]）的反应烧结，或者延迟预期单相吸收层材料的形成。当最终单相均匀材料的形成延迟时，质量传输和内部扩散有助于薄膜的致密化[62]，这是因为这些参数在许多烧结机制中扮演着重要的角色[98]。当形成CISe的反应比烧结更快时，在CuSe和InSe硒化形成CISe吸收层薄膜中发现了上述效应[93]。一旦形成CISe，烧结将变得更加困难。因此，除了硫化物到硒化物的转变，由质量传输形成的反应烧结驱动力也能够通过预烧材料的非均匀性实现，这一点已经在硒化非均匀CZTS纳米晶以及硒化二元/三元纳米晶形成CZTSSe的极端实例中得到了证实。这些效应有助于CZTSSe吸收层薄膜的形成，尤其是对于四元纳米晶墨水，这是因为在四元纳米晶合成过程中形成的颗粒内部和颗粒之间的成分非均匀性在一定程度上对烧结薄膜的形成是有益的。

尽管许多技术都有可能从纳米晶前驱体烧结得到CZTSSe吸收层薄膜，但在接下来的章节中仅阐述由四元CZTS纳米晶墨水制备CZTSSe吸收层薄膜的硒化工艺应用实例。

11.4.2　硒化实例

典型的CZTS纳米晶硒化工艺开始于纳米晶薄膜的制备。在合成CZTS纳米晶之后，对纳米晶进行清洗并分散到用于涂覆的溶剂中，这样就形成了纳米晶墨水。纳米晶墨水中的溶剂选择依赖于所使用的涂覆技术、选择的基底以及纳米晶表面有机封端配体的本性。简而言之，有机封端配体和溶剂必须相溶以适于纳米晶分散，溶剂必须对基底具有所需要的浸润性以避免薄膜缩皱，而且溶剂的挥发性必须能够实现涂覆时所需要的墨水干燥速率。除此之外，当采用由电场控制的喷雾技术时（例如电喷射沉积或者某些喷墨印刷技术），溶剂的介电常数也是必须考虑的参数之一[99]。通常采用刮涂法、滴涂法、旋涂法、（电）喷涂法或者印刷法能够实现纳米晶薄膜的厚度可控以及可重复性。

通常在合成薄膜时，将分散在己硫醇中油胺封端的CZTS纳米晶刮涂到钼涂覆的钠钙玻璃基底上[16]。除了具有与Mo基底所期望的浸润性以及与油胺的相溶性之外，己硫醇还具有合适的挥发点因此可以重复涂覆。将薄膜涂覆在基底上并干燥后,就可以在空气中应用相对低温（约200℃）的退火步骤去除薄膜上多余的溶剂。此外,如下文所述,这一退火步骤将形成最终烧结薄膜所需的形貌。

图11.5描述的是普渡大学Agrawal实验室所应用的硒化工艺装置。在此装置中,纳米晶薄膜在含有蒸发硒气氛的管式炉中退火。为了达到这一目的,在实验开始时,将涂覆的纳米晶薄膜和元素硒丸放置于石墨封闭盒中。石墨封闭盒为样品提供了均匀的加热环境,且在硒化反应中有助于维持硒蒸气在其在蒸气压附近。通常在硒化工艺开始时,将石墨封闭盒（其中包含纳米晶涂敷的基底和元素硒丸）安置在石英管反应器中。刚开始时,将石墨封闭盒放在管式炉的加热区之外,这样能够使其在管式炉中进行预热处理。接着进行系统的抽气/净化步骤,将管式炉预热到所需的硒化反应温度（典型的温度范围是500—600℃）。一旦开始加热,即使用推拉杆将组装的石墨封闭盒放置于加热炉中央以启动硒化反应。反应完成后（通常是在10—45min）,迅速将样品冷却至室温。

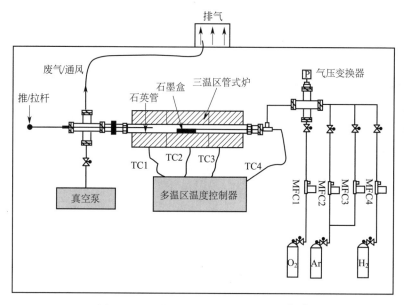

图11.5 硒化工艺采用的热处理装置[100]
MFC—质量流量控制器；TC—热电偶

在硒化反应的初始阶段,蒸发的硒气体通过整个多孔纳米晶薄膜进行扩散。紧接着,从薄膜表面的前沿开始反应形成烧结吸收层材料。反应机理的细节依赖于硒化条件的具体情况（即硫簇元素气氛、反应时间和反应温度变化曲线）,通常烧结薄膜的形成通过二元和三元硒化物大晶粒的形成而发生[96]。由纳米晶前驱体产生的额外阳离子扩散到反应前沿,并且渗入到生长的晶粒中,最终形成CZTSSe吸收层材料。反应烧结中四元相的形成伴随着初始大晶粒Cu_xSe的形成[96],类似于文献报道的三元和四元硫化物纳米晶的形成伴随着Cu_xS的形成[55,58]。应当注意的是,虽然典型使用的初始CZTS纳米晶是标称贫铜组成,但是在反应烧结过程中CZTSSe晶粒开始生长却是在富铜生长条件（通过Cu_xSe）下发生的。最终CZTSSe吸收层薄膜中贫铜组成的形成是由纳米晶前驱体中残留的阳离子渗入到最终烧结薄膜中的自我调节过程完成的[96]。CZTSSe在富铜条件下的生长与四元材料稳定性的增强以及四元相形成过程中晶粒生长的增强有关[67,74-76],这种情形类似于11.2.5.3小节所讨论的

CZTS 纳米晶合成。根据反应烧结机制，大晶粒 CZTSSe 吸收层位于细晶层的顶端，其中可能包含最初通过纳米晶薄膜扩散的残余硒、由纳米晶前驱体产生的残余碳以及硒化过程中任何没有反应的阳离子。

图 11.6 展示的是 CZTS 纳米晶薄膜硒化之前和之后的 SEM 断面图像对比。在硒化过程中，纳米晶团簇烧结形成致密的微米尺寸晶粒，该晶粒的尺寸大小横跨了烧结吸收层的厚度。除此之外，还有到了最小的孔隙空间（特别是接近于薄膜底部）。这些特征与由其它工艺制备的高效 CZTS 吸收层的特征是相反的[2,14]。图中能够观察到硒化 CZTSSe 薄膜的双层形貌，包含位于细晶层顶部的大晶粒 CZTSSe 吸收层，下面将讨论这一纳米晶/硒化工艺的普遍特征[16-18,24,101,102]。典型的大晶粒吸收层厚度是 611nm±108nm，其厚度的变化来自于薄膜的表面粗糙。与此相反，致密层的厚度变化依赖于硒化的具体条件以及纳米晶前驱体。应当注意的是，尽管使用的是典型的超薄吸收层，纳米晶墨水基 CZTSSe 太阳电池仍然能够实现优异的载流子收集。

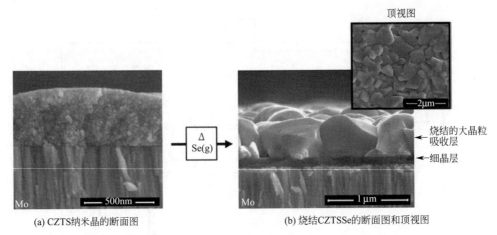

(a) CZTS纳米晶的断面图　　(b) 烧结CZTSSe的断面图和顶视图

图 11.6　CZTS 纳米晶薄膜的 SEM 图像（断面图）和硒化之后的烧结 CZTSSe 吸收层 SEM 图像（断面图和顶视图）

除了 SEM 断面图像，纳米晶反应烧结成为大晶粒也能够通过硒化之前和之后的 XRD 数据对比观察到 [如图 11.7(a) 所示]，其中衍射峰变得更加尖锐，而半高宽的减小说明晶粒尺寸增大[15]。除了晶粒生长，从 XRD 图谱中也可以观察到从 S 到 Se 的转变，因为晶格常数在硒化过程中增加，从而导致衍射峰位置产生移动[15]。类似地，因为 CZTS 和 CZTSe 的 A/A_1 呼吸振动模式是明显可分辨的，分别位于 $338.5cm^{-1}$ 和 $196cm^{-1}$ 处[46]，所以通过硒化之前和之后的拉曼光谱对比能够更清楚地观察到从 S 到 Se 的转变过程 [如图 11.7(b) 所示]。硒化步骤之后，估计大约有少于 10% 的原始硫残留在薄膜中[15]，其证据来自于以下两个方面：硒化薄膜的拉曼图谱中在 $320cm^{-1}$ 附近出现小峰，并且 XRD 图谱中硒化薄膜的衍射峰位置相对于 CZTSe 的标准衍射峰位置有一定的移动（这是因为晶格常数减小所引起）。此外，EDX 谱图、掠入射 XRD 测试和表面敏感拉曼测试[23]都指出烧结 CZTSSe 吸收层的背面[S]/[Se]比例略有增加，吸收层背面轻微的带隙梯度有益于电荷载流子收集[103]。

11.4.3　硒化工艺的挑战

硒化硫化物纳米晶是获得晶粒生长和烧结形成吸收层的特别成功的方法，但这一工艺并

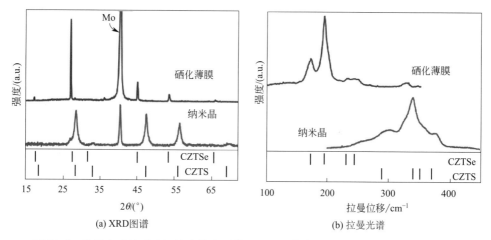

(a) XRD图谱　　(b) 拉曼光谱

图 11.7　典型合成的 CZTS 纳米晶和硒化 CZTSSe 薄膜的 XRD 图谱和拉曼光谱对比

非没有自身挑战。在本小节中，我们将讨论一些主要的挑战。为了调控硒化吸收层的光电性质，这些挑战值得认真关注。

11.4.3.1　相纯度、元素逸失和晶粒生长

根据晶粒生长的驱动力和纳米晶前驱体致密化的实现条件，硫族气氛的重要性已经在前面的章节中进行了讨论。相对于 $Cu_{2-x}S$、$ZnSe$、$SnSe$、Cu_2SnSe_3 等杂质，反应硒气氛对于四元吸收层材料的稳定性和薄膜的相纯度也是非常重要的。尤其是应当考虑在升温过程中 CZTSSe 分子结构的稳定性。图 11.8 描述了 $Se(g)$ 气氛对于 CZTSSe 的晶粒生长和稳定性所扮演的角色：对于前者，$Se(g)$ 气氛驱动 CZTS 纳米晶转变成为烧结的大晶粒 CZTSe；对于后者，$Se(g)$ 气氛驱动二元 $SnSe$、$Cu_{2-x}Se$ 和 $ZnSe$ 形成四元 CZTSe 相。接下来我们将对此进行详细的讨论。

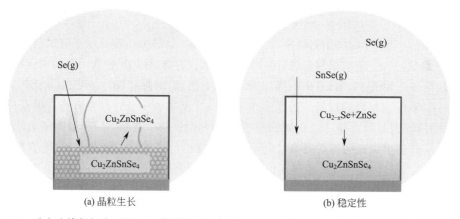

(a) 晶粒生长　　(b) 稳定性

图 11.8　反应硫族气氛在 CZTSSe 薄膜的硒化过程中对于晶粒生长和稳定性所扮演角色的示意图

分析在退火温度 ≥500℃条件下四元 CZTSSe 分解成为其对应的第二相组分的过程，可以得到如下可逆反应[104,105]：

$$Cu_2ZnSnS_4 \rightleftharpoons Cu_xS(s) + ZnS(s) + SnS(g) + S_x(g)$$

或者

$$Cu_2ZnSnSe_4 \rightleftharpoons Cu_xSe(s) + ZnSe(s) + SnSe(g) + Se_x(g)$$

因此相纯度所关注的第二相是来自于制备 CZTSSe 吸收层材料过程中工艺所需的高温条件。此外，由于上述分解反应 CZTSSe 也经受着显著的元素逸失问题，尤其是锡元素[104-106]，这是因为 SnS 和 SnSe 在温度≥400℃时具有很高的蒸气压[104]。

为了减轻吸收层材料制备工艺中的相纯度问题和元素逸失，可以根据 La Chatelier 原则、通过控制反应气氛对上述平衡反应进行探索。相应地，在 $S_x(g)$、$Se_x(g)$ 或 $Sn(S,Se)(g)$ 分压较高的气氛中进行退火能够使反应移向四元相，从而使 CZTSSe 分解最小化。在 Agrawal 由纳米晶墨水基制备 CZTSSe 薄膜的实验中，为了限制元素逸失和第二相的形成，他们通常将硒化温度维持在低于 550℃，并且通过限制 Se(g) 从石墨封闭盒的逸出使 Se(g) 维持在较高的分压上。硒化之后 CZTSSe 吸收层材料的体相 EDX 分析表明使用这一技术可以使 Cu、Zn 和 Sn 的逸失最小化[23]。另外，研究者也一直探索通过在退火气氛中使用 SnS(g) 以及改变硒气压来改善上述 CZTSSe 的稳定性[104,106]。

在整个反应烧结工艺中，Se(g) 临界分压的存在是至关重要的，不仅对于 CZTSSe 薄膜的稳定性是这样，而且对于由二元、三元硒化物生长为四元相也是如此。这些内容在 CZTS 纳米晶薄膜的硒化过程中已经进行了详细表述[96]。这些过程都能够由上述的平衡反应进行描述。因此，如果在硒化之后的薄膜中观察到二元或者三元相，它们应当是以下两个因素产生的结果：（1）四元相形成之后，在高温反应条件下没有充足的 Se(g) 供应，从而导致薄膜分解；（2）反应烧结过程中没有充足的 Se(g) 供应，从而导致四元相的不完全形成（即不完全硒化）。除此之外，因为 Se(g) 气氛驱动 CZTSSe 反应烧结的进行，所以反应硫族气氛的变化也能导致硒化过程中晶粒生长的变化。

图 11.9 描述的是 Se(g) 气氛对于第二相形成和晶粒生长的作用，其中硒化 CZTGeSSe 薄膜通过两种条件制备：（α）在充足 Se(g) 气氛中完全硒化；（β）在整个反应烧结过程中 Se(g) 的临界分压没有得到维持条件下的不完全硒化。两种薄膜都是在 500℃硒化 40min；但是在反应烧结过程中 Se(g) 脱离样品的扩散速率在两种薄膜中是变化的。具有 50%[Ge]/([Ge]+[Sn])合金比例的 CZTGeSSe 薄膜用于说明第二相形成，虽然纯相 CZTSSe 和 CZGeSSe 的 XRD 衍射峰都与相关的四方/立方第二相的衍射峰重叠（参见第 11.3 节的讨论），但是按照 Vegard 定律，50/50 的 CZTGeSSe 合金具有明确的衍射峰位[107]。两个样品的 XRD 分析都显示了所预期的 CZTGeSSe[50%（原子分数）Ge]吸收层材料对应的衍射峰，而仅有样品（β）包含由薄膜中存在的第二相产生的附加信号[如图 11.9(a) 中的插图所示]。类似地，样品（β）中 CZTGeSSe[50%（原子分数）Ge]吸收层材料的拉曼光谱显示在 180cm^{-1} 和 210cm^{-1} 处存在肩峰。根据拉曼光谱，样品（β）中所识别到的拉曼峰在此处归因于 $Cu_x(Sn,Ge)Se_y$ 杂相[108-110]。除了第二相的形成减少之外，从薄膜更尖锐的衍射峰和对应半高宽的减小可以看到，样品（α）还表现出了晶粒尺寸的增大[15]。而且样品（α）也展现出硒化吸收层材料[Se]/[S]比例的增大，这是因为与样品（β）晶格中残留硫对应的约 320cm^{-1} 附近的次拉曼峰在样品（α）中减弱[46]。

充足 Se(g) 气氛的重要性在此处由硒化 CZTSSe 吸收层材料的晶粒生长、相纯度、成分比（即[Se]/[S]）得到了证实，但是过量的 Se(g) 分压也会导致薄膜中不需要的过量 $MoSe_2$ 形成（参见 11.4.3.3 小节中的讨论），如样品（α）中所观察到的相关衍射信号。应当注意的是在这里样品（α）在硒化过程中出现潜在的 $MoSe_2$ 形成；然而典型的高效纳米晶墨水基器件是在限制 $MoSe_2$ 形成的条件下进行硒化的[参见图 11.12(a)]。因此严格调控反应硫族气氛是非常必要的，以保证硒化完全，使吸收层材料的相纯度和晶粒生长最大化并使 $MoSe_2$ 形成最小化。

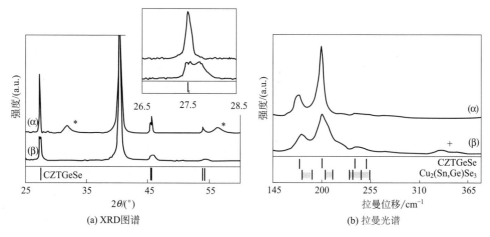

图 11.9 在不同硫族气氛（如正文所述分别标记为 α 和 β）
硒化 CZTGeSSe（50at% Ge）薄膜的 XRD 和拉曼光谱

＊标记的是 $MoSe_2$ 的衍射峰；＋标记的是 CZTGeSSe 晶格中残留的硫所产生的拉曼信号

11.4.3.2 细晶层

如图 11.6 所示，纳米晶薄膜/硒化方法制作器件的特别突出的结果是在薄膜的烧结 CZTSSe 层和 Mo 背接触层之间形成了富硒的细晶层。这种双层结构是硒化纳米晶薄膜的常见特征。然而，细晶层的来源和成分能够根据特殊的硒化方法和采用的工艺条件而变化。研究者面临的挑战是如何通过控制硒化反应条件以及预烧薄膜的纯度（即含碳物质的存在）来最小化（最好是去除）这一细晶层。

如图 11.10 所示的"最好的"硒化四元纳米晶墨水基器件的 EDX 图像表明细晶层的成分主要是由硒、碳和未反应的纳米晶前驱体组成[23]，这与文献报道的二元和三元纳米晶硒化产生的类似细晶层是相反的。在后一种情况中发现细晶层包含未烧结的 CZTSSe 和嵌入含碳基质中的二元/三元纳米晶[18]。此外，也有文献报道硒化 CZTS 纳米晶中未反应的阳离子（即 Zn）出现在了细晶层中，这是因为该元素是最后加入到生长的 CZTSSe 晶粒中的[96]。虽然这一细晶层的成分能够根据所使用的硒化条件的细节和纳米晶前驱体的成分分布而变化，但碳和硒的存在是其常见的特征。器件中碳的来源最有可能是纳米晶表面封端配体（起始阶段用于稳定纳米晶墨水）以及墨水涂覆残留溶剂。细晶层对器件电学性能的具体影响是目前相关研究的活跃领域。

在最小化/去除细晶层形成的尝试中，研究发现细晶层的厚度强烈地依赖于硒化反应条件，如图 11.11 所示。在这里，我们发现增加硒化时间或者升高硒化温度能够减小细晶层的厚度：图（a）描述的是标准硒化条件（500℃，20min）；图（b）描述的是升高硒化温度（550℃，15min）；图（c）描述的是增加硒化时间（500℃，40min）。因为这一细晶层主要由 Se 组成，并且在初始阶段通过整个纳米晶薄膜扩散，所以增加硒化时间/升高硒化温度能够减小细晶层的厚度，这是因为残留的 Se 在反应烧结过程之后能够从薄膜表面蒸发。然而，完全去除这一细晶层将极有可能涉及到从预烧纳米晶薄膜中去除碳，这是目前纳米晶墨水基器件中的活跃研究领域。上述硒化工艺的优化结合纳米晶合成的优化，最近推出的硒化纳米晶墨水基 CZTSSe 器件的总面积转换效率达到 9.0%（有效面积转换效率为 9.8%）[22]。

除了硒化反应条件在细晶层形成中扮演着重要角色之外，纳米晶薄膜的预硒化退火处理

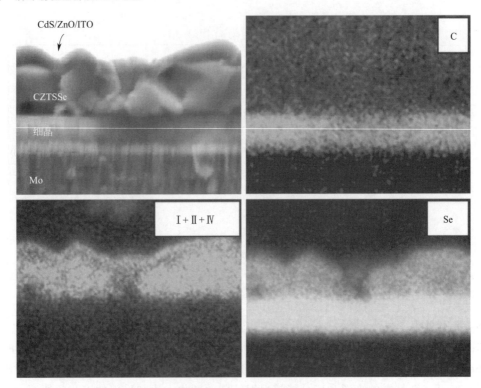

图 11.10 硒化四元纳米晶墨水器件的 SEM-EDX 断面映射图像

细晶层的成分来源于四元纳米晶薄膜的硒化,大部分由 Se 和 C 组成,并包含少量的 Cu、Zn 和 Sn 信号。因此未烧结的 CZTS 纳米晶没有细晶层[23]。更多的颜色细节请参阅文前的彩图部分

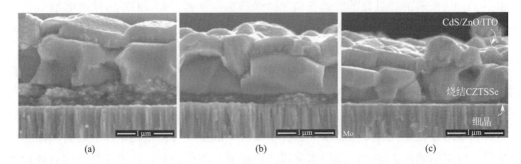

图 11.11 在各种反应条件(如正文中所描述)下硒化 CZTSSe 薄膜的 SEM 断面图像

细晶层的厚度显示出在硒化过程中对硒化时间和温度曲线的依赖性(参见正文)

也能用于引导最终烧结吸收层的形貌。通常,纳米晶薄膜在空气中退火先于上述硒化工艺,形成如图 11.12(a) 所示的双层形貌。因为反应烧结工艺过程开始于薄膜表面,因此硒化之后,残留的 Se、C 以及阳离子位于薄膜的底部。然而,研究发现使用未退火的纳米晶薄膜或者在氮气环境退火,能够在硒化之后产生不合乎需要的三层结构,如图 11.12(b) 所示。在三层结构中,反应烧结开始于纳米晶薄膜的表面和底部,从而形成由残留 Se、C 以及阳离子组成的细晶层,该细晶层处在薄膜顶部和底部两个烧结大晶粒层之间组成三明治结构。这种三层结构将会对器件电学性能产生不良影响。文献[101]报道了关于预烧结退火效应的类似结构。这就说明细晶层位于大晶粒吸收层顶上的反转器件架构是可能的;然而,这一形貌的重复性很难实现[101]。

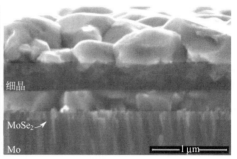

(a) 典型高效器件的标准双层形貌
(在硒化之前先在空气中退火)

(b) CZTSSe薄膜硒化之后的不合乎需要的
三层形貌(硒化之前没有退火)

图 11.12　SEM 断面图像

更多的颜色细节请参阅文前的彩图部分

11.4.3.3　$MoSe_2$

硒化 CZTS 纳米晶的另一个关注点是 $MoSe_2$ 的形成。由于在硒化中使用了积极的反应条件（在温度超过 450℃ 情况下硒有着较高的分压），如果反应条件控制不当，那么硒化过程中有可能形成大量的 $MoSe_2$。据报道对于 CIGSSe 器件来说，适当的 $MoSe_2$ 形成有利于增强薄膜的黏附性以及形成准欧姆背接触[111]。但是过多的 Mo 转化为 $MoSe_2$ 能够导致薄膜的层分离，同时也会增加叠层的串联电阻[112]。为了控制硒化过程中 $MoSe_2$ 的形成，可使用特殊的 Mo 形貌来抑制 $MoSe_2$ 形成的反应速率[112]；然而，这依赖于 Mo 的溅射条件的控制。另外，诸如 TiN 之类的势垒层可能用于限制 $MoSe_2$ 的形成，尤其是在硒化温度高于 550℃ 的条件下[113]。由纳米晶前驱体硒化获得的典型高效器件显示，形成的 $MoSe_2$ 厚度仅为 50—100nm，如图 11.12(a) 所示。这些器件是在 Agrawal 实验室中由 Mo 沉积制作的，通过严格控制钠钙玻璃的清洗和 Mo 沉积条件以使制备的 Mo 层具有优异的黏附力，这能够显著地抵抗硒化过程。

11.4.3.4　小结

除了相纯度、晶粒生长、吸收层形貌、细晶层厚度以及 $MoSe_2$ 形成之外，吸收层工艺条件的选择也与诸如缺陷形成、表面粗糙、晶粒形貌（即晶面取向或琢面）、合金（成分）均匀性等问题相关联。因此，为了能成功形成具有预期的光电性质的烧结吸收层，非常有必要严格控制吸收层形成的制备参数。只有对各种反应烧结参数的影响有了深入的理解并能对其进行有效的控制，才能有效地研究和优化纳米晶前驱体的性质。理想地，联合调控纳米晶前驱体性质和硒化工艺参数将能够允许制备得到具有可调的缺陷性质、相纯度和成分均匀的薄膜，所有这些性质最终都有益于器件的光电性能。

11.4.4　$Cu_2Zn(Sn_yGe_{1-y})(S_xSe_{4-x})$ (CZTGeSSe)

利用硒化工艺制备高效锌黄锡矿吸收层的一个限制是不能调控吸收层材料的带隙。这一问题源于以下事实：典型的硒化工艺将会导致晶格中超过 90% 的 S 被 Se 取代，从而使得 CZTSSe 吸收层的带隙小于 1.05—1.10eV 的最佳带隙值。典型的高效 CZTSSe 太阳电池可以通过控制 [S]/[Se] 比例实现带隙调控[114]，而通过硫化/硒化工艺精细地控制 [S]/[Se] 比例仍面临着挑战。然而，使用 Ge 取代 Sn 制备的 CZTGeS 纳米晶（参见 11.2.4 小节）已被证明，可以通过硒化工艺成功形成致密的、烧结的、带隙可调的 CZTGeSSe 吸收层。

遵循由 CZTS 纳米晶形成 CZTSSe 吸收层的相似工艺，由 CZTGeS 纳米晶墨水形成了 CZTGeSSe 吸收层薄膜。可以通过控制纳米晶前驱体中的 [Ge]/([Ge]+[Sn]) 比例来实现硒化吸收层薄膜的体相带隙调控[17,23,53]。除了体相带隙调控之外，也能够通过 Ge 取代改变导带位置来实现整个薄膜的带隙梯度变化[17]，即类似于在高效 CIGSSe 器件中的 Ga 梯度变化一样[115]。此外，Ge 取代 Sn 已被认为通过减少多价态 Sn 原子浓度增强 CZTGeSSe 吸收层的电学性质，其中多价态 Sn 原子能够使器件产生不合乎需要的载流子复合[116]。

虽然取得了可喜的成果，但是含 Ge 的 CZTGeSSe 合金材料体系并非没有自身面临的挑战。当前的研究指出 Ge 损失是 CZTGeSSe 吸收层关注的一个问题，这与 Ge(S, Se) 的蒸气压比 Sn(S, Se) 的蒸气压相对更高有关[17,23,59]。硒化 CZTGeSSe 薄膜的 Ge 损失与吸收层的处理工艺条件有关（尤其是反应硫族元素的分压和硒化温度）；但是优化纳米晶性质和硒化条件能够控制元素的逸失并增强器件的性能[23]。尽管如此，合金成分的均匀性以及表面（<3nm）元素损失被认定为目前改进器件性能的限制因素[23]。最后，含 Ge 的 CZTGeSSe 合金是纳米晶墨水基太阳电池的理想材料；其器件性能的改进与 CZTSSe 太阳电池的改进工艺是类似的：增强 Ge 合金吸收层的电学性质（如少数载流子寿命）[23,59]，增加在硒化纳米晶薄膜中优化带隙调控的机会。

11.5 结论

研究已经证明，对于高效 CZTSSe 太阳电池的成功制备，由硒化纳米晶墨水制作器件是一种相对简易的工艺。虽然 CZTS 纳米晶的合成、表征和硒化中面临着众多的挑战和复杂性，但是从器件制作来看，这一工艺技术仍然被证明对各种工艺条件、吸收层成分、相纯度要求等方面都具有很好的容错性。这一技术对于器件的成功制作的关键在于 CZTS 纳米晶的合成，即 CZTS 纳米晶具有最优的性质，以使其有益于烧结致密薄膜的形成以及控制反应烧结参数生成所需薄膜：具有最小化的相分离、成分非均匀性和缺陷形成。普渡大学 Guo 等[15,24]起初开发的反应烧结工艺（其硒化是与硫化物纳米晶墨水搭配在一起的）已被证明是利用反应烧结的优势制备高品质吸收层的一种强健技术。对于这类 CZTSSe 材料，Agrawal 研究组已经展示了总面积能量转换效率高于 9% 的成功案例[22,23]。这些能量转换效率值也位列于在迄今为止报道的采用各种方法获得的最高转换效率列表之中，同时也为我们采用这一强健的低成本纳米晶墨水基路线进行太阳电池制作提供了足够的信心。

参 考 文 献

[1] Wang, W., Winkler, M. T., Gunawan, O., Gokmen, T., Todorov, T. K., Zhu, Y. & Mitzi, D. B. (2013) Device characteristics of CZTSSe thin-film solar cells with 12.6% efficiency. Advanced Energy Materials, 4 (7), doi: 10.1002/aenm.201301465.

[2] Brammertz, G., Buffière, M., Oueslati, S., ElAnzeery, H., Ben Messaoud, H., Sahayaraj, S., K. ble, C., Meuris, M. & Poortmans, J. (2013) Characterization of defects in 9.7% efficient $Cu_2ZnSnSe_4$-CdS-ZnO solar cells. Applied Physics Letters, 103 (16), 163904.

[3] Nakayama, N. & Ito, K. (1996) Sprayed films of stannite Cu_2ZnSnS_4. Applied Surface Science, 92, 171-175.

[4] Kamoun, N., Bouzouita, H. & Rezig, B. (2007) Fabrication and characterization of Cu_2ZnSnS_4 thin films deposited by spray pyrolysis technique. Thin Solid Films, 515 (15), 5949-5952.

[5] Kishore Kumar, Y. B., Suresh Babu, G., Uday Bhaskar, P. & Sundara Raja, V. (2009) Preparation and characterization of spray-deposited Cu_2ZnSnS_4 thin films. Solar Energy Materials and Solar Cells, 93 (8), 1230-1237.

[6] Tanaka, K., Moritake, N. & Uchiki, H. (2007) Preparation of Cu_2ZnSnS_4 thin films by sulfurizing sol-gel deposited precursors. Solar Energy Materials and Solar Cells, 91 (13), 1199-1201.

[7] Tanaka, K., Fukui, Y., Moritake, N. & Uchiki, H. (2011) Chemical composition dependence of morphological and optical properties of Cu_2ZnSnS_4 thin films deposited by sol-gel sulfurization and Cu_2ZnSnS_4 thin film solar cell efficiency. Solar Energy Materials and Solar Cells, 95 (3), 838-842.

[8] Araki, H., Kubo, Y., Mikaduki, A., Jimbo, K., Maw, W. S., Katagiri, H., Yamazaki, M., Oishi, K. & Takeuchi, A. (2009) Preparation of Cu_2ZnSnS_4 thin films by sulfurizing electroplated precursors. Solar Energy Materials and Solar Cells, 93 (6-7), 996-999.

[9] Schurr, R., H. lzing, A., Jost, S., Hock, R., Voβ, T., Schulze, J., Kirbs, A., Ennaoui, A., Lux-Steiner, M., Weber, A., K. tschau, I. & Schock, H.-W. (2009) Cu_2ZnSnS_4 thin film solar cells from electroplated precursors: Novel low-cost perspective. Thin Solid Films, 517 (7), 2511-2514.

[10] Scragg, J. J., Dale, P. J. & Peter, L. M. (2009) Synthesis and characterization of Cu_2ZnSnS_4 absorber layers by an electrodeposition-annealing route. Thin Solid Films, 517 (7), 2481-2484.

[11] Fischereder, A., Rath, T., Haas, W., Amenitsch, H., Albering, J., Meischler, D., Larissegger, S., Edler, M., Saf, R., Hofer, F. & Trimmel, G. (2010) Investigation of Cu_2ZnSnS_4 formation from metal salts and thioacetamide. Chemistry of Materials, 22 (11), 3399-3406.

[12] Ki, W. & Hillhouse, H. W. (2011) Earth-abundant element photovoltaics directly from soluble precursors with high yield using a non-toxic solvent. Advanced Energy Materials, 1 (5), 732-735.

[13] Todorov, T. K., Reuter, K. B. & Mitzi, D. B. (2010) High-efficiency solar cell with Earthabundant liquid-processed absorber. Advanced Materials, 22 (20), E156-E159.

[14] Todorov, T. K., Tang, J. T., Bag, S., Gunawan, O., Gokmen, T., Zhu, Y. & Mitzi, D. B. (2013) Beyond 11% efficiency: characteristics of state-of-the-art $Cu_2ZnSn(S, Se)_4$ solar cells. Advanced Energy Materials, 3 (1), 34-38.

[15] Guo, Q., Hillhouse, H. W. & Agrawal, R. (2009) Synthesis of Cu_2ZnSnS_4 nanocrystal ink and its use for solar cells. Journal of American Chemical Society, 131, 11672-11673, 2009.

[16] Guo, Q., Ford, G. M., Yang, W.-C., Walker, B. C., Stach, E. A., Hillhouse, H. W. & Agrawal, R. (2010) Fabrication of 7.2% efficient CZTSSe solar cells using CZTS nanocrystals. Journal of American Chemical Society, 132 (49), 17384-17386.

[17] Guo, Q., Ford, G. M., Yang, W.-C., Hages, C. J., Hillhouse, H. W. & Agrawal, R. (2012) Enhancing the performance of CZTSSe solar cells with Ge alloying. Solar Energy Materials and Solar Cells, 105, 132-136.

[18] Cao, Y., Denny Jr., M. S., Caspar, J. V., Farneth, W. E., Guo, Q., Ionkin, A. S., Johnson, L. K., Lu, M., Malajovich, I., Radu, D., Rosenfeld, H. D., Choudhury, K. R. & Wu, W. (2012) High efficiency solution-processed $Cu_2ZnSn(S, Se)_4$ thin-film solar cells prepared from binary and ternary nanoparticles. Journal of American Chemical Society, 134 (38), 15644-15647.

[19] Steinhagen, C., Panthani, M. G., Akhavan, V., Goodfellow, B., Koo, B. & Korgel, B. A. (2009) Synthesis of Cu_2ZnSnS_4 nanocrystals for use in low-cost photovoltaics. Journal of American Chemical Society, 131 (35), 12554-12555.

[20] Riha, S. C., Parkinson, B. A. & Prieto, A. L. (2009) Solution-based synthesis and characterization of Cu_2ZnSnS_4 nanocrystals. Journal of American Chemical Society, 131 (34), 12054-12055.

[21] Riha, S. C., Fredrick, S. J., Sambur, J. B., Liu, Y., Prieto, A. L. & Parkinson, B. A. (2011) Photoelectrochemical characterization of nanocrystalline thin-film Cu_2ZnSnS_4 photocathodes. ACS Applied Materials and Interfaces, 3 (1), 58-66.

[22] Miskin, C. K., Yang, W.-C., Hages, C. J., Carter, N. J., Joglekar, C. S., Stach, E. A. & Agrawal, R. (2014) 9.0% efficient $Cu_2ZnSn(S, Se)_4$ solar cells from selenized nanoparticle inks. Progress in Photovoltaics: Research and Applications, doi: 10.1002/pip.2472.

[23] Hages, C. J., Levcenco, S., Miskin, C. K., Alsmeier, J. H., Abou-Ras, D., Wilks, R. G., Bar, M., Unold, T. & Agrawal, R. (2013) Improved performance of Ge-alloyed CZTGeSSe thin-film solar cells through control of elemental losses. Progress in Photovoltaics: Research and Applications, doi: 10.1002/pip.2442.

[24] Guo, Q., Ford, G. M., Hillhouse, H. W. & Agrawal, R. (2009) Sulfide nanocrystal inks for dense Cu $(In_{1-x}Ga_x)(S_{1-y}Se_y)_2$ absorber films and their photovoltaic performance. Nano Letters, 9 (8), 3060-3065.

[25] Guo, Q., Ford, G. M., Agrawal, R. & Hillhouse, H. W. (2013) Ink formulation and low-temperature incorporation of sodium to yield 12% efficient Cu (In, Ga) (S, Se)$_2$ solar cells from sulfide nanocrystal inks. Progress in Photovoltaics: Research and Applications, 21 (1), 64-71.

[26] Gur, I., Fromer, N. A., Geier, M. L. & Alivisatos, A. P. (2005) Air-stable all-inorganic nanocrystal solar cells processed from solution. Science (80.), 310, 462-465.

[27] Joo, J., Bin Na, H., Yu, T., Yu, J. H., Kim, Y. W., Wu, F., Zhang, J. Z. & Hyeon, T. (2003) Generalized and facile synthesis of semiconducting metal sulfide nanocrystals. Journal of American Chemical Society, 125 (36), 11100-11105.

[28] Vossmeyer, T., Katsikas, L., Giersig, M., Popovic, I. G., Diesner, K., Chemseddine, A., Eychmuller, A. & Weller, H. (1994) CdS nanoclusters: synthesis, characterization, size dependent oscillator strength, temperature shift of the excitonic transition energy, and reversible absorbance shift. Journal of Physical Chemistry, 98, 7665-7673.

[29] Peng, Z. A. & Peng, X. (2002) Nearly monodisperse and shape-controlled CdSe nanocrystals via alternative routes: nucleation and growth. Journal of American Chemical Society, 124 (13), 3343-3353.

[30] Murray, C. B., Norris, D. J. & Bawendi, M. G. (1993) Synthesis and characterization of nearly monodisperse CdE (E = S, Se, Te) semiconductor nanocrystallites. Journal of American Chemical Society, 115 (4), 8706-8715.

[31] Katari, J. E. B., Colvin, V. L. & Alivisatos, A. P. (1994) X-ray photoelectron spectroscopy of CdSe nanocrystals with applications to studies of the nanocrystal surface. Journal of Physical Chemistry, 98 (15), 4109-4117.

[32] Guzelian, A. A., Banin, U., Kadavanich, A. V., Peng, X. & Alivisatos, A. P. (1996) Colloidal chemical synthesis and characterization of InAs nanocrystal quantum dots. Applied Physics Letters, 69 (10), 1432.

[33] Guzelian, A. A., Katari, J. E. B., Kadavanich, A. V., Banin, U., Hamad, K., Juban, E., Alivisatos, A. P., Wolters, R. H., Arnold, C. C. & Heath, J. R. (1996) Synthesis of size-selected, surfacepassivated InP nanocrystals. Journal of Physical Chemistry, 100 (17), 7212-7219.

[34] Murray, C. B., Sun, S., Gaschler, W., Doyle, H., Betley, T. A. & Kagan, C. R. (2001) Colloidal synthesis of nanocrystals and nanocrystal superlattices. IBM Journal of Research and Development, 45 (1), 47-56.

[35] Kigel, A., Brumer, M., Sashchiuk, A., Amirav, L. & Lifshitz, E. (2005) PbSe/PbSe$_x$S$_{1-x}$ corealloyed shell nanocrystals. Materials Science and Engineering C, 25 (5-8), 604-608.

[36] Panthani, M. G., Akhavan, V., Goodfellow, B., Schmidtke, J. P., Dunn, L., Dodabalapur, A., Barbara, P. F. & Korgel, B. A. (2008) Synthesis of CuInS$_2$, CuInSe$_2$, and Cu (In$_x$, Ga$_{1-x}$) Se$_2$ (CIGS) nanocrystal 'inks' for printable photovoltaics. Journal of American Chemical Society, 130, 16770-16777.

[37] Guo, Q., Kim, S. J., Kar, M., Shafarman, W. N., Birkmire, R. W., Stach, E. A., Agrawal, R. & Hillhouse, H. W. (2008) Development of CuInSe$_2$ nanocrystal and nanoring inks for low-cost solar cells. Nano Letters, 8 (9), 2982-2987.

[38] Jiang, C., Lee, J. & Talapin, D. V. (2012) Soluble precursors for CuInSe$_2$, CuIn$_{1-x}$Ga$_x$Se$_2$, and Cu$_2$ZnSn (S, Se)$_4$ based on colloidal nanocrystals and molecular metal chalcogenide surface ligands. Journal of American Chemical Society, 134, 5010-5013.

[39] Yin, Y. & Alivisatos, A. P. (2005) Colloidal nanocrystal synthesis and the organic-inorganic interface. Nature, 437 (7059), 664-670.

[40] Cushing, B. L., Kolesnichenko, V. L. & O'Connor, C. J. (2004) Recent advances in the liquidphase syntheses of inorganic nanoparticles. Chemical Reviews, 104 (9), 3893-3946.

[41] Pileni, M.-P. (2003) The role of soft colloidal templates in controlling the size and shape of inorganic nanocrystals. Nature Materials, 2 (3), 145-150.

[42] Murray, C. B., Kagan, C. R. & Bawendi, M. G. (2000) Synthesis and characterization of monodisperse nanocrystals and close-packed nanocrystal assemblies. Annual Reviews of Materials Science, 30, 545-610.

[43] LaMer, V. K. & Dinegar, R. H. (1950) Theory, production and mechanism of formation of monodispersed hydro-

[44] Peng, X., Wickham, J. & Alivisatos, A. P. (1998) Kinetics of Ⅱ-Ⅵ and Ⅲ-Ⅴ colloidal semiconductor nanocrystal growth: focusing of size distributions. Journal of American Chemical Society, 120, 5343-5344.

[45] Chen, S., Walsh, A., Yang, J.-H., Gong, X. G., Sun, L., Yang, P.-X., Chu, J.-H. & Wei, S.-H. (2011) Compositional dependence of structural and electronic properties of $Cu_2ZnSn(S, Se)_4$ alloys for thin film solar cells. Physical Review B, 83 (12), 125201.

[46] Grossberg, M., Krustok, J., Raudoja, J., Timmo, K., Altosaar, M. & Raadik, T. (2011) Photoluminescence and Raman study of $Cu_2ZnSn(Se_xS_{1-x})_4$ monograins for photovoltaic applications. Thin Solid Films, 519 (21), 7403-7406.

[47] Mott, D., Galkowski, J., Wang, L., Luo, J. & Zhong, C.-J. (2007) Synthesis of size-controlled and shaped copper nanoparticles. Langmuir, 23 (10), 5740-5745.

[48] Shavel, A., Arbiol, J. & Cabot, A. (2010) Synthesis of quaternary chalcogenide nanocrystals: stannite $Cu_2Zn_xSn_ySe_{1+x+2y}$. Journal of American Chemical Society, 132, 4514-4515.

[49] Riha, S. C., Parkinson, B. A. & Prieto, A. L. (2011) Compositionally tunable $Cu_2ZnSn(S_{1-x}Se_x)_4$ nanocrystals: probing the effect of Se-inclusion in mixed chalcogenide thin films. Journal of American Chemical Society, 133, 15272-15275.

[50] Ou, K.-L., Fan, J.-C., Chen, J.-K., Huang, C.-C., Chen, L.-Y., Ho, J.-H. & Chang, J.-Y. (2012) Hot-injection synthesis of monodispersed $Cu_2ZnSn(S_xSe_{1-x})_4$ nanocrystals: tunable composition and optical properties. Journal of Materials Chemistry, 22 (29), 14667.

[51] Khare, A., Wills, A. W., Ammerman, L. M., Norris, D. J. & Aydil, E. S. (2011) Size control and quantum confinement in Cu_2ZnSnS_4 nanocrystals. Chemical Communications, 47 (42), 11721-11723.

[52] Ford, G. M., Guo, Q., Agrawal, R. & Hillhouse, H. W. (2011) Earth-abundant element $Cu_2Zn(Sn_{1-x}Ge_x)S_4$ nanocrystals for tunable band gap solar cells: 6.8% efficient device fabrication. Chemistry of Materials, 23, 2626-2629.

[53] Yang, W.-C., Miskin, C. K., Hages, C. J., Hanley, E. C., Handwerker, C., Stach, E. A. & Agrawal, R. (2014) Kesterite $Cu_2ZnSn(S, Se)_4$ absorbers converted from metastable, wurtzite-derived Cu_2ZnSnS_4 nanoparticles. Chemistry of Materials, 26 (11), 3530-3534.

[54] Lu, X., Zhuang, Z., Peng, Q. & Li, Y. (2011) Wurtzite Cu_2ZnSnS_4 nanocrystals: a novel quaternary semiconductor. Chemical Communications, 47 (11), 3141-3143.

[55] Regulacio, M. D., Ye, C., Lim, S. H., Bosman, M., Ye, E., Chen, S., Xu, Q.-H. & Han, M.-Y. (2012) Colloidal nanocrystals of wurtzite-type Cu_2ZnSnS_4: facile noninjection synthesis and formation mechanism. Chemistry: A European Journal, 18 (11), 3127-3131.

[56] Chen, S., Walsh, A., Luo, Y., Yang, J.-H., Gong, X. G. & Wei, S.-H. (2010) Wurtzite-derived polytypes of kesterite and stannite quaternary chalcogenide semiconductors. Physical Review B, 82 (19), 195203.

[57] Lin, X., Kavalakkatt, J., Kornhuber, K., Abou-Ras, D., Schorr, S., Lux-Steiner, M. C. & Ennaoui, A. (2012) Synthesis of $Cu_2Zn_xSn_ySe_{1+x+2y}$ nanocrystals with wurtzite-derived structure. RSC Advances, 2 (26), 9894-9898.

[58] Kar, M., Agrawal, R. & Hillhouse, H. W. (2011) Formation pathway of $CuInSe_2$ nanocrystals for solar cells. Journal of American Chemical Society, 133 (43), 17239-17247.

[59] Bag, S., Gunawan, O., Gokmen, T., Zhu, Y. & Mitzi, D. B. (2012) Hydrazine-processed Ge-substituted CZTSe solar cells. Chemistry of Materials, 24 (23), 4588-4593.

[60] Chen, S., Gong, X., Walsh, A. & Wei, S.-H. (2009) Electronic structure and stability of quaternary chalcogenide semiconductors derived from cation cross-substitution of II-VI and I-III-VI$_2$ compounds. Physical Review B, 79 (16), 165211.

[61] Carter, N. J., Yang, W.-C., Miskin, C. K., Hages, C. J., Stach, E. A. & Agrawal, R. (2014) $Cu_2ZnSn(S, Se)_4$ solar cells from inks of heterogeneous Cu-Zn-Sn-S nanocrystals. Solar Energy Materials and Solar Cells, doi: 10.1016/j.solmat.2014.01.016.

[62] Eberspacher, C., Fredric, C., Pauls, K. & Serra, J. (2001) Thin-film CIS alloy PV materials fabricated using non-vacuum, particles-based techniques. Thin Solid Films, 387 (1-2), 18-22.

[63] Connor, S. T., Hsu, C. M., Weil, B. D., Aloni, S. & Cui, Y. (2009) Phase transformation of biphasic Cu_2S-$CuInS_2$ to monophasic $CuInS_2$ nanorods. Journal of American Chemical Society, 131 (13), 4962-4966.

[64] Kruszynska, M., Borchert, H., Parisi, J. & Kolny-Olesiak, J. (2010) Synthesis and shape control of $CuInS_2$ nanoparticles. Journal of American Chemical Society, 132 (45), 15976-15986.

[65] Sugimoto, T. (1987) Preperation of monodispersed colloidal particles. Advances in Colloid and Interface Science, 28, 65-108.

[66] Haas, W., Rath, T., Pein, A., Rattenberger, J., Trimmel, G. & Hofer, F. (2011) The stoichiometry of single nanoparticles of copper zinc tin selenide. Chemical Communications, 47 (7), 2050-2052.

[67] Chen, S., Yang, J. H., Gong, X. G., Walsh, A. & Wei, S. H. (2010) Intrinsic point defects and complexes in the quaternary kesterite semiconductor Cu_2ZnSnS_4. Physical Review B, 81 (24), 35-37.

[68] Tester, J. W. & Modell, M. (1996) Thermodynamics and its Applications, 3rd edition. Prentice-Hall, Inc., Upper Saddle River, NJ.

[69] Shi, L., Pei, C., Xu, Y. & Li, Q. (2011) Template-directed synthesis of ordered single-crystalline nanowires arrays of Cu_2ZnSnS_4 and $Cu_2ZnSnSe_4$. Journal of American Chemical Society, 133 (27), 10328-10331.

[70] Singh, A., Geaney, H., Laffir, F. & Ryan, K. M. (2012) Colloidal synthesis of wurtzite Cu_2ZnSnS_4 nanorods and their perpendicular assembly. Journal of American Chemical Society, 134 (6), 2910-2913.

[71] Alivisatos, A. (2000) Naturally aligned nanocrystals. Science (80-.), 289 (5480), 736-737.

[72] Repins, I., Beall, C., Vora, N., DeHart, C., Kuciauskas, D., Dippo, P., To, B., Mann, J., Hsu, W.-C., Goodrich, A. & Noufi, R. (2012) Co-evaporated $Cu_2ZnSnSe_4$ films and devices. Solar Energy Materials and Solar Cells, 101, 154-159.

[73] Scragg, J. J. (2010) Studies of Cu_2ZnSnS_4 films prepared by sulfurisation of electrodeposited precursors. PhD Thesis, University of Bath.

[74] Repins, I., Vora, N., Beall, C., Wei, S.-H., Yan, Y., Romero, M., Teeter, G., Du, H., To, B., Young, M. & Noufi, R. (2011) Kesterites and chalcopyrites: a comparison of close cousins. Materials Research Symposium Spring Meeting, doi: 10.1557/opl.2011.844.

[75] Tanaka, T., Yoshida, A., Saiki, D., Saito, K., Guo, Q., Nishio, M. & Yamaguchi, T. (2010) Influence of composition ratio on properties of Cu_2ZnSnS_4 thin films fabricated by co-evaporation. Thin Solid Films, 518 (21), S29-S33.

[76] Suresh Babu, G., Kishore Kumar, Y. B., Uday Bhaskar, P. & Raja Vanjari, S. (2010) Effect of Cu/(Zn+Sn) ratio on the properties of co-evaporated $Cu_2ZnSnSe_4$ thin films. Solar Energy Materials and Solar Cells, 94 (2), 221-226.

[77] Alvaraz-Garcia, J., Izquierdo-Roca, V. & Perez-Rodriguez, A. (2011) Raman Spectroscopy on thin films for solar cells. In Advanced Characterization Techniques for Thin Film Solar Cells (eds D. Abou-Ras, T. Kirchartz, and U. Rau). Wiley VCH Verlag Gmbh & Co. KGaA, Weinheim, Germany, pp. 365-384.

[78] Scragg, J. J. S., Choubrac, L., Lafond, A., Ericson, T. & Platzer-Bj. rkman, C. (2014) A low temperature order-disorder transition in Cu_2ZnSnS_4 thin films. Applied Physics Letters, 104 (4), 041911.

[79] Fernandes, P. A., Salome, P. M. P. & da Cunha, A. F. (2011) Study of polycrystalline Cu_2ZnSnS_4 films by Raman scattering. Journal of Alloys and Compounds, 509, 7600-7606.

[80] Just, J., Lützenkirchen-Hecht, D., Frahm, R., Schorr, S. & Unold, T. (2011) Determination of secondary phases in kesterite Cu_2ZnSnS_4 thin films by x-ray absorption near edge structure analysis. Applied Physics Letters, 99 (26), 262105.

[81] Fontané, X., Calvo-Barrio, L., Izquierdo-Roca, V., Saucedo, E., Pérez-Rodriguez, A., Morante, J. R., Berg, D. M., Dale, P. J. & Siebentritt, S. (2011) In-depth resolved Raman scattering analysis for the identification of secondary phases: Characterization of Cu_2ZnSnS_4 layers for solar cell applications. Applied Physics Letters, 98 (18), 181905.

[82] Zou, C., Zhang, L., Lin, D., Yang, Y., Li, Q., Xu, X., Chen, X. & Huang, S. (2011) Facile synthesis of Cu_2ZnSnS_4 nanocrystals. CrystEngComm, 13 (10), 3310.

[83] Hlaing OO, W. M., Johnson, J. L., Bhatia, A., Lund, E. A., Nowell, M. M. & Scarpulla, M. A. (2011) Grain size and texture of Cu_2ZnSnS_4 thin films synthesized by cosputtering binary sulfides and annealing: effects of processing conditions and sodium. Journal of Electronic Materials, 40 (11), 2214-2221.

[84] Trindade, T., O'Brien, P. & Pickett, N. L. (2001) Nanocrystalline semiconductors: synthesis, properties, and perspectives. Chemistry of Materials, 13, 3843-3858.

[85] Alivisatos, A. P. (1996) Semiconductor clusters, nanocrystals, and quantum dots. Science, 271 (5251), 933-937.

[86] Akhavan, V. A., Goodfellow, B. W., Panthani, M. G., Steinhagen, C., Harvey, T. B., Stolle, C. J. & Korgel, B. A. (2012) Colloidal CIGS and CZTS nanocrystals: A precursor route to printed photovoltaics. Journal of Solid State Chemistry, 189, 2-12.

[87] Luther, J. M., Law, M., Beard, M. C., Song, Q., Reese, M. O., Ellingson, R. J. & Nozik, A. J. (2008) Schottky solar cells based on colloidal nanocrystal films. Nano Letters, 8 (10), 3488-3492.

[88] Ma, W., Luther, J. M., Zheng, H., Wu, Y. & Alivisatos, A. P. (2009) Photovoltaic devices employing ternary PbS_xSe_{1-x} nanocrystals. Nano Letters, 9 (4), 1699-1703.

[89] Pattantyus-Abraham, A. G., Kramer, I. J., Barkhouse, A. R., Wang, X., Konstantatos, G., Debnath, R., Levina, L., Raabe, I., Nazeeruddin, M. K., Gratzel, M. & Sargent, E. H. (2010) Depleted-heterojunction colloidal quantum dot solar cells. ACS Nano, 4 (6), 3374-3380.

[90] Li, L., Coates, N. & Moses, D. (2009) Solution-processed inorganic solar cell based on in situ synthesis and film deposition of $CuInS_2$ nanocrystals. Journal of American Chemical Society, 132, 22-23.

[91] Kapur, V. K., Fisher, M. & Roe, R. (2001) Nanoparticle oxides precursor inks for thin film copper indium gallium selenide (CIGS) solar cells. Materials Research Society Symposium Proceedings, 668, p. H2. 6.

[92] Goldstein, A. N., Echer, C. M. & Alivisatos, A. P. (1992) Melting in semiconductor nanocrystals. Science (80-.), 256 (5062), 1425-1427.

[93] Ginley, D. S., Curtis, C. J., Ribelin, R., Alleman, J. L., Mason, A., Jones, K. M., Matson, R. J., Khaselev, O. & Schulz, D. L. (1999) Nanoparticle precursors for electronic materials. Materials Research Society Symposium Proceedings, 536, 237-244.

[94] Chu, T. L., Chu, S. S., Lin, S. C. & Yue, J. (1984) Large grain copper indium diselenide films. ECS Journal: Solid-State Science and Technology, 131 (9), 2182.

[95] Adurodija, F. O., Song, J., Kim, S. D., Kim, S. K. & Yoon, K. H. (1998) Characterization of $CuInS_2$ thin films grown by close-spaced vapor sulfurization of co-sputtered Cu-In alloy precursors. Japanese Journal of Applied Physics, 37, 4248-4253.

[96] Mainz, R., Walker, B., Schmidt, S. S., Zander, O., Weber, A., Rodriguez-Alvarez, H., Just, J., Klaus, M., Agrawal, R. & Unold, T. (2013) Real-time observation of $Cu_2ZnSn(S, Se)_4$ solar cell absorber layer formation from nanoparticle precursors. Physical Chemistry Chemical Physics, 15, 18281-18289.

[97] Walker, B. & Agrawal, R. (2012) Grain growth enhancement of selenide CIGSe nanoparticles to densified films using copper selenides. Proceedings of 38th IEEE Photovoltaic Specialists Conference, 002654-002657.

[98] Blendell, J. E. & Handwerker, C. A. (1986) Effect of chemical composition on sintering of ceramics. Journal of Crystal Growth, 75, 138-160.

[99] Jaworek, A. (2007) Electrospray droplet sources for thin film deposition. Journal of Materials Science, 42, 266-297.

[100] Guo, Q. (2009) Development of multinary chalcogenide nanocrystal inks for low cost solar cells. PhD thesis, Purdue University.

[101] Leidholm, C., Hotz, C., Breeze, A., Sunderland, C., Ki, W. & Zehnder, D. (2012) Final report: Sintered CZTS nanoparticle solar cells on metal foil. Contract, 303, 275-3000.

[102] Kaelin, M., Rudmann, D., Kurdesau, F., Meyer, T., Zogg, H. & Tiwari, A. N. (2003) CIS and CIGS layers from selenized nanoparticle precursors. Thin Solid Films, 431-432, 58-62.

[103] Scheer, R. & Schock, H.-W. (2011) Chalcogenide Photovoltaics. Wiley VCH Verlag Gmbh & Co. KGaA, Weinheim, Germany.

[104] Redinger, A., Berg, D. M., Dale, P. J. & Siebentritt, S. (2011) The consequences of kesterite equilibria for efficient solar cells. Journal of American Chemical Society, 133 (10), 3320-3323.

[105] Weber, A., Mainz, R. & Schock, H. W. (2010) On the Sn loss from thin films of the material system Cu-Zn-Sn-S in high vacuum. Journal of Applied Physics, 107, 013516.

[106] Salomé, P. M. P., Fernandes, P. A., da Cunha, A. F., Leit.o, J., Malaquias, J., Weber, A., González, J. & da Silva, M. I. N. (2010) Growth pressure dependence of $Cu_2ZnSnSe_4$ properties. Solar Energy Materials and Solar Cells, 94 (12), 2176-2180.

[107] Vegard, L. (1921) Die Konstitution der Mischkristalle und die Raumfüllung der Atome. Zeitschrift für Physik, 5 (1), 17-26.

[108] Marcano, G., Rincón, C., López, S. A., Sánchez Pérez, G., Herrera-Pérez, J. L., Mendoza-Alvarez, J. G. & Rodríguez, P. (2011) Raman spectrum of monoclinic semiconductor Cu_2SnSe_3. Solid State Communications, 151 (1), 84-86.

[109] Marcano, G., Rincón, C., Marín, G., Delgado, G. E., Mora, A. J., Herrera-Pérez, J. L., Mendoza-Alvarez, J. G. & Rodríguez, P. (2008) Raman scattering and X-ray diffraction study in Cu_2GeSe_3. Solid State Communications, 146 (1-2), 65-68.

[110] Choi, S. G., Donohue, A. L., Marcano, G., Rincón, C., Gedvilas, L. M., Li, J. & Delgado, G. E. (2013) Optical properties of cubic-phase Cu_2GeSe_4 single crystal. Journal of Applied Physics, 114 (3), 033531.

[111] Wada, T., Kohara, N., Nishiwaki, S. & Negami, T. (2001) Characterization of the Cu (In, Ga) Se_2/Mo interface in CIGS solar cells. Thin Solid Films, 387, 118-122.

[112] Yoon, J.-H., Kim, J.-H., Kim, W. M., Park, J.-K., Baik, Y.-J., Seong, T.-Y. & Jeong, J. (2014) Electrical properties of CIGS/Mo junctions as a function of $MoSe_2$ orientation and Na doping. Progress in Photovoltaics: Research and Applications, 22 (1), 90-96.

[113] Shin, B., Zhu, Y., Bojarczuk, N. A., Jay Chey, S. & Guha, S. (2012) Control of an interfacial $MoSe_2$ layer in $Cu_2ZnSnSe_4$ thin film solar cells: 8.9% power conversion efficiency with a TiN diffusion barrier. Applied Physics Letters, 101 (5), 053903.

[114] Barkhouse, D. A. R., Gunawan, O., Gokmen, T., Todorov, T. K. & Mitzi, D. B. (2011) Device characteristics of a 10.1% hydrazine-processed $Cu_2ZnSn(Se, S)_4$ solar cell. Progress in Photovoltaics: Research and Applications, 20 (1), 6-11.

[115] Jackson, P., Hariskos, D., Lotter, E., Paetel, S., Wuerz, R., Menner, R., Wischmann, W. & Powalla, M. (2011) New world record efficiency for Cu (In, Ga) Se_2 thin-film solar cells beyond 20%. Progress in Photovoltaics: Research and Applications, 19 (7), 894-897.

[116] Biswas, K., Lany, S. & Zunger, A. (2010) The electronic consequences of multivalent elements in inorganic solar absorbers: Multivalency of Sn in Cu_2ZnSnS_4. Applied Physics Letters, 96 (20), 201902.

12 非真空工艺制备 CZTS 薄膜

Kunihiko Tanaka

Nagaoka University of Technology, Department of Electrical Engineering,
1603-1 Kamitomioka, Nagaoka, Niigata, 940-2188, Japan

12.1 引言

四元硫族化合物 Cu_2ZnSnS_4（CZTS）是薄膜太阳电池中最引人关注的吸收层材料之一，这是因为：(1) 其组分元素都是地壳中含量丰富且廉价的元素；(2) 该化合半导体具有制备太阳电池的最优光学性质，约 1.5eV 的直接带隙（此数值等于单结光伏器件的最优带隙值），而且光吸收系数很大，可达到 $10^4 cm^{-1}$ 量级。

1988 年，Ito 和 Nakazawa[1] 报道了 CZTS 薄膜和 CZTS 薄膜太阳电池的制备。他们采用原子束溅射技术制备了 CZTS 薄膜，并研究了其性质。他们发现 CZTS 具有 1.45eV 的光学带隙，并且在 CZTS 太阳电池中观察到 166mV 的光伏效应。

Katagiri 与其合作者报道了许多关于 CZTS 薄膜太阳电池制作的工作[2-5]。他们制备的 CZTS 太阳电池展示了接近 7% 的转换效率[4]，从而激励其他研究者对 CZTS 太阳电池开展了更多的研究工作。他们的高效 CZTS 太阳电池的架构如下：Al/ZnO:Al/CdS/CZTS/Mo/钠钙玻璃基底。其中 CZTS 薄膜由两步工艺制备：(1) 采用射频共溅射法将前驱体层沉积在 Mo 涂覆的 SLG 上；(2) 通过退火工艺硫化前驱体层。目前 CZTS 太阳电池的最高转换效率是 2014 年报道的 9.2%，其中的 CZTS 吸收层采用溅射方法沉积[6]。

上述制备方法都涉及真空工艺，这需要昂贵和复杂的抽气系统。然而非真空方法具有成本低、操作简易的优势。一些研究组已经报道了非真空条件下 CZTS 的合成。据我们所知，Nakayama 和 Ito 首次在非真空条件下制备得到了 CZTS 薄膜。他们采用喷雾热解法沉积前驱体层，然后在 H_2S 气氛中进行退火，最终获得 CZTS 薄膜[7]。但是他们没有报道将所制备的薄膜应用于太阳电池的相关结果。

据此，我们自己开始了在非真空条件下沉积 CZTS 薄膜的研究，并在 2007 年第一次报道了 CZTS 薄膜可以由两步工艺法制备，我们称之为"溶胶-凝胶硫化法"[8]。在第一阶段，将含 Cu、Zn、Sn 的溶液作为前驱体涂覆在基底上。在第二阶段，前驱体在含 H_2S 气氛中进行退火而被硫化。2009 年我们还报道了 CZTS 薄膜太阳电池能够通过非真空工艺得到[9]。使用溶胶-凝胶硫化法我们不仅沉积了作为吸收层的 CZTS 薄膜，而且还沉积了 CdS 缓冲层和 ZnO:Al 窗口层。由此获得的第一个 CZTS 太阳电池的转换效率是 1.01%。在这之后，我们进一步改进这一工艺，并且实现了 4.13% 的转换效率。

在本章中，我们将详细地阐述采用溶胶-凝胶硫化法制备 CZTS 薄膜的技术，以及应用于 CZTS 薄膜太阳电池的情况。

12.2 溶胶-凝胶硫化法

12.2.1 溶胶-凝胶硫化法的概念

溶胶-凝胶法通常是基于液体中分子前驱体的水解反应和缩聚反应形成氧化物网络[10]。为了采用溶胶-凝胶法沉积氢氧化物前驱体，我们首先在基底上涂敷溶胶-凝胶溶液，然后干燥涂敷的基底。通过在空气中退火氢氧化物得到氧化层。这是一种非常简单的低成本非真空工艺方法。可是硫化物不能采用溶胶-凝胶法直接进行沉积，因为涂敷溶液中不含 S 原子。为了获得硫化物，沉积氧化物必须吸附 S 原子。Kavanagh[11]报道了硫化锌薄膜的制备：由溶胶-凝胶法从金属醇盐的乙醇溶液获得氧化锌薄膜，然后在包含硫化氢的气氛中退火，氧化锌薄膜转变为硫化锌薄膜。

因为硫化物薄膜不能采用溶胶-凝胶法直接获得，制备 CZTS 薄膜时采用了两步工艺：(1) 首先采用溶胶-凝胶法沉积氢氧化物前驱体层；(2) 然后进行硫化处理。

12.2.2 溶液涂覆

选择合适的溶液对溶胶-凝胶法是非常重要的。以下这些要点必须严格遵守。

(1) 溶液必须包含 Cu、Zn 和 Sn。为了采用溶胶-凝胶硫化法获得 CZTS 薄膜，可以有以下两种不同的工艺路线（如图 12.1 所示）：(a) 硫化单层前驱体，单层前驱体由包含所有金属元素的溶液涂覆制备而成；(b) 硫化叠层前驱体，叠层前驱体的每一层由仅包含一种金属元素的溶液涂覆制备而成。在工艺 (a) 中，薄膜的化学组分很容易控制，因为它是由溶液中金属的化学组分比所决定的。而在工艺 (b) 中，薄膜的组分比很难控制，因为它依赖于每一层的厚度。因此在实践中更倾向于使用同时包含 Cu、Zn 和 Sn 的溶液。

图 12.1 CZTS 前驱体

(2) 所有原料必须完全溶解，并且溶解状态能够在长时间内保持。如果在溶液中有任何的沉淀，那么沉积平滑前驱体层都将变得很困难，而且还会导致杂相的形成，而不仅仅只是 CZTS。

(3) 溶液必须具有最佳的黏附性质。因为如果溶液的黏度太高，那么均匀铺展溶液将变得相当困难。

(4) 溶液不能与 Mo 涂敷基底反应。如果溶液侵蚀 Mo 涂层（Mo 涂层在 CZTS 太阳电池中通常用于底电极），那么电池的转换效率将受到影响。

(5) 为了降低制作太阳电池原材料的成本，金属源应当是廉价的。

(6) 必须制备高浓度的溶液，否则我们需要多次沉积前驱体才能获得所需的厚度。

12.2.2.1 金属源和溶剂

涂层溶液的制备应当符合所需条件。目前已经有很多关于如何制备含 Cu、Zn 或 Sn 氧化物的文献报道,例如采用溶胶-凝胶法制备 Y-Ba-Cu-O 超导体、氧化锌、氧化铟锡[12-14]。在众多的案例中,醋酸铜、醋酸锌或氯化锡常常作为金属源,而 2-甲氧基乙醇(2-methoxyethanol,2-ME)作为溶剂。一水合乙酸铜〔Copper(Ⅱ) acetate monohydrate,Cu-Acet〕、二水合醋酸锌〔Zinc(Ⅱ) acetate dihydrate,Zn-Acet〕、二水氯化锡〔Tin(Ⅱ) chloride dihydrate,$SnCl_2$〕作为金属源。这些原材料都是非常廉价的,Cu-Acet、Zn-Acet 和 $SnCl_2$ 的价格分别是 0.12 美元/克、0.06 美元/克和 0.15 美元/克。2-ME 溶剂也是廉价的,价格仅为 16 美元/升。

12.2.2.2 稳定剂

为了在几次涂覆循环之后获得具有一定厚度的薄膜,必须制备得到具有高浓度金属元素(1.75mol/L)的溶液。如果没有稳定剂,金属源不能同时溶解在 2-ME 溶剂中。所以为了同时完全溶解 Cu-Acet、Zn-Acet 和 $SnCl_2$ 金属源,有必要在溶剂中添加稳定剂单乙醇胺(monoethanolamine,MEA)或者含水乙酸铵。含水乙酸铵能够溶解金属源。然而,为了得到高浓度(1.75mol/L)溶液,金属源必须逐滴添加到溶剂中。另一方面,MEA 稳定剂对于在 2-ME 中溶解高浓度金属源也是非常有帮助的。为了在几次循环涂覆之后就能获得厚薄膜,我们需要使用高浓度溶液,但是这么做将会侵蚀 Mo 涂层。因此低浓度溶液也是一种必要的考虑,并且含水乙酸铵对于低浓度溶液而言是合适的稳定剂。Mo 涂层侵蚀和低浓度溶液的相关细节将在 12.3.3 小节进行描述。

在这里,我们列出溶液制备的相关细节:Cu-Acet、Zn-Acet 和 $SnCl_2$ 溶解在 30mL 的 2-ME 中,金属源的化学配比如下:完全化学计量比样品为 Cu/(Zn+Sn)=1.0,Zn/Sn=1.0;贫铜样品为 Cu/(Zn+Sn)<1.0、富锌样品为 Zn/Sn>1.0。金属源的浓度为 1.75mol/L 或 0.35mol/L,对于 1.75mol/L 浓度溶液,添加 3.5mL 的 MEA 作为稳定剂;而对于 0.35mol/L 浓度溶液,添加 0.55mol/L 的乙酸铵和 1mL 水作为稳定剂。将这些溶液在 45℃ 温度下搅拌 1h 以完全溶解金属源。

12.3 采用溶胶-凝胶硫化法制备 CZTS 薄膜

12.3.1 在钠钙玻璃上制备前驱体

CZTS 薄膜的制备工艺如下:(1)由旋涂法在基底上涂覆溶液;(2)采用电热板在空气中干燥涂覆基底;(3)重复涂覆/干燥,循环几次,以在基底上获得一定厚度薄膜,我们可以称之为前驱体;(4)硫化前驱体,即在 H_2S+N_2 气氛中进行前驱体退火。

为了获得高品质的 CZTS 薄膜,沉积平整、没有空洞的前驱体是非常关键的。我们研究了前驱体表面形貌是否依赖于干燥温度。涂覆溶液的化学成分配比是完全化学计量比:Cu/(Zn+Sn)=1.0,Zn/Sn=1.0,金属元素的浓度为 1.75mol/L。将涂覆溶液滴到 SLG 基底上,以 3000r/min 的转速旋涂 30s。旋涂沉积之后,涂覆薄膜在空气中以 160—300℃ 干燥 5min。将这一涂覆/干燥过程循环重复 5 次。

如图 12.2 所示,如果将前驱体在 240—280℃ 温度下干燥会产生许多斑点和裂纹。图 12.3 清楚显示这些斑点是由铜和氯构成的化合物。因为前驱体是在低于 280℃ 的温度下干燥,所以氯仍然保留在前驱体表面而没有被蒸发。将前驱体在 180—280℃ 干燥时会产生许多裂纹,而在低于160℃或高于300℃干燥时则没有裂纹。2-ME 和 MEA 的沸点分别是124.5℃和171℃。在160℃干燥时只有2-ME被蒸发，而在更高温度下干燥时则2-ME 和 MEA 同时被蒸发。在较低的温度下干燥时，2-ME被快速蒸发，而 MEA 则被缓慢蒸发。裂纹的起源可能与 MEA 蒸发过程的延迟有关。为了确认裂纹的起源，需要进一步的深入研究。

图 12.2　240℃干燥的前驱体，表面上有许多裂纹和斑点

重印许可由文献 [15] 提供，Copyright（2008），The Japan Society of Applied Physics

图 12.3　斑点的 EDX 图像

在每一个图中，白色和黑色分别代表高浓度和低浓度

12.3.2 前驱体硫化

前驱体在160℃和300℃干燥都能得到平整的表面。随后将这些前驱体在 H_2S（5%，体积分数）+N_2 气氛中退火1h。退火保温之前和退火结束之后，加热和冷却速率都是 $2℃·min^{-1}$。

图12.4是前驱体在硫化之前和硫化之后的表面图像。图12.4(a)是在干燥温度为160℃时得到的样品，而图12.4(b)是在干燥温度为300℃时得到的样品。如图12.4(a)所示，在160℃干燥前驱体得到的硫化薄膜具有非常粗糙的表面，并且容易从基底上剥落。因为 MEA 的沸点是171℃，在160℃干燥时它没有从前驱体中蒸发出去。而且由于干燥时间较短（5min），2-ME 在160℃下也有可能没有完全蒸发。因此残留的有机材料在硫化过程中蒸发，从而使得硫化之后获得的薄膜很容易从基底上剥落。

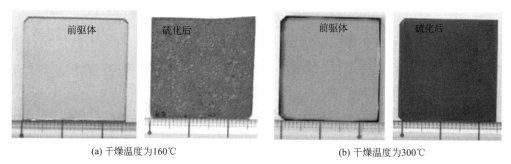

(a) 干燥温度为160℃　　　　　　　　(b) 干燥温度为300℃

图 12.4　前驱体硫化之前和之后的表面图像

图12.5展示了在干燥温度为300℃时硫化前驱体的 XRD 图谱。其中三个 XRD 衍射峰可归结为 CZTS 晶体的（112）、（220）、（312）晶面反射所产生。硫化前驱体的化学成分比是 Cu∶Zn∶Sn∶S＝24∶12∶14∶50。硫化前驱体的化学成分比几乎是完全化学计量比，而且反映了涂覆溶液的化学配比情况。图12.6绘制了 $(\alpha h\nu)^2$ 相对于 $h\nu$ 的变化曲线，其中 $\alpha(cm^{-1})$ 和 $h\nu(eV)$ 分别代表吸收系数和光子能量[8]。如图12.6所示，硫化前驱体表现出直接带隙半导体的特征；带隙值为1.50eV，并且吸收系数在可见光区域大于 $10^4 cm^{-1}$。图12.7描述了硫化前驱体的表面和断面图像。如图所示，薄膜由亚微米颗粒构建而成，其厚度约为 $1.1\mu m$。因此通过硫化工艺并在300℃干燥，前驱体变成能够应用于薄膜太阳电池的 CZTS 吸收层。

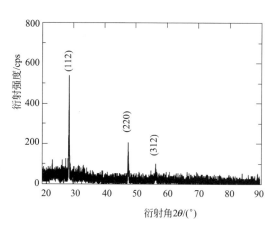

图 12.5　干燥温度为300℃时硫化前驱体的 XRD 图谱

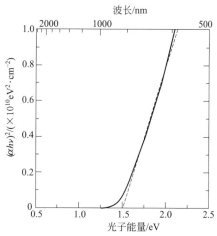

图 12.6　干燥温度为300℃时硫化前驱体的 $(\alpha h\nu)^2$ 相对于 $h\nu$ 的变化曲线

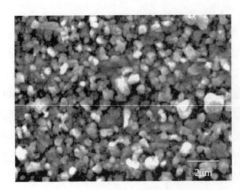 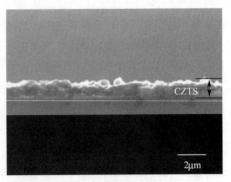

图 12.7 干燥温度为 300℃时硫化前驱体的表面和断面图像

12.3.3 采用溶胶-凝胶硫化法在 Mo 基底上制备 CZTS 薄膜

由电子束蒸发法在 SLG 基底上沉积得到厚度约为 $1\mu m$ 的 Mo 薄膜。溶液的化学成分比是 Cu/(Zn+Sn)=1.0，Zn/Sn=1.0，金属源的浓度是 1.75mol/L。

涂覆/干燥循环工艺如 12.3.1 小节所描述。图 12.8(a) 描述了 Mo/SLG 基底上由 1.75mol/L 的溶液沉积得到的前驱体的表面图像。如图 12.8(a) 所示，在 Mo 表面上有一些斑点，这表明涂覆的溶液侵蚀了 Mo 涂层。

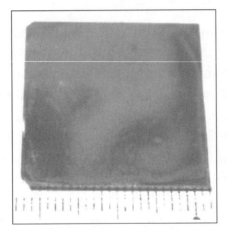 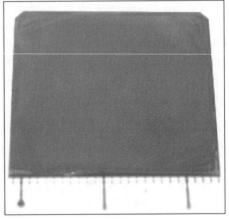

(a) 由1.75mol/L的溶液沉积在Mo/SLG基底上　　(b) 由配有含水乙酸铵的0.35mol/L溶液涂覆在Mo/SLG基底

图 12.8 前驱体的宏观图像

更多的颜色细节请参考文前的彩图部分

表 12.1 Mo/SLG 基底上的涂覆溶液

样品名称	溶剂，稳定剂	金属源
Cu 涂覆	2-metho 30mL，MEA 0.7mL	Cu-Acet，0.35mol/L
Zn 涂覆	2-metho 30mL，MEA 0.7mL	Zn-Acet，0.35mol/L
Sn 涂覆	2-metho 30mL，MEA 0.7mL	Sn-Acet，0.35mol/L
MEA 涂覆	2-metho 30mL，MEA 0.7mL	无
2-ME 涂覆	2-metho 30mL	无

为了研究侵蚀的原因，将表 12.1 中所列的溶液分别沉积到 Mo/SLG 基底上，并在空气中于 500℃退火 5min。退火之后，仅有 Cu 涂覆和 Sn 涂覆的样品具有空洞。因为 Cu 涂覆的

薄膜具有较大空洞，可以确认其主要是由 Mo 侵蚀所造成的。Cu 涂覆薄膜退火之后所呈现的 XRD 衍射峰归因于 $CuMoO_4$，说明溶液中的 Cu 与 Mo 发生了反应。

为了阻止侵蚀，将不包含或包含很少 Cu 和 Sn 的溶液涂覆在 1.75mol/L 溶液和 Mo/SLG 基底之间。表 12.1 所列的，Zn 涂覆溶液似乎能够阻止侵蚀。但是如果使用 Zn 涂覆溶液，那么控制前驱体的化学成分比将变得困难，因为如前所述，前驱体应当是 Cu-Zn-Sn/Zn/Mo/SLG 的叠层。

低浓度溶液（0.35mol/L）是另一个备选的抗侵蚀方案。如 12.2.2 小节所述，MEA 或者含水乙酸铵能够作为 0.35mol/L 溶液的稳定剂，所以实验中对 0.35mol/L 的 Cu 涂覆溶液和 Sn 涂覆溶液都进行了检验。将 Mo/SLG 基底在混有 MEA 的 0.35mol/L 溶液中浸泡 24h，结果在前驱体中产生许多空洞。另一方面，当 Mo/SLG 基底在混有含水乙酸铵的溶液中浸泡时则没有观察到空洞的产生。图 12.8(b) 描述的是涂覆了抗侵蚀溶液后再涂覆 1.75mol/L 的溶液制备的前驱体的表面图像。与图 12.8(a) 相比，图 12.8(b) 显得非常平整且没有斑点。由于溶液与 Mo 反应，图 12.8(a) 中的宏观图像呈现浅灰色，而图 12.8(b) 中的宏观图像则呈现浅绿色。

12.4 与化学成分比的关系

12.4.1 为什么化学成分比很重要？

众所周知 CZTS 薄膜的化学成分比对于高效 CZTS 太阳电池是非常重要的。许多研究者报道具有高转换效率的 CZTS 太阳电池都是由贫铜富锌 CZTS 吸收层所获得[16,17]。Chen 等[18]将这些发现归因于以下事实：贫铜条件能增强铜空位的形成，从而在 CZTS 中产生浅受主；而富锌条件则可抑制 Cu 取代 Zn 反位缺陷的形成，从而产生相对较深的受主。我们研究了在溶胶-凝胶硫化法中能否通过改变涂覆溶液中的化学成分配比控制沉积 CZTS 薄膜的化成成分比例。我们也确定了涂覆溶液的化学组成对 CZTS 薄膜的影响。

12.4.2 样品制备

CZTS 薄膜的制备条件如下所述。选择 Mo/SLG 和 SLG 作为基底，其中 SLG 基底用于薄膜的光学性质表征；涂覆溶液是贫铜富锌的，其化学成分配比为 Cu/(Zn+Sn)=0.73—1.00，Zn/Sn=1.15。另外，利用完全化学计量比的涂覆溶液 [Cu/(Zn+Sn)=1.00，Zn/Sn=1.00] 作为参照样品。表 12.2 列举了所使用的所有涂覆溶液的化学成分配比[19]。涂覆溶液中金属源的浓度是 1.75mol/L 和 0.35mol/L。将溶液在 3000r/min 转速下经过 30s 旋涂在基底上，然后在 300℃干燥 5min。采用 0.35mol/L 浓度溶液涂覆三次以阻止 Mo 侵蚀，然后用 1.75mol/L 浓度溶液涂覆五次。因为 SLG 不会被 1.75mol/L 浓度的溶液侵蚀，因此将相同的涂覆工序应用于 SLG 基底，这一样品用来表征薄膜的光学性质。将前驱体在 H_2S (5%)+N_2 气氛中于 500℃硫化 1h。

表 12.2 溶胶-凝胶溶液和 CZTS 薄膜的化学成分比（原子分数）[19]

样品名称	溶胶-凝胶溶液		CZTS 薄膜					
	Cu/(Zn+Sn)	Zn/Sn	Cu/(Zn+Sn)	Zn/Sn	Cu/%	Zn/%	Sn/%	S/%
CZTS073	0.73	1.15	0.91	1.23	22.9	13.8	11.2	52.2
CZTS080	0.8	1.15	0.92	1.17	22.5	13.2	11.3	52.9

续表

样品名称	溶胶-凝胶溶液		CZTS 薄膜					
	Cu/(Zn+Sn)	Zn/Sn	Cu/(Zn+Sn)	Zn/Sn	Cu/%	Zn/%	Sn/%	S/%
CZTS084	0.84	1.15	0.95	1.18	22.7	12.9	11.1	53.4
CZTS087	0.87	1.15	0.97	1.1	23.5	12.7	11.5	52.3
CZTS100	1	1.15	0.99	1.13	23.3	12.4	11.1	53.3
CZTS-St	1	1	1.03	1.03	22.7	11.1	10.8	55.3

12.4.3 CZTS 薄膜性质与成分比例的关系

表 12.2 列出了 CZTS 薄膜的化学成分比,它与涂覆溶液的化学成分配比不同[19]。但是,CZTS 薄膜与涂覆溶液的 Cu/(Zn+Sn) 比例近似成比例关系。涂覆溶液和 CZTS 薄膜的 Zn/Sn 比例都大于 1.0。此外,采用这种方法沉积 CZTS 薄膜时,可以通过改变涂覆溶液的化学配比粗略地控制薄膜的化学组成,虽然 CZTS 薄膜的 Cu/(Zn+Sn) 比例比涂覆溶液的明显减小。这就说明 CZTS 薄膜中的 Zn 和/或者 Sn 总量随着涂覆溶液中 Cu 比例的增加而减少。Zn 和 Sn 总量的减少可以认为是由于蒸发所导致。

尽管薄膜的化学成分比可以由不同的涂覆溶液进行改变,但是所获得的 CZTS 薄膜的 XRD 图谱中并没有观察到明显的差异。

图 12.9 描述了不同化学成分比的 CZTS 薄膜的表面图像[19]。其中,样品 CZTS-st、CZTS100 和 CZTS087 由尺寸约为 0.1μm 的小晶粒组成。CZTS 薄膜的晶粒尺寸随着涂覆溶液的 Cu/(Zn+Sn) 比例的减小而增大。样品 CZTS080 和 CZTS073 的晶粒尺寸大于 1μm。

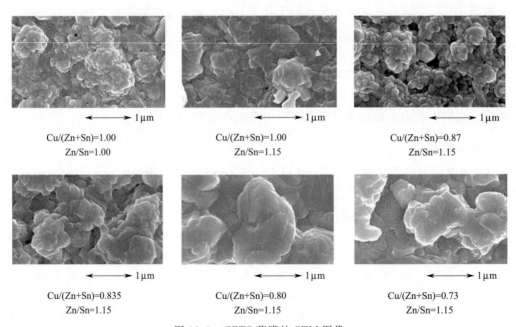

图 12.9 CZTS 薄膜的 SEM 图像

溶胶-凝胶溶液的化学成分配比是变化的。重印自文献 [19],Elsevier 许可

因为在合成 CIGS 薄膜和 CIS 薄膜过程中,CuSe(其熔点较低)是作为助熔剂使用的,在富铜条件下它们的晶粒尺寸往往趋于增大[20,21]。因此首先在富铜条件下沉积 CIGS 薄膜和 CIS 薄膜,然后由 KCN 蚀刻方法去除多余的 CuSe。与此相反,采用溶胶-凝胶硫化方法制备薄膜时,贫铜条件相当有利于 CZTS 薄膜中晶粒尺寸的增大。如上所述,硫化过程中 Zn 和 Sn 成分

的比例将减小。在前驱体中，Zn 或者 Sn 能够以氢氧化物、氧化物或者其它复合物的形式存在。这些 Zn 或者 Sn 的复合物能够在硫化过程中熔化，因此能够作为助熔剂，从而得到具有大晶粒尺寸的 CZTS 薄膜。熔化的 Zn 或者 Sn 的复合物在随后的硫化过程中蒸发逸出。

如图 12.9 的描述的和表 12.2 所列举的，这些 CZTS 薄膜可以归类为三组：贫铜，具有大晶粒尺寸；轻微贫铜，具有小晶粒尺寸；完全化学计量比。图 12.10 分别绘制了三种样品（贫铜样品 CZTS080，稍微贫铜样品 CZTS087 和完全化学计量比样品 CZTS-st）的 $(\alpha h\nu)^2$ 对 $h\nu$ 的变化曲线[19]。带隙能随着薄膜中 Cu 含量的减少而变大。CZTS080、CZTS087 和 CZTS-st 的带隙能分别是 1.64eV、1.60eV 和 1.43eV。与 CZTS 材料类似，Suresh Babu 等[22]研究了不同 Cu/(Zn+Sn) 比例的 $Cu_2ZnSnSe_4$（CZTSe），并报道 CZTSe 的带隙能随着 Cu/(Zn+Sn) 比例的增大而向低能方向移动。他们将这一移动的起源归结为 Cu 的 d 能级与 Se 的 p 能级之间 p-d 杂化程度的改变。Cu 的 3d 轨道和 Se 的 4p 轨道之间的反键态对应地构成了 CZTSe 的 VBM[23]。CZTS 的 VBM 由 Cu 的 3d 轨道和 S 的 3p 轨道之间的反键态构成[24]。因此上述带隙能的移动可能是由 Cu 的 d 能级与 S 的 p 能级之间 p-d 杂化的改变所引起。

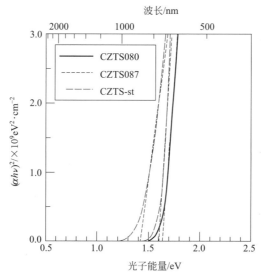

图 12.10　不同组成的 CZTS 薄膜的 $(\alpha h\nu)^2$ 相对于 $h\nu$ 的变化曲线

重印自文献 [19]，Elsevier 许可

12.5　与 H_2S 浓度的关系

12.5.1　为什么 H_2S 浓度很重要？

将不包含任何 S 成分的前驱体在 H_2S+N_2 气氛中退火。由于 H_2S 气体的成本高，有毒，而且在使用时会产生刺激性气味，所以使用低浓度 H_2S 比使用高浓度 H_2S 更有利。然而，这么做有可能引起 CZTS 薄膜的 S 不足。预计 CZTS 薄膜中的 S 空位将会影响薄膜的光学性质和电学性质，并最终影响太阳电池的性能。在这里，我们研究硫化过程中，H_2S 浓度如何影响薄膜生长。

12.5.2　样品制备

CZTS 薄膜的制备条件包括以下几个方面：选择 Mo/SLG 和 SLG 作为基底；SLG 基底用

于薄膜的光学性质评估。涂覆溶液贫铜富锌，其化学成分配比为：$Cu/(Zn+Sn)=0.87$，$Zn/Sn=1.15$；将前驱体在 H_2S+N_2 气氛中于500℃硫化1h；H_2S 浓度从0.5%变化到20%。

12.5.3　CZTS 性质与 H_2S 的关系

表12.3列举了作为 H_2S 浓度函数的 CZTS 薄膜的化学组成。虽然 CZTS 薄膜的化学组成不同于涂覆溶液的组成 [即 $Cu/(Zn+Sn)=0.87$，$Zn/Sn=1.15$]，但是所有薄膜组成都趋于贫铜富锌。与我们所预期的低 H_2S 浓度将引起 CZTS 薄膜的 S 不足相反，CZTS 薄膜中 S 的化学成分比为 44.8%—48.8%，与 H_2S 浓度无关。

图12.11呈现了不同 H_2S 浓度下硫化制备的 CZTS 薄膜的 SEM 图像[25,26]。在 H_2S 浓度高于5%时制备的 CZTS 薄膜是由尺寸约为100nm 的晶粒组成。另一方面，在 H_2S 浓度低于3%时，制备的 CZTS 薄膜由尺寸大于 $1\mu m$ 的晶粒堆垛而成。

表12.3　作为 H_2S 浓度函数的 CZTS 薄膜的化学组成[25,26]

H_2S/%	原子比例				比例		
	Cu	Zn	Sn	S	$Cu/(Zn+Sn)$	Zn/Sn	S/金属
0.5	27.6	13.8	12.8	45.7	1.04	1.09	0.84
1	25.6	13.6	12	48.8	1	1.13	0.95
3	25.2	16	12	46.8	0.9	1.32	0.88
5	27.2	15.1	13	44.8	0.97	1.16	0.81
10	26.2	15.3	12.6	46	0.94	1.22	0.85
20	25	15.5	11.8	47.6	0.92	1.31	0.91

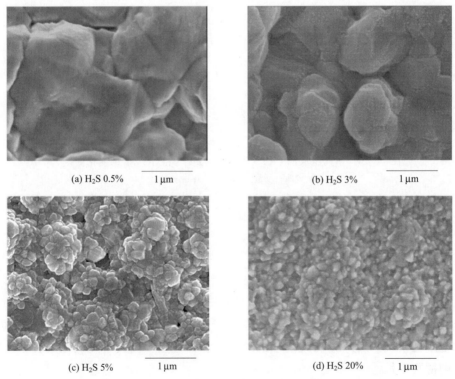

图12.11　在不同浓度 H_2S 中得到的 CZTS 薄膜的表面图像

重印许可由文献 [25] 提供，Copyright (2008)，The Japan Society of Applied Physics；以及文献 [26]，Elsevier 提供

为了研究 H_2S 气体浓度的影响，分别在不同浓度的 H_2S 中，于 250℃ 和 400℃ 硫化 1min 制备 CZTS 薄膜，如表 12.4 所示[26]。在 250℃ 硫化时，CZTS 薄膜中 S 的比例随着 H_2S 浓度的增加而增加。当 H_2S 浓度从 3% 增加到 5% 时，退火薄膜中 S 比例的增长率大于在更高 H_2S 浓度条件下退火时的增长率。因此，薄膜中渗入的 S 含量在 H_2S 浓度高于 5% 时接近饱和。虽然在 250℃ 硫化时薄膜中 S/金属 的比例小于 1，但是 400℃ 硫化时，这一比例几乎等于 1，且与 H_2S 浓度无关。

表 12.4　在 250℃ 和 400℃ 硫化 1min，CZTS 薄膜的组成随 H_2S 浓度的变化关系

温度/℃	H_2S/%	原子比例				比例		
		Cu	Zn	Sn	S	Cu/(Zn+Sn)	Zn/Sn	S/金属
250	3	35.5	21.7	14.1	28.7	1.10	1.53	0.40
	5	37.6	14.6	11.9	35.9	1.42	1.23	0.56
	10	42.3	11.9	9.2	36.7	2.06	1.28	0.58
	20	36.4	15.7	8.1	39.8	1.55	1.94	0.66
400	3	26.9	12.1	11.8	49.1	1.13	1.03	0.97
	5	24.2	14.1	11.7	50.0	0.94	1.24	1.00
	10	26.3	13.2	12.2	48.3	1.04	1.09	0.93
	20	26.3	13.5	12.1	48.1	1.03	1.12	0.93

图 12.12 显示了在不同浓度的 H_2S 气氛中，250℃ 硫化 1min 的薄膜的 XRD 图谱[26]；其中的实心圆圈和空心三角形分别表示由 CuS 和 $Cu_{7.2}S_4$ 产生的 XRD 衍射峰。在 H_2S 浓度高于 5% 的气氛中硫化的薄膜清楚地显示出由 CuS 产生的衍射峰。另一方面，在 H_2S 浓度浓度为 3% 气氛中硫化的薄膜显示出由 $Cu_{7.2}S_4$ 产生的衍射峰。换而言之，低浓度 H_2S 将会生成低比例的硫化铜，而高浓度 H_2S 将会生成过硫化铜。在 500℃ 硫化 1h 薄膜的 XRD 图谱中没有出现 CuS 和 $Cu_{7.2}S_4$ 的衍射峰，而且与 H_2S 浓度无关。

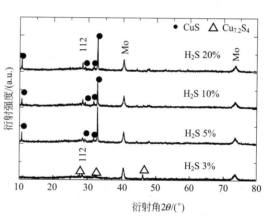

图 12.12　在不同浓度的 H_2S 气氛中，于 250℃ 硫化 1min 的薄膜的 XRD 图谱
重印许可由文献 [26] 和 Elsevier 提供

如图 12.11 所示，在 H_2S 浓度为 3% 的气氛中硫化的 CZTZ 薄膜的晶粒尺寸几乎是在 H_2S 浓度等于或大于 5% 气氛中硫化的晶粒尺寸的 10 倍。我们认为晶粒尺寸变大是由于 $Cu_{7.2}S_4$ 相的存在，这有可能导致太阳电池的短路电流密度更高。

12.6　非真空工艺制备的 CZTS 太阳电池

在我们实验室中，CZTS 薄膜太阳电池中所有的半导体层都是在非真空条件下制备的，并且电池的架构是 Al/ZnO:Al/CdS/CZTS/Mo/SLG。

首先由溶胶-凝胶工艺沉积得到前驱体层，涂覆溶液的化学组成控制为 Cu/(Zn+Sn) = 0.87，Zn/Sn=1.15。然后，将前驱体在 $H_2S(3\%)+N_2$ 气氛中于 500℃ 硫化 1h。CZTS 薄

膜吸收层的厚度大约为 $1.2\mu m$。在沉积 CdS 缓冲层之前，先将 CZTS 吸收层在 35%HCl 溶液中蚀刻 5min。采用化学浴沉积工艺在 CdI_2（3.51×10^{-3} mol/L）水溶液和氨水（2.90mol/L）中 65℃ 沉积 120min 得到缓冲层。最终由溶胶-凝胶法沉积得到 ZnO:Al 窗口层。将 Zn-Acet 和 2%（摩尔分数）六水氯化铝溶解在 2-ME 中，并加入 MEA 作为稳定剂。ZnO:Al 溶液的浓度为 0.35mol/L。将该溶液旋涂在 CdS/CZTS/Mo/SLG，并在 300℃ 进行干燥。涂覆/干燥循环进行 15 次。ZnO:Al 窗口层的电阻大约是 $10\Omega\cdot cm$。沉积得到 ZnO:Al 窗口层之后，通过蒸发法沉积 Al 顶电极。制备的 CZTS 电池的活性面积通常为 $0.14cm^2$。

图 12.13 呈现了 CZTS 薄膜太阳电池 J-V 特性，这是实验室所获得的最高性能。太阳电池的光伏性能如下：开路电压 $V_{oc}=585$mV，短路电流密度 $J_{sc}=18.0$mA$\cdot cm^{-2}$，填充因子 FF=0.392，转换效率 $\eta=4.13\%$。应当特别注意的是，我们所制备的太阳电池的填充因子小于由共蒸发法制备的 CZTS 薄膜太阳电池的填充因子（0.658）[27]。这与我们所制备的太阳电池的窗口层的电阻较高有关。当 ZnO:Al 沉积过程中的干燥温度高于 500℃ 时，ZnO:Al 层的电阻可以下降到 $10^{-2}\Omega\cdot cm$ 之下。然而，在如此高的温度条件下干燥会引起作为缓冲层的 CdS 扩散到 CZTS 吸收层中，这样反过来也会降低填充因子。另一方面，填充因子较低也有可能是由于使用了氯化锡溶液而在吸收层中产生了 Cl 杂质。

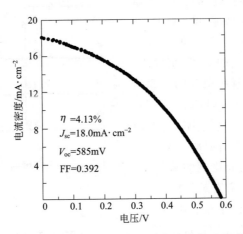

图 12.13　实验室制备的性能最好的太阳电池的 J-V 特性曲线

参 考 文 献

[1] Ito, K. & Nakazawa, T. (1988) Electrical and optical properties of stannite-type quanternary semiconductor thin films. Japanese Journal of Applied Physics, 27, 2094-2097.

[2] Katagiri, H., Sasaguchi, N., Hando, S., Hoshino, S., Ohashi, J. & Yokota, T. (1997) Preparation and evaluation of Cu_2ZnSnS_4 thin films by sulfurization of EB evaporated precursors. Solar Energy Materials and Solar Cells, 49, 407-414.

[3] Katagiri, H. (2005) Cu_2ZnSnS_4 thin film solar cells. Thin Solid Films, 480-481, 426-432.

[4] Katagiri, H., Jimbo, K., Yamada, S., Kamiura, T., Maw, W. S., Fukano, T. & Motohiro, T. (2008) Enhanced conversion efficiencies of Cu_2ZnSnS_4-based thin film solar cells by using preferential etching technique. Applied Physics Express, 1, 041201.

[5] Katagiri, H., Jimbo, K., Maw, W. S., Oishi, K., Yamazaki, M., Araki, H. & Takeuchi, A. (2009) Development of CZTS-based thin film solar cells. Thin Solid Films, 517, 2455-2460.

[6] Kato, T., Hiroi, H., Sakai, N., Muraoka, S. & Sugimoto, H. (2012) Characterization of front and back interfaces on Cu_2ZnSnS_4 thin-film solar cells. In Proceedings of the 27th European Photovoltaic Solar Energy Conference and Exhibition (EU-PVSEC), pp. 2236-2239.

[7] Nakayama, N. & Ito, K. (1996) Sprayed films of stannite Cu_2ZnSnS_4. Applied Surface Science, 92, 171-175.

[8] Tanaka, K., Moritake, N. & Uchiki, H. (2007) Preparation of Cu_2ZnSnS_4 thin films by sulfurizing sol-gel deposited precursors. Solar Energy Materials and Solar Cells, 91, 1199-1201.

[9] Tanaka, K., Oonuki, M., Moritake, N. & Uchiki, H. (2009) Cu_2ZnSnS_4 thin film solar cells prepared by non-vacuum processing. Solar Energy Materials and Solar Cells, 93, 583-587.

[10] Sakka, S. (1985) Sol-gel synthesis of glasses: present and future. American Ceramic Society Bulletin, 64, 1463-1466.

[11] Kavanagh, Y. & Cameron, D. C. (2001) Zinc sulfide thin films produced by sulfidation of sol-gel deposited zinc oxide. Thin Solid Films, 398-399, 24.

[12] Kaur, J., Kumar, R. & Bhatnagar, M. C. (2007) Effect of indium-doped SnO_2 nanoparticles on NO_2 gas sensing properties. Sensors and Actuators B, 126, 478-484.

[13] Yang, J., Weng, W. & Ding, Z. (1995) The drawing behavior of Y-Ba-Cu-O sol from non-aqueous solution by a complexing process. Journal of Sol-Gel Science and Technology, 4, 187-193.

[14] Lee, J.-H. & Park, B.-O. (2003) Transparent conducting ZnO: Al, In and Sn thin films deposited by the sol-gel method. Thin Solid Films, 426, 94-99.

[15] Tanaka, K., Moritake, N., Oonuki, M. & Uchiki, H. (2008) Pre-annealing of precursors of Cu_2ZnSnS_4 thin films prepared by sol-gel sulfurizing method. Japanese Journal of Applied Physics, 47, 598-601.

[16] Katagiri, H., Jimbo, K., Maw, W. S., Oishi, K., Yamazaki, M., Araki, H. & Takeuchi, A. (2009) Development of CZTS-based thin film solar cells. Thin Solid Films, 517, 2455-2460.

[17] Ennaoui, A., Lux-Steiner, M., Weber, A., Abou-Ras, D., Köschau, I., Schock, H.-W., Schurr, R., Hözing, A., Jost, S., Hock, R., Voβ, T., Schulze, J. & Kirbs, A. (2009) Cu_2ZnSnS_4 thin film solar cells from electroplated precursors: Novel low-cost perspective. Thin Solid Films, 517, 2511-2514.

[18] Chen, S., Gong, X. G., Walsh, A. & Wei, S. (2010) Defect physics of the kesterite thin-film solar cell absorber Cu_2ZnSnS_4. Applied Physics Letters, 96, 021902.

[19] Tanaka, K., Fukui, Y., Moritake, N. & Uchiki, H. (2011) Chemical composition dependence of morphological and optical properties of Cu_2ZnSnS_4 thin films deposited by sol-gel sulfurization and Cu_2ZnSnS_4 thin film solar cell efficiency. Solar Energy Materials and Solar Cells, 95, 838-842.

[20] Gabor, A. M., Tuttle, J. R., Albin, S. S., Contrears, M. A. & Noufi, R. (1994) High-efficiency $CuIn_xGa_{1-x}Se_2$ solar cells made from $(In_x, Ga_{1-x})_2Se_3$ precursor film. Applied Physics Letters, 65, 198-200.

[21] Michkeksen, R. A., Chen, W. S., Hsiao, Y. R. & Lowe, V. E. (1984) Polycrystalline thin-film $CuInSe_2$/CdZnS solar cells. IEEE Transactions on Electron Devices, 31, 542-546.

[22] Suresh Babu, G., Kishore Kumar, Y. B., Uday Bhaskar, P. & Raja Vanjari, S. (2010) Effect of Cu/(Zn+Sn) ratio on the properties of co-evaporated $Cu_2ZnSnSe_4$ thin films. Solar Energy Materials and Solar Cells, 94, 221-226.

[23] Nakamura, S., Maeda, T. & Wada, T. (2009) Electronic structure of stannite-type $Cu_2ZnSnSe_4$ by first principles calculations. Physica Status Solidi C, 6, 1261-1265.

[24] Paier, J., Asahi, R., Nagoya, A. & Kresse, G. (2009) Cu_2ZnSnS_4 as a potential photovoltaic material: A hybrid Hartree-Fock density functional theory study. Physical Review B, 79, 115126.

[25] Maeda, K., Tanaka, K., Nakano, Y., Fukui, Y. & Uchiki, H. (2011) H_2S concentration dependence of properties of Cu_2ZnSnS_4 thin film prepared under non vacuum condition. Japanese Journal of Applied Physics, 50, 05FB09.

[26] Maeda, K., Tanaka, K., Fukui, Y. & Uchiki, H. (2011) Influence of H_2S concentration on the properties of Cu_2ZnSnS_4 thin films and solar cells prepared by sol-gel sulfurization. Solar Energy Materials and Solar Cells, 95, 2855-2860.

[27] Shin, B., Gunawan, O., Zhu, Y., Bojarczuk, N. A., Chey, S. J. & Guha, S. (2011) Thin film solar cell with 8.4% power conversion efficiency using an earth-abundant Cu_2ZnSnS_4 absorber. Progress in Photovoltaics: Research and Applications, 21 (1), 72-76.

13 CZTS 基单晶粒的生长及其在薄膜太阳电池中的应用

Enn Mellikov, Mare Altosaar, Marit Kauk-Kuusik, Kristi Timmo,
Dieter Meissner, Maarja Grossberg, Jüri Krustok, Olga Volobujeva
Department of Materials Science, Tallinn University of Technology,
Ehitajate tee 5, 19086 Tallinn, Estonia

13.1 引言

由粉末材料为基础制作太阳电池的设想几乎与现代硅基太阳电池的发展历史一样久远。仅仅在 AT&T 贝尔实验室的 Chapin、Fuller 和 Pearson 发布了他们第一个引人注目的商用硅太阳电池三年后[1]，Hoffman Elctronics 公司就申请了由硅粉体生产太阳电池组件方法的专利[2]。根据 Hoffman Elctronics 公司的专利，埃因霍温飞利浦公司的 Ties Siebolt Te Velde 申请了第一个用于辐射检测、太阳电池、LED 等的单晶粒薄膜器件专利[3]。到 1973 年，已经有了 18 项专利申请，包括薄膜制备方法和诸如印刷电路生产之类的新应用。直到 20 世纪 90 年代中期，飞利浦公司一直在汉堡生产包含 35—45μm 铜掺杂 CdS 颗粒的单晶薄膜基光敏元件。同时，在 20 世纪 70 年代中期，为了在溶液中进行电解以将光能存储为电解产物的化学能，德州仪器（TI）公司发展了生产球形硅，并将其插入到具有合适孔洞的铝箔中的相关技术[4]。

在第一个专利申请之后，20 世纪 90 年代开始有了更多的专利申请。德州仪器公司与 Southern California Edison 公司在 1985 年开始联合利用低纯度冶金硅开发球形硅太阳电池。这一器件的全球代理专利超过 40 项，其构建如下：由连结于柔性铝箔基底之间的微小球形构成太阳电池，然后组装成耐久的轻型组件，这一组件可应用于任何表面。日本 Kyosemi 公司开发了能够三维捕获太阳光的球形太阳电池——Sphelar。这项技术基于植入透明媒介中的单晶硅球体阵列，其中每个维度尺寸为 1—2mm。每一个球体都起到独立的小型太阳电池的功能[5]。关于粉体太阳电池应用更详细的历史发展背景请参阅文献 [6]。

在 $CuInSe_2$ 单晶粒粉体生长领域为期两年的研究之后，塔林理工大学（Tallinn University of Technology，TUT）于 1968 年开始单晶粒层（monograin-layer，MGL）太阳电池的研究与开发。单晶粒是一个单晶粉体颗粒，它由一个单晶体或者多个单晶基元生长而成的致密晶粒组成。图 13.1(a) 展示了 MGL 太阳电池的断面图像。MGL 太阳电池的器件结构是石墨/MGL/CdS/ZnO/玻璃，其中单晶粒层是一个由尺寸大小相同的粉体晶粒组成的单层晶粒嵌入有机树脂中，但其顶部保持裸露。CdS 由化学浴方法沉积在 MGL 之上（或者在

MGL 形成之前沉积在单晶粒表面），然后采用射频溅射法制备 i-ZnO 层和 ZnO：Al 导电层。最后，在 ZnO 窗口层之上蒸镀高导电接触栅格，并将此结构粘接在玻璃或其它耐久性透明基底上。制作底导电极时，在应用石墨电极接触之前应对 MGL 的底部进行打磨，以去除单晶粉体表面的聚合物并暴露晶粒。我们课题组成员于 2008 年开始进行粉体基 $Cu_2ZnSn(S_xSe_{1-x})_4$（CZTSe）MGL 太阳电池及其商用组件的生产制作，并与 TUT 的分拆公司 crytalsol OÜ 一直保持合作。在奥地利开发与研究工厂 crytalsol GmbH 建设了一条小试的生产线。

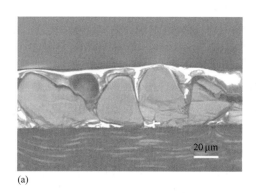 

图 13.1 (a) 单晶粒太阳电池结构的断面图像；(b) 在 KI 气流中合成的 $Cu_2ZnSn(S，Se)_4$ 单晶粉体的 SEM 显微图像（尺寸分数：90—100μm）

MGL 技术结合了单晶的高光电参数与多晶材料和技术的优势，即材料与器件的低成本和简易性、生产可塑造器件的可能性，且原材料的使用率可达到 100%。MGL 技术允许材料制备与器件制作分开进行，能够在室温下通过"卷对卷"工艺连续生产大面积组件。粉体的成分均匀性还具有额外的优势，即对于任何均匀组件，不会因扩大规模而产生问题。

13.2 单晶粒粉体的生长和工艺基础

熔盐被证明可作为多种有机和无机反应的有效替代媒介[7,8]。单晶或者单晶粉体能够在所使用熔盐的熔点之上、半导体自身的熔点之下的温度制备得到。由于在熔盐媒介中反应成分之间的扩散率更高，因此在熔盐中合成能增强固相反应的速率[9]，并且能降低反应温度，增强固相产物的均匀性，而且能控制颗粒的尺寸、形貌和聚集态。

在材料形核阶段：(1) 前驱体完全溶解在熔盐中，同时产物晶核在液相中形成（单晶生长）；(2) 低溶解度前驱体的初始固相颗粒在熔盐媒介中相互反应，形成生成化合物的固体颗粒，开始重结晶，并通过 Ostwald 熟化机制进行生长（单晶粒生长）[10]。在单晶粒粉体的生长中，晶体在熔剂盐的液相存在的条件下形成。单晶粉体晶体的特征由所选取的合成温度、熔盐的本性和剂量控制。所使用熔盐的体积要大于前驱体颗粒之间空洞的体积。这样，形成的液相才足以使固相前驱体颗粒和形成的粉体颗粒相互排斥，并避免由固液相界的收缩毛细力而产生烧结。因此，CZTSSe 的产量和熔剂盐的剂量的比例采用形成固相的体积 V_S 和 V_L 之间的比值表示，其范围在 0.6—1.0[11]。合成之后，通过合适的溶剂洗涤去除使用的熔盐，并对所得到的单晶粒粉体进行干燥和筛选 [如图 13.1(b) 所示]。

在塔林理工大学，Na_2S_x 和 $CdCl_2$ 中 II-VI 化合物单晶粒粉体生长的研究工作开始于 20 世纪 70 年代，而关于在 $CuInSe_2$ 单晶粒粉体生长的研究工作则开始于 20 世纪 90 年代[11]。在最开始的研究中，Se、CuSe 及其混合物被用作 $CuInSe_2$ 的助熔剂材料[12-14]，而 Te 或 $CdCl_2$ 被用作 CdTe 单晶粒产物的助熔剂材料[15,16]。虽然由 CuSe-Se 助熔剂材料能够获得接近完全化学计量比的 $CuInSe_2$ 单晶粒，但在材料合成之后助熔剂材料比较难去除；所以 CuSe-Se 助熔剂材料很快被水溶性碘化钾（potassium iodide, KI）取代[17]。KI 具有较低的吸水性，且与 $CuInSe_2$ 的相溶性低。从 2006 年开始，关于单晶粒粉体的研究与开发主要集中到了 $Cu_2ZnSnSe_4$、Cu_2ZnSnS_4 以及它们的固溶体[18,19]上。KI、NaI 和 CdI_2 由于熔点低，蒸气压低，在水中的溶解性高，因此目前常常被用作助熔剂材料[20-22]。

13.2.1 在助熔剂盐作用下 $Cu_2ZnSnSe_4$ 形成的化学途径

在 KI、NaI 和 CdI_2 中，由二元硫属化合物（ZnSe、CuSe 和 SnSe）形成 $Cu_2ZnSnSe_4$ 的路径利用 DTA、微区拉曼、XRD、SEM、EDX 等表征方法并结合形成焓和热力学计算进行了研究[20-22]。DTA、拉曼和 XRD 分析证实液相的形成是化学反应的起始引发剂；在 380℃温度下，Se 熔化导致 CuSe 转变为 $Cu_{2-x}Se$ 和 Se 之后能够识别出 CZTSe。在固体盐存在的情况下，CZTSe 的形成在很大程度上被阻止，直到助熔剂盐熔化。随着熔化立即发生形成 CZTSe 的大量放热反应。在研究的所有前驱体-助熔剂混合物中，化学路径均开始于从 CuSe 中释放 Se 之后，即从 CuSe 到 $Cu_{2-x}Se+Se$ 的包晶相转变温度（380℃[20-22]）。然后 Se 与 SnSe 反应生成 $SnSe_2$，$Cu_{2-x}Se$ 与 $SnSe_2$ 反应生成 Cu_2SnSe_3。Cu_2SnSe_3 与 ZnSe 的反应是形成 CZTSe 的化学路径的终点。在助熔剂液相形成之后，CZTSe 和 Cu_2SnSe_3 的生成物数量很低，而且 $Cu_{1.8}Se$、CuSe、ZnSe、SnSe、$SnSe_2$ 等未反应物也出现在样品（在低于所使用熔盐的熔点温度进行加热）的 XRD 图谱中。由于很多不同因素的影响，CZTSe 的合成反应在助熔剂液相形成之前是有可能受阻的。首先，在密封真空安瓿中所形成的 Se 过压将会抑制 CuSe 的进一步分解，并进而影响到 Se 的供应。其次，前驱体固体颗粒之间大量的固态 NaI 阻止了反应成分的扩散，由此 CZTSe 的形成速率也受了抑制。在 KI（或者 NaI）熔化之后，CZTSe 的形成迅速完成。

使用 CdI_2 作为助熔剂将会导致中间固溶体 $Zn_{1-x}Cd_xSe$ 的产生，而最终产物为 $Cu_2(Zn_{1-x}Cd_x)SnSe_4$，其中依赖于所使用的合成温度 Cd 含量（原子分数）从 1.3% 变化到 3%。在以 NaI 为助熔剂形成 CZTSe 的研究中，$Cu_2ZnSnSe_4$ 形成放热的比焓经验地确定为 $(-36±3)kJ/mol$。在 NaI 作为助熔剂的合成过程中检测到了三元化合物 Na_2SnSe_3 的形成。如果使用 NaI，研究发现 $NaI \cdot 2H_2O$ 是在熔融 NaI 中合成 CZTSe 单晶粒粉体的关键问题，因为它引起含氧化合物 Na_2SeO_4 和 $Na_2Cu(OH)_4$ 的形成。研究发现使用完全脱水的 NaI 能够避免含氧化合物的形成。

因为 CZTSe 单晶粒粉末晶体是在熔化的 KI（或者 NaI）中形成的，它们对 K（或者 Na）和 I 是饱和的。由 ICP-MS 检测确定 CZTSe 中 K 的溶解度为 $5.5×10^{17}$ 原子·cm^{-3}。

13.2.2 CZTS 基单晶粒的元素和晶相构成

研究发现生长具有贫铜富锌组成的单相 CZTS 晶体是改进锌黄锡矿薄膜太阳电池的先决条件。贫铜条件增强了铜空位的形成，这能在 CZTS 中引起浅受主，而富锌条件能抑制 Cu 占据 Zn 位，后者能够引起相对较深的受主[23]。因此确定单相锌黄锡矿粉体的组分比及其成分极限，并在粉体生长过程中控制这些参数，这都是十分重要的。控制 CZTS 和 CZTSe 单晶粒粉体的参数和晶相结构的一种主要工具是改变初始前驱体的成分比例[24,25]。前驱体和生成材料的成分比例变化通常由两个参数进行表示：[Cu]/([Zn]+[Sn]) 和 [Zn]/[Sn]，其中 [Cu]、[Zn] 和 [Sn] 是粉末晶体体相中元素的原子浓度（%）。

13.2.2.1 Cu_2ZnSnS_4

图 13.2 给出了不同成分比例的前驱体合成的 CZTS 单晶粒的 [Cu]/([Zn]+[Sn]) 和 [Zn]/[Sn] 数值。

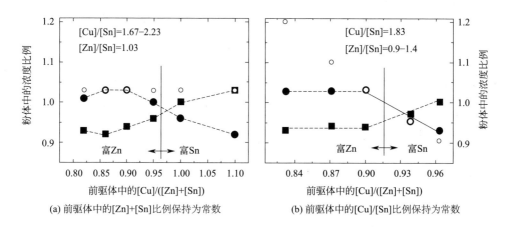

图 13.2 Cu_2ZnSnS_4 单晶粒粉体中由 EDX 分析确定的作为前驱体 [Cu]/([Zn]+[Sn]) 比例的 [Cu]/([Zn]+[Sn]) 比例和 [Zn]/[Sn] 比例

■ 粉体中的 Cu/(Zn+Sn)；● 粉体中的 Zn/Sn；○ 前驱体中的 Zn/Sn

重印许可由文献 [24] Elsevier 提供

在轻微富锌（[Zn]/[Sn]=1.03）条件下，前驱体混合物中 [Cu]/([Zn]+[Sn]) 比例的增加会使得最终产物中 [Zn]/[Sn] 的比例从 1.03 减小到 0.92 [参见图 13.2(a)]。当前驱体中 [Cu]/([Zn]+[Sn]) 的比例增加到超过 0.95 时，粉体的成分比例变为富锡和富铜。研究发现在这些生长条件下，诸如含 Cu、含 Sn 的二元化合物和 Cu_2SnS_3 之类的第二相与四元化合物一起形成。

在富锌（1.03<[Zn]/[Sn]<1.2）且前驱体中 Cu 含量为常数的条件下 [参见图 13.2 (b)]，形成的 CZTS 粉末晶体的成分比例是不变的。只有第二相 ZnS 的数量随着前驱体混合物中 Zn 含量的增加而增加。

在贫锌（[Zn]/[Sn]<1.0）且前驱体中 Cu 含量为常数的条件下，CZTS 粉末晶体的成分比例变为富铜富锡。在前驱体中铜含量达到最大值 [[Cu]/([Zn]+[Sn])=1.1] 的情况下，由拉曼和 EDX 分析可以检测到附加相 SnS、SnS_2 和 Sn_2S_3。

磨光后 CZTS 晶体的 SEM 图像如图 13.3 所示。在图中发现当过量 Cu 时会有 $Cu_{2-x}S$ 分离相出现，这与 Olekseyuk 等[26]构建的相图是一致的。SEM、EDX 和拉曼研究结果表明当成分初始比例 [Cu]/([Zn]+[Sn]) 低于 0.95、[Zn]/[Sn] 大于 1.03 时，产物中会包含分离相 ZnS。

13.2.2.2 $Cu_2ZnSnSe_4$

对于 $Cu_2ZnSnSe_4$ 体系，在之前的章节中已经展示了类似的研究。采用具有不同 Cu 和

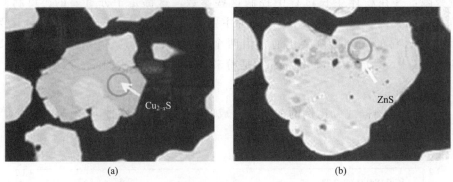

图 13.3 机械磨光的 CZTS 晶体的 SEM 图像

在单晶粒中标示了不同二元分离相的存在，重印许可由文献 [24]、Elsevier 提供

Zn 含量的前驱体制备得到各种粉体，以此研究前驱体成分对 CZTSe 单晶粒粉体的影响[25]。初始金属成分比例（空心圆）以及合成单晶粒中的金属成分比例（实心块和实心圆）如图 13.4(a) 和图 13.4(b) 所示。

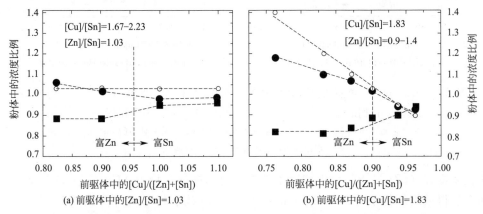

图 13.4 $Cu_2ZnSnSe_4$ 单晶粒粉体中作为前驱体中 [Cu]/([Zn]+[Sn]) 比例函数的 [Cu]/([Zn]+[Sn]) 比例（实心方块）和 [Zn]/[Sn] 比例（实心点）

○ 前驱体中的 Zn/Sn；■ 粉体中的 Cu/(Zn+Sn)；● 粉体中的 Zn/Sn

重印许可由文献 [25]、Elsevier 提供

在轻微富锌（[Zn]/[Sn]=1.03）的生长条件下，前驱体混合物中 [Cu]/([Zn]+[Sn]) 比例的增加将会使最终产物中 [Zn]/[Sn] 的比例从 1.03 减小到 0.98 [如图 13.4(a) 所示]。相对于硫化物体系，硒化物产物与前驱体成分比例的偏差更小。当前驱体中 [Cu]/([Zn]+[Sn]) 的比例增加到大于 1.0 时，粉体的成分比例也变为轻微的富锡和富铜。在后一生长条件下，拉曼分析可以检测到 Cu_xSe 和 $SnSe_2$ 第二相。

在高富锌（[Zn]/[Sn]=1.1—1.4）且前驱体中的 Cu/Sn 比例保持常数的生长条件下，CZTSe 粉末晶体具有稳定的 [Cu]/([Zn]+[Sn]) 比例，约为 0.81。通过拉曼光谱分析在这些粉末晶体中仅检测到 ZnSe 第二相的存在。在硫化物体系中，单晶粒粉体的 [Cu]/([Zn]+[Sn]) 比例更高（达到 0.94）。

对比 Cu_2ZnSnS_4 体系和 $Cu_2ZnSnSe_4$ 体系，可以发现合成单相四元化合物的单晶粒样品以及纯硒化物样品存在一个成分比例范围，该成分比例范围主要是由前驱体中的 Cu 含量和 Zn 含量控制的。合成材料中的 Cu 含量和 Zn 含量在一定程度上具有可互换性：初始前驱体中较高的铜含量总是伴随着生成材料中较低的锌含量，反之亦然。

13.3 化学蚀刻对单晶粒表面成分的影响

在 740℃ 温度下，CZTSe 在 KI 中的溶解度（摩尔分数）是 0.6%，而 CuSe、ZnSe 和 SnSe 在 KI 中的溶解度（摩尔分数）分别是 3.6%、0.09% 和 0.3%。这就意味着在高温下，部分前驱体和合成的锌黄锡矿样品将溶解在助熔剂中。在从生长温度冷却的过程中，部分溶解的前驱体和 CZTSe 沉淀在单晶粒的表面，因此晶粒的表面成分依赖于其沉淀作用。EDS 分析显示刚生长的晶体表面是富锡成分，而单晶粒体内则是富锌成分。此外，由 XPS 可以确认单晶粒表面呈现出铜不足、锡和硫族元素过量的特点（如图 13.5 所示）。如图 13.6 所示，[Zn]/[Sn] 比例从表面的 0.88 变化到体内的 1.06，而 [Cu]/([Zn]+[Sn]) 比例则从表面的 0.63 增加到体内的 0.92。

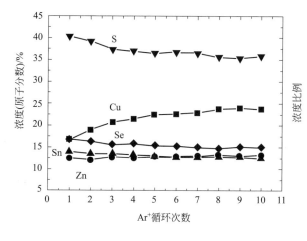

图 13.5 CZTSe 单晶粒粉末晶体表面的元素浓度（XPS 深度剖面）

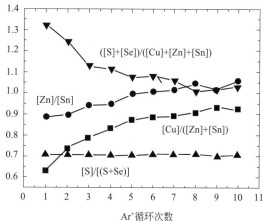

图 13.6 CZTSe 单晶粒粉末晶体表面的元素浓度比例

为了改善太阳电池的活性，利用各种蚀刻剂（HCl、KCN、甲醇溴 Br_2-MeOH 和 NH_4OH）进行化学处理[27]。过滤溶液的极谱分析表明通过 HCl 蚀刻，可以更好地去除表面上的 Sn 和硫族元素，其原因有可能是 Sn 在 HCl 中络合反应形成了 $[SnCl_4]^{2-}$ [28]。KCN 蚀刻被认为是去除 Cu-Se 二元相的处理方法[29]，但是我们在过滤溶液也检测到了 Sn。氨水溶液可以选择性地从表面上去除 Cu 和硫族元素。

图 13.7 描绘了刚生长的和 Br_2-MeOH 蚀刻处理的 $Cu_2ZnSn(S,Se)_4$ 单晶粒表面的 XPS 谱图。在 Br_2-MeOH 蚀刻处理之后，Cu-2p 和 Cu-LMM 峰的强度减弱，而 Sn 和 O-1s 峰强度增强。Br_2-MeOH 蚀刻处理的材料中几乎检测不到 Zn-2p 和 Zn-LMM 峰。由高分辨 XPS 芯核能级谱的积分峰面积可以确定 Cu、Zn、Sn 和 Se 的相对原子浓度。S-2p 峰面积由芯核能级曲线拟合处理确定，这是因为其峰位与 Se-3p 芯核能级是重叠的。通过 XPS 分析，Br_2-MeOH 蚀刻处理的 $Cu_2ZnSn(S,Se)_4$ 单晶粒表面的成分比例（原子分数,%）为：Cu：Zn：Sn：(S+Se)：O＝1.2：1.2：37.0：12.8：47.7。对比刚生长好的和 Br_2-MeOH 蚀刻处理的样品的 XPS 谱，我们可以得出结论：Br_2-MeOH 蚀刻处理主要去除了 Cu 和 Zn。

这一结论与过滤溶液的极谱分析结果是相当一致的（见表13.1）。

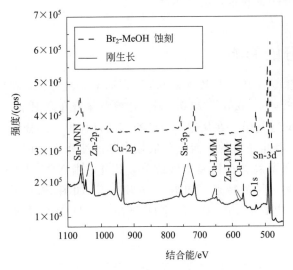

表 13.1 由极谱分析确定的过滤溶液中的元素摩尔比[28]

蚀刻剂	Cu：Zn：Sn：Se
KCN	1.0：0：0.4：1.5
HCl	1.0：0.1：5.8：6.5
NH_4OH	1.0：0.2：0：2.2
Br_2-MeOH	1.0：0.8：0.7：0.3

图 13.7 刚生长的和 Br_2-MeOH 蚀刻处理的 CZTSSe 单晶粒表面的 XPS 谱

由化学处理后的 $Cu_2ZnSn(S_{0.45}Se_{0.55})_4$ 单晶粒粉末制作的太阳电池的光伏性能参数列于表 13.2 中。在制作 MGL 太阳电池之前，所有蚀刻粉末都在密封安瓿中 740℃温度的等温条件下进行后处理（退火）。

表 13.2 未蚀刻和经过蚀刻处理的 $Cu_2ZnSn(S_{0.45}Se_{0.55})_4$ 单晶粒层吸收层太阳电池的光伏性能参数[27]
（开路电压 V_{oc}，短路电流密度 J_{sc}，填充因子 FF，太阳电池转换效率 η）

蚀刻剂	V_{oc}/mV	J_{sc}/mA·cm^{-2}	FF/%	η/%
未处理	300	10	40	1.2
浓缩 HCl	342	11.5	48	1.9
2mol/L NH_4OH	422	10.5	44	1.9
1% Br_2-MeOH	563	8.5	54	2.6
10% KCN	490	13.5	49	3.2
1% Br_2-MeOH+10% KCN	575	13.7	55	4.3

可以看到对粉末晶体进行蚀刻能够改善单晶粒太阳电池的光伏性能。对吸收层材料进行复合化学蚀刻（1% Br_2-MeOH 蚀刻之后再进行 10% KCN 蚀刻）得到的太阳电池光伏参数最高，其转换效率可达到约 4%。通过进一步的表面热处理可以获得更高的转换效率。

13.4 CZTS 基单晶粒的热处理

一般来说，单晶粒的生长并不能保证获得最优太阳电池的吸收层表面。除了进行化学蚀刻表面处理之外，还能够通过附加的热处理对单晶粒表面成分进行调控。通过调整处理的温度和气氛，热处理比化学蚀刻更容易进行控制。

在早期不同作者的报道中，锌黄锡矿的热处理温度通常高达 740℃[30-32]，但是锌黄锡矿在温度约为 400℃时就开始分解。为了阻止材料的分解，我们需要在密封的安瓿中利用外部蒸气压。在我们的实验中所有后处理工艺都使用双温区装置进行。双温区的温度各自独立地进行调节和控制。这样就可以更加精确地控制退火过程的蒸气压。

13.4.1 $Cu_2ZnSnSe_4$

在 $Cu_2ZnSnSe_4$ 单晶粒粉末的制备过程中，气相成分使用 $SnSe_2$ 或者 Se 源进行调控。下面列举的反应描述了 $Cu_2ZnSnSe_4$ 的分解过程[方程式（13.1）][31]，以及在更高温度下气相产物的形成过程[方程式（13.2）—方程式（13.4）][33]。

作为分离的源，$SnSe_2$ 按照方程式（13.2）和方程式（13.3）所描述的反应进行分解，并在气相环境中提供 SnSe 和 Se。在饱和气相中元素硒由低聚物 Se_n（g）组成，其中 $n=2$，3，5—8（其比例依赖于反应温度）[34]。

$$Cu_2ZnSnSe_4(s) \rightleftharpoons Cu_2Se(s) + ZnSe(s) + SnSe_2(s) \quad (13.1)$$

$$SnSe_2(s) \rightleftharpoons SnSe(s) + 1/n Se_n(g); K_p = P_{Se_n}^{1/n} \quad (13.2)$$

$$SnSe(s) \rightleftharpoons SnSe(g); K_{SnSe} = P_{SnSe} \quad (13.3)$$

$$Cu_2ZnSnSe_4(s) \rightleftharpoons Cu_2Se(s) + ZnSe(s) + SnSe(g) + 1/n Se_n(g); K_{CZTSe} = P_{SnSe} \times P_{Se_n}^{1/n} \quad (13.4)$$

式中，K 是平衡常数；P 是成分的分压。

质谱分析[34]显示固态 SnSe 的蒸气相主要由 SnSe 蒸气分子组成，如方程式（13.3）所示，而且纯 SnSe 的平衡蒸气压比纯 $SnSe_2$ 或者 Se 的平衡蒸气压小四个数量级。根据方程式（13.3）中的化学平衡可以估算：如果 $P_{Se_n} > 1/n (\log K_{CZTSe} - \log P_{SnSe})$，那么反应将移向方程式的左侧，而且 Sn 将会发生从气相 $SnSe_2$ 进入到 $Cu_2ZnSnSe_4$ 中的反应。如果使用的 Se 蒸气压低于平衡蒸气压，那么所使用的 Se 蒸气压将在一定程度上决定 $Cu_2ZnSnSe_4$ 的分解反应。

使用具有偏离化学计量比较大（$0.79 < [Cu]/([Zn]+[Sn]) < 0.95$，$0.93 < [Zn]/[Sn] < 1.2$）的单晶粒粉末研究 CZTSe 热处理对 MGL 太阳电池性能的影响[35]。在退火过程中，材料区的温度是 650℃，而组分区的温度则是 600℃。图 13.8 的结果表明 V_{oc} 的数值依赖于粉体中 $[Cu]/([Zn]+[Sn])$ 和 $[Zn]/[Sn]$ 的比例。最高数值由使用贫铜[$[Cu]/([Zn]+[Sn])=0.81$—0.83]和富锌（$[Zn]/[Sn]=1.1$）的粉体获得。在此 $[Cu]/([Zn]+[Sn])$ 比例范围内，J_{sc} 的测量值也达到最大数值 $23.8mA \cdot cm^{-2}$。当使用 $[Cu]/([Zn]+[Sn]) > 0.85$ 比例的富铜粉体时，所获得的太阳电池的特征参量特别低。铜含量的增加将导致浓度比例 $[Zn]/[Sn]$ 的降低，从而形成富锡（$[Zn]/[Sn] < 1$）的 $Cu_2ZnSnSe_4$ 粉体。

将 $SnSe_2$ 进行退火处理后，可得到转换效率最高的 CZTSe 基太阳电池（4.4%），其中单晶粒的组成是：$[Cu]/([Zn]+[Sn])=0.81$，$[Zn]/[Sn]=1.12$[35]。

13.4.2 Cu_2ZnSnS_4

用来进行硫化研究的粉体具有贫铜 $[Cu]/([Zn]+[Sn])=0.89$ 和富锌（$[Zn]/[Sn]=1.1$）的组成。EDX 分析证实在 S 或者 SnS_2 蒸气中进行退火的过程中，材料内部的成分比没有发生变化[36]。研究发现通过改变硫化工艺参数、优化工艺条件可以获得高效的吸收层材料。有关退火工艺参数的细节由文献[36]提供。

退火温度明显地影响着由 S-或者 SnS_2-退火的吸收层构成的 MGL 太阳电池的性能参数。当材料区的温度从 550℃ 升高到 740℃（在硫的蒸气压大于 100 Torr 条件下）时，Cu_2ZnSnS_4 MGL 太阳电池的转换效率随之连续地增加。这些 MGL 太阳电池的开路电压 V_{oc} 达到了 690mV，填充因子 FF 达到 62%。进一步增加硫的蒸气压并不会改善太阳电池的性

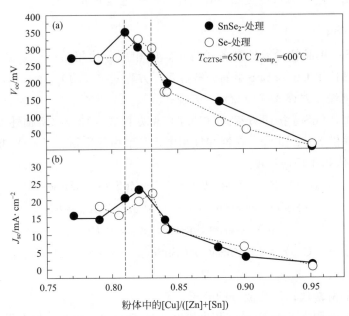

图 13.8 作为粉体中 [Cu]/([Zn]+[Sn]) 比例的函数的 CZTSe MGL 太阳电池光伏参量：
(a) 短路电流密度 J_{sc}；(b) 开路电压 V_{oc} 的数值变化

能参数。当硫的蒸气压小于 100Torr 时，可以明显看到有 SnS_2 沉淀物附着在安瓿内壁上。这就说明相对较低的硫蒸气压（$P_S<100$Torr）不能阻止 Cu_2ZnSnS_4 表面的锡逸失以及表面区域的分解。分解的表面不利于形成有效工作的 p-n 结，我们这一结论证实了 Wang 等[37]的发现。使用在 SnS_2 蒸汽中以 740℃ 退火的 Cu_2SnSnS_4 粉体制作太阳电池，其最高

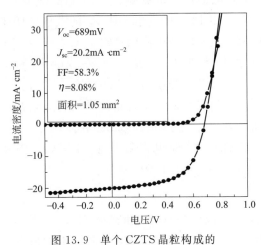

图 13.9 单个 CZTS 晶粒构成的太阳电池的 I-V 特性

的光伏性能值如下：$J_{sc}=18.4$mA·cm^{-2}，$V_{oc}=768$mV。这一 V_{oc} 数值已经非常接近文献报道的 Cu_2ZnSnS_4 太阳电池的最高数值[38]。由于我们在器件制作中使用了环氧树脂，MGL 太阳电池的有效面积和总面积并不一致。为了评估单独晶粒的性能，我们构建了仅由一个单晶粒组成的太阳电池，采用光束感应电流（light-beam-induced current，LBIC）实验可以确定单个单晶粒的有效面积为 1.05mm^2。在光学图像上晶粒的开放面积和 LBIC 图像的有效面积是相等的。因此 CZTS 单晶粒粉体材料构建的太阳电池的光伏性能参数如下：$\eta=8.08\%$，$V_{oc}=689$mV，$J_{sc}=20.2$mA·cm^{-2}，FF=58.2%（如图 13.9 所示）。

13.5 CZTS 基单晶粒和多晶材料的光电性质

半导体材料的光电性质主要是由本征缺陷和杂质缺陷决定的。因此获得高效太阳电池的一个先决条件是控制吸收层材料的缺陷结构。第一性原理计算[39,40]理论预测认为 CZTS 和

CZTSe 中许多孤立缺陷和缺陷聚集体的缺陷形成能很低,只有几百毫电子伏特的量级,这就意味着全面控制这些化合物的缺陷结构是相当复杂的。我们主要采用荧光(photoluminescence,PL)光谱技术研究了 CZTS 和 CZTSe 单晶粒和多晶中的缺陷。导纳谱(admittance spectroscopy,AS)则可以用于确定对应 MGL 太阳电池中的深能级。

在高品质 CZTS 晶体和 CZTSe 薄膜中,可以检测到与浅缺陷能级相关的激子发射和 PL 发射[41,42]。然而,CZTS 和 CZTSe 单晶粒在 $T=10K$ 的 PL 光谱都是由一个非对称的宽 PL 带(半高宽 FWHM 大于 100meV)构成(见图 13.10)[43-45]。PL 带的非对称性和较大的蓝移(随着激光功率的增大超过 10meV/decade)通常都是在重掺杂和补偿半导体中观测到的,在这些半导体中存在着空间电势的扰动[46-49]。目前的重掺杂条件起源于本征缺陷的高浓度,这常常在多元化合物半导体中可以观察到。空间电势的扰动导致能带结构的局域微扰,从而产生缺陷能级的宽化和带尾。因此在 p 型材料和电子有效质量较小的情形中,辐射复合能够由以下四种通道产生[46]:与自由电子以及局限于价带尾的空穴相关的带-尾复合(band-to-tail recombination,BT);自由电子和自由空穴的带-带复合(band-to-band recombination,BB);受主态(足够深且与价带尾没有交叠)的带-杂质态复合(band-to-impurity recombination,BT);受主态和施主态(都足够深且与对应的带尾没有交叠)的施主-受主对(donor-acceptor pair,DAP)复合。

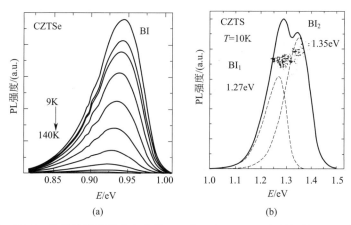

图 13.10 (a) CZTSe 单晶粒随着温度变化的 PL 谱;(b) CZTS 多晶的低温 PL 谱及其拟合结果
重印许可由文献 [44] 和 [45]、Elsevier 提供

为了进行对比,我们对 CZTS 多晶粉体和单晶粒的 PL 和拉曼散射进行了研究。研究发现在一些情形下多晶粉体测量得到的 PL 带和拉曼峰更窄,从而能更好地描述 CZTS 的复合过程和振动性质。

CZTSe 单晶粒的 PL 分析表明其在低温条件下的主要复合机制是 BI 复合[44]。从图 13.10(a) 中能够发现,CZTSe 中 BI 复合的 PL 带在 $T=10K$ 时位于 0.95eV 处,这可以归因于离化能量为 $E_T=69meV\pm 4meV$ 的受主缺陷[44]。

如图 13.10(b) 所示,在多晶 CZTS 中,在 $T=10K$ 时可观察到两个 PL 带,分别位于 1.27eV 和 1.35eV 处。两者都表现出对温度相似的依赖性,而它们的激发能量对应于 BI 复合[45]。有意思的是,CZTS 中这些 PL 带对于温度的依赖性决定了 280meV 附近类似的热激发能量。考虑到由多晶粉体产生的拉曼散射,我们认为这些观察到 PL 带来源于涉及到相同的、具有电离能约为 280meV 的深受主缺陷的 BI 复合过程,但是不同 CZTS 晶相(锌黄锡矿相和无序锌黄锡矿相）具有不同的带隙能[45]。

多晶 CZTS 中的拉曼峰非常窄（见图 13.11，A_1 峰的 FWHM 是 $2.6 cm^{-1}$），它能够让我们检测到 CZTS 中两种晶相的共存：锌黄锡矿相和无序锌黄锡矿相[45]。一般认为锌黄锡矿结构是基态结构，但是根据理论计算[50]，对于不同晶相之间的形成能，每原子只有几百个毫电子伏特量级的差别，这就意味着在标准生长条件下有可能发生无序阳离子子晶格的情形。CZTS 中的无序引起的锌黄锡矿相和无序锌黄锡矿相或黄锡矿相之间的带隙能差异预计约有 0.1eV，其中锌黄锡矿相拥有最大的带隙能[50]。中子衍射检测也表明 CZTS 中存在部分无序的锌黄锡矿结构[51,52]。虽然这些晶相的振动谱也有相似性，但是根据理论计算，至少 A_1 声子模式在锌黄锡矿相 CZTS、无序锌黄锡矿相 CZTS 和黄锡矿相 CZTS 之间是有差异的[53,54]。因为如此窄的拉曼峰很不常见，这一问题目前还未得到彻底的解决，但是不同晶相的共存应当是必须考虑到的因素。

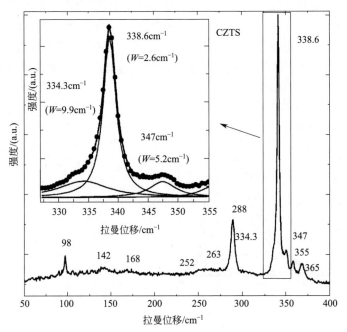

图 13.11　CZTS 多晶的拉曼谱图

A_1 峰的拟合结构显示在内插图中，其中原始谱峰由符号表示。对应于无序
锌黄锡矿相的 A_1 模式肩峰位于 $334.3 cm^{-1}$ 处[45]

除了涉及深受主缺陷的 BI 复合之外，CZTS 中还可能存在另一个复合机制，会导致 1.3eV 附近的 PL 发射，但是其热淬灭活化能低了约 100meV。如图 13.12(a) 所示，我们对接近化学计量比的 CZTS 单晶粒和多晶进行低温 PL 测试，结果发现位于 0.66eV 处有一个非常深的 PL 带（PL1），位于 1.35eV 处有一个发射峰（PL2）[55]。这一情形主要的辐射复合机制是由 ($2Cu_{Zn}^- + Sn_{Zn}^{2+}$) 缺陷团簇产生的量子阱中的电子和空穴复合，如文献 [40] 所讨论，缺陷团簇将会使带隙减小 0.35eV。这一效应的结果是产生 1.35eV 处的 PL2 带。在低温状态下，涉及深施主能级的 BI 复合在测试结果中也有所体现，产生了峰位位于 0.66eV 处的 PL1 带。我们认为它来源于 ($2Cu_{Zn}^- + Sn_{Zn}^{2+}$) 缺陷团簇的部分补偿。根据理论计算结果[40]，施主能级位于导带最小值之下 0.63eV 处 [复合模型如图 13.12(b) 所示]。理论计算结果表明，在接近完全化学计量比的 CZTS 中，可以预测高浓度 ($2Cu_{Zn}^- + Sn_{Zn}^{2+}$)

和（$Cu_{Zn}^- + Sn_{Zn}^{2+}$）缺陷团簇的存在[40]，同时也预测了其它类型缺陷团簇的存在[56]。这些缺陷团簇要么产生电子-空穴对的深复合中心，要么引起电荷载流子的俘获。两种机制都将损害太阳电池的光伏性能参数，所以在实践中应当加以避免。有意思的是，Sn_{Zn}产生的施主能级在CZTSe中的位置浅于其在CZTS中的位置，所以可以预计两种缺陷团簇的不利效应在CZTSe中应该表现较弱。但是迄今为止，还没有关于CZTSe中这些缺陷团簇的实验证据。

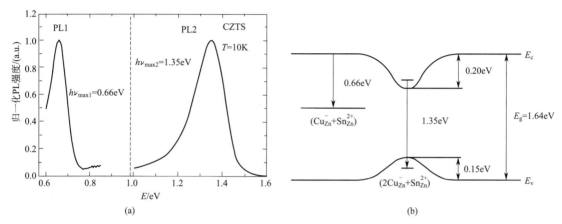

图13.12 （a）接近完全化学计量比CZTS的低温（$T=10K$）PL谱；（b）对应的辐射复合模型

重印许可由文献[55]、Elsevier提供

当温度更低时，BI或者量子阱类型的复合在CZTS单晶粒和多晶粉体中占主导地位。对于其它重掺杂的多元化合物来说BT发射是很常见的，但是它在CZTS中的强度非常低，仅在高温状态（即BI或者量子阱类型的复合淬灭和高激发能级时，如图13.13所示）下才能在1.39eV处检测到（而BB带则位于1.53eV处）。我们在高激发能级的室温微区PL的实验结果证实了重掺杂半导体的复合模型[46]也能应用于CZTS。

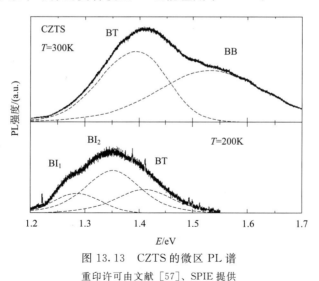

图13.13 CZTS的微区PL谱

重印许可由文献[57]、SPIE提供

Kask等[58,59]采用导纳谱技术研究了CZTS和CZTSe MGL太阳电池中的深缺陷能级。根据温度相关的AS测试，在两种材料中我们都发现了两个深缺陷态[如表13.3和图13.14（a）所示]。第一个缺陷态（E_{A1}）出现在不同的CZTS和CZTSe电池中，而第二个缺陷态

(E_{A2}) 在不同的电池中表现出不同的性质。后一缺陷态的活化能在不同电池中是变化的，并且依赖于偏置电压（0V，-1V），这在体相缺陷态中是很不常见的。因此第一个缺陷态归因于受主能级，而第二个缺陷态归因于界面态。它们对应的活化能列于表13.3中。受主缺陷的活化能与对应的 CZTS 和 CZTSe 单晶粒的 PL 分析所获得的数值是一致的。

表 13.3　异质结的 AS 测试所确定的活化能

材料	E_{A1}/meV	E_{A2}/meV
$Cu_2ZnSnSe_4$	75±2（74±2）	87±3（100±3）
$Cu_2ZnSn(Se_{0.75}S_{0.25})_4$	25±5	154±7
Cu_2ZnSnS_4	120±1	167±8

注：陈化器件的结果在括号中列出，E_{A2}归因于界面态，而E_{A1}则归因于受主缺陷[52,53]。

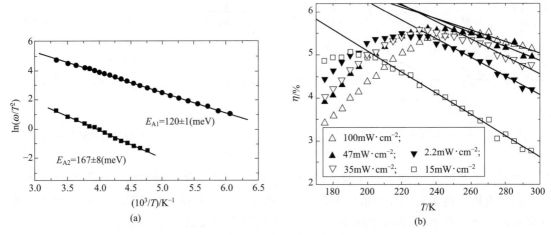

图 13.14 （a）计算得到的 CZTS 中缺陷能级活化能的阿累尼乌斯曲线图，测试在 0V 偏置电压下进行；（b）在不同光强照射下，CZTSSe MGL 太阳电池的相对转换效率 η 随温度的变化曲线

重印许可由文献 [58] 和 [60]、Elsevier 许可

我们也研究了 $Cu_2ZnSn(Se_{0.3}S_{0.7})_4$ 单晶粒层太阳电池的输出参数随温度的变化关系[60]。我们发现光强为 100mW·cm^{-2} 时，其对应关系是 $dV_{oc}/dT=-1.91mV·K^{-1}$。特别重要的是太阳电池的相对转换效率 η 随温度的变化关系，如图 13.14（b）所示。因为在测试中使用的是卤素光源，因此无法遵循 AM1.5 的光谱条件，所以计算的转换效率无法统一校准。从图中可以看到在低于室温时，转换效率达到最大值。与转换效率最大值对应的温度随着光强而增加，在光强为 100mW·cm^{-2} 时温度达到 250K。在低温条件下，转换效率开始随着温度的降低而减小。相同的行为也可以在温度超过 250K 时观察到。在更高的温度区间，转换效率的减小与温度变化几乎成线性关系。对于标准光强，太阳电池的相对转换效率随着温度减小的斜率是 0.013% K^{-1}。

CZTSSe MGL 太阳电池的温度系数的测试结果表明，在许多情形下它们低于其它类型的太阳电池。例如通常 $Cu(In,Ga)Se_2$ 电池表现出的数值是 dV_{oc}/dT 从 -2.01mV·K^{-1} 变化到 -3.3mV·K^{-1}，$d\eta/dT$ 从 -0.017K^{-1} 变化到 -0.064K^{-1}[61]；Si 电池通常表现出的是 dV_{oc}/dT 从 -2.07mV·K^{-1} 变化到 -2.17mV·K^{-1}，$d\eta/dT$ 大约为 -0.042K^{-1}[62]。相同的情况也可以应用于 CdTe 电池，其 dV_{oc}/dT 数值典型的变化范围是从 -2.1mV·K^{-1} 到 -2.2mV·K^{-1}[63]。测量得到的这些 CZTSSe 太阳电池的温度系数较低，表明该化合物具有巨大的应用潜力。

13.6 结论

综上所述,我们在本章中论述了在太阳电池技术中单晶粒粉体制备是生长高品质CZTSSe吸收层材料的有效工艺。在生长锌黄锡矿型单晶粒粉体的过程中,晶体在水溶性助熔剂盐(KI、NaI、CdI_2)的液相中生成,水溶性助熔剂盐的存在能增强生成吸收层材料的均匀性、晶粒尺寸和形貌以及聚集态的可控性。这种方法能够生长不同的固溶体,如$Cu_2ZnSn(S_{1-x}Se_x)_4$、$Cu_2(Zn_xCd_{1-x})SnS_4$ 和 $Cu_2Zn(Sn_xGe_{1-x})S_4$。CZTS基单晶粒层太阳电池的最高转换效率是8.1%。光学和物理测试研究表明锌黄锡矿型吸收层材料包含高浓度的本征缺陷,从而在吸收层体内产生很强的复合。在实验中观察到的辐射复合与深受主缺陷有关,这种缺陷能起到电荷载流子俘获陷阱的作用,另外也可能与缺陷团簇有关,缺陷团簇能够使材料的带隙能减小。吸收层材料体内的强复合和太阳电池中的界面复合是锌黄锡矿基太阳电池电流和电压损失的主要原因。

参 考 文 献

[1] Chapin, D. M., Fuller, C. S. & Pearson, G. L. (1954) A new silicon p-n junction photocell for converting solar radiation into electrical power. Journal of Applied Physics, 25, 676-677.

[2] Paradise, M. E. (1957) Large area solar energy converter and method for making the same. US Patent 2, 904, 613, August 26.

[3] Ties Siebolt Te Velde (1965) Electrical monograin layers having a radiation permeable electrode. US3480818 A, August 4.

[4] Kilby, J. S., Lathrop, J. W. & Porter, W. A. (1977) Solar enery conversion. US4021323A, May 3.

[5] Taira, K. & Nakata, J. (2010) Silicon cells: catching rays. Nature Photonics, 4, 602-603.

[6] Meissner, D. (2013) Photovoltaics based on semiconductor powders. In: Materials and Processes for Energy: Communicating Current Research and Technological Developments (ed. A. Méndez-Vilas), Formatex Research Center Badajoz, Spain.

[7] Sundermeyer, W. (1963) Fused salts and their use as reaction media. Angewandte Chemie, International Edition, 4, 222-238.

[8] Kerridge, D. H. (1975) Recent advances in molten salts as reaction media. Pure and Applied Chemistry, 41, 355-371.

[9] Arendt, R. H. (1973) The molten salt synthesis of single magnetic domain $BaFe_{12}O_{19}$ and $SrFe_{12}O_{19}$ crystals. Journal of Solid State Chemistry, 8, 339-347.

[10] Boistelle, R. & Astier, J. P. (1988) Crystallization mechanisms in solution. Journal of Crystal Growth, 90, 14-30.

[11] Mellikov, E., Hiie, J. & Altosaar, M. (2007) Powder materials and technologies for solar cells. International Journal of Materials and Product Technology, 28, 291.

[12] Altosaar, M., Hiie, J., Mellikov, E. & M. dasson, J. (1996) Recrystallyzation of CIS powders in molten fluxes. Crystal Research and Technology, 31, 505-508.

[13] Hiie, J., Altosaar, M. & Mellikov, E. (1999) Comparative study of isothermal grain growth of CdS and CdTe in the presence of halide fluxes. Solid State Phenomena, 67-68, 303-308.

[14] Altosaar, M. & Mellikov, E. (1999) $CuInSe_2$ monograin growth in CuSe-Se liquid phase. Japanese Journal of Applied Physics, 39, 65-66.

[15] Hiie, J., Altosaar, M., Mellikov, E., Kukk, P., Sapogova, J. & Meissner, D. (1999) growth of CdTe monograin powders. Physica Scripta, T69, 155-158.

[16] Hiie, J., Altosaar, M., Mellikov, E., Mikli, V., M. dasson, J. & Sapogova, J. (1997) Isothermal grain growth of CdTe in $CdCl_2$ and Te fluxes. In: Conference Records of the 26th IEEE Photovoltaic Specialists Conference. IEEE Operations Center, 455-458.

[17] Timmo, K., Altosaar, M., Kauk, M., Raudoja, J. & Mellikov, E. (2007) CuInSe$_2$ monograin growth in the liquid phase of potassium iodide. Thin Solid Films, 515, 5884-5886.

[18] Altosaar, M., Raudoja, J., Timmo, K., Danilson, M., Krunks, M. & Mellikov, E. (2006) Cu$_2$ZnSnSe$_4$ monograin powders for solar cell application. In: Conference Record of the 2006 IEEE 4th World Conference on Photovoltaic Energy Conversion. Waikoloa, HI, May 07-12. IEEE Electron Devices Society, 468-470.

[19] Altosaar, M., Raudoja, J., Timmo, K., Danilson, M., Grossberg, M., Krustok, J. & Mellikov, E. (2008) Cu$_2$Zn$_{1-x}$Cd$_x$Sn(Se$_{1-y}$S$_y$)$_4$ solid solutions as absorber materials for solar cells. Physica Status Solidi A, 205, 167-170.

[20] Leinemann, I., Raudoja, J., Grossberg, M., Traksmaa, R., Kaljuvee, T., Altosaar, M. Meissner, D. (2010) Comparison of copper zinc tin selenide formation in molten potassium iodide and sodium iodide as flux materials. In: Proceedings of the Conference of Young Scientists on Energy Issues, Kaunas, Lithuania 2010, 1-8.

[21] Klavina, I., Kaljuvee, T., Timmo, K., Raudoja, J., Traksmaa, R., Altosaar, M. & Meissner, D. (2011) Study of Cu$_2$ZnSnSe$_4$ monograin formation in molten KI starting from binary chalcogenides. Thin Solid Films, 519, 7399-7407.

[22] Nkwusi, G., Leinemann, I., Grossberg, M., Kaljuvee, T., Traksmaa, R., Altosaar, M. & Meissner, D. (2012) Formation of copper zinc tin sulfide in cadmium iodide for monograin membrane solar cells. In: Proceedings of the 9th International Conference of Young Scientists on Energy Issues, Kaunas, May 24-25 2012, 38-46.

[23] Chen, S., Gong, X. G., Walsh, A. & Wei, S. H. (2010) Defect physics of the kesterite thin-film solar cell absorber Cu$_2$ZnSnS$_4$. Applied Physics Letters, 96, 021902.

[24] Muska, K., Kauk, M., Altosaar, M., Pilvet, M., Grossberg, M. & Volobujeva, O. (2011) Synthesis of Cu$_2$ZnSnS$_4$ monograin powders with different compositions. Energy Procedia, 10, 203-207.

[25] Muska, K., Kauk, M., Grossberg, M., Raudoja, J. & Volobujeva, O. (2011) Influence of compositional deviations on the properties of Cu$_2$ZnSnSe$_4$ monograin powders. Energy Procedia, 10, 323-327.

[26] Olekseyuk, I. D., Dudchak, I. V. & Piskach, L. V. (2004) Phase equilibria in the Cu$_2$S-ZnS-SnS$_2$ system. Journal of Alloys and Compounds, 368, 135-143.

[27] Timmo, K., Altosaar, M., Raudoja, J., Grossberg, M., Danilson, M., Volobujeva, O. & Mellikov, E. (2010) Chemical etching of Cu$_2$ZnSn(S, Se)$_4$ monograin powder. In: Proceedings of 35th IEEE Photovoltaic Specialists Conference, Honolulu, HI, June 20-25 2010, 1982-1985.

[28] Pourbaix, M. (1974) Atlas of Electrochemical Equilibria in Aqueous Solutions II. National Association of Corrosion Engineers, Houston, US.

[29] Scheer, R., Walter, T., Schock, H. W., Fearheiley, M. L. & Lewerenz, H. J. (1993) CuInS2 based thin film solar cell with 10.2% efficiency. Applied Physics Letters, 63, 3294-3296.

[30] Weber, A., Mainz, R. & Schock, H. W. (2010) On the Sn loss from thin films of the material system Cu-Zn-Sn-S in high vacuum. Journal of Applied Physics, 107, 013516.

[31] Scragg, J., Ericson, T., Kubart, T., Edoff, M. & Platzer-Bj. rkman, C. (2011) Chemical insights into the instability of Cu$_2$ZnSnS$_4$ films during annealing. Chemistry of Materials, 23, 4625-4633.

[32] Redinger, A., Berg, D. M., Dale, P. J., Djemour, R., Gütay, L., Eisenbarth, T., Valle, N. & Siebentritt, S. (2011) Route toward high-efficiency single-phase Cu$_2$ZnSn(S, Se)$_4$ thin-film solar cells: model experiments and literature review. IEEE Journal of Photovoltaics, 1, 200-206.

[33] Gerasimov, J. I., Krestovnikov, A. & Gorbov, V. (1974) Chimitsheskaja termodinamika v cvetnoi metallurgii. Metallurgia, Moscow (in Russian).

[34] Brebrick, R. F. & Strauss, A. J. (1964) Partial pressures in equilibrium with group IV tellurides I, Optical absorption method and results for PbTe. Journal of Chemical Physics, 40, 3230-3241.

[35] Kauk-Kuusik, M., Altosaar, M., Muska, K., Pilvet, M., Raudoja, J., Timmo, K., Varema, T., Grossberg, M., Mellikov, E. & Volobujeva, O. (2013) Post-growth annealing effect on the performance of Cu$_2$ZnSnSe$_4$ monograin layer solar cells. Thin Solid Films, 535, 18-21.

[36] Kauk, M., Muska, K., Altosaar, M., Raudoja, J., Pilvet, M., Varema, T., Timmo, K. & Volobujeva, O. (2011) Effects of sulphur and tin disulphide vapour treatments of Cu$_2$ZnSnS(Se)$_4$ absorber materials for

monograin solar cells. Energy Procedia, 10, 197-202.

[37] Wang, K., Shin, B., Reuter, K. B., Todorov, T., Mitzi, D. B. & Guha, S. (2011) Structural and elemental characterization of high efficiency Cu_2ZnSnS_4 solar cells. Applied Physics Letters, 98, 051912.

[38] Katagiri, H., Ishigaki, N., Ishida, T. & Saito, K. (2001) Characterization of Cu_2ZnSnS_4 thin films prepared by vapor phase sulfurization. Japanese Journal of Applied Physics, 40, 500-504.

[39] Chen, S., Yang, J. H., Gong, X. G., Walsh, A. & Wei, S. H. (2010) Intrinsic point defects and complexes in the quaternary kesterite semiconductor Cu_2ZnSnS_4. Physical Review B, 81, 245204.

[40] Chen, S., Wang, L. W., Walsh, A., Gong, X. G. & Wei, S. H. (2012) Abundance of $Cu_{Zn}+Sn_{Zn}$ and $2Cu_{Zn}+Sn_{Zn}$ defect clusters in kesterite solar cells. Applied Physics Letters, 101, 223901.

[41] Hönes, K., Zscherpel, E., Scragg, J. & Siebentritt, S. (2009) Shallow defects in Cu_2ZnSnS_4. Physica B: Condensed Matter, 404, 4949-4952.

[42] Luckert, F., Hamilton, D. I., Yakushev, M. V., Beattie, N. S., Zoppi, G., Moynihan, M., Forbes, I., Karotki, A. V., Mudryi, A. V., Grossberg, M., Krustok, J. & Martin, R. W. (2011) Optical properties of high quality $Cu_2ZnSnSe_4$ thin films. Applied Physics Letters, 99, 062104.

[43] Grossberg, M., Krustok, J., Raudoja, J., Timmo, K., Altosaar, M. & Raadik, T. (2011) Photoluminescence and Raman study of $Cu_2ZnSn(Se_xS_{1-x})_4$ monograins for photovoltaic applications. Thin Solid Films, 519, 7403-7406.

[44] Grossberg, M., Krustok, J., Timmo, K. & Altosaar, M. (2009) Radiative recombination in $Cu_2ZnSnSe_4$ monograins studied by photoluminescence spectroscopy. Thin Solid Films, 517, 2489-2492.

[45] Grossberg, M., Krustok, J., Raudoja, J. & Raadik, T. (2012) The role of structural properties on deep defect states in Cu_2ZnSnS_4 studied by photoluminescence spectroscopy. Applied Physics Letters, 101, 102102.

[46] Levanyuk, A. P. & Osipov, V. V. (1981) Edge luminescence of direct-gap semiconductors. Soviet Physik Uspekhi, 24, 187-215.

[47] Krustok, J., Jagom. gi, A., Grossberg, M., Raudoja, J. & Danilson, M. (2006) Photoluminescence properties of polycrystalline $AgGaTe_2$. Solar Energy Materials and Solar Cells, 90, 1973-1982.

[48] Krustok, J., Collan, H., Yakushev, M. & Hjelt, K. (1999) The role of spatial potential fluctuations in the shape of the PL bands of multinary semiconductor compounds. Physica Scripta, T79, 179-182.

[49] Krustok, J., Raudoja, J., Yakushev, M., Pilkington, R. D. & Collan, H. (1999) On the shape of the close-to-band-edge photoluminescent emission spectrum in compensated $CuGaSe_2$. Physica Status Solidi (A), 173, 483-490.

[50] Chen, S., Gong, X. G., Walsh, A. & Wei, S. H. (2009) Crystal and electronic band structure of Cu_2ZnSnX_4 (X=S and Se) photovoltaic absorbers: First-principles insights. Applied Physics Letters, 94, 041903.

[51] Schorr, S., Hoebler, H. J. & Tovar, M. (2007) A neutron diffraction study of the stannite-kesterite solid solution series. European Journal of Mineralogy, 19, 65-73.

[52] Schorr, S. (2011) The crystal structure of kesterite type compounds: A neutron and X-ray diffraction study. Solar Energy Materials and Solar Cells, 95, 1482-1488.

[53] Gürel, T., Sevik, C. & Cagin, T. (2011) Characterization of vibrational and mechanical properties of quaternary compounds Cu_2ZnSnS_4 and $Cu_2ZnSnSe_4$ in kesterite and stannite structures. Physics Reviews B, 84, 205201.

[54] Khare, A., Himmetoglu, B., Johnson, M., Norris, D. J., Cococcioni, M. & Aydil, E. S. (2012) Calculation of the lattice dynamics and Raman spectra of copper zinc tin chalcogenides and comparison to experiments. Journal of Applied Physics, 111, 083707.

[55] Grossberg, M., Raadik, T., Raudoja, J. & Krustok, J. (2014) Photoluminescence study of defect clusters in Cu_2ZnSnS_4 polycrystals. Current Applied Physics, 14, 447-450.

[56] Huang, D. & Persson, C. (2013) Band gap change induced by defect complexes in Cu_2ZnSnS_4. Thin Solid Films, 535, 265-269.

[57] Grossberg, M., Salu, P., Raudoja, J. & Krustok, J. (2013) Microphotoluminescence study of Cu_2ZnSnS_4 polycrystals. Journal of Photonics for Energy, 3, 030599.

[58] Kask, E., Raadik, T., Grossberg, M., Josepson, R. & Krustok, J. (2011) Deep defects in Cu_2ZnSnS_4 monograin solar cells. Energy Procedia, 10, 261-265.

[59] Kask, E., Grossberg, M., Josepson, R., Salu, P., Timmo, K. & Krustok, J. (2013) Defect studies in $Cu_2ZnSnSe_4$ and $Cu_2ZnSn(Se_{0.75}S_{0.25})_4$ by admittance and photoluminescence spectroscopy. Materials Science in Semiconductor Processing, 16, 992-996.

[60] Krustok, J., Josepson, R., Danilson, M. & Meissner, D. (2010) Temperature dependence of $Cu_2ZnSn(Se_xS_{1-x})_4$ monograin solar cells. Solar Energy, 84, 379-383.

[61] Kniese, R., Hariskos, D., Voorwinden, G., Rau, U. & Powalla, M. (2003) High band gap $Cu(In,Ga)Se_2$ solar cells and modules prepared with in-line co-evaporation. Thin Solid Films, 431-432, 543-547.

[62] Singh, P., Singh, S. N., Lal, M. & Husain, M. (2008) Temperature dependence of I-V characteristics and performance parameters of silicon solar cell. Solar Energy Materials and Solar Cells, 92, 1611-1616.

[63] Phillips, J. E., Shafarman, W. N. & Shan, E. (1994) Evidence for amorphous like behavior in small grain thin film polycrystalline solar cells. In: Proceedings of IEEE First WCPEC (24th IEEE PVSC), 303-306.

第四篇
薄膜太阳电池的器件物理

14 CZTS 基薄膜太阳电池中晶界的作用

Joel B. Li[1], Bruce M. Clemens[2]

[1] Department of Electrical Engineering, Stanford University, Stanford, CA 94305, USA

[2] Department of Materials Science & Engineering, Stanford University, Stanford, CA 94305, USA

14.1 引言

硅是最常被研究的半导体材料之一，集成电路（integrated-circuit，IC）工业已经发展了成熟的控制和操纵其性质的技术。虽然基于硅晶圆片的技术占据了光伏市场约 85% 的份额[1]，但仍有充分的理由开发薄膜太阳电池。其原因包括：潜在的市场成本；由直接带隙薄膜材料的超薄吸收层实现的节能；将薄膜与廉价、柔性或建筑材料基底结合的潜在可能性[2,3]。这就为其新应用的开拓提供了可能性。

在各种薄膜技术中，CdTe 和 $Cu(In,Ga)(S,Se)_2$（CIGSSe）占据了绝大部分的薄膜光伏市场[4]。然而近几年以来，光伏行业对 CZTS 基薄膜太阳电池表现出越来越大的兴趣，CZTS 基薄膜太阳电池包括 Cu_2ZnSnS_4（CZTS）、$Cu_2ZnSnSe_4$（CZTSe）和 $Cu_2ZnSn(S,Se)_4$（CZTSSe）太阳电池。对 CZTS 基薄膜太阳电池产生极大的兴趣是由于它们取代 $Cu(In,Ga)Se_4$（CIGS）和 CdTe 太阳电池的潜力所激发，后两类电池面临着材料稀缺、有毒以及市场接受度等问题。铟的供应量预计将 CIGSe 的装机容量限制在 20—100GW·a^{-1} 之间[5]。碲的年产量很低（250—300t·a^{-1}），这也将 CdTe 的装机容量限制在 4—5GW_p·a^{-1}[6]。而且 Cd 的使用在一些国家（例如日本）也是被限制的，部分原因是以前由于处理有毒 Cd 引起的相关环境和健康事件[4]。正因为如此，CZTS 因其地壳含量丰富、无毒的元素组成而成为引人关注的 CIGSe 和 CdTe 太阳电池的替代产品。

除了材料的优势之处，CZTS 的光学性质也使其极其适合作为单结太阳电池材料。据报道 CZTS 具有直接带隙（1.32—1.85eV），而且在带边处的吸收系数超过 $10^4 cm^{-1}$[7-9]。

近几年来，CZTS 和 CZTSSe 太阳电池的转换效率已经分别达到了 8.5%[10] 和 12.6%[11]。作为对比，多晶 CIGSe 和 CdTe 太阳电池的转换效率分别达到了 20.8%[12] 和 21.0%[13]。令人惊奇的是对应的 $CuInSe_2$（CISe）和 CdTe 单晶太阳电池的转换效率仅仅分别达到了 12%[12] 和 13.5%[14,15]。在光电或者晶体管应用中，诸如硅、锗、砷化镓之类的半导体材料典型地是在单晶形式下表现出更好的性能。这可以归因于在晶界（grain boundaries，GBs）上发现的高浓度悬挂键和缺陷，这可以导致禁带中电子态的产生和很强的载流子复合。然而，对于多晶 CIGSe 基 [CIGSe、CISe、$CuGaSe_2$（CGSe）] 和 CdTe 太阳电池，

GBs 似乎并没有如同常规半导体情形一样影响太阳电池的转换效率。事实上，一些研究反而证实 GBs 是多晶 CIGSe 基和 CdTe 太阳电池高转换效率的来源之一[16-20]。

一个普遍的理论是 CIGSe 基和 CdTe 薄膜中的 GBs 拥有能够俘获多数载流子的晶体缺陷或者杂质，从而形成空间电荷区（space charge region，SCR）和 GB 电势。此 GB 电势的出现在 SCR 内建立电场[21]，通过协助电子流向 GBs，并从中排斥空穴[16,17]，电场的建立将增强电荷分离。总之，这一效应将增强 CIGSe 基和 CdTe 太阳电池中少数载流子的收集。

14.2 CIGSe 和 CdTe 太阳电池

CIGSe 基和 CZTS 基薄膜在生长方法、光电和晶体学性质等方面都具有相似性。因为这些相似性以及 GBs 在 CIGSe 基和 CdTe 薄膜中的良性本质，考察 GBs 在这些材料中的性质将是十分有帮助的。

14.2.1 模拟结果

Yan 等[22]开展的第一性原理计算表明 CISe 中的 GBs 是有益的，且不拥有强复合位点。其他研究者开展的第一性原理计算表明：在 CISe 中通过 Cu 空位表面重构[23]或者在阳离子终止的 CISe 和 CGSe[24]形成更大的空穴势垒，可以排斥空穴，并减小 GBs 处的复合。

14.2.2 实验结果

14.2.2.1 晶界势垒

晶界势垒是由于晶界处的晶体缺陷或杂质俘获多数载流子形成的势垒。它的产生是因为晶界附近的非补偿掺杂原子在耗尽区建立电场，从而形成晶界势垒。这一晶界势垒如同倾角一样出现在 p 型 CIGSe 和 CdTe 的能带图中。这是一个需要测量的重要参数，因为它通过对载流子的收集、迁移率和寿命的影响而极大地影响着太阳电池的性能。正因为如此，已经有很多课题组使用扫描开文尔探针显微镜（scanning Kelvin probe microscopy，SKPM）测量 CIGSe[17,25-35]和 CdTe[16,36-40]中的晶界势垒。但是所报道的极性类型和势垒高度常常是不一致的。

Baier 等[32]在悬臂的二次共振频率处对 CIGSe 进行了 SKPM 测试，结果发现晶界势垒从 -118mV 变化到 $+114\text{mV}$，而其中一些晶界没有表现出任何势垒。同时他也发现晶界势垒与 CIGSe 的 Ga 含量没有依赖关系，这一发现与 Jiang 等[17]的报道是相反的。

Jiang 等[31,35]认为测量结果的不一致可能是因为材料品质的差异或者 SKPM 设置的不同所造成。为了获得如图 14.1 所示的具有均匀晶粒表面势能和清晰晶界势垒对比的高质量势能图像，可以看到具有最小化的表面缺陷/电荷和反转/耗尽晶界的高品质薄膜表面是非常关键的。

Jiang 等也发现在 SKPM 测试过程中使用低频（约 20kHz）代替二次谐波频率（250—400kHz）模式将会减小形貌的影响，如图 14.2 所示。对这些 CIGSe 薄膜也进行了扫描电容显微镜（scanning capacitance microscopy，SCM）表征，其结果也支持 SKPM 的测试结果。

对采用与 Jiang 等同样的生长工艺得到的 CIGSe 样品，Li 等[33,34]在低频模式下进行了 SKPM 测试，并得到了相似的晶界势垒值。

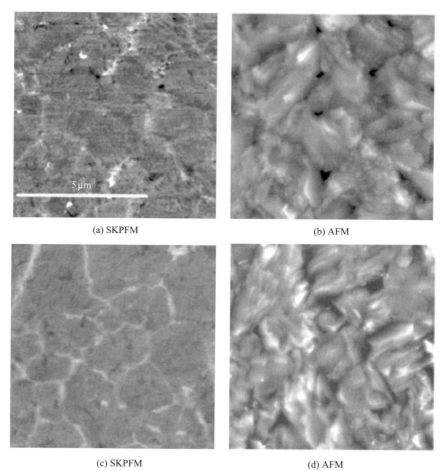

图 14.1 低性能 CIGSe 薄膜的二维图像（a）SKPFM，（b）AFM；高性能 CIGSe 薄膜的二维图像（c）SKPFM，（d）AFM

图中灰色标度在势能图像中是 400mV，在 AFM 图像中是 200nm。重印许可由文献 [35] 提供，© 2012 IEEE

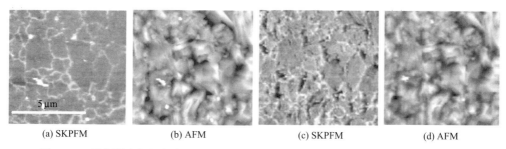

图 14.2 所有测试都是在高性能 CIGSe 薄膜中的相同面积下进行，低频模式测试的二维图像（a）SKPFM，（b）AFM；二次谐波频率模式测试的二维图像（c）SKPFM，（d）AFM

图中灰色标度在势能图像中是 400mV，在 AFM 图像中是 200nm。重印许可由文献 [35] 提供，© 2012 IEEE

诸如导电率、霍尔测试等其它方法也曾用于 CIGSe 基薄膜的晶界势垒测试。由这些技术测试的数值范围是从低于 20meV 到 350meV[41-50]。所测量的晶界势垒高度变化如此大的原因可以归于样品之间的成分差异[41-50]、钠是否渗入到薄膜中[49,50] 以及是否是在空气中退火[41]。

14.2.2.2 成分、复合中心和晶界钝化

为了研究 CIGSe 的晶界与晶粒内部是否存在成分差异，Hetzer 等[51]进行了微区俄歇电子谱表征。他们的结果表明相对于晶粒内部，晶界上的 Cu 成分比例减小因子达到 2 这么大的数量级。

然而，另一研究组对 CIGSe 开展的 EDS 测试却表明晶粒内部和晶界的成分比仅有很小的差异［小于 0.5%（原子分数）][52]，而且在晶界上也没有检测到 O 和 Na 的存在。

如图 14.3 所示，对 CIGSe 进行 APT 测试，发现在晶界处存在显著的 Cu 缺乏，并伴随着 In 和 Se 成分比例的增大[53]。说明发生了表面重构，并在晶界界面上形成了贫铜结构。

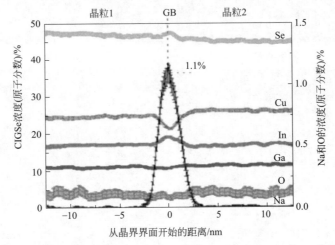

图 14.3 由 APT 测量得到的 CIGSe 中 Se、Cu、In、Ga、O 和 Na 的元素分布剖面曲线
重印许可由文献 [53] 提供，© 2011 IEEE

最近，CIGSe 的电子能量损失谱测试结果表明，晶界处的成分变化局限在宽度仅为约 1nm 的范围内，并且不是由第二相引起的成分变化，而是由于接近晶界的原子平面上的原子或离子重新分布引起了成分变化[54]。测试结果表明晶界处的成分变化是不一致的：图 14.4(a) 显示的晶界是铜缺乏的，而图 14.4(b) 显示的晶界是铜富集的。但是可以观察到的是如果 Cu 信号增强的话，那么 In 信号将减弱，反之亦然。这就说明在晶界处发生了原子的重新分布。

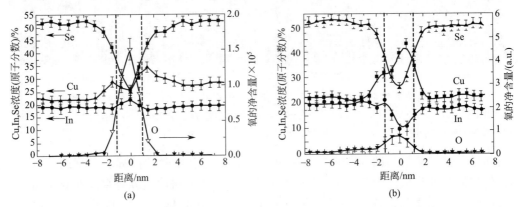

图 14.4 由 EELS 测量得到的 CIGSe 在两个不同点的元素分布曲线
重印许可由文献 [54] 提供，© 2012 WILEY-VCH Verlag GmbH & Co. KGaA, Weinheim

由同一个研究组开展的更进一步研究发现，在 Se-Se 终止的 Σ3 {112} 孪晶界面处存在 Cu 缺乏和 In 富集[55]。另一方面，在阳离子-Se 终止的孪晶界面处，可以检测到 Cu 缺乏，但没有检测到 In 富集。对于非孪晶的晶界情况，常常存在 Cu 信号和 In 信号的强反相关性，即形成 In_{Cu} 和 Cu_{In} 反位。

其它的研究发现 O 和 Na 可以钝化 CIGSe[54,56,57] 和 CISe[58] 的晶界。

为了研究 CIGSe 晶界上的缺陷密度，Abou-Ras 等[59]进行了电子束散射衍射（electron-beam scattering diffraction，EBSD）和阴极射线致发光（cathodoluminescence，CL）测试，结果表明与随机界面相比，Σ3 孪晶界面的缺陷密度相当低。

14.2.2.3 沿晶界的传导通道

晶界增强电荷分离及其可忽略的复合意味着光生电子能够被晶界吸引，并沿着晶界向 CdS 和 ZnO 层传输进行收集。如图 14.5 所示[16,17]，电子-空穴对在晶界附近光激发产生，并且由于晶界电势的存在经历电荷分离。接着空穴在晶粒内向前接触移动，而电子则沿晶界中心通道向 CdTe/CdS 结移动。不同的研究组报道了与理论一致的实验结果：CdTe 中的晶界[16]和 CIGSe 中的晶界[19,26,33,60]是反转的，并且作为少数载流子的传导通道。但是这一特征并不是在所有晶界上都可以检测得到。可能的解释包括以下几个方面：晶面取向的变化[19,61]、晶界能带弯曲的差异[26]、污染物的存在、晶界尖端接触的质量、与 Mo 背接触的电子连接质量[19]等。

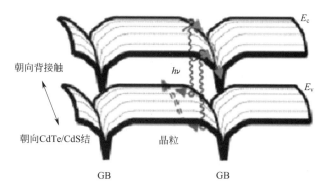

图 14.5　CdTe 晶粒在太阳电池中空间坐标分布的能带示意图
蓝色和红色圆圈分别代表空穴和电子，蓝色和红色箭头分别代表它们的运动方向（见文前彩图）。
重印许可由文献 [16] 提供，© 2014 WILEY-VCH Verlag GmbH & Co. KGaA, Weinheim

14.3　CZTS 基薄膜太阳电池

CIGSe 和 CdTe 太阳电池能够实现较高的转换效率，是因为它们的晶界拥有某种有益的性质。因此确定多晶 CZTS 和 CZTSSe 薄膜是否拥有如 CIGSe 和 CdTe 相同的晶界性质，能够证明 CZTS 和 CZTSSe 太阳电池是否能够实现类似高的转换效率。正因为如此，理解 CZTS 基材料的晶界性质成为理论研究者和实验研究者共同追逐的活跃研究领域。

在本节中，我们将讨论 CZTS 基太阳电池各种生长技术以及模拟和实验结果。

14.3.1　生长技术

CZTS 基薄膜可以采用以下工艺制备得到水合肼溶液基工艺[68,69]及其衍生工艺[70]、在高真空条件下同时沉积和反应的工艺[71]、纳米晶墨水[72-75]、在 150℃低温下共蒸发然后在大气中进行退火[76]。其它生长技术包括：Cu、Zn 和 Sn 靶在 50%H_2S/Ar 混合气体中的反应溅射[33]；Cu_x(S,Se)$_y$、Zn_x(S,Se)$_y$ 和 Sn_x(S,Se)$_y$ 化合物靶的共溅射[77,78]；Cu、SnS 和 ZnS 靶的共溅射[79,80]；真空沉积金属和/或硫化物前驱体的蒸气硒化[81]；Cu-Zn-Sn-S 前驱体反应溅射然后快速退火[82]；结合[83]及不结合[84]硫化处理的溶胶-凝胶工艺；Cu-Zn-Sn 靶溅射然后进行硒化或者硫-硒化处理[85]；Cu_2ZnSnS_4 化合物靶溅射[86]；电化学方法[87]。

14.3.2 模拟结果

密度泛函理论（DFT）模拟结合常规相位衬度成像技术（phase-contrast imaging technique）或者 Z 衬度成像（原子序数衬度成像，Z-contrast imaging）结果表明，在 Si 和 CdTe 中缺陷能级处于其带隙的深能级位置，而在 CISe 和 CZTSe 中缺陷能级处于更浅的带隙位置[62]。同时也观察到如果材料具有更强的共价键结合特征，那么晶界将产生较深的带隙能级；而如果材料具有更强的离子键结合特征，那么晶界将产生更浅的带隙能级。正因为如此，Si 和 CdTe 需要进行晶界钝化，但是对于 CIGSe、CZTSe 和 CZTS，晶界钝化就不是那么关键了。

另一个研究组开展的 DFT 模拟发现，CZTSe 中晶界上的成分原子产生局域缺陷态，将会促进光激发产生的电子和空穴之间的复合[63]。研究发现在 CZTSe 中，位于 GB-Ⅱ 的位置 3 上的 Cu 原子和 Zn 原子（见文献[63]）从 sp^3 成键弛豫到 sp^2 成键。GB-Ⅳ 中的 Cu3 原子的成键方式也从 sp^3 改变到 sp^2，而 Sn3 原子则朝着它的对应原子 Sn3' 移动形成距离为 0.286nm 的二聚体。在 CISe 中，GB-Ⅵ 中的 In3 和 In3' 组成距离为 0.273nm 的二聚体，而 Cu3 原子从 sp^3 构型改变为 sp^2 构型。CISe 的晶界中，由于原子经历了较大的弛豫，从而减小了带隙中的缺陷态，但是在 CZTSe 中结构的改变并没有产生类似的效应。他们的研究建议为了改善 CZTSe 太阳电池的转换效率，去除这些缺陷态是非常关键的。

Xu 等[88]开展的模拟显示完全化学计量比的 CZTS 中，阳离子终止的（112）表面优先形成铜富集的（Cu_{Zn} 和 Cu_{Sn}）缺陷，而在阴离子终止的（$\bar{1}\bar{1}\bar{2}$）表面更有利于形成铜缺乏的（$2V_{Cu}$、$2Zn_{Cu}$、$2Zn_{Cu}+V_{Sn}$）缺陷。在贫铜和富锌条件下进行样品生长，也更有利于形成非化学计量比的样品，并且在上述两种表面上都优先形成铜缺乏的缺陷。通过电子结构分析，可以发现铜富集的表面将在带隙中产生不利的电子态，而铜缺乏的表面则不会形成深带隙电子态，如图 14.6 中的投影态密度（projected density of states，PDOS）所示。这与贫铜富锌的 CZTS 器件更易于具有高转换效率的实验观察现象是一致的。

Yin 等[64]报道，在本征锌黄锡矿 CZTSe 中，Σ3(114) 晶界是不利的，其费米能级钉扎在由失常的成键所产生的缺陷态中。如图 14.7 所示，晶界中的这些深缺陷能级将导致很强的载流子复合。当间隙 Na 离子（Na_i^+）聚集在晶界上时，对电子而言负电势的建立导致晶界附近导带和价带带边的倾斜。这种能带弯曲将排斥空穴，并吸引电子到 CZTSe 的晶界，从而增强电荷分离。然而，由 Cu-Sn 和 Se-Se 失常的成键仍将存在，并成为复合中心。在晶界周围，缺陷态和带边是一起向下移动的，但是缺陷能级仍然处于深能级位置，而且费米能级继续钉扎在晶界上。这就说明 Na_i^+ 掺杂能够引起 CZTSe 晶界周围的能带弯曲，但是不能去除深缺陷态，从而导致太阳电池的性能较差［如图 14.7(b) 所示］。通过晶界上（Zn_{Sn}，O_{Se}）或者（Zn_{Sn}，O_{Se}，Na_i^+）的分离能够实现晶界钝化。这可以减少带隙中的深缺陷态，并且同时形成空穴势垒和电子收集体（如图 14.7 所示）。

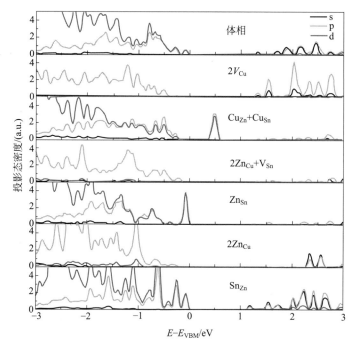

图 14.6 不同表面缺陷的分波态密度（partial density of states，PDOS）

重印许可由文献 [88] 提供，Copyright © 2013 by the American Physical Society。

更多的颜色细节请参阅文前的彩图

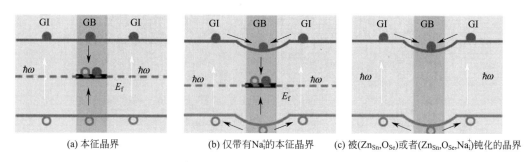

(a) 本征晶界　　(b) 仅带有 Na_i^+ 的本征晶界　　(c) 被 (Zn_{Sn},O_{Se}) 或者 (Zn_{Sn},O_{Se},Na_i^+) 钝化的晶界

图 14.7　CZTSe 的晶界能带示意图

重印许可由文献 [64] 提供，© 2013 WILEY-VCH Verlag GmbH & Co. KGaA, Weinheim

14.3.3　实验结果

14.3.3.1　晶界势垒和传导通道

如图 14.8 所示，SKPM 测试实验结果显示相对于晶粒内部，在晶界上具有更高的正表面电势。此外，如图 14.9 所示，C-AFM 测试也显示晶界邻近区域具有更高的电流[33,34]。综合上述结果，可以证实 CZTS 和 CZTSSe 中的晶界增强了少数载流子收集的发生。

类似地，Repins 报道了美国国家可再生能源实验室（National Renewable Energy Laboratory，NREL）制备的 CZTSe 吸收层的 SKPM 图像[5]（见图 14.10）。他们发现晶界电势的变化范围是 100—500mV，在 $10\mu m \times 10\mu m$ 面积上的平均值约为 400mV。同时也观察到在湿空气中长时间暴露会使晶界电势减小[42]，类似于 NREL 的 CIGSe 样品。他们认为这一衰减现象由 Na 的移动引起，因为在暴露 CIGSe 样品中观察到 Na 含量的增加。

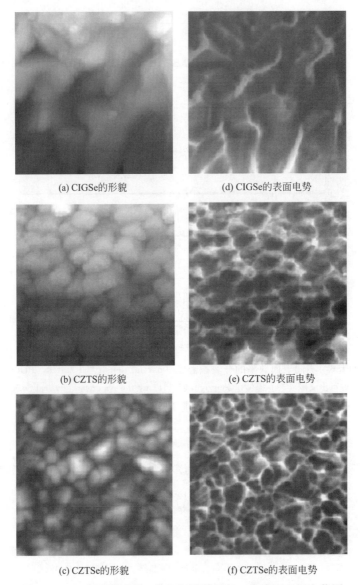

(a) CIGSe的形貌　　(d) CIGSe的表面电势

(b) CZTS的形貌　　(e) CZTS的表面电势

(c) CZTSe的形貌　　(f) CZTSe的表面电势

图 14.8　SKPM 测试的二维空间形貌图与二维表面空间电势图

重印许可由文献 [33] 提供，Copyright © 2012 WILEY-VCH Verlag GmbH & Co. KGaA，Weinheim

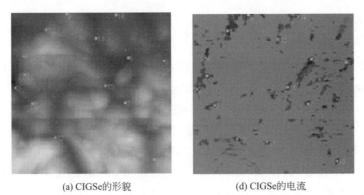

(a) CIGSe的形貌　　(d) CIGSe的电流

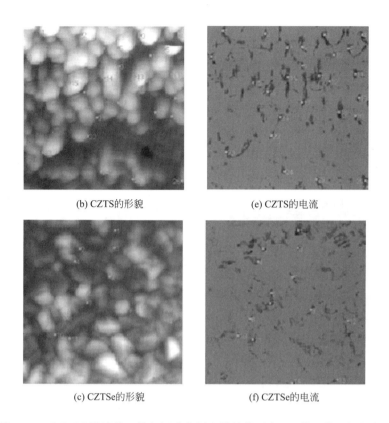

(b) CZTS的形貌　　　　(e) CZTS的电流

(c) CZTSe的形貌　　　　(f) CZTSe的电流

图 14.9　C-AFM 测试的二维空间形貌图和样品偏压为 0V 的二维空间电流图

重印许可由文献 [33] 提供，Copyright © 2012 WILEY-VCH Verlag GmbH & Co. KGaA，Weinheim

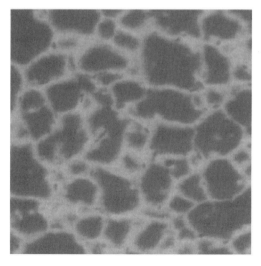

图 14.10　CZTSe 的空间 SKPM 图像[5]

晶界电势的变化范围是 100—500mV，在 $10\mu m \times 10\mu m$ 面积上的平均值约为 400mV

由另一研究组开展的对 CZTSSe 薄膜的 SKPM 和 C-AFM 测试也显示了大多数晶界都具有更高的正表面电势[89]。

测量晶界电势的另一种方法是通过依赖于温度的导电性测试。这种方法显示贫铜CZTS薄膜中的晶界势垒高度随着退火时间单调增大[90]。测量得到的势垒高度变化范围是50—150mV。同时也发现势垒高度对[Cu]/([Zn]+[Sn])比例是十分敏感的，但对[Zn]/[Sn]比例则不敏感。

14.3.3.2 成分、复合中心和晶界钝化

在CZTS薄膜成分变化的研究中，由Wang等[65]开展的EDS分析发现CZTS薄膜中晶界具有与体相或富铜样品相同的成分比。如同CIGSe薄膜一样，在晶界上没有观察到铜缺乏的情形。这一结果可以从图14.11中看到。

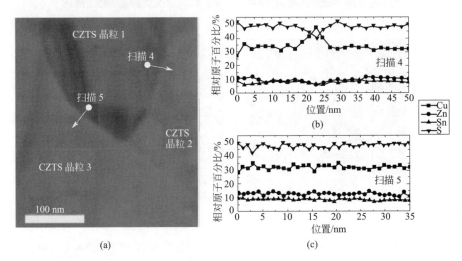

图14.11 CZTS晶界的EDS分析

重印许可由文献[65]提供，Copyright 2011，AIP Publishing LLC

在同一研究组中，Bag等[66]也发现在CZTSe吸收层中，相对于完全化学计量比体相薄膜，晶界表现出一定的富铜特征，如图14.12所示。

为了研究CZTS晶界上的载流子复合，Mendis等[67]进行了CL测试以表征CZTS和$Cu_xSn_yS_z$之间的异质界面的复合速率。他们发现CZTS和$Cu_xSn_yS_z$异质界面与CZTS/ZnS异质界面具有比体相载流子扩散更小的复合速率，而CZTS/SnS异质界面则具有更高的复合速率。诸如ZnS和$CuSnS_3$之类的第二相具有与CZTS几乎相同的键长，他们有可能形成具有失配应力小的异质界面，因此其界面复合很低。另一方面，SnS属于正交晶系，与四方晶系CZTS的晶格常数不同，从而导致其界面失配应力较大，复合速率较高。总之，上述实验说明ZnS和$CuSnS_3$能够提供晶界钝化，而SnS则不能。

然而，Mendis等也指出由第二相钝化晶界可能不会直接导致太阳电池的转换效率更高，因为还有其它因素需要考虑，例如所出现的第二相的带隙并不处于理想的1.4—1.5eV范围内，还要考虑CZTS异质界面的本质（即Ⅰ型异质界面与Ⅱ型异质界面）。对于Ⅰ型异质界面，少数载流子（电子）将被带隙窄的半导体俘获。因此如果此半导体是第二相，那么载流子分离和收集效率将降低。但是对于Ⅱ型异质界面，它们将对电子起到电阻势垒的作用，而对空穴则起到势阱的作用。在p型CZTS中，如果界面是少数载流子电子的电阻势垒的话，那么第二相的位置将是十分重要的。如果第二相沉淀在空间电荷区，它可能是增强并联电阻的理想高电阻势垒。另一方面，如果第二相在准中性区内形成，它们应当是低电阻势垒，所

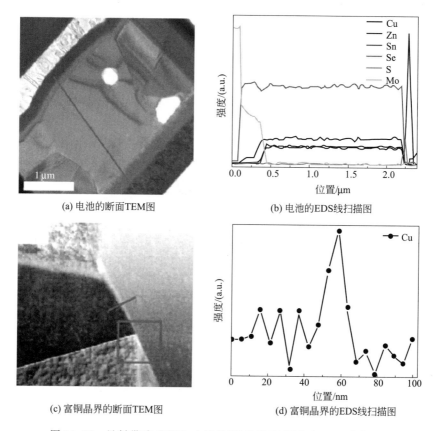

图 14.12 最低带隙 CZTSe 电池的断面 TEM 图像和 EDS 线扫描，
以及同一电池中富铜晶界的断面 TEM 图像和 EDS 线扫描

图（a）和图（c）中所标注的线是图（b）和图（d）中 EDS 线扫描的实际路径。
重印许可由 The Royal Society of Chemistry 文献 [66] 提供，更多的颜色细节请参阅文前的彩图部分

以串联电池较小，而且对载流子的分离负面效应会被减弱。

如图 14.13 所示，Nagoya 等[91]发现在贫铜富锌生长条件下，沉淀在 CZTS 中的 ZnS 相对电子和空穴都形成了较高的势垒。正因为如此，它扮演的既不是复合中心也不是载流子俘获中心，而是非有效的高阻畴。

研究发现，CZTSSe/ZnS 异质界面也形成了电子的高阻势垒[92]。CZTSSe 的紫外光谱（ultraviolet spectroscopy，UPS）显示价带偏移为 1.3eV。因为 ZnS 的带隙值近似等 3.6eV，所以其导带偏移应当为 1.1eV，这将形成电子的实质势垒，产生高的串联电阻。

NREL 最近对他们的 CZTSe 吸收层进行了断面电子束感应电流（cross-sectional electron-beam-induced current，EBIC）测试，发现相比于从晶粒到晶界，当电子束从电子顶部移到底部时将出现更大的信号衰减[93]。这就说明电池损失的主要机制是吸收层内的复合中心，而不是晶界上的复合中心。

使用三种独立的测试技术：EBIC、量子效率和时间分辨荧光谱，NREL 发现他们的 CZTSe 吸收层少数载流子寿命具有数纳秒，远低于高效 CIGS 器件的少数载流子寿命（250ns）[94]。进行电流-电压测试和器件模拟之后，他们发现少数载流子的低寿命对器件电压施加了显著的限制。

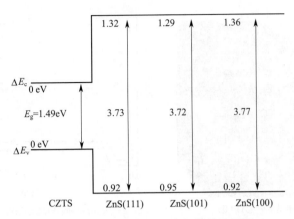

图 14.13　CZTS 和 ZnS 之间的异质界面

ZnS 的带隙略小于体相带隙 3.84eV，这是因为与 CZTS 晶格失配（约 0.5%）产生的界面应力所导致[91]。重印许可由 IOP Publishing 提供，© IOP Publishing. All rights reserved

14.3.3.3　晶界的发光光谱

Romero 对[95] CIGSe、CZTS 和 CZTSe 进行了发光光谱表征，发现贫铜锌黄锡矿（CZTS 和 CZTSe）以及贫铜 CIGSe 具有静电和化学势扰动。如图 14.14(a) 所示，CIGSe 中的晶界发光在晶界上大约有 10—15meV 的较大红移。对于 CZTS，晶界上的红移现象并不明显，而且发光谱的空间变化主要是由晶粒与晶粒之间的不均匀性主导［如图 14.14(b) 所示］。CZTS 的晶界红移非常不明显，仅有 2—4meV。另一方面，在图 14.14(c) 中可以看到 CZTSe 在晶界上的红移现象，红移的数量级与 CIGSe 的晶界红移是相同的（10—15meV）。

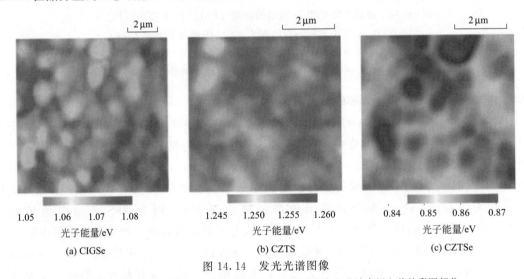

图 14.14　发光光谱图像

重印许可由文献［95］提供，© 2012 IEEE. 更多的颜色细节请参阅文前的彩图部分

这一结果说明 CZTSe 可能有着类似于黄铜矿中所发现的晶界电子结构。这可以归因于相似的原子构型和点缺陷结构。不幸的是，并不是所有 CZTSe 的晶界都表现出与 CIGSe 相同的效应，而在 CIGSe 中，这种红移现象是广泛存在的。锌黄锡矿中晶界所发现的发光现象与黄铜矿类似，并且与中性势垒模型一致，它被认为是晶界良性行为的原因，而且是实现高转换效率的关键。

14.4 结论

相对于传统的 Si 太阳电池，研究发现晶界对 CIGSe 和 CdTe 太阳电池性质的不利影响更小。这就使得 CIGSe 和 CdTe 太阳电池仍然能能实现较高的转换效率（尽管它们本质上是多晶吸收层）。确定晶界在 CZTS 基太阳电池中所扮演的角色是十分重要的，而且有助于实现高转换效率太阳电池的相关研究与开发。

与 CIGSe 和 CdTe 太阳电池相比，目前 CZTS 基太阳电池转换效率的最高纪录是相当低的。这很大程度上可以归因于这些器件较低的开路电压 V_{oc} [68]。较低的 V_{oc} 是因为晶粒内部缺陷所产生的较高的载流子复合、界面复合、或者晶界。为了开发高效 CZTS 基太阳电池，我们必须明确其中哪些参数限制了 V_{oc}。

理论和实验工作都对 CZTS 基太阳电池中晶界的复合本质和性质进行了研究。由于在研究 CIGSe、CdTe 和 CZTS 基薄膜中的晶界时，制备方法、合金成分比、样品质量、实验条件的设置、使用的模拟方法的多样性，文献报道结果并不完全一致。但是目前很多的模拟和实验结果都支持 CZTS 基薄膜中晶界是良性的本质这一观点。这些初步的结果是令人鼓舞的，但是这一领域仍需要开展更多的研究以更好地理解晶界以及它们对太阳电池性能影响。一个可能的途径是由外延 CZTS 基[96]和多晶 CZTS 基薄膜制作器件。比较它们的器件性能能够揭示晶界所扮演的角色，并缩小限制太阳电池效率的因素范围。

参 考 文 献

[1] Wolden, C. A., Kurtin, J., Baxter, J. B., Repins, I., Shaheen, S. E. Torvik, J. T., Rockett, A. A., Fthenakis, V. M. & Aydil, E. S. (2011) Photovoltaic manufacturing: Present status, future prospects, and research needs. Journal of Vacuum Science and Technology: A, 29, 030801.

[2] Wiedeman, S., Albright, S., Britt, J. S., Schoop, U., Schuler, S., Stoss, W. & Verebelyi, D. (2010) Manufacturing ramp-up of flexible CIGS PV. In Proceedings of 35th IEEE Photovoltaic Specialists Conference (PVSC), Honolulu, pp. 003485-003490.

[3] Chirilă, A., Buecheler, S., Pianezzi, F., Bloesch, P., Gretener, C., Uhl, A. R., Fella, C., Kranz, L., Perrenoud, J., Seyrling, S., Verma, R., Nishiwaki, S., Romanyuk, Y. E., Bilger, G. & Tiwari, A. N. (2011) Highly efficient Cu(In,Ga)Se$_2$ solar cells grown on flexible polymer films. Nature Materials, 10, 857-861.

[4] Mitzi, D. B., Gunawan, O., Todorov, T. K. & Barkhouse, D. A. R. (2013) Prospects and performance limitations for Cu-Zn-Sn-S-Se photovoltaic technology. Philosophical Transactions of the Royal Society A: Mathematical, Physical and Engineering Sciences, 371, 20110432.

[5] Repins, I. L., Romero, M. J., Li, J. V., Wei, S.-H., Kuciauskas, D., Jiang, C.-S., Beall, C., DeHart, C., Mann, J., Hsu, W.-C., Teeter, G., Goodrich, A. & Noufi, R. (2013) Kesterite successes, ongoing work, and challenges: a perspective from vacuum deposition. IEEE Journal of Photovoltaics, 3, 439-445.

[6] Chawla, V. (2011) A study of CZTS thin films for solar cell applications. PhD thesis, Stanford University.

[7] Scragg, J. J., Dale, P. J. & Peter, L. M. (2009) Synthesis and characterization of Cu$_2$ZnSnS$_4$ absorber layers by an electrodeposition-annealing route. Thin Solid Films, 517, 2481-2484.

[8] Katagiri, H., Jimbo, K., Yamada, S., Kamimura, T., Maw, W. S., Fukano, T., Ito, T. & Motohiro, T. (2008) Enhanced conversion efficiencies of Cu$_2$ZnSnS$_4$-based thin film solar cells by using preferential etching technique. Applied Physics Express, 1, 041201.

[9] Ito, K. & Nakazawa, T. (1988) Electrical and optical properties of stannite-type quaternary semiconductor thin films. Japanese Journal of Applied Physics, 27, 2094-2097.

[10] Green, M. A., Emery, K., Hishikawa, Y., Warta, W. & Dunlop, E. D. (2013) Solar cell efficiency tables (version 42). Progress in Photovoltaics: Research and Applications, 21, 827-837.

[11] Winkler, M. T., Wang, W., Gunawan, O., Hovel, H. J., Todorov, T. K. & Mitzi, D. B. (2013) Optical designs that improve the efficiency of $Cu_2ZnSn(S,Se)_4$ solar cells. Energy and Environmental Science, doi: 10.1039/c3ee42541j.

[12] Jackson, P., Hariskos, D., Wuerz, R., Wischmann, W. & Powalla, M. (2014) Compositional investigation of potassium doped $Cu(In,Ga)Se_2$ solar cells with efficiencies up to 20.8%. Physica Status Solidi (RRL), 8 (3), 219-222.

[13] Roselund, C. (2014) First Solar Sets New World Record for Thin Film Solar PV at 21%. Available at http://www.pv-magazine.com. (accessed 16 September 2014).

[14] Du, H., Champness, C. H. & Shih, I. (2005) Results on monocrystalline $CuInSe_2$ solar cells. Thin Solid Films, 480-481, 37-41.

[15] Nakazawa, T., Takamizawa, K. & Ito, K. (1987) High efficiency indium oxide/cadmium telluride solar cells. Applied Physics Letters, 50, 279.

[16] Visoly-Fisher, I., Cohen, S. R., Ruzin, A. & Cahen, D. (2004) How polycrystalline devices can outperform single-crystal ones: Thin film CdTe/CdS solar cells. Advanced Materials, 16, 879-883.

[17] Jiang, C. S., Noufi, R., Ramanathan, K., AbuShama, J. A., Moutinho, H. R. & Al-Jassim, M. M. (2004) Does the local built-in potential on grain boundaries of $Cu(In,Ga)Se_2$ thin films benefit photovoltaic performance of the device? Applied Physics Letters, 85, 2625.

[18] Rau, U. & Taretto, K. (2009) Grain boundaries in $Cu(In,Ga)(Se,S)_2$ thin-film solar cells. Applied Physics A: Materials, 96, 221-234.

[19] Azulay, D., Millo, O., Balberg, I., Schock, H.-W., Visoly-Fisher, I. & Cahen, D. (2007) Current routes in polycrystalline $CuInSe_2$ and $Cu(In,Ga)Se_2$ films. Solar Energy Materials and Solar Cells, 91, 85-90.

[20] Metzger, W. K. & Gloeckler, M. (2005) The impact of charged grain boundaries on thin-film solar cells and characterization. Journal of Applied Physics, 98, 063701.

[21] Seto, J. Y. W. (1975) The electrical properties of polycrystalline silicon films. Journal of Applied Physics, 46, 5247-5254.

[22] Yan, Y., Jiang, C. S., Noufi, R., Wei, S.-H., Moutinho, H. & Al-Jassim, M. (2007) Electrically benign behavior of grain boundaries in polycrystalline $CuInSe_2$ films. Physics Reviews Letters, 99, 235504 (2007).

[23] Persson, C. & Zunger, A. (2003) Anomalous grain boundary physics in polycrystalline $CuInSe_2$: the existence of a hole barrier. Physics Reviews Letters, 91, 266401.

[24] Persson, C. & Zunger, A. (2005) Compositionally induced valence-band offset at the grain boundary of polycrystalline chalcopyrites creates a hole barrier. Applied Physics Letters, 87, 211904.

[25] Jiang, C. S., Noufi, R., AbuShama, J. A., Ramanathan, K., Moutinho, H. R., Pankow, J. & Al-Jassim, M. M. (2004) Local built-in potential on grain boundary of $Cu(In,Ga)Se_2$ thin films. Applied Physics Letters, 84, 3477.

[26] Sadewasser, S., Abou-Ras, D., Azulay, D., Baier, R., Balberg, I., Cahen, S., Cohen, S., Gartsman, K., Ganesan, K., Kavalakkatt, J., Li, W., Millo, O., Rissom, T., Rosenwaks, Y., Schock, H. W., Schwarzman, A. & Unold, T. (2011) Nanometer-scale electronic and microstructural properties of grain boundaries in $Cu(In,Ga)Se_2$. Thin Solid Films, 519, 7341-7346.

[27] Sadewasser, S. & Visoly-Fisher, I. (2011) Scanning probe microscopy on inorganic thin films for solar cells. In: Advanced Characterization Techniques for Thin Film Solar Cells (eds Abou-Ras, D., Kirchartz, T. & Rau, U.). Wiley-VCH Verlag GmbH & Co. KGaA, Weinheim, Germany.

[28] Sadewasser, S. (2006) Surface potential of chalcopyrite films measured by KPFM. Physica Status Solidi (A), 203, 2571-2580.

[29] Takihara, M., Minemoto, T., Wakisaka, Y. & Takahashi, T. (2010) Band profile around grain boundary of $Cu(In,Ga)Se_2$ solar cell material characterized by scanning probe microscopy. In Proceedings of 35th IEEE Photovoltaic Specialists Conference (PVSC), Austin, pp. 002512-002515.

[30] Takihara, M., Minemoto, T., Wakisaka, Y. & Takahashi, T. (2011) An investigation of band profile around

the grain boundary of Cu(In,Ga)Se$_2$ solar cell material by scanning probe microscopy. Progress in Photovoltaics: Research and Applications, 21 (4), 595-599.

[31] Jiang, C. S., Contreras, M. A., Repins, I., Moutinho, H. R., Yan, Y., Romero, M. J., Mansfield, L. M., Noufi, R. & Al-Jassim, M. M. (2012) How grain boundaries in Cu(In,Ga)Se$_2$ thin films are charged: Revisit. Applied Physics Letters, 101, 033903-033904.

[32] Baier, R., Lehmann, J., Lehmann, S., Rissom, T., Alexander Kaufmann, C., Schwarzmann, A., Rosenwaks, Y., Lux-Steiner, M. C. & Sadewasser, S. (2012) Electronic properties of grain boundaries in Cu (In, Ga) Se$_2$ thin films with various Ga-contents. Solar Energy Materials and Solar Cells, 103, 86-92.

[33] Li, J. B., Chawla, V. & Clemens, B. M. (2012) Investigating the role of grain boundaries in CZTS and CZTSSe thin film solar cells with scanning probe microscopy. Advanced Materials, 24, 720-723.

[34] Li, J. B., Chawla, V. & Clemens, B. M. (2012) Understanding the role of grain boundaries in sulfide thin film solar cells with scanning probe microscopy. In Proceedings of 38th IEEE Photovoltaic Specialists Conference (PVSC), IEEE, Austin, pp. 000668-000670.

[35] Jiang, C. S., Contreras, M. A., Repins, I., Moutinho, H. R., Noufi, R. & Al-Jassim, M. M. (2012) Determination of grain boundary charging in Cu(In,Ga)Se$_2$ thin films. In Proceedings of 38th IEEE Photovoltaic Specialists Conference (PVSC), IEEE, Austin, pp. 001486-001491.

[36] Visoly-Fisher, I., Cohen, S. & Cahen, D. (2003) Direct evidence for grain-boundary depletion in polycrystalline CdTe from nanoscale-resolved measurements. Applied Physics Letters, 82, 556-558.

[37] Fisher, I. V. & Cohen, S. (2006) Understanding the beneficial role of grain boundaries in polycrystalline solar cells from single-grain-boundary scanning probe microscopy. Advanced Functional Materials, 16, 649-660 (2006).

[38] Moutinho, H. R., Dhere, R. G., Jiang, C. S., Albin, D. S. & Al-Jassim, M. M. (2010) Electrical properties of CdTe/CdS and CdTe/SnO$_2$ solar cells studied with scanning Kelvin probe microscopy. In Proceedings of 35th IEEE Photovoltaic Specialists Conference (PVSC), IEEE, Honolulu, pp. 001955-001959.

[39] Moutinho, H. R., Dhere, R. G., Jiang, C. S., Yan, Y., Albin, D. S. & Al-Jassim, M. M. (2010) Investigation of potential and electric field profiles in cross sections of CdTe/CdS solar cells using scanning Kelvin probe microscopy. Journal of Applied Physics, 108, 074503.

[40] Nowell, M. M., Wright, S. I., Scarpulla, M. A., Compaan, A. D., Liuc, X., Paudel, N. R. & Wieland, K. A. (2012) The correlation of performance in CdTe photovoltaics with grain boundaries. In Proceedings of 19th IEEE International Symposium on the Physical and Failure Analysis of Integrated Circuits (IPFA 2012), IEEE, pp. 1-7.

[41] Datta, T., Noufi, R. & Deb, S. K. (1985) Electrical conductivity of p-type CuInSe$_2$ thin films. Applied Physics Letters, 47, 1102.

[42] Chakrabarti, R., Matiti, B., Chaudhuri, S. & Pal, A. (2002) Photoconductivity of Cu(In,Ga)Se$_2$ films. Solar Energy Materials and Solar Cells, 43, 237-247.

[43] Kazmerski, L. L., Ayyagari, M. S. & Sanborn, G. A. (1975) CuInS$_2$ thin films: Preparation and properties. Journal of Applied Physics, 46, 4865.

[44] Schuler, S., Nishiwaki, S., Beckmann, J., Rega, N., Brehme, S., Siebentritt, S. & Lux-Steiner, M. C. (2004) Charge carrier transport in polycrystalline CuGaSe$_2$ thin films. In Proceedings of 29th IEEE Photovoltaic Specialists Conference, New Orleans, pp. 504-507.

[45] Siebentritt, S. & Schuler, S. (2003) Defects and transport in the wide gap chalcopyrite CuGaSe$_2$. Journal of Physics and Chemistry of Solids, 64, 1621-1626.

[46] Rissom, B. (2007) Elektrische Transporteigenschaften von epitaktischen und polykristallinen Chalkopyrit-Schichten. PhD thesis, Freie Universitat.

[47] Siebentritt, S. S., Sadewasser, S. S., Wimmer, M. M., Leendertz, C. C., Eisenbarth, T. T. & A Lux-Steiner, M. C. M. (2006) Evidence for a neutral grain-boundary barrier in chalcopyrites. Physical Reviews Letters, 97, 146601.

[48] Meyer, T. (1999) Reversible Relaxationsphanomene im elektrischen Transport von Cu (In, Ga) Se$_2$. PhD thesis, Universitat Oldenburg.

[49] Holz, J., Karg, F. & von Philipsborn, H. (1994) The effect of substrate impurities on the electronic conductivity

in CIS thin films. In Proceedings of 12th European Photovoltaic Solar Energy Conference, Amsterdam, p. 1592.

[50] Virtuani, A., Lotter, E., Powalla, M., Rau, U., Werner, J. H. & Acciarri, M. (2006) Influence of Cu content on electronic transport and shunting behavior of Cu(In,Ga)Se$_2$ solar cells. Journal of Applied Physics, 99, 014906.

[51] Hetzer, M. J., Strzhemechny, Y. M., Gao, M., Contreras, M. A., Zunger, A. & Brillson, L. J. (2005) Direct observation of copper depletion and potential changes at copper indium gallium diselenide grain boundaries. Applied Physics Letters, 86, 162105.

[52] Lei, C., Li, C. M., Rockett, A. & Robertson, I. M. (2007) Grain boundary compositions in Cu(In,Ga)Se$_2$. Journal of Applied Physics, 101, 024909.

[53] Couzinie-Devy, F., Cadel, E., Barreau, N., Pareige, P. & Kessler, J. (2011) Atom probe contribution to the characterisation of CIGSe grain boundaries. In Proceedings of 37th IEEE Photovoltaic Specialists Conference (PVSC), IEEE, pp. 001966-001971.

[54] Abou-Ras, D., Schmidt, S. S., Caballero, R., Unold, T., Schock, H.-W., Koch, C. T., Schaffer, B., Schaffer, M., Choi, P.-P. & Cojocaru-Miredin, O. (2012) Confined and chemically flexible grain boundaries in polycrystalline compound semiconductors. Advanced Energy Materials, 2, 992-998.

[55] Abou-Ras, D., Schaffer, B., Schaffer, M., Schmidt, S. S., Caballero, R. & Unold, T. (2012) Direct insight into grain boundary reconstruction in polycrystalline Cu (In, Ga) Se$_2$ with atomic resolution. Physical Review Letters, 108 (7), 075502.

[56] Kronik, L., Rau, U., Guillemoles, J. F., Braunger, D., Schock, H. W. & Cahen, D. (2000) Interface redox engineering of Cu (In, Ga) Se$_2$-based solar cells: oxygen, sodium, and chemical bath effects. Thin Solid Films, 361-362, 353-359.

[57] Kronik, L. & Cahen, D. (1998) Effects of sodium on polycrystalline Cu (In, Ga) Se$_2$ and its solar cell performance. Advanced Materials, 10, 31-36.

[58] Cahen, D. & Noufi, R. (1989) Defect chemical explanation for the effect of air anneal on CdS/CuInSe$_2$ solar cell performance. Applied Physics Letters, 54, 558-560.

[59] Abou-Ras, D., Koch, C. T., Kustner, V., van Aken, P. A., Jahn, U., Contreras, M. A., Caballero, R., Kaufmann, C. A., Scheer, R., Unold, T. & Schock, H. W. (2009) Grain-boundary types in chalcopyrite-type thin films and their correlations with film texture and electrical properties. Thin Solid Films, 517, 2545-2549.

[60] Jiang, C. S., Repins, I. L., Mansfield, L. M., Contreras, M. A., Moutinho, H. R., Ramanathan, K., Noufi, R. & Al-Jassim, M. M. (2013) Electrical conduction channel along the grain boundaries of Cu (In, Ga) Se$_2$ thin films. Applied Physics Letters, 102, 253905.

[61] Shin, R. H., Jo, W., Kim, D. W., Yun, J. H. & Ahn, S. (2011) Local current-voltage behaviors of preferentially and randomly textured Cu (In, Ga) Se$_2$ thin films investigated by conductive atomic force microscopy. Applied Physics A, 104, 1189-1194.

[62] Yan, Y. (2011) Understanding of defect physics in polycrystalline photovoltaic materials: Preprint. In Proceedings of 37th IEEE Photovoltaic Specialists Conference (PVSC), pp. 001218-001222.

[63] Li, J., Mitzi, D. B. & Shenoy, V. B. (2011) Structure and electronic properties of grain boundaries in earth-abundant photovoltaic absorber Cu$_2$ZnSnSe$_4$. ACS Nano, 5, 8613-8619.

[64] Yin, W.-J., Wu, Y., Wei, S.-H., Noufi, R., Al-Jassim, M. M. & Yan, Y. (2013) Engineering grain boundaries in Cu$_2$ZnSnSe$_4$ for better cell performance: a first-principle study. Advanced Energy Materials, doi: 10.1002/aenm.201300712.

[65] Wang, K., Shin, B., Reuter, K. B., Todorov, T., Mitzi, D. B. & Guha, S. (2011) Structural and elemental characterization of high efficiency Cu$_2$ZnSnS$_4$ solar cells. Applied Physics Letters, 98, 051912.

[66] Bag, S., Gunawan, O., Gokmen, T., Zhu, Y., Todorov, T. K. & Mitzi, D. B. (2012) Low band gap liquid-processed CZTSe solar cell with 10.1% efficiency. Energy and Environmental Science, 5, 7060-7065.

[67] Mendis, B. G., Goodman, M. C. J., Major, J. D., Taylor, A. A., Durose, K. & Halliday, D. P. (2012) The role of secondary phase precipitation on grain boundary electrical activity in Cu$_2$ZnSnS$_4$ (CZTS) photovoltaic absorber layer material. Progress in Photovoltaics: Research and Applications, 112, 124508.

[68] Barkhouse, D. A. R., Gunawan, O., Gokmen, T., Todorov, T. K. & Mitzi, D. B. (2012) Device characteristics of a 10.1% hydrazine-processed $Cu_2ZnSn(Se,S)_4$ solar cell. Progress in Photovoltaics: Research and Applications, doi: 10.1002/pip.1160.

[69] Todorov, T., Sugimoto, H., Gunawan, O., Gokmen, T. and Mitzi, D. B. (2014) High-efficiency devices with pure solution-processed $Cu_2ZnSn(S,Se)_4$ absorbers. IEEE Journal of Photovoltaics, 4 (1), 483-485.

[70] Todorov, T., Gunawan, O., Chey, S. J., de Monsabert, T. G., Prabhakar, A. & Mitzi, D. B. (2011) Progress towards marketable earth-abundant chalcogenide solar cells. Thin Solid Films, 519, 7378-7381.

[71] Repins, I., Beall, C., Vora, N., DeHart, C., Kuciauskas, D., Dippo, P., To, B., Mann, J., Hsu, W.-C., Goodrich, A. & Noufi, R. (2012) Co-evaporated $Cu_2ZnSnSe_4$ films and devices. Solar Energy Materials and Solar Cells, 101, 154-159.

[72] Guo, Q., Cao, Y., Caspar, J. V., Farneth, W. E., Ionkin, A. S., Johnson, L. K., Lu, M., Malajovich, I., Radu, D. & Choudhury, K. R. (2012) A simple solution-based route to high-efficiency CZTSSe thin-film solar cells. In Proceedings of 38th IEEE Photovoltaic Specialists Conference (PVSC), 002993-002996.

[73] Woo, K., Kim, Y. & Moon, J. (2012) A non-toxic, solution-processed, earth abundant absorbing layer for thin-film solar cells. Energy and Environmental Science, 5 (1), 5340-5345.

[74] Cao, Y., Denny Jr., M. S., Caspar, J. V., Farneth, W. E., Guo, Q., Ionkin, A. S., Johnson, L. K., Lu, M., Malajovich, I., Radu, D., Rosenfeld, H. D., Choudhury, K. R. & Wu, W. (2012) High-efficiency solution-processed $Cu_2ZnSn(S,Se)_4$ thin-film solar cells prepared from binary and ternary nanoparticles. Journal of American Chemical Society, 134 (38), 15644-15647.

[75] Miskin, C. K., Yang, W.-C., Hages, C. J., Carter, N. J., Joglekar, C. S., Stach, E. A. & Agrawal, R. (2014) 9.0% efficient $Cu_2ZnSn(S,Se)_4$ solar cells from selenized nanoparticle inks. Progress in Photovoltaics: Research and Applications, doi: 10.1002/pip.2472.

[76] Shin, B., Gunawan, O. & Zhu, Y. (2011) Thin film solar cell with 8.4% power conversion efficiency using an earth-abundant Cu_2ZnSnS_4 absorber. Progress in Photovoltaics: Research and Applications, doi: 10.1002/pip.1174.

[77] Li, J. B., Chawla, V. & Clemens, B. M. (2012) Investigating the role of grain boundaries in CZTS and CZTSSe thin film solar cells with scanning probe microscopy. Advanced Materials, 24, 720-723.

[78] Chawla, V. & Clemens, B. (2012) Effect of composition on high efficiency CZTSSe devices fabricated using co-sputtering of compound targets. In Proceedings of 38th IEEE Photovoltaic Specialists Conference (PVSC), Austin, pp. 002990-002992.

[79] Dhakal, T. P., Ramesh, D. N., Tobias, R. R., Peng, C.-Y. & Westgate, C. R. (2013) Enhancement of efficiency in Cu_2ZnSnS_4 (CZTS) solar cells grown by sputtering. In Proceedings of 39th IEEE Photovoltaic Specialists Conference (PVSC), IEEE, pp. 1949-1952.

[80] Khalkar, A., Lim, K. S., Yu, S. M., Patole, S. P. & Yoo, J. B. (2014) Deposition of Cu_2ZnSnS_4 thin films by magnetron sputtering and subsequent sulphurization. Electronic Materials Letters, 10 (1), 43-49.

[81] Grenet, L., Bernardi, S., Kohen, D., Lepoittevin, C., Noel, S., Karst, N., Brioude, A., Perraud, S. & Mariette, H. (2012) $Cu_2ZnSn(S_{1-x}Se_x)_4$ based solar cell produced by selenization of vacuum deposited precursors. Solar Energy Materials and Solar Cells, 101, 11-14.

[82] Scragg, J. J., Ericson, T., Fontane, X., Izquierdo Roca, V., Perez Rodriguez, A., Kubart, T., Edoff, M. & Platzer Bjorkman, C. (2012) Rapid annealing of reactively sputtered precursors for Cu_2ZnSnS_4 solar cells. Progress in Photovoltaics: Research and Applications, doi: 10.1002/pip.2265.

[83] Maeda, K., Tanaka, K., Fukui, Y. & Uchiki, H. (2011) Influence of H_2S concentration on the properties of Cu_2ZnSnS_4 thin films and solar cells prepared by sol-gel sulfurization. Solar Energy Materials and Solar Cells, 95, 2855-2860.

[84] Park, H., Hwang, Y. H. & Bae, B.-S. (2012) Sol-gel processed Cu_2ZnSnS_4 thin films for a photovoltaic absorber layer without sulfurization. Journal of Sol-Gel Science and Technology, 65, 23-27.

[85] Kuo, D.-H. & Hsu, J.-P. (2013) Property characterizations of $Cu_2ZnSnSe_4$ and $Cu_2ZnSn(S,Se)_4$ films prepared by sputtering with single Cu-Zn-Sn target and a subsequent selenization or sulfo-selenization procedure. Surface and

Coatings Technology, 236, 166-171.

[86] Nakamura, R., Tanaka, K., Uchiki, H., Jimbo, K., Washio, T. & Katagiri, H. (2014) Cu_2ZnSnS_4 thin film deposited by sputtering with Cu_2ZnSnS_4 compound target. Japanese Journal of Applied Physics, 53 (2), 02BC10.

[87] Ikeda, S., Septina, W., Lin, Y., Kyoraiseki, A., Harada, T. & Matsumura, M. (2013) Electrochemical synthesis of Cu_2ZnSnS_4 and $Cu_2ZnSnSe_4$ thin films for solar cells. In Proceedings of International Renewable and Sustainable Energy Conference (IRSEC), pp. 1-4.

[88] Xu, P., Chen, S., Huang, B., Xiang, H. J., Gong, X.-G. & Wei, S.-H. (2013) Stability and electronic structure of Cu_2ZnSnS_4 surfaces: First-principles study. Physical Review B, 88, 045427.

[89] Kim, G. Y., Kim, J. R., Jo, W., Son, D.-H., Kim, D.-H. & Kang, J.-K. (2014) Nanoscale observation of surface potential and carrier transport in $Cu_2ZnSn(S, Se)_4$ thin films grown by sputteringbased two-step process. Nanoscale Research Letters, 9 (1), 10.

[90] Kosyak, V., Karmarkar, M. A. & Scarpulla, M. A. (2012) Temperature dependent conductivity of polycrystalline Cu_2ZnSnS_4 thin films. Applied Physics Letters, 100, 263903.

[91] Nagoya, A., Asahi, R. & Kresse, G. (2011) First-principles study of Cu_2ZnSnS_4 and the related band offsets for photovoltaic applications. Journal of Physics: Condensed Matter, 23, 404203.

[92] Barkhouse, D. A. R., Haight, R., Sakai, N., Hiroi, H., Sugimoto, H. & Mitzi, D. B. (2012) Cd-free buffer layer materials on $Cu_2ZnSn(S_xSe_{1-x})_4$: Band alignments with ZnO, ZnS, and In_2S_3. Applied Physics Letters, 100, 193904.

[93] Repins, I. L., Moutinho, H., Choi, S. G., Kanevce, A., Kuciauskas, D., Dippo, P., Beall, C. L., Carapella, J., DeHart, C., Huang, B. & Wei, S. H. (2013) Indications of short minority-carrier lifetime in kesterite solar cells. Journal of Applied Physics, 114, 084507.

[94] Metzger, W. K., Repins, I. L. & Contreras, M. A. (2008) Long lifetimes in high-efficiency Cu (In, Ga) Se_2 solar cells. Applied Physics Letters, 93, 022110.

[95] Romero, M. J., Repins, I., Teeter, G., Contreras, M. A., Al-Jassim, M. & Noufi, R. (2012) A comparative study of the defect point physics and luminescence of the kesterites Cu_2ZnSnS_4 and $Cu_2ZnSnSe_4$ and chalcopyrite Cu (In, Ga) Se_2. In Proceedings of 38th IEEE Photovoltaic Specialists Conference (PVSC), Austin, pp. 003349-003353.

[96] Shin, B., Zhu, Y., Gershon, T., Bojarczuk, N. A. & Guha, S. (2014) Epitaxial growth of kesterite Cu_2ZnSnS_4 on a Si (001) substrate by thermal co-evaporation. Thin Solid Films, 556 (C), 9-12.

15 共蒸发法制备 CZTS 基薄膜太阳电池

Byungha Shin,[1,2] Talia Gershon[1], Supratik Guha[1]
[1] IBM Thomas J. Watson Research Center, New York, USA
[2] Department of Materials Science and Engineering, Korea Advanced Institute of Science and Technology, Daejeon, Republic of Korea

15.1 引言

锌黄锡矿化合物 Cu_2ZnSnS_4（CZTS）的光伏效应是 Ito 和 Nakazawa[1] 于 20 世纪 80 年代末首次发现的。在这一时期，主要展示了 CZTS 最有前景的光学性质，并报道了在氧化锡镉透明导电层上 CZTS 太阳电池的开路电压 V_{oc} 为 165 mV。从 20 世纪 90 年代晚期开始，Katagiri 等[2] 开展了改进 CZTS 基太阳电池转换效率的开创性工作；到了 2008 年他们发表了 6.77% 的转换效率纪录[3]。两年之后，Todorov 等[4] 在 IBM 发表了新的转换效率纪录（9.66%），他们是通过使用溶液方法，并在吸收层材料中加入 Se 实现的。由于其实现高转换效率的潜力，以及其组成元素在地壳中含量丰富而且无毒，这一工作激发了新一波关于 CZTS 的研究兴趣。当前的转换效率纪录是 12.6%[5]。制备 CZTS 薄膜有着许多方法，包括：热共蒸发[6-17]、溅射[18,19]、电镀[20-21]、激光脉冲沉积[22]、原子层沉积[23]、CZTS 纳米晶烧结[24-26] 和溶液基方法[27-31]。本章将总结共蒸发 CZTS 光伏技术的关键内容。

CZTS 薄膜的性质和 CZTS 基太阳电池的性能常常被拿来与其"表兄弟"$Cu(In,Ga)Se_2$（CIGS）体系进行对比，后者有着更成熟的技术，并且目前还保持着多晶薄膜太阳电池的转换效率纪录。事实上，当前实现转换效率纪录的 CZTS 器件（含 Se）的器件架构与保持最高转换效率纪录的 CIGS 器件是十分相似的，只需直接将 CIGS 吸收层替换成 CZTS 吸收层就可以了。器件堆叠包括：ZnO/Sn 掺杂 In_2O_3（ITO）透明导电双层氧化物、CdS 缓冲层和 Mo 底接触层。具有最高转换效率 CIGS 太阳电池的吸收层是由热共蒸发三步法生产的，制备过程对 Cu、Ga、In 的流量进行调控，基底温度从 400℃ 变化到 600℃。目的增强晶粒生长并构建带隙梯度，即控制最大带隙材料生长在 CIGS 界面的顶部和底部[32]。CIGS 技术中热共蒸发的成功激发了研究者对 CZTS 材料热共蒸发的兴趣。然而，常规的热共蒸发（生长的薄膜不需要进行进一步的热处理就或多或少拥有所期望的晶体结构）对于 CZTS 来说是复杂的。温度超过 500℃（即高品质薄膜所需要的处理温度）时，CZTS 相是不稳定的，而且在缺乏足够高的 S 蒸气压情况下将分解。Scragg 等[33] 对 CZTS 分解进行了全面的热力学和动力学分析。他们发现 CZTS 的分解包括两个步骤：

$$Cu_2ZnSnS_4(s) \rightleftharpoons Cu_2S(s) + ZnS(s) + SnS(s) + S_2(g)/2 \quad (15.1)$$

$$SnS(s) \rightleftharpoons SnS(g) \quad (15.2)$$

这些结果说明如果以下两个条件得到满足，CZTS 相分解是可以避免的：(1) S 分压 (p_{S_2}) 必须大于与温度有关的临界值；(2) 产物的 p_{S_2} 和 SnS 的分压 p_{SnS} 也必须大于阈值。例如在 550℃ 温度下要满足这些条件要求：当 $p_{SnS} \geqslant 1.9 \times 10^{-3}$ Torr (1Torr＝133.322Pa) 时最小的 $p_{S_2} \approx 1.7 \times 10^{-4}$ Torr；或者当 $p_{S_2} \geqslant 225$ Torr 时最小的 $p_{SnS} \approx 1.5 \times 10^{-6}$ Torr。这些条件很难适合典型的热蒸发体系。因此仅有很少的文献报道了在升高基底温度条件下热沉积 CZTS 薄膜。在 Tanaka 等[16]的工作中，于 400—600℃ 生长得到了 CZTS 薄膜，其中四个元素泻流室位于同一个腔室中在沉积过程中蒸气压保持为 $<7.5 \times 10^{-7}$ Torr。在该文献中由 XRD 测试确定样品为单相锌黄锡矿结构。但是，如第 15.2 节所述，由于 CZTS、Cu_2SnS_3 和 ZnS 的 XRD 衍射峰之间有重叠，因此由 XRD 确定的单相 CZTS 结构的结论常常是有问题的。此外，薄膜在 600℃ 条件下生长时，他们的工作中还包含几个额外的不确定的衍射峰，并且观察不到已知的 CZTS 衍射峰，这就说明薄膜是在 CZTS 失稳区内生长的[16]。

Oishi 等[15]采用高温共蒸发在 Si (001) 基底上外延生长了 CZTS 薄膜。制备过程中，元素 Cu、Sn 和 S 源以及二元 ZnS 源同时蒸镀到基底上，温度保持为 430—500℃，生长速率较低约为 $1.7 nm \cdot min^{-1}$，腔室气压保持为 $<4.5 \times 10^{-5}$ Torr。通过反射高能电子衍射 (reflection high-energy electron diffraction，RHEED) 和 XRD 分析，他们生长的样品为晶粒优先取向与基底一致的多晶薄膜。应当注意的是 Oishi 等[15]或者 Tanaka 等[16]没有报道完全的和功能化的太阳电池。在高温下使用热共蒸发工艺制备完全运行的 CZTS 器件的首次报道是由 Schubert 等[17]完成。在他们的工作中，使用 ZnS、Sn、Cu 和 S 作为蒸发源，将 CZTS 共蒸镀到温度保持为 550℃ 的基底上，在制备过程中 S 分压为 $(1.5—2.3) \times 10^{-5}$ Torr，最后通过 KCN 蚀刻去除刚沉积的 CZTS 上的 CuS 相，获得了转换效率为 4.1% 的演示器件。

与完全硫化的 CZTS 类似，在高温基底上使用共蒸发法制备完全硒化的化合物 $Cu_2ZnSnSe_4$(CZTSe) 时，也必须采用严格的生长条件。例如，Redinger 和 Siebentritt[12]发现当 Se 分压保持为 4×10^{-6} Torr，基底温度 $\geqslant 450℃$ 时，没有 Sn 渗入到薄膜中。但是硒化物对制备条件的要求似乎比硫化物更宽松，可能是因为硒的挥发性低于硫。例如硒在 450℃ 时的平衡蒸气压约为 15Torr，而硫则约为 760Torr，这就使得 CZTSe 分解反应的第一阶段更难发生［相当于上述方程式(15.1)中对应的是硒化物］。NREL 的研究者首次演示了在升温基底上由热共蒸发法制备高品质器件级 CZTSe 薄膜的能力，通过三步法制作了转换效率高达 9.15% 的 CZTSe 太阳电池[10]。

CZTS 的热共蒸发工艺的另一种方法是采用足够低的生长温度，使得 Sn 不挥发，而 CZTS 薄膜是稳定的。为了增强结晶性和晶粒结构，有必要对刚沉积的薄膜进行高温退火处理。这就是 IBM 利用共蒸发制备 CZTS（或 CZTSe）吸收层的路线[6-9]。使用这种方法我们得到了转换效率高达 8.4% 的 CZTS 太阳电池[8]和转换效率 8.9% 的 CZTSe 太阳电池[9]。

在本章的其余小节中，回顾了我们生产高品质 CZTS 和 CZTSe 吸收层和高效太阳电池的工艺。根据这些吸收层和器件的深入分析讨论了我们的发现。在第 15.2 节中，提供了制备 CZTS 和 CZTSe 薄膜的实验细节。在 15.3 节中，描述了共蒸发的 CZTS 和 CZTSe 吸收层的基本性质。在 15.4 节中讨论了 CZTS 太阳电池的器件特性。在 15.5 节中讨论了 CZTSe 太阳电池的器件特性,特别关注了底界面 $MoSe_2$ 层的厚度对器件性能的影响。最后,第 15.6 节对整章进行了总结。

15.2 CZTS 和 CZTSe 吸收层的制备

用于沉积 CZTS 和 CZTSe 的蒸发腔室配置有三个泻流室应用于元素 Cu、Zn 和 Sn,以及一个商用带阀的裂解反应装置应用于 S 和 Se(Veeco Process Equipment,Inc.)。除了 Sn 源的纯度为 5N199.99 之外,其余所有源的纯度都达到 6N(即 99.9999%)。在生长过程中,典型的腔室温度分别是:Cu 室 1080—1115℃,Zn 室为 190—290℃,Sn 室为 1010—1050℃。从而原子束流分别为:Cu 原子束流 $(2—3)\times10^{-8}$ Torr,Zn 原子束流 $(1—2)\times10^{-7}$ Torr,Sn 原子束流 $(5—6)\times10^{-8}$ Torr,上述数据由安装在生长位置附近的电离真空计或者质谱仪测量得到。由校准的 XRF 测试得到在 150℃ 生长温度下,此流量范围获得的 CZTS 薄膜的成分比为 Cu/Sn≈1.7—1.8,Zn/Sn≈1.2—1.3。目前已经知道这些成分比范围能够得到最好的器件性能[34]。体内和 S(Se)源裂解区的温度分别保持在 170℃(270℃)和 350—500℃(520℃)。如表 15.1 所示,从裂解区(温度为 350—500℃)逸出的 S 原子束通量中超过 90% 由单原子态和双原子态 S 组成。由于 Se 的热裂解,在裂解区温度为 520℃ 仅仅只检测到单原子态的 Se。S 和 Se 的通量都是 $(3—4)\times10^{-6}$ Torr。沉积速率大约是 10nm·min^{-1}。除了特别说明,在完整太阳电池中 CZTS 和 CZTSe 薄膜的厚度分别是 600—700nm 和 1500nm。生长温度是 150℃,而且为了薄膜厚度的均匀性,基底持续以 10—20r/min 速率进行旋转。

表 15.1 从裂解反应装置出来的硫原子束流的分布,裂解反应区的温度保持在 350℃

种类	S	S_2	S_3	S_4	S_5	S_6	S_7	S_8
相对百分含量/%	16.1	77.1	2	2.2	0.8	1.5	0.1	0.3

在沉积之后,将 CZTS 薄膜在 S(或者 Se)气氛中进行一个简短的热处理[34]。典型的退火温度和持续时间分别是 570—600℃ 和 5—10min。对于硫化物材料,在退火过程中硫分压保持约为 50Torr。应当注意的是我们的退火时间远低于那些通常使用 H_2S 气氛进行硫化的溅射 CZTS 薄膜[3]。如下一节所述,5—10min 的退火时间已经足够获得晶粒结构,即达到平均 CZTS 晶粒尺寸与 CZTS 薄膜厚度(600—700nm)相当。值得注意的是这种简短的退火方法最近应用于溅射 CZTS 薄膜时,其中也观察到了 CZTS 晶粒的快速生长[18]。对于 CZTSe 薄膜(见第 15.3 节),我们进行了各种退火温度和 Se 分压(p_{Se})的测试。

完整的 CZTS(CZTSe)太阳电池的器件结构是:SLG 基底/700nm 厚的 Mo 层/CZTS(CZTSe)吸收层/约 60—100nm 厚的 CdS 缓冲层/约 80nm 厚的 i-ZnO 层/约 450nm 厚的 ZnO:Al(AZO)层或者约 130nm 厚的 In_2O_3:Sn(ITO)透明导电氧化物(TCO)层/Ni-Al 金属指状电极/约 105nm 厚的 MgF_2 抗反射涂层。CdS 层由化学浴沉积法制备,i-ZnO、AZO 和 ITO 层都是由射频溅射法制备。在沉积 CdS 之前,先用 1mol/L NaCN 溶液处理 CZTS(CZTSe)3min。这是为了去除在 CZTS(CZTSe)层中存在的 $Cu_xS(Cu_xSe)$[11]。器件面积由机械刻图法定义,大约是 0.45cm^2(每个器件之间的准确面积可能有轻微的变化)。

15.3 共蒸发 CZTS 和 CZTSe 吸收层的基本性质

15.3.1 CZTS 吸收层的结构性质

图 15.1(a)展现了刚沉积的典型 CZTS 薄膜(在 Mo 涂覆的 SLG 之上)的透射电子

显微图像,可以看到它是由柱状晶粒构成的。这些晶粒大约有100nm宽,而且跨越CZTS薄膜的整个厚度。刚沉积的CZTS薄膜的XRD测试结果如图15.2(a)所示。其中一个峰位接近于CZTS(112)反射的衍射峰;其余衍射峰则来自于CZTS层之下的Mo层。因此SEM图像所显示的柱状晶粒大多数是沿[112]晶向排列的。锌黄锡矿结构中,(112)晶面相当于交替的密堆积晶面,由金属阳离子(Cu,Zn,Sn)或者阴离子(S)独占式地分布。一些晶粒中所观察到的水平线极有可能是堆垛层错。如扫描透射电子显微(scanning transmission electron microscopy,STEM)模式中的EDX所显示,CZTS中的成分变化是极小的。图15.1(c)描述了在暗场STEM图像[图15.1(b)]中,一个由EDX线扫描收集的元素分析样本。

图15.2(b)是在570℃的加热板上退火5min之后样品的XRD谱图。锌黄锡矿CZTS结构的特征峰都已出现,但是相对于图15.2(a),(112)反射的衍射峰强度变弱了,说明晶粒结构的取向优先变弱。图15.2(c)对比了刚沉积CZTS和退火CZTS的XRD谱图,即对比扩展的(112)峰。从图15.2(c)中可以清楚看到刚沉积CZTS的(112)XRD峰位相对于退火CZTS的对应峰位处于更低的2θ位置,后者更接近于文献[35,36]报道的数值。刚沉积CZTS的(112)晶面间距大于平衡晶面间距,说明取代阳离子无序分布。阳离子无序分布在由基底温度为120℃的反应共溅射法制备的CZTS薄膜也曾有所报道[18]。

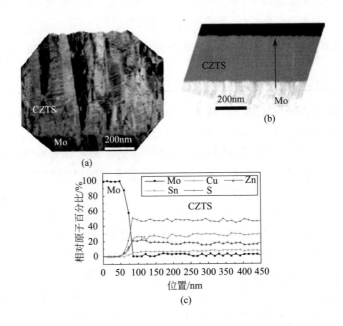

图15.1 (a)在Mo层之上典型的刚沉积CZTS薄膜明场TEM图像,显示了柱状晶粒结构;(b)刚沉积CZTS薄膜的暗场STEM图像,基于此图进行了EDX线扫描,其中垂直箭头标注了EDX线扫描的方向;(c)由EDX线扫描确定的元素分布剖面曲线,显示了在整个薄膜厚度上成分的均匀分布

虽然原则上所有XRD峰都能认为是CZTS,但是不能排除在退火CZTS中可能存在第

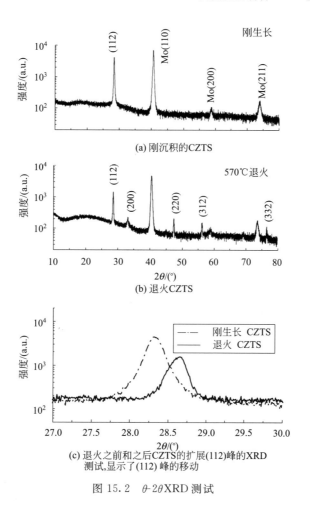

(a) 刚沉积的CZTS

(b) 退火CZTS

(c) 退火之前和之后CZTS的扩展(112)峰的XRD测试,显示了(112)峰的移动

图 15.2　θ-2θ XRD 测试

二相，如 ZnS 或 Cu_2SnS_3，这是因为 ZnS 或者 Cu_2SnS_3 的许多衍射峰与 CZTS 的衍射峰是重叠在一起的[37]。我们也使用拉曼光谱对 CZTS 吸收层进行进一步表征（如图 15.3 所示）。激光波长是 632nm，并照射于样品顶部。拉曼光谱中所有峰都与 CZTS 已经的拉曼位移是一一对应的：$287cm^{-1}$、$338cm^{-1}$、$368cm^{-1}$[37,38]，并且没有关于第二相（如 $Cu_{2-x}S$、ZnS、Cu_2SnS_3、Sn_2S_3，对应的主拉曼峰分别位于：$475cm^{-1}$[39]、$355cm^{-1}$[38]、$318cm^{-1}$[39]、$304cm^{-1}$[38]）的明确指向。然而，应当注意的是用于拉曼测试的探测激光（632nm）被 CZTS 薄膜 100—200nm 的顶部层强烈吸收，因此拉曼取样深度被限制在薄膜的这一区域当中。XRD 和拉曼分析都不能决定性地确认在退火 CZTS 薄膜中存在哪种物相。因此必须用其它结构分析方法，如 TEM、EDX 等，决定性地确认物相。

图 15.4(a)描述的是我们制备的性能最好的 CZTS 太阳电池（转换效率为 8.4%，CZTS 层厚度约为 600nm）的明场 TEM 断面图像，该电池的电压-电流（I-V）特性和光伏性能参数将在第 15.4 节中进行描述。相对于刚沉积的 CZTS 薄膜，570℃温度退火 5min 的薄膜中，晶粒结构有了明显的改善［对比图 15.1(a)和图 15.4(a)］。大多数晶粒跨越整个薄膜厚度。尽管在刚沉积薄膜中发现阳离子的无序分布，但是阳离子和阴离子晶面在平衡 CZTS 中以类 (112) 顺序交替排列。这就可以解释为什么仅需在 570℃温度下退火 5min 就足以得到大晶粒；因为原子在刚生长的薄膜中已经按一定顺序很好地混合在一起，从而不需要长程扩散。

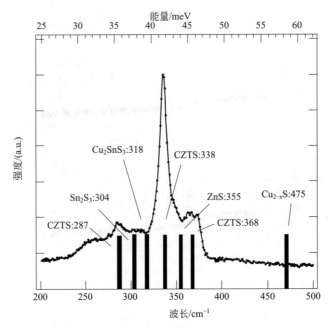

图 15.3　退火 CZTS 薄膜的拉曼光谱

重印许可由文献 [7] 提供，Copyright © 2011, AIP Publishing LLC

这一解释是由 Scragg 等[18]提出的，他们观察到了共溅射 CZTS 的晶粒快速生长现象，而且类似的现象在我们的共蒸发样品中也曾观察到。除了几乎从 CZTS 顶部纵跨到底部的大晶粒之外，我们在位于底界面附近观察到一些更小的晶粒（尺寸为 100—200nm），它们被认定为 ZnS。此外，在 CZTS 层与 Mo 层之间形成了厚度约为 110nm 的连续界面层；这可能是 MoS_2，相关讨论将在以下章节展开。

图 15.4(b) 显示的是转换效率为 8.4% 的 CZTS 太阳电池的暗场 STEM 图像。其中从 Mo 层延伸到 ZnO 层的垂直箭头表示 EDX 线扫描的方向。由 EDX 扫描确定的元素分布曲线如图 15.4(c) 所示，可以确定大晶粒是 CZTS，小晶粒是 ZnS，而位于 Mo 层顶的界面层是 MoS_2。除了 ZnS 之外，我们有时能观察到由 Cu_xSnS_y 组成的片状晶粒。这些第二相的形成并不奇怪，因为刚沉积的 CZTS 薄膜的初始成分比是非化学计量比的（Cu/Sn≈1.8，Zn/Sn≈1.2），而我们已经知道这种成分比是高性能太阳电池的最优比例[40]。现在对于为什么这些偏离完全化学计量比的成分比能产生最好性能的 CZTS 器件仍有一些不一致意见。我们的推测是贫铜富锌条件使得其中不利的点缺陷、缺陷团簇或者缺陷聚集的密度达到它们的最小值。这一点将在第 15.4 节中进一步讨论。

15.3.2　CZTS 的吸收特性

图 15.5 给出了生长在玻璃基底上的 CZTS 薄膜的吸收系数（α）曲线，数据由透射测试获得。图 15.5 中的内插图绘制的是 $(\alpha h\nu)^2$ 对于 $h\nu$ 的变化曲线，其中 $h\nu$ 是入射光子的能量。从这个插图中可以估算得到 CZTS 薄膜的带隙为 1.46eV。图中再现了文献 [1，41—44] 报道的 CZTS 薄膜的吸收系数曲线与我们测试得到的 CZTS 薄膜的 α 数值。可以直接观察到，相对于文献中所报道的材料，我们制备的材料在整个太阳电池运行的波长范围内具有更大的吸收系数。根据图 15.5 中的光吸收特性，我们为不同厚度的 CZTS 薄膜构建了吸收太阳辐射谱图（如图 15.6 所示）：由列表的 AM1.5 太阳光谱（请参阅 http：//rredc.nrel.gov/solar/spectra/

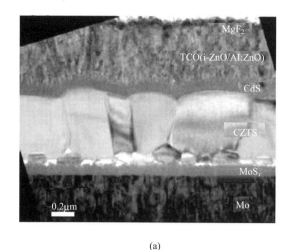
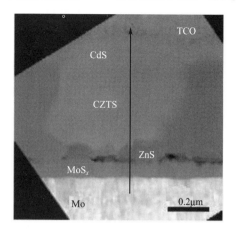

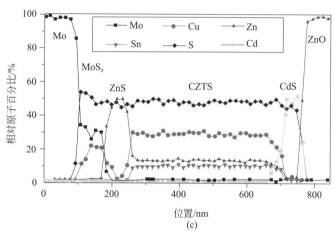

图 15.4 (a) 转换效率为 8.4% 的 CZTS 太阳电池的明场 TEM 图像,显示了 CZTS 晶粒结构的双峰分布;(b) 转换效率为 8.4% 的 CZTS 太阳电池的暗场 STEM 图像,从 Mo 层延伸到 ZnO 层的垂直箭头表示 EDX 线扫描的方向;(c) 由 EDX 线扫描确定的元素分布剖面曲线 [图 (b) 中垂直箭头],表明 CZTS/MoS_2 界面附近 ZnS 的存在

重印许可由文献 [8] 提供,Copyright © John Wiley & Sons, Ltd

am1.5) 乘以 $1-\exp(-\alpha d)$ 得到的数值,其中 d 是薄膜厚度。我们制备得到的 CZTS 薄膜的吸收系数相对较大,其结果是不需要很厚的吸收层即可完全捕获太阳辐射;厚度为 600nm 时吸收的太阳光就已经超过其他带隙 E_g 为 1.46eV 的材料吸收的太阳光的 97%。在第 15.4 节中我们将讨论,这种吸收特性允许我们仅使用 600nm 厚的 CZTS 吸收层就能得到接近 $20mA \cdot cm^{-2}$ 的短路电流密度 J_{sc}(大约为 J_{sc} 最大可能值的 87%)。

15.3.3 CZTS 吸收层的电学性质

根据霍尔测试(O. Gunawan 等的私人通信,2013),在退火处理(在 S 蒸汽中 570℃温度下退火 5min)之后我们的 CZTS 薄膜的空穴浓度和空穴迁移率分别是:约 $1\times10^{14}cm^{-3}$ 和 $1cm^2 \cdot V^{-1} \cdot s^{-1}$。文献中报道的 CZTS 电阻率数值范围是 $0.1-1\ \Omega \cdot cm$、空穴迁移率高达 $12.6cm^2 \cdot V^{-1} \cdot s^{-1}$。Mitzi 等[34]在他们文章的表 2 中汇总了文献报道的电阻率和空穴迁移率的测量结果。但是,报道高载流子迁移率的文献并没有报道器件结果,或者报道的结果常常

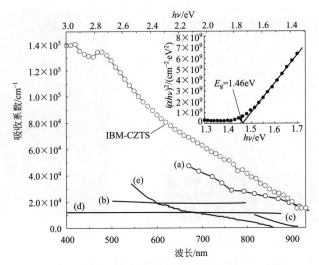

图 15.5　我们制备的 CZTS 薄膜（由热共蒸发沉积并在 S 气氛中简短退火）的吸收系数与文献报道的数值的对比

(a) 由 CZTS 化合靶溅射的 CZTS 薄膜[1]；(b) 由喷雾热解法制备的 CZTS 薄膜[41]；(c) 由电子束沉积法沉积金属堆叠层然后硫化处理制备的 CZTS 薄膜[42]；(d) 由反应磁控溅射法制备的 CZTS 薄膜[43]；(e) 由硫化沉积金属堆叠层制备的 CZTS 薄膜[44]。内插图是 $(\alpha h\nu)^2$ 相对于 $h\nu$ 的变化曲线，据此可以估算 CZTS 的带隙

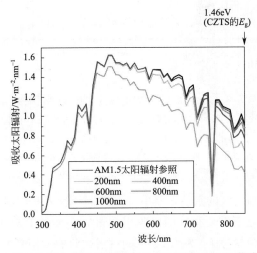

图 15.6　由图 15.5 中测量的吸收系数计算得到的不同厚度 CZTS 薄膜的太阳辐射吸收曲线

更多的颜色细节请参阅文前的彩图部分

是很差的转换效率（例如转换效率为 0.49% 的器件[45]，它所报道的 CZTS 空穴迁移率为 12.6 cm^2·V^{-1}·s^{-1}）。一个可能合理的解释是：在上述 CZTS 薄膜中出现了诸如 Cu_xS 和 Cu_xSnS_y 之类的导电第二相，这有可能影响测试结果。Tanaka 等[11]最近的一个研究工作事实上证明了当 Cu_2Se 与 CZTSe 共存时，表观空穴浓度增加了近三个数量级。对样品进行 KCN 蚀刻处理（去除 Cu_2Se）之后，空穴浓度减小，这就说明 CZTS 和 CZTSe 的电气测试对化合物的相纯度是敏感的。

太阳电池运行中最重要的一个参数是少数载流子的迁移率，对于 p 型 CZTS 来说就是电

子迁移率 μ_n。Persson 等[46]采用第一性原理计算研究了 CZTS 的电子结构，发现电子有效质量小于空穴有效质量，两者的相差的因子为 1.1—3.9，依赖于晶向而不同（沿 [001] 方向是 1.1，沿 [110] 或 [010] 方向是 3.9）。这就说明 CZTS 的电子迁移率 μ_e 比空穴迁移率 μ_h 高 1.1—3.9 倍。如上所述，由实验测量的空穴迁移率 μ_h 约为 $1\text{cm}^2 \cdot \text{V}^{-1} \cdot \text{s}^{-1}$，因此我们估算电子迁移率 μ_e 约为 $1—4\text{cm}^2 \cdot \text{V}^{-1} \cdot \text{s}^{-1}$。

15.3.4 CZTSe 吸收层

现在我们转到全硒化物 CZTSe 吸收层这一主题。图 15.7（a）显示的是 CZTSe 器件的 SEM 图像，其处理工艺与我们转换效率最高（8.4%）的 CZTS 太阳电池中的 CZTS 吸收层的处理工艺类似（沉积温度约为 150℃；沉积速率约为 $100\text{nm} \cdot \text{min}^{-1}$；退火持续时间/温度为 5min/570℃；退火过程中硫族元素的分压约为 160Torr）。从图中可以看到底界面层是非常厚的。图 15.7（a）中由相似工艺制备的样品的 XRD 测试结果如图 15.8 所示。其中有两个衍射峰 2θ 位于约 32°和 56°，它们既不能归属于 CZTSe 也不归属于 Mo，而是对应于 $MoSe_2$ 的（100）和（110）反射。$MoSe_2$ 的（00n）衍射峰没有出现，表明 $MoSe_2$ 层的 c 轴平行于 Mo 表面，这种构型提高了含 Se 吸收层在 Mo 层上的黏附作用[47]。接下来我们描述为了抑制这一 $MoSe_2$ 层的形成而采用的三种不同的方法。

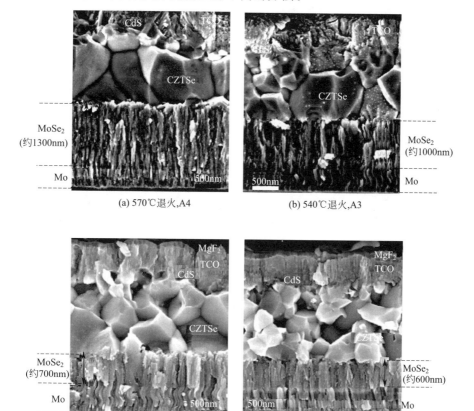

图 15.7　退火处理后 CZTSe 太阳电池的 SEM 断面图像

在每一个退火温度下 Se 气氛的分压均大于平衡 Se 蒸气压。

重印许可由文献 [9] 提供，Copyright © 2012，AIP Publishing LLC

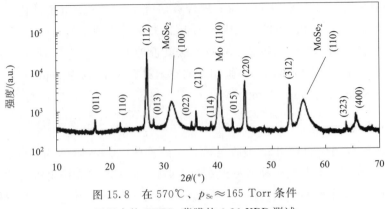

图 15.8 在 570℃、$p_{Se}\approx 165$ Torr 条件下退火的 CZTSe 薄膜的 θ-2θ XRD 测试

我们首先降低沉积后的退火温度,使之低于 570℃,但是在每一个退火温度下硒蒸气分压 p_{Se} 仍都保持高于硒的平衡蒸气分压,以阻止 CZTSe 可能的分解。退火持续时间是 5min。从图 15.9 所示的 SEM 图像中可以看到,较低的退火温度能够减小 MoSe₂ 层的厚度,但是平均晶粒尺寸也随之减小。

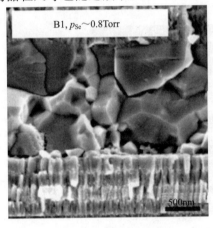

(a) 0.8Torr

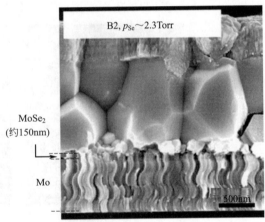

(b) 2.3Torr

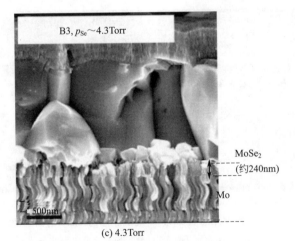

(c) 4.3Torr

图 15.9 在不同 p_{Se} 条件下退火的 CZTSe 太阳电池的 SEM 断面图像
所有样品的退火温度均为 540℃

在第二种方法中，我们保持较高的退火温度（540℃），但是将 p_{Se} 从 0.8Torr 改变到 4.3Torr。这一参数通过改变退火腔室中和 CZTSe 样品中的硒总量进行调节。正如所预期的，$MoSe_2$ 层的厚度随着 Se 量增加而增加；事实上，当 p_{Se} 小于 1 Torr 时 $MoSe_2$ 层几乎不出现[如图 15.9(a)所示]。CZTSe 的晶粒结构几乎不受 Se 存在数量的影响。但是如 15.5 节所讨论，在低 p_{Se} 下退火，在带隙中将形成缺陷态。

最后一种方法是使用较高的基底温度和较高的 p_{Se}，但是在 CZTSe 层和 Mo 层之间引入扩散阻挡层（约 20nm 厚的 TiN）。图 15.10(a)显示了太阳电池（样品 TiN2）的暗场 TEM 断面图像，该样品在 CZTSe 层沉积之前先在 Mo 层上沉积了标称约 20nm 厚的 TiN 层。这一器件得到了 8.9% 的能量转换效率。该样品在 570℃、Se 蒸气压约为 165 Torr 条件下进行退火。EDX 线扫描的元素分布曲线图如图 15.10(b)所示，表明在 570℃ 下，随着来自吸收层的部分铜原子的掺入，一些硒原子仍然设法穿过 TiN 层进行扩散并在下面形成 $MoSe_2$ 层。但是 $MoSe_2$ 层的厚度（约 220nm）已经远小于其它没有 TiN 层的对应样品中的 $MoSe_2$ 层的厚度[图 15.7(a)中的样品 A4；$MoSe_2$ 层的厚度约为 1300nm]。另一个含有 20nm 厚 TiN 层的样品（样品 TiN1）在 480℃ 下退火，在 SEM 的检测极限内没有发现界面层的出现。因此，在较低的退火温度下约 20nm 厚的 TiN 层就足以完全抑制 $MoSe_2$ 的形成。

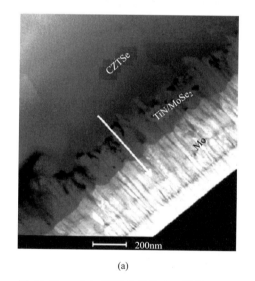
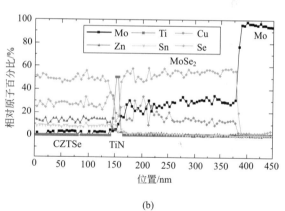

图 15.10　(a) 转换效率为 8.9% 的 CZTSe 太阳电池（样品 C1 TiN）的底界面层的 TEM 暗场图像；
(b) 由 EDX 线扫描确定的元素分布曲线，线扫描方向由图（a）中的箭头标示

重印许可由文献 [9] 提供，Copyright © 2012，AIP Publishing LLC

上述三种方法都能成功地减小 $MoSe_2$ 层的厚度。不同退火条件（温度和 p_{Se}）对于器件性能的影响将在第 15.5 节中讨论。

15.4　全硫化物 CZTS 薄膜太阳电池的器件特性

15.4.1　J_{sc} 分析

图 15.11(a)显示的是我们的转换效率为 8.9%、CZTS 吸收层厚度为 600nm 的太阳电池在黑暗和 1 个太阳照度下的电流密度与电压（J-V）特性，测试在 Newport 公司外部认证实

验室进行。这一器件的光伏参数也在图中列出。我们首先讨论所测量的短路电流密度 J_{sc} 的意义,更确切地说是我们所制备的 CZTS 吸收层如何有效地收集光生载流子。如 15.3.2 小节所讨论,600nm 厚的 CZTS 层有能力吸收几乎 97% 的光子能量等于和大于 1.46eV 的太阳光。如果假设收集效率是 100%,那么这一厚度的 CZTS 器件的 J_{sc} 理论极限是 30.0mA·cm^{-2}。实际上,来自 TCO 层和 CdS 缓冲层的损失是必须考虑的。图 15.11(b) 中的外量子效率 (external quantum efficiency, EQE) 显示太阳电池对波长小于约 350nm 的太阳光几乎没有响应,这是因为 TCO 层(80nm 厚的 i-ZnO 层加上 450nm 厚的 Zn:Al 层)完全吸收了这一波段的太阳光。波长小于约 520nm 的光响应也有显著减小,这是因为 CdS 的部分吸收所导致,CdS 的带隙约为 2.4eV(即吸收阈值约为 520nm)。考虑来自 ZnO 层和 CdS 层的损失之后,J_{sc} 的理论极限是 23.8mA·cm^{-2}。测量的 J_{sc} 值是 19.5mA·cm^{-2},接近于最大值的 82%,可以认为这是合理的,但不是理想的收集效率。光生载流子不完全的收集效率也可以由零偏压[图 15.11(b) 中的空心方块所示]和 -1V 反置偏压[图 15.11(b) 中的空心圆圈所示]两种条件下的 EQE 对比进一步说明。如图 15.11(b) 所示,在反置偏压条件下的 EQE 谱大于在零偏压条件下的 EQE 谱,而且改善的程度随着波长增大而增大。这就说明光生载流子减小的收集效率在吸收层中产生深吸收(即由波长更长的入射光子产生的载流子)。反置偏压的应用扩展了耗尽层,使其进入吸收层中,因此更大比例的少数光生载流子被此电场扫除。对于图 15.11(b) 中的 EQE,需要注意的另一点是约 550nm 处的 EQE 最大值仍然没有达到 100%(这一波长的表面反射损失是最小的,最多只有约 2%—3%)。这一波长对应于 CdS/CZTS 界面附近产生的光子吸收;但是它们都不会对 J_{sc} 有贡献。我们推测这与 CdS 和 CZTS 之间的"尖峰"类型能带偏移(约 0.41eV)有关,这一偏移值大于最佳值的范围(0.1—0.3eV)[48],后者是 Haight 等[49]开展的紫外光电子谱研究确定的。

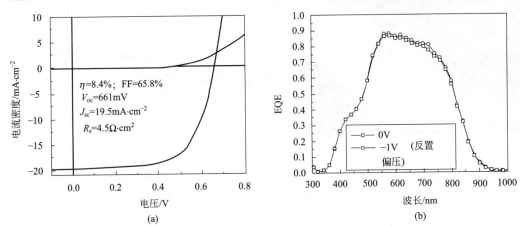

图 15.11 (a) 黑暗和 1 个太阳照度下的 I-V 特性,I-V 测试是由外部认证实验室(Newport 技术与应用中心光伏实验室,Newport Technology and Applications Center's Photovoltaic Lab)开展的,其结果与我们自己的测量非常相似(此处没有显示);(b) 零偏压和反置偏压(-1V)条件下的 EQE 测试

重印许可由文献 [8] 提供,Copyright © John Wiley & Sons, Ltd

15.4.2 光生载流子的寿命

图 15.12 描绘的是室温下捕获发光波长为 960nm 的时间分辨光致发光光谱(time-resolved photoluminescence, TRPL)。这一波长对应于在室温下作为波长函数收集的 PL 光谱

中宽吸收峰的位置（参见图 15.12 的内插图）。其光子能量（约 1.3eV）小于由 EQE 测试估算的带隙能（1.45eV）。但是，在 860nm（约 1.45eV）处的 TRPL 测试得到的光谱几乎与在 960nm 处的一样，除了由于 860nm 处的更弱发光产生的高能噪声之处。由于激发源的脉冲性质（15kHz），由每个激光脉冲产生的初始过剩载流子浓度比同样功率密度激光持续照射下的稳态过剩载流子浓度大近 5000 倍，也就是说这是一个高注入机制。因此 TRPL 的起始衰减相当快。为了避免初始的快速衰减，我们采用光谱的后面部分（15—25ns）进行单指数函数进行拟合，得到载流子复合寿命 τ 大约为 8ns。

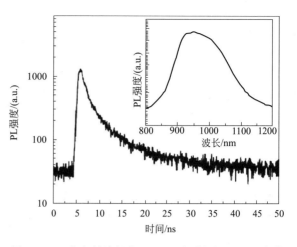

图 15.12　在发射波长为 960nm 处测得的 TRPL 光谱
由单指数函数拟合 15—25ns 范围的光谱确定的载流子寿命约为 8ns。内插图描绘的是 PL 与波长的变化。重印许可由文献 [8] 提供，Copyright © John Wiley & Sons, Ltd

15.4.3　V_{oc} 亏损检测

与文献报道[18,50]一致的是：我们的 CZTS 器件存在着显著的开路电压 V_{oc} 亏损，其中 $(E_g/q) - V_{oc}$ 数值超过了 0.5V，而 0.5V 是高效薄膜太阳电池的典型数值[51]。温度相关的 V_{oc} 测试（见图 15.13）揭示了 V_{oc} 外推到 0K 时与 E_g/q 的差值接近 210mV。对于这一亏损的起因，两个普遍解释是：(1) 器件中的非理想界面，不论是与 Mo 背电极，还是与 CdS 的界面；(2) CZTS 中的高浓度缺陷，它会产生不良的带尾效应，并且限制载流迁移及其寿命[52]。在这一小节中，我们讨论由真空沉积的 CZTS 材料直接测量的 V_{oc} 亏损与缺陷密度之间关系的结果。这些结果表明准施主-受主对（quasi donor-acceptor pair，QDAP）缺陷与 CZTS 器件的 V_{oc} 亏损至少是部分有关的。在此，我们使用"准"是为了指出与经典模型的差异，例如由缺陷团簇产生的不同。

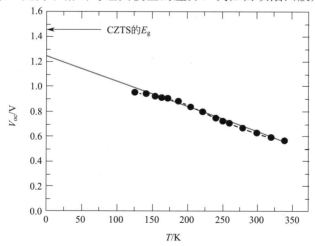

图 15.13　作为电池温度函数的 V_{oc} 变化曲线
外推 V_{oc} 到 0K 的值约为 1.25V，如果体内复合占主导的话，这比 CZTS 吸收层
（$E_g \approx 1.46$eV）的预期值 1.46V 约小 0.21V

对成分和转换效率变化的 CZTS 薄膜进行低温（4K）强度相关的 PL 测试（532nm 的脉冲激光，频率为 15kHz）。图 15.14(a)显示的是转换效率为 8.3%的太阳电池[53]在 4K 下强度相关的 PL 光谱。从图 15.14(a)中可以看到，在低激发强度下，光谱包含一个以约 1.14eV 为中心的峰。当激发强度增大，这个峰的位置开始蓝移，直到它到达约 1.21eV 数值。在更高的激发之下，出现高肩峰，而低能峰在高度上达到饱和并有轻微的红移。这些测量及其结果的详细讨论由 Gershon 等[53]完成。

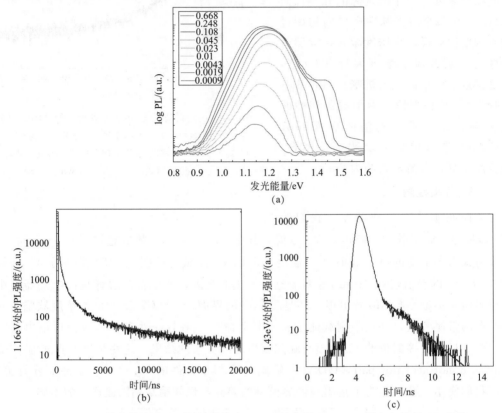

图 15.14 (a)转换效率为 8.3%的器件中 CZTS 层的低温（4K）强度相关的 PL 光谱，图例中的数字对应于平均强度（W·cm^{-2}）；(b) 1.16eV 和 (c) 1.43eV 处的 PL 寿命

这些测试所使用的平均激光强度是 0.668W·cm^{-2}。

重印许可由文献［53］提供，Copyright © 2013，AIP Publishing LLC。

更多的颜色细节请参考文前的彩图部分

通过仔细分析峰的高度、位置和激发强度之间关系，以及高激发强度下的高能肩峰的出现，我们可以确定低能蓝移峰对应于在 4K 温度下通过局域 QDAP 缺陷态的发光[53]。1.16eV 和 1.43eV 处 PL 寿命差异这一现象进一步支持了上述结论：低能峰的衰减寿命大约为 12 μs，而高能肩峰的衰减寿命达到 2ns 的量级，上述结果基于速率方程的拟合得到，方程直观地呈现于图 15.14(b)和图 15.14(c)中[54]：

$$n(t)=\frac{n_0\exp(-t/\tau)}{1+(C/A)n_0[1-\exp(-t/\tau)]} \tag{15.3}$$

两种不同能量之间 PL 寿命的较大差异来源于以下事实：低能跃迁涉及到局域态之间的隧穿，但它是无效的；而高能跃迁涉及到非局域态，或者与电荷载流子迁移有关的电子态。

通过 QDAP 态复合产生的发光能量预期能够大体上遵循方程式(15.4)[55]，其中 E_A 是受主离化能量，E_D 是施主离化能量，ε 是 CZTS 的介电常数，r 是 QDAP 之间的距离：

$$E = E_g - E_D - E_A + \frac{q^2}{4\pi\varepsilon r} \tag{15.4}$$

当 r 已知时，缺陷密度可以由以下关系式进行估算[56]：

$$r = \left(\frac{4\pi N_D}{3}\right)^{-1/3} \tag{15.5}$$

方程式(15.4)中的库仑项代表中性准施主和中性准受主之间的相互作用，其中施主被电子占据，受主被空穴占据。中性 QDAP 缺陷的接近程度与激发强度成正比关系，从而引起蓝移。在低能激发下，QDAP 缺陷之间的平均间隔足够远，所以它们之间的库仑相互作用非常小。因此，r 可以由方程式(15.4)中的库仑项蓝移的能量等同地进行估算。通过这种分析，我们发现在转换效率为 8.3% 的太阳电池中，CZTS 层总的辐射缺陷密度大约为 $1 \times 10^{19} \text{cm}^{-3}$。

这种方法用于检验 CZTS 薄膜中总辐射密度与最终器件性能之间的关系[57]。图 15.15 展示的是八种 CZTS 器件的性能特征，其中的七种器件包含相似的起始成分比（Cu/Sn=1.75—1.87；Zn/Sn=1.11—1.23），另一种器件被认为是轻微的贫锌（Cu/Sn=1.75；Zn/

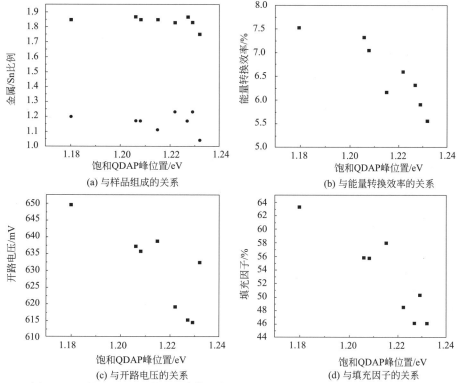

图 15.15　饱和 QDAP 的 PL 峰位置与八种不同器件的样品成分比、能量转换效率、开路电压和填充因子之间的关系

■—Cu/Sn；●—Zn/Sn

其中一种器件被认为是贫锌组成。

所有样品都是使用相同仪器、采用相同方法通过生长、退火、处理工艺制备得到。

重印许可由文献 [57] 提供，Copyright © 2013，AIP Publishing LLC

Sn=1.04)。从图 15.15(a)中可以看到包含相同起始金属比例的样品也可能包含不同的饱和 QDAP 峰位置（它与吸收层中的缺陷密度直接相关，因为所有样品在约为 1.14eV±0.01eV 的最低激发能条件下都呈现出相同的起始峰位置，该数据在图中没有给出）。然而，器件性能范围较宽的变化与吸收层中 QDAP 缺陷浓度之间具有很好的相关性。对于相同的金属成分比，呈现出更高的缺陷密度的样品同样表现出更低的开路电压 V_{oc} 和填充因子 FF 值。呈现出最高缺陷密度和最低性能特性的是贫锌样品。除此之外，其它统计数据没有在此给出[57]，这些数据表明 QDAP 缺陷可能与实验发现的贫铜富锌材料能够提供平均更好的器件性能有关。

15.5 全硒化物 CZTSe 薄膜太阳电池的器件特性

在第 15.3 节中，我们描述了控制 $MoSe_2$ 层厚度的三种不同方法。在 A 系列样品中，退火温度是变化的，而引入足够的 p_{Se}，这就可以在退火过程中使得 p_{Se} 远大于 Se 的平衡蒸气压，从而抑制物相分解。在 B 系统样品中，退火温度设置为 540℃，而 p_{Se} 是变化的。在 TiN 系列样品中，在 CZTSe 层生长之前，先沉积一层厚度为 20nm 的 TiN 层，而退火温度和 p_{Se} 都保持较高的数值。所有这些样品的退火条件和光伏参数都列举于表 15.2 中。对于 A 系列样品，我们可以看到所有的光伏参数都随着退火温度的升高（也即随着 $MoSe_2$ 层的厚度增加）而降低，尽管晶粒尺寸会随之增大，这就说明器件性能与 $MoSe_2$ 层的厚度之间是负相关的关系。这与文献报道的厚 $MoSe_2$ 界面层对 CIGS 太阳电池性能的不良效应的现象[58]是一致的。对于 B 系列样品，我们再次注意到除了 B2 样品，随着 $MoSe_2$ 层的厚度增加所有样品的性能都下降，即都遭受 J_{sc} 和 FF 数值的降低，其原因现在还不清楚。值得指出的是 B1 样品中几乎不存在 $MoSe_2$ 层，但是由于有相当合适的串联电阻 R_S 主导，仍然产生了较高的转换效率（6.3%）。这与为了使 CIGS 与 Mo 形成欧姆接触而必须有 $MoSe_2$ 的主张[47]是相反的。

表 15.2 CZTSe 样品的退火条件、光伏参数和 $MoSe_2$ 界面层厚度列表

样品编号	退火温度/℃	退火过程中 Se 的近似分压/Torr	Se 的近似平衡蒸气压/Torr①	转换效率/%	V_{oc}/mV	J_{sc}/mA·cm^{-2}	FF/%	R_S/Ω·cm^2	$MoSe_2$层的近似厚度/nm
A1	480	35	28	5.95①	333	31.5	56.8	2	600
A2	510	60	52	5.26①	327	30.1	53.5	2.4	700
A3	540	100	90	4.08	293	27.4	51	2.6	1000
A4	570	160	150	2.95	264	25.4	44	3.4	1300
B1	540	0.8	90	6.36①	308	34.9	59.2	1.4	<10②
B2	540	2.3	90	3.4	291	27.6	42.4	3.1	150
B3	540	4.3	90	5.56①	289	33.6	57.3	1.6	240
A3	540	100	90	4.08	293	27.4	51	2.6	1000
TiN1	480	35	28	6.3	369	39.3	43.5	2.5	<10②
TiN2	570	160	150	8.9①	385	42.6	54.2	1.8	220

① 具有约 110nm 厚的 MgF2 抗反射涂层，其典型的结果是能增加 0.3%—0.5%的转换效率；
② 小于 SEM 的检测极限。
注：重印许可由文献 [9] 提供，Copyright © 2012，AIP Publishing LLC。

图 15.16 给出了 CZTSe 样品的室温 PL 研究结果。在 p_{Se} 高于 Se 的平衡蒸气压条件下退火的样品（A1—A4）中，PL 峰在接近于 CZTSe 的估算带隙（1.0eV）附近具有最大值，带隙值的估算通过如图 15.16(a)中内插图所示的 EQE 测试确定。与此相反，那些在低 p_{Se} 条件下退火的样品（B1—B3）所包含的 PL 峰都处于能量较低的位置（约 0.93eV 和约 0.83eV）。这类子带隙 PL 发射说明电子跃迁要么与带隙中间的缺陷态直接相关，要么是由缺陷存在产生的各种带尾所引起，这

就说明减小 p_{Se} 将会使 CZTSe 中的缺陷密度增加。此外，在最低 p_{Se} 条件下制备的样品表现出相对最高的 PL 强度，该 PL 峰是由子带隙跃迁产生的，这就说明缺陷来自于 Se 缺乏，而 Se 空位扮演着辐射中心的角色。这些缺陷态的存在可以由 EQE 测试独立地确认。在图 15.16(a) 的内插图显示了样品 A4（在充足 p_{Se} 气氛、570℃温度下退火，也就是说在 570℃温度条件下 p_{Se} 高于 Se 的平衡蒸气压）和样品 B1（在 540℃、$p_{Se}\approx0.8$Torr 条件下退火）的 EQE 谱比较。在样品 B1 中，当波长大于那些所预期的基于 CZTSe 带隙的波长范围时，子带隙吸收对 EQE 响应是相当明显的。带隙中的缺陷态能够起到复合中心的作用，这将对 V_{oc} 有着不利的影响。

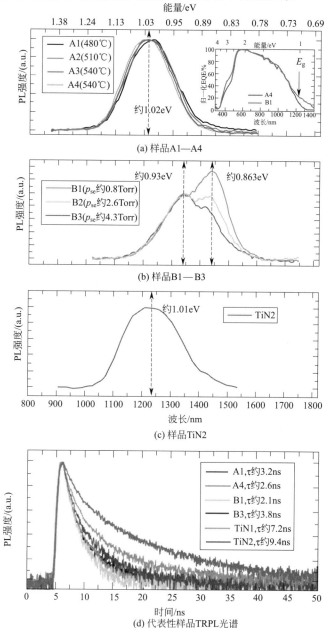

图 15.16 CZTSe 样品的室温 PL 光谱：一些代表性样品的 TRPL 光谱

重印许可由文献 [9] 提供，Copyright . 2012, AIP Publishing LLC。

更多的颜色细节请参阅文前的彩图部分

一些代表样品的室温载流子寿命 τ 的测试如图 15.16(d)所示。样品 A1—A4 的载流子寿命是相似的，而样品 B1—B3 的载流子寿命随着 p_{Se} 而单调增大。尽管样品 B1—B3 的载流子寿命随着 p_{Se} 增强而增大，它们的 V_{oc} 值却意外地略微减小。因此就出现了这些器件中 V_{oc} 有可能被其它因素（例如 $MoSe_2$ 层厚度）更加显著地影响，从而改变 CZTSe 和 $MoSe_2$/Mo 之间的能带对齐。但是，对这一问题现在还没有完全理解。

包含 TiN 扩散阻挡层的样品（在高约 160 Torr 的 p_{Se} 条件下退火）的载流子寿命明显得到了改善：TiN1 样品的载流子寿命大于 7ns，该样品是在 480℃ 的温度下退火，几乎没有 $MoSe_2$ 界面层；TiN2 样品的载流子寿命大于 9ns，该样品是在 570℃ 的温度下退火，$MoSe_2$ 层的厚度约为 220nm；TiN2 样品的载流子寿命（大于 9ns）与文献报道的这一材料体系的载流子寿命纪录[31]是相当的。此外，如图 15.16(c)所示，样品 TiN2 的 PL 发射峰的位置接近于 CZTSe 的带隙值。基于这些 TRPL 测试结果，可以预测包含 TiN 层的样品能够改善器件性能。TiN1 样品构成器件的转换效率是 6.3%，TiN2 样品构成器件的转换效率是 8.9%。在黑暗和 1 个太阳照度下 TiN2 样品构成器件的 J-V 特性如图 15.17 所示。由较长的载流子寿命预测，在高于 CZTSe 吸收光子的相应波长范围内 EQE 将继续得到保留（参见图 15.17 的内插图）。这与由其它样品获得的 EQE 谱是相反的[见图 15.16(a)的内插图]，后者随着波长的增大，载流子收集效率减小。与 EQE 测试结果一致，J_{sc} 的测试结果也相当高（42.6mA·cm^{-2}），大约是带隙为 1.0eV 的吸收层理论估算最大值的 88%。在 CZTS 器件情形中，V_{oc} 亏损 [(E_g/q)—V_{oc}≈0.63V] 是面临的最严重挑战，为了实现更高的转换效率，这一挑战必须得到克服。除此之外，根据 TiN1 和 TiN2 器件性能的比较，我们知道较高的退火温度是有益的。

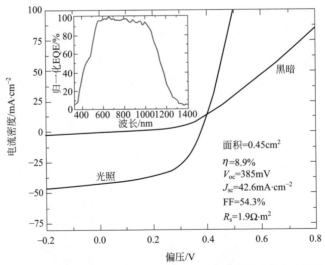

图 15.17　具有 TiN 层（样品 C1，TiN）、转换效率为 8.9% 的 CZTSe 太阳电池在黑暗和 1 个太阳照度下的 I-V 曲线

归一化 EQE 在内插图中给出。

重印许可由文献［9］提供，Copyright．2012，AIP Publishing LLC

15.6　结论

在本章中，我们讨论了 CZTS 和 CZTSe 吸收层的热共蒸发法制备工艺。为了避免高温

下 CZTS 不稳定引起的复杂化,我们在低温 150℃ 下进行热共蒸发工艺。使用这种方法,我们成功得到了基于优异光吸收特性的全硫化物 CZTS 吸收层薄膜太阳电池,其转换效率为 8.4%。这一器件保持着当前由各种方法制备全硫化物 CZTS 的最高效率纪录。通过对转换效率为 8.4% CZTS 器件的全面分析,我们发现 CdS/CZTS 界面降低了光生载流子的收集效率。此外,我们推测 J_{sc} 受限的可能原因是 CdS 和 CZTS 之间的导带偏移值略微大于最佳范围。但是 J_{sc} 的测量值是比较合理的,是由 ZnO/CdS/CZTS(厚度为 600nm)构成太阳电池可获得的 J_{sc} 最大值的约 82%。V_{oc} 亏损是实现更较转换效率面临的一个最严重挑战。已经证实的是 V_{oc} 亏损至少部分与高密度的相互补偿的施主和受主缺陷有关联,它们能引起能带的空间电势微扰。此外,其它因素,如 CdS/CZTS 界面上的复合,也会进一步导致 V_{oc} 亏损。我们也展示了全硒化物 CZTSe 太阳电池器件的结果。相比于全硫化物体系,在相似条件下退火过程中,硒化物体系将形成很厚(>1μm)的 $MoSe_2$ 层。这将是影响性能的严重问题。我们证实了通过在 CZTSe 层下面加入 TiN 扩散阻挡层可以控制 $MoSe_2$ 层的厚度,从而使 CZTSe 太阳电池的能量转换效率达到 8.9%。TiN 层的加入允许我们维持较高的退火温度和 p_{Se},而这正是制备高性能器件所必需的条件。

参 考 文 献

[1] Ito, K. & Nakazawa, T. (1988) Electrical and optical properties of stannite-type Quaternary semiconductor thin films. Japanese Journal of Applied Physics, 27, 2094.

[2] Katagiri, H., Sasaguchi, N., Hando, S., Hoshino, S., Ohashi, J. & Yokota, T. (1997) Preparation and evaluation of Cu_2ZnSnS_4 thin films by sulfurization of E-B evaporated precursors. Solar Energy Materials and Solar Cells, 49, 407.

[3] Katagiri, H., Jimbo, K., Yamada, S., Kamimura, T., Maw, W. S., Fukano, T., Ito, T. & Motohiro, T. (2008) Enhanced conversion efficiencies of Cu_2ZnSnS_4-based thin film solar cells by using preferential etching technique. Applied Physics Express, 1, 041201, doi: 10.1143/APEX.1.041201.

[4] Todorov, T. K., Reuter, K. B. & Mitzi, D. B. High-efficiency solar cell with earth-abundant liquidprocessed absorber. Advanced Materials, 22, E156, doi: 10.1002/adma.200904155.

[5] Wang, W., Winkler, M. T., Gunawan, O., Gokmen, T., Todorov, T. K., Zhu, Y. & Mitzi, D. B. (2013) Device characteristics of CZTSSe thin-film solar cells with 12.6% efficiency. Advanced Energy Materials, doi: 10.1002/aenm.201301465.

[6] Wang, K., Gunawan, O., Todorov, T., Shin, B., Chey, S. J., Bojarczuk, N. A., Mitzi, D. & Guha, S. (2010) Thermally evaporated Cu_2ZnSnS_4 solar cells. Applied Physics Letters, 97, 143508, doi: 10.1063/1.3499284.

[7] Wang, K., Shin, B., Reuter, K. B., Todorov, T., Mitzi, D. B. & Guha, S. (2011) Structural and elemental characterization of high efficiency Cu_2ZnSnS_4 solar cells. Applied Physics Letters 98, 051912, doi: 10.1063/1.3543621.

[8] Shin, B., Gunawan, O., Zhu, Y., Bojarczuk, N. A., Chey, S. J. & Guha, S. (2011) Thin film solar cell with 8.4% power conversion efficiency using an earth-abundant Cu_2ZnSnS_4 absorber. Progress in Photovoltaics: Research and Applications, 21, 72-76, doi: 10.1002/pip.1174.

[9] Shin, B., Zhu, Y., Bojarczuk, N. A., Chey, S. J. & Guha, S. (2012) Control of an interfacial $MoSe_2$ layer in $Cu_2ZnSnSe_4$ thin film solar cells: 8.9% power conversion efficiency with a TiN diffusion barrier. Applied Physics Letters 101, 053903, doi: 10.1063/1.4740276.

[10] Repins, I., Beall, C., Vora, N., DeHart, C., Kuciauskas, D., Dippo, P., To, B., Mann, J., Hsu, W.-C., Goodrich, A. & Noufi, R. (2012) Co-evaporated $Cu_2ZnSnSe_4$ films and devices. Solar Energy Materials and Solar Cells, doi: 10.1016/j.solmat.2012.01.008.

[11] Tanaka, T., Sueishi, T., Saito, K., Guo, Q., Nishio, M., Yu, K. M. & Walukiewicz, W. (2012) Existence and removal of Cu_2Se second phase in coevaporated $Cu_2ZnSnSe_4$ thin films. Journal of Applied Physics, 111, 053522.

[12] Redinger, A. & Siebentritt, S. (2010) Coevaporation of $Cu_2ZnSnSe_4$ thin films. Applied Physics Letters, 97, 092111, doi: 10.1063/1.3483760.

[13] Redinger, A., Berg, D. M., Dale, P. J. & Siebentritt, S. (2011) The consequence of kesterite equilibria for efficient solar cells. Journal of American Chemical Society, doi: dx.doi.org/10.1021/ja111713g.

[14] Babu, B., Kumar, K., Bhaskar, U. & Vanjari, S. R. (2010) Effect of Cu/ (Zn+Sn) ratio on the properties of coevaporated $Cu_2ZnSnSe_4$. Solar Energy Materials and Solar Cells, 94, 221, doi: 10.1016/j.solmat.2009.09.005.

[15] Oishi, K., Saito, G., Ebina, K., Nagahashi, M., Jimbo, K., Maw, W. S., Katagiri, H., Yamazaki, M., Araki, H. & Takeuchi, A. (2008) Growth of Cu_2ZnSnS_4 thin films on Si (100) substrates by multisource evaporation. Thin Solid Films 517, 1449, doi: 10.1016/j.tsf.2008.09.056.

[16] Tanaka, T., Kawasaki, D., Nishio, M., Guo, Q. & Ogawa, H. (2006) Fabrication of Cu_2ZnSnS_4 thin films by co-evaporation. Physica Status Solidi (C), 3, 2844, doi: 10.1002/pssc.200669631.

[17] Schubert, B.-A., Marsen, B., Cinque, S., Unold, T., Klenk, R., Schorr, S. & Schock, H.-W. (2011) Cu_2ZnSnS_4 thin film solar cells by fast coevaporation. Progress in Photovoltaics: Research and Applications, 19, 93, doi: 10.1002/pip.976.

[18] Scragg, J. J., Ericson, T., Fontane, X., Izquierdo-Roca, V., Perez-Rodriguez, A., Kubart, T., Edoff, M. & Platzer-Bjorkman, C. (2012) Rapid annealing of reactively sputtered precursors for Cu_2ZnSnS_4 solar cells. Progress in Photovoltaics: Research and Applications, doi: 10.1002/pip.2265.

[19] Salome, P. M. P., Malaquias, J., Fernandes, P. A., Ferreira, M. S., da Cunha, A. F., Leitao, J. P., Gonzalez, J. C. & Matinaga, F. M. (2012) Growth and characterization of $Cu_2ZnSn(S, Se)_4$ thin films for solar cells. Solar Energy Materials and Solar Cells, 101, 147, doi: 10.1016/j.solmat.2012.02.031.

[20] Schurr, R., Hoelzing, A., Jost, S., Hock, R., Voss, T., Schulze, J., Kirbs, A., Ennaoui, A., Lux-Steiner, M., Weber, A., Koetschau, I. & Schock, H.-W. (2009) The crystallization of Cu_2ZnSnS_4 thin film solar cell absorbers from co-electroplated Cu-Zn-Sn precursors. Thin Solid Films, 517, 2465, doi: 10.1016/j.tsf.2008.11.019.

[21] Ahmed, S., Reuter, K. B., Gunawan, O., Guo, L., Romankiw, L. T. & Deligianni, H. (2011) A high efficiency electroplated Cu_2ZnSnS_4 solar cell. Advanced Energy Materials 2, 253, doi: 10.1002/aenm.201100526.

[22] Moriya, K., Tanaka, H. & Uchiki, H. (2008) Cu_2ZnSnS_4 thin films annealed in H_2S atmosphere for solar cell absorber prepared by pulsed laser deposition. Japanese Journal of Applied Physics, 47, 602, doi: 10.1143/JJAP.47.602.

[23] Thimsen, E., Riha, S. C., Baryshev, S. V., Martinson, A. B. F., Elam, J. W. & Pellin, M. J. (2012) Atomic layer deposition of the quaternary chalcogenide Cu_2ZnSnS_4. Chemistry of Materials, doi: 10.1021/cm3015463.

[24] Cao, Y., Denny, M. S., Caspar, J. V., Farneth, W. E., Guo, Q., Ionkin, A. S., Johnson, L. K., Lu, M., Malajovich, I., Radu, D., Rosenfeld, H. D., Choudhury, K. R. & Wu, W. (2012) High-efficiency solution-processed $Cu_2ZnSn(S, Se)_4$ thin-film solar cells prepared from binary and ternary nanoparticles. Journal of the American Ceramic Society, doi: 10.1021/ja3057985.

[25] Ford, G. M., Guo, Q., Agrawal, R. & Hillhouse, H. W. (2011) Earth abundant element $Cu_2Zn(Sn_{1-x}Ge_x)S_4$ nanocrystals for tunable band gap solar cells: 6.8% efficient device fabrication. Chemistry of Materials, doi: 10.1021/cm2002836.

[26] Steinhagen, C., Panthani, M. G., Akhavan, V., Goodfellow, B., Koo, B. & Korgel, B. A. (2009) Synthesis of Cu_2ZnSnS_4 nanocrystals for use in low-cost photovoltaics. Journal of the American Ceramic Society, 131, 12554, doi: 10.1021/ja905922.

[27] Todorov, T. K., Tang, J., Bag, S., Gunawan, O., Gokmen, T., Zhu, Y. & Mitzi, D. B. (2012) Beyond 11% efficiency: characteristics of state-of-the-art $Cu_2ZnSn(S, Se)_4$ solar cells. Advanced Energy Materials, doi: 10.1002/aenm.201200348.

[28] Barkhouse, D. A. R., Gunawan, O., Gokmen, T., Todorov, T. K. & Mitzi, D. B. (2011) Device characteristics of a 10.1% hydrazine-processed $Cu_2ZnSn(Se, S)_4$ solar cell. Progress in Photovoltaics: Research and Applications, doi: 10.1002/pip.1160.

[29] Yang, W., Duan, H.-S., Bob, B., Zhou, H., Lei, B., Chung, C.-H., Li, S.-H., Hou, W. W. & Yang, Y.

[30] Fella, C. M., Uhl, A. R., Romanyuk, Y. E. & Tiwari, A. N. (2012) $Cu_2ZnSnSe_4$ absorbers processed from solution deposited metal salt precursors under different selenization conditions. Physica Status Solidi A, doi: 10.1002/pssa.201228003.

[31] Bag, S., Gunawan, O., Gokmen, T., Zhu, Y., Todorov, T. K. & Mitzi, D. B. (2012) Low band gap liquid-processed CZTSe solar cell with 10.1% efficiency. Environmental Science and Technology, 5, 7060 - 7065, doi: 10.1039/c2ee00056c.

[32] Repins, I., Contreras, M. A., Egaas, B., DeHart, C., Scharf, J., Perkins, C. L., To, B. & Noufi, R. (2008) 19.9%-efficient $ZnO/CdS/CuInGaSe_2$ solar cell with 81.2% fill factor. Progress in Photovoltaics: Research and Applications, 16, 235, doi: 10.1002/pip.822.

[33] Scragg, J. J., Ericson, T., Kubart, T., Edoff, M. & Platzer-Bjoerkman, C. (2011) Chemical insights into the instability of Cu_2ZnSnS_4 films during annealing. Chemistry of Materials, doi: dx.doi.org/10.1021/cm202379s.

[34] Mitzi, D. B., Gunawan, O., Todorov, T. K., Wang, K. & Guha, S. (2011) The path towards a highperformance solution-processed kesterite solar cell. Solar Energy Materials and Solar Cells, 95, 1421, doi: 10.1016/j.solmat.2010.11.028.

[35] Nagaoka, A., Yoshino, K., Taniguchi, H., Taniyama, T. & Miyake, H. (2012) Preparation of Cu_2ZnSnS_4 single crystals from Sn solution. Journal of Crystal Growth, 341, 38, doi: 10.1016/j.crysgro.2011.12.046.

[36] Momose, N., Htay, M. T., Yudasaka, T., Igarashi, S., Seki, T., Iwano, S., Hashimoto, Y. & Ito, K. (2011) Cu_2ZnSnS_4 thin film solar cells utilizing sulfurization of metallic precursor prepared by simultaneous sputtering of metal targets. Japanese Journal of Applied Physics, 50, doi: 10.1143/JJAP.50.01BG09.

[37] Cheng, A.-J., Manno, M., Khare, A., Leighton, C., Campbell, S. A. & Aydil, E. S. (2011) Imaging and phase identification of Cu_2ZnSnS_4 thin films using confocal Raman spectroscopy. Journal of Vacuum Science and Technology A, 29, 051203.

[38] Fernandes, P. A., Salome, P. M. P. & da Cunha, A. F. (2009) Growth and Raman scattering characterization of Cu_2ZnSnS_4 thin films. Thin Solid Films, 517, 2519, doi: 10.1016/j.tsf.2008.11.031.

[39] Fernandes, P. A., Salome, P. M. P. & da Cunha, A. F. (2010) A study of ternary Cu_2SnS_3 and Cu_3SnS_4 thin films prepared by sulfurizing stacked metal precursors. Journal of Physics D: Applied Physics, 43, 215403.

[40] Katagiri, H., Jimbo, K., Tahara, M., Araki, H. & Oishi, K. (2009) The influence of the composition ratio on CZTS-based thin film solar cells. Materials Research Society Symposium Proceedings, 1165, M04.

[41] Kamoun, N., Bouzouita, H. & Rezig, B. (2007) Fabrication and characterization of Cu_2ZnSnS_4 thin films deposited by spray pyrolysis technique. Thin Solid Films, 515, 5969, doi: 10.1016/j.tsf.2006.12.144.

[42] Kobayashi, T., Jimbo, K., Tsuchida, K., Shinoda, S., Oyanagi, T. & Katagiri, H. (2005) Investigation of Cu_2ZnSnS_4-based thin film solar cells using abundant materials. Japanese Journal of Applied Physics, 44, 783.

[43] Liu, F., Li, Y., Zhang, K., Wang, B., Yan, C., Lai, Y., Zhang, Z., Li, J. & Liu, Y. (2010) In situ growth of Cu_2ZnSnS_4 thin films by reactive magnetron co-sputtering. Solar Energy Materials and Solar Cells, 94, 2431, doi: 10.1016/j.solmat.2010.08.003.

[44] Tanaka, T., Nagatomo, T., Kawasaki, D., Nishio, M., Guo, Q., Wakahara, A., Yoshida, A. & Ogawa, H. (2005) Preparation of Cu_2ZnSnS_4 thin films by hybrid sputtering. Journal of Physics and Chemistry of Solids, 66, 1978, doi: 10.1016/j.jpcs.2005.09.037.

[45] Zhou, Z., Wang, Y. C., Xu, D. & Zhang, Y. (2010) Fabrication of Cu_2ZnSnS_4 screen printed layers for solar cells. Solar Energy Materials and Solar Cells, 94, 2042, doi: 10.1016/j.solmat.2010.06.010.

[46] Persson, C. (2010) Electronic and optical properties of Cu_2ZnSnS_4 and $Cu_2ZnSnSe_4$. Journal of Applied Physics, 107, 053710, doi: 10.1063/1.3318468.

[47] Nishiwaki, S., Kohara, N., Negami, T. & Wada, T. (1998) $MoSe_2$ layer formation at $Cu(In,Ga)Se_2/Mo$ interfaces in high efficiency $Cu(In_{1-x}Ga_x)Se_2$ solar cells. Japanese Journal of Applied Physics, 37, L71.

[48] Gloeckler, M. & Sites, J. R. (2005) Efficiency limitations for wide-band-gap chalcopyrite solar cells. Thin Solid

Films, 480 - 481, 241.

[49] Haight, R., Barkhouse, A., Gunawan, O., Shin, B., Copel, M., Hopstaken, M. & Mitzi, D. B. (2011) Band alignment at the $Cu_2ZnSn(S_xSe_{1-x})_4$/CdS interface. Applied Physics Letters, 98, 253502.

[50] Gunawan, O., Todorov, T. K. & Mitzi, D. B. (2010) Loss mechanisms in hydrazine-processed $Cu_2ZnSn(Se,S)_4$ solar cells. Applied Physics Letters 97, 233506, doi: 10.1063/1.3522884.

[51] Mitzi, D. B., Gunawan, O., Todorov, T. K. & Barkhouse, A. R. (2013) Prospects and performance limitations for Cu-Zn-Sn-S-Se photovoltaic technology. Philosophical Transactions of Royal Society of London, Series A, 371, 20110432.

[52] Gokmen, T., Gunawan, O., Todorov, T. K. & Mitzi, D. B. (2013) Band tailing and efficiency limitation in kesterite solar cells. Applied Physics Letters, 103, 103506.

[53] Gershon, T., Shin, B., Bojarczuk, N. A., Gokmen, T., Lu, S. & Guha, S. (2013) Photoluminescence characterization of a high-efficiency Cu_2ZnSnS_4 device. Journal of Applied Physics, 114, 154905.

[54] Ohnesorge, B., Weigand, R., Bacher, G., Forchel, A., Riedl, W. & Karg, F. H. (1998) Minoritycarrier lifetime and efficiency of $Cu(In,Ga)Se_2$ solar cells. Applied Physics Letters, 73, 1224.

[55] Pankove, J. I. (1971) Optical Processes in Semiconductors. Dover Publications, Inc, New York.

[56] Shklovskii, B. I. & Efros, A. L. (1984) Electronic Properties of Doped Semiconductors. Springer-Verlag, Berlin Heidelberg.

[57] Gershon, T., Shin, B., Bojarczuk, N. A., Gokmen, T., Lu, S. & Guha, S. (2013) Relationship between Cu_2ZnSnS_4 quasi donor-acceptor pair density and solar cell efficiency. Applied Physics Letters, 103, 193903.

[58] Zhu, X., Zhou, Z., Wang, Y., Zhang, L., Li, A. & Huang, F. (2012) Determining factor of $MoSe_2$ formation in $Cu(In,Ga)Se_2$ solar cells. Solar Energy Materials and Solar Cells, 101, 57, doi: 10.1016/j.solmat.2012.02.015.

16 锌黄锡矿太阳电池中的损失机制

Alex Redinger and Susanne Siebentritt
University of Luxembourg，Laboratory for
Photovoltaics，L-4422 Belvaux，Luxembourg

16.1 引言

在本章中，我们将讨论当前锌黄锡矿太阳电池的主要损失机制。锌黄锡矿太阳电池已经实现了 12.6% 的能量转换效率[1]，但是与相关的黄铜矿太阳电池（现在能量转换效率已经超过 20%）[2]相比，其能量转换效率仍然很低。我们使用文献中可供利用的数据和我们自己的相关测试来研究导致如此低转换效率的损失机制。我们自己的电池由前驱体退火处理制备得到，而前驱体则是由共蒸发法沉积获得[3]。前驱体在硫族元素和硫族锡化物气氛中退火，以避免已知的分解反应[4,5]。退火工艺的细节已经在本书第五章中讨论过。为了进一步改善太阳电池，我们开发了两个专门的新工序：封盖工序和退火前氰化物蚀刻吸收层（cyanide absorber etching prior to annealing，CAPRI）工序。封盖工序[6]包括常规的共蒸发制备贫铜富锌前驱体。在共蒸发工艺的最后，再在前驱体顶部共蒸发沉积 $SnSe_2$ 层。前驱体在含硒气氛中进行退火。在热处理之后大多数 $SnSe_2$ 将转变为 SnSe。残留在 CZTSe 顶部的 SnSe 采用 HCl 蚀刻去除。$SnSe_2$ 封盖层允许进行简化退火，而不需要增加硫族锡化物。CAPRI 工序涉及到富铜前驱体，它在退火之前需要在 KCN 中进行蚀刻。蚀刻工序能够阻止在 Se 和 SnSe 气氛退火过程中不利的 Cu-Sn 相的形成。使用富铜前驱体导致吸收层具有更好的传输性质。采用以上工艺已经制备了具有 7.5% 转换效率的太阳电池。

接下来我们将讨论基于以下吸收层的太阳电池：硫化物吸收层 Cu_2ZnSnS_4（CZTS）、硒化物吸收层 $Cu_2ZnSnSe_4$（CZTSe），以及混合硫-硒化物吸收层 $Cu_2ZnSn(S,Se)_4$（CZTSSe）。

16.2 当前最先进的 CZTS 基薄膜太阳电池

为了奠定讨论当前 CZTS 薄膜太阳电池损失机制的基础，我们先进行了文献调研，结果如图 16.1 所示。为了分辨主要的损失，图中对转换效率超过 5% 的太阳电池器件的参数与没有损失的理想太阳电池（即 Shockley-Queisser 极限[8]）进行了对比。

假设光子能量大于带隙时，量子效率 QE=1，二极管品质因子 A=1，那么就能确定单结太阳电池的理论极限。这一理想太阳电池产生的光电流由照射光谱（AM1.5G且没有进行聚光）和吸收层的带隙 E_g 决定。CZTSSe 的带隙能够通过改变硫与硒的比例进行调节。硒化物器件表现的带隙约为 1eV，而硫化物器件的带隙约为 1.5eV（请参见 Siebentritt 和 Schorr[9]对不同带隙值的讨论）。图 16.1(a)中展示了理论转换效率作为吸收层带隙的函数变化关系。其中的垂直线是根据 Siebentritt 和 Schorr 的结果[9]进行选择的，阴影部分表示锌黄锡矿的带隙范围。根据图 16.1(a)，可以看出锌黄锡矿的带隙能够在理想的能量范围内变化。

然而，如图 16.1(b)所示，文献报道的转换效率[1,6,7,10-43]却是相当低的，图中展示的是文献报道的太阳电池转换效率相对于吸收层带隙值 E_g 的关系曲线（图中数据是基于 2012 年 12 月之前文献报道，不包括当前的 CZTSSe 器件纪录[1]）。如果文献中没有明确给出带隙值，量子效率数据所使用的提炼 E_g 值则通过线性外推或由室温下记录的光致发光谱得到。图 16.1(b)中的垂直线用于指示从纯硒化物器件到硒-硫混合化合物器件、再到纯硫化合物器件的转变，位于 S/SSe 转变的两个器件是纯硒化物器件。当前最好的器件性能[1]是由 IBM 以溶液（水合肼）法制备获得的。其它有效制备方法包括：共蒸发法[11]、溅射或溶液法沉积前驱体然后高温热处理[12,13,44]。

在图 16.1(c)中，对这些太阳电池的电流密度与理论极限进行了比较。除了（不现实的）Shockley-Queisser 极限（SQL）之外，我们还引进了带有光学损失的 SQ 极限[45]，其中为了考虑由栅格阴影、ZnO 窗口层和 CdS 缓冲层的光吸收，以及不完全收集和吸收所导致的损失，电流下降了 15%。这一数值基于高效 CIGS 器件测得。ZnO 窗口层的反射可以使用抗反射涂层（anti-reflective coating，ARC）大幅度减小。因此，呈现的数据分为两类：带有 ARC 的（假设损失为 15%）和不带 ARC 的（假设损失为 24%）。

最后，器件的开路电压亏损相对于吸收层带隙的关系绘制如图 16.1(d)所示。开路电压亏损可以由带隙值与开路电压值 V_{oc} 和元电荷量的乘积相比较推算出来，即由 E_g-qV_{oc} 估算。再次，我们比较了当前最佳性能器件与理论极限（$E_g-qV_{oc,SQL}$）。为了与 Cu(In,Ga)Se$_2$(CIGS)的结果进行对比，一些具有不同带隙的高性能器件的结果作为参照也呈现在图中[46-48]。

从图 16.1(c)中可以看到一些 CZTSSe 器件的 J_{sc} 已经达到最好的 CIGS 器件的水平；因此其光学损失是相当的。对于其余 CZTSSe 器件，其电流密度仍然能够得到一定程度的优化。但是很清楚的是 CZTSSe 电流密度的损失并没有限制当前最先进的太阳电池转换效率。

从图 16.1(d)中可以清楚地看到，当前 CZTSSe 面临的主要问题是所报道的开路电压与 CIGS 薄膜太阳电池所报道的开路电压相比太低，与 SQ 极限相比也是明显太低。在本章中，我们将讨论电压损失的可能来源。

在更详细地分析器件之前，有必要对不同器件所报道的带隙进行简要的评述。从文献中可以知道 CZTSe 的带隙值能够通过在吸收层材料中引入硫而增加（例如文献 [15，49，50]）。对于图 16.1 中所呈现的纯硒化物和纯硫化物器件的带隙值差异有些是不可预测的。目前文献中的基本共识是：纯硒化物器件的带隙值在 1eV 左右，而纯硫化物器件的带隙值在 1.5eV 左右。但是，目前所报道的纯硒化物和纯硫化物器件的带隙值显著地分散在这两个数值周围。这一分散的原因，一部分可归结为根据 QE 数据提取带隙值时采用的不同方法；另一部分原因可归结为在下面章节中将要讨论的更基本的原因。

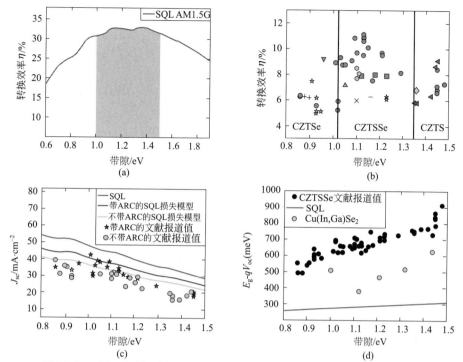

图 16.1 (a) 由 Skockley-Queisser 极限 (SQL) 模型在 AM1.5G 太阳光谱照射下推算的作为吸收层材料带隙值函数的太阳电池转换效率；(b) 文献中所报道的各种 CZTSSe 太阳电池器件作为吸收层材料带隙值函数的转换效率；图 (b) 中的垂直线位于 S/SSe 转变的两个器件是纯硒化物器件；(c) 与考虑和不考虑光学损失的 SQL 相比，文献报道的作为带隙函数各种 CZTSSe 器件的短路电流密度 J_{sc}。(d) 作为带隙函数的开路电压

在图 (c)、图 (d) 和图 16.2、图 16.9 中被略去。
图 (b) 中的转换效率由以下研究组报道：
●IBM；▼NREL；◀Solar Frontier；■Stanford University；◇Nagaoka National College；△Purdue University；⊙University of California, Los Angeles；●E. I. du Pont de Nemours and Company，—：Avancis GmbH；+IMEC；×CEA；★University of Luxembourg

16.3 主要的复合途径

开路电压损失就是复合损失。通过温度相关的电流-电压分析可以研究主要的复合途径。这一技术使我们能够研究 (a) 开路电压的温度相关性，(b) 二极管品质因子的温度相关性。假设太阳电池能够由单二极管模型进行描述，并且忽略寄生电阻，那么开路电压可由下式给出[51]：

$$V_{oc} \approx \frac{AkT}{q} \ln\left(\frac{J_L}{J_0}\right) \tag{16.1}$$

式中，A 是二极管品质因子；k 是波尔兹曼常数；q 是元电荷；T 是温度；J_0 是饱和电流密度；J_L 是光电流密度。饱和电流密度是生成的电流密度，其定义为：

$$J_0 = J_{00} \exp\left(-\frac{\Phi_B}{AkT}\right) \tag{16.2}$$

式中，J_{00} 表示的是饱和电流密度的指前因子；Φ_B 是光生载流子产生/复合过程的能量差（在以下章节中称之为势垒高度）。将方程式(16.2)代入方程式(16.1)中，就可以得到开路电压的温度相关性表达式[52]：

$$V_{oc} = \frac{\Phi_B}{q} - \frac{AkT}{q} \ln\left(\frac{J_{00}}{J_L}\right) \tag{16.3}$$

根据方程式(16.3)可以看到，将开路电压外推到 0K 就能够立即导出势垒高度 Φ_B。吸收层体内的复合是在准中性区或者空间电荷区通过缺陷以带-带复合形式发生。在所有这些情形中，势垒高度对应于吸收层材料的带隙。主要的复合途径也可以位于缓冲层与吸收层或者缓冲层与窗口层之间的界面上。此时，势垒高度也可能会小于带隙。以下两种情况能够减小势垒高度：费米能级钉扎在界面上，或者导带对齐存在台阶跃变，也就是说缓冲层或者窗口层的导带带边低于吸收层的导带带边。在费米能级钉扎的情形中，势垒高度对应于界面处少数载流子空穴的跃迁势垒，即界面处费米能级与价带带边的能量差[53]。在台阶跃变情形中，势垒是由缓冲层或窗口层的导带带边与吸收层的导带带边之间的能量距离决定的[54,55]。根据与温度相关的电流-电压特性分析，不能确定费米能级的钉扎或者减小的界面带隙是否对应于势垒高度 Φ_B 的减小。但是，势垒高度的确定及其与带隙的对比能够确定主要的复合机制：位于界面上或者体内。

锌黄锡矿吸收层与常用的 CdS 缓冲层之间的能带对齐可以采用光电子能谱进行研究，这就是 Haight 等[49]和 Bär 等[56]开展的研究工作。但是他们得到的结果是矛盾的。Haight 等发现所有 CZTSSe 器件中的"尖峰型"导带偏移与 S/Se 含量无关，也就是说 CdS 缓冲层的导带带边被认为总是高于锌黄锡矿的导带带边。仅有尖峰改变的大小在一定程度上随着 S/Se 含量的变化而变化。另一方面，Bär 等发现纯硫化物器件表现出"台阶型"导带偏移。Haight 等对价带偏移的测量是在光照射条件下进行，并假设光照射足以保证平带条件。他们的结论还基于另一额外的假设：导带偏移可以由价带偏移和体相带隙确定。与此相反，Bär 等对实际的表面带隙采用光电子能谱和逆光电子能谱技术进行了直接测试，在研究过程中同时采用芯核能级的光电子能谱考虑了能带弯曲。因此我们认为 Bär 等的数据更加可靠。关于导带对齐的理论研究同样也是相互矛盾的：其中一个文献报道硫化物器件是尖峰构型[57]，而另外两个研究却确定硫化物界面是台阶构型[58,59]，另一研究报道硒化物界面具有尖峰构型[60]。

一些研究组对具有不同 S/Se 比例的 CZTSSe 太阳电池的开路电压与温度的相关性进行了研究[10,15,19,20,23,30,31,38,61-63]。为了测量界面的复合程度，图 16.2 给出了作为吸收层材料带隙函数的 Φ_B 与 E_g 差值的变化情况。这个图形的主要结果可以总结如下。一旦吸收层中包含有大量的硫，活化能就总是小于带隙。纯

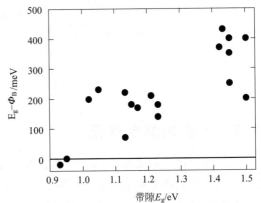

图 16.2 作为吸收层材料带隙函数的吸收层带隙与文献报道的各种器件的势垒高度之间的差值变化

硫化物基太阳电池具有最大的差值，达到 450 meV；而无硫的 CZTSe 太阳电池表现出与吸收层材料带隙相同的活化能。这些实验结果与 Bär 等关于硫化物器件的能带对齐的研究结果是一致的，但与 Haight 等的测试是矛盾的。

为了更深入了解 Se 基和 SSe 基器件之间的差别，我们对 CZTSe 和 CZTSSe 薄膜太阳电池进行了比较[19]，它们都是通过共蒸发和退火工艺制备的。两者的转换效率都略微大于 6%。图 16.3 给出了不同器件的电流-电压特性、量子效率测试和随温度变化的开路电压外推。二极管品质因子和饱和电流密度的温度相关性见图 16.4，这些太阳电池的光伏参数归纳总结在表 16.1 中。

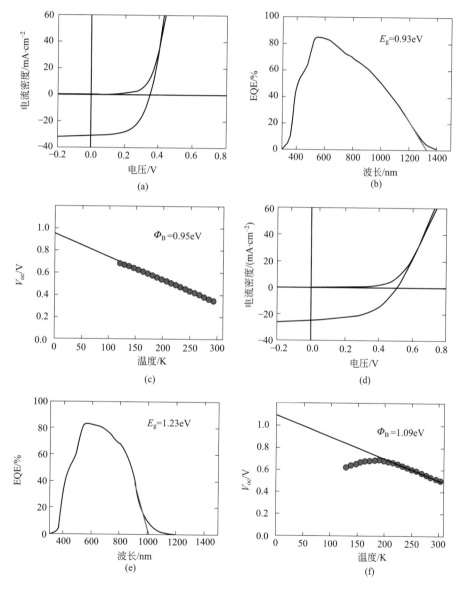

图 16.3 （a）转换效率为 6.2% 的 CZTSe 器件的 J-V 曲线，以及对应的 （b） EQE 曲线和 （c） 开路电压 V_{oc} 随着温度 T 的演化情况；（d） 转换效率为 6.3% 的 CZTSSe 器件的 J-V 曲线，以及对应的 （e） EQE 曲线和 （f） 开路电压 V_{oc} 随着温度 T 的演化情况。两种器件的太阳电池光伏参数列于表 16.1 中

图 16.3(a) 和图 16.3(d) 中给出的 $J\text{-}V$ 曲线表现出一些重要的差别。Se 基器件的短路电流密度远大于 SSe 基器件的短路电流密度。此外，SSe 基器件的 V_{oc} 更大。这些性质是器件的带隙不同的直接后果。SSe 基器件的带隙为 1.23eV，而 Se 基器件的器件的带隙是 0.93eV。带隙值由图 16.3(b) 和图 16.3(e) 中 EQE 曲线的低能部分线性外推推算得到。除此之外，两种器件的室温串联电阻 R_s 也不同；Se 基器件的串联电阻 R_s 是 $0.6\Omega\cdot cm^2$，SSe 基器件的串联电阻 R_s 是 $2.7\Omega\cdot cm^2$。

在表 16.1 中，CZTSe 太阳电池 [见图 16.3(a)] 能够与当前保持转换效率纪录的 IMEC 制作的 CZTSe[44] 相比较。图 16.3(a) 中的器件 [Ⅰ列，对应图 16.3(a)—(c) 中的器件] 的开路电压是 55meV，小于当前保持转换效率纪录的器件 (Ⅱ列) 的开路电压。短路电流密度与考虑由抗反射涂层制备的 IMEC 器件的短路电流密度相似。器件之间的最大差异是填充因子 FF；很明显如果 CZTSe 表面在 CdS 沉积之前先氧化，那么 FF 能得到显著的改善[11]。图 16.3(a) 和图 16.3(d) 中的器件没有进行氧化。但是，目前还不清楚为何这样的处理能显著地改善 FF。如果我们对比当前保持转换效率纪录的 CZTSe 器件与最好的 $CuInSe_2$ 器件[48] (Ⅲ列)，就会很清楚地发现锌黄锡矿器件最大的亏损是开路电压，与具有非常相似的带隙值的黄铜矿器件相比，锌黄锡矿器件的开路电压亏损超过 80mV。我们的 CZTSSe 器件 [Ⅳ列，对应图 16.3(d)—(f) 中的器件] 与先前由 IBM 制备的保持转换效率纪录的 CZTSSe 器件[15] (Ⅴ列) 的比较结果是两者的光伏参数基本相似，而且两者的带隙值相当，我们发现其中最大的损失是填充因子 FF。但是比较最相关的具有相似带隙的 CIGS 器件[47] (Ⅵ列) 再次表明最大的亏损是开路电压。保持转换效率纪录的 CZTSSe 器件[1] (Ⅶ列) 的带隙是 1.1eV，该器件也是在 IBM 制作的，与当前保持转换效率纪录的 CIGS 器件[2] (Ⅷ列) 相比，该器件也表现出明显的开路电压亏损。

表 16.1 各种 CZTSSe 和 CIGS 器件的太阳电池光伏参数：转换效率、开路电压 V_{oc}、短路电流密度 J_{sc}、填充因子 FF 和文献报道的带隙 E_g

光伏参数	Ⅰ	Ⅱ	Ⅲ	Ⅳ	Ⅴ	Ⅵ	Ⅶ	Ⅷ
	CZTSe 图16.3 [(a)—(c)]	CZTSe 纪录[44]	$CuInSe_2$[48]	CZTSSe 图16.3 [(d)—(f)] ($\approx$1.2eV)	CZTSSe ($\approx$1.2eV)[15]	CIGS ($\approx$1.2eV)[47]	CZTSSe 纪录[1]	CIGS 纪录[2]
η/%	6.2	9.7	15	6.3	9.66	18.7	12.6	20.8
V_{oc}/mV	353	408	491	508	516	743	513	757
J_{sc}/mA·cm^{-2}	34	38.9	40.58	24	28.6	31.9	35.2	34.8
FF/%	52	61.4	75.15	51	65.4	78.75	69.8	79.2
E_g/eV	0.93	1	1	1.23	1.21 (1.14)	1.21		1.13

注：Ⅴ列括号中的带隙值是通过线性外推得到；Ⅵ列中带隙值 1.2eV 是粗略给出的，因为器件是通过三步工艺制备的，从而导致显著的 In/Ga 比例以及带隙的梯度变化。

与硫含量无关，所有 CZTSSe 器件都表现出太低的开路电压值。然而，带隙值与 V_{oc} 值之间的差值对于低带隙器件来说更小（参见图 16.1）。问题是这是否是由没有优化 CZTS/CdS 异质界面所导致。因此，为了由温度变化提取 V_{oc} 外推值（如前文所描述），开展了温度相关的电流-电压分析；所得结果在图 16.3(c) 和图 16.3(f) 中呈现。CZTSe 表现出的带隙 $E_g=0.93\text{eV}\pm0.2\text{eV}$，势垒高度 $\Phi_B=0.95\text{eV}\pm0.3\text{eV}$。开路电压随着温度的演变表明光生载流子主要的复合/产生过程的活化能与吸收层的带隙相等。这一发现与呈现在图 16.3(e) 和图 16.3(f) 的 CZTSSe 器件结果是相反的，后者推算的活化能明显小于带隙值。

研究表明 Se 基器件的性能并不是由界面复合主导，这是一个非常重要的理解，因为它指出在 CZTSe/CdS 异质界面具有有利的尖峰型能带对齐。CZTSSe 器件表现界面复合主导，这是由台阶型导带偏移或者位于远离导带带边的费米能级钉扎所导致。

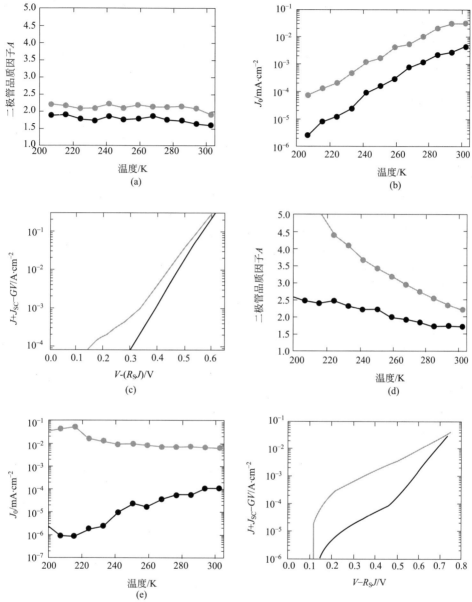

图 16.4　图 16.3 中的两个器件的二极管品质因子和饱和电流密度评估
（a），（b）CZTSe 器件；（d），（e）CZTSSe 器件；（c），（f）在串联电阻 R_s
和并联电导 G_{Sh} 校正之后，由对数坐标绘制的 224K 的 J-V 曲线，
其中（c）图为 Se 基器件，（f）图为 SSe 基器件。黑线表示是在黑暗条件下的数值，
灰线表示在光照射条件下的数值

为了获得更多关于复合的信息，我们在 200—300 K 温度范围内研究了二极管品质因子 A 和饱和电流密度的温度相关性。应当注意的是由在光照射条件的 J-V 曲线提取 J_0 和 A 值相当于是相缺陷的、与电压相关的光电流。图 16.4 展示了图 16.3 中引出的两种器件的相关的结果。在黑暗条件下，Se 基器件的二极管品质因子小于 2，而且我们观察到仅有很小的温

度相关性[如图 16.4(a)所示]。在白光照射条件下，二极管品质因子增大到略高于 2 的数值，但是我们仍然观察到随温度仅有很小的变化。与当前最先进的 CIGS 器件相比，图中所示的饱和电流密度太高，但是随着温度的降低呈指数式减小[如图 16.4(b)所示]。如果将硫引入到吸收层中，上述情形将发生显著的改变。图 16.4(d)中描述的二极管品质表明在黑暗条件下很大温度相关性，起始数值为 2，终点数值大约为 2.5。在光照射情形中，情况发生显著的改变，我们发现很大的温度相关性，在所有温度条件下二极管品质因子均大于 2。从图中也能发现饱和电流密度在黑暗和光照射条件下的差异。光照射条件下的数值在整个研究温度范围内几乎保持为常量，这与黑暗条件和 Se 基器件的情形相反。

上述所观察到的差异的物理原因可以由图 16.4(c)和图 16.4(f)进行解释，其中展示的是 224K 温度下的 J-V 曲线。这些 J-V 曲线已经由串联电阻和并联电导进行校正，而电流密度以对数坐标进行绘制。对于 Se 基器件，我们发现在光照射和黑暗条件下，J-V 曲线仅有某些地方有偏移、而普遍的表现都是相同的。此外，我们发现这些图形或多或少都有相同的特征斜率。在 SSe 基器件中我们观察到：(1) 在黑暗条件和光照射条件下的 J-V 特征具有完全不同的表现；(2) 黑暗条件下 J-V 曲线的斜率有所改变。在低偏压设置下，黑暗条件和光照射条件下的 J-V 特征具有相当类似的斜率。但是在更高的偏压设置下（在 V_{oc} 区域内），黑暗条件下 J-V 曲线的斜率有显著的改变。根据这一观察，我们能立即得出以下结论：叠加原理不再满足，而且我们不能使用黑暗条件下的 J-V 曲线来研究关于二极管品质因子温度相关性的更多细节。换而言之，能够由 J_{sc}/V_{oc} 图形中提取参数[64]。但是，正如我们将在下面的章节中看到的一样，由于 SSe 基在一定程度上依赖于光照射的强度，所以对于正向电流是一个巨大的障碍，使得 J_{sc}/V_{oc} 方法不再适用。

总的观察是 Se 基器件没有表现出很强的二极管品质因子温度相关性，其二极管品质因子的数值约为 2，这说明在耗尽区中占主导的是 Shockley-Read-Hall 复合。SSe 基器件中的温度相关性和较大的二极管品质因子 A 指出其中的隧道诱导复合，这对于太阳电池是不利的。此外，使用偏压和光照射条件 J-V 曲线中不同的斜率表明了主要复合途径的改变。有意思的是，类似的现象也曾在 $CuInS_2$ 太阳电池中观察到[54,65]。这些太阳电池在黑暗和光照射条件下也表现出不同的复合行为，并且显示了在界面处有台阶型的能带对齐。

本节的内容总结如下：S 基器件和 SSe 基器件的对比说了两种类型的太阳电池表现出明显的不同。由温度外推的 V_{oc} 说明 S 基器件中占主导地位的是体内复合，而 SSe 基器件中占主导地位的是界面复合。使用其它具有更低的电子亲和能的缓冲层和窗口层，CZTSSe 器件能够避免界面复合。便是，SSe 器件中的复合是隧道协助的复合，这是硫掺入吸收层中的另一个不利特征，它最可能无法通过使用其它缓冲层进行规避。因此 Se 基器件对针来高效薄膜太阳电池来说表现出更多的有益特性。

16.4 带隙变化

虽然 Se 基器件表现出占主导地位的是体内复合，但是测量得到的开路电压很低，而且很多复合发生在吸收层中。电压损失的一个可能来源可以从图 16.5(a)中看到，图 16.5(a)所示的是不同 CZTSe 吸收层的室温光致发光（photoluminescence，PL）测试结果[67]。由这些吸收层制作的太阳电池所获得的转换效率处于 2.9%—7.5%的范围内。所有的 PL 谱都是由能量处于 0.85—1.02eV 之间的一些发光峰组成。因为光致发光谱是在室温下测量的，所以观察到的跃迁既可以是高密度的缺陷（与能带中的有效态密度相当），也可以是具有不同带隙材料中的带-带跃迁。比较对应的 QE 谱可以发现这些跃迁中至少有三种与带-带跃迁相关，而有一种可以代表缺陷相关的跃迁。带-带跃迁初步地被归结为锌黄锡矿、无序锌黄锡矿和黄锡矿共存的情形。如果 0.85eV 处的发光较强，那么太阳电池一般具有更低的 V_{oc}。

图 16.5(b) 展示了 $CuInSe_2$ 吸收层的室温 PL 测试结果。这一发光谱能由单带隙的普朗克广义定律进行非常好地拟合[68]。对比两个图形可以立即得出以下结论：为了消除 CZTSe 的多峰结构必须进行大量的改进。最近，Shin 等[16]发现在高温处理过程中退火温度和 Se 蒸气压都能影响各种 PL 转变的发生。根据实验事实，他们得到结论：如果 Se 蒸气压不足够高，将会导致 CZTS 带隙中形成深缺陷态，其结果是产生不同的 PL 跃迁。但是，Se 蒸气压和退火温度也可能影响具有不同带隙的第二相产生。

图 16.5(a) 中 PL 跃迁的发生没有遵循专门的模式，从而无法与不同吸收层的整体化学组成直接联系。此外，我们不仅观察了不同吸收层之间的差别，而且也观察了同一吸收层内的差别。我们观察到的唯一的系统变化是高品质吸收层的总 PL 发光率更高。

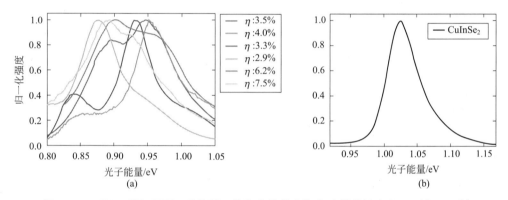

图 16.5 (a) 不同 CZTSe 吸收层（最终获得的太阳电池器件效率在 2.9%—7.5% 范围内）的归一化室温光致发光谱；(b) 对照图，文献[66]中展示的多晶 $CuInSe_2$ 吸收层（转换效率为 12.5%，开路电压为 471mV）的典型室温光致发光谱
更多的颜色细节，请参阅文前的彩图部分

图 16.6(a) 描绘了最终转换效率为 7.5% 器件的吸收层的空间分辨光致发光强度测试结果。以波长为 514.5nm 侧向分辨率约为 800nm 的激光扫描整个表面。发光光线以共焦方式收集。在图 16.6(a) 中总光致发光强度（从 0.8—1.1eV 的积分）按位置进行绘制。我们发现总发光强度的变化是位置的函数。

图 16.6(b) 描绘的是图 16.6(a) 中的样品特殊位置的单独 PL 谱。从图中我们观察到不同位置上的 PL 谱具有不同的形状。这说明图 16.5 中所呈现的宽 PL 谱极有可能是由样品不同位置产生的不同 PL 跃迁叠加的结果。但是，即使使用亚微米级的分辨率，我们仍检测到不同的跃迁，说明在亚微米尺度上不同材料产生的各种跃迁是紧密地交织在一起的。我们把在不同的吸收层（图 16.5）或者同一吸收层上的不同点（图 16.6）所观察到各种形态归属为 CZTSe 层中由材料化学组成变化导致的带隙变化。单独跃迁的发生和太阳电池的转换效率之间没有相关性。此外，也没有观察到作为跃迁函数的 PL 发光率系统的变化。我们观察到的唯一的系统变化是高品质吸收层的总 PL 发光率更高，而这也是可以预测的。这里的分析结果表明，即使在转换效率已经高达 7.5% 的太阳电池吸收层中，在更小尺度上仍然有不

同带隙的存在。这就增加了光生载流子的复合,而且是极其不利的情形,因为带隙涨落将显著地降低这些吸收层的光伏性能,尤其是开路电压[69]。应当注意的是文献报道当前光伏性能最好的器件呈现出一个主导的 PL 跃迁。然而,即使在这些吸收层中 PL 谱也表现出了小肩峰,这是多重跃迁的标志[10,11]。

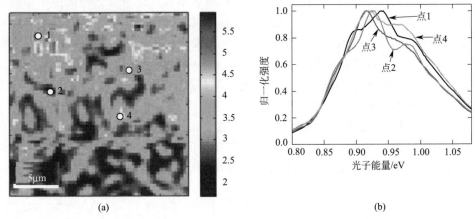

图 16.6 转换效率为 7.5% 的 CZTSe 器件的微米分辨率光致发光强度
图 (a) 中四个不同位置的归一化 PL 谱呈现于图 (b) 中

需要注意的一个重要问题是,我们不仅观察到 PL 中不同的跃迁,而且在量子效率测试中也观察到不同的带隙。图 16.7 归纳了我们实验室一些由共蒸发和退火工艺制作的 CZTSe 太阳电池的 J-V 特性和 QE 特性。这些太阳电池表现出差不多约 350meV 的开路电压,短路电流密度的变化在 30—35mA·cm^{-2} 之间。这些器件的所有 QE 谱都表现出当前最先进的 CZTSe 器件的特性:波长低于 500nm 时 QE 有所减小,这可以归结为 CdS 缓冲层的吸收;600—800nm 之间 QE 的最大值为 85%—90%;在长波长区 QE 以渐变的斜率明显下降。图 16.7(c) 是图 16.7(b) 在长波长区的放大图。将 QE 谱的低能区斜率线性外推,可以粗略地获取器件的带隙值。由此可直接看到 QE 外推没有得到单一的带隙值,但是我们观察到带隙能约有 50meV 的明显分散。由 QE 推测的带隙反映的是 CZTSe 吸收层平均的体相带隙,尤其有利于更低的带隙。我们在图 16.5 和图 16.6 中的 PL 数据当中没有观察到相同的带隙分散。这是因为 PL 测试的深度信息只有数百纳米,而且高侧向分辨率时仅有很少数量的不同材料能够被检测。而在 QE 谱中,我们更易于看到整个设备的最小平均带隙。

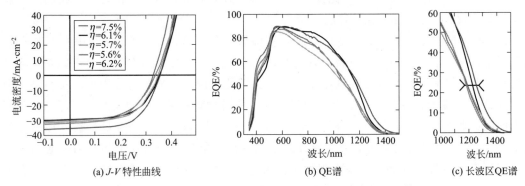

图 16.7 CZTSe 太阳电池器件的 J-V 特性和对应的 QE 谱
更多的颜色细节,请参阅文前的彩图部分

硫基 CZTS 电池表现出与图 16.7 中所呈现的 Se 基器件相似的行为。图 16.8 归纳总结了文献中 S 基太阳电池的 QE 测试结果[15,28,29,31,33-35]。为了比较不同的测试结果，第一步将所有 QE 谱进行归一化处理。第二步将不同的图形以器件的短路电流密度进行缩放。通过这种方式，不同的测试结果就可以进行比较了。类似于 Se 基器件，我们发现硫基器件中的带隙能有着明显的分散。带隙的变化幅度大约为 60 meV，而且我们主要观察了位于 1.35eV 和 1.41eV 处的两个不同的带隙能。

对于出现两个带隙值来说，貌似合理的解释是锌黄锡矿相和黄锡矿相的混合，计算得到它们的形成能仅有很小的差别（晶体结合能的差别是 3meV/原子[70-73]）。此外，不同的晶体结构会表现出不同的带隙能。对于两种晶体结构来说，Se 基器件和 S 基器件的带隙能差别分别为约 150 meV 和 190 meV（此处给出的数值是文献中不同密度泛函计算结果的平均值[70-73]）。

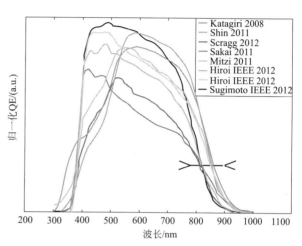

图 16.8　文献报道的无 Se 器件的量子效率
QE 数据进行了归一化处理，然后对报道的 J_{sc} 值进行缩放。
低能区斜率的线性外推得到至少 60meV 的带隙差别。
更多的颜色细节请参阅文前的彩图部分

CZTS 和 CZTSe 在热力学上的优先晶体结构是锌黄锡矿，粉末样品的中子衍射测试证实了密度泛函理论的计算结果[74]。但是，这些样品的制备温度高于此处所讨论的薄膜样品制备温度。Nozaki 等[75]通过反常 X 射线衍射研究了 CZTS 的晶体结构。他们鉴定出锌黄锡矿结构是吸收层材料的主导晶相。但是这些方法不能排除少量的黄锡矿相。图 16.1 中所呈现的数据表明纯 CZTS 和纯 CZTSe 的带隙都有很严重的分散现象。这些数据说明部分带隙分散是因为半导体的不同晶相所具有的不同带隙而造成的。然而，即使对于同一带隙，由 QE 数据确定带隙值的方法不同也能导致不同的数值，也就是说，由反射点估算的带隙值通常都高于由线性外推法估算的带隙值。这就夸大了带隙值的差异。

在本小节中，我们展现了 CZTS 和 CZTSe 中不同的带隙值有可能引起当前器件中所观察到的电压损失。PL 谱表现出不同发光峰，甚至在亚微米尺度上的测试也是如此，说明不同带隙的材料紧密地交织在一起。这一小节中给出的量子效率数据也表明文献报道的带隙能存在一定的分散。实现高效 CZTS 薄膜太阳电池最重要的一步是理解不同跃迁的产生机制，并且在一定程度上控制它们，以使得它们不再限制太阳电池的转换效率。

16.5　串联电阻及其与 V_{oc} 损失的关系

CZTSSe 中较高的串联电阻 R_s 常常被认为是当前 CZTSSe 薄膜太阳电池的一个主要限制（例如文献 [15]）。直到最近，才有一些文献报道了所测试的器件室温串联电阻小于 $1\Omega \cdot cm^2$ [1,6,7,10,11,19,61]。文献报道的室温串联电阻[10-12,15-17,19,21-24,28-30,36,37]归纳总结于图 16.9 中。其中直线对应的 $R_s=1\Omega \cdot cm^2$。第一个观察到的现象是具有低串联电阻的器件都是富

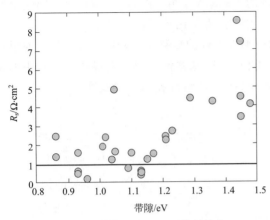

图 16.9 文献中报道的不同器件的室温串联电阻 R_s 作为带隙能的函数

硒的成分比。高串联电阻的问题在 S 基器件中更加严重。在文献报道中,串联电阻高被归因于与背接触层连结所产生的 MoS(e)$_2$/CZTS(e) 界面的肖特基型接触[15,20,22,30]。但是,最近另一作者研究了高串联电阻与冻结载流子之间的相关性,发现引入相对较深的受主态,将使太阳电池的转换效率淬灭[76]。两种模型都不能解释硒基器件和硫基器件之间所观察到的差异。问题是 CZTSSe 器件中的高串联电阻是否是本征性质。我们在本小节中论证事实并非如此,而且 CZTS 中的串联电阻可能是由吸收层中的第二相引起的。

为了更详细地分析串联电阻的差异,通过与温度相关的电压-电流分析[19]对图 16.3 中的器件进行了更深入的分析,结果如图 16.10 所示。Se 基器件[图 16.10(a)]表现出在光照射条件下常规 p-n 二极管的温度相关行为。开路电压随着温度的降低而增大,而其它太阳电池光伏参数随着温度的变化没有明显的改变。填充因子 FF 损失仅在最低温度下可观察到。串联电阻(根据 Sites 和 Mauk 提出的方法[77]推算得到)在整个温度变化范围内都很低,如图 16.10(c)所示。SSe 基器件[图 16.10(b)和图 16.10(d)]表现出非常不相同的行为。一旦温度降低,其短路电流密度急剧减小,而串联电阻则增大。当温度低于 150K 时,串联电阻将大于 $100\Omega \cdot cm^2$。这样高的串联电阻完全阻止了光电流,从而造成转换效率的急剧下降。这一观察现象与文献报道的当器件的吸收层中硫含量比较大时的情况(例如文献 [15])是一致的。

根据上述观察到的现象,似乎可以推测高串联电阻是 SSe 基和 S 基器件的唯一问题。我们的观测认为高串联电阻也强烈地受样品的成分比的影响。两个 Se 基器件与温度相关的电压-电流分析在图 16.11 中给出,两个器件的转换效率都刚刚超过了 5%。如图 16.11(a)所示,我们在纯硒基器件也能够观察到与 SSe 基器件非常相似的行为:随着温度降低电流急剧下降,以及较高的串联电阻。图 16.11(b)中的器件与图 16.11(a)中的器件非常相似,没有观察到串联电阻的明显增大[6]。图 16.11 给出的是两个极端的例子:串联电阻非常高和非常低的两个器件。其它大部分 CZTSe 器件的 J-V-T 特性都落在这两个极端例子之间。这些测试结果清楚地表明高串联电阻并不是材料的本征性质,而是受到制备工艺路线和样品的成分比的强烈影响。但是也不能将高串联电阻的产生与吸收层的整体化学组成联系在一起:吸收层具有相似的整体组成,但有可能表现出非常不同的器件串联电阻特性。电流传输的势垒出现在空间电荷区。这一结论是由黑暗和光照射条件下串联电阻的差别这一实验事实得出:R_S在黑暗条件下很大。很难想象被光照射能够极大地改变背面的势垒,因为光线很难到达背面。

因此,为了了解高串联电阻的产生与成分比之间的关系,需要采用深度剖面方法进行研究。我们对 J-V-T 分析中表现出不同行为的吸收层进行了分析[19]。其中两个吸收层的相关测试结果在图 16.12 中给出,一个在低温下表现出中等的串联电阻[如图 16.12(a)和图 16.12(c)所示],另一个在低温下表现出较高的串联电阻[如图 16.12(b)和图 16.12(d)所

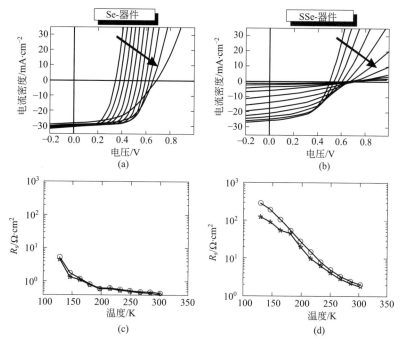

图 16.10 （a），（b）图 16.3 器件的 $J\text{-}V\text{-}T$ 分析，$J\text{-}V$ 曲线的温度范围是 120—300K，箭头指示的是最低的温度；（c），（d）提取的串联电阻 R_s 作为温度的函数

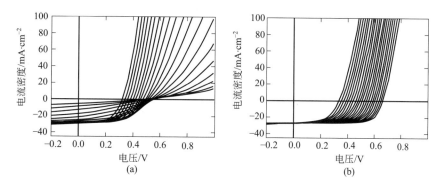

图 16.11 两种不同 CZTSe 器件的 $J\text{-}V\text{-}T$ 曲线，对应的转换效率都略大于 5%

示]。由这两个吸收层制作的太阳电池的转换效率以及光伏参数在图 16.12(c) 和图 16.12(d) 的内插图中给出。图 16.12(a) 和图 16.12(b) 给出的是由 Cs^+ 进行的二次离子质谱测试结果。计数率由吸收层中部数值进行归一化处理。两个样品由 20keV 能量色散 X 射线分析推算得到的 Zn/Sn 整体化学组成仅有很小的差别，但是在接近表面区域内 Zn 的含量有明显的不同。在两个实例中，相对于体内，更多的 Zn 出现在异质结附近。但是对于图 16.12(b) 中的样品，我们观察到在移向表面过程中其 Zn 含量有所增加；而对于图 16.12(a) 中的样品，我们观察到在移向表面过程中其 Zn 含量依然表现出略微地下降。图 16.12(c) 和图 16.12(d) 给出了串联电阻的变化。图 16.12(a) 中的太阳电池在低温下没有表现出很大的串联电阻[如图 16.12(c) 所示]，而在异质结附近 Zn 含量增加的器件中则观察到较大的串联电阻[如图 16.12(d) 所示]。因此，高串联电阻的产生可能与器件的异质结附近 Zn 含量增加有关。

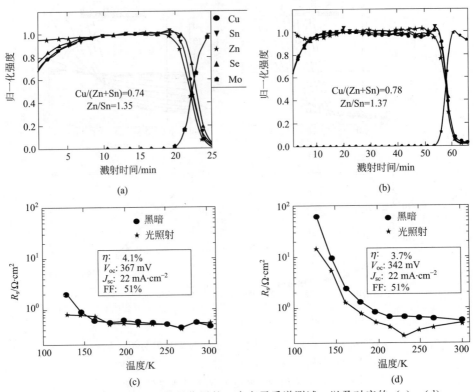

图 16.12 (a),(b) 两种吸收层的二次离子质谱测试,以及对应的 (c),(d) 随着温度变化的串联电阻情况

图 (c) 和图 (d) 中的内插图是各自的最终太阳电池的转换效率和光伏性能参数

CZTSe 器件由富锌样品制作,而富锌条件更容易导致 ZnSe 第二相的形成。虽然器件是体内复合主导,但是界面附近的 ZnSe 相是不利的。如果在界面附近有太多的 ZnSe 存在,那么器件将遭受电流损失,并且表现出高串联电阻。按照上述结果,Wätjen 等[78]展示了在异质结附近含有大量 ZnS 的太阳电池器件,其电流完全被阻断。此外,他们也展示了如果异质结附近区域含有少量 ZnSe,太阳电池则表现出更好的器件参数,如更小的串联电阻和(甚至更重要的是)更低的饱和电流密度。这些结果说明 CZTSe 中 ZnSe 的存在不仅降低了电流,而且还具有其它对器件器件性能不利的效应。因此 CZTSe 中 ZnSe 的存在是当前器件中观察到开路电压损失的另一个原因,因为它扮演了可能复合中心的作用。

问题是在 CZTSe 中的何处能够发现 ZnSe 第二相。第二相的产生当然在一定程度上依赖于制备方法。能够生成大量混杂相的方法之一是共蒸发法;在这种方法中,所有元素同时被带到热基底上。根据生长条件,ZnSe 能够在背接触或者前接触附近被发现[79,80]。由此,可以推测 ZnSe 第二相根据生长条件的不同将聚集在其中一个界面处。这种情形是非常可取的,因为这样就可以由生长条件调控使第二样出现在吸收层表面上,随之可以通过化学处理方法将其去除。

然而,由共蒸发沉积和退火处理制备 CZTSe 吸收层的第一次实验并没有确证这一假设。图 16.13 展示了对 CZTSe 吸收层进行的原子探针层析成像研究结果,该太阳电池的最终转换效率是 6.2%[7]。研究只对距 CdS 缓冲层约 200nm 的很小体积进行了分析,也就是说分析区域仍处于空间电荷区内,并不是直接位于界面上。在 3D 图形和原子探针成分剖面图中能够清楚地看到吸收层由处在 ZnSe 网络中的 CZTSe 构成。这些 ZnSn 夹杂物被约 1%(原子分数)的 Cu 和 1%(原子分数)的 Sn 高度掺杂;它们更有可能是高串联电阻产生的原因,甚至更重要,它们可能是当前 CZTSe 器件高复合率的原因所在。ZnSn 夹杂物的直径约为几十纳米,所以很难由扫描电子显微镜、常规的拉曼光谱或者 X 射线衍射进行识别。现在还不清楚这种 CZTSe/ZnSe 网络是否也出现在其它由贫铜富锌条件生长的高效器件当中。但是我们在之前的章节中已经进行过分析,低温下的离散串联电阻是存在 ZnSe 第二相的一个迹象。因为文献中描述的很多器件表现出高串联电阻,相似的网络在这些器件中出现是极有可能的。纳米尺度的 ZnSe 夹杂物对电流来说起到势垒的作用。如果夹杂物是由相对于纯 ZnSe 而言带隙更大的 Zn(S,Se)或者 ZnS 组成,那么势垒极有可能更高。在室温条件下,由于热电子发射的原因仍然有相当数量的载流子通过这些势垒。降低温度将导致热电子发射数量减少,所以就有了电流损失和串联电阻的增大,上述现象在许多温度相关的电流-电压分析中观察到。因为文献中所有具有最佳性能的器件都是贫铜富锌组成,因此其中极有可能形成 ZnS(e)。除此之外,这些第二相夹杂物在所有 CZTSSe 太阳电池中观测到的强复合电流中,也有可能扮演着重要的角色。有意思的是,当前保持转换效率纪录的器件[10,44]不仅 Sn 含量高,而且它们的 Zn 含量几乎都是化学计量比的,因此能够减少 Zn(S,Se)夹杂物的形成。这很有可能是所有优良太阳电池形成的成分区间,其中 ZnS(e)是预期的第二相,因为在相图中锌黄锡矿相的存在区域相当小,而其它成分比甚至将会激发诸如 SnS(e)、SnS(e)$_2$、Cu$_x$S(e)或者 Cu$_2$SnSe$_3$之类的更加不利的第二相形成[81]。但是先前的讨论也表明 ZnS(e)第二相的形成也是必须要避免的。

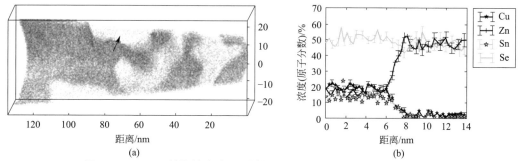

图 16.13　(a)转换效率为 6.2% 的 CZTSe 吸收层的原子探针层析成像图(切面邻近于吸收层顶部,并且垂直于图像平面的厚度约为 6nm),其中浅灰色区域仅由 Zn 和 Se 组成,深灰色区域由 Cu、Zn、Sn 和 Se 组成;
(b)图(a)中箭头所指示区域的成分变化曲线

16.6　结论

在本章中我们论述了当前所有 CZTS(e)器件的限制因素是与制备方法和 S/Se 比例无关的低开路电压。这表明在器件有太多的复合发生。温度相关的电流-电压分析揭示了硒基器件与硫硒基器件的主要复合途径是不同的。这一发现认为 CdS 缓冲层对于 CZTSe 是合适的,但是对于 SSe 基器件而言缓冲层和 n 型窗口层必须被替换。这一观测现象很容易由吸收层和缓冲层之间的台阶型势垒的形成进行解释,因为吸收层的导带带边可以被加入的硫成分抬升。Se 基和 S 基器件的光致发光和量子效率测试都表明了带隙的明显分散。这一发现说明在吸收层中不只存在一种材料。当前的吸收层极有可能是锌黄锡矿和黄锡矿的混合物加上额外的第二相组成的。最后，高串联电阻是 ZnS（e）第二相产生的，ZnS（e）第二相的存在限制了电流传输，并且增大了串联电阻，所以它极有可能是高反向饱和电流密度和低开路电压产生的主要原因。根据相图，因为当前所有 CZTS（e）薄膜都是使用贫铜富锌前驱体或吸收层进行制备，所以 ZnS（e）第二相将会沉淀在吸收层中。

致谢

我们非常感谢 Luxembourgish Fonds National de la Recherche 和 European initial training network program Kestcells（项目编号：FP7-PEOPLE-2012-ITN316488）的资助。我们感谢来自光伏实验室所有同事无数次非常有益的讨论。我们特别感谢 Rabie Djemour 提供了尚未发表的 PL 测试数据。

参 考 文 献

[1] Wang, W., Winkler, M. T., Gunawan, O., Gokmen, T., Todorov, T., Zhu, Y. & Mitzi, D. B. (2013) Device characteristics of CZTSSe thin-film solar cells with 12.6% efficiency. Advanced Energy Materials, doi: 10.1002/aenm.201301465.

[2] Green, M. A., Emery, K., Hishikawa, Y., Warta, W. & Dunlop, E. D. (2014) Solar cell efficiency tables (version 43). Progress in Photovoltaics: Research and Applications, 22, 1-9.

[3] Redinger, A. & Siebentritt, S. (2010) Coevaporation of $Cu_2ZnSnSe_4$ thin films. Applied Physics Letters, 97, 092111.

[4] Redinger, A., Berg, D. M., Dale, P. & Siebentritt, S. (2011) The consequences of kesterite equilibria for efficient solar cells. Journal of the American Chemical Society, 133, 3320-3323.

[5] Weber, A., Mainz, R. & Schock, H. W. (2010) On the Sn loss from thin films of the material system Cu-Zn-Sn-S in high vacuum. Journal of Applied Physics, 107, 013516.

[6] Redinger, A., Mousel, M., Djemour, R., Guetay, L., Valle, N. & Siebentritt, S. (2014) $Cu_2Zn-SnSe_4$ thin film solar cells produced via co-evaporation and annealing including a $SnSe_2$ capping layer. Progress in Photovoltaics: Research and Applications, 22, 51-57.

[7] Mousel, M., Schwarz, T., Djemour, R., Weiss, T. P., Sendler, J., Malaquias, J. C., Redinger, A., Cojocaru-Mirédin, O., Choi, P. & Siebentritt, S. (2014) Cu-rich precursors improve kesterite solar cells. Advanced Energy Materials, 4, 1300543.

[8] Shockley, W. & Queisser, H. J. (1961) Detailed balance limit of efficiency of p-n junction solar cells. Journal of Applied Physics, 32, 510-519.

[9] Siebentritt, S. & Schorr, S. (2012) Kesterites - a challenging material for solar cells. Progress in Photovoltaics: Research and Applications, 20, 512-519.

[10] Todorov, T. K., Tang, J., Bag, S., Gunawan, O., Gokmen, T., Zhu, Y. & Mitzi, D. B. (2012) Beyond 11% efficiency: characteristics of state-of-the-art $Cu_2ZnSn(S, Se)_4$ solar cells. Advanced Energy Materials, 3, 34-38.

[11] Repins, I., Beall, C., Vora, N., De Hart, C., Kuciauskas, D., Dippo, P., To, B., Mann, J., Hsu, W.-C., Goodrich, A. & Noufi, R. (2012) Co-evaporated $Cu_2ZnSnSe_4$ films and devices. Solar Energy Materials and Solar Cells, 101, 154-159.

[12] Guo, Q., Ford, G. M., Yang, W.-C., Walker, B. C., Stach, E. A., Hillhouse, H. W. & Agrawal, R. (2010) Fabrication of 7.2% efficient CZTSSe solar cells using CZTS nanocrystals. Journal of the American Chemical Society, 132 (49), 17384-17386.

[13] Guo, Q., Cao, Y., Caspar, J. V., Farneth, W. E., Ionkin, A. S., Johnson, L. K., Lu, M., Malajovich, I., Radu, D., Choudhury, K. R., Rosenfeld, H. D. & Wu, W. (2012) A simple solution-based route to high-efficiency CZTSSe thin film solar cells. IEEE Photovoltaics Specialist Conference, Austin.

[14] Barkhouse, D. A. R., Haight, R., Sakai, N., Hiroi, H., Sugimoto, H. & Mitzi, D. B. (2012) Cd-free buffer layer materials on $Cu_2ZnSn(S_xSe_{1-x})_4$: Band alignments with ZnO, ZnS, and In_2S_3. Applied Physics Letters, 100, 193904.

[15] Mitzi, D. B., Gunawan, O., Todorov, T. K., Wang, K. & Guha, S. (2011) The path towards a high-performance solution-processed kesterite solar cell. Solar Energy Materials and Solar Cells, 95 (6), 1421-1436.

[16] Shin, B., Zhu, Y., Bojarczuk, N. A., Chey, S. J. & Guha, S. (2012) Control of an interfacial $MoSe_2$ layer in $Cu_2ZnSnSe_4$ thin film solar cells: 8.9% power conversion efficiency with a TiN diffusion barrier. Applied Physics Letters, 101 (5).

[17] Shin, B., Zhu, Y., Bojarczuk, N. A., Chey, S. J. & Guha, S. (2012) High efficiency $Cu_2ZnSnSe_4$ solar cells with a TiN diffusion barrier on a molybdenum bottom contact. IEEE Photovoltaics Specialist Conference, Austin.

[18] Hsu, W.-C., Repins, I., Beall, C., Teeter, G., DeHart, C., To, B., Yang, Y. & Noufi, R. (2012) Growth kinetics during kesterite coevaporation. IEEE Photovoltaics Specialist Conference, Austin.

[19] Redinger, A., Mousel, M., Wolter, M. H., Valle, N. & Siebentritt, S. (2013) Influence of S/Se ratio on series resistance and on dominant recombination pathway in $Cu_2ZnSn(SSe)_4$ thin film solar cells. Thin Solid Films, 535, 291-295.

[20] Barkhouse, D. A. R., Gunawan, O., Gokmen, T., Todorov, T. K. & Mitzi, D. B. (2012) Device characteristics of a 10.1% hydrazine-processed $Cu_2ZnSn(Se,S)_4$ solar cell. Progress in Photovoltaics, 20 (1), 6-11.

[21] Todorov, T. K., Reuter, K. B. & Mitzi, D. B. (2010) High-efficiency solar cell with earth-abundant liquid-processed absorber. Advanced Materials, 22, E156.

[22] Gunawan, O., Todorov, T. K. & Mitzi, D. B. (2010) Loss mechanisms in hydrazine-processed $Cu_2ZnSn(Se,S)_4$ solar cells. Applied Physics Letters, 97, 233506.

[23] Shin, B., Wang, K., Gunawan, O., Reuter, K. B., Jay, C., Bojarczuk, N. A., Todorov, T., Mitzi, D. B. & Guha, S. (2011) High efficiency $Cu_2ZnSn(S_xSe_{1-x})_4$ thin film solar cells by thermal coevaporation. 37th IEEE Photovoltaics Specialist Conference, Seattle.

[24] Katagiri, H. (2005) Cu_2ZnSnS_4 thin film solar cells. Thin Solid Films, 480, 426.

[25] Choudhury, K. R., Cao, Y., Caspar, J. V., Farneth, W. E., Guo, Q., Ionkin, A. S., Johnson, L. K., Lu, M., Malajovich, I., Radu, D., Rosenfeld, H. D. & Wu, W. (2012) Characterization and understanding of performance losses in a highly efficient solution-processed CZTSSe thin-film solar cell. 38th Photovoltaic Specialists Conference, Austin.

[26] Li, J. B., Chawla, V. & Clemens, B. M. (2012) Investigating the role of grain boundaries in CZTS and CZTSSe thin film solar cells with scanning probe microscopy. Advanced Materials, 24, 720.

[27] Yang, W., Duan, H.-S., Bob, B., Lei, B., Li, S.-H. & Yang, Y. (2012) Novel solution processing of high efficiency Earth abundant CZTSSe solar cells. 38th Photovoltaic Specialists Conference, Austin.

[28] Shin, B., Gunawan, O., Zhu, Y., Bojarczuk, N. A., Chey, S. J. & Supratik, G. (2013) Thin film solar cell with 8.4% power conversion efficiency using an earth-abundant Cu_2ZnSnS_4 absorber. Progress in Photovoltaics: Research and Applications, 21, 72-76.

[29] Katagiri, H., Jimbo, K., Yamada, S., Kamimura, T., Maw, W. S., Fukano, T., Ito, T. & Motohiro, T. (2008) Enhanced conversion efficiencies of Cu_2ZnSnS_4-based thin film solar cells by using preferential etching technique. Applied Physics Express, 1 (4).

[30] Wang, K., Gunawan, O., Todorov, T., Shin, B., Chey, S. J., Bojarczuk, N. A., Mitzi, D. & Guha, S. (2010) Thermally evaporated Cu_2ZnSnS_4 solar cells. Applied Physics Letters, 97, 143508.

[31] Scragg, J. J., Ericson, T., Fontané, X., Izquierdo-Roca, V., Pérez-Rodríguez, A., Kubart, T., Edoff, M. & Platzer-Björkman, C. (2014) Rapid annealing of reactively sputtered precursors for Cu_2ZnSnS_4 solar cell. Progress in Photovoltaics: Research and Applications, 22, 10-17.

[32] Hiroi, H., Sakai, N. & Sugimoto, H. (2011) Cd-free 5×5cm^2-sized Cu_2ZnSnS_4 submodules. 37th Photovoltaic Specialists Conference, Seattle.

[33] Sakai, N., Hiroi, H. & Sugimoto, H. (2011) Development of Cd-free buffer layer for Cu_2ZnSnS_4 thin film solar

cells. 37th Photovoltaic Specialists Conference, Seattle.

[34] Hiro, H., Sakai, N., Katou, T., Muraoka, S. & Sugimoto, H. (2012) Development of high efficiency Cu_2ZnSnS_4 submodule with Cd-free buffer layer. 38th Photovoltaic Specialists Conference, Austin.

[35] Sugimoto, H., Hiroi, H., Sakai, N., Muraoka, S. & Katou, T. (2012) Over 8% efficiency Cu_2ZnSnS_4 submodules with ultra-thin absorber. 38th Photovoltaic Specialists Conference, Austin.

[36] Ahmed, S., Reuter, K. B., Gunawan, O., Guo, L., Romankiw, L. T. & Deligianni, H. (2012) A high efficiency electrodeposited Cu_2ZnSnS_4 solar cell. Advanced Energy Materials, 2, 253.

[37] Mousel, M., Redinger, A., Djemour, R., Arasimowicz, M., Valle, N., Dale, P. & Siebentritt, S. (2013) HCl and Br_2-MeOH etching of $Cu_2ZnSnSe_4$ polycrystalline absorbers. Thin Solid Films, 535, 83-87.

[38] Redinger, A., Berg, D. M., Dale, P. J., Djemour, R., Gütay, L., Eisenbarth, T., Valle, N. & Siebentritt, S. (2011) Route towards high efficiency single phase $Cu_2ZnSn(S, Se)_4$ thin film solar cells: Model experiments and literature review. IEEE Journal of Photovoltaics, 1, 200.

[39] Grenet, L., Bernardi, S., Kohen, D., Lepoittevin, C., Noel, S., Karst, N., Brioude, A., Perraud, S. & Mariette, H. (2012) $Cu_2ZnSn(S_{1-x}Se_x)_4$ based solar cell produced by selenization of vacuum deposited precursors. Solar Energy Materials and Solar Cells, 101, 11-14.

[40] Lechner, R., Jost, S., Palm, J., Gowtham, M., Sorin, F., Louis, B., Yoo, H., Wibowo, R. A. & Hock, R. (2013) $Cu_2ZnSn(S, Se)_4$ solar cells processed by rapid thermal processing of stacked elemental layer precursors. Thin Solid Films, 535, 5-9.

[41] Brammertz, G., Ren, Y., Buffière, M., Mertens, S., Hendrickx, J., Marko, H., Zaghi, A. E., Lenaers, N., Köble, C., Meuris, M., Vleugels, J. & Poortmans, J. (2013) Electrical characterization of $Cu_2ZnSnSe_4$ solar cells from selenization of sputtered metal layers. Thin Solid Films, 535, 348-352.

[42] Bag, S., Gunawan, O., Gokmen, T., Zhu, Y. & Mitzi, D. B. (2012) Hydrazine-processed Ge-substituted CZTSe solar cells. Chemistry of Materials, 24, 4588-4593.

[43] Kato, T., Hiroi, H., Sakai, N., Muraoka, S. & Sugimoto, H. (2012) Characterization of front and back interfaces of Cu_2ZnSnS_4 thin-film solar cells. Proceedings of 27th European Photovoltaic Solar Energy Conference Frankfurt, p. 2236.

[44] Brammertz, G., Buffière, M., Oueslati, S., ElAnzeery, H., Ben Messaoud, K., Sahayaraj, S., Köble, C., Meuris, M. & Poortmans, J. (2013) Characterization of defects in 9.7% efficient $Cu_2ZnSnSe_4$-CdS-ZnO solar cells. Applied Physics Letters, 103 (16), 163904.

[45] Shafarman, W. N., Siebentritt, S. & Stolt, L. (2011) Cu(In, Ga)Se_2 solar cells. In Handbook of Photovoltaic Science and Engineering (eds S. Hegedus & A. Luque), John Wiley & Sons, Chichester.

[46] Jackson, P., Hariskos, D., Lotter, E., Paetel, S., Wuerz, R., Menner, R., Wischmann, W. & Powalla, M. (2011) New world record efficiency for Cu(In, Ga)Se_2 thin-film solar cells beyond 20%. Progress in Photovoltaics, 19, 894.

[47] Contreras, M., Mansfield, L., Egaas, B., Romero, M., Li, J., Noufi, R. & Rudiger-Voigt, E. (2011) Improved energy conversion efficiency in wide-band gap Cu(In, Ga)Se_2 solar cells. 37th Photovoltaic Specialists Conference, Seattle.

[48] AbuShama, J., Noufi, R., Johnston, S., Ward, S. & Wu, X. (2005) Improved performance in $CuInSe_2$ and surface-modified $CuGaSe_2$ solar cells. 31th Photovoltaic Specialists Conference, New York.

[49] Haight, R., Barkhouse, A., Gunawan, O., Shin, B., Copel, M., Hopstaken, M. & Mitzi, D. B. (2011) Band alignment at the $Cu_2ZnSn(S_xSe_{1-x})_4$/CdS interface. Applied Physics Letters, 98, 253502.

[50] Levcenco, S., Dumcenco, D., Wang, Y. P., Huang, Y. S., Ho, C. H., Arushanov, E., Tezlevan, V. & Tiong, K. K. (2012) Influence of anionic substitution on the electrolyte electroreflectance study of band edge transitions in single crystal $Cu_2ZnSn(S_xSe_{1-x})_4$ solid solutions. Optical Materials, 34, 1362-1365.

[51] Scheer, R. & Schock, H. W. (2011) Chalcogenide Photovoltaics. Wiley-VCH Verlag Gmbh & Co, KGaA, Weinheim.

[52] Hegedus, S. S. & Shafarman, W. N. (2004) Thin-film solar cells: Device measurements and analysis. Progress in

[53] Rau, U., Jasenek, A., Schock, H. W., Engelhardt, F. & Meyer, T. (2000) Electronic loss mechanisms in chalcopyrite based heterojunction solar cells. Thin Solid Films, 361, 298-302.

[54] Hengel, I., Neisser, A., Klenk, R. & Lux-Steiner, M. C. (2000) Current transport in $CuInS_2$: Ga/CdS/ZnO - solar cells. Thin Solid Films, 361, 458-462.

[55] Wilhelm, H., Schock, H.-W. & Scheer, R. (2011) Interface recombination in heterojunction solar cells: Influence of buffer layer thickness. Journal of Applied Physics, 109, 084514.

[56] Bär, M., Schubert, B. A., Marsen, B., Wilks, R. G., Pookpanratana, S., Blum, M., Krause, S., Unold, T., Yang, W., Weinhardt, L., Heske, C. & Schock, H. W. (2011) Cliff-like conduction band offset and KCN-induced recombination barrier enhancement at the CdS/Cu_2ZnSnS_4 thin film solar cell heterojunction. Applied Physics Letters, 99, 222105.

[57] Nagoya, A., Asahi, R. & Kresse, G. (2011) First-principles study of Cu_2ZnSnS_4 and the related band offsets for photovoltaic applications. Journal of Physics-Condensed Matter, 23, 404203.

[58] Chen, S. Y., Yang, J. H., Gong, X. G., Walsh, A. & Wei, S. H. (2010) Intrinsic point defects and complexes in the quaternary kesterite semiconductor Cu_2ZnSnS_4. Physical Review B, 81, 245204.

[59] Bao, W. & Ichimura, M. (2012) Prediction of the band offsets at the Cds/Cu_2ZnSnS_4 interface based on the first-principles calculation. Japanese Journal of Applied Physics, 51, 10NC31.

[60] Chen, S. Y., Walsh, A., Yang, J. H., Gong, X. G., Sun, L., Yang, P. X., Chu, J. H. & Wei, S. H. (2011) Compositional dependence of structural and electronic properties of $Cu_2ZnSn(S, Se)_4$ alloys for thin film solar cells. Physical Review B, 83, 125201.

[61] Bag, S., Gunawan, O., Gokmen, T., Zhu, Y., Todorov, T. K. & Mitzi, D. B. (2012) Low band gap liquid-processed CZTSe solar cell with 10.1% efficiency. Energy & Environmental Science, 5, 7060.

[62] Unold, T., Kretzschmar, S., Just, J., Zander, O., Schubert, B., Marsen, B. & Schock, H. W. (2011) Correlation between composition and photovoltaic properties of Cu_2ZnSnS_4. 37th IEEE Photovoltaics Specialist Conference, Seattle.

[63] Gunawan, O., Gokmen, T., Shin, B. S. & Guha, S. (2012) Device characteristics of high performance Cu_2ZnSnS_4 solar cell. 38th IEEE Photovoltaics Specialist Conference, Austin.

[64] Panayotatos, P. & Card, H. C. (1980) Use of Voc-Jsc measurements for determination of barrier height under illumination and for fill-factor calculations in schottky-barrier solar cells. IEE Proceedings-I Communications Speech and Vision, 127, 308.

[65] Reiss, J., Malmström, J., Werner, A., Hengel, I., Klenk, R. & Lux-Steiner, M. C. (2011) Current transport in $CuInS_2$ solar cells depending on absorber preparation. Materials Research Society Symposium Proceedings, 668, H9.4.1.

[66] Regesch, D. (2013) Photoluminescence and solar cell studies of chalcopyrites: comparison of Cu-rich vs. Cu-poor and polycrystalline vs. epitaxial material. PhD thesis, University of Luxembourg.

[67] Djemour, R. (2014) $Cu_2ZnSnSe_4$ polymorphs and secondary phases: characterization by Raman spectroscopy and photoluminescence. PhD thesis, University of Luxembourg.

[68] Regesch, D., Gütay, L., Larsen, J. K., Deprédurand, V., Tanaka, D., Aida, Y. & Siebentritt, S. (2012) Degradation and passivation of $CuInSe_2$. Applied Physics Letters, 101, 112108.

[69] Rau, U. & Werner, J. H. (2004) Radiative efficiency limits of solar cells with lateral band-gap fluctuations. Applied Physics Letters, 84, 3735.

[70] Chen, S. Y., Gong, X. G., Walsh, A. & Wei, S. H. (2009) Crystal and electronic band structure of Cu_2ZnSnX_4 (X=S and Se) photovoltaic absorbers: First-principles insights. Applied Physics Letters, 94, 041903.

[71] Paier, J., Asahi, R., Nagoya, A. & Kresse, G. (2009) Cu_2ZnSnS_4 as a potential photovoltaic material: A hybrid Hartree-Fock density functional theory study. Physical Review B, 79, 115126.

[72] Persson, C. (2010) Electronic and optical properties of Cu_2ZnSnS_4 and $Cu_2ZnSnSe_4$. Journal of Applied Physics, 107, 053710.

[73] Botti, S., Kammerlander, D. & Marques, M. A. L. (2011) Band structures of Cu_2ZnSnS_4 and $Cu_2ZnSnSe_4$ from many-body methods. Applied Physics Letters, 98, 241915.

[74] Schorr, S. (2011) The crystal structure of kesterite type compounds: A neutron and X-ray diffraction study. Solar Energy Materials and Solar Cells, 95, 1482.

[75] Nozaki, H., Fukano, T., Seno, Y., Ohta, S., Katagiri, H. & Jimbo, K. (2012) Crystal structure determination of solar cell materials: Cu_2ZnSnS_4 thin films using X-ray anomalous dispersion. Journal of Alloys and Compounds, 524, 22-25.

[76] Gunawan, O., Gokmen, T., Warren, C. W., Cohen, J. D., Todorov, T. K., Barkhouse, D. A. R., Bag, S., Tang, J., Shin, B. & Mitzi, D. B. (2012) Electronic properties of the $Cu_2ZnSn(Se,S)_4$ absorber layer in solar cells as revealed by admittance spectroscopy and related methods. Applied Physics Letters, 100, 253905.

[77] Sites, J. R. & Mauk, P. H. (1989) Diode quality factor determination for thin film solar cells. Solar Cells, 27, 411.

[78] Wätjen, J. T., Engman, J., Edoff, M. & Platzer-Björkman, C. (2012) Direct evidence of current blocking by ZnSe in $Cu_2ZnSnSe_4$. Applied Physics Letters, 100, 173510.

[79] Hsu, W.-C., Repins, I., Beall, C., DeHart, C., To, B., Yang, W., Yang, Y. & Noufi, R. (2012) Growth mechanisms of co-evaporated kesterite: a comparison of Cu-rich and Zn-rich composition paths. Progress in Photovoltaics: Research and Applications, doi: 10.1002/pip.2296.

[80] Redinger, A., Hönes, K., Fontané, X., Izquierdo-Roca, V., Saucedo, E., Valle, N., Pérez-Rodríguez, N. & Siebentritt, S. (2011) Detection of a ZnSe secondary phase in coevaporated $Cu_2ZnSnSe_4$ thin films. Applied Physics Letters, 98, 101907.

[81] Siebentritt, S. (2013) Why are kesterite solar cells not 20% efficient? Thin Solid Films, 535, 1-4.

17 肼处理工艺制备 CZTSSe 的器件特性

Oki Gunawan,Tayfun Gokmen,David B. Mitzi

IBM Thomas J. Watson Research Center,New York,USA

17.1 引言

锌黄锡矿 $Cu_2ZnSn(Se_{1-y}S_y)_4$ 体系,通常称之为 CZTSSe,是一种新兴的薄膜太阳电池技术,具有许多高效率光伏性能所必需的性质,如直接带隙、高光吸收系数(约 $10^5 cm^{-1}$)和通过各种随时可扩展工艺沉积的能力[1]。它的带隙是可调控的,其范围从锌黄锡矿硒化物(CZTSe,$y=0$)的约 1.0eV 到锌黄锡矿硫化物(CZTS,$y=1$)的约 1.5eV,这正好覆盖了单结太阳电池所需要的最佳带隙范围 1.15—1.35eV,该最佳带隙范围是使用 AM1.5G 光谱,并按照 Shockley-Queisser 极限推算得出的[2,3]。近年来,在改进 CZTSSe 器件性能方向获得了持续的进展,如图 17.1 所示。

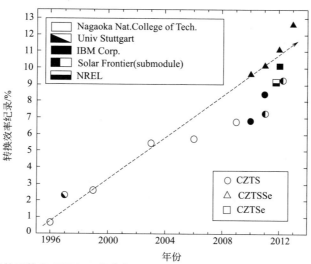

图 17.1 作为年份函数的 CZTSSe 薄膜太阳电池性能的变化,显示出向更高效率的持续进展

1996 年,Katagiri 等[4,5]使用连续蒸发工艺制备 CZTS 薄膜,并报道了 CZTS(没有 Se 参与)光伏器件的能量转换效率(power conversion efficiency,PCE)为 0.66%,开路电压 V_{oc} 为 0.4V。在接下来几年里,斯图加特大学的研究组对类似工艺制备的器件进行改进,得

到2.3%的转换效率[6]。2007年，Katagiri等[4,5]报道了CZTS器件性能的重大突破：PCE达到5.7%[7]；到2008年，PCE达到了6.8%[8]。同类的硒化物CZTSe器件，1997年Friedlmeier等[6]报道了采用真空制备薄膜获得器件效率为0.6%；到2009年，CZTSe器件的效率增加到了3.2%[9]。最近，真空工艺制备的器件不断呈现性能的显著改善：CZTS的PCE达到8.4%[10]，CZTSe的PCE达到9.2%[11]。Solar Frontier公司开发的大面积子模块类型CZTS也非常有前景[12,23]：2012年5cm×5cm的子模块器件的效率纪录达到了9.2%[14]。

最近创造转换效率世界纪录的CZTSSe器件都是由肼（hydrazine，N_2H_4）基浆料工艺方法制备得到的[15-17]。肼能够有效地溶解许多金属硫族化合物，包括Cu_2S、SnS以及元素硫和硒[18-21]。但是没有锌的额外配位剂的话，ZnS和ZnSe很难在肼中溶解[22]。由在肼中溶解的Cu_2S、SnS(Se)和添加的Zn粉末可以获得混合前驱体浆料。反应的结果是$ZnS(Se)N_2H_4$纳米颗粒分散在Cu-Sn-S-Se溶液中。为了得到高性能的器件，金属成分的化学计量比需要进行调控以获得贫铜富锌的组成，即$[Cu]/([Zn]+[Sn])\approx 0.8$，$[Zn]/[Sn]\approx 1.1$，类似于先前描述的那些创造转换效率纪录的器件[5]。CZTSSe薄膜制备时，首先将前驱体材料旋涂或刮涂到Mo涂覆的钠钙玻璃上，然后进行热处理，并应用CdS/ZnO/TCO和Ni/Al栅格的标准顶部堆叠，最终获得完整器件。2010年IBM研究组利用这一方法报道了混合硫和硒阴离子的CZTSSe器件，其PCE取得很大进展，达到9.7%[15]。对这一方法进行改进，使得PCE在2011年达到10.1%[16,23]，2012年达到11.1%[17]。最近，肼纯溶液方法（采用可溶锌配体络合物）[22]结合光学叠层优化工艺制备的器件获得了12.6%的PCE[24]，这代表了当前这一吸收材料的转换效率纪录。

在本章中，我们将集中分析高性能CZTSSe电池的器件特性（绝大多数由肼基工艺方法制备）。我们将展现由不同测试技术获得的关键器件特性，并讨论限制性能的主要损失机制。为了阐释现在CZTSSe器件面临的关键问题，我们将比较由相似的肼基溶液工艺制备的高效CZTSSe器件（转换效率为11.1%）[17]和CIGSSe器件（转换效率为15.2%）[25]，以及最近创造转换效率世界纪录（20.3%）的CIGSSe电池[26]。

17.2 器件特性

17.2.1 薄膜特性

图17.2显示了转换效率为15.2%的IBM-CIGSSe电池和转换效率为11.1%的IBM-CZTSSe电池的断面SEM图像。CIGSSe和CZTSSe器件都在CIGSSe/CZTSSe层和Mo层之间包含有$MoSe_2$层，这在TEM图像中可以更加清楚地看到[如图17.3(a)所示]。在当前转换效率最高的CZTSSe器件中，Mo(S,Se)$_2$层是相当薄的（约200nm）[17,24]。文献报道这一界面层对于吸收层的黏附以及在CIGSSe与Mo之间形成欧姆接触是十分重要的[27-30]，类似地对CZTSSe器件也具有相同的重要性。但是也有文献报道Mo接触能将CZTSSe中的Sn(IV)还原为Sn(II)，因而在背接触处产生相分离，除此之外还形成Mo(S,Se)$_2$层[31]。CIGS和CZTSSe薄膜的晶粒尺寸非常相似（>1μm），虽然在这一CZTSSe器件中空洞形成的问题可能更突出。Mo背接触层上的空洞将使串联电阻升高。

CZTSSe仅有很小的化学势区间形成热力学稳定的单相锌黄锡矿[32]；因此在CZTSSe薄

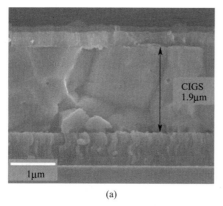
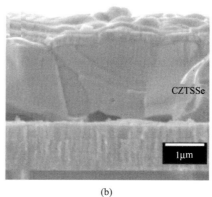

图 17.2 (a) 转换效率为 15.2% 的 IBM-CIGSSe 器件[25];
(b) 转换效率为 11.1% 的 IBM-CIGSSe 器件的 STM 断面图像
图 (a) 的重印许可由文献 [25] 提供,John Wiley & Sons

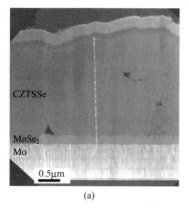
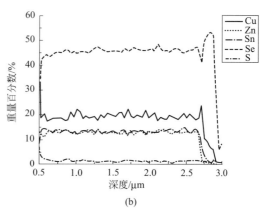

图 17.3 (a) 转换效率为 11.1% 的 CZTSSe 器件的 TEM 图像;
(b) 沿图 (a) 中标示的虚线进行的 EDX 扫描的结果,显示的是每
一种元素沿薄膜深度方向的近似重量百分数
重印许可由文献 [17] 提供,John Wiley & Sons

膜沉积过程中成分比的控制需要比 CIGSSe 更加严格。Katagiri 等[33]发现最好的 CZTSSe 电池具有轻微的贫铜（$[Cu]/([Zn]+[Sn])\approx 0.8$）和富锌（$[Zn]/[Sn]\approx 1.1$）的化学计量比,而且最好的 CIGSSe 器件也类似地具有贫铜化学计量比以避免器件分流。利用第一性原理计算,Chen 等[34]发现在完全化学计量比[$[Cu]/([Zn]+[Sn])\approx 1$、$[Zn]/[Sn]\approx 1$]CZTSSe 样品中能够形成不利的 $Cu_{Zn}+Sn_{Zn}$ 和 $2Cu_{Zn}+Sn_{Zn}$ 团簇的高分布总数;因此认为富锌和贫铜/锡条件能够降低它们的分布总数,这与上述经验发现是一致的。

尽管在制备过程中使用了高温处理（>500℃）和一些组分元素的高蒸气压,但图 17.3 (b)中的 EDX 扫描结果显示,当前最先进的 CZTSSe 电池在深度方向上仍呈现出主要元素标称的成分均匀性。该薄膜也呈现出组成的低含量和均匀性,说明沿深度方向薄膜具有均匀的带隙。由于 S 和 Se 特殊的挥发性,为了确保在从体相到薄膜形成过程中它们不损失,需要精细地控制退火气氛。即使在精细控制的退火条件下,也能观察到明显的 Sn 损失现象[35,36],因为在 400℃ 以上 SnS 具有较高的蒸气压。在退火环境中添加额外的 Sn 和 S/Se 能减轻这一问题。由于向外扩散到 Mo 接触层中,因此在器件的背接触处 Cu 也能损失[37],从而导致背接触层处 ZnS 和 Cu-Sn 相的形成。

17.2.2 器件性能特性

表 17.1 列举了不同器件的性能特性,包括:转换效率为 11.1% 的 CZTSSe 电池,Zentrum für Sonnenergie - und Wasserstoff-Forschung(ZSW)制作的转换效率为 20.3% 的 CIGSSe 电池[26],以及 IBM 采用肼工艺制作的转换效率为 15.2% 的 CIGSSe 电池[25]。这些电池具有相似的带隙($E_g = 1.13eV$、$1.17eV$),突出体现了 CZTSSe 和 CIGSSe 最佳带隙之间不同寻常的相似性[39](至少在 CZTSSe 器件开发的现阶段如此)。吸收层带隙是根据量子效率(quantum efficiency,QE)曲线,并应用接近带隙截止波长的数据变形或者衍生技术方法确定的[28]。由于更高的带隙会导致更高的 V_{oc} 和更低的 J_{sc},我们能够使用 V_{oc} 亏损[即 $V_{oc,def} = (E_g/q) - V_{oc}$] 和归一化 J_{sc}(即 $J_{sc,N} = J_{sc}/J_{sc,max}$)对带隙影响进行归一化处理,从而比较不同器件的 V_{oc} 和 J_{sc},结果如表 17.1 所示。$J_{sc,max}$ 是 AM1.5G 太阳光谱($S_{AM1.5G}$)可能短路电流的最大值,这里假设外量子效率为 100%,其表达式如下:

$$J_{sc,max} = \int \frac{\lambda_C S_{AM1.5G}(\lambda)\lambda q}{hc} d\lambda \tag{17.1}$$

式中,h、q、c、λ_C 分别是普朗克常数、电子电荷、光速和带隙截止波长。

表 17.1　表现最佳的 CIGSSe 电池(由 ZSW 和 IBM 制作)和 CZTSSe 电池的器件性能

器件	效率/%	FF/%	J_{sc}/mA·cm^{-2}	V_{oc}/V	E_g/eV	$J_{sc,N}$/%	$V_{oc,def}$/V	R_{SL}/Ω·cm^2	n	J_0/A·cm^{-2}	文献
ZSW-CIGSSe	20.3	77.7	35.7	0.73	1.14	83.2	0.41	0.23	1.38	4.2×10^{-11}	[26]
IBM-CIGSSe	15.2	75.1	32.6	0.623	1.17	78.7	0.547	0.38	1.57 (1.57)	1.3×10^{-8}	[25]
IBM-CZTSSe	11.1	69.8	34.5	0.46	1.13	79.5	0.67	0.4	1.48 (1.28)	1.4×10^{-7}	[17]

注:表中 R_{SL}、n、J_0 分别是光照射条件下的串联电阻、二极管理想因子、利用 Sites 方法[38]确定的反向饱和电流。括号中的 n 值是由 J_{sc}-V_{oc} 测试确定的(参考正文所述);$J_{sc,N}$ 和 $V_{oc,def}$ 分别是归一化带隙影响后所确定的归一化 J_{sc} 和 V_{oc} 亏损(参考正文所述)。

从表 17.1 可以很清楚看到,CZTSSe 电池的主要缺陷是其较低的 V_{oc} 值或者对应的较大 V_{oc} 亏损值。我们将在下一小节中更详细地讨论 V_{oc} 亏损问题。其第二个问题是填充因子 FF 与 CIGSSe 器件相比仍然太低。在低性能 CZTSSe 电池中,串联电阻高是导致 FF 低的主要原因[44]。但是,从表 17.1 中我们注意到接近目前转换效率纪录的 CZTSSe 电池,在光照射条件下,其 R_{SL} 与由肼处理工艺制备的 CIGSSe 同类物是相当的,说明串联电阻并不是 FF 低的主要原因。根据以下的现象学关系(忽略串联电阻和并联电阻的影响),V_{oc} 也是直接影响 FF 的因素[41]

$$FF = \frac{v_{oc} - \ln(v_{oc} + 0.72)}{v_{oc} + 1} \tag{17.2}$$

其中 v_{oc} 是"归一化的 V_{oc}",其定义如下:

$$v_{oc} = \frac{qV_{oc}}{nk_BT} \tag{17.3}$$

式中,k_B 是波尔兹曼常数;T 是温度。利用这一关系式我们能计算得出,IBM-CZTSSe 电池的 V_{oc} 减小约 0.16V,将导致 FF 减小约 7%。因此 CZTSSe 电池的 FF 较低更大程度上归因于 V_{oc} 较低或者 V_{oc} 亏损较高。

创造转换效率纪录的 CZTSSe 电池已经拥有了一些可以与 IBM-CIGSSe 器件相媲美的优良特性,例如:相当优良的二极管理想因子($n \approx 1.5$),可比较的光照射和黑暗曲线交叉点

(J_X),以及低串联电阻 R_s。在理想太阳电池中,光照射和黑暗条件下的 J-V 曲线是线性叠加的,所以 J_X 的数值是非常高的。但是在薄膜太阳电池中 J_X 的数值常常比较低。对于早期的低性能 CZTSSe 器件,它们对应的交叉点更低(甚至更差)[16,23,40]。薄膜电池中黑暗和光照射 J-V 曲线交叉点数值较低的原因可归于闭塞或者非欧姆背接触、CZTSSe 吸收层中的有效俘获中心密度较高、或者缓冲层和吸收层界面的光敏性或导带偏移(conduction band offset,CBO)势垒较大[42,43]。表 17.1 中报道了两类二极管理想因子(n):一个是由常规光照射条件下的 J-V 曲线提取得到,另一个是由 J_{sc}-V_{oc} 测试结果提取得到(表 17.1 括号中的数值)。在理想太阳电池(没有缺陷的完美半导体)中,这两个数值应当非常接近或者相同。这些二极管理想因子数值之间的差异与 V_{oc} 钉扎效应有关系,后者是由高体电阻率(低载流子密度和低迁移率)以及表面或体内的费米能级钉扎态所产生的,也有可能由于非欧姆背接触(尤其是载流子密度非常低的样品)所产生。与 IBM-CIGSSe 器件具有相似的 n 数值[44] 相反,IBM-CZTSSe 电池的两个 n 数值之间表现出较大的差异,这就表明其中有更严重的 V_{oc} 钉扎效应。

  IBM-CIGSSe 和 IBM-CZTSSe 电的池外量子效率(external quantum efficiency,EQE)曲线图绘制于图 17.4(b)中。我们注意到 IBM-CZTSSe 电池具有比 IBM-CIGSSe 电池略高的 $J_{sc,N}$ 值[如图 17.4(a)所示]。由于相似的顶层堆叠(缓冲层和窗口层),IBM-CZTSSe 电池和 IBM-CIGSSe 电池的短波 EQE 响应(30—600nm)几乎是相同的。但是在长波区间,它们的 EQE 响应是不同的。在附近带隙边缘,CIGSSe 电池的 EQE 截止看起来更陡一些,而 CZTSSe 电池由于带尾电子态所引起的子带隙吸收而具有更加突出的拖尾。这一特征对 CZTSSe 电池具有比与其带隙值相同的 CIGSSe 电池更高的 J_{sc} 是有贡献的。我们将在第 17.2.4 小节中更详细地讨论 CZTSSe 中的带尾电子态问题。

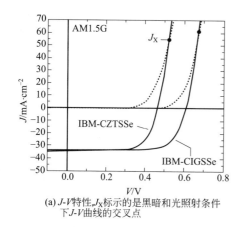
(a)J-V 特性,J_X 标示的是黑暗和光照射条件下 J-V 曲线的交叉点

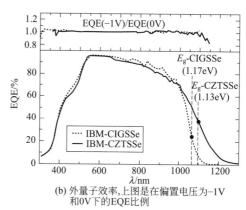
(b)外量子效率,上图是在偏置电压为-1V 和 0V 下的 EQE 比例

图 17.4 转换效率为 11.1% 的 IBM-CZTSSe 电池和转换效率为 15.2% 的 IBM-CIGSSe 电池的特性

  我们能根据不同偏置电压下 EQE 的偏置比例来探测这些电池的收集效率,即图 17.4(b)中上部插图中的 EQE(-1V)/EQE(0V)。我们观察到 CZTSSe 电池的 EQE 比例实际上是相当平坦的,接近于统一的数值,这就说明该电池具有优良的收集效率,这种情形同样也出现在 CIGSSe 电池中。我们注意到低性能 CZTSSe 电池[40] 的 EQE 偏置比例随着波长的增大而增大,说明由于较短的少数载流子扩散长度(或者较短的少数载流子寿命)使得收集效率受到限制[42]。在性能更差的 CZTSSe 器件中,耗尽区宽度加上扩散长度(即光生载流

子能被有效收集的范围）小于吸收层厚度，反向偏压的增加有助于使耗尽区更深入到吸收层内，因而将会增加少数载流子的收集效率。

除此之外，通过研究与偏置电压相关的量子效率，我们能够提取获得如图 17.5 所示的少数载流子扩散长度（L_d）[45]。在图 17.5(b) 中，我们观察到 CZTSSe 中的 QE 强烈地依赖于耗尽区宽度的增加（或者更负的偏置电压），这样可以有更短的 L_d。L_d 的数值能够从图 17.5(a) 和图 17.5(b) 中的数据提取获得，并且用于研究性能优良的 CZTSSe 电池和 CIGSSe 电池的收集[45]，总结归纳的结果如图 17.5(c) 所示。结果表明与参照的 CIGSSe 电池相比，CZTSSe 电池的 L_d 更短（<1μm），这是当前 CZTSSe 电池另一个突出的缺陷。

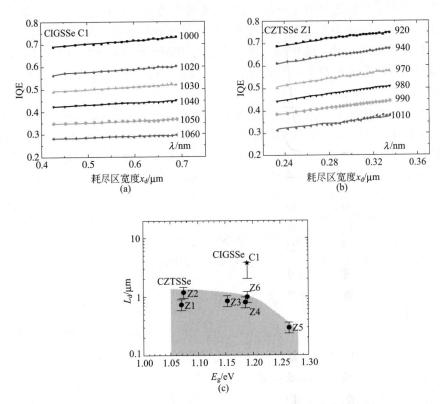

图 17.5　由探测内量子效率与耗尽区宽度（或者负偏置电压）
关系所得到的少数载流子扩散长度（L_d）
(a) CIGSSe；(b) CZTSS；(c) 作为带隙函数的 CIGSSe 电池和 CZTSSe 电池的 L_d 变化
重印许可由文献 [45] 提供，Copyright © AIP Publishing，2013

17.2.3　温度相关的特性

根据光照射和黑暗条件下的 J-V 数据，通过研究不同器件参数的温度相关性（120—340 K）可以获得对 CZTSSe 器件性能的更进一步理解。这一测试利用集成太阳模拟器的液氮低温恒温器完成[40]。CIGSSe 电池和 CZTSSe 电池之间的一些鲜明对比在图 17.6 所示的低温 J-V 特性曲线中很明显地表现出来；即 CIGSSe 的曲线仅有很小的畸变，而 CZTSSe 的曲线在低温条件（$T \approx 125K$）发生了坍缩。

与温度相关的转换效率、填充因子和串联电阻的性能见图 17.7。在低温条件下，CIGSSe 太阳电池的转换效率随着温度降低而单调增加，对于性能优良的太阳电池器件，预测其转换效率在 110 K 时可以高达 24%。但是 CZTSSe 电池的转换效率在低温条件下坍缩到零。如图 17.7(b) 和图 17.7(c) 所示,这是因为低温下 CZZTSe 中的填充因子坍缩或者串联电阻急剧增大(在 125—340K 温度范围内达到约 200 倍)。与此相反,CIGSSe 的串联电阻在温度下降到 180K 之前几乎是常数,而在最低温度(120K)条件下串联电阻的增大数小于 3。在低温条件下有以下不同的可能因素能够导致串联电阻增大,包括:CZTSSe 层与 Mo 层之间的非欧姆接触势垒;CZTSSe 层与 CdS 层之间前异质结的势垒[46]或者 CZTSSe 晶粒之间的势垒[40];导纳谱研究(参阅 17.2.5 小节)所认为的载流子冻结效应;或者迁移率的坍缩。如第 17.2.7 小节所述,室温条件下的串联电阻同样会受到吸收到的带隙(或者 S：Se 比例)的强烈影响。

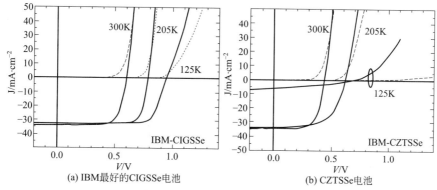

图 17.6 在光照射和黑暗条件下温度相关的 J-V 曲线
CZTSSe 电池的 J-V 曲线在低温条件下发生坍缩

关于 V_{oc} 亏损问题的重要信息也能够从 V_{oc} 的温度相关性测试中获得,如图 17.8(a) 所示。V_{oc} 的温度相关性一般表示为[48]:

$$V_{oc} = \frac{E_{A0}}{q} - \frac{nk_B T}{q} \ln\left(\frac{J_{00}}{J_L}\right) \tag{17.4}$$

其中,E_{A0}、J_{00} 和 J_L 分别是复合机制的活化能、反向饱和电流指前因子和光电流。假设 n、J_{00} 和 J_L 均与温度无关,那么 V_{oc} 相对于 T 的测试数据应当得到一条直线,而且根据 0K 时 V_{oc} 相对于 T 直线的截距就能够得到主要复合过程的活化能 E_{A0}[48]。

IBM-CIGSSe 电池表现出预期的高性能太阳电池的行为:活化能 E_{A0} 与吸收层的带隙($E_g=1.17\text{eV}$)相同。这就说明其主导复合过程发生在空间电荷区或者吸收层体内。但是我们注意到 IBM-CZTSSe 器件的 E_{A0} 明显低于其对应的带隙值,这是迄今为止被所有 CZTSSe 电池研究所忽略带隙值[1,10,17,40,49]。

E_{A0} 值低于带隙值的现象指出了当前 CZTSSe 器件发展中的一个基本问题,而且它常常被归因于缓冲层和吸收层界面上的主导复合机制[50,51]。它的另一个可能的因素是台阶型能带对齐的势垒,即吸收层的导带带边高于缓冲层的导带带边[56,52]。Minemoto 等开展了关于 CIGSe(具与 CZTSSe 相似的器件结构)的理论研究,结果表明其有利的导带偏移(conduction band offset,CBO)是具有 0—0.4eV 的尖峰型偏移[46]。利用飞秒激光紫外光电子能谱开展的能带对齐研究揭示了尖峰型能带对齐对 CZTSSe 而言是有利的[53],虽然图 17.8(b) 中呈现了相当大的导带偏移(0.4—0.5eV,依赖于带隙)。因此缓冲层和吸收层之间的能带对应并不是 CZTSSe 中 V_{oc} 亏损的主导原因,虽然相对高的能带偏移值将会导致

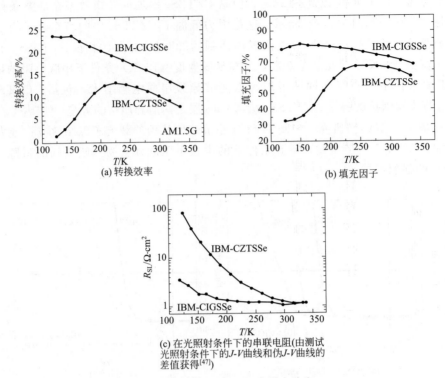

图 17.7 IBM-CIGSSe 太阳电池和
IBM-CZTSSe 太阳电池与温度相关的特性

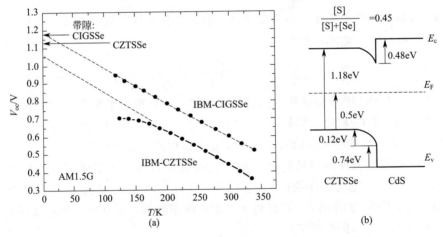

图 17.8 (a) IBM-CIGSSe 太阳电池和 IBM-CZTSSe 太阳电池
与温度相关的开路电压 V_{oc} 变化；(b) 由飞秒激光光电
子能谱推导的尖峰型 CdS/CZTSSe 能带对齐方式

重印许可由文献 [53] 提供，Copyright © AIP Publishing，2011

CZTSSe 中较高的串联电阻（这也可能是个问题）。但是，据实验观测结果推测锌黄锡矿硫化物 CZTS 具有台阶型能带对齐[54,55]，这可能会对 V_{oc} 产生负面的影响。

在 CZTSSe 的 V_{oc} 随 T 的变化曲线中[见图 17.8(a)]，另一个值得关注的特性是曲线在低温区间的弯曲，即背离了线性变化的趋势。这一效应与在极低温或者极高光强条件下的

Suns-V_{oc}（或者 J_{sc}-V_{oc}）钉扎或者弯曲问题有关[44]，推测可能是由于载流子冻结降低了体相导电率以及在低温条件下可能的非欧姆背接触问题。

17.2.4 光致发光和能带拖尾的特性

体相 CZTSSe 吸收层的其它与 V_{oc} 相关的器件特性包括光致发光（photoluminescence，PL）和时间分辨光致发光（time-resolved photoluminescence，TRPL），如图 17.9 所示。利用 TRPL 测试能够测量 CIGSSe 太阳电池和 CZTSSe 太阳电池的少数载流子寿命 τ。图中的衰减曲线没有遵循简单的单指数衰减规律，但是能够用速率方程进行典型地模拟，该速率方程同时考虑了线性和二次复合处理[57]。根据 300K 时的 TRPL 数据，并利用二次速率方程和单光子寿命模型，我们估算得到 CIGSSe 层的带边发射（E_g=1.16eV）处的少数载流子寿命为 $\tau \approx 5.4$ns。这一寿命值在邻近带隙能附近（E_g=1.08—1.28eV）范围内近似为常数。我们注意到与其它文献报道的高性能 CIGS 太阳电池的少数载流子测试（转换效率为 13%—16% 的太阳电池的少数载流子寿命大于 10ns[58]）相比，我们获得的少数载流子寿命是比较低的，这可能与我们的 IBM-CIGSSe 电池的 V_{oc} 值相对较低有关（参阅表 17.1）。

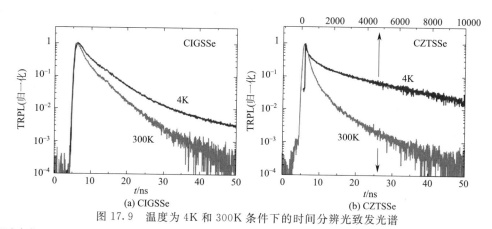

图 17.9 温度为 4K 和 300K 条件下的时间分辨光致发光谱
在低温度条件下 CZTSSe 中少数载流子寿命急剧增大。重印许可由文献[56]提供，Copyright © AIP Publishing, 2013

使用类似的分析，同样能够估算最佳的 CZTSSe 太阳电池的少数载流子寿命。但是，与 CIGSSe 太阳电池相反，即使考虑了二次复合处理，TRPL 数据仍然不能使用单光子寿命模型而得到充分的拟合。按照时间尺度的增长，可以获得 CZTSSe 太阳电池的少数载流子寿命范围是 5—8ns。如果考虑了预期的样品空间不均匀性，那么就能够理解 CZTSSe 太阳电池的 TRPL 谱中所观察的弯曲行为。在 CZTSSe 吸收层不均匀的假设之下，测量获得的 TRPL 信号有可能来自于具有不同载流子寿命的各自不同的区域。虽然载流子寿命短的区域将在更短的时间尺度上强烈发光，但是载流子寿命长的区域最终主导了 TRPL 信号，引起弯曲行为，并导致了更长时间尺度上的更长的载流子寿命。

除了在 CZTSSe 样品中观察到非线性现象之外，图 17.9(a) 和图 17.9(b) 呈现的室温 TRPL 数据对于 CIGSSe 太阳电池和 CZTSSe 太阳电池在少数载流子寿命方面并没有表现出明显的差异，因此不能将其用于考虑观测 V_{oc}（或者 V_{oc} 亏损）之间的差别。更令人惊奇的是，一旦样品被降温到 4K，在 CIGSSe 样品和 CZTSSe 样品之间呈现出巨大的反差：对于 CIGSSe 样品来说，4K 条件下的载流子寿命相对于 300K 条件下的载流子寿命得到了略微地增强；但是对于 CZTSSe 样品来说，载流子寿命增强的幅度超过三个数量级，数值达到了近

10 μs，如图 17.9 所示[56]。一般认为，少数载流子寿命较长有利于太阳电池的光伏性能。但是 CZTSSe 样品中载流子寿命随着温度降低而急剧增大的现象很容易由下文关于静电势起伏的讨论进行理解，这对于当前 CZTSSe 器件的基本性能来说可能是一个潜在的瓶颈[56]。如图 17.10(d) 所示，在静电势起伏的情形中，电子和空穴在空间上是被分离的，任何复合过程都需要载流子的隧穿。此外，由于在降温条件下热能不充足，这些电子和空穴不能跃过起伏的势垒，所以它们就被局域化在这些势阱中。短距离分开的电子和空穴能够很容易地复合，但是大多数载流子被较高的势垒分离在更大的距离上，因此它们的复合时间相对比较长[59]。应当注意的是先前讨论过室温下 TRPL 谱的弯曲现象在低温条件下变得更加突出，这与在低温条件下静电势起伏更加明显是一致的。

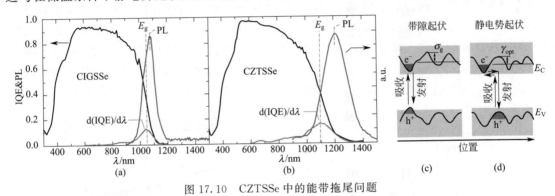

图 17.10　CZTSSe 中的能带拖尾问题

高性能（a）CIGSSe（$E_g=1.19\text{eV}$）器件和（b）CZTSSe（$E_g=1.13\text{eV}$）器件的内量子效率，以及由 IQE 拐点确定的带隙和光致发光谱；(c) 带隙起伏；(d) 静电势起伏示意图。

重印许可由文献 [56] 提供，Copyright © AIP Publishing, 2013

静电势起伏的一个明显后果是在 CZTSSe 吸收层的真正带隙能之下形成能带拖尾。比较由肼处理工艺制备的 CIGSSe 器件（转换效率为 15.0%）以及 CZTSSe 器件（转换效率为 10.7%）的 IQE 和 PL 谱，可以获得有关 CZTSSe 中能带拖尾程度的重要定量化信息，如图 17.10 所示。这些数据是利用关系式 IQE=EQE/(1−R) 获得的，其中 R 是样品的反射率。在光子能量大于 E_g 的范围内，两个样品的 IQE 曲线是相似的。但是在光子能量低于 E_g 的范围内，两者之间存在较明显的差异：CIGSSe 器件的 IQE 曲线随着波长增大陡然减小；而 CZTSSe 器件的 IQE 曲线却随着波长增大呈现出逐渐衰减的趋势。此外图 17.10 中给出的 PL 谱也呈现出明显的差异。正常地，在缺陷浓度很低的洁净半导体中，室温 PL 谱峰的位置比 E_g 高 $k_B T/2$[3]。虽然 CIGSSe 器件的 PL 峰接近于由 IQE 确定的 E_g 值，但是 CZTSSe 器件的 PL 峰移到了相对于 E_g 更低的能量位置。除此之外，CZTSSe 器件的 PL 峰的宽度也大于 CIGSSe 器件的 PL 峰的宽度。光子能量低于 E_g 时 IQE 的缓慢衰减、PL 峰相对于 E_g 的红移以及 PL 峰的宽化都能够归因于 CZTSSe 样品中更严重的能带拖尾。从图 17.10 中可以清楚看到 CZTSSe 中的拖尾区域大约比 CIGSSe 中的拖尾区域严重两倍。

如图 17.10(c) 所示，能带拖尾也有可能是由能带起伏产生的。正如 Gokmen 等[56]所讨论的，虽然按照带隙之下态密度、吸收光谱和光致发光谱的预测，这两种模型有着不同的功能形式，但是它们都能够很好地解释 IQE 和 PL 测试中所观察的特征。然而根据低温 TRPL 数据，带隙起伏和静电势起伏的区别很容易确定。在带隙起伏的情形中，电子和空穴在空间上并不是分离的，所以低温条件不能预期它们能增强载流子寿命。因此，低温 TRPL 数据显示 CZTSSe 样品中所观察到能带拖尾主要来自于静电势起伏[56]。

由于非均匀样品在态密度中具有拖尾问题，因此它所能实现的 V_{oc} 值应当比均匀样品低，这是因为带尾态引入了复合媒介[3,60]。虽然 Rau 和 Werner[3] 提出了带隙起伏的模型，但是该模型不能直接应用到 CZTSSe 中，因为如上所述，在 CZTSSe 中产生带尾态的主导因素极有可能是静电势起伏。对于具有静电起伏的无序材料，根据缺陷复合体之间的关系和与形成缺陷的类型，可以预测能带拖尾具有不同的功能形式[61]。由于缺乏有关 CZTSSe 禁带中态密度的相关知识，目前还不能对 V_{oc} 行为进行准确的模拟。但是，根据上述讨论，开路电压降低的一个主导机制以及因此产生的 CZTSSe 效率极限极有可能就是由于 IQE 和 PL 测试所指出来的、更严重的能带拖尾。很明显，今后研究的一个重要领域就是得到禁带当中更详细的态密度图像，从而能够开展更有意义的模拟。

对高性能锌黄锡矿硫化物（CZTS）同样开展了低温（4 K）PL 研究[62,63]。随着激光激发强度的增大，我们对 PL 谱进行了系统的研究。结果 PL 谱呈现出低能（约 1.14eV）强度峰蓝移，这与"准施主-受主对"（quasi-donor acceptor pair, QDAP）缺陷密度有关。研究估算的 QDAP 缺陷密度是 $5\times10^{19} cm^{-3}$，这与基于 CZTSSe 的 EQE 数据的带尾态分析研究一致[56]。不同 CZTS 样品的 PL 研究表明这一缺陷也是开路电压和转换效率有着很好的相关性[63]。

17.2.5 导纳谱

在这一小节中，我们使用导纳（电容）谱研究 CZTSSe 材料的一些重要电子性质。

图 17.11 显示的是三个高性能 CZTSSe 电池（PCE≈8%—10%）的电容谱，对应的带隙范围是 1.1—1.5eV，在 125—300K 黑暗条件下进行测试。这些 CZTSSe 电池的导纳谱有一些非常鲜明的特性。首先，在低温条件下，与大多数高性能 CIGSSe 电池[65]相比，CZTSSe 的电容谱是相当独特的：它们收敛于最高的频率，而在中等温区（120—200K）则收敛到较低的电容值（即电池的几何电容，C_g）。这种情形在中等带隙和宽带隙样品（$E_g=1.19eV$ 和 1.51eV）中尤其明显。几何电容的跃迁频率在图中被标示为 f_T。在几何电容区间，CZTSSe 吸收层内发生介电冻结效应，这是因为电子电导率太低，使得体系无法快速响应高频率 AC 的激发，从而使体系表现得如同绝缘体一样[66]。

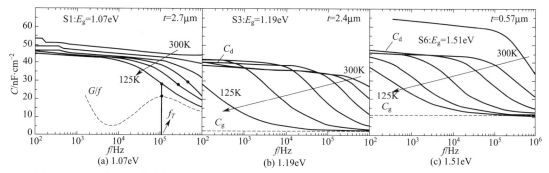

图 17.11 具有不同带隙的三个 CZTSSe 电池在温度为 T=125K、155K、185K、225K 和 300K 条件下的电容谱

介电冻结效应的跃迁频率 f_T 由 G/f 曲线的峰而获得，其中 G 是电导 [图（a）中的黑实心圆]。每个图中都给出了 CZTSSe 层的平均厚度 t。

重印许可由文献 [64] 提供，Copyright © AIP Publishing, 2012

吸收到的几何电容定义为 $C_g=\varepsilon A_C/t$，其中 A_C 是电池面积；ε 是介电常数；t 是吸收层厚度（能够利用扫描电子显微镜测试进行确定）。利用这些数据我们能够计算 CZTSSe 吸收层的介电常数，结果如图 17.12（c）所示，这与理论计算获得的 ε 范围 6.7—8.5[67][图 17.12(c)中的虚线]是相当吻合的。需要注意的是介电常数随着带隙增大而减小，这对于以上章节所讨论的 CZTSSe 中的带尾态问题有着重要的含义。在 CIGSSe 中，跃迁频率 f_T 出现在相当高的频率（约 10MHz）处，而且几乎与温度无关（125K＜T＜300K）[66]，这就意味着 CIGSSe 具有更高的电导率和持续的自由空穴密度，这与 CIGSSe 具有浅受主（尽管浅受主主要是由铜空位 V_{Cu} 产生的）、而且空穴迁移率相当高（2—20cm² · V⁻¹ · s⁻¹）[66]的实验发现是相符的。

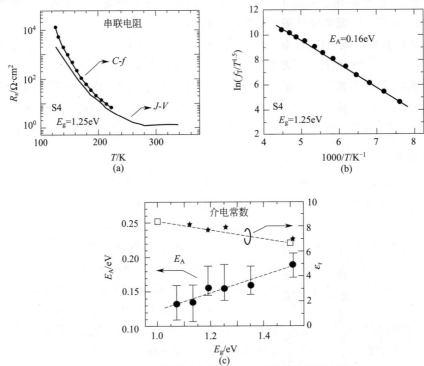

图 17.12 （a）根据黑暗条件下 J-V 曲线和电容谱（C-f，同样是在黑暗条件下测试）推算的太阳电池的串联电阻，两者表现出相当好的一致性；（b）由 $\ln(f_T/T^{1.5})$ 曲线确定的受主能级；（c）由电容谱确定的受主能级和介电常数 ε 汇总空心方块表示的是理论计算的介电常数 ε 数值，虚线是两者之间的线性插值，而星形表示的是实验测量数据。重印许可由文献 [64] 提供，Copyright © AIP Publishing, 2012

利用串联未耗尽的准中性区和耗尽区的导纳电路模型，能够将跃迁频率 f_T 数值与电子特性联系在一起[66]：

$$\omega_T = \frac{C_g \sigma}{C_d \varepsilon} \quad (17.5)$$

式中，$\omega_T = 2\pi f_T$；σ 是 CZTSSe 层的电导率；C_d 是耗尽区电容（即是低频条件下的电容平台）。跃迁频率 f_T 能够根据跃迁附近的 G/f 谱的峰值获得[如图 17.11(a)所示]，其中 G 是电导，f 是频率，这样我们就能够计算 σ 随温度的变化。跃迁频率以及由此得到的 σ 在低温度条件下的迅速减小，说明太阳电池的串联电阻在低温下有显著的增大，这反过来会使填充因子淬灭。事实上，填充因子的这一淬灭现象在至今所有 CZTSSe 电池的温度相关测试中都已经被观察到[1,40]。

为了与先前测试的串联电阻进行比较，我们计算了太阳电池在黑暗条件下、低温区间的串联电阻 R_s（由面积进行归一化处理），计算基于由电容谱获得的 ω_T 数值，并利用关系式 $R_s = \rho t = C_g t / C_d \omega_T \varepsilon$，其中 ρ 是吸收层的体相电阻率。将计算得到的 R_s 数值与直接根据 J-V 曲线、利用遵循下面关系式的 Site 方法[38]所获得的 R_s 数值进行比较。

$$\frac{dV}{dJ} = R_s + \frac{nk_B T}{q(J - G_s V)} \tag{17.6}$$

式中，G_s 是并联电导。如图 17.12（a）所示，两种方法所获得的数值之间具有相当好的一致性。这就说明在低温条件下确实是体相电导率主导了 CZTSSe 器件的串联电阻。

体相 CZTSSe 的电导率可以由关系式：$\sigma = q p \mu_h$ 进行计算，其中 p 和 μ_h 分别是自由空穴的密度和迁移率。如果受主能级 E_A 属于深能级，那么载流子冻结效应将发生在适度的低温度条件（$T \approx 100$—200 K）下，而且自由空穴密度将下降。我们假设主要的受主和足够的施主能够提供相当程度的补偿（$N_D/N_A > 0.1$）。在载流子冻结区间，自由空穴密度表现出热激发行为[68]：

$$p = \frac{(N_A - N_D) N_V}{4 N_D} \exp\left(-\frac{E_A}{k_B T}\right) \tag{17.7}$$

其中：

$$N_V = 2 \left(\frac{2\pi m_h^* k_B T}{\hbar^2}\right)^{3/2} \tag{17.8}$$

是价带的有效态密度；m_h^* 是空穴的有效质量；$\hbar$ 是约化的普朗克常数。假设在这一温度区间内迁移率的温度相关性很弱，那么我们就能够根据 $\ln(\sigma/T^{1.5})$ 或者 $\ln(f_T/T^{1.5})$ 相对于 $1/T$ 的曲线提取受主能级 E_A，例如图 17.12（b）所示的具有带隙 $E_g = 1.25$ eV 的电池计算得到的受主能级 $E_A = 0.16$ eV。

对具有变化带隙的不同 CZTSSe 电池重复进行导纳谱分析，并所获得的受主能级（E_A）和介电常数在图 17.12（c）中进行比较。受主能级数值的范围是 0.13—0.20 eV，且随着带隙增大而增大。这些相对较深的受主能级值与理论研究结果是吻合的，说明在 CZTSSe 中，主要受主杂质并不是像在 CIGSSe 中一样的 V_{Cu} 浅受主杂质，而是诸如 Cu_{Zn} 反位缺陷之类的深受主缺陷，由于其形成能更低而成为主导缺陷[32,69]。CZTSSe 中缺少浅受主情形是低温条件下高串联电阻及其偏离的主要因素，如 17.2.3 小节中所讨论这将使填充因子和转换效率萃灭。受主能级随着带隙增大而增大的变化趋势是因为以下两个因素所贡献的：（1）带隙增大导致介电常数减小；（2）从硒到硫的阴离子取代增加导致晶格常数收缩。两个因素都趋于使晶体中的能级值增大。

在这一小节的分析中，我们假设载流子冻结效应是由具有很明确活化能的单个深受主能级产生。然而在高掺杂和高补偿的半导体中也能获得相似效应。在这一体系中，缺陷态开始在能量上重叠和宽化，在足够高的浓度下，缺陷态与价带整合并形成带尾态（请参考 17.2.4 小节）。这也将导致与上述讨论类似的载流子冻结效应。

17.2.6 瞬态光电容

前面所描述的电容谱只能够揭示离价带不远（< 0.2 eV）的浅缺陷能级。为了研究在

CZTSSe 带隙中更深的电子缺陷，需要开展瞬态光电容（transient photocapacitance，TPC）谱的研究。图 17.13 展示了五种带隙变化（或者[S]/[Se]比例变化）范围很宽的 CZTSSe 电池的 TPC 谱，除了带隙最大的样品（PCE≈6.5%），其余样品的 PCE 均处于 8%—9% 范围内[70]。TPC 测试获得的谱图表现出与子带隙吸收光谱定量化的相似性。但是，TCP 信号来自于由器件结产生的 CZTSSe 耗尽区中电荷的光学释放，而不是吸收光能。这一方法直接探测了太阳电池中有效的电能产生区域，因而比光吸收测试更加灵敏。更详细的 TPC 测试方法，请参考 Gelatos 等[71]、Heath 等[72] 和 Cohen 等[73] 发表的文献。

CZTSSe 样品的 TPC 谱揭示了具有 Urbach 能量的能带拖尾区对于低带隙（$E_g <$ 1.4eV）样品位于 18meV 或者之下，而对于更高带隙的样品则处于约 30meV 的能量区间[70]。有意思的是，我们在大多数样品中也观察到了中心位于距离价带 0.8eV 附近的深缺陷带［在图 17.13(a)以虚抛物线标示］。这些深缺陷带与在 CIGS 合金的 TPC 研究[72]中所观察到的现象极其类似。如图 17.13(c)所示，以 0.8eV 为中心的缺陷态位置相对于价带是相对固定的。对于带隙更宽的 CZTSSe，该缺陷能级则移到更接近带隙中央的位置，从而成为更有效的载流子复合中心。虽然 CZTSSe 样品中以 0.8eV 为中心的缺陷态的来源（与 CIGSSe 类似）目前还是未知的，但是这一特征及其在更宽带隙中对应的更高 Urbach 能量有可能对更宽带隙电池的 V_{oc} 和转换效率衰减有所影响[70]。

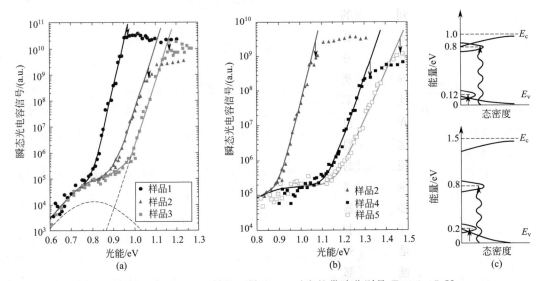

图 17.13 五种 CZTSSe 样品（样品 1-5 对应的带隙分别是 $E_g =$ 1.07eV、1.15eV、1.20eV、1.47eV 和 1.51eV 样品 5 是纯 CZTS）在 220K、5kHz 条件下获得的瞬态光电容谱 (a) 三种低带隙样品的 TPC 谱对比，所有样品都表现出较窄的能带拖尾和跃迁中心在 0.8eV 附近，略有高斯外形的深缺陷带，虚线表示样品 3 中跃迁的基本密度，顶部的小箭头标示的是这些样品基于 TPC 谱估算的光学带隙值。(b) 两种宽带隙样品与样品 2 的 TPC 谱对比。这些宽隙样品的能带拖尾更宽。深缺陷带跃迁的能量分布还不清楚。应当注意的是图（a）和图（b）的坐标标度稍有不同。(c) 窄带隙（1.0eV）和宽带隙（1.5eV）CZTSSe 中所观察到的缺陷带以及所呈现的热跃迁（直线箭头）和光跃迁（波浪箭头）。重印许可由文献［70］提供，Copyright © AIP Publishing, 2012

17.2.7 与带隙相关的特性

在这一小节中我们回顾文献中最佳性能的 CZTSSe 电池［带隙值覆盖整个带隙范围

(1.0—1.5eV)]与带隙相关的一般特征,并以最佳性能的 CIGSSe 电池(转换效率为 20.3% 的 ZSW-CIGSSe 电池[26]和转换效率为 15.2% 的肼处理 IBM-CIGSSe 电池)作为基准进行对比,如图 17.14 所示。带隙值是根据邻近带边的 EQE 数据拐点所获得[28,76]。首先,从图 17.14(a)中可以看到 CZTSSe 电池的转换效率峰落在带隙近似值为 $E_g=1.13eV$ 处,这与 CZTSSe 电池的"经验"最佳带隙 1.14eV[39]是极其相似的,这说明两种体系之间存在内在的相似性[77]。有两种竞争效应导致了 CZTSSe 最佳带隙的产生。一般来说,根据 Shockley-Queisser 分析,转换效率峰值应当出现在 1.15—1.38eV 附近(使用 AM1.5G 太阳光谱)[2,3]。但是,在 CZTSSe 器件中,由于 V_{oc} 亏损、FF 和 J_{sc}[相对于 $J_{sc,max}$,请参考方程式(17.1)]都在更宽带隙时衰减,因而促使当前器件最佳带隙值较低。

图 17.14(b)显示了在整个 CZTSSe(和 CIGSSe)带隙范围内,器件的 V_{oc} 相对于带隙的数据变化情况。经验直线$(E_g/q)-0.5$[V],以及作为参照的最佳性能 CIGSSe 电池的近似 V_{oc} 值[48]也在图中展现。最好的 V_{oc} 亏损(约 0.62V)是由转换效率为 9.15% 的锌黄锡矿硒化物(CZTSe,$E_g\approx1.0eV$)[11]和创造转换效率纪录 12.6% 的 CZTSSe($E_g=1.13eV$)[24]所获得。我们观察到随着带隙增大,V_{oc} 并不是成比例地增大。有意思的是在 CIGSSe 合金中也观察到这一现象(请参考文献[78]中的 p.326)。这一效应的产生由以下一些因素引起。首先,TPC 研究(请参考 17.2.6 小节)揭示的位于价带之上、以 0.8eV 为中心的深能级可能对宽带隙器件起到更严重的复合中心的作用[70]。其次,宽带隙 CZTSSe 的介电常数更低($\varepsilon_r=6.7$)[64,67],这将导致更低的有效屏蔽以及更严重的势能起伏和带尾态[56]。需要注意的是在 CIGSSe 合金中存在另一个因素导致对于宽带隙更大的 V_{oc} 亏损:在宽带隙时缓冲层和吸收层界面上的导带偏移类型变成了台阶型(请参考文献[78]中的 p.327),这将导致更低的 V_{oc} 值[46]。但是,CZTSSe 的紫外光电子能谱研究发现在所有 CZTSSe 样品中都是有利的尖峰型能带对齐方式,包括锌黄锡矿硫化物(CZTS,$E_g\approx1.5eV$)样品[53]。对于纯 Se 的 CZTSe 结构,这种尖峰型导带偏移被其他独立的研究所证实[79]。有意思的是,对不同样品利用反向和常规光发射的研究表明锌黄锡矿硫化物(CZTS)样品具有台阶型导带偏移[54]。为了对 CZTSSe 器件中 V_{oc} 抑制的机理有全面的理解,上述我们对宽带隙 CZTSSe 器件不一致的认识问题必须得到解决。

图 17.14(c)展示了 J_{sc} 相对于带隙的变化情况。为了进行比较,我们也给出了 $J_{sc,max}$ 作为参照。令人惊奇的是,CZTSSe 电池的 J_{sc} 数值与高性能 CIGSSe 器件的 J_{sc} 数值是相似的。这一性能对等现象推测地可部分归因于带尾态随机地增加了子带隙吸收。应当注意的是 $J_{sc}/J_{sc,max}$ 比例在宽带隙时趋向于下降。这一行为与 CZTSSe 器件在宽带隙时收集效率减小有关,这将减弱长波长范围内的量子效率响应[1]。类似的收集效率减弱现象在覆盖一定带隙范围的 CIGSSe 器件中也曾被观察到[80]。

如图 17.14(d)所示,随着带隙变化 FF 数值没有呈现出剧烈的改变(其最佳值似乎对应于带隙约 1.13eV)。有两个竞争因素控制了 FF 相对于带隙的变化。首先,根据方程式(17.2),在宽带隙处更高的 V_{oc} 值将使 FF 值增加。不幸的是,更高的硫含量(或者说更宽的带隙)将导致串联电阻显著地增大,如图 17.14(e)所示。最窄的带隙 CZTSSe 器件将获得最小的串联电阻[11,23]。最后,转换效率的变化趋势似乎可以被图 17.14(f)中的二极管理想因子 n 的变化趋势所反映;也就是说,最小的二极管理想因子被发现处于最佳带隙区间约 1.13eV。这是合理的对应现象,因为更多的复合途径将转化为更高的理想因子。

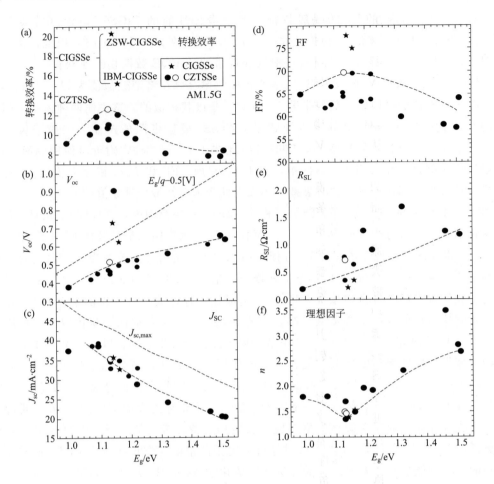

图 17.14 最佳性能 CZTSSe 器件的性能特征（实心圆圈是文献 [11, 16, 17, 23, 74, 75] 报道的结果，空心圆圈是最近创造转换效率纪录 12.6% 的结果[24]），以及与参照 CIGSSe 电池（星形，文献 [25, 26] 报道的结果）的对比，在标准条件（AM1.5G，室温）下这些电池的带隙覆盖了整个带隙范围：(a) 转换效率；(b) 开路电压，其中点线代表 (E_g/q)—0.5 [V] 直线；(c) 短路电流，其中点线表示假设 100% EQE 时所得到的 J_{sc} 最大值，请参考方程式 (17.1)；(d) 填充因子；(e) 在光照射条件的串联电阻[38]；(f) 在光照射条件下的二极管理想因子，图中的虚线只是视线引导。最宽带隙（约 1.5eV）的样品是纯 CZTS[10;49]；最窄带隙（约 1.0eV）的样品是纯 CZTSe[11]

17.3 结论

本章详细讨论了大多数由肼基工艺制备的高性能 CZTSSe 器件的关键特性。令人惊奇的是，最佳性能的 CZTSSe 电池的 J_{sc} 数值（相对于 $J_{sc,max}$）与高性能 CIGSSe 电池的相应数值非常相似，部分可归因于能带拖尾效应随机地将 EQE 曲线拓展到超过带隙截止波长。（空间和时间分辨）光致发光和量子效率研究提供了这一能带拖尾存在的证据，这可以归因于由 CZTSSe 中强补偿诱导的势能起伏。如上所述，不幸的是，相同的带尾态同时至少部分对 CZTSSe 中严重的 V_{oc} 亏损有所影响。事实上，V_{oc} 亏损 $[V_{oc,def} = (E_g/q) - V_{oc}]$ 被认为是当关CZTSSe技术面临的主要问题,其最佳数值是$V_{oc,def}\approx 0.62V$,是由锌黄锡矿硒化物(CZTSe,$E_g\approx 1.0eV$)和创造转换效率纪录12.6%的CZTSSe器件($E_g=1.13eV$)实现的。增大的V_{oc}亏损可能来自于体相(缺陷态和带尾态,包括由17.2.6小节中瞬态光电容谱所检测到的位于约0.8eV处的深缺陷态)和/或界面复合(如由温度相关的V_{oc}研究的结论)。为了反推各种复合过程的物理机制,仍需要开展更确凿的表征分析。虽然串联电阻的增强能够减小FF,尤其对于宽带隙($E_g>1.2eV$)样品更是如此,低V_{oc}值仍是FF被抑制的主导因素。因此我们认为降低V_{oc}亏损对提高CZTSSe器件家族的转换效率扮演着关键角色。

电容谱也揭示了CZTSSe薄膜独特的特性,显示CZTSSe缺少浅受主杂质。载流子浓度是由深受主主导的,从而在低温条件下产生串联电阻的偏离,这将使填充因子和转换效率发生淬灭。随之而来的是,在低温和高频条件下电容坍缩到几何电容值,这使我们能够从中提取CZTSSe的介电常数值。CZTSSe的低介电常数(尤其是在宽带隙处)是不利的,因为它会导致更严重的势能起伏和带尾态。TPC测试进一步揭示了位于价带之上0.8eV处的深缺陷能级和更多实质的能带拖尾(更高Urbach能量)有可能对宽带隙材料的V_{oc}亏损增大有所贡献。类似的发现也曾在CIGSSe合金中观察到[72],这是对于CIGSSe体系($E_g\approx 1.14eV$)和CZTSSe体系具有极其相似的最佳带隙现象的一个可能解释。

迄今为止,CZTSSe技术的转换效率增长的稳定趋势(如图17.1)表明它将有能力最终与现在的CdTe和CIGSSe薄膜技术进行竞争。对此,最近发表的一些报道是特别有希望的。Solar Frontier公司展示了孔径面积为$25cm^2$、单片集成的CZTS子模块创造了9.2%的转换效率纪录[14]。同时也有一些关于开发完全无Cd体系的有益尝试,将单电池[81]和子模块[12]中的CdS基缓冲层由非Cd基缓冲层进行替代。此外,除了考虑器件效率改进的目标之外,我们需要强调CZTSSe器件性能的稳定性。目前还没有最终明确确定的问题:在各种工况条件下(例如光、热、电力负载等),CZTSSe器件是否具有和Cu_2S或CIGSSe一样的器件稳定性。所有这些努力都将有助于CZTSSe实现成为高性能、地壳含量丰富和有商业应用价值的光伏技术。

致谢

IBM CIGSSe研究是东京应化工业株式会社和IBM公司联合开发项目的一部分。同类材料CZTSSe的研究工作东京应化工业株式会社、DelSolar公司、Solar Frontier公司和IBM公司联合开发项目的一部分。这一材料体系的研究工作得到了美国能源部的资助(编号:DE-EE0006334)。

参 考 文 献

[1] Mitzi, D. B., Gunawan, O., Todorov, T. K., Wang, K. & Guha, S. (2011) The path towards a high-performance solution-processed kesterite solar cell. Solar Energy Materials and Solar Cells, 95, 1421-1436.

[2] Shockley, W. & Queisser, H. J. (1961) Detailed balance limit of efficiency of p-n junction solar cells. Journal of Applied Physics, 32, 510-519.

[3] Rau, U. & Werner, J. H. (2004) Radiative efficiency limits of solar cells with lateral band-gap fluctuations. Applied Physics Letters, 84, 3735.

[4] Katagiri, H., Sasaguchi, N., Hando, S., Hoshino, S., Ohashi, J. & Yokota, T. (1997) Preparation and evalua-

tion of Cu_2ZnSnS_4 thin films by sulfurization of E-B evaporated precursors. Solar Energy Materials and Solar Cells, 49, 407-414.

[5] Katagiri, H., Jimbo, K., Maw, W. S., Oishi, K., Yamazaki, M., Araki, H. & Takeuchi, A. (2009) Development of CZTS-based thin film solar cells. Thin Solid Films, 517, 2455-2460.

[6] Friedlmeier, T. M., Wieser, N., Walter, T., Dittrich, H. & Schock, H. W. (1997) Heterojunctions based on Cu_2ZnSnS_4 and $Cu_2ZnSnSe_4$ thin films. In Proceedings of 14th European Photovoltaic and Solar Energy Conference, 30 June-4 July, 1242-1245.

[7] Jimbo, K., Kimura, R., Kamimura, T., Yamada, S., Maw, W. S., Araki, H., Oishi, K. & Katagiri, H. (2007) Cu_2ZnSnS_4-type thin film solar cells using abundant materials. Thin Solid Films, 515, 5997-5999.

[8] Katagiri, H., Jimbo, K., Yamada, S., Kamimura, T., Maw, W. S., Fukano, T., Ito, T. & Motohiro, T. (2008) Enhanced conversion efficiencies of Cu_2ZnSnS_4-based thin film solar cells by using preferential etching technique. Applied Physics Express, 1, 41201.

[9] Zoppi, G., Forbes, I., Miles, R. W., Dale, P. J., Scragg, J. J. & Peter, L. M. (2009) Cu_2ZnSnS_4 thin film solar cells produced by selenisation of magnetron sputtered precursors. Progress in Photovoltaics: Research and Applications, 17, 315-319.

[10] Shin, B., Gunawan, O., Zhu, Y., Bojarczuk, N. A., Chey, S. J. & Guha, S. (2013) Thin film solar cell with 8.4% power conversion efficiency using earth abundant Cu_2ZnSnS_4 absorber. Progress in Photovoltaics: Research and Applications, 21, 72.

[11] Repins, I., Beall, C., Vora, N., DeHart, C., Kuciauskas, D., Dippo, P., To, B., Mann, J., Hsu, W. C., Goodrich, A. & Noufi, R. (2012) Co-evaporated $Cu_2ZnSnSe_4$ films and devices. Solar Energy Materials and Solar Cells, 101, 154.

[12] Hiroi, H., Sakai, N. & Sugimoto, H. (2011) Development of high efficiency Cu_2ZnSnS_4 solar cells and modules. In Proceedings of 26th European Photovoltaic Solar Energy Conference and Exhibition, 2448-2451.

[13] Sugimoto, H., Hiroi, H., Sakai, N., Muraoka, S. & Katou, T. (2012) Over 8% efficiency Cu_2ZnSnS_4 submodules with ultra-thin absorber. In Proceedings of 38th IEEE Photovoltaic Specialist Conference, 3-8 June 2012, 2997-3000.

[14] Kato, T., Hiroi, H., Sakai, N., Muraoka, S. & Sugimoto, H. (2012) Characterization of front and back interfaces on CZTS thin film solar cells. In Proceedings of 27th European Photovoltaics Solar Energy Conference and Exhibition, 2236-2239.

[15] Todorov, T. K., Reuter, K. B. & Mitzi, D. B. (2010) High-efficiency solar cell with earth-abundant liquid-processed absorber. Advanced Materials, 22, E156-E159.

[16] Barkhouse, D. A. R., Gunawan, O., Gokmen, T., Todorov, T. K. & Mitzi, D. B. (2012) Device characteristics of a 10.1% hydrazine-processed $Cu_2ZnSn(Se,S)_4$ solar cell. Progress in Photovoltaics: Research and Applications, 20, 6-11.

[17] Todorov, T. K., Tang, J., Bag, S., Gunawan, O., Gokmen, T., Zhu, Y. & Mitzi, D. B. (2013) Beyond 11% efficiency: Characteristics of state-of-the-art $Cu_2ZnSn(S,Se)_4$ solar cells. Advanced Energy Materials, 3, 34-38.

[18] Mitzi, D. B. (2005) Synthesis, structure, and thermal properties of soluble hydrazinium germanium (IV) and tin (IV) selenide salts. Inorganic Chemistry, 44, 3755-3761.

[19] Mitzi, D. B. (2007) $N_4H_9Cu_7S_4$: A hydrazinium-based salt with a layered Cu_7S_4-framework. Inorganic Chemistry, 46, 926-931.

[20] Mitzi, D. B., Kosbar, L. L., Murray, C. E., Copel, M. & Afzali, A. (2004) High-mobility ultrathin semiconducting films prepared by spin coating. Nature, 428, 299-303.

[21] Mitzi, D. B., Yuan, M., Liu, W., Kellock, A. J., Chey, S. J., Deline, V. & Schrott, A. G. (2008) A high-efficiency solution-deposited thin-film photovoltaic device. Advanced Materials, 20, 3657-3662.

[22] Yang, W., Duan, H. S., Bob, B., Zhou, H., Lei, B., Chung, C. H., Li, S. H., Hou, W. W. & Yang, Y. (2012) Novel solution processing of high-efficiency earth-abundant $Cu_2ZnSn(S,Se)_4$ solar cells. Advanced Materials, 24, 6323-6329.

[23] Bag, S., Gunawan, O., Gokmen, T., Zhu, Y., Todorov, T. K. & Mitzi, D. B. (2012) Low band gap liquid-processed CZTSe solar cell with 10.1% efficiency. Energy and Environmental Science, 5, 7060-7065.

[24] Wang, W., Winkler, M. T., Gunawan, O., Gokmen, T., Todorov, T. K., Zhu, Y. & Mitzi, D. B. (2014) Device characteristics of CZTSSe thin film solar cell with 12.6% efficiency. Advanced Energy Materials, 4, 1301465.

[25] Todorov, T. K., Gunawan, O., Gokmen, T. & Mitzi, D. B. (2013) Solution-processed Cu (In, Ga) (S, Se)$_2$ absorber yielding 15.2% efficient solar cell. Progress in Photovoltaics: Research and Applications, 21, 82-87.

[26] Jackson, P., Hariskos, D., Lotter, E., Paetel, S., Wuerz, R., Menner, R., Wischmann, W. & Powalla, M. (2011) New world record efficiency for Cu (In, Ga) Se$_2$ thin film solar cells beyond 20%. Progress in Photovoltaics: Research and Applications, 19, 894-897.

[27] Assmann, L., Bernède, J. C., Drici, A., Amory, C., Halgand, E. & Morsli, M. (2005) Study of the Mo thin films and Mo/CIGS interface properties. Applied Surface Science, 246, 159-166.

[28] Wada, T., Kohara, N., Nishiwaki, S. & Negami, T. (2001) Characterization of the Cu (In, Ga) Se$_2$/Mo interface in CIGS solar cells. Thin Solid Films, 387, 118-122.

[29] Kohara, N., Nishiwaki, S., Hashimoto, Y., Negami, T. & Wada, T. (2001) Electrical properties of the Cu (In, Ga)Se$_2$/MoSe$_2$/Mo structure. Solar Energy Materials and Solar Cells, 67, 209-215.

[30] Abou-Ras, D., Kostorz, G., Bremaud, D., K. lin, M., Kurdesau, F. V., Tiwari, A. N. & D. beli, M. (2005) Formation and characterisation of MoSe$_2$ for Cu (In, Ga) Se$_2$ based solar cells. Thin Solid Films, 480, 433-438.

[31] Scragg, J. J., W. tjen, J. T., Edoff, M., Ericson, T., Kubart, T. & Platzer-Björkman, C. (2012) A detrimental reaction at the molybdenum back contact in Cu$_2$ZnSn (S, Se)$_4$ thin-film solar cells. Journal of American Chemical Society, 134, 19330-19333.

[32] Nagoya, A., Asahi, R., Wahl, R. & Kresse, G. (2010) Defect formation and phase stability of Cu$_2$ZnSnS$_4$ photovoltaic material. Physics Review B, 81, 113202.

[33] Katagiri, H., Jimbo, K., Tahara, M., Araki, H. & Oishi, K. (2009) The influence of the composition ratio on CZTS-based thin film solar cells. Materials Research Society Symposium Proceedings, 1165, M04-01.

[34] Chen, S., Wang, L. W., Walsh, A., Gong, X. G. & Wei, S. H. (2012) Abundance of Cu$_{Zn}$+Sn$_{Zn}$ and 2Cu$_{Zn}$+Sn$_{Zn}$ defect clusters in kesterite solar cells. Applied Physics Letters, 101, 223901-4.

[35] Scragg, J. J., Ericson, T., Kubart, T., Edoff, M. & Platzer-Björkman, C. (2011) Chemical insights into the instability of Cu$_2$ZnSnS$_4$ films during annealing. Chemistry of Materials, 23, 4625-4633.

[36] Weber, A., Mainz, R. & Schock, H. W. (2010) On the Sn loss from thin films of the material system Cu-Zn-Sn-S in high vacuum. Journal of Applied Physics, 107, 013516.

[37] Wang, K., Shin, B., Reuter, K. B., Todorov, T., Mitzi, D. B. & Guha, S. (2011) Structural and elemental characterization of high efficiency Cu$_2$ZnSnS$_4$ solar cells. Applied Physics Letters, 98, 051912.

[38] Sites, J. R. & Mauk, P. H. (1989) Diode quality factor determination for thin-film solar cells. Solar Cells, 27, 411-417.

[39] Contreras, M. A., Ramanathan, K., AbuShama, J., Hasoon, F., Young, D. L., Egaas, B. & Noufi, R. (2005) Diode characteristics in state-of-the-art ZnO/CdS/Cu (In$_{1-x}$Ga$_x$) Se$_2$ solar cells. Progress in Photovoltaics: Research and Applications, 13, 209-216.

[40] Gunawan, O., Todorov, T. K. & Mitzi, D. B. (2010) Loss mechanisms in hydrazine-processed Cu$_2$ZnSn (Se, S)$_4$ solar cells. Applied Physics Letters, 97, 233506.

[41] Green, M. A. (1981) Solar cell fill factors-general graph and empirical expressions. Solid State Electronics, 24, 788.

[42] Hegedus, S. S. & Shafarman, W. N. (2004) Thin-film solar cells: device measurements and analysis. Progress in Photovoltaics: Research and Applications, 12, 155-176.

[43] Burgelman, M., Engelhardt, F., Guillemoles, J. F., Herberholz, R., Igalson, M., Klenk, R., Lampert, M., Meyer, T., Nadenau, V., Niemegeers, A., Parisi, J., Rau, U., Schock, H. W., Schmitt, M., Seifert, O., Walter, T. & Zott, S. (1997) Defects in Cu (In, Ga) Se$_2$ semiconductors and their role in the device performance of thin-film solar cells. Progress in Photovoltaics: Research and Applications, 5, 121-130.

[44] Gunawan, O., Gokmen, T. & Mitzi, D. (2014) Suns-V$_{OC}$ characteristics of high performance kesterite solar cells.

Journal of Applied Physics, 116, 084504.

[45] Gokmen, T., Gunawan, O. & Mitzi, D. B. (2013) Minority carrier diffusion length extraction in Cu$_2$ZnSn(Se, S)$_4$ solar cells. Journal of Applied Physics, 114, 114511.

[46] Minemoto, T., Matsui, T., Takakura, H., Hamakawa, Y., Negami, T., Hashimoto, Y., Uenoyama, T. & Kitagawa, M. (2001) Theoretical analysis of the effect of conduction band offset of window/CIS layers on performance of CIS solar cells using device simulation. Solar Energy Materials and Solar Cells, 67, 83-88.

[47] Pysch, D., Mette, A. & Glunz, S. W. (2007) A review and comparison of different methods to determine the series resistance of solar cells. Solar Energy Materials and Solar Cells, 91, 1698-1706.

[48] Nadenau, V., Rau, U., Jasenek, A. & Schock, H. W. (2000) Electronic properties of CuGaSe$_2$-based heterojunction solar cells. Part I. Transport analysis. Journal of Applied Physics, 87, 584.

[49] Wang, K., Gunawan, O., Todorov, T., Shin, B., Chey, S. J., Bojarczuk, N. A., Mitzi, D. & Guha, S. (2010) Thermally evaporated Cu$_2$ZnSnS$_4$ solar cells. Applied Physics Letters, 97, 143508.

[50] Turcu, M., Pakma, O. & Rau, U. (2002) Interdependence of absorber composition and recombination mechanism in Cu(In, Ga)(Se, S)$_2$ heterojunction solar cells. Applied Physics Letters, 80, 2598.

[51] Scheer, R. (2009) Activation energy of heterojunction diode currents in the limit of interface recombination. Journal of Applied Physics, 105, 104505.

[52] Gloeckler, M. & Sites, J. R. (2005) Efficiency limitations for wide-band-gap chalcopyrite solar cells. Thin Solid Films, 480-481, 241-245.

[53] Haight, R., Barkhouse, A., Gunawan, O., Shin, B., Copel, M., Hopstaken, M. & Mitzi, D. B. (2011) Band alignment at the Cu$_2$ZnSn(S$_x$Se$_{1-x}$)$_4$/CdS interface. Applied Physics Letters, 98, 253502.

[54] Bär, M., Schubert, B. A., Marsen, B., Wilks, R. G., Pookpanratana, S., Blum, M., Krause, S., Unold, T., Yang, W. & Weinhardt, L. (2011) Cliff-like conduction band offset and KCN-induced recombination barrier enhancement at the CdS/Cu2ZnSnS4 thin-film solar cell heterojunction. Applied Physics Letters, 99, 222105.

[55] Siebentritt, S. (2013) Why are kesterite solar cells not 20% efficient? Thin Solid Films, 535, 1-4.

[56] Gokmen, T., Gunawan, O., Todorov, T. K. & Mitzi, D. B. (2013) Efficiency limitation and band tailing in kesterite solar cells. Applied Physics Letters, 103, 103506.

[57] Ohnesorge, B., Weigand, R., Bacher, G., Forchel, A., Riedl, W. & Karg, F. H. (1998) Minoritycarrier lifetime and efficiency of Cu(In, Ga)Se$_2$ solar cells. Applied Physics Letters, 73, 1224.

[58] Shirakata, S. & Nakada, T. (2007) Time-resolved photoluminescence in Cu(In, Ga)Se$_2$ thin films and solar cells. Thin Solid Films, 515, 6151-6154.

[59] Levanyuk, A. P. & Osipov, V. V. (1981) Edge luminescence of direct-gap semiconductors, Soviet Physics Uspekhi, 24, 187.

[60] Tiedje, T. (1982) Band tail recombination limit to the output voltage of amorphous silicon solar cells. Applied Physics Letters, 40, 627-629.

[61] Mieghem, P. V. (1992) Theory of band tails in heavily doped semiconductors. Review of Modern Physics, 64, 755-793.

[62] Gershon, T., Shin, B., Bojarczuk, N., Gokmen, T., Lu, S. & Guha, S. (2013) Photoluminescence characterization of a high-efficiency Cu$_2$ZnSnS$_4$ device. Journal of Applied Physics, 114, 154905.

[63] Gershon, T., Shin, B., Gokmen, T., Lu, S., Bojarczuk, N. & Guha, S. (2013) Relationship between Cu$_2$ZnSnS$_4$ quasi donor-acceptor pair density and solar cell efficiency. Applied Physics Letters, 103, 193903.

[64] Gunawan, O., Gokmen, T., Warren, C. W., Cohen, J. D., Todorov, T. K., Barkhouse, D. A. R., Bag, S., Tang, J., Shin, B. & Mitzi, D. B. (2012) Electronic properties of the Cu$_2$ZnSn(Se, S)$_4$ absorber layer in solar cells as revealed by admittance spectroscopy and related methods. Applied Physics Letters, 100, 253905.

[65] Eisenbarth, T., Unold, T., Caballero, R., Kaufmann, C. A. & Schock, H. W. (2010) Interpretation of admittance, capacitance-voltage, and current-voltage signatures in Cu(In, Ga)Se$_2$ thin film solar cells. Journal of Applied Physics, 107, 034509-034512.

[66] Lee, J. W., Cohen, J. D. & Shafarman, W. N. (2005) The determination of carrier mobilities in CIGS photovolta-

ic devices using high-frequency admittance measurements. Thin Solid Films, 480-481, 336-340.

[67] Persson, C. (2010) Electronic and optical properties of Cu_2ZnSnS_4 and $Cu_2ZnSnSe_4$. Journal of Applied Physics, 107, 053710.

[68] Sze, S. M. (1981) Physics of Semiconductor Devices. John Wiley & Sons, New York.

[69] Chen, S., Yang, J. H., Gong, X. G., Walsh, A. & Wei, S. H. (2010) Intrinsic point defects and complexes in the quaternary kesterite semiconductor Cu_2ZnSnS_4. Physics Reviews B, 81, 245204.

[70] Miller, D. W., Warren, C. W., Gunawan, O., Gokmen, T., Mitzi, D. B. & Cohen, J. D. (2012) Electronically active defects in the $Cu_2ZnSn(Se,S)_4$ alloys as revealed by transient photocapacitance spectroscopy. Applied Physics Letters, 101, 142106.

[71] Gelatos, A. V., Mahavadi, K. K., Cohen, J. D. & Harbison, J. P. (1988) Transient photocapacitance and photocurrent studies of undoped hydrogenated amorphous silicon. Applied Physics Letters, 53, 403-405.

[72] Heath, J. T., Cohen, J. D., Shafarman, W. N., Liao, D. X. & Rockett, A. A. (2002) Effect of Ga content on defect states in $CuIn_{1-x}Ga_xSe_2$ photovoltaic devices. Applied Physics Letters, 80, 4540.

[73] Cohen, J. D., Heath, J. T. & Shafarman, W. N. (2006) Wide Gap Chalcophyrites. Springer-Verlag, Heidelberg, Germany. Series in Material Science, vol. 86, pp. 6990.

[74] Todorov, T. & Mitzi, D. B. (2010) Direct liquid coating of chalcopyrite light absorbing layers for photovoltaic devices. European Journal of Inorganic Chemistry, 2010, 17-28.

[75] Winkler, M. T., Wang, W., Gunawan, O., Hovel, H. J., Todorov, T. K. & Mitzi, D. B. (2014) Optical designs that improve the efficiency of $Cu_2ZnSn(S,Se)_4$ solar cells. Energy and Environmental Science, 7, 1029-1036.

[76] Merdes, S., Johnson, B., Sáez-Araoz, R., Ennaoui, A., Klaer, J., Lauermann, I., Mainz, R., Meeder, A. & Klenk, R. (2009) Current transport in Cu(In,Ga)S_2 based solar cells with high open circuit voltage-bulk vs. interface. Materials Research Society Symposium Proceedings, 1165, M05-15.

[77] Repins, I., Vora, N., Beall, C., Wei, S. H., Yan, Y., Romero, M., Teeter, G., Du, H., To, B., Young, M. & Noufi, R. (2011) Kesterites and chalcopyrites: A comparison of close cousins. Materials Research Society Symposium Proceedings, 1324.

[78] Archer, M. D. & Hill, R. (2001) Clean Electricity from Photovoltaics. Imperial College Press, London, Series on Photoconversion of Solar Energy vol. 1.

[79] Li, J., Wei, M., Du, Q., Liu, W., Jiang, G. & Zhu, C. (2013) The band alignment at CdS/Cu_2ZnSnS_4 heterojunction interface. Surface and Interface Analysis, 45, 682-684.

[80] Shafarman, W. N., Klenk, R. & McCandless, B. E. (1996) Device and material characterization of Cu(InGa)Se_2 solar cells with increasing band gap. Journal of Applied Physics, 79, 7324-7328.

[81] Barkhouse, D. A. R., Haight, R., Sakai, N., Hiroi, H., Sugimoto, H. & Mitzi, D. B. (2012) Cd-free buffer layer materials on $Cu_2ZnSn(S_xSe_{1-x})_4$: Band alignments with ZnO, ZnS, and In_2S_3. Applied Physics Letters, 100, 193904-193905.